dtv-Lexikon der Raumfahrt
und Raketentechnik

Heinz Mielke:
dtv-Lexikon der Raumfahrt
und Raketentechnik

Deutscher
Taschenbuch
Verlag

Juni 1972
Deutscher Taschenbuch Verlag GmbH & Co. KG, München
Lizenzausgabe des transpress VEB Verlags für Verkehrswesen,
DDR – 108 Berlin, Deutsche Demokratische Republik
Westdeutsche gebundene Ausgabe: Werner Hörnemann Verlag, Bonn
Umschlaggestaltung: Celestino Piatti
Lichtsatz: Aktino KG, Berlin
Druck und Bindung: C. H. Beck'sche Buchdruckerei, Nördlingen
Printed in Germany ISBN 3-423-03098-4

Vorwort

Die aufsehenerregenden Leistungen der Raketen- und Raumfahrttechnik, ihre – oft spektakulär interpretierten – wissenschaftlichen Unternehmen und Ergebnisse haben nun schon seit über einem Jahrzehnt hohen Anteil am Fortschritt von Wissenschaft und Technik in unserer Zeit. Die Fülle des mitteilens- und wissenswerten Faktenmaterials wächst von Jahr zu Jahr in kaum noch zu überschauendem Maße an. Das vorliegende Lexikon soll daher einem möglichst großen Interessentenkreis grundlegende und aktuelle Informationen zur Entwicklung auf diesen Gebieten in der komprimierten Form eines Nachschlagewerks zugänglich machen. Dabei waren in der Bearbeitungs- und Darstellungsweise Kompromißlösungen nicht zu vermeiden. Einerseits sollte dem Informationsbedürfnis der nicht oder nur wenig vorgebildeten Interessenten entsprochen werden, andererseits sollte zugleich dem fachlich versierten und spezieller interessierten Benutzer ein möglichst vielseitiges und detailreiches Informationsmaterial geboten werden.
Grundsätzlich wurde davon ausgegangen, die Erläuterungen zu den einzelnen Stichwörtern so leichtverständlich wie möglich zu gestalten und darum auf einen größeren Formelapparat zu verzichten. So ergab sich allgemein eine breiter angelegte Darstellungsweise, als es sonst in Fachlexika üblich ist. Besonders ausführlich sind alle Artikel zu grundlegenden Begriffen abgefaßt, ebenso die technischen Informationen zu den speziellen Raketen und Raumfluggeräten sowie zu den verschiedenen Forschungsunternehmen. Ergebnisse, die bei der Erkundung fremder Weltkörper erhalten wurden, sind – soweit im Rahmen der Gliederung eines derartigen Lexikons überhaupt erfaßbar oder angemessen – in ihren jeweils wesentlichsten Details dem Stichwort der jeweiligen Unternehmensbezeichnung eingefügt. In bezug auf die Typen-, Muster-, Geräte- und Projektbezeichnungen, deren Anzahl – vornehmlich in der Raumfahrt- und Raketenwaffentechnik der USA – recht beträchtlich und außerdem ständigen Veränderungen unterworfen war und ist, wurde keine Vollständigkeit angestrebt. In den davon stärker betroffenen Teilgebieten (Höhenforschungsraketen, Kampfraketen, militärische Satelliten, Triebwerke und Baukomponenten) sind daher im allgemeinen nur die wichtigeren und häufiger genannten Objekte aufgenommen worden. Hinsichtlich der Stichwörterauswahl im Bereich der wissenschaftlichen und technischen Grundlagen wurde so vorgegangen, daß die jeweiligen Begriffe in der deutschsprachigen bzw. in der internationalen Fachterminologie als weitgehend feststehend und in ihren Definitionen klar umrissen gelten können. Anderweitig aufgekommene Begriffsbildungen – durch Sprachübersetzungen, journalistische oder vulgarisierende Darstellungen – wurden nur insofern berücksichtigt, als definitorische Klarstellungen oder Hinweise auf korrektere Begriffe im Interesse einer klaren fachlichen Terminologie notwendig erschienen.
Einige Schwierigkeiten ergaben sich aus den teilweise noch immer anzutreffenden Abweichungen der in den verschiedenen Veröffentlichungen ge-

gebenen Daten zu technischen Geräten (Raketen, Triebwerke, Raumflugkörper u. a.) und Raumflugunternehmen (Entfernungs- und Zeitangaben, Bahnwerte o. ä.). Die hier aufgeführten Zahlenwerte wurden den als weitgehend zuverlässig bekannten internationalen Fachpublikationen entnommen. Es sei darüber hinaus betont, daß keine umfassende Datensammlung angestrebt wurde und in dieser Beziehung auf einschlägige Typenbücher und ähnliche Zusammenstellungen verwiesen werden muß.

Eichwalde Heinz Mielke

Hinweise zur Benutzung

Die Einordnung der Stichwörter geschah alphabetisch vom ersten bis zum letzten Buchstaben, auch wenn ein Stichwort aus mehreren Wörtern besteht. Solche Stichwörter stehen im allgemeinen unter dem Anfangsbuchstaben des ersten Wortes, z. B. »elektrostatische Triebwerke« unter »E«. Typenbezeichnungen, die sich aus einem Buchstaben und einer Ziffer zusammensetzen, stehen jeweils am Ende der Stichwörter des gleichen Anfangsbuchstabens. Substantive werden in der Regel im Singular gebracht; nur in den Fällen, in denen sich der allgemeine oder der fachliche Sprachgebrauch des Plurals bedient, steht dieser. Die Umlaute ä (ae), ö (oe) und ü (ue) werden wie die Vokale a, o, u behandelt. In der Mehrzahl der Fälle werden zusammengesetzte Stichwörter unter dem Grundwort abgehandelt. So wird z. B. der »Beschleunigungsandruck« unter »Andruck« beschrieben. In den einzelnen Artikeln ist das Stichwort jeweils abgekürzt, z. B. »P.« für »Polarbahn«; lediglich Stichwörter, die schon Abkürzungen darstellen, werden im Text in dieser Form ausgeschrieben. Organisationen u. ä. sind stets unter dem vollen Namen abgehandelt, nicht unter der Abkürzung, z. B. »ESRO« unter »European Space Research Organization«. Verweise (Verweisstichwörter, Textverweise, Schlußverweise) auf Grundstichwörter bzw. korrespondierende Artikel werden generell mit liegendem Pfeil (→) gekennzeichnet.

Abkürzungen

a annum (Jahr)
Abb. Abbildung
Abk. Abkürzung
Aug. August
ausschl. ausschließlich
bes. besonders
betr. betreffend (-e, -er, -es)
d dies (Tag)
Dez. Dezember
d. h. das heißt
einschl. einschließlich
engl. englisch
entspr. entsprechend
f. femininum (weiblich)
Febr. Februar
frz. französisch
geb. geboren
gegr. gegründet
gest. gestorben
h hora (Stunde)
(h hochgestellt: Zeitpunkt)
(h normal: Zeitraum)
i. allg. im allgemeinen
i. e. S. im engeren Sinne
i. w. S. im weiteren Sinne
Jan. Januar
Jh. Jahrhundert
m. masculinum (männlich)
m, min Minute (m hochgestellt: Zeitpunkt)
max. maximal
min. minimal
n. neutrum (sächlich)
n. Br. nördliche Breite
Nov. November
Okt. Oktober
ö. L. östliche Länge
russ. russisch
s Sekunde
(s hochgestellt: Zeitpunkt)
(s normal: Zeitraum)
Sept. September
sog. sogenannte
s. Br. südliche Breite
svw. soviel wie
u. a. unter anderem
u. U. unter Umständen
w. L. westliche Länge

A

AAP: Abk. für engl. → **A**pollo **A**pplications **P**rogram.

Abbrand: Gesamtheit der verschiedenen Prozesse und termochemischen Reaktionen, die an der freien Oberfläche eines festen Treibstoffes zur Bildung der Verbrennungsgase führen. Die Menge des dabei je Sekunde erzeugten Arbeitsgases ist abhängig von der *A.geschwindigkeit* (*Verbrennungsrate r* in cm/s) und der Größe der freien Oberfläche. Die A.geschwindigkeit ist Kennwert des jeweiligen Treibstoffs und kann näherungsweise berechnet werden aus:

$$r = a \cdot p^n,$$

worin p den Brennkammerdruck und a sowie n Versuchskonstanten bedeuten. Die Größe der freien Oberfläche eines Treibsatzes hängt von seiner Formgebung ab (→ Treibsatz) – sofern nicht noch besondere isolierende Überzüge verwendet werden – und bestimmt im wesentlichen den zeitlichen Verlauf des A. Ein klares Bild über diesen A.verlauf erhält man durch das *Schub-Zeit-Diagramm,* das den Schubverlauf in Abhängigkeit von der Zeit zeigt. Nimmt dabei die Brennfläche und damit die Erzeugung von Verbrennungsgas in irgendeiner Form zu, so spricht man von *progressivem A.*, bei abnehmender von *regressivem* und bei gleichbleibender Brennfläche von *neutralem A.* Das Schub-Zeit-Diagramm liefert gleichzeitig wichtige Anhaltspunkte über den Schubaufbau und die Stabilität des A. bzw. über das Auftreten *instabiler* Verbrennungen (*oszillierende, unregelmäßige* sowie *oszillierende und unregelmäßige Verbrennung).*

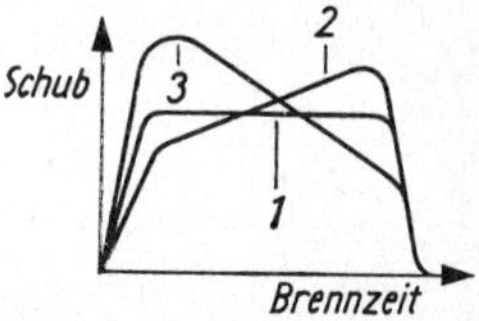

Schub(S)-Zeit(t)-Diagramme bei
1 neutralem Abbrand,
2 progressivem Abbrand,
3 regressivem Abbrand

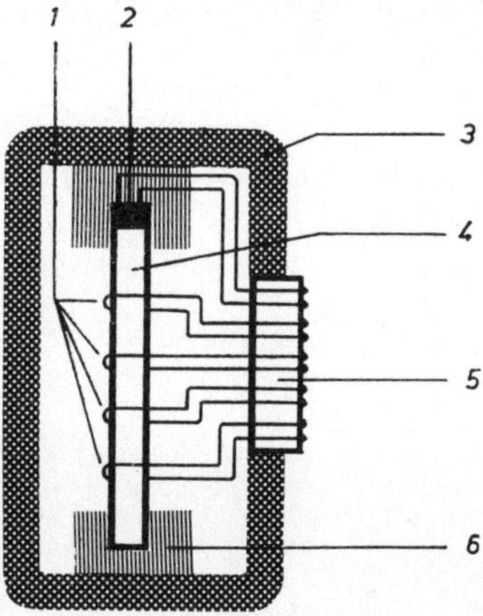

Schema eines Laborgeräts zur Bestimmung der Abbrandgeschwindigkeit fester Treibstoffe: 1 Meßdrähte, 2 Zünder, 3 druckfeste Wandung, 4 Feststoffsatz, 5 Durchführung, 6 Halterung

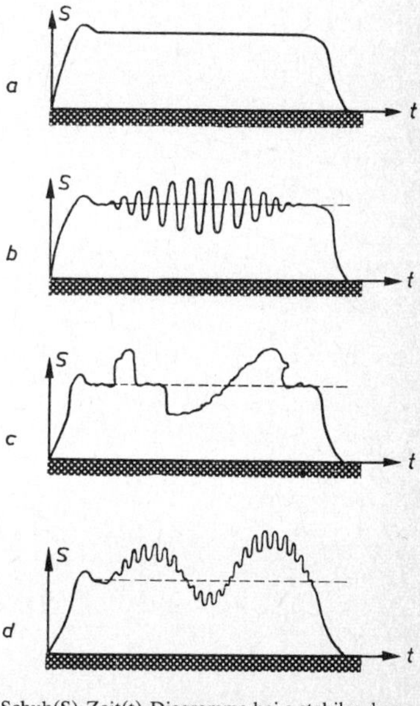

Schub(S)-Zeit(t)-Diagramme bei a stabiler, b oszillierender, c unregelmäßiger, d oszillierender und unregelmäßiger Verbrennung

Abbremsung → aerodynamische Aufheizung.
Abfangrakete → Antirakete.
Abgangswinkel svw. → Aufstiegswinkel.
Abgasdüse: düsenförmiger Ansatz am Turbinenabgasstutzen, der einen zusätzlichen Entspannungseffekt beim Ausströmen des Turbinenabgases ins Freie ergibt und diesen zur zusätzlichen Schuberneuerung ausnutzt (bei sehr großen Triebwerkseinheiten in der Größenordnung von einigen hundert Kilopond).
Ablationskühlung → Kühlverfahren.
Ablenkkegel: Vorrichtung aus Beton oder Stahlblech, die gelegentlich beim Start kleiner Flüssigkeitsraketen unterhalb des Startgestells oder der Startplattform angeordnet wird, um den Boden vor der Zerstörung durch den heißen Antriebsstrahl zu schützen. Vgl. Ablenkschacht.
Ablenkschacht: Einrichtung, die in Vertikalprüfständen für große Raketentriebwerke sowie in Startplattformen für Großraketen dazu dient, den oft 10 bis 20, teilweise über 100 m langen Antriebsstrahl nach der Triebwerkszündung unterhalb des Prüfstands oder der Startplattform frei austreten zu lassen und seine Zerstörungskraft von den Fundamenten der Konstruktion fernzuhalten. Der A. besteht aus Beton und wird durch Einsprühen von Wasser gekühlt. In vielen Fällen baut man in einigem Abstand unterhalb der Düsenmündungsfläche einen geeigneten *Flammendeflektor* aus Stahl oder Beton in den Schacht ein, der den Strahl in einen horizontalen, meist wassergefüllten Schachtteil umlenkt; der A. braucht dadurch nicht allzu tief angelegt zu werden. Der Flammendeflektor muß selbstverständlich bes. intensiv mit Wasser gekühlt werden.

Ablenkschacht in großer Startrampe für sowjetische Raumfahrtträgerraketen (»Sojus«)

»Able-Star« [engl.]: Oberstufe für Trägerraketen (USA), mit deren Entwicklung 1959 begonnen wurde. Als Grundlage dienten die Erfahrungen, die mit der zweiten Stufe der »Vanguard«-Rakete und mit der »Able«-Oberstufe gemacht worden waren. Die Besonderheit der »A.« bestand darin, daß sie wiederzündbar war und damit auch noch nach Einflug in eine Umlaufbahn gewisse Bahnänderungen ermöglichte.
Ihren ersten erfolgreichen Einsatz hatte die »A.« am 13. April 1960 beim Start des Satelliten »Transit 1B«. Auch die weiteren Satelliten der »Transit«-Serie sowie »Courier 1B« wurden mit ihrer Hilfe in Umlaufbahnen gebracht. Als Grundstufe diente dabei jeweils die bewährte → »Thor«-Rakete. Gewisse Mängel des »A.«-Systems führten jedoch dazu, daß es allmählich von der zuverlässigeren → »Agena«-Oberstufe aus dem US-amerikanischen Satellitenprogramm verdrängt wurde.
ABM-System [Abk. für engl. **A**nti-**B**allistic-**M**issile-System]: System zur Abwehr strategischer (interkontinentaler bzw. globaler) Raketenwaffen (USA). Es soll extrem weit reichende Radaranlagen hoher Auflösung mit nachgeschalteten Datenverarbeitungsanlagen höchster Arbeitsgeschwindigkeit zur Unterscheidung von echten und Schein-Kampfköpfen umfassen, weiterhin weitreichende Abwehrraketen und Nahabwehrraketen mit extrem hoher Beschleunigung sowie entspr. Raketen-Leitradaranlagen.
Abreißkabel: Bezeichnung für ein elektrisches Leitungsbündel, das bis zur Triebwerkszündung bzw. bis zum Abheben der Rakete von der Startplattform die Verbindung zwischen den Überwachungs- und Steuergeräten in der Startleitzentrale und den Steuerungsanlagen in der Rakete herstellt. Über diese »Nabelschnur«, wie das A. auch scherzhaft genannt wird, können darüber hinaus elektrische Geräte in der Rakete bis zum Startvorgang mit Strom versorgt und so die Bordenergieanlagen weitgehend entlastet werden. Bei großen

Trägerraketen wird das A. stets an einem besonderen *Kabelmast* gehaltert, der sich direkt neben der Rakete auf der Startplattform befindet. Nachdem der Anlaßvorgang eingeleitet wurde und die Kontrollgeräte im Startbunker anzeigen, daß der Schubaufbau abgeschlossen ist, wird der Kabelmast automatisch zur Seite geschwenkt und dabei das mit Abreißkontakten an der Rakete befestigte A. gelöst.

Abschaltung: Stillsetzen eines Raketentriebwerks am Schluß der Antriebsperiode (Brennschluß). Die A. kann automatisch durch Steuerungs- und Rechengeräte in der Rakete oder durch Funksignale von einer Bodenstation aus geschehen. Die durch das *Abschaltkommando* in der Triebwerksanlage ausgelösten Vorgänge müssen in kürzester Zeit ablaufen, um störende Einflüsse (z. B. unkontrollierbare Nachverbrennungen) auf das Antriebs- und Bahnprogramm zu vermeiden. Bes. bei sehr großen Triebwerkseinheiten ist die Erfüllung dieser Forderung wegen des extrem großen Massendurchsatzes immer mit Schwierigkeiten verbunden. Man wendet daher gelegentlich auch eine *A. in 2* Stufen (Vor- und Hauptstufe) an.

Abschirmung svw. → Strahlungsabschirmung.

Abschmelzschutzschicht: Überzug, meist aus einem glasfaserverstärkten Plast, durch den hochtemperaturbelastete Teile von Raketen und Rückkehr-Raumflugkörpern nach dem Prinzip der Ablationskühlung (→ Kühlverfahren) vor zerstörender Hitzeeinwirkung (Brennkammertemperatur bzw. → aerodynamische Aufheizung) geschützt werden.

Abschußrampe: meist in der militärischen Terminologie gebrauchter Ausdruck für eine ortsveränderliche oder feste Startvorrichtung für Kampfraketen. Der Begriff »Abschuß« ist irreführend, da bei einer Rakete die Antriebskraft (Schub) als innere Kraft eines in sich abgeschlossenen Systems wirkt und nicht wie beim Geschoß durch eine von außen einwirkende Kraft (Gasdruck im Abschußrohr). Es ist daher besser, den Begriff *Startrampe* oder → *Startplattform* zu verwenden. Verfehlt ist es, in der Raumflugtechnik vom Abschuß eines Raumflugkörpers oder Raumfahrzeugs bzw. vom Einschuß in irgendeine Raumflugbahn zu sprechen.

absteigender Knoten → Bahnknoten.

Abstiegsbahn: Rückkehrbahn, die sich speziell bei Rückführung eines Raumflugkörpers aus einer Satellitenbahn nach Einleiten des Bremsmanövers ergibt.

Adapter: i. allg. ein Konstruktionsteil, der eine angepaßte Verbindung zwischen Systemkomponenten herstellt, in der Raumfahrttechnik vornehmlich Zwischenstück im Aufbau eines Trägerraketensystems (z. B. *Stufen-A.* zwischen den einzelnen Raketenstufen; A. zwischen letzter Stufe und Raumflugkörper) oder Konstruktionsteil an Raumfahrzeugen für Kopplungsoperationen im Raum *(Kopplungs-A.).*

Kopplungsadapter mit trichterförmiger Manschette (rechts) an einem »Agena«-Zielsatelliten (USA)

ADCSP [Abk. für engl. **A**dvanced **D**efense **C**ommunications **S**atellite **P**roject = fortgeschrittenes militärisches Nachrichtensatelliten-Projekt, USA]: letzte Ausbaustufe des **DSCS** [Abk. für engl. **D**efense **S**atellite **C**ommunications **S**ystem] und damit Nachfolger des **IDCSP** [Abk. für engl. **I**nitial **D**efense **C**ommunications **S**atellite **P**rogram]. Für das ADCSP-System sind Relaissatelliten mit größerer Leistung und längerer Lebensdauer vorgesehen als bei den genannten anderen Systemen. Die geforderten globalen Punkt-zu-Punkt-Verbindungen sollen sich mit 3 oder 4 geostationären Satelliten erreichen lassen, während für das IDCSP-System 17 Satelliten auf quasisynchronen Umlaufbahnen erforderlich sind.

»Aerobee« [engl., svw. Luftbiene]: Höhenraketen (USA), die seit dem Internationalen Geophysikalischen Jahr 1957/58 zum Einsatz kommen. Das Ausgangsmodell »A. 100« wurde, ebenso wie alle Nachfolgemuster, unter Verwendung einer Feststoffstartrakete (Masse 248 kg) aus einem Startgerüst aufgelassen. Als Antrieb fand ein Flüssigkeitstriebwerk Verwendung, das mit rotrauchender Salpetersäure und Anilin als Treibstoffkombination arbeitete. Die »A. 100« war für etwa 70 kg Nutzmasse und max. 160 km Steighöhe ausgelegt. Mit der verbesserten Version »A.-Hi« (»A. 150«) konnte etwa die gleiche Nutzmasse bis in 260 km Höhe transportiert werden. Die Startmasse der Rakete hatte man dazu auf rund 900 kg erhöht. Weiterhin wurde die dreistufige »A. 300« *(»Sparrowbee«)* entwickelt, bei der zu der Kombination Feststoffstartstufe-Flüssigkeitszweitstufe als dritte Stufe noch eine kleine Feststoffrakete vom Typ → »Sparrow« hinzu kam. Ihre Gesamtlänge beträgt 11,2 m und die Startmasse etwa 940 kg. Mit 135 kg Nutzmasse kann diese Rakete bis rund 450 km Gipfelhöhe erreichen. Letztes Entwicklungsmuster dieser Serie ist die »A. 350«. Sie setzt sich aus 4 »A.-150«-Triebwerken und einer Feststoffstartstufe vom Typ »Nike« zusammen, ist 15 m lang, hat einen Durchmesser von 55 cm und eine Startmasse (ohne Nutzlast) von etwa 3,5 t. Beim ersten Testflug transportierte sie eine wissenschaftliche Ausrüstung von 180 kg in eine Höhe von 357 km.

aerodynamische Aufheizung: Temperaturerhöhung der Außenhaut von Raumflugkörpern, die bei Eindringen in die dichteren Schichten der Erdatmosphäre durch teilweise Umwandlung der kinetischen Energie in Wärmeenergie entsteht. Ursache für diesen Effekt ist die *Abbremsung* des Raumflugkörpers durch den Luftwiderstand, wobei die Luft vor dem eindringenden Körper stark komprimiert *(Staueffekt)* und dadurch aufgeheizt wird. In einer dicht über der Oberfläche des Raumflugkörpers befindlichen dünnen Gasschicht kann dabei, je nach Geschwin-

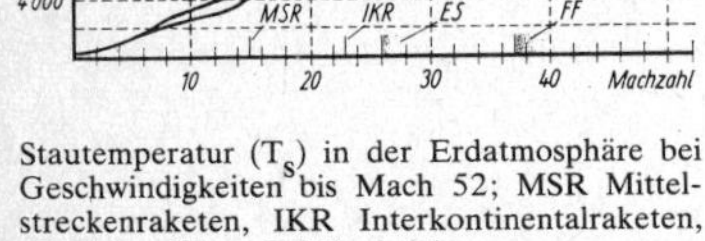

Stautemperatur (T_S) in der Erdatmosphäre bei Geschwindigkeiten bis Mach 52; MSR Mittelstreckenraketen, IKR Interkontinentalraketen, ES Erdsatelliten, FF Fluchtfahrzeuge

digkeit und aerodynamischem Verhalten des Körpers, eine *Stautemperatur* von 6000 bis 10 000 °K und noch darüber entstehen. Für Raumflugkörper, die weitgehend unzerstört zur Erdoberfläche zurückgeführt werden sollen, muß der a. A. durch entspr. → Kühlverfahren entgegengewirkt werden, da sie sonst zum Verglühen des Raumflugkörpers führt.

aerodynamischer Auftrieb: Kraft, die an einem luftumströmten Körper entsteht und seinem Gewicht entgegenwirkt. Die Größe des a. A. ist von der Form des umströmten Körpers, seinem Anstellwinkel zur Luftströmung (→ Programmwinkel) sowie von deren Dichte und Geschwindigkeit abhängig. Zur Entstehung des a. A. ist erforderlich, daß an der Oberseite des umströmten Körpers eine Erhöhung der Strömungsgeschwindigkeit und damit ein Unterdruck geschaffen wird, während an der Unterseite des Körpers eine verminderte Strömungsgeschwindigkeit einen Überdruck ergibt. Ist der a. A. größer als das Gewicht des frei in der Strömung beweglichen Körpers, so kann er entgegengesetzt zur Schwerkraft steigen, andernfalls gleitet er auf einer mehr oder weniger steilen Kurve abwärts. Dieses Prinzip bildet die Grundlage aller aerodynamischen Flugvorgänge. Wichtig für das Gleitverhalten eines Flugkörpers ist das Verhältnis zwischen a. A. und → aerodynamischem Widerstand. In der Raumflugtechnik bilden diese beiden Luftkräfte vor allem bei der Rückführung von Raumflugkörpern durch die Erdatmosphäre (→ Rückführungsproblem) ausschlaggebende Faktoren.

aerodynamischer Widerstand: Kraft, die an einem luftumströmten Körper entsteht und der Strömungsrichtung gleichgerichtet ist. Die Größe des a. W. ist von der Querschnittsfläche des Körpers sowie von Dichte und Geschwindigkeit der Luftströmung abhängig. Außerdem spielt der von der Form des Körpers abhängende Widerstandsbeiwert eine Rolle.

Aeronomie: Arbeitsgebiet der Geophysik, in dem man sich mit der Entstehung, dem Aufbau sowie den Eigenschaften elektrisch leitender Schichten in der Hochatmosphäre befaßt (→ Erdatmosphäre).

»Aerospike«-Triebwerk [engl. svw. »Luftdorn«-Triebwerk]: Raketentriebwerk mit Ringhals-(Toroid-)Düse (→ Entspannungsdüse).

»Aerozine 50« → Treibstoff (II 2bδ).

»Agate« [franz., Achat]: einstufige Feststoffrakete (Frankreich), die als Forschungsrakete und Erprobungsmuster für eine Boden-Boden-Rakete mit Mittelstrecken-Reichweite entwickelt wurde. Sie hat eine Länge von 8,56 m (Durchmesser 0,80 m) und eine Startmasse von 3400 kg; ihr Startschub beträgt 19 Mp.

»Agena«: Oberstufengerät für Trägerraketen (USA), dessen Einsatz mit → »Thor«- bzw. → »Atlas«-Raketen vornehmlich im Rahmen militärischer Satelli-

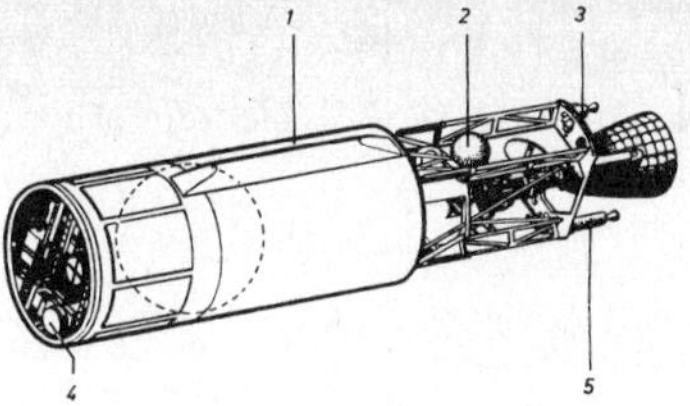

Oberstufengerät »Agena-D«: 1 Tankverkleidung, 2 Druckgasbehälter, 3 Druckgasdüse, 4 Lenksystem, 5 Trennrakete

tenprogramme (»Discoverer«, »MIDAS«, »SAMOS« und unbemannte Nachfolger), von der NASA bei den Starts von »Ranger«- und »Mariner«-Raumfluggeräten sowie im »Gemini«-Programm (→ »Agena«-Zielsatellit) erfolgte. Um auch komplizierte Flugmissionen (z. B. Starts aus → Parkbahnen) durchführen zu können, wurde das Triebwerk der »A.«-Geräte wiederzündbar gemacht. Das erste Einsatzmuster »A.-A« wurde im Febr. 1959 erfolgreich gestartet. Ab Aug. 1960 folgten Einsätze mit der verbesserten Version »A.-B«, die über ein doppelt so großes Volumen der Treibstofftanks und eine um 60% höhere Nutzmassekapazität verfügte. Vom Typ »A.-C« wurde nur ein Gerät als Projektstudie ausgeführt. Die seit Herbst 1962 eingesetzte »A.-D« unterscheidet sich von der »A.-B« nur hinsichtlich einer neuen Anordnung und verbesserten Zusammenfassung gewisser Baugruppen und Einrichtungen. Äußere Gestaltung und Leistung blieben unverändert. Bei den »A.-A«- und »A.-B«-Geräten bestand noch keine abgeschlossene Nutzmasseeinheit. Die Nutzmasse war über ganz verschiedene Baugruppen verteilt. Dadurch mußte die gesamte Oberstufe als geschlossener Satellitenkörper in der Bahn bleiben. Erst bei der Version »A.-D« geschah durch die Neuaufgliederung gewisser Systemteile eine strenge Trennung von Antriebsstufe und Nutzmassekörper. Das für alle »A.«-Versionen gleichgebliebene Flüssigkeitstriebwerk ist kardanisch aufgehängt und arbeitet mit unsymmetrischem Dimethylhydrazin als Brennstoff und Salpetersäure als Oxydator.

Das mit »XLR 81-BA 9« bezeichnete Triebwerk hat bei einer Länge von 2,10 m und einem größten Durchmesser (mit Aufhängung) von 0,98 m eine Masse von etwa 130 kg. Sein Vakuumschub beträgt 7260 kp und sein Durchsatz etwa 25 kg/s. Der

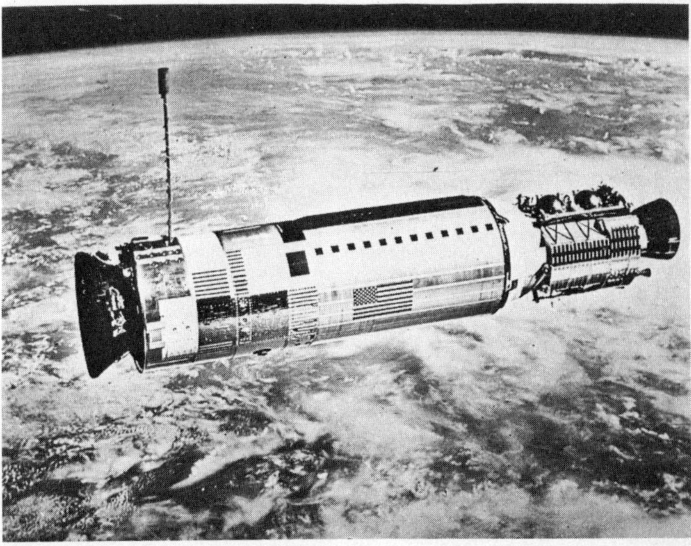

»Agena«-Zielsatellit, fotografiert aus einer »Gemini«-Raumkapsel

Brennkammerdruck wird mit 34 kp/cm² angegeben, die Vakuum-Ausströmgeschwindigkeit mit etwa 2850 m/s. Das beachtliche Entspannungsverhältnis von 1:500 wird vor allem durch eine strahlungsgekühlte Düsenverlängerung erzielt. Bis zum Ansatz dieser Verlängerung werden Brennkammer und Düse regenerativ durch den Oxydator gekühlt. Die Düsenverlängerung besteht aus Titanblech, das durch Molybdänstringer versteift und auf der Innenseite durch Aluminiumoxid geschützt ist. Brennkammer und innerer Düsenteil werden aus Aluminium gefertigt. Die Kühlmittelbohrungen verlaufen bei der Brennkammer axial. Das Fördersystem ist ein Turbopumpenaggregat mit Gasgenerator, einstufiger Turbine und 2 Getriebepumpen. Als Arbeitsmedium für die Gasturbine dienen die Verbrennungsgase der hypergolen Haupttreibstoffe, die dem Gasgenerator zugeführt werden.
Ein besonderer Vorteil des »A.«-Geräts ist seine Lagerfähigkeit in betanktem Zustand, wobei Tank- und Leitungssystem mit einem neutralen Gas unter leichtem Druck gehalten werden. Das vollständige Gerät hat in der Version »A.-D« eine Gesamtlänge von 7,60 m bei einem Durchmesser von 1,525 m. Seine Masse beträgt 7050 kg, wovon etwa 6140 kg auf Treibstoffe entfallen. Die automatische Programmsteuerung verwendet eine kreiselstabilisierte Plattform und 2 Infrarot-Horizontsucher als Lagereferenzsystem. Das Brennschlußkommando wird über einen → Beschleunigungsintegrator gegeben. Für Kommandoempfang und Datenübermittlung ist außerdem noch eine Funkanlage vorhanden, zu der ein Peilsender für die Bahnvermessung gehört.

»Agena«-Zielsatellit: unbemannter Raumflugkörper (USA), der als Rendezvouszielobjekt und zur Erprobung von Kopplungsmanövern im Rahmen des → »Gemini«-Programms eingesetzt wurde. Als Grundsystem diente die → »Agena«-Oberstufe, in die eine Rendezvous-Radaranlage u. a. Hilfseinrichtungen eingebaut wurden. Am vorderen Ende des Raumflugkörpers befand sich ein spezieller Kopplungsadapter (→ Adapter). Das erste Kopplungsmanöver gelang kurzzeitig zwischen »Gemini 8« und »A. 8«. Bei den Flügen von »Gemini 10« und »Gemini 11« konnten unter Verwendung des wiederzündbaren Antriebs des jeweiligen »A.« erstmalig beträchtliche Bahnänderungen durchgeführt werden.

»A«-Höhenraketen: Serie einstufiger

»A-2«-Höhenrakete mit außen angebrachten Containern

Flüssigkeitsraketen (UdSSR), die etwa ab 1949 für Höhenforschungszwecke zum Einsatz kamen und durch ständige Verbesserung in ihrer Leistung die zu dieser Zeit in den USA verfügbaren Höhenraketen beträchtlich übertrafen. Der Typ »A 1« (Nutzmasse 735 kg, Gipfelhöhe etwa 120 km) wurde u. a. auch schon für Aufstiege mit Hundekabinen verwendet. Die Kabine wurde während des Abstiegs aus dem Meßkopf der Rakete herauskatapultiert und an Fallschirmen gelandet. Auch der Meßkopf landete, zusätzlich durch Spreizklappen gebremst, am Fallschirm. Mit dem verbesserten Typ »A 2« konnte im Mai 1957 eine Nutzmasse von 2200 kg in eine Höhe von 212 km gebracht werden. Am 21. Febr. 1958 erreichte eine »A 3« mit 1520 kg Nutzmasse eine Rekordhöhe von 473 km, und bei einem weiteren Versuch mit dem gleichen Raketentyp wurden am 27. Aug. 1958 zwei Hunde (außer der sonstigen Meßausrüstung) in einer Kabine bis auf 452 km Höhe gebracht. Von besonderer Bedeutung war dabei, daß bei den zuletzt genannten Aufstiegen die Raketen bzw. die Meßköpfe während des Auf- und Abstiegs voll lagestabilisiert wurden.

Akzelerator: svw. Beschleuniger, gelegentlich für den Antriebsteil von → Raketenschlitten oder auch für diese selbst verwendete Bezeichnung.
Akzelerometer: Beschleunigungsmesser.
Albedo: Bezeichnung für das Rückstrahlungsvermögen einer nichtspiegelnden Oberfläche (i. allg. in bezug auf Licht, aber auch bei anderen Strahlungsarten angewendet). Als Maß für die spezielle *sphärische A.* wird das Verhältnis der von einer Kugeloberfläche nach allen Richtungen zurückgeworfenen zu der auf diese Fläche fallenden Lichtmenge angegeben. Die A. wäre daher nur für einen ideal reflektierenden (weißen) Körper gleich 1; für alle anderen liegen die Werte darunter (→ Tabelle). Für die Astronomie bzw. Weltraumforschung ist die A. der Planeten und deren Monde insofern interessant, als man daraus in gewissem Maße auf die Oberflächenbeschaffenheit dieser Himmelskörper schließen kann.

Albedo-Werte (Beispiele)

Kreide	0,85	Venus	0,6
Wolken	0,7	Jupiter	0,4
Granit	0,3	Mars	0,15
Ätna-Lava	0,04	Mond	0,07

Aldrin, *Edwin*: US-amerikanischer Astronaut, geb. 20. Jan. 1930 Montclair (N. J.), führte zusammen mit → *Lovell* vom 11. bis 15. Nov. 1966 in der Raumkapsel »Gemini 12« einen Raumflug durch und unternahm dabei den bisher längsten Freiflug-Ausstieg (126 min). Vom 16. bis 24. Juli 1969 nahm er gemeinsam mit → *Armstrong* und → *Collins* in »Apollo 11« am ersten Mondlandeunternehmen teil, bei dem er nach *Armstrong* als zweiter Mensch die Mondoberfläche betrat und 1 h 44 min außerhalb des Landefahrzeugs verweilte. – A. war anfangs Militärflieger und Berufsoffizier, bestand 1951 ein wissenschaftliches Abschlußexamen an der Militärakademie West Point; wurde Ingenieuroffizier und promovierte 1963 mit einer Doktorarbeit über Steuerungsprobleme bei Raumschiffrendezvous; im gleichen Jahr kam er in die Astronautengruppe.
Algenzyklus: biologischer Kreislauf zur Atemluftregeneration in geschlossenen Räumen, bei dem Algen (z. B. *Chlorella*) als hochaktive Sauerstoffproduzenten dienen. Nach dem Prinzip des A. oder ähnlicher biologischer Verfahren arbeitende Regenerationssysteme stellen praktisch die einzige ökonomisch brauchbare Lösung zur Atemluftversorgung bei sehr langen Raumflügen (Monate, Jahre) dar, befinden sich aber noch im Versuchsstadium. Die Bemühungen gehen dahin, die benutzten Pflanzen außerdem als Nahrung zu verwenden.
Alkohole → Treibstoff (II 2 bα).
»Alouette«: Meßsatelliten, von kanadischen Wissenschaftlern entwickelt und mit Unterstützung der → NASA von US-amerikanischen Trägerraketen (»Thor-Agena-B«) am 28. Sept. 1962 und 28. Nov. 1965 in Umlaufbahnen gebracht. Das Arbeitsprogramm der Satelliten umfaßte systematische Reflexionsmessungen mit Funkwellen verschiedener Frequenz im Bereich der äußeren Ionosphäre, die mit gleichzeitigen ähnlichen Messungen von Bodenstationen verglichen wurden. Zur Abstrahlung der Signale dienten mehrere Antennen, die bis zu 50 m lang waren. Die Bordenergieanlage bestand aus 6500 Solarzellen und nachgeschalteten Speicherbatterien. Zum Untersuchungsprogramm gehörten weiterhin Messungen des galaktischen und ionosphärischen Rauschens sowie Messungen der kosmischen Teilchenstrahlung. Das Arbeitsprogramm der Satelliten konnte nach einem Jahr durch Abschalten der Energieversorgung beendet werden. Die Gesamtmasse jedes Satelliten betrug rund 145 kg; die Umlaufbahnen lagen anfänglich zwischen 990 und 1030 km Höhe (»A. 1«) bzw. 505 und 2980 km Höhe (»A. 2«) und hatten eine Neigung von 80,5° bzw. 79,8°.
ALSEP [Abk. für engl. **A**pollo **L**unar **S**urface **E**xperiment **P**ackage = Paket für Apollo-Mondoberflächenexperimente]: kofferartig verpackter und damit transportabler Gerätekomplex (126 kg), der an Bord von Mondlandefahrzeugen des → »Apollo«-Programms mitgeführt und von den aussteigenden Astronauten für wissenschaftliche Untersuchungen auf der Mondoberfläche installiert wird. Er besteht aus je einem passiven Seismometer, Magnetometer, Sonnenwind-Spektrometer, Ionendetektor und Kaltkathoden-Magnetron. Weiterhin gehören dazu ein Meßwertübertragungssystem mit Sender und Antenne sowie als Energieversorgungsanlage ein Radionuklidgenerator »SNAP 27« (→ »SNAP«), der bei 18 kg Masse mehr als ein Jahr lang eine Leistung von mindestens 50 Watt abgibt. Sein erster Einsatz erfolgte bei der zweiten Mondlandung (→ »Apollo«); bei der ersten Landung wurde nur eine reduzierte »Experimentalnutzlast« (**EASEP** = **E**arly **A**pollo **S**cientific

Alan Bean beim Transport des ALSEP nach der Landung auf der Mondoberfläche (»Apollo 12«)

Experiments Payload) verwendet, die aus einem Laser-Reflektor und einem Seismometer bestand.

Altimeter: Höhenmesser, in der Raumfahrttechnik ausschl. ein → Radarhöhenmesser.

Ammoniak → Treibstoff (II 2 b β).

Ammoniumnitrat, Ammoniumperchlorat → Treibstoff (I 2).

Anders, *William*: US-amerikanischer Astronaut, geb. 17. Okt. 1933 Hongkong, nahm vom 21. bis 27. Dez. 1968 zusammen mit → *Borman* und → *Lovell* in »Apollo 8« an der ersten Mondumkreisung teil. – A. studierte an der Marine- bzw. Luftwaffen-Akademie für Technik, wurde Ingenieuroffizier und Fluglehrer der US Air Force; 1963 kam er zur Astronautengruppe.

Andover: im Staate Maine (USA) gelegene Boden-Relaisstation für Funk- und Fernsehübertragungen zwischen USA und Europa mittels Nachrichtensatelliten.

Andruck: Kraft, die als Folge der Massenträgheit an freibeweglichen Körpern in beschleunigten Systemen wirksam wird *(Beschleunigungs-A.)*, in der Raumflugtechnik hauptsächlich die Kraft, mit der ein Raumfahrer durch die Schubbeschleunigung (→ Schub) entgegengesetzt zur Beschleunigungsrichtung in seinen Sitz gedrückt wird. Die Größe des A. ist der Schubbeschleunigung proportional. Da der menschliche Organismus nur eine begrenzte *A.belastung* verträgt (*A.- oder Beschleunigungsverträglichkeit,* individuell sehr verschieden und von Wirkungsrichtung sowie Dauer des A. abhängig), muß

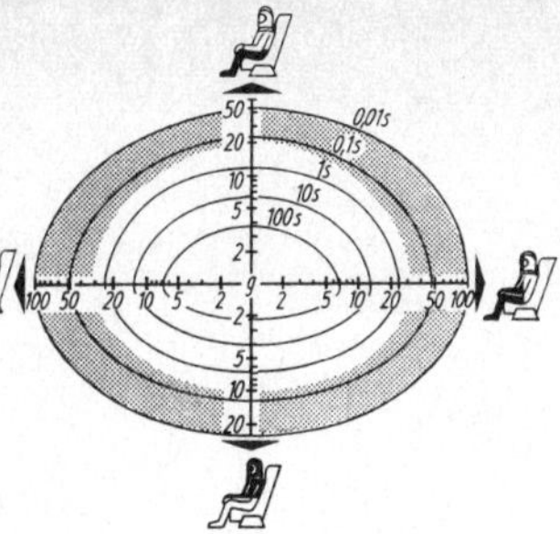

Grenzen der Beschleunigungsverträglichkeit in Abhängigkeit von Richtung und Dauer der Beschleunigung. Im gerasterten Bereich überschreitet die Belastung die zulässige mittlere Verträglichkeitsgrenze

der Antrieb des Trägersystems diesen Grenzen angepaßt werden. Außer der A.-belastung beim Start (max. 2 bis 3 g) ist der Raumfahrer auch bei der Rückkehr zur Erdoberfläche durch Bremsantrieb und aerodynamische Bremsung einer A.belastung *(Brems-A.)* unterworfen, die ebenfalls vor Beginn des Unternehmens klar festliegen muß (meist max. zwischen 6 und 8 g). Der bei antriebslosem Flug fehlende *Schwere-A.* kann gegebenenfalls durch *Fliehkraft-A.* (*Zentrifugalbeschleunigung* durch Rotation) ersetzt werden (Schwerkraftsimulation, → Schwerelosigkeit). Ein in großen *Zentrifugen* erzeugter Flieh-kraft-A. *(A.simulation)* wird darüber hinaus beim Training der Raumfahrer zur Gewöhnung an durchschnittliche oder kurzzeitige hohe A.belastung verwendet.

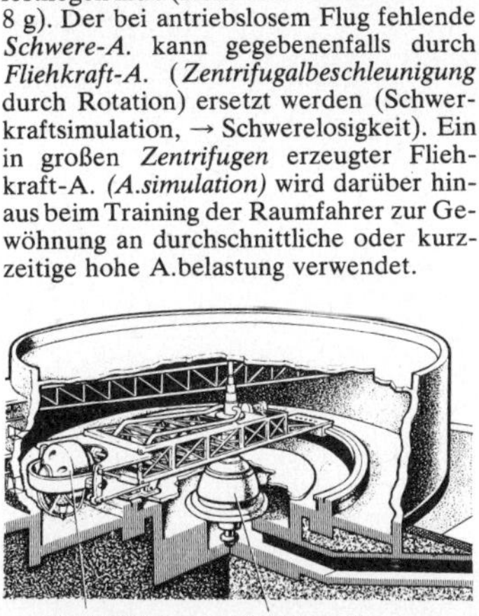

Große Zentrifuge zur Andrucksimulation mit ganzen Raumkabineneinheiten

Anfangsmasse → Raketengrundgleichung.
Angström-Einheit: nach dem schwedischen Physiker *Anders Jens Ångström* (1814 bis 1874) benannte Längeneinheit (1 Å = 10^{-8} cm), die in der Spektroskopie zur Angabe von Lichtwellenlängen, im praktischen Maßsystem aber nicht mehr benutzt wird; statt dessen wird das Nanometer (1 nm = 10^{-9} m) verwendet.
Anilin → Treibstoff (II 2 aß).
»ANNA 1 B« [Abk. für engl. **A**irforce, **N**avy, **NA**SA, **A**rmy]: geodätischer Erdsatellit (USA), an dessen Start (31. Okt. 1962) außer der NASA die genannten 3 Streitkräfte beteiligt waren. Der Satellit sollte in einem weltumspannenden Forschungsprogramm zur exakten Bestimmung der Gestalt und des Schwerefelds der Erde sowie der tatsächlichen Entfernungen zwischen weit auseinanderliegenden Erdorten beitragen. Deshalb war in ihm eine Anlage installiert worden, die kurzperiodisch sehr intensive Lichtblitze aussandte. Dadurch konnte er als exakter optischer Meßpunkt gegen den Fixsternhintergrund fotografiert werden. Die Ausrüstung zur Aussendung der Lichtblitze bestand im wesentlichen aus 4 Xenonlampen, die an der Außenseite des Satelliten montiert waren und eine Lichtstärke von je etwa 7,2 Mill. Candela aufwiesen. »A.« erhielt dadurch die Nebenbezeichnung *»Blinkfeuersatellit«*. Als anfängliche Bahndaten ergaben sich 50,15° Neigung, 1079 km Perigäums- und 1180 km Apogäumshöhe. Zur Ausrüstung des mit 158 kg Umlaufmasse auf die Bahn gebrachten Satelliten gehörten weiterhin Funkempfangsgeräte und Kontrolloszillatoren für automatische Doppler-Frequenzmessungen der dem Satelliten von Bodenstationen zugestrahlten Zeitsignale, ein elektronischer Zeitgeber, dessen Signale die Synchronisation der Zeitanlagen in den weitverstreuten Beobachtungsstationen mit einer Genauigkeit von mindestens 1/1000 s ermöglichten, sowie einige Magnetometer zur Untersuchung des erdmagnetischen Felds. Die Energieversorgung sämtlicher Anlagen geschah über Solarzellen und Speicherbatterien, wobei sich die Solarzellen auf einem Ringwulst des sonst kugelförmigen Satellitenkörpers befanden.
Annäherungsbahn: Raumflugbahn, auf der sich ein Raumflugkörper einem Himmelskörper nähert und die entweder in eine direkte *Abstiegsbahn* zu dessen Oberfläche oder in eine Satelliten-*Zwischenbahn* übergeht (d. h., der Raumflugkörper tritt vor dem Abstieg zunächst in eine nahe Umlaufbahn um den Himmelskörper ein). Von der Wahl zwischen diesen beiden Varianten hängt es ab, welche Korrekturmanöver man zur Vorbereitung vornimmt.

Annäherungsmanöver, Annäherungssteuerung → Rendezvous.
Annäherungszünder: für Luft-Luft-, Boden-Luft- bzw. Antiraketen verwendeter Zündertyp, durch den die Kampfladung auch bei nicht direktem Treffer zur Detonation gebracht wird (Zielabweichungen treten bei den extrem hohen Geschwindigkeiten von Rakete und Zielobjekt sehr leicht ein). Der A. spricht dabei auf eine optische, magnetische, akustische oder Wärmewirkung des Zielobjekts an und leitet im Augenblick des geringsten Abstands zwischen Kampfrakete und Ziel die Zündung ein.
»Anonymus«: unbenannte militärische Geheimsatelliten (USA); im wesentlichen Frühwarn- und Spionagesatelliten. → »Discoverer«.
Anstellwinkel → Programmwinkel.
Antirakete: Kampfrakete, die zur Abwehr ballistischer Fernraketen bestimmt ist. Ihr Einsatz stützt sich auf ein hochwirksames Frühwarnsystem, um die abzuwehrende Rakete oder deren Kampfkopf möglichst noch vor dem eigenen Territorium bekämpfen zu können. Deshalb kommen als A. nur Feststoffraketen mit extrem hoher Schubbeschleunigung in Betracht. Zur Erhöhung ihrer Abwehrwirksamkeit werden A. in jedem Fall mit einer Kernsprengladung und einem → Annäherungszünder ausgerüstet.

Weitreichende Antirakete (UdSSR), die gegen Luftziele und Raketen eingesetzt wird

Antriebsbahn: Teil der Flugbahn einer Rakete bzw. Raketenstufe oder eines mit Zusatztriebwerk ausgerüsteten Raumflugkörpers, in dem die Triebwerke in Tätigkeit sind. Bei einstufigen Raketen besteht die A. aus einem einzigen durchgehenden Antriebsabschnitt, der mit dem Abheben der Rakete von der Startvorrichtung beginnt. Für mehrstufige Raketen folgen entspr. dem → Antriebsprogramm mehrere *Antriebsabschnitte* aufeinander, die auch durch mehr oder weniger lange antriebslose → Freilaufbahnen getrennt sein können. Bei Raumflügen mit kompliziertem Flugprogramm können auch Antriebsabschnitte vorgesehen sein, die der Bahnkorrektur oder der Verminderung einer Annäherungsgeschwindigkeit dienen.
Antriebsbedarf: Energiemenge, die für den Antrieb eines Raumflugkörpers zur Durchführung eines astronautischen Flugauftrags benötigt wird. Er wird als Äquivalentgeschwindigkeit ausgedrückt, d. h. mit dem Wert derjenigen Geschwindigkeit, die ein im kräftefreien Raum fliegender Körper bei gleichem Antriebsaufwand erhalten würde. Um z. B. einen künstlichen Erdsatelliten in seine Umlaufbahn zu bringen, muß durch den Antrieb einerseits die Bahngeschwindigkeit (z. B. 7,6 km/s für 500 km Höhe) erreicht und zum anderen noch die Energie für seinen Aufstieg in die Umlaufbahn aufgebracht werden. Außerdem ist beim Aufstieg der Widerstand der Erdatmosphäre zu überwinden. Drückt man die energetischen Erfordernisse für die beiden zuletzt genannten Faktoren im oben erwähnten Sinn als Äquivalentgeschwindigkeit aus, so ergibt sich ein Gesamt-A. von etwa 9 km/s, d. h., ohne Einfluß von Erdgravitation und Luftwiderstand würde der Raumflugkörper eine Endgeschwindigkeit von rund 9 km/s erreichen. Bei komplizierten Unternehmen, deren Flugprogramm mehrere charakteristische Antriebsabschnitte umfaßt (z. B. Abflug ab Erde, Manöver im Raum, Anflugbremsung am Mond, Landemanöver, Rückstart vom Mond, Rückkehrmanöver mit Abbremsung), ergibt sich der A. als Summe der Äquivalentgeschwindigkeiten aller Einzelantriebsmanöver. Unter dieser Voraussetzung kann der A. für ein solches Unternehmen bis in die Größenordnung von 20 km/s ansteigen. Für die Projektingenieure ist die Kenntnis des A. eines Unternehmens daher insofern von entscheidender Bedeutung, als dieses nur dann durchführbar ist, wenn das → Antriebsvermögen der vorhandenen oder realisierbaren Antriebssysteme zumindest dem A. entspricht. Dabei bleibt allerdings zu berücksichtigen, daß das Antriebsvermögen zwar durch optimale Stufenteilung vielleicht ausreichend groß gemacht werden

kann, die dann verbleibende Nutzmasse jedoch für die übrigen Erfordernisse des Unternehmens (z. B. Ausrüstung für Flug mit Besatzung) zu klein wird.

Antriebsprogramm: Festlegung der Antriebsvorgänge bei einem Raketenstart oder Raumflugunternehmen nach Dauer und Größe der Antriebsleistung der einzelnen Antriebseinheiten. Grundlage des A. bilden die bahnmechanischen Forderungen des Flugprogramms und in technischer Hinsicht die Schubprogramme der eingesetzten Triebwerke oder Triebwerksysteme.

Antriebsstrahl → Rückstoßantrieb.

Antriebstechnik → Raketentechnik, Raumfahrt.

Antriebsvermögen: antriebstechnisch nutzbarer Energievorrat einer Rakete oder eines Trägersystems. Das A. wird als Äquivalentgeschwindigkeit ausgedrückt und zwar mit dem Wert derjenigen Geschwindigkeit, die von der letzten Antriebsstufe des Raketensystems im kräftefreien Raum erzielt werden könnte. Bei Starts von der Erdoberfläche wird ein Teil des A. zur Überwindung der Erdgravitation und des Luftwiderstands verbraucht, so daß die dem Raumflugkörper erteilbare Bahngeschwindigkeit immer kleiner bleibt als das A. In der Vorbereitung von Raumflugunternehmen muß geprüft werden, ob deren jeweiliger → Antriebsbedarf durch das A. verfügbarer Antriebssysteme gedeckt werden kann.

Antriebszeit, *Antriebsdauer, Antriebsperiode*: Zeitabschnitt, in dem der Antrieb einer Rakete in Tätigkeit ist. Bei einstufigen Raketen besteht die A. aus einer einzigen, durchlaufenden Periode, die mit der Brenndauer des Triebwerks identisch ist. Für mehrstufige Trägersysteme wird die A. zweckmäßig auf die einzelnen Stufen bezogen, da zwischen die Antriebsperioden zweier aufeinanderfolgender Stufen eine mehr oder weniger lange antriebslose Freiflugperiode (→ Freiflugbahn) eingeschaltet sein kann. Die Gesamt-A. ergibt sich dann durch Summieren der einzelnen Stufen-A.en. Für spezielle Endstufen mit wiederholt zündbarem Triebwerk setzt sich die Gesamt-A. ebenfalls aus den vom → Antriebsprogramm vorgegebenen einzelnen A.en zusammen. Die A. einer Rakete oder ihrer Stufen ist ein wesentliches Charakteristikum für die Aufstellung des Flugprogramms.

Antriebszubehör: speziell bei → elektrischen Raumfahrtantrieben verwendete Bezeichnung aller für die Funktion des Antriebssystems notwendigen Anlagen, mit Ausnahme des eigentlichen Triebwerks; wird darüber hinaus auch für das Triebwerkszubehör von chemischen Raketentriebwerken verwendet.

Aphel: Sonnenferne, → Apsiden.

Apogäum (Erdferne), **Apogäumshöhe** → Apsiden.

Apogäumstriebwerk: Korrekturtriebwerk, das vornehmlich beim Aufstieg von stationären oder quasistationären Satelliten (→ Synchronbahn) eingesetzt wird, um die meist stark exzentrische Aufstiegsbahnellipse durch einen Antriebsimpuls im Apogäum *(Apogäumsimpuls)* in eine annähernd kreisförmige Umlaufbahn zu ändern. Da die Größe des Apogäumsimpulses im wesentlichen von vornherein festliegt, kann als A. auch ein Feststofftriebwerk verwendet werden.

»Apollo«: Programm der NASA (USA), das 1961 von *J. F. Kennedy* speziell mit dem Ziel eingeleitet wurde, bis 1969/70 als erste Menschen amerikanische Raumfahrer auf den Mond zu bringen.

Um das gesteckte Ziel trotz so knapper Zeitvorgabe erreichen zu können, wurde – abgesehen von enormen finanziellen (etwa 25 Mrd. Dollar Gesamtkosten), personellen und technischen Aufwendungen – dem »A.«-Projekt eine besondere Mondflugvariante zugrunde gelegt, die in ihren Grundzügen übrigens schon in den zwanziger Jahren von → *Hohmann* angegeben wurde. Nach diesem Verfahren kann der vor allem zeitaufwendige Entwicklungsweg über den Zusammenbau großer Mondflugsysteme in Erdumlaufbahnen (→ Rendezvous) insofern umgangen werden, als für jedes einzelne Unternehmen nur eine einzige Trägerrakete erforderlich wird. Deren für den Fluchtgeschwindigkeitsbereich mögliche Nutzmassekapazität zieht dann allerdings auch die Grenze für die Ausrüstung des Raumfahrzeugs bzw. die für dessen Auslegung technologisch mögliche untere Grenze der Massenbilanz legt die Forderung (Leistung, Größe u. a.) für das Trägersystem fest.

1) *Systemstruktur und Missionsablauf.* Das »A.«-Mondflugverfahren macht ein aus 3 voneinander trennbaren Komponenten aufgebautes Raumfahrzeug erforderlich:

a) *Kommandoeinheit,* eine für 3 Mann Besatzung ausgelegte und gleichzeitig als Rückkehrkapsel dienende Kabine;

b) *Serviceeinheit,* mit Antriebs- u. a. technischen Einrichtungen;

c) *Mondlandeeinheit* (LM, Abk. für engl.

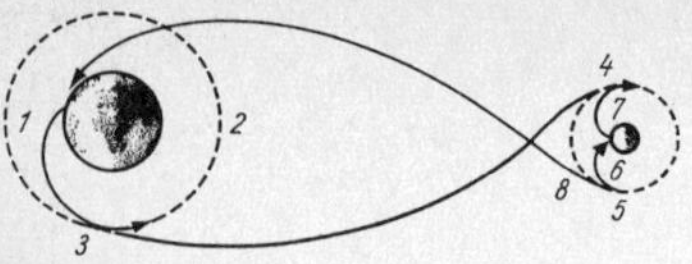

Bahnschema einer »Apollo«-Mondlandung: 1 Start und Aufstieg zur Parkbahn (2), 3 Eintritt in die Übergangsbahn, 4 Einflug in die Mondumlaufbahn, 5 Abstieg, 6 Mondlandung, 7 Wiederaufstieg, 8 Rückflug zur Erde

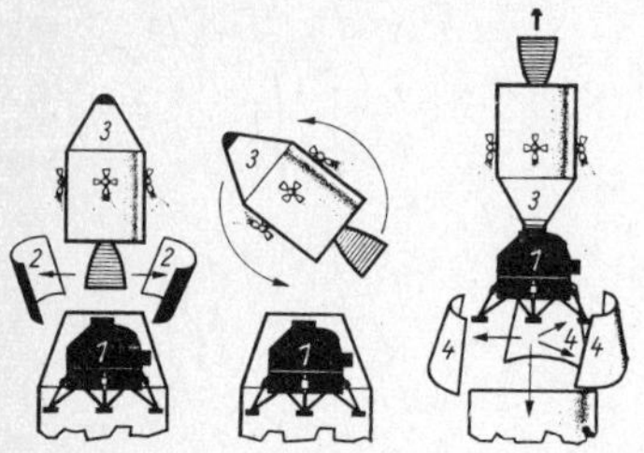

Manöver zur Verbindung der »Apollo«-Kommandoeinheit mit dem Mondlandegerät »LM«. Von links nach rechts: Abtrennung des Systemadapters (2), Drehung der Kommandoeinheit (3), Verbindung mit dem »LM« (1) nach Trennung vom Stufenadapter (4)

Lunar **M**odul = Mondeinheit, früher auch LEM, **L**unar **E**xcursion **M**odul = Monderkundungseinheit genannt).
Das Raumfahrzeug wird mit einer dreistufigen Trägerrakete zunächst in eine → Parkbahn gebracht und von dort mit Hilfe der dritten Stufe während einer zweiten Antriebsperiode in die → Übergangsbahn. Die Kommando- und Serviceeinheit – die schon von Anfang an miteinander gekoppelt sind – werden danach von der dritten Stufe getrennt, unter Steuerung durch die Besatzung um 180° gedreht und über die Kegelspitze der Kommandokabine mit der noch in der dritten Stufe steckenden Mondlandeeinheit gekoppelt. Anschließend wird letztere aus der Trägerstufe herausgezogen und bleibt weiterhin mit den anderen Komponenten verbunden. Luken im Kopplungsadapter zwischen Kommando- und Mondlandeeinheit ermöglichen einen Überstieg. Am Mond wird das Raumfahrzeug mittels Bremsung durch die Serviceeinheit in eine Mondumlaufbahn gebracht. 2 Astronauten – der Kommandant des Raumfahrzeugs und der Pilot der Mondlandeeinheit – steigen in das auch als *»Mondfähre«* oder *»Mondlander«* bezeichnete LM um und führen mit diesem Gerät die Mondlandung aus, während der dritte Astronaut – der Pilot der Kommandoeinheit – mit den beiden anderen Systemkomponenten in der Mondumlaufbahn verbleibt. Mit dem Aufstiegsteil der Mondfähre – das für die Landungsbremsung benutzte Antriebsteil mit dem Landegestell verbleibt auf der Mondoberfläche – kehren die beiden Astronauten wieder in die Mondumlaufbahn zurück und führen dort ein Kopplungsrendezvous mit dem Kommando-Service-System aus. Nach ihrem Rückstieg in die Kommandokabine wird der Rest der Mondfähre abgekoppelt, und der Antrieb der Serviceeinheit bringt die Kommandoeinheit in eine Rückflugbahn zur Erde. Nach Abtrennung des Serviceteils von der Kabinenkapsel kehrt diese durch einen sehr engen (10 bis 30 km Durchmesser) → Wiedereintrittskorridor auf einer aerodynamischen Eintauchbahn zur Erde zurück und geht nach entspr. → aerodynamischer Abbremsung an 3 Fallschirmen (Durchmesser 25,45 m) auf dem Meer nieder.
Zwar ergibt dieses Verfahren gegenüber anderen → Mondflugvarianten eine erheblich niedrigere Massenbilanz, aber trotz Anwendung einer höchstentwickelten Systemtechnik und z. T. völlig neu beschrittener technologischer Wege für das »A.«-Raumfahrzeug konnte die Gesamtmasse nicht unter rund 45 t gebracht werden. Bei der Entwicklung des dafür notwendigen Trägersystems mußten daher ebenfalls völlig neue raketentechnische Dimensionen erschlossen werden (→ »Saturn«-Raketen).
2) *Technischer Aufbau des »A.«-Raumfahrzeugsystems.*
a) Die *Kommandoeinheit* (Masse beim Start: 5450 kg) ist das Steuerungszentrum des Systems – mit Ausnahme des LM und seiner Flugoperation bei der Mondlandung – und hat die Form eines Kegels (3,18 m Höhe, 3,85 m Basisdurchmesser) mit leicht sphärisch gewölbter Basisfläche. Auf der Spitze des Kegels ist während der Startphase ein Gestell mit → Rettungsraketen angebracht, das später abgesprengt wird. In der dann abgestumpften Kegelspitze befinden sich – umgeben von 4 90°-Segmenten, in denen Teile des Landesystems und Lageregelungstriebwerke untergebracht sind – der Durchstieg (85 cm Durchmesser) im Adapter zur Mondlandeeinheit. Die sphärische Basis hat eine als → Hitzeschild verstärkte Außenstruk-

»Apollo«-Kommandokapsel nach dem Niedergehen auf dem Meer (»Apollo 9«)

tur und im Innern einen Einbau zur Dämpfung des Landestoßes, Instrumente sowie Behälter für Wasser, Treibstoffe (für die Lageregelungstriebwerke) und Druckgas (Helium). Der Hauptteil der Kommandoeinheit enthält den Aufenthalts- und Arbeitsraum für die Besatzung (5,59 m³). Er ist als Druckkabine aus geklebten Leichtmetallblechen mit Honigwaben-Zwischenlagen aufgebaut, die an der Basis eine Dicke von 38 mm und an der Spitze von 6,35 mm aufweisen. Die Wärmeschutzverkleidung besteht hauptsächlich aus rostfreien Stahlplatten mit aufgeklebtem Honigwaben-Zellmaterial. Außerdem ist die Außenseite zum Wärmeschutz gegen die beim Wiedereintritt auftretende Materialtemperatur von rund 2750 °C mit einem ablativen Material (→ Kühlverfahren) auf Phenolharz-Epoxydharz-Basis überzogen, dessen Dicke zwischen 12,7 mm und 63,5 mm (Hitzeschild) variiert. Für die Besatzung sind 3 nebeneinander liegende Konturensitze eingebaut, deren Fußstützen abgesenkt werden können, um während des Freiflugs den Bewegungsraum zu vergrößern. Unterhalb der beiden äußeren Dienstplätze befinden sich noch 2 spezielle Schlafliegen. Die Besatzung kann von ihren Arbeitsplätzen aus über 2 Seitenfenster nach außen blicken; weiterhin sind 2 besondere Fenster für die Rendezvous-Flugführung vorhanden. Die Innentemperatur der Kabine beträgt normalerweise 21 bis 24 °C und der Druck der reinen Sauerstoffatmosphäre etwa 0,35 kp/cm³. Die Lebenserhaltungssysteme sind für eine Gesamtzeit bis zu 14 Tagen ausgelegt. Die Bordenergieversorgung geschieht durch Brennstoffzellen, die in der Serviceeinheit untergebracht sind. Die Raumanzüge der Astronauten, die beim Start, Überstieg zur Mondlandeeinheit, Ausstieg und im Notfall angelegt werden, haben ein separates Klimasystem mit einem Druck des reinen Sauerstoffs von etwa 0,24 kp/cm³. Für die Fluglageregelung weist die Kommandoeinheit 2 voneinander unabhängige Systeme mit je 6 Raketentriebwerken von je 42 kp Schub auf; ihre Treibstoffkombination, Monomethylhydrazin und Stickstofftetroxid, ist hypergol. Das Lageregelungssystem erhält seine Eingangssignale normalerweise automatisch vom Flugführungssystem (→ Raumflugnavigation), kann aber auch manuell bedient werden. Die Bordanlagen zur Flugführung umfassen ein halbautomatisches, von der Besatzung bedientes System zur Trägheits- und optischen Navigation sowie für die Fluglagereferenz, das mit einem Bordcomputer zusammenarbei-

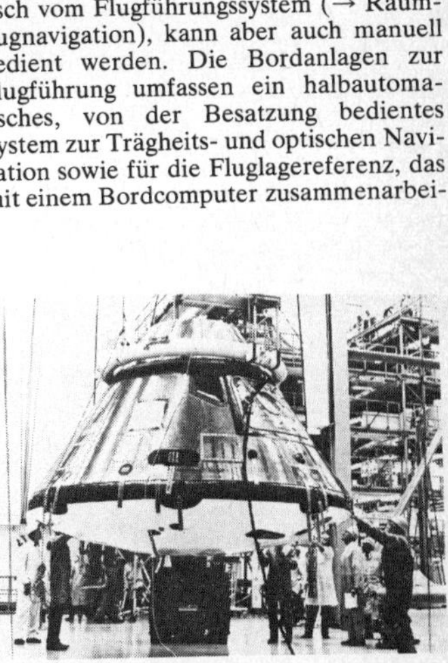

»Apollo«-Kommandoeinheit vor der Flugvorbereitung

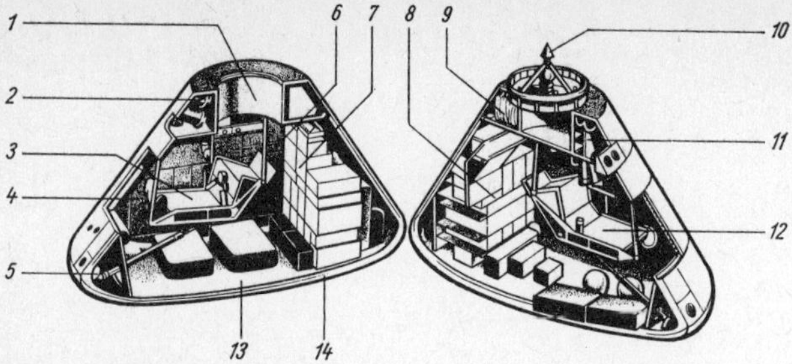

Kommandoeinheit des »Apollo«-Systems: 1 Umsteigeschacht zur Mondfähre, 2 Rückkehrausrüstung, 3 Astronautenliege, 4 Proviant, 5 Geräteabteil, 6 Ausrüstung, 7 elektronische Geräte (Computer u. a.), 8 Hauptinstrumentenkonsole, 9 Hauptfallschirme, 10 Kopplungsadapter für Mondfähre, 11 Ausrüstung wie 2, 12 Liege für Kommandanten, 13 Aufenthaltsraum (mittlere Liege ist weggelassen), 14 Hitzeschild

tet. Die Trägheitsplattform ist mit 3 integrierenden Kreiseln für die Trägheitsreferenz, 3 integrierenden Pendelbeschleunigungsmessern und 3 winkeldifferenzierenden Beschleunigungsmessern ausgestattet. Für die optische Navigation sind ein Sextant und ein Teleskop eingebaut. Die beim Start nach Bodenbezugspunkten ausgerichtete Trägheitsplattform wird während des Flugs auf der Parkbahn, in den Übergangsbahnen Erde-Mond-Erde sowie auf der Mondumlaufbahn mit dem optischen Navigationssystem und der Steuerung durch den Computer nach den Sternen ausgerichtet. Der Bordcomputer führt folgende Arbeiten aus: Berechnung der Steuersignale für Lageregelung und Bahnkorrektur; Ausrichtung des optischen Navigationssystems auf vorbestimmte Himmelskörper und der Trägheitsplattform nach den optischen Präzisionsmessungen; beschränkte Störungsuntersuchungen im Flugführungssystem durch Überwachung der Störungsanzeigen; Berechnung der auf den Pilotenarmaturen erscheinenden Anzeigewerte (Flugdaten u. a.). Die funktechnische Ausrüstung umfaßt Anlagen für den Sprechfunkverkehr, für die Fernseh- und Meßwertübertragung zum Boden sowie für die Signale zur Flugbahnverfolgung seitens der Kontrollstation in Houston (Texas), einschl. der Verbindung zwischen Kommando- und Mondlandeeinheit sowie zwischen letzterer und den tragbaren Versorgungsgeräten der Astronauten auf der Mondoberfläche. Es stehen hierfür die Betriebsarten VHF/AM und das S-Band zur Verfügung.

b) Die *Serviceeinheit* (Masse beim Start etwa 25000 kg) hat die Form eines Zylinders (Höhe 6,7 m, Durchmesser 3,66 m) und ist an dem einen Ende mit der Kommandoeinheit gekoppelt; aus dem anderen Ende ragt die Düsenverlängerung des Haupttriebwerks des Raumfahrzeugsystems. Die Struktur besteht aus Leichtmetall-Honigwaben-Zellplatten (25,4 mm Dicke) und Leichtmetallträgern, sie umschließt einen zylindrischen Mittelsektor und 6 Außensektoren, in denen neben dem Haupttriebwerk mit seinen Treibstoffbehältern verschiedene Hilfsausrüstungen und die 3 Brennstoffzellen (je 111 kg) mit ihren Vorräten an flüssigem Wasserstoff und Sauerstoff untergebracht sind. An der zylindrischen Außenwandung befinden sich 4 voneinander unabhängige Lageregelungseinheiten mit je 4 blockartig zusammengefaßten Raketentriebwerken von jeweils 45,4 kp Schub. Letztere werden mit der hypergolen Kombination IDMH-Stickstofftetroxid betrieben. Das Lageregelungssystem wird halbautomatisch über

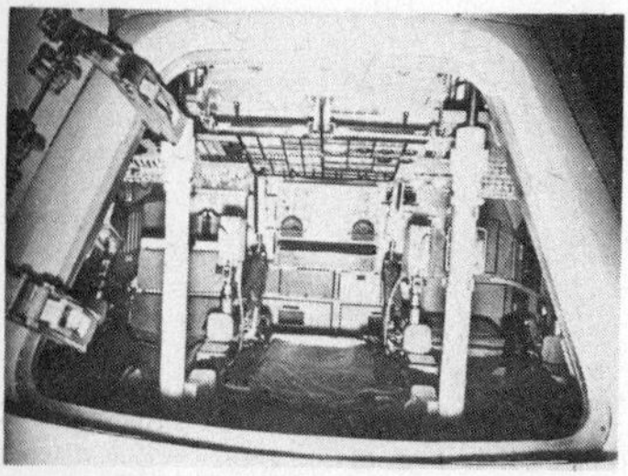

Blick durch die Einstiegsluke der »Apollo«-Kommandoeinheit

das Flugführungssystem gesteuert, kann aber auch rein manuell von der Besatzung bedient werden. Neben den üblichen Lageregelungsaufgaben ermöglicht es kleine Geschwindigkeitsänderungen (zur Abflußansammlung der Treibstoffe im schwerelosen Zustand vor Inbetriebnahme des Haupttriebwerks) und kleine Bahnkorrekturen in der Parkbahn sowie in den beiden Übergangsbahnen und in der Mondumlaufbahn. Außerdem werden mit seiner Hilfe die Manöver der Trennung des Raumfahrzeugs von der dritten Trägerstufe, der Kopplung von Mondlande- und Kommandoeinheit sowie der Trennung von Kommando- und Serviceeinheit ausgeführt. Das mit Druckgasförderung (Helium) arbeitende Hauptantriebssystem dient zur Durchführung aller großen Geschwindigkeitsänderungen (evtl. grobe Kurskorrekturen, Brems- und Abflugmanöver am Mond, Rückführung der Kommandoeinheit zur Erde im Falle eines vorzeitigen Flugabbruchs). Das Raketentriebwerk liefert mit Aerozine 50 und Stickstofftetroxid als Treibstoffkomponenten einen nicht regelbaren Vakuumschub von 9750 kp. Die Steuerung des kardanisch gelagerten Triebwerks geschieht normalerweise automatisch, kann aber auch manuell vorgenommen werden.

c) Die *Mondlandeeinheit* besteht aus dem Abstiegs- oder Landeteil (-stufe) und aus dem Aufstiegs- oder Startteil (-stufe). Beide Systemteile sind einschl. der außen angeordneten Komponenten durch eine mehrschichtige Thermalverkleidung (Wärmedämmfolie) aus mit Aluminium belegtem → Mylar geschützt. Zum verstärkten Schutz gegen Mikrometeoriten besteht die äußere Schicht aus 0,01 bis 0,02 mm dicker Aluminiumfolie; alle genannten Schichten sind durch Stäbchen mit sehr geringem Wärmeleitvermögen voneinander und von den inneren Strukturen getrennt.

Bis zum Rückstart von der Mondoberfläche sind beide Untersysteme durch Sprengbolzen fest miteinander verbunden. Der *Landeteil* besteht aus 5 kreuzförmig angeordneten Würfelstrukturen, die mit der äußeren Verschalung eine achteckige Grundform ergeben. Als Werkstoff werden hauptsächlich Al-Legierungen verwendet, für höher beanspruchte Beschläge und Verbindungsteile Titan. In dem mittleren Würfel ist das Landetriebwerk untergebracht; in den 4 anderen befinden sich die Behälter mit den Treibstoffkomponenten (Aerozine 50 und Stickstofftetroxid).

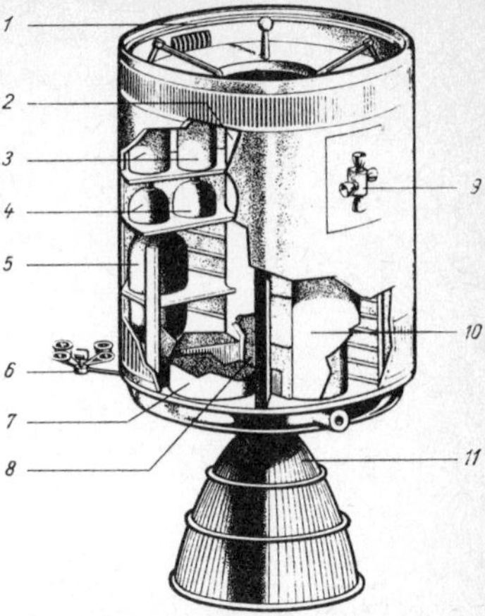

Serviceeinheit des »Apollo«-Systems: 1 Adapterring, 2 Heliumbehälter, 3 Brennstoffzellen mit Sauerstoffbehälter (4) und Wasserstoffbehälter (5), 6 S-Band-*Antenne, 7 Oxydatorbehälter, 8 Brennkammer, 9 Lageregelungsdüsen, 10 Brennstoffbehälter, 11 Haupttriebwerksdüse
(*S-Band = 1550 ... 5200 MHz)

Der Schub des Triebwerks ist in einem Bereich von 476 kp bis 2857 kp stufenlos regelbar und kann max. 4476 kp erreichen. Die Innenwand der Brennkammer (7 kp/cm² Druck) wird ablativ durch einen Überzug aus einem abbrennbaren Kunststoff gekühlt. Das Triebwerk ist kardanisch gelagert und kann bis zu 6° geschwenkt werden. Die Schubvektorsteuerung geschieht automatisch oder manuell. Die harten Grenzen der Massenkalkulation für die Auslegung der Mondfähre werden darin erkennbar, daß bei der Landestufe

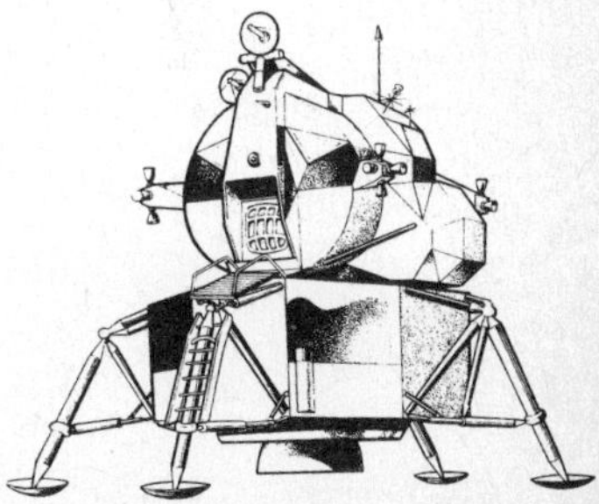

Mondlandeeinheit des »Apollo«-Systems

Massedaten der Mondlandeeinheit

Landeteil		
Leermasse	1855 kg	
Oxydator	4994 kg	
Brennstoff	3170 kg	
Startmasse		10019 kg
Aufstiegsteil		
Leermasse (mit Besatzung)	2045 kg	
Oxydator	1443 kg	
Brennstoff	915 kg	
Treibstoff f. Lagereg.	272 kg	
Startmasse		4675 kg
Gesamtstartmasse (mit Besatzung)		14694 kg

als Treibstoff-Sicherheitsreserve nur 182 kg (2,4 %) zur Verfügung stehen. Das Landeradar ist eine Weiterentwicklung desjenigen der → »Surveyor«-Mondsonden und besteht aus einem Radarhöhenmesser (Meßbereich 3 bis 7600 m) und einem dreistrahligen Doppler-Geschwindigkeitsmesser. Das zugehörige Antennensystem umfaßt 2 Sende- und 4 Empfangsantennen und befindet sich an der Unterseite des Landeteils. Im Notfall kann die Landeoperation noch in der Aufsetzphase durch ein spezielles Steuerungssystem abgebrochen werden, das den Aufstiegsteil abtrennt und automatisch sofort wieder in die Mondumlaufbahn zurückbringt. Im Landeteil ist auch die wissenschaftliche Ausrüstung (→ ALSEP) untergebracht. Die Stromversorgung erfolgt durch 4 Silber-Zink-Batterien von je 57 kg und 400 Ah für 16 h Betriebsdauer bei 27 °C; fällt eine Batterie aus, so können die restlichen noch den Gesamtbedarf decken.

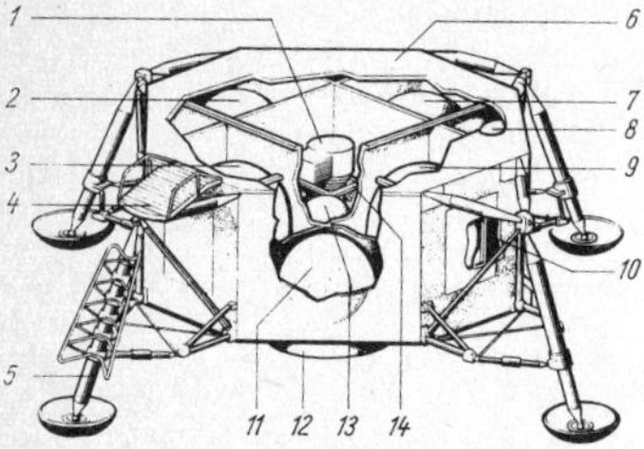

Landeteil der »Apollo«-Mondfähre: 1 Landetriebwerk, 2 und 9 Brennstoffbehälter, 3 und 7 Oxydatorbehälter, 4 Ausstiegsbalkon, 5 Landebein mit Leiter, 6 hitzefeste Deckstruktur, 8 Wassertank, 10 Abteil für wissensch. Geräte, 11 Heliumbehälter, 12 Triebwerksdüse, 13 Sauerstoffbehälter, 14 Schwenkring für Triebwerk

Die 4 ausklappbaren Landebeine sind außen an dem Würfelstruktur-Kreuz angebracht. Das Landegestell ermöglicht noch sichere Landungen bei 6° Neigung der Längsachse zur Senkrechten im Landepunkt, einer Vertikalgeschwindigkeit bis zu 2,2 m/s und gleichzeitiger Horizontalbewegung mit 1,2 m/s, einer Winkelgeschwindigkeit bis zu ±2°/s um alle 3 Achsen und bei Unebenheiten des Landeplatzes bis zu 0,7 m Höhenunterschied. Die Landebeine sind mit Fußtellern von 95 cm Durchmesser ausgestattet, die ihrerseits wieder 1,3 m lange Bodenfühler tragen, von denen die Signale zum Stillsetzen des Landetriebwerks geliefert werden. Der Landestoß wird von jedem Landebein durch 3 Streben aufgenommen, die mit Stoßdämpfern ausgerüstet sind. Letztere bestehen aus Aluminiumwaben, die eine

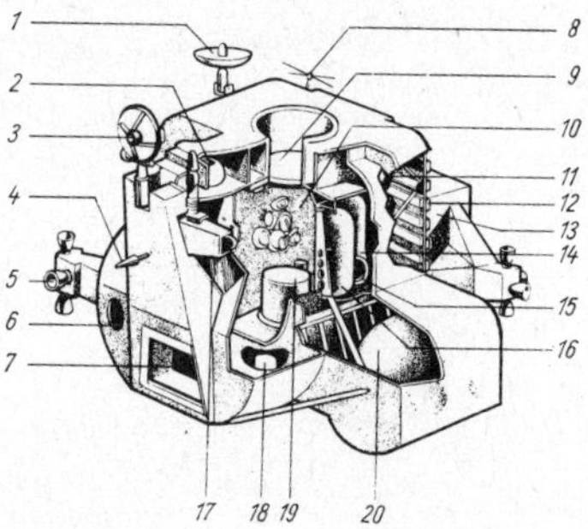

Aufstiegsteil der »Apollo«-Mondfähre: 1 S-Band-*Richtantenne, 2 Navigationsgeräte, 3 Rendezvousradar, 4 S-Band-*Antenne, 5 Lageregelungsdüsen, 6 Oxydatorbehälter, 7 Aus- und Einstiegsluke, 8 UKW-Antenne, 9 Umsteigeluke, 10 Aufenthaltsraum, 11 Sauerstoffbehälter, 12 Elektronik, 13 Ausrüstung, 14 Brennstoffbehälter, 15 Heliumbehälter, 16 Oxydatorbehälter für Lagesteuerung, 17 Fenster, 18 Wassertank, 19 Verkleidung des Aufstiegstriebwerks, 20 Brennstoffbehälter
(*S-Band = 1550 ... 5200 MHz)

Quetschlast bis zu 4300 kp aufnehmen können.

Der Aufstiegsteil ist in seiner Hauptstruktur als Druckkabine für die stehend untergebrachte zweiköpfige Besatzung ausgelegt. Sie setzt sich zusammen aus einem zylindrischen Teil (Durchmesser 2,34 m,

Länge 1,07 m) mit eingebauten Kontroll- und manuellen Steuerungseinrichtungen des Flugführungssystems (Flugleitstand) und aus einem daran anschließenden Teil von 2,10 m Länge und 1,52 m Höhe mit elliptischem Querschnitt, in dessen Decke sich die Umsteigeluke zur Kommandoeinheit befindet und in dessen Boden die Verkleidung des außen angebrachten Starttriebwerks hineinragt. Außerdem sind hier die automatischen Komponenten des Flugführungssystems und anderweitige Hilfseinrichtungen untergebracht. Das Gesamtvolumen der Kabine beträgt 6,65 m^3. Außen angebracht sind die Treibstoffbehälter des Starttriebwerks, die Behälter des Lebenserhaltungssystems, verschiedene Antennen und die wie bei der Serviceeinheit blockartig zusammengefaßten und identisch ausgelegten Lageregelungstriebwerke. In der vorderen Wandung des Kabinenzylinders sind 2 dreieckige Fenster sowie die viereckige Ausstiegsluke eingebaut. Über dem links stehenden Kommandanten der Mondfähre befindet sich noch ein drittes Fenster zur Beobachtung des Kopplungsmanövers mit der Kommandoeinheit. Alle Fenster haben Doppelscheiben; der Zwischenraum hat das Vakuum des Weltraums. Die Außenscheibe dient als Mikrometeoritenschutz und wirkt durch einen dünnen Belag mit Metalloxiden als Filter gegen Infrarot- und UV-Strahlung. Die innere Scheibe besteht aus hochfestem Glas und ist gegen Beschlagen elektrisch beheizt.

Das mit 1,5° Neigung zur Hochachse starr eingebaute Starttriebwerk (8,1 kp/cm^2 Brennkammerdruck, Ablationskühlung) ist nicht regelbar und liefert 1587 kp Vakuumschub; es kann bis zu 35mal gezündet und stillgelegt werden. Die Treibstoffsicherheitsreserve des Aufstiegsteils beträgt nur 29 kg (1,3 %). Zur Stromversorgung ist die Startstufe mit 2 Silber-Zink-Batterien von je 296 Ah ausgestattet, wobei eine Batterie im Notfall den Gesamtbedarf dekken kann.

Das Flugführungssystem des Landegerätes besteht aus einer Trägheitsnavigationsanlage, einem optischen Sextanten zur Kontrolle der Kreiselplattform, dem Laderadarsystem und einem Bordcomputer. Das Lebenserhaltungssystem liefert in einem geschlossenen Kreislauf Sauerstoff (normal unter 0,3375 ± 0,015 kp/cm^2) für Kabine und Raumanzüge. Für den Ausstieg wird die Kabine druckentlastet und nach der Rückkehr der Astronauten wieder mit Sauerstoff belüftet. Der Druck in den Raumanzügen wird beim Ausstieg auf 0,267 ± 0,015 kp/cm^2 gesenkt. Die Lebenserhaltung geschieht dann über ein tragbares Tornistergerät (Gesamtmasse 30 kg, Höhe 66 cm, Breite 45 cm, Tiefe 27 cm), dessen Gehäuse durch eine Glasfaserschicht gegen Mikrometeoriten geschützt ist. Es umfaßt 1. die Hauptklimaversorgung (mit Sauerstoff für 4 h), 2. ein Notklimagerät, das funktionell von der Hauptversorgung getrennt ist, aus 2 kleinen Behältern mit zusammen 2,55 kg unter 470 kp/cm^2 gespeichertem Sauerstoff besteht und separat auf der Brust getragen werden kann (z. B. beim Notüberstieg von der Lande- zur Kommandoeinheit), 3. ein Funktionsüberwachungsgerät (auf der Brust getragen) und 4. einen Nachrichtensatz (Duplex-Sprechfunk, Telemetrie der physiologischen Meßwerte, Zustandsangaben über Tornistergerät). Die Stromversorgung erfolgt durch Silber-Zink-Batterien (16,8 V).

Während des Landeunternehmens werden von einem speziellen Überwachungskomplex der Mondfähre laufend Meß- und Kontrollwerte mit 57200 bit/s von 279 Teilsystemen zur Bodenkontrollzentrale in Houston (Texas) übertragen.

3) *»A.«-Erprobungs- und -Einsatzprogramm*

Als Trägerraketen sowohl für die Erprobungs- als auch für die Einsatzflüge dienen die speziell für dieses Programm entwikkelten »Saturn«-Raketen (→ »Saturn«), wobei für Flüge mit »Saturn 1« und »Saturn 1B« als Trägerraketen Serienbezeichnungen ab »AS-201« und für solche mit »Saturn 5« ab »AS-501« eingeführt wurden und die »A.-Nr.«-Bezeichnungen offiziell nur für Flüge mit bemannten Geräten benutzt werden.

Vom Febr. bis Aug. 1966 wurden mit »AS-201« bis »AS-203« erfolgreiche Komponentenerprobungen der unbemannten Kommandoeinheit ausgeführt. »AS-204« war als erster Flug mit bemannter Kommandoeinheit und unbetankter Serviceeinheit geplant. Bei einem Bodentest fanden aber am 28. Jan. 1967 die 3 Astronauten → *Grissom*, → *White* und → *Chaffee* durch einen Brand in der Kommandokapsel den Tod. Technische Mängel und die reine Sauerstoffatmosphäre in der Kapsel bildeten die Ursachen der Katastrophe. Das »A.«-Programm wurde dadurch um etwa ein Jahr zurückgeworfen. Die erkannten Fehler und Mängel wurden mit intensiven Anstrengungen behoben (u. a. Schnellverschluß für die Einstiegsöff-

nung, Vermeidung brennbarer Materialien).
Am 9. Nov. 1967 erfolgte mit »AS-501« (»A.4«) der Erststart einer »Saturn 5«, bei dem es vornehmlich um die Erprobung der gesamten Startanlagen und der Trägerraketensysteme ging. Als Nutzlast wurden eine unbemannte Kommando-Service-Kombination sowie eine LM-Attrappe in eine hochelliptische Bahn gebracht. Nach Erreichen der Apogäumshöhe von 18300 km beschleunigte das erneut gezündete Service-Triebwerk die danach abgetrennte Kommandokapsel im Abstieg auf die bei Rückkehr vom Mond zu erwartende Wiedereintrittsgeschwindigkeit, um die Kapsel unter realistischen Bedingungen als Eintauchkörper zu prüfen. Der Versuch war erfolgreich.
Beim Wiederholungsversuch »AS-204« (»A.5«, 22. Jan. 1968) wurde erstmals eine unbemannte Mondfähre im Erdumlauf (Ausgangsbahn in etwa 163 km Höhe) erprobt; die Komponententrennung und die Brennversuche mit Lande- und Starttriebwerk gelangen zufriedenstellend. Das Unternehmen »AS-502« (»A.6«) am 4. April 1968, bei dem es im wesentlichen um eine Ergänzung der bei »AS-501« gesammelten

Start einer »Saturn 1 B« mit »Apollo 7«

Erfahrungen ging, wurde nur ein Teilerfolg, weil die Wiederzündung der »Saturn-IVB«-Stufe mißlang. Die Kapsel konnte jedoch geborgen werden.
Der erste Flug einer bemannten Kommando-Service-Kombination (18700 kg Gesamtmasse) begann als Unternehmen »A.7« (»AS-205«) am 11. Okt. 1968. Die 3 Astronauten → *Schirra*, → *Eisele* und → *Cunningham* führten während ihres 10tägigen Flugs neben verschiedenen Flugmanövern und Rendezvous-Simulationen zahlreiche System- und Gerätcerprobungen sowie wissenschaftliche Arbeiten aus. Die größte Bahnhöhe betrug 420 km (Ausgangsbahnhöhe 225/295 km), die Gesamtflugzeit 261 h 40 min (164 Erdumläufe). Bei der Landung ging die auf der Eintauchbahn aerodynamisch steuerbare Kapsel nur 0,6 km vom Zielpunkt und 8 km vom Bergungsschiff entfernt nieder.
Im Zuge der oftmaligen Änderungen des »A.«-Programms wurde das am 21. Dez. 1968 gestartete Unternehmen »A.8« (»AS-503«) schon als erster Flug einer bemannten Kommando-Service-Kombination zum Mond ausgeführt. Da als optimale Variante des flexibel gehaltenen Flugprogramms lediglich ein mehrfaches Umkreisen des Mondes vorgesehen war, ersetzte man die Mondfähre durch eine Massenattrappe. Als Besatzung flogen die Astronauten → *Borman*, → *Lovell* und → *Anders*. Aus der Parkbahn (184,1/185,4 km) wurde »A.8« mit 10,99 km/s in die Übergangsbahn gebracht; die Flugzeit zum Mond betrug 66 h 10 min. Beim Einflug in die Mondumlaufbahn wurde die Bahngeschwindigkeit von 2555 m/s um 913 m/s vermindert. Die erreichte Bahn lag anfänglich zwischen 129,6 und 542,6 km über der Mondoberfläche; nach einer Bahnkorrektur wurde eine kreisförmige Bahn erreicht, deren Lage (112,23/112,43 km) den Werten für die spätere Mondlandung entsprach. Während des Fluges zum Mond und in der Mondumlaufbahn fanden verschiedene Fernsehdirektübertragungen statt. Die Hauptaufgabe des Unternehmens bestand neben der technischen Erprobung in einer zusätzlichen optischen (fotografischen) Erkundung des vorgesehenen »A.«-Landeplatzes Nr. 2 im Mare Tranquillitatis sowie der Mondoberfläche in anderen Gebieten. Nach insgesamt 10 Mondumläufen trat »A.8« den Rückflug an und ging nach einer Gesamtflugdauer von 147 h 11 min etwa 5 km vom Zielpunkt im Pazifik nieder.
Beim Start von »A.9« (»AS-504«), am 3.

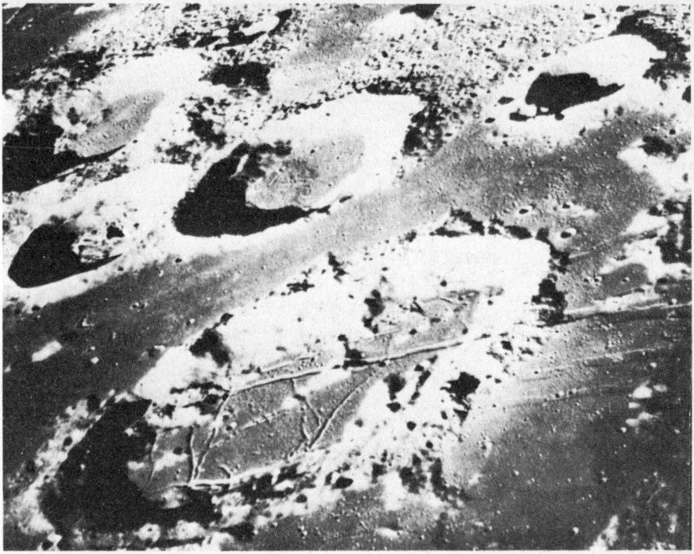

Aufnahme des Mondkraters Goclenius (im Vordergrund), die am 24. Dez. 1968 aus »Apollo 8« während der Mondumkreisung (110 km Höhe über der Mondoberfläche) gewonnen wurde. Der Krater hat einen Durchmesser von rund 65 km

März 1969, wurde erstmalig ein komplettes Mondflugsystem mit den Astronauten → *McDivitt*, → *Scott* und → *Schweickart* in eine Erdsatellitenbahn gebracht. Ziel des Unternehmens war die Erprobung der bemannten Mondfähre (mit einem Simulationsprogramm der Mondlandung im Erdumlauf) sowie des tragbaren Lebenserhaltungsgeräts im Raum. Von einer Parkbahn in 194 km Höhe ausgehend wurden alle Flugmanöver des Simulationsprogramms ohne große Schwierigkeiten ausgeführt, wobei die Bahnänderungen Apogäumshöhen bis zu 504 km ergaben und die später in einer niedrigeren Bahn (232/239 km) abgetrennte Mondfähre (mit *McDivitt/Schweickart*) in eine Entfernung bis zu 188 km von der Kommandoeinheit (mit *Scott*) gelangte. Das abschließende Kopplungsrendezvous zwischen dem Aufstiegsteil der Mondfähre und der Kommando-Service-Kombination verlief ebenso befriedigend wie die Wasserung im Atlantik, mit der die 10tägige Einsatzerprobung abschloß.

Das mit dem Start am 18. Mai 1969 eingeleitete Unternehmen »A. 10« (»AS-505«) bildete die Generalprobe. Es vereinigte die Erprobungsprogramme von »A. 8« und

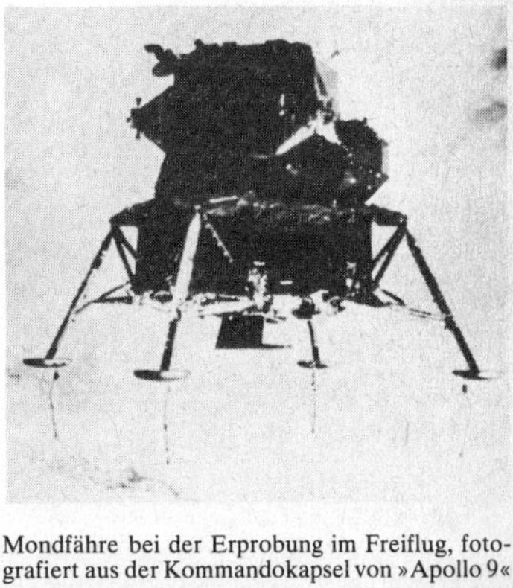

Mondfähre bei der Erprobung im Freiflug, fotografiert aus der Kommandokapsel von »Apollo 9«

»A. 9«, indem eine Abstiegssimulation im Mondumlauf ausgeführt werden sollte. Das Raumfahrzeug mit den Astronauten → *Stafford*, → *Cernan* und → *Young* erreichte eine Mondparkbahn in 109 km Höhe. Im Verlauf der 31 Mondumkreisungen (rund 62 h) stiegen *Stafford* und *Cernan* für 8 h in die Mondfähre um und absolvierten das volle Simulationsprogramm, bei dem sie auf einer selbständigen, elliptischen Umlaufbahn der Mondoberfläche bis auf 15 186 m nahe kamen. Alle Bahndaten am Mond entsprachen mit großer Genauigkeit den für das spätere Landeflugprogramm erforderlichen Werten. Während der Mondumkreisungen wurde vor allem der für »A. 11« vorgesehene Landeplatz Nr. 2 noch einmal gründlich inspiziert und für geeignet befunden. Daneben wurde allgemein die optisch-fotografische und anderweitige Untersuchung der Mondoberfläche weitergeführt; außerdem nahmen die Astronauten sehr genaue Vermessungen der Mondumlaufbahnen vor, deren spätere Auswertung wichtige zusätzliche Aufschlüsse über die teilweise beträchtlichen Inhomogenitäten des Mondgravitationsfelds (→ Mascon) ergaben. Die Wasserung im Pazifik nach rund 192 h Gesamtflugdauer verlief exakt. Die Auswertung des Unternehmens ergab für alle beteiligten technischen Komponenten eine Systemzuverlässigkeit von 99,999 %. Außerdem hatte sich die »Systemintegration« der Raumfahrer im Bereich der Flugführung als vollauf gelungen und für die Erhöhung der Gesamtsystemzuverlässigkeit als außerordentlich vorteilhaft erwiesen.

Edwin Aldrin verläßt die Mondfähre »Eagle« nach der Landung auf der Mondoberfläche, fotografiert von Neil Armstrong

Der Verlauf der Vorerprobungen ließ es zu, schon für »A. 11« (»AS-506«) das volle Mondlandeprogramm anzusetzen. Der Start erfolgte am 16. Juli 1969 mit den Astronauten → *Armstrong* (Kommandant), → *Aldrin* (Pilot der Mondfähre) und → *Collins* (Pilot der Kommandoeinheit). Am 19. Juli trat »A. 11« in eine Mondumlaufbahn ein, die zunächst leicht elliptisch war (100/315 km Höhe), durch ein Korrekturmanöver dann aber auf die für den Abstieg der Mondfähre (»Eagle« = »Adler«) vorgesehenen Ausgangswerte (Kreisbahn in rund 110 km Höhe) gebracht wurde. 24 h später stiegen *Armstrong* und *Aldrin* in das Landegerät über; letzterer übernahm in einer Höhe von 150 m über der Mondoberfläche und 500 m vom Landepunkt entfernt die Flugführung mit der Handsteuerung – und um $21^h\ 47^m\ 46^s$ (MEZ, 20. Juli 1969) stand »Eagle« als erstes bemanntes Raumfahrzeug auf der Mondoberfläche, und am 21. Juli 1969, um $3^h\ 56^m\ 20^s$ (MEZ), betrat *Armstrong* als erster Mensch die Mondoberfläche. *Aldrin* folgte etwa 20 min später und blieb insgesamt 1 h 44 min außerhalb der Mondfähre, während Armstrong auf 2 h 14 min kam. Die beiden Astronauten installierten neben dem Landegerät auf der Mondoberfläche eine Spezialfolie als Sonnenwindanalysator, ein Seismometer zur Untersuchung von Mondbeben und Meteoriteneinschlägen sowie einen Laser-Reflektor für Präzisionsentfernungsmessungen Erde – Mond. Die Sonnenwindfolie wurde zur Erde zurückgebracht; die beiden anderen wissenschaftlichen Geräte blieben auf dem Mond. Mit 2 Fernsehkameras – eine fest eingebaut in der Mondfähre, die andere von *Armstrong* in etwa 30 m Entfernung von »Eagle« aufgestellt – wurde die Tätigkeit der Astronauten aufgenommen und zur Erde übertragen. Das Material der Mondoberfläche erwies sich als pulverförmig nach Art feucht zusammengebackenen Strandsands. Die Tellerfüße der Mondfähre waren nur etwa 2 bis 3 cm tief eingesunken. *Aldrin* absolvierte ein spezielles Programm zur Untersuchung von Fortbewegungstechniken (Storchschritt, Sprungschritt, Känguruhhüpfen). In der letzten Phase ihres freien Aufenthalts auf der Mondoberfläche sammelten beide Astronauten etwa 27 kg Gesteinsbrocken und

Bodenproben (bis zu 13 cm Tiefe), die in 2 besonderen Behältern der Mondfähre untergebracht wurden. Um $18^h\ 52^m$ erfolgte der Rückstart zum Rendezvous mit der Kommando-Service-Kombination, das ebenso perfekt verlief wie der Rückflug zur Erde; der Bahnwinkel zur Horizontalen im Eintauchpunkt (122 km Höhe) blieb in der vorgesehenen Toleranz zwischen 5,2° und 7,2°. Auf der aerodynamischen Eintauchbahn erreichte der Bremsandruck zweimal Spitzenwerte von 6,3 bzw. 5,9 g. Am 24. Juli ging »A. 11« 1530 km südwestlich Hawaii 17,5 km vom Bergungsschiff entfernt auf dem Wasser nieder. Um die Möglichkeit der Einschleppung eventueller Mondbakterien auszuschließen, wurden die 3 Astronauten – zunächst in einer transportablen Isolierstation, später in Houston in einer größeren Anlage, für 18 d unter Quarantäne gehalten. Das Mondgestein wurde unter gleichen strengen Bedingungen von isolierten Wissenschaftlern einer äußerst sorgfältigen Überprüfung auf Mikroorganismen unterzogen, die jedoch eindeutig negativ verlief.

Am 14. Nov. 1969 startete »A. 12« unter schlechten Wetterbedingungen (Gewitter in Startplatznähe) mit → *Conrad*, → *Bean* und → *Gordon* zum zweiten Mondlandeunternehmen. Nach Verlassen der Erdparkbahn wurde erstmalig eine »hybride«, zweiteilige Übergangsbahn benutzt, die hinsichtlich des Antriebsbedarfs erheblich günstiger war als die zuvor gewählten Bahnen »aus einem Stück«. So konnte das Raumfahrzeug mit größeren Treibstoffreserven des Servicemoduls in die Mondumlaufbahn eintreten als »A. 11« und dadurch nach Abschluß des Landeunternehmens zu Erkundungszwecken größere Bahnmanöver im Mondumlauf ausführen. Da aber die Hybridbahn bei einfachem Hinterfliegen des Monds (z. B. nach Änderung des Flugprogramms wegen Havarie) keine freie, direkte Rückkehrbahn zur Erde ergibt, die Rückkehr also erst durch weitere größere Bahnkorrekturen möglich wird, ist das Prinzip der Hybridbahn hinsichtlich der Sicherheit der Mondraumfahrer äußerst risikoreich. Nach perfektem Überflug, Eintritt in die Mondumlaufbahn (110 km Höhe) und Abstieg zur Mondoberfläche standen *Conrad* und *Bean* am 19. Nov. um $7^h 54^m$ (MEZ) mit der Mondfähre »Intrepid« (engl. die Unerschrockene) als zweite Besatzung auf dem Mond. *Gordon* war als Pilot in der Kommandokapsel »Yankee-Clipper« (engl. clipper = schneller Frachtsegler des 19. Jahrhunderts) verblieben. Die Landung verlief mit hervorragender Präzision als gezielte Punktlandung in unmittelbarer Nähe der im April 1967 niedergegangenen Mondsonde »Surveyor 3« (→ »Surveyor«) im Gebiet des Oceanus Procellarum. Dabei zeigte sich die Mondoberfläche stärker mit staubähnlichem Material bedeckt als im Landegebiet von »A. 11«. Die Entfernung zum »Surveyor 3«, der am inneren Rand eines Kraters von etwa 200 m Durchmesser und etwa 10 m Tiefe stand, betrug rund

Edwin Aldrin während des Aufenthalts auf der Mondoberfläche, fotografiert von Neil Armstrong. Im Vordergrund sind deutlich die Fußabdrücke der Astronauten zu sehen

Alan Bean inspiziert nach der Landung der Mondfähre »Intrepid« (»Apollo 12«) die 1967 gelandete Mondsonde »Surveyor 3«. Die Mondfähre ist im Hintergrund mit einer daneben aufgebauten Antenne zu sehen

350 m. *Conrad* und *Bean* führten bei dieser ersten ausgedehnten wissenschaftlichen Expedition 2 Ausstiege aus, bei denen sie sich jeweils rund 3 h und 54 min *(Conrad)* bzw. 3 h und 30 min *(Bean)* außerhalb des Raumfahrzeugs befanden. Beim erstenmal installierten sie das erste → ALSEP auf der Mondoberfläche und entfernten sich bei ihren Erkundungen (Sammlung von Mondmaterial, etwa 45 kg; Fotoaufnahmen) bis zu etwa 500 m von der »Intrepid«. Beim zweiten Ausstieg drangen die beiden Astronauten zum »Surveyor 3« vor; sie fertigten wiederum zahlreiche Aufnahmen an, demontierten die »Surveyor«-Kamera und ein Stück Kabel, in das vor dem »Surveyor«-Start Mikroorganismen eingebracht worden waren. Nach 31 h und 32 min Mondaufenthalt erfolgte der Rückstart, und nachdem die Fährenbesatzung in die Kommandokabine übergestiegen war, wurde der abgetrennte Aufstiegsteil der Mondfähre zu einem gezielten Absturz in relativer Nähe (etwa 50 km Entfernung) des »A.-12«-Landeplatzes gebracht, um bei diesem künstlichen »Meteoriteneinschlag« (etwa 2 t Masse, rund 6000 km/h Geschwindigkeit) Messungen mit dem Seismometer des aufgebauten ALSEP zu erhalten. Es ergab sich das sensationelle und bisher undeutbare Ergebnis, daß der Aufsturz ein 55 min fortdauerndes Beben des Mondbodens zur Folge hatte. Am 24. Nov. endete das Unternehmen nach 244 h 36 min und 25 s mit einer Ziellandung im Pazifik. Die Astronauten mußten sich aus Sicherheitsgründen noch einmal in Quarantäne begeben, obwohl die diesbezügliche Auswertung des »A.-11«-Unternehmens keinen Nachweis von Mondmikroorganismen erbracht hat.

Für das Unternehmen mit »A. 13« (Start 11. April 1970) war die dritte Mondlandung (Fra-Mauro-Gebiet) geplant. Das Flugprogramm sah auch diesmal eine Hybridbahn sowie eine nur 13 km über der Mondoberfläche liegende Abstiegsparkbahn vor. Die Landeastronauten sollten zweimal je 4 bis 5 h die Mondfähre verlassen, Erkundungsgänge von insgesamt 4,5 bis 5 km machen und dabei verschiedene wissenschaftliche Arbeiten ausführen (u. a. Bohrungen, aber kein ALSEP). Außerdem sollte die dritte Stufe der Trägerrakete auf der Vorderseite des Monds zum Absturz gebracht werden, um mit dem »A.-12«-ALSEP-Seismometer weitere Aufschlüsse über das seismische Verhalten des Mondinneren zu gewinnen. Schon in der Startvorbereitung traten Schwierigkeiten auf – u. a. mußte der wegen Rötelnverdacht zurückgestellte Astronaut *Mattingly* gegen den Ersatzmann *Swigert* kurzfristig ausgetauscht werden. Am 14. April – in 329 000 km Entfernung von der Erde – geriet das Raumfahrzeug mit *Lovell, Haise* und *Swigert* beim Anflug auf den Mond in der Hybridbahn in akute Raumnot. Durch die Explosion eines Sauerstofftanks der Brennstoffzellen im Servicemodul fielen die gesamte Energieversorgung und damit alle anderen Betriebs- und Versorgungssysteme der Kommandokapsel »Odyssee« aus. Die möglichen katastrophalen Folgen traten nicht ein, weil die Besatzung – unter Kontrolle und Anleitung durch die Bodenzentrale in Houston – die angekoppelte Mondfähre »Aquarius«, deren autonome Versorgungs- und Antriebssysteme funktionstüchtig geblieben waren, als »Rettungsboot« benutzen konnte. Die Mondlandung wurde bald nach der Havarie abgesetzt und ein Rettungsrückflug auf schnellstem Wege vorgesehen. Die Beengtheit der nur für 2 Mann ausgelegten »Aquarius«-Kabine, die knappen Vorräte der Mondfähre an Atmungssauerstoff, Regenerationsmitteln und vor allem an Bordenergie (rigorose Maßnahmen zur Energieeinsparung) ließen dieses Unternehmen – auch wegen der großen Ungewißheit des Ausgangs – für Bodenstation und Besatzung zu einer großen Belastung werden.

Das zunächst auch weiterhin auf der Hybridbahn befindliche Raumfahrzeug, dessen 3 Komponenten weiterhin verbunden blieben, verfügte für Lagesteuerungs- und Bahnänderungsmanöver nur noch über die einschlägigen Systeme der Mondfähre. Mit dem »Aquarius«-Landetriebwerk wurden nach sorgfältigen Vorbereitungen unter Mitwirkung der Simulations- und Rechenanlagen der Zentrale in Houston mehrere Bahnkorrekturen ausgeführt, die das Raumfahrzeug – über die zwangsläufige Hinterfliegung des Monds – schließlich wieder in eine freie Rückkehrbahn zur Erde brachten. Vor dem Anflug auf den Wiedereintrittskorridor wurde zunächst das defekte Servicemodul abgetrennt, wobei die Astronauten Aufnahmen seiner Beschädigungen machten. Etwa 1 h vor dem Wiedereintritt stiegen *Lovell, Haise* und *Swigert* in die Kommandokapsel um, deren normale Rückkehrversorgungsreserven in Anspruch genommen werden konnten, trennten anschließend die Mondfähre ab, nachdem noch letzte Feinkorrekturen des Anflugkurses vorgenommen wurden. Am 17. April, nach 142 h und 55

min Gesamtdauer des Unternehmens – davon rund 87 h Raumnot –, ging die Kommandokapsel im vorgesehenen Notlandegebiet südöstlich der Samoa-Inseln auf dem Pazifik nieder.
Das Missionsprogramm von »A. 14« (Start 31. Jan. 1971) war im wesentlichen auf eine Wiederholung des bei »A. 13« ausgefallenen Landevorhabens abgestimmt. Die Astronauten → *Shepard*, → *Mitchell* und → *Roosa* hatten nach dem Einflug in die Übergangsbahn einige Schwierigkeiten mit dem Andocken (→ Docking) der Mondfähre, das erst nach dem sechsten Versuch gelang. Eine anschließende Überprüfung zeigte jedoch, daß keine bedenklichen Fehler vorlagen, die zu einem Verzicht auf das Landevorhaben hätten führen können.
Der Einflug in die Mondumlaufbahn erfolgte am 4. Febr., das vorgesehene Landegebiet lag erstmalig in einem Terra-(»Festland«-)Gebiet der Mondoberfläche und zwar in Äquatornähe, im Hochland um den Krater Fra Mauro. Am 5. Febr. nahmen *Shepard* und *Mitchell* mit der Landefähre »Antares« den Abstieg vor und gingen um 10^h18^m(MEZ) – nach einem in der letzten Phase handgesteuerten Landeanflug – präzise am vorgesehenen Landepunkt auf der Mondoberfläche nieder. Beim ersten Ausstieg, der über 4 h dauerte, bauten die beiden Astronauten eine Farbfernsehkamera sowie ein → ALSEP und eine Sonnenwindfolie in einiger Entfernung von der Mondfähre auf, lösten einige kleinere Explosionen zur Eichung des ALSEP-Seismometers aus und sammelten Mondgestein. Bemerkenswert war die gegenüber den anderen Landeplätzen wesentlich größere Tiefe des pulverförmigen Oberflächenmaterials, die die Füße des Landegestells erheblich tiefer hatte einsinken lassen.
Nach einer mehrstündigen Ruhepause brachen *Shepard* und *Mitchell* beim zweiten Ausstieg (rund 5 h) zu einer Exkursion zu dem fast 1,3 km entfernten Cone-Krater (Durchmesser etwa 300 m, Wallhöhe etwa 120 m) auf, dessen Wallgrat sie jedoch aus Zeitmangel nicht zu erreichen vermochten. Etwa 30 m unter dem Grat kehrten sie auf Anraten der Bodenzentrale in Houston um. Bei dieser Exkursion führten sie erstmalig einen zweirädrigen, gummibereiften Handkarren als »Gepäckträger« mit, weiterhin sammelten und fotografierten sie charakteristisches Mondgestein.
Der Rückstart mit 48 kg Mondgestein – nach über 33 h Gesamtaufenthaltsdauer – geschah am 6. Febr. mit einem erstmaligen Direktanflug der in einer rund 110 km hoch liegenden Kreisbahn umlaufenden Kommandoeinheit, in der *Roosa* inzwischen ein umfangreiches Forschungs- und

Alan Shepard beim Zusammenbau des zweirädrigen Transportkarrens

Erprobungsprogramm abgewickelt hatte. Der programmgemäß verlaufende Rückflug endete mit einer präzisen Ziellandung am 7. Febr. im Pazifik nahe dem Bergungsschiff. Auch die Mannschaft von »A. 14« wurde anschließend noch einmal in Quarantäne genommen.
Mit »A. 15« (Start 26. Juli 1971) sollte die wissenschaftliche Effektivität der Mondlandungen wesentlich gesteigert werden. Zu diesem Zweck war eine verlängerte Gesamtdauer des Unternehmens vorgesehen (etwa 12 d); weiterhin wurde den Landeastronauten erstmalig ein Exkursionsfahrzeug (→ Lunar Roving Vehicle) mitgegeben und die Aufenthaltsdauer auf dem Mond auf fast 3 Tage bemessen, davon fast 24 h Außenbordaktivitäten (mit 3 Exkursionen).
Außerdem sollte von der mondumkreisenden Kommandoeinheit aus ein umfangreiches fotografisches Erkundungsprogramm durchgeführt und vor dem Rückflug ein Mondsatellit ausgesetzt werden. Die Astronauten → *Scott*, → *Irwin* und → *Worden* gelangten mit dem Mutterfahrzeug »Endeavour« (engl. Ausdauer) und der Landefähre »Falcon« (engl. Falke) – zusammen mit der Rekordmasse von rund 50000 kg – am 29. Juli in die vorgesehene Mondumlaufbahn. Der Abstieg zur Mondoberfläche *(Scott, Irwin)* erfolgte am 30. Juli, der Landepunkt lag im Gebiet der Hadley-Rille am Fuß der Hadley-Apenninen (Ostrand des Mare Imbrium). Dieses Zielgebiet war gewählt worden, um Material zur Klärung grundlegender Fragen über die Entstehung der Mare und deren Randgebirge, der rätselhaften Mondrillen sowie verschiedener aufschlußreicher Kraterformationen zu gewinnen. Nach der sehr schwierigen Landung (23^h 6^m MEZ) konnte das weitere Programm in seinen wesentlichsten Punkten erfolgreich abgewickelt werden.
Von den 3 Exkursionen führten 2 an den Rand der Hadley-Rille, eine an den Fuß der Apenninen; bei diesen Fahrten wurde ein Gebiet mit etwa 7 km Radius (30 km Gesamtfahrstrecke) erkundet. Die Astronauten führten dabei mit einem elektrischen Bohrgerät Bohrungen bis zu etwa 150 cm Tiefe aus, sammelten etwa 100 kg Mondmaterial, fotografierten und filmten mit einer 16-mm-Kamera. Außerdem stellten sie in einiger Entfernung von der Landefähre das dritte ALSEP auf, wodurch man – in Verbindung mit den Geräten von »A. 12« und »A. 14« – erstmalig aufschlußreiche Dreipunkt-Bebenlotungen und Dreipunkt-Laservermessungen des Monds erhalten kann. Alle Außenbordsaktivitäten einschließlich der an den Exkursionshaltepunkten sowie der Rückstart der LM-Kabine wurden von einer Farbfernsehkamera zur Erde übertragen. Der Rückstart erfolgte nach 67 h Mondaufenthalt. Nach der Kopplung mit dem Mutterfahrzeug wurde der Rest des LM zum Absturz auf die Mondoberfläche gebracht und später der Mondsatellit (38 kg, 6eckiger Quader, 80 cm Höhe; 1 Teilchendetektor, 1 Magnetometer, 1 S-Band-Verstärker). Während des Rückflugs barg *Worden* bei einem Ausstieg von 30 min Dauer Filmkassetten einer Spezialkamera mit hoher Bildauflösung und andere Ausrüstungsgegenstände aus dem Versorgungsteil. Nach einer Gesamtflugdauer von rund 12 d und 7 h ging die Kommandokapsel unversehrt im vorgesehenen Landegebiet des Pazifik nieder, obwohl einer der 3 Landefallschirme versagte.

Apollo Applications Program [engl., *Apollo-Anwendungsprogramm,* Abk. **AAP**]: Entwicklungsprogramm der NASA (USA), bei dem die vom »Apollo«- und »Saturn«-Programm her verfügbaren technologischen Elemente, Systeme und Erfahrungen als Grundlage der Entwicklung und den Einsatz von Raumstationen bzw. entspr. Erprobungstypen (→ Orbital Workshop) im Rahmen der Weltraumforschung (→ Apollo Telescope Mount) einschließlich erdbezogener Nutzanwendungen (→ Nutzanwendungssatellit) vorgesehen sind. Die NASA-Pläne sehen zunächst 5 AAP-Starts mit »Saturn-1 B«-Trägerraketen vor: AAP-1A (»Apollo«-Raumfahrzeug ohne Mondfähre, aber mit spezieller Experimentierplattform); AAP-1 (»Saturn-VB«-Stufe mit als Raumlabor umgerüstetem Wasserstofftank); AAP-2 (»Apollo«-Raumfahrzeug ohne Mondfähre, dessen Besatzung während des 17- bis 19tägigen Flugs das Raumlabor mit Arbeitseinrichtungen ausrüstet und erprobt); AAP-3 (Ablösungsmannschaft fliegt zum Raumlabor); AAP-4 (Apollo Telescope Mount wird mit Raumlabor gekoppelt); AAP-5 (neue Ablösungsmannschaft).

»Apollo«-Landeplätze: von den ursprünglich 30 vorgeschlagenen Plätzen kamen schließlich nur 5 in die engere Wahl: Nr. 1 = 34° ö. L./2°40' n. Br.; Nr. 2 = 23°37' ö. L./0°45' n. Br.; Nr. 3 = 1°20' w. L./0°25' n. Br.; Nr. 4 = 36°25' w. L./3°30' s. Br.; Nr. 5 = 41°40' w. L./1°40' n. Br.; Nr. 1 und Nr. 2 liegen im Mare Tranquillitatis, Nr. 3 im Sinus Medii, Nr. 4

und Nr. 5 im Oceanus Procellarum. Die endgültige Auswahl erfolgte nach Auswertung der → »Lunar-Orbiter«- und »Surveyor«-Aufnahmen.

Apollo Telescope Mount [engl. *Apollo-Teleskopmontierung,* Abk. **ATM**]: ein zum → Apollo Applications Program gehörendes Untersystem. Es soll aus einer Lunar-Modul-Einheit (→ »Apollo«) bestehen und mit seiner entspr. abgewandelten Ausrüstung (u. a. 4 entfaltbare Solarzellenausleger, Meßgeräte für Sonnenforschung im Röntgen- und UV-Bereich, Spektroheliograph) bei einem mehrmonatigen Betrieb (mit Besatzungsablösung) die wissenschaftliche Hauptkomponente des geplanten Raumlaboratoriums bilden.

Apopunkt: vom Gravitationszentrum am weitesten entfernter Punkt einer Umlaufbahn; bei Erdsatelliten das Apogäum, bei Raumsonden das Aphel. → Peripunkt.

Aposelenum: mondfernster Punkt einer Mondsatellitenbahn; vielfach auch, sprachlich ungenau, als *Apolun* bezeichnet.

Apsiden: Punkte auf der Umlaufbahn eines Himmels- oder Raumflugkörpers, deren Entfernung vom Umlauf-(Massen-)-Zentrum am größten bzw. kleinsten ist. Bei Erdumlaufbahnen werden diese Punkte als *Apogäum* (Erdferne, vom *Erdmittelpunkt* aus gemessen) und *Perigäum* (Erdnähe, zum *Erdmittelpunkt*), bei Bahnen um die Sonne als *Aphel* (Sonnenferne) und *Perihel* (Sonnennähe) bezeichnet. Die Verbindungsgerade der A. heißt *A.linie.* Die in der Praxis gegebenen Umlaufbahnen sind meist mehr oder weniger elliptisch, und die A.linie ist dann mit der großen Achse der jeweiligen Bahnellipse identisch. Man bezeichnet die halbe Länge der A.linie als große Halbachse der Umlaufbahn und rechnet sie zu den → Bahnelementen, da sie die räumliche Dimension einer Umlaufbahn mitbestimmt. Für die Beschreibung der Umlaufbahnen künstlicher Erdsatelliten erweist es sich in verschiedenen Fällen (z. B. geophysikalische Untersuchungen) als zweckmäßig, an die Stelle der Werte für Apogäum bzw. Perigäum die Angaben der *Apogäums-* bzw. *Perigäumshöhe* zu setzen. Diese geben die Entfernung der A. von der *Erdoberfläche* an, d. h., sie sind um den Erdradius kleiner als Apogäum und Perigäum. Bei den in der Presse u. a. aufgeführten Werten für Erdsatelliten handelt es sich oft nicht – wie angegeben – um Apogäum und Perigäum, sondern um deren Höhe.

APT-System [engl., Abk. für **A**utomatic **P**icture **T**ransmission = automatische Bildübertragung]: Verfahren, nach dem die von verschiedenen US-amerikanischen Wettersatelliten angefertigten Wolkenfotos in kontinuierlicher Folge so ausgestrahlt werden, daß sie von jeder entspr. ausgerüsteten und im Funksichtbereich befindlichen Bodenstation aufgenommen werden können. Für jede Aufnahme benötigt man 8 s und für ihre Übertragung 200 s; nach weiteren 90 s kann das von der Empfangsapparatur selbsttätig entwickelte Foto ausgewertet werden. Die Empfangsausrüstung ist wenig aufwendig und kann daher leicht in jeder Wetterdienstzentrale und in einfachen Wetterstationen aufgestellt werden. Allerdings wird eine der Satellitenbewegung nachführbare UKW-Spezialantenne benötigt. Das zuvor bei den ersten »TIROS«-Satelliten angewandte Bildübertragungsverfahren ließ einen Abruf der Wolkenfotos nur durch sehr aufwendig ausgerüstete Bodenstationen zu; die Weitergabe der Bildinformationen an die internationalen Wetterdienstzentralen dauerte etwa 6 bis 8 h. Die großen Vorteile des APT-Systems führten zur Einrichtung von zahlreichen Empfangsstationen in vielen Ländern der Erde. Die ersten Satelliten, die mit diesem System arbeiteten, waren »TIROS 8« und »Nimbus 1«.

Zylindrische Wendelantenne mit biaxialer Antennensteuerung für den Empfang von APT-Wetterbildern

Arbeitsmedium: Substanz, die beim Rückstoßantrieb, speziell in einem Raketentriebwerk, die Masse zum Aufbau des Antriebsstrahls liefert. In chemischen Raketentriebwerken ist das A. mit der jeweiligen Treibstoffkombination identisch, deren Verbrennungsreaktion gleichzeitig noch durch thermodynamische Prozesse im *Arbeitsgas* die Energie des Antriebsstrahls erzeugt. Bei Triebwerken mit Fremdaufheizung (Kernenergietriebwerke) oder anderweitiger Energieübertragung (elektrische Triebwerke) wird das A. meist als → Stützmasse bezeichnet.

»Arcas«: einstufige meteorologische Forschungsrakete (USA) von 1,83 m Länge und 11,4 cm Durchmesser. Als Antrieb dient ein Feststofftriebwerk mit 160 kp Schub und 2,8 s Brenndauer. Von der Startmasse (33 kg) entfallen etwa 5,4 kg auf die Nutzmasse. Die Rakete kann damit Gipfelhöhen um 60 km erreichen. Das Startgestell ist tragbar; die Nutzlast wird am Fallschirm zurückgeführt. Die »A.« wird vornehmlich auf großen Flugkörperstartplätzen von der US-Navy für die Wettererkundung eingesetzt.

»Archer« [engl., Schütze (Sternbild)]: Feststoff-Höhenforschungsrakete (USA), die bes. im Forschungsprogramm zum »Jahr der ruhigen Sonne« (1964/65) zum Einsatz kam. Sie hat eine Länge von 3,60 m (Durchmesser 0,18 m) und kann bei einer Startmasse von 150 kg eine Nutzmasse von 18 kg bis in 160 km Höhe tragen.

arc jets: engl. Bezeichnung für Lichtbogentriebwerke; → Plasmaantriebe.

»Argo«: Serie von Höhenraketen (USA), die vornehmlich unter Verwendung militärischer Feststofftriebwerke entwickelt wurden. Zu den meist verwendeten Typen dieser Reihe zählen »A. D-4« (»Javelin«), »A. E-5« (»Javelot«) und »A. D-8«. Die Rakete »A. D-4« ist vierstufig und hat als Startstufe das Triebwerk der → »Honest John«. Die beiden nächsten Stufen entsprechen dem Starttriebwerk der → »Nike«-Raketen, und als vierte Stufe wird ein »Altair«-Triebwerk verwendet. Die Masse des Gesamtsystems beträgt 3300 kg bei einer Länge von etwa 15 m und einem maximalen Durchmesser von 0,6 m. Mit einer Nutzmasse bis zu 20 kg soll die Rakete bis 1500 km Höhe erreichen. Die »A. E-5« ist fünfstufig ausgelegt, wobei die ersten 3 Stufen denen der »A. D-4« entsprechen. Als vierte Stufe kommt eine »Recruit«-Rakete und als fünfte ein Thiokol-Triebwerk »T-55« zum Einsatz. Die Gesamtlänge der Rakete erreicht damit 17,6 m. Als Gipfelhöhe werden etwa 600 bis 1000 km angegeben, als Nutzmasse 20 bis 30 kg. Der Typ »A. D-8« ist wieder vierstufig und kann mit einer Nutzmasse von etwa 40 kg den Höhenbereich um 2000 km zugänglich machen. Mit einer auf rund 10 kg verringerten Nutzmasse soll sogar bis 4500 km Höhe erreichbar sein. Die Startmasse dieser 17 m langen Rakete beträgt rund 6000 kg, ihr größter Durchmesser 0,77 m.

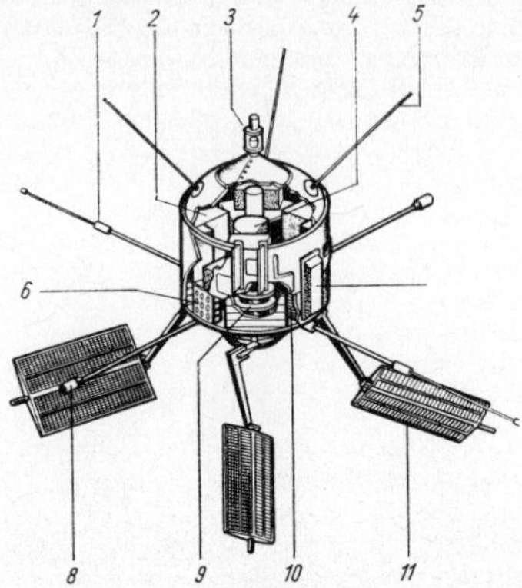

Aufbauschema des Meßsatelliten »Ariel 2« (»UK 2«): 1 Dipolantenne für Radiostrahlung, 2 Mikrometeoritenmeßgerät, 3 Ozonmeßgerät, 4 Elektronik für Ozonmessungen, 5 Antennen, 6 Elektronik, 7 Ferrit-Stabantenne, 8 Drallstabilisatoren, 9 Abspulmechanismus der Antenne für galaktische Radiostrahlung, 10 Batterien, 11 Solarzellenausleger

»Ariel«: Meßsatelliten, die von britischen Wissenschaftlern entwickelt (daher auch die zweite Bezeichnung » *UK-Nr.«-Satellit,* Abk. für United Kingdom) und mit Unterstützung der NASA (»Thor-Delta«- bzw. »Scout«-Rakete) in Umlauf gebracht wurden. Die Satellitenzelle war zylindrisch (0,58 m Durchmesser, 0,27 m Höhe) und wurde oben und unten durch 2 flache Kugelschalen von jeweils 13,5 cm Höhe abgeschlossen. Auf der oberen Kugelschale befand sich ein zylindrischer Aufsatz, der verschiedene Meßgeräte umschloß oder trug. Außerdem waren 4 Stabantennen auf dieser Kugelschale angebracht. Am Ansatz der unteren Kugelschale waren 4 paddelartige Solarzellenausleger und 4 weitere stabförmige Ausleger von je 1,20 m Länge befestigt. 2 der zuletzt genannten Ausleger trugen an ihren Enden Meßinstrumente bzw. stellten Antennen dar (»A. 2«), während die anderen beiden der Regelung der Drallstabilisierung (4 U/min) dienten. Ein auf der Zylinderwandung angebrachter Sonnensensor ermöglichte eine räumliche Zuordnung der Meßwerte. In dem zylindrischen Teil der Gerätezelle befanden sich die elektronischen Anlagen der Meßgeräteausrüstung, die Funkanlagen und die Speicherbatterien. Der am 26. April 1962 gestartete »A. 1« diente hauptsächlich der Untersuchung der Ionosphäre sowie verschiedener solarer und kosmischer Strahlungen und ihres Einflusses auf die Ionosphäre. Er hatte eine Masse von 59,7 kg und erreichte eine Umlaufbahn zwischen 395 und 1173 km Höhe (Neigung 53,86°). Die Meßwertübertragung wurde vom 13. Juli 1962 an fehlerhaft. Der zweite Satellit dieses Typs wurde am 27. März 1964 gestartet. Man paßte seine Ausrüstung der veränderten Aufgabenstellung an, die Messungen der galaktischen Radiostrahlung zwischen 0,75 und 3 MHz, Untersuchung der Ozonverteilung (vertikal) in der Erdatmosphäre und Mikrometeoritenregistrierungen umfaßte. Der Satellit hatte eine Masse von 68 kg und erreichte eine Umlaufbahn zwischen 213 und 1496 km Höhe (Bahnneigung 51,63°). Der am 5. Mai 1967 gestartete »A. 3« wird primär als → »UK 3« bezeichnet.

Armstrong, *Neil A.*: US-amerikanischer Astronaut, geb. 5. Aug. 1930 Wapakoneta (Ohio), führte als Kommandant mit → *Scott* in der Raumkapsel → »Gemini 8« am 16. März 1966 einen Raumflug mit Kopplungsrendezvous aus. Vom 16. bis 24. Juli 1969 nahm er als Kommandant von → »Apollo 11« mit → *Aldrin* und → *Collins* am ersten Mondlandeunternehmen teil. Dabei betrat er am 21. Juli als erster Mensch die Oberfläche des Monds und hielt sich 2 h 14 min außerhalb der Mondfähre »Eagle« auf. – A. war Marineflieger, schloß 1955 sein Flugzeugbaustudium ab und wurde Testpilot, später wurde er von der NASA dem »Dyna-Soar«-Programm zugeteilt. Im Rahmen seiner Arbeiten am Lewis Research Center und der Fluggeräte-Forschungsabteilung der NASA in Edwards Air Force Base (Cal.) wurde er Testpilot für das Raketenforschungsflugzeug »X 15« (7 Starts). Im Sept. 1962 kam er zur Astronautengruppe der NASA und spezialisierte sich dort auf die Verbesserung von Trainingsmethoden und Simulatoren.

Neil Armstrong

ARSP-Satelliten [Abk. für engl. **A**erospace-**R**esearch-**S**upport-**P**rogram-Satelliten, svw. Satelliten für Unterstützungsprogramm der Luft- und Raumfahrtforschung]: andere Bezeichnung für → »OV«-Satelliten.

Artillerierakete → Kampfrakete, Rakete.

Asphalt-Öl-Gemische → Treibstoff (I 2).

Assanierungssystem: Einrichtung im Raumfahrzeug, speziell aber im Raumanzug, die der Abführung und Aufnahme der Körperausscheidungen des Raumfahrers dient. Die Ableitungsvorrichtungen gehören dabei meist zur Anzugstruktur und benötigen zum Ausgleich für den fehlenden Schwereeinfluß einen leichten Absaugeffekt. Die Lösung aller anfallenden Probleme bereitet vor allem für lang dauernde Raumflüge noch immer beträchtliche Schwierigkeiten.

ASSET [Abk. für engl. **A**erothermodynamic/Elastic **S**tructural **S**ystems **E**nvironmental **T**est Vehicle, svw. Forschungsflugkörper zur Untersuchung aerothermodynamischer und -elastischer Struktursysteme]: unbemannter, deltaförmiger Flugkörper (USA), der mit Hilfe einer Trägerrakete unmittelbar auf eine Eintauchbahn gebracht wird und grundlegenden Untersuchungen zur Entwicklung aerodynamisch flugfähiger Rückkehrkörper dient; das ASSET-Programm bildet den ersten Entwicklungsabschnitt von → START.

»Asterix«: später eingeführte Bezeichnung für den frz. Meßsatelliten → »A 1«.

Asteroid svw. → Planetoid.

Asteroidensonde → Planetoidensonde.

»Astris«: Bezeichnung für die dritte Stufe der → »Europa«-Rakete.

»Astrobee«: Serie von Höhenraketen (USA). Der Typ »A. 200« ist eine zweistufige Feststoffrakete mit 800 bis 870 kg

Startmasse und einer Gesamtlänge von 6,3 m. Als Startstufe dient eine → »Nike«-Rakete, deren Heckflossen eine Spannweite von 1,8 m haben. Ihre max. Gipfelhöhe liegt bei 320 km, während die Nutzmasse zwischen 45 und 110 kg variabel ist. »A. 250« ist eine einstufige Feststoffrakete von 10 m Länge, mit einer Startmasse von 5000 kg und einer Nutzlastkapazität von 180 bis 450 kg für Höhen bis zu 350 km. Die »A. 1500« (zweistufige Feststoffrakete) hat ebenfalls etwa 10 m Länge und kann bei 5500 kg Startmasse etwa 60 kg Nutzmasse bis in 2000 km Höhe bringen.

Astrodynamik → Himmelsmechanik.

Astronaut: Raumfahrer; abgeleitet von dem in der engl. Sprache für Raumfahrt geläufigen Oberbegriff »Astronautics« und daher vorwiegend auf US-amerikanische Raumfahrer angewendet.

»Astronautica Acta« → Internationale Astronautische Föderation.

Astronautik → Raumfahrt.

astronautische Geschwindigkeit → Bahngeschwindigkeit.

Astronavigation: Navigationsverfahren für Raumflugkörper sowie weitreichende Boden-Boden- und Luft-Boden-Raketen, bei dem der Eigenortung (→ Ortung) des Flugkörpers Gestirnspeilungen zugrunde liegen. Kernstück des bordeigenen Lagereferenzsystems ist eine kreiselstabilisierte Plattform (→ Trägheitsnavigation), auf der sich meist 2 oder 3 Sternsensoren (Fernrohrsysteme mit Fotozellensteuerung) befinden. Die Kreiselplattform gewährleistet eine feste räumliche Ausrichtung des bordeigenen Bezugssystems, während die Sternsensoren automatisch an bestimmte Sterne (auch Sonne und Mond) »gefesselt« werden. Ihre während des Flugs auftretenden und vom Bahnverlauf abhängigen Bewegungen gegen das Plattformbezugssystem werden als Rechengrößen mit anderen (z. B. Werte des Erdgravitationsfelds) dem Lenkbefehlrechner zugeführt. Wird anstelle der optischen Gestirnspeiler ein Radiosextant eingesetzt, ein Funkpeiler, der meist die radiofrequente Strahlung der Sonne ausnutzt, dann spricht man auch von *Funk-A.* Die A. hat vor allem für weitreichende Raumflugunternehmen Bedeutung, da sie eine hohe Leitgenauigkeit ergibt, die nicht von der Dauer des Flugprogramms abhängig ist. Das Verfahren wird dabei insofern variiert, als die gegebenenfalls von den Raumfahrern selbst mit einem Spezialsextanten o. a. optischen System vorgenommenen Gestirnspeilungen über einen Bordcomputer – der die Stellsignale liefert – zur automatischen Korrektur der räumlichen Lage der Trägheitsplattform dienen.

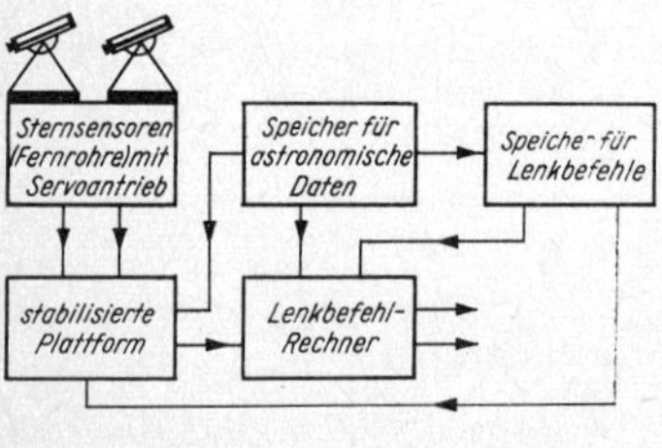

Blockschema einer Astronavigationsanlage mit Programmspeicher

Astronomie: Wissenschaft von der Materie im Weltraum, deren Bewegungen, physikalischen Eigenschaften, chemischer Zusammensetzung und ihrer Entwicklung. Die A. gliedert sich in verschiedene, z. T. selbständige Arbeitsgebiete: Astrometrie, Astrophysik, Himmelsmechanik, Radioastronomie und Stellarastronomie. Die Erde gehört – abgesehen vom Studium ihrer Bewegungen – nicht zu den Forschungsobjekten der A., obwohl sie ein Planet des → Sonnensystems ist; ihrer Erforschung widmet man sich in den verschiedenen Arbeitsrichtungen der Geowissenschaften (Geophysik, Geologie, Geographie, Meteorologie).

Astronomische Einheit, Abk. **AE:** astronomisches Längenmaß für Entfernungsangaben innerhalb des → Sonnensystems, entspricht der mittleren Entfernung der Erde von der Sonne (1 AE = 149,6 Mill. km).

Astrophysik: Teilgebiet der Astronomie, dessen Beobachtungsmethoden (Astrophotometrie, Astrospektroskopie, radioastronomische Verfahren) die Untersuchung der chemischen Zusammensetzung und des physikalischen Zustands der Materie in Fixsternen, Körpern des Sonnensystems und im interstellaren Raum beinhalten.

asymmetrisches Dimethylhydrazin svw. unsymmetrisches Dimethylhydrazin, → Treibstoff (II 2b δ).

»ATDA« [Abk. für engl. **A**ugmented **T**arget **D**ocking **A**dapter = Hilfsziel-Kopplungsadapter]: unbemannter Raumflugkörper (USA), der als einfacher Ersatz für die wesentlich aufwendigeren → »Agena«-Zielsatelliten im Rahmen des Unternehmens → »Gemini 9« eingesetzt wurde. Er wies kein (»Agena«-)Triebwerk, im übrigen aber die gleichen Rendezvous-Einrichtungen wie die »Agena«-Zielsatelliten auf (Koppelmanschette, Radaranlage, Energieversorgung, Lageregelungssystem) und hatte bei einer Baulänge von 5,7 m eine Masse von 770 kg.

»Athena«: Feststoff-Forschungsrakete (USA), die in zwei- bis vierstufigen Versionen für Wiedereintrittsuntersuchungen eingesetzt wird. Die Länge beträgt bis 15 m, die Startmasse bis 7250 kg, die max. Höhe für eine Nutzmasse von 25 bis 140 kg 800 km. Die beiden letzten Stufen der vierstufigen Version dienen der Beschleunigung der Meßgeräte-Nutzmasse auf hohe Eintrittsgeschwindigkeit beim Abstieg.

Äthylendiamin → Treibstoff (II 2b δ).

»Atlas«: zweistufige Flüssigkeitsrakete (USA), die 1954/58 als militärische Interkontinentalrakete entwickelt wurde, in abgeänderten Versionen aber auch als Trägerrakete für Raumflugunternehmen (*»A.-Agena«, »A.-Able«, »A.-Centaur«, »A.-Mercury«)* zum Einsatz kommt. Die Ausgangsversion hatte bei einer Startmasse von 118 t und einem Startschub von rund 163 Mp eine max. Reichweite von etwa 10000 km. Ihre Höhe betrug 24,8 m und ihr Durchmesser (Zelle) 3 m. Für das Antriebssystem aller Typen wählte man eine Sonderlösung, die als Variante eines zweistufigen Antriebs anzusehen ist. Am Heck der Raketenzelle befindet sich ein Marschtriebwerk, das von 2 zusätzlichen Starttriebwerken flankiert wird. Alle 3 Triebwerke arbeiten mit Flüssigsauerstoff und Kerosin. Durch die beiden Startzusatztriebwerke erhält das Heck 2 schürzenartig verkleidete Ausweitungen, die einen max. Durchmesser der Rakete von etwa 5 m ergeben. Beim Start arbeiten alle 3 Triebwerke gleichzeitig als erste Antriebsstufe. Nach Brennschluß der beiden Außentriebwerke werden diese abgeworfen, und das Haupttriebwerk übernimmt allein den weiteren Antrieb als zweite Stufe. Die Treibstofftanks, die zugleich die Außenhülle der Rakete darstellen, sind so dünnwandig, daß sie beim (Leer-)Transport durch Innendruck versteift werden müssen. Die Treibstofförderung geschieht durch Turbopumpenaggregate der einzelnen Triebwerke. Zur Durchführung von Lenkbewegungen ist das Haupttriebwerk kardanisch im Schubgerüst aufgehängt. Zur Lagestabilisierung sowie Regelung der Brennschlußgeschwindigkeit sind außen an der Raketenzelle 2 kleine Hilfstriebwerke von je 454 kp Schub angebracht, und zwar

»Atlas-Agena« beim Start mit »Ranger 7«

etwa in Höhe des hinteren Endes der zylindrischen Raketenzelle. Die variable gerätetechnische Ausrüstung (Elektronik, Steuerung) der »A.«-Raketen ist in 2 Außenwülsten oberhalb der Verkleidungen für die Starttriebwerke untergebracht. Die erste Raumflugversion bekam die Zusatzbezeichnung »*SLV-3*B«(SLV = Abk. für engl. Space Launch Vehicle). Sie wurde mit verbesserten Starttriebwerken (je 75 Mp Schub) versehen (Gesamtstartschub 177 Mp), erhielt ein Hypergol-Zündsystem, Verstärkungen von Zelle, Treibstoffbehältern und Düsenkomponenten sowie eine einheitliche Druckgasbeaufschlagung der Treibstoffbehälter; außerdem wurde der Schub der Hilfstriebwerke von 454 auf 277 kp verringert. 2 neue Versionen, »SLV-3A« (verlängert um 3 m) zum Einsatz mit der → »Agena«-Oberstufe und »SLV-3 C« (verlängert um 1,3 m) zum Einsatz mit der → »Centaur«-Oberstufe, wurden ab 1967 ausgeliefert. Beide haben einen verbesserten Starttriebwerksschub von je 76 Mp (Gesamtstartschub 178,2 Mp). Die Kombination »SLV-3A«-»Agena-D« kann 3600 kg in eine Erdumlaufbahn befördern, die »SLV-3C«-»Centaur« 5200 kg. Für Mondmissionen haben die beiden Kombinationen eine Nutzmassekapazität von 650 bzw. 1300 kg, für planetare Missionen von 440 bzw. 1000 kg. Für militärische Satellitenprogramme (z. B. → »OV«-Satelliten) werden von der US-Air-Force auch außer Dienst gestellte »A.«-ICBM (»A. D«) eingesetzt.

ATM: Abk. für **A**pollo **T**elescope **M**ount.

Atmosphäre: im *ursprünglichen Sinne* die einen festen Himmelskörper umgebende Gashülle *(Planeten-A.;* → Erdatmosphäre); in der *Astrophysik* auch auf die äußeren, wenig dichten Schichten eines Fixsterns, in der *Raumfahrttechnik* auch für das Atemgas in einem Raumfahrzeug *(Kabinen-A.)* angewendet.

Atomrakete: allgemeine Bezeichnung für → Kampfraketen, deren Gefechtskopf aus einer Kernsprengladung besteht; die Anwendung dieses Begriffs auf Raketen mit → Kernenergietriebwerken sollte dagegen unbedingt vermieden werden. – Sowohl für die Reichweite von A. als auch für die Stärke der Kernladung bestehen sehr weite Variationsmöglichkeiten, so daß taktische, operativ-taktische und strategische Aufgaben damit gelöst werden können. Das stärkste Potential mit A. extremer Reichweite (Globalraketen) und schwersten Kernladungen (100 Mt Trotyläquivalent) besitzt die Sowjetunion.

Atomtriebwerk → Kernenergietriebwerk.

»ATS« [Abk. für engl. **A**pplications **T**echnology **S**atellite – Satellit für Anwendungstechnologie]: Raumflugkörper (USA), die als kombinierte Wetter-, Nachrichten- und Meßsatelliten bzw. verschiedenen Spezialuntersuchungen dienen. Der am 6. Dez. 1966 gestartete »A. 1« hatte Zylinderform (Durchmesser 1,47 m, Höhe 1,50 m), für den Aufstieg in eine Synchronbahn ein Apogäumstriebwerk und vor dessen Zündung eine Gesamtmasse von 700 kg. In der endgültigen Umlaufbahn, zwischen etwa 35800 und 37000 km, betrug die Masse nur noch 352 kg. Der Satellit erreichte seine stationäre Position bei 151 ° w. L. und war mit 100 U/min drallstabilisiert. Über eine Fernsehkamera lieferte er Wolkenverteilungsbilder aus einem Raum zwischen 50 ° n. und s. Br. sowie zwischen 75 ° w. und 135 ° ö. L. Als Nachrichtensatellit ermöglichte er 1200 Einweg- oder 600 Zweiweg-Sprechübertragungen sowie Experimente für Farbfernsehübertragungen. Interessant war die Verwendung einer elektronisch »entdrallten« Kombination von 16 Stabantennen, wodurch eine etwa 20 ° Öffnung aufweisende Keule ständig auf die Bodenstation ausgerichtet war. Neben einigen technischen Experimenten führte der Satellit noch verschiedene wissenschaftliche Untersuchungen über die Umgebungsbedingungen in einer 24-Stunden-Bahn aus.

»A. 2« wurde am 6. April 1967 gestartet. Er sollte ebenfalls kombinierten Untersuchungen, allerdings diesmal in einer 11100 km hoch liegenden Kreisbahn, dienen. Seine Umlaufmasse betrug 370 kg; die vorgesehene Bahn konnte jedoch nicht erreicht werden, so daß der Satellit nur noch für ein reduziertes Programm verwendbar wurde.

»A. 3« (5. Nov. 1967) gelangte in eine geostationäre Bahn über einem Punkt 95 ° w.

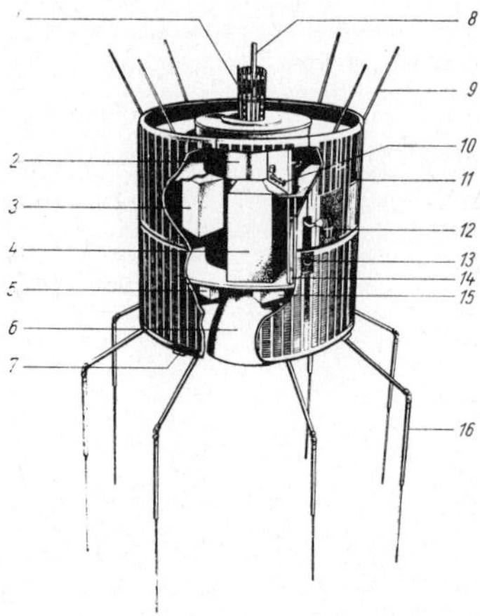

Aufbauschema eines »ATS«: 1 Senderichtantenne, 2 Stickstoffbehälter, 3 VHF-Elektronik (30... 300 MHz), 4 Mikrowellen-Block, 5 Telemetrie-Elektronik, 6 Apogäumstriebwerk, 7 Sonnensensor, 8 Empfangsantenne, 9 Antennen, 10 Wanderwellenröhre, 11 Nutationssensor, 12 Wolkenkamera, 13 Stickstoffdüse, 14 Nutationsdämpfer, 15 Kommandoelektronik, 16 VHF-Antennen (30... 300 MHz)

»ATS«-Aufnahme der Erde aus der Synchronbahn

L., später wurde der Satellit durch kontrollierte Drift (2,5°/d) auf 47° w. L. gebracht, um während der Hauptsturmzeit die Wetterentwicklung im Süden der USA verfolgen zu können; nach 2 bis 3 Monaten wurde er wieder auf 85° w. L. zurückversetzt. »A. 3« hat eine Gesamtmasse von 365 kg; er weist eine mechanisch entdrallte (gegendrehende) Antenne sowie eine Farbfernsehkamera (1328 Zeilen/Bild) zur Übermittlung globaler Wolkenverteilungsbilder auf und wird u. a. für Versuche zur Nachrichten- und Navigationstechnik mit Flugzeugen verwendet. Daneben diente er als Relaissatellit für die Fernsehübertragungen von den Olympischen Spielen in Mexiko.

»A. 4« (392 kg) wurde am 10. Aug. 1968 gestartet, erreichte jedoch durch ein Versagen der »Centaur«-Oberstufe die vorgesehene Synchronbahn nicht und verblieb in der Ausgangsbahn zwischen 219 und 726 km Höhe. Die geplanten Experimente konnten daher nicht durchgeführt werden. Der am 12. Aug. 1969 gestartete »A. 5« (862 kg) gelangte in eine Synchronbahn (35760/36894 km Höhe) mit einer Bahnneigung von 2,7°. Der zylinderförmige Satellit (Höhe 1,80 m, Durchmesser 1,50 m) sollte mit 4 x-förmig ausfahrbaren Auslegern eine Gravitationsgradientenstabilisierung erhalten und besaß außerdem 2 auf 13,7 m ausfahrbare Rotationsdämpfungsausleger. Durch verschiedene Störungen im Flugablauf bis nach dem Abtrennen des Apogäumstriebwerks konnten die Ausleger nicht ausgefahren und der Satellit somit nicht stabilisiert werden. Eine Reihe von Experimenten fiel dadurch aus, lediglich Teilchenstrahlungsmessungen in verschiedenen Energiebereichen lieferten brauchbare Ergebnisse, und mit einem Mikrowellensender konnten Untersuchungen über die Ausbreitungsbedingungen von Millimeterwellen angestellt werden.

Aufheizung → aerodynamische Aufheizung.

aufsteigender Knoten → Bahnknoten.

Aufstiegsbahn: Flugbahn, die ein künstlicher Erdsatellit bis zum Einflug in die Umlaufbahn durchläuft. Sie setzt sich je nach der Stufenanzahl des Trägersystems aus einem oder mehreren Antriebsabschnitten und eventuell zwischengeschalteten Freiflugstrecken zusammen.

Aufstiegsdauer: Zeit, die vom Start einer Trägerrakete bis zum Einflug des Nutzmasseteils in die vorgesehene Freiflugbahn vergeht. Für erdnahe Satellitenbahnen beträgt sie je nach dem jeweiligen → Antriebsprogramm etwa 10 bis 18 min.

Aufstiegswinkel: Winkel zwischen der örtlichen Vertikalen und der Aufstiegsrichtung einer Trägerrakete. Der A. verändert sich während des Flugablaufs entspr. dem Lenkprogramm; er ist z. B. zu Beginn des Aufstiegs (Vertikalaufstieg) von Satelliten-Trägerraketen jeweils Null und vergrößert sich dann bis zum Brennschluß der letzten Stufe des Trägersystems auf rund 90°, wenn eine angenäherte Kreisumlaufbahn angestrebt wird.

Auftrieb → aerodynamischer Auftrieb.

Auftriebskörper [engl. Lifting-body]: aerodynamisches Fluggerät (unbemannt oder bemannt), das allein durch seine Formgebung – meist »badewannenähnlich« mit seitlich-hinten hochgezogenen Leitflächen – im Über- und Unterschallflug hinreichenden → aerodynamischen Auftrieb entwickelt, um einen gelenkten Gleitflug sowie eine anschließende Landung mit technisch zumutbarer Landegeschwindigkeit (etwas unter 350 km/h) ausführen zu können. Die Versuche mit A. (z. B. → »HL-10«, → »M-2«) liefern grundlegende Erfahrungen für die Entwicklung von wiederverwendbaren, bemannten Rückkehrgeräten (→ Raumgleiter).

»Aurora«: Meßsatellit der → ESRO (auch »*ESRO-1*« genannt), der am 3. Okt. 1968 mit einer amerikanischen → »Scout«-Rakete in eine Umlaufbahn zwischen 254 und 1523 km Höhe gebracht wurde. Der Satellit hat eine Masse von 48 kg; die Höhe der zylinderförmigen Hauptstruktur beträgt 98 cm, ihr Durchmesser 76 cm und die Spannweite der Instrumentenausleger 2,8 m. Seine Hauptaufgabe besteht in der Untersuchung geladener Teilchen in der Ionosphäre und der Erforschung des Polarlichtphänomens. Die Meßdaten können kontinuierlich mit 320 bit/s bei einer Bandbreite von 10 kHz übertragen werden; außerdem enthält der Satellit eine Speicheranlage für 20 Mill. bits (110 min Aufnahmezeit), die mit 32fach erhöhter Geschwindigkeit abgerufen werden können. Die Energieversorgung geschieht über 7120 Solarzellen, die auf der Außenfläche des Zylinders und teilweise auch auf der oberen Deckplatte angebracht sind (Gesamtleistung 23 W; Ni-Cd-Speicherbatterien mit 48 Ah).

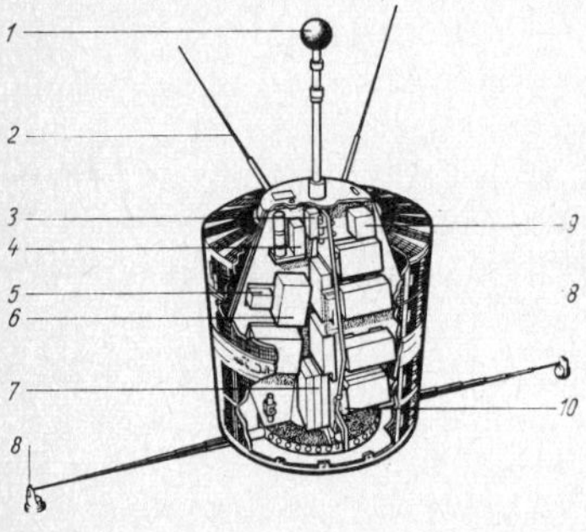

1 Ionenmeßgerät, 2 Antennen, 3 Protonenzähler, 4 Meßgerät für niederenergetische Protonen, 5 Sender für Echtzeit-Telemetrie, 6 Sender für Speicher-Telemetrie, 7 Kommandoempfänger, 8 Meßgerät für Elektronentemperatur und -dichte, 9 Elektrostatischer Analysator, 10 Protonenzähler

»Aurora 7« → »Mercury«.

»Aurore«: meteorologische Höhenrakete (Frankreich) mit 3,18 m Länge, 0,12 m Durchmesser, 25 kp Schub (Feststofftriebwerk), die 3 kg Nutzmasse bis in 60 km Höhe befördert (Fallschirmrückführung).

Auslegung: Festlegen der konstruktiven Grundwerte für eine Rakete, eine Raketenstufe oder ein Raketentriebwerk entspr. den jeweiligen Leistungsforderungen (Schub-Brenndauer bzw. Flugauftrag, Nutzmassekapazität) unter Berücksichtigung aller maßgeblichen Einflußfaktoren (z. B. Treibstoffart, -förderverfahren, Festigkeitsforderungen, Werkstoff, Leichtbauweise, Steuer- und Regelbarkeit). Für die A. von Trägerraketen wendet man heute in jedem Fall das Prinzip der *Optimierung* an, d. h. die rechnerische Bestimmung (mit elektronischen Rechenanlagen) der günstigsten Lösung (z. B. optimale Nutzmassekapazität).

Außenstation → Raumstation.

Ausströmdüse → Entspannungsdüse.

Ausströmgeschwindigkeit: Geschwindigkeit, mit der die Teilchen des Antriebsstrahls (Verbrennungsprodukte, Ladungsteilchen) die Austrittsöffnung eines Raketentriebwerks verlassen. Bei chemischen Treibstoffen ist ihre Größe vor allem von den thermodynamischen Kennwerten der verwendeten Treibstoffsubstanzen abhängig. Die A. (c) läßt sich für praktische Versuche berechnen nach der Gleichung:

$$c = \sqrt{\frac{2\varkappa}{(\varkappa-1)\,M} R' T_B \left[1 - \left(\frac{p_M}{p_B}\right)^{\frac{\varkappa-1}{\varkappa}}\right]},$$

wobei $\varkappa$ = Verhältnis der spezifischen Wärmen, R' = universelle Gaskonstante, M = Molekulargewicht der Verbrennungsgase, T_B = Verbrennungstemperatur, p_M = Düsenmündungsdruck und p_B = Brennkammerdruck. Aus dieser Gleichung läßt sich sehr deutlich der Einfluß der Verbrennungstemperatur und des mittleren Molekulargewichts der Verbrennungsgase erkennen. Die A. steigt danach mit zunehmender Brennkammertemperatur und abnehmendem Molekulargewicht. Letzteres ist der Grund, daß man bei chemischen Treibstoffen möglichst wasserstoffreiche Kombinationen oder reinen Wasserstoff als Brennstoff anstrebt. Im Idealfall der verlustlosen Strömung in einer Düse mit unendlichem Entspannungsverhältnis ergibt sich die *theoretische A.* aus der Gleichung:

$$c_{th} = \sqrt{\frac{2\varkappa}{(\varkappa-1)\,M}\, R' T_B}.$$

Diese Gleichungen können auch zur Bestimmung der A. von Kernenergietriebwerken und (begrenzt) von elektrothermischen Antrieben verwendet werden, da die thermodynamischen Voraussetzungen für die Funktionen des Arbeitsgases dort weitgehend ähnlich sind. Allerdings müssen in der Praxis die bei stark anwachsender Arbeitstemperatur durch Dissoziation und Ionisation beeinflußten Verhältnisse berücksichtigt werden. Über die Austrittsgeschwindigkeit der Strahlteilchen bei elektrostatischen Triebwerken s. d.

autogenes Strahltriebwerk → Raketentriebwerk.

automatische Station, *automatische kosmi-*

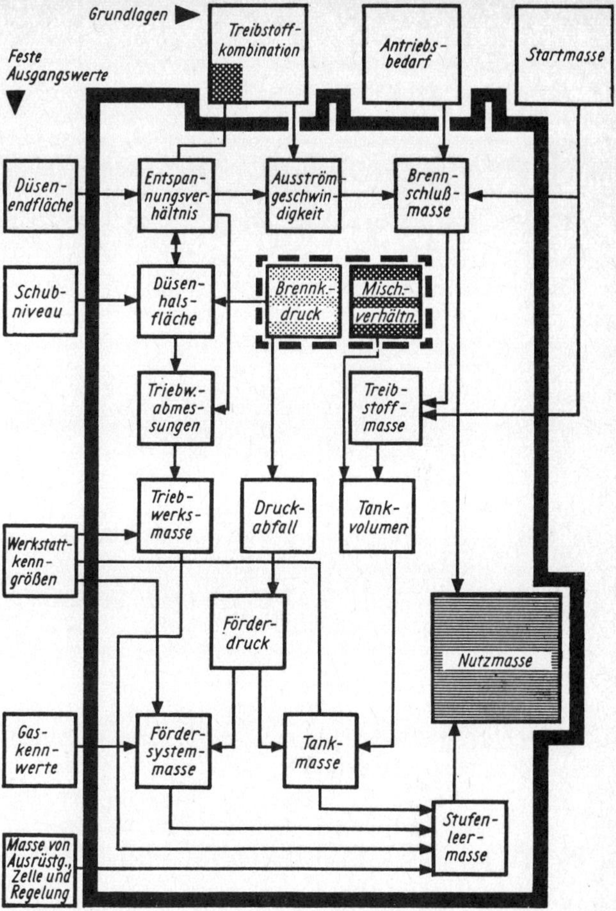

Optimierungsbeispiel (schematisch) für die Auslegung einer Flüssigkeitsrakete mit Druckgasförderung

sche Station, automatische interplanetare Station: an Übersetzungen aus der russ. Fachliteratur angelehnte Bezeichnungen für → Raumsonden und Planetensonden.

autonomes Klimagerät → Klimaanlage.

Azimut: Winkel zwischen dem Südpunkt auf der Horizontebene und dem Schnittpunkt des Höhenkreises eines Objekts am Himmel mit der Horizontebene; das A. wird im Gradmaß über Westen, Norden, Osten gezählt.

»Azur«: erster in der BRD entwickelter und gebauter Meßsatellit, der am 8. Nov. 1969 in den USA mit einer »Scout«-Rakete in eine Bahn zwischen 381 und 3200 km Höhe (Bahnneigung 101,35°) gebracht wurde. Der Satellit (90 kg Gesamtmasse, 22,2 kg wissenschaftliche Ausrüstung) hat Zylinderform (Durchmesser 76,2 cm) mit einer einseitigen, kegelförmigen Spitze (Gesamthöhe 1,13 m). Hauptaufgabe ist die Messung von Protonenströ-

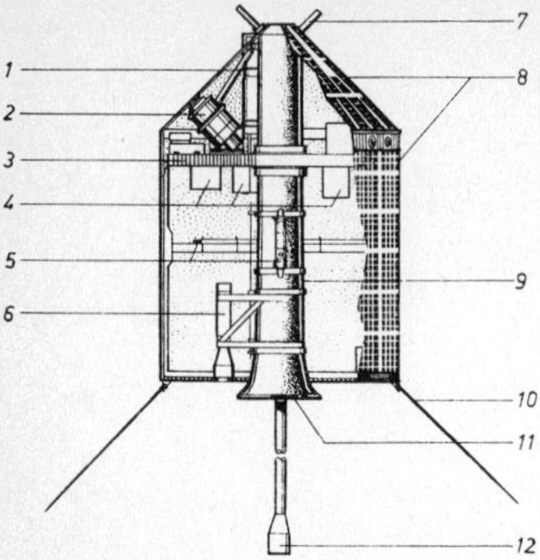

1 Versteifungsstreben, 2 Protonenmeßgerät, 3 Instrumentenplattform, 4 Telemetrie-Elektronik und Energieversorgung, 5 Stabilisierungsmagnet und Dämpfungsstäbe, 6 Polarlicht-Meßgerät, 7 Protonenmeßgerät, 8 Hülle mit Solarzellen, 9 Zentralrohr, 10 Antennen, 11 Adapter zur vierten Stufe, 12 Magnetometer

men verschiedener Energiebereiche. Die Energieversorgung geschieht über 5300 Solarzellen, die auf der Außenfläche des Satelliten untergebracht sind. In Verbindung mit dem Meßprogramm verfügt der Satellit über eine magnetische Stabilisierung, die ihn mit Hilfe von 2 Magnetspulen ständig in Richtung der Feldlinien des Erdmagnetfelds hält; während eines Erdumlaufs führt der Satellit daher 2 Drehungen um seine Querachse aus.

»A 1«: erster französischer Meßsatellit, der erstmalig auch mit einer französischen Trägerrakete (→ »Diamant«) in eine Umlaufbahn gebracht wurde (26. Nov. 1965, Startplatz Hammaguir, Sahara). Die Funkverbindung fiel schon kurz nach dem Start aus. Die für diese Trägerrakete vorgesehenen Satelliten wurden während der Entwicklung auch mit »D-Nr.« bezeichnet. → »Diapason«.

»A 4« [Abk. für Aggregat]: einstufige Flüssigkeitsrakete, die im Auftrage der Wehrmacht innerhalb der »A«-Raketen-Serie von 1940 an in der Heeresversuchsanstalt Peenemünde entwickelt und am 3. Okt. 1942 erstmals erfolgreich gestartet wurde. Dabei erreichte sie 90 km Höhe und 190 km Weite bei 296 s Flugzeit. Später betrug die Flugweite 300 bis 320 km und die Gipfelhöhe 85 km (max. 206 km). Die Rakete kam dann unter der Propagandabezeichnung *»V 2«* (»Vergeltungswaffe 2«), ab 8. Sept. 1944 zunächst von den Niederlanden und später von Stellungen in Deutschland (Eifel) aus als Terrorwaffe gegen die Zivilbevölkerung von London, Brüssel, Antwerpen u. a. Städten zum Einsatz. Die Gesamtzahl der im Kriege gestarteten »V 2« betrug etwa 5500. Davon erreichten jedoch nur 4400 ihr Ziel; die übrigen waren – durch unbeabsichtigte oder von Widerstandskämpfern bewußt verursachte Fehler – Versager. Nach dem Kriege verwendete man einige »A 4«-Raketen in den USA und in der UdSSR für Versuchs- und Studienzwecke als Höhenraketen. Dabei erreichte eine auf eine »A 4« aufgesetzte »WAC-Corporal«-Stufe (zusammen als *»Bumper«* bezeichnet) Anfang 1949 eine Höhe von rund 400 km.

Das »A 4« stellte seinerzeit einen beträchtlichen Fortschritt in der Entwicklung von großen Flüssigkeitsraketen dar. Viele der technischen Grund- und Detaillösungen sind in abgewandelter und verbesserter Form auch heute noch in der Raketentechnik zu finden. Die Rakete hatte eine Länge

»A 4«-Rakete nach dem Aufrichten auf dem Starttisch

von 14 m und einen größten Durchmesser von 1,65 m. Sie wies 4 große Heckflossen mit einer Spannweite von 3,55 m auf, die mit je einem Luftruder für die Lenkung versehen waren. Die Zellenkonstruktion, ein mit Stahlblech beplanktes Stringer-Spanten-Gerüst, ergab allerdings noch eine ziemlich große Leermasse. Die Startmasse des Geräts betrug rund 13000 kg, wovon 8930 kg auf die Treibstoffe (Alkohol und Flüssigsauerstoff) und Hilfsstoffe für das Turbopumpenaggregat (Wasserstoffperoxid und Kalziumpermanganat), 980 kg auf die Sprengladung (Trinitrotoluol) entfielen. Das Triebwerk (Brenndauer max. 68 s) lieferte einen Startschub von 26 Mp und erzielte eine Brennschlußgeschwindigkeit von 5600 km/h. Als Hauptlenkorgane waren Strahlruder aus

Triebwerk des »A 4«

Graphit und zur Steuerung (Funkkommando oder automatisch) ein Kreisel-Referenzsystem vorhanden.

B

Bahnabwicklung: Kurvenbild, das sich für die Bahn eines künstlichen Erdsatelliten ergibt, wenn der Weg des → Subsatellitenpunkts in eine Weltkarte (Zylinderprojektion) eingezeichnet wird. Da die Bahn des Satelliten in erster Näherung als → raumstabil angesehen werden kann, projiziert sich der Weg des Subsatellitenpunkts auf die unter der Bahn hinweg rotierende Erdoberfläche als wellenförmiger Kurvenzug *(Bahnprojektion)*, der symmetrisch zum Erdäquator liegt und dessen Amplitude durch die Neigung der Umlaufbahn bestimmt wird. Die jeweils größten nördlichen und südlichen geographischen Breiten, die der Subsatellitenpunkt erreicht, sind zahlenmäßig der Bahnneigung gleich, betragen also z. B. bei 40 ° Bahnneigung 40 ° n. Br. bzw. 40 ° s. Br. Die B. eines Satelliten, der in der Äquatorebene um die Erde läuft, fällt daher mit der Äquatorlinie der betr. Karte zusammen. Die im Wellenzug der B. auftretende »Wellenlänge« wird durch die Umlaufzeit oder, anders ausgedrückt, durch die mittlere Bahnhöhe des Satelliten festgelegt; d. h., je niedriger die mittlere Bahnhöhe, um so enger folgen die Wellenzüge der B. aufeinander. Dieses einfache Bild wird jedoch wesentlich komplizierter, wenn andere Kartenprojektionen gewählt werden. Außerdem muß man für die in der Praxis notwendigen feineren Betrachtungen die Einflüsse der Bahnstörungen berücksichtigen, die das eben skizzierte schematische Bild, bei längerer Verweilzeit des Satelliten in der Bahn, doch sehr merklich beeinflussen können. Die Festlegung der voraussichtlichen B. für den Flug eines bemannten Satelliten ist von großer Bedeutung, weil daraus die Standorte von Leit- und Meßstationen sowie die Lage der Bergungsräume abgeleitet werden können. Zur Überwachung des Flugablaufs werden in den großen Raumflugzentren der Sowjetunion und der USA besondere Großprojektionen von B. verwendet, auf denen fortlaufend die Bewegung des Raumflugkörpers sichtbar gemacht wird.

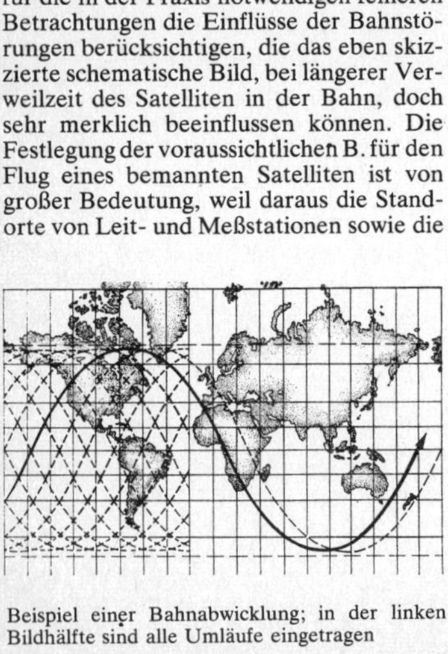

Beispiel einer Bahnabwicklung; in der linken Bildhälfte sind alle Umläufe eingetragen

Bahnbestimmung → Himmelsmechanik.

Bahnelemente: Größen, durch welche die Bahn eines Himmels- oder Raumflugkörpers nach Ausdehnung, Form und Lage im Raum sowie der Ort des betr. Körpers auf der Bahn zu einem bestimmten Zeitpunkt eindeutig festgelegt werden. Zu einer in diesem Sinn vollständigen Beschreibung elliptischer Umlaufbahnen gehören folgende 6 B.: die *große Halbachse* (a) der Bahn als Abstand des Apopunkts *(A)* bzw. Peripunkts *(P)* vom Bahnmittelpunkt *(M)*, gemessen in km oder AE (Astronomische Einheiten); 2. die *numerische Exzentrizität*, als Verhältnis der Strecke Bahnmittelpunkt – Brennpunkt *(B)* zur großen Halbachse; 3. die *Neigung (i)* der Bahnebene, auch *Bahnneigung* genannt, gemessen im Winkelmaß und bezogen auf eine vorgegebene Grundebene (für Erdumlaufbahnen Ebene durch die → Ekliptik); 4. Die *Länge (Ω) des aufsteigenden Knotens*, auch *Knotenlänge* genannt, gemessen in der gewählten Grundebene (Äquator oder Ekliptik) als Winkel zwischen dem → Frühlingspunkt und dem aufsteigenden Knoten (→ Bahnknoten); 5. der *Abstand (ω) des Peripunkts (P,* Perigäum oder Perihel) *vom aufsteigenden Knoten,* d. h. der in der Bahnebene gemessene Winkel zwischen der Richtung zum aufsteigenden Knoten und der Richtung zum Peripunkt. Oft wird an seiner Stelle auch die *Länge des Peripunkts (π, Perigäums-* bzw. *Perihellänge)* angegeben, die sich aus der Länge des aufsteigenden Knotens und dem Abstand des Peripunkts vom aufsteigenden Knoten zusammensetzt; 6. die *Perigäums-* bzw. *Perihelzeit,* gelegentlich auch als *Epoche* bezeichnet, als Zeitpunkt, zu dem der Himmels- oder Raumflugkörper durch das Perigäum bzw. Perihel ging oder gehen wird. Einige Elemente der Umlaufbahnen erdnaher Raumflugkörper können so starken Änderungen (Bahnstörungen) unterliegen, daß die für eine bestimmte Epoche gegebenen Werte eigentlich exakt auch nur für denjenigen Umlauf gelten, den die Epochenangabe kennzeichnet. I. w. S.

kann als Epochenangabe auch der Durchgang durch jeden anderweitig genau definierten Bahnpunkt (z. B. aufsteigender Knoten) auftreten.

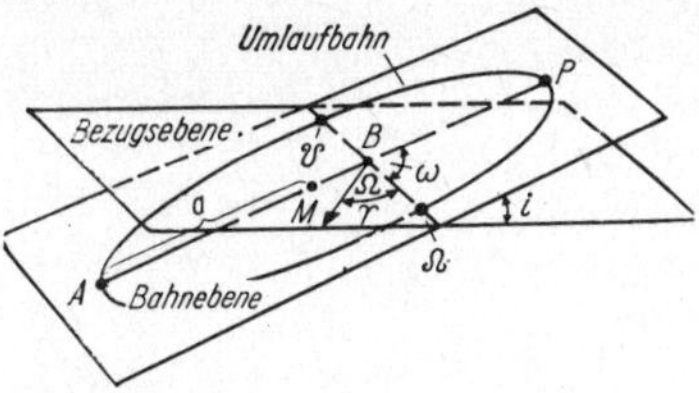

Die wichtigsten Bahnelemente

Bahngeschwindigkeit: 1. allgemein die Geschwindigkeit einer Rakete in ihrer Flugbahn. Im Normalfall nimmt die B. während der Antriebszeit laufend zu und erreicht mit Brennschluß ihren Höchstwert. Bei ballistischen Raketen nimmt die B. dann bis zum Gipfelpunkt der Bahn wieder ab, um anschließend trotz des Luftwiderstands infolge der Gravitation erneut anzuwachsen. Bei Trägerraketen für Raumflugkörper ist die B. für die letzte Antriebsstufe bei theoretisch impulsfreier Trennung der B. des Raumflugkörpers gleich (s. 2.).

2. die Geschwindigkeit eines Raumflugkörpers relativ zu dem Himmelskörper, von dem die Bahn ausgeht (Erde, Mond, Planet) oder in dessen Wirkungssphäre sie verläuft. Bewegt sich der Raumflugkörper dabei in einer geschlossenen Bahn um ein Gravitationszentrum, wird seine B. zur *Umlaufgeschwindigkeit.* Letztere ist dabei nur im kaum zu verwirklichenden Fall einer idealen Kreisbahn während des ganzen Umlaufs konstant *(Kreisbahngeschwindigkeit, Zirkulargeschwindigkeit)* und in ihrer Größe abhängig von der Masse des Zentralkörpers und dem Abstand des umlaufenden Körpers vom Gravitationszentrum. Die Kreisbahngeschwindigkeit wird dabei mit zunehmender Entfernung kleiner (Abb.). Für elliptische Bahnen ergibt sich aus den Keplerschen Gesetzen eine veränderliche Umlaufgeschwindigkeit. Nach dem zweiten Keplerschen Gesetz ist sie im Peripunkt der Bahn stets am größten und im Apopunkt am kleinsten. Bei Raumflugexperimenten mit Start von der Erdoberfläche spielen die Kreisbahngeschwindigkeiten in den verschiedenen Höhen u. a. auch die Rolle von energetischen Vergleichs-Standards für den → Antriebsbedarf (z. B. bei 250-km- bzw. 500-km-Kreisbahnhöhe). Für eine Kreisbahn unmittelbar über der Erdoberfläche ist theoretisch der Antriebsbedarf, selbstverständlich unter Vernachlässigung des Luftwiderstands, am kleinsten (7,912 km/s) und wird daher als *Minimumkreisbahn-Geschwindigkeit* für die Erde bezeichnet. Soll ein Raumflugkörper die Wirkungssphäre der Erde ganz verlassen, so muß seine B. im Brennschlußpunkt der letzten Antriebsstufe mindestens die dort gültige Kreisbahngeschwindigkeit um den Faktor 1,414 ($\sqrt{2}$) überschreiten. Für den Fall der Minimumkreisbahn ergibt sich damit der Wert von rund 11,2 km/s, den man als (Erd-)*Flucht- oder Entweichgeschwindigkeit* bezeichnet. Analog läßt sich auch für andere (planetare u. ä.) Himmelskörper je eine von deren Masse und Radius abhängige Minimumkreisbahn-Geschwindigkeit und Fluchtgeschwindigkeit aus Minimumkreisbahnhöhe bestimmen (→ Tabelle), die durch Masse und Radius des jeweiligen Himmelskörpers festgelegt sind. Außerdem kann eine *solare Fluchtgeschwindigkeit (v_{FS})* zum Verlassen des Sonnensystems definiert werden. Sie entspricht einer B. relativ zur Sonne, die um den Faktor $\sqrt{2}$ größer sein muß als die mittlere Umlaufgeschwindigkeit des Planeten, von dem der Raumflugkörper startet. Für den Fall der Erde beträgt sie etwa 42 km/s tangential zur Erdbahn. Da die Erde selbst dazu schon rund 30 km/s B. beiträgt, ergibt sich eine Differenz *(v_D)* von 12 km/s und mit der irdischen Fluchtgeschwindigkeit *(v_{FM})* von 11,2 km/s nach der Gleichung

$$v_{FS} = \sqrt{v_D^2 + v_{FM}^2}$$

eine solare Fluchtgeschwindigkeit ab Erdoberfläche von rund 16,5 km/s. Die älteren, stark vereinfachenden Betrachtungen entspringenden, aber noch häufig anzu-

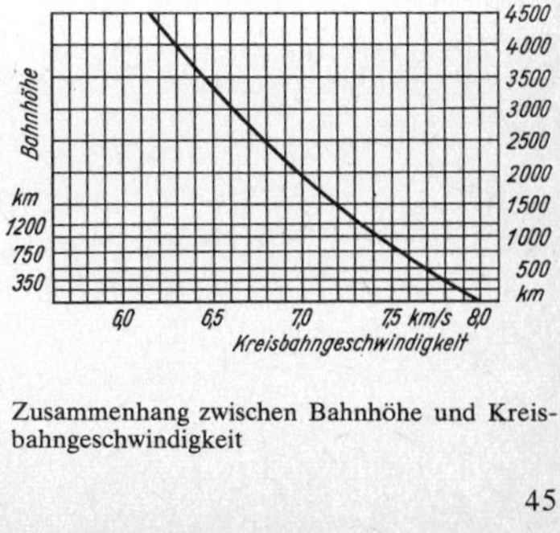

Zusammenhang zwischen Bahnhöhe und Kreisbahngeschwindigkeit

treffenden Bezeichnungen *1.*, *2.* und *3. astronautische* bzw. *kosmische Geschwindigkeit* für Erd-Minimumkreisbahn- bzw. Erd-Fluchtgeschwindigkeit aus Minimumkreisbahnhöhe sowie solare Fluchtgeschwindigkeit (auf Erdbahnabstand bezogen) werden wegen ihres irreführenden Aussagewerts – scheinbarer Absolutcharakter rein theoretischer, spezieller Grenzwerte – in den heutigen, strengeren astrodynamischen Betrachtungen grundsätzlich vermieden.

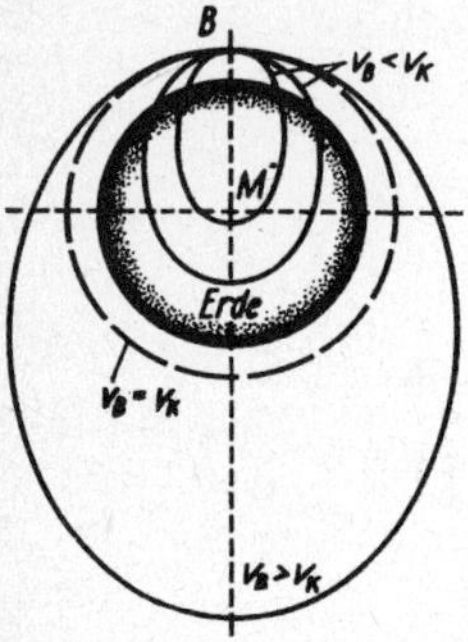

Bahnformen bei verschiedenen Brennschlußgeschwindigkeiten (B); K Kreisbahngeschwindigkeit, B Brennschlußpunkt, M Massenmittelpunkt der Erde

Bahnhöhe: Entfernung einer Satellitenumlaufbahn von der Erdoberfläche, angegeben durch Perigäums- und Apogäumshöhe (→ Apsiden) oder als mittlere B.

Minimumkreisbahn-Geschwindigkeiten (v_{MK}) und Fluchtgeschwindigkeiten aus Minimumkreisbahnhöhe (v_{FM}) für Körper des Sonnensystems

Himmelskörper	v_{MK} km/s	v_{FM} km/s
Sonne	438	618
Merkur	3,0	4,2
Venus	7,3	10,3
Erde	7,9	11,2
Mars	3,6	5,0
Jupiter	43	61
Saturn	26	37
Uranus	16	22
Neptun	18	25
Erdmond	1,7	2,4

Bahninjektion: Eintritt eines Raumflugkörpers in eine astronautische Freiflugbahn, die den Vorgang – vom Standpunkt der Astrodynamik – strenger als Initialprozeß für das weitere bahnmechanische Verhalten des Raumflugkörpers kennzeichnet. Die B. erfolgt im (Bahn-)*Injektionspunkt,* der mit dem Brennschlußpunkt der letzten Stufe des Antriebssystems identisch ist. Die geforderten bzw. erreichten B.swerte *(Injektionsgeschwindigkeit,* Koordinaten des Injektionspunkts, Flugrichtung) sind demzufolge generell identisch mit den Bewegungsdaten des Raumflugkörpers im Brennschlußpunkt und damit bestimmend für den Verlauf der Freiflugbahn.

Bahnknoten: Schnittpunkte der Bahn eines Himmels- oder Raumflugkörpers mit der Grundebene eines Koordinatensystems. Für Sonnenumlaufbahnen gilt als Grundebene die der → Ekliptik, für Erdumlaufbahnen die des Erdäquators. Als *aufsteigenden Knoten* (☊) bzeichnet man den Schnittpunkt, an dem der betr. Körper die Grundebene von Süden nach Norden überschreitet; den anderen B. nennt man dann analog dazu *absteigenden Knoten* (☋). Die Verbindungslinie der beiden B. wird als *Knotenlinie* bezeichnet; sie liegt jedoch nicht im Raum fest, sondern ist unter dem Einfluß der immer vorhandenen Störkräfte (andere Himmelskörper, Asymmetrie des zentralen Gravitationsfelds) einer ständig fortschreitenden Verlagerung auf der Grundebene unterworfen. Die Verschiebung geschieht dabei entgegengesetzt zur Umlaufrichtung des betr. Körpers, also im Sinne der astronomischen Definition *rückläufig (Knotenrücklauf, Präzession).* Für künstliche Erdsatelliten wirkt als Hauptstörfaktor die Erdabplattung, so daß man aus den Veränderungen der Knotenlage auf die Größe der Erdabplattung schließen kann. → Bahnelemente.

Bahnkontrolle → Bahnvermessung.

Bahnkorrektur → Raumflugnavigation.

Bahnneigung → Bahnelemente.

Bahnparameter svw. → Bahnelemente.

Bahnprogramm → Flugprogramm.

Bahnprojektion → Bahnabwicklung.

Bahnvermessung, *Bahnverfolgung:* Gesamtheit aller Verfahren zur Bestimmung des Bahnverlaufs bzw. der Bahnelemente von Raketen und Raumflugkörpern. Grundlage einer exakten B. sind ein möglichst ausgedehntes Netz von Beobachtungs-*Bodenstationen* sowie der Einsatz von präzisen Verfahren und Meßeinrichtungen zur Positionsbestimmung, ferner die Kenntnis des exakten geographischen Orts jeder Beobachtungsstation sowie prä-

Baker-Nunn-Kamera (USA) zur Bahnverfolgung von Satelliten

zise Zeitmessungen. Da die B. entscheidend für die Überwachung des Lenkprogramms einer Trägerrakete in der Aufstiegsbahn ist *(Bahnkontrolle)*, werden alle Beobachtungsstationen sowie ein zentrales Zeitgebersystem meist direkt mit einer automatisch arbeitenden Großrechenanlage verbunden. Diese befindet sich im Flugüberwachungszentrum und ermöglicht u. a. auch sofortige Entscheidungen über den weiteren Verlauf des Unternehmens. Als Beobachtungs- und Meßeinrichtungen in den Bodenstationen dienen optische und Funksysteme. Zur optischen B. verwendet man vor allem Meßtheodoliten (Kinotheodoliten) sowie Spezialkameras vom Typ *Maksutow* (UdSSR) oder *Baker-Nunn* (USA). Die Sichtabhängigkeit der optischen Geräte unterstreicht die besondere Bedeutung der Funkverfahren, die aus diesem Grund auch zu außerordentlich präzisen Verfolgungssystemen ausgebaut wurden und praktisch die wichtigste Grundlage der B. darstellen.

Die relativ einfachen und wenig genauen Feldstärke- und Doppler-Frequenz-Messungen (→ Doppler-Effekt) können zur B. von Satelliten nur in gewissen Grenzen brauchbare Beiträge liefern. Für die B. von Trägerraketen sind Richtungs- und *Laufzeitmessungen* mittels Radars (Entfernungsbestimmung durch Messen der Zeit, die das ausgesandte Signal zum Durchlaufen der Strecke Bodenantenne – Ziel – Bodenantenne benötigt) sowie kombinierte Messungen *(Doppler-Radar, Zweiweg-Doppler-Messungen)* zweckmäßiger.

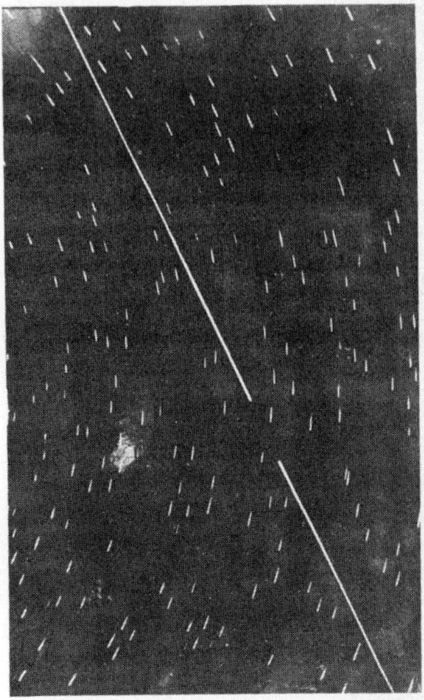

Fotografierte Bahnspur der Trägerrakete von »Sputnik 1«; die Unterbrechung dient der Zeitmarkierung

Baikonur: einer der größten Raketenstartplätze der Sowjetunion im Gebiet Karaganda (Kasachische SSR) nordöstlich des Aralsees gelegen (66,3 ° ö. L., 47,8 ° n. Br.). In B. sind zahlreiche Startkomplexe, technische Versuchsgelände und Bodenmeßstationen vorhanden. Von hier erfolgten der Start des ersten künstlichen Erdsatelliten, der erste Raumflug eines Menschen *(J. Gagarin)* sowie viele andere Raumflugstarts.

Ballistik: Lehre von der Bewegung geworfener oder geschossener Körper im lufterfüllten Raum. In der *inneren B.* beschäftigt man sich mit den antriebserzeugenden Vorgängen innerhalb der Feuerwaffe; analog dazu wird die Behandlung der antriebserzeugenden Vorgänge im Raketentriebwerk verschiedentlich ebenfalls als innere B. bezeichnet. In der *äußeren B.*

untersucht man die Flugbahn des Wurfkörpers oder Geschosses; mit ihren Methoden lassen sich auch spezielle Raketenflugbahnen (→ ballistische Rakete) behandeln.

ballistische Rakete: Rakete, deren antriebsloser Flugbahnteil im wesentlichen von den Gesetzen der Geschoßballistik bestimmt wird. Aerodynamische Einflüsse der Atmosphäre (Luftwiderstand, Seitendrift, Stabilisationsstörungen) müssen dabei als Bahnstörungen berücksichtigt werden. Die ungestörte ballistische Flugbahn ist Teil einer Ellipse, deren entfernterer Brennpunkt mit dem Massenschwerpunkt der Erde zusammenfällt. Für geringe Flugweite kann die ungestörte Flugbahn einer b. R. näherungsweise als Scheitelteil einer Parabel behandelt werden. Bei mehrstufigen Raketen unterliegen die Bahnen der einzelnen abgetrennten Stufen ebenfalls den Gesetzen der ballistischen Flugmechanik.

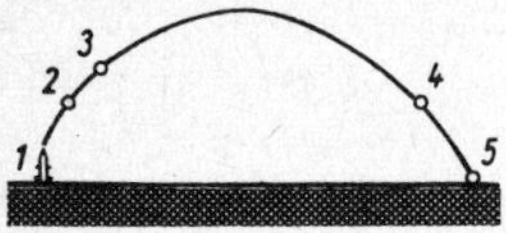

Typische Flugbahn einer ballistischen Rakete (schematisch): 1 Startort, 2 Brennschluß, 3 Abtrennung des Kampfkopfes vom Antriebsteil, 4 Eintauchpunkt, 5 Zielpunkt

Ballonsatellit: Satellit, der – durch chemische Gasentwicklung in einer ursprünglich fest zusammengelegten dünnwandigen Hülle – in der Umlaufbahn zu einem kugelförmigen Körper aufgeblasen wird (z. B. »Echo«). B.en werden vornehmlich als passive Reflektoren zur Funksignalübermittlung eingesetzt und sind aus diesem Grund mit einer hochreflektierenden Oberfläche (dünner metallischer Überzug) versehen. Sie reagieren wegen ihrer sehr geringen Querschnittsbelastung empfindlich auf Dichteänderungen in der Hochatmosphäre sowie auf den solaren Strahlungsdruck und den Druck des Sonnenwinds, so daß ihr Bahnverlauf einerseits außerordentlich kompliziert ist, andererseits aber auch wichtige Rückschlüsse auf die genannten Einflußfaktoren ermöglicht.

Bean, *Alan:* US-amerikanischer Astronaut, geb. 15. März 1932 Wheeler (Texas), nahm vom 14. bis 24. Nov. 1969 mit → *Conrad* und → *Gordon* in »Apollo 12« am zweiten Mondlandeunternehmen teil und hielt sich bei 2 Ausstiegen insgesamt etwa 7 h und 45 min außerhalb der Mondfähre »Intrepid« auf. – B. war Marineflieger und Testpilot.

»Bélier« [frz., Widder]: einstufige Feststoff-Höhenrakete (Frankreich) von 4,01 m Länge, 0,31 m Durchmesser und etwa 250 kg Startmasse. Sie ist mit 4 Heckstabilisierungsflossen (Spannweite 0,78 m) ausgestattet und kann 30 kg Nutzmasse in etwa 90 km Höhe tragen.

Beljajew, *Pawel:* sowjetischer Kosmonaut, geb. 26. Juni 1925 Tschelistschewo (Gebiet Wologda), gest. 10. Jan. 1970, führte am 18. März 1965 als Kommandant zusammen mit → *Leonow* in dem mehrsitzigen Raumschiff → »Woschod 2« einen 26stündigen Raumflug aus (17 Umläufe). – B. lernte Dreher, wurde bei der Marine zum Jagdflieger ausgebildet, 1945 noch im Krieg gegen Japan eingesetzt, war zuletzt Kommandeur einer Jagdstaffel, besuchte später die Luftwaffenakademie und übernahm eine neue Funktion in den sowjetischen Luftstreitkräften.

Beregowoi, *Georgi:* sowjetischer Kosmonaut, geb. 15. April 1921 Fjodorowka (Gebiet Poltawa), führte am 26. Okt. 1968 einen 24stündigen Raumflug in → »Sojus 3« und dabei u. a. ein manuell gesteuertes Annäherungsrendezvous mit dem unbemannten Raumschiff »Sojus 2« durch. – B. war ursprünglich Hüttenwerker, wurde später Militärflieger (Held der Sowjetunion 1944) sowie Testpilot (1948/64).

»Berénice«: militärische Forschungsrakete (Frankreich) zur Untersuchung von Wiedereintrittsproblemen (bis Mach 12). Sie hat einen vierstufigen Feststoffantrieb, eine Länge von 14 m, einen Durchmesser (1. Stufe) von 55 cm und eine Startmasse von 3500 kg.

Berührungsellipse → Übergangsbahn.

Beschleunigungsintegrator: Gerät, das in Raketenflugführungsanlagen verwendet wird und mit dessen Hilfe aus den auftretenden Antriebsbeschleunigungen durch elektrische oder mechanische Integration Geschwindigkeit und zurückgelegter Weg (Position) der Rakete bestimmt werden können. Bei der elektrischen Integration werden federgefesselte Massen als Beschleunigungsindikatoren und ein integrierender elektrischer Rechner verwendet, bei der mechanischen meist ein integrierender *Kreiselbeschleunigungsmesser.*

Beschleunigungsmeßsystem → Trägheitsnavigation.

Beschleunigungstest: in einer Zentrifuge oder einem Raketenschlitten durchgeführ-

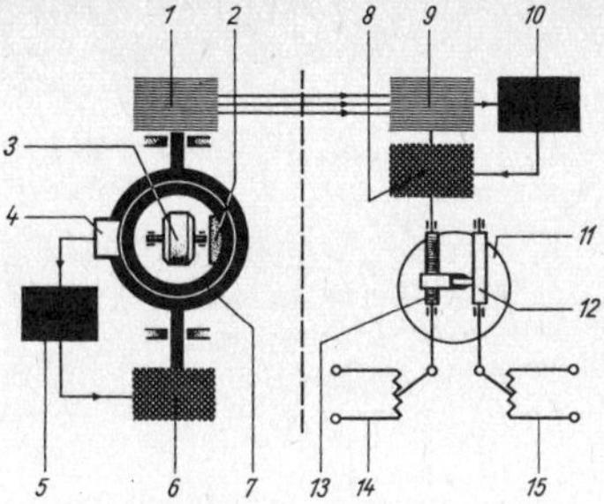

Kreiselbeschleunigungsmesser mit Scheiben integrator
1 Übertragungsgeber, 2 Unwucht, 3 Kreisel, 4 Regelabgriff, 5 Verstärker, 6 Motor, 7 Luftlager, 8 Motor, 9 Übertragungsempfänger, 10 Verstärker, 11 Kalottenintegrator, 12 Walze, 13 Spindel, 14 Geschwindigkeitswert, 15 Positionswert

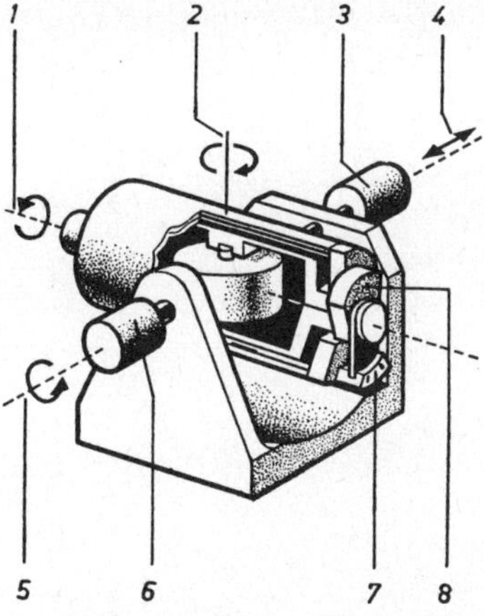

Beschleunigungsmeßkreisel: 1 Präzessionsachse, 2 Drehachse, 3 Übertragungssystem, 4 Meßrichtung, 5 Meßachse, 6 Stützmotor, 7 Abgriff, 8 Unwucht

ter Versuch mit Testpersonen oder trainierendem Raumfahrer zur Ermittlung der Beschleunigungsverträglichkeit. Auf einem Raketenschlitten können auch die Wirkungen kurzzeitiger, extrem hoher Beschleunigung oder Verzögerung *(Beschleunigungsstöße)* untersucht werden.

Beschleunigungsverträglichkeit svw. Andruckverträglichkeit; → Andruck.

Bi-elliptischer Bahnübergang → Übergangsbahn.

Binder → Treibstoff.

Bioastronautik → Raumfahrtmedizin.

»Bios«, auch **»Biosat«:** Erdsatelliten (USA), die ausschl. bioastronautischen Tierversuchen dienen. Sie haben eine Gesamtmasse von etwa 420 kg, von denen 200 kg auf einen Wiedereintrittskörper entfallen, in dem sich die Experimentierkapsel (127 kg) befindet und der nach beendeter Mission ähnlich wie die → »Discoverer«-Kapseln aus der Umlaufbahn zurückgeführt wird. Ein Adapter (182 kg) von 1,45 m Durchmesser und 1,2 m Länge dient der Aufnahme der raumflugtechnischen Ausrüstung (zur Lageregelung u. a.). Bei »B. 1« (14 Dez. 1966) mißlang die Rückführung, während der Wiedereintrittskörper von »B. 2« (7. bis 9. Sept. 1967) mit einigen Millionen Kleinstlebewesen aus einer Bahn zwischen 300 und 313 km Höhe sicher zurückkehrte. Das Experiment mit »B. 3« (29. Juni 1969), in dem erstmalig als höheres Lebewesen ein 7 kg schwerer Affe mitgeführt wurde, gelang zwar raumflugtechnisch, wurde jedoch bioastronautisch ein Mißerfolg, da das Versuchstier sehr bald biologische Fehlreaktionen zeigte und trotz beschleunigter Rückführung nicht am Leben erhalten werden konnte.

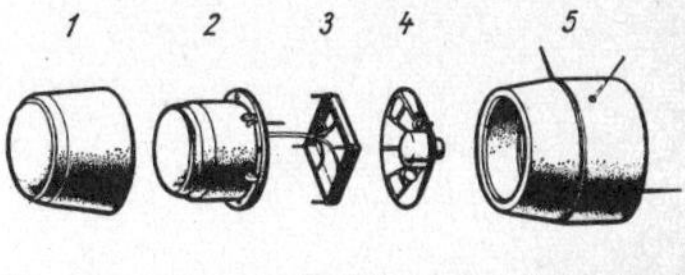

Hauptbaugruppen von »Bios 1«: 1 Nasenkegel mit Hitzeschild, 2 Kapsel mit Untersuchungsobjekten, 3 Geräteeinsatz, 4 Bremstriebwerk, 5 Adapter

Biosatellit: Bezeichnung für unbemannte Forschungssatelliten, die ausschl. zur Untersuchung bioastronautischer Probleme – Dauerschwerelosigkeit, Strahlungsverträglichkeit, Wechselwirkungen zwischen Strahlung und Schwerelosigkeit sowie anderen Faktoren u. ä. – an mitgeführten pflanzlichen und tierischen Organismen oder Substanzen dienen. Obwohl an Raumfahrern in bemannten Satelliten (z. B. »Wostok«, »Woschod«, »Sojus«, »Mercury«, »Gemini«) ebenfalls mehr oder weniger spezielle bioastronautische Untersuchungen vorgenommen werden, rechnen derartige Raumflugkörper oder -systeme (Raumstationen) nicht zu den B.en.

BIS: Abk. für **B**ritish **I**nterplanetary **So**ciety.

»Black Arrow« [engl., Schwarzer Pfeil]: nationales Raumfahrt- und Satellitenprogramm Großbritanniens. Die dafür entwickelte »B.-A.«-Trägerrakete ist eine direkte Weiterentwicklung der ballistischen Forschungsrakete → »Black Knight«. Die Rakete hat eine Länge von 12,9 m, einen max. Durchmesser von 2,0 m und eine Startmasse von 18 160 kg. In der Startstufe wird ein »Gamma-8«-System (→ »Gamma MK 201«) verwendet, das einen Startschub von 22,7 Mp erzeugt. Die Zweitstufe (Durchmesser 1,37 m) hat eine »Gamma-2«-Antriebseinheit mit 6390 kp Vakuumschub. Als dritte Stufe dient ein Feststoff-Apogäumstriebwerk, das mit dem Satelliten nach der Abtrennung von der Zweitstufe drallstabilisiert wird. Die »B.-A.«-Rakete soll etwa 90 kg Nutzmasse in eine Umlaufbahn zwischen 480 und 1600 km bringen. Als Startplatz ist → Woomera (Australien) vorgesehen.

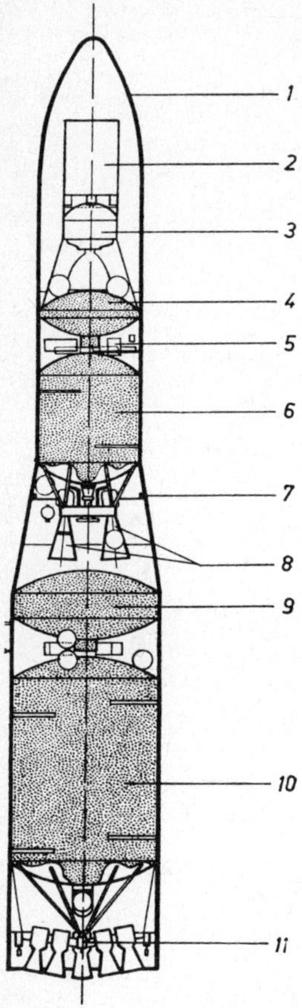

Schnittzeichnung der »Black Arrow«: 1 abwerfbare Verkleidung, 2 Satellit, 3 Apogäumstriebwerk, 4 Kerosintank, 5 elektronische Geräte, 6 Wasserstoffperoxidtank, 7 Lageregelungsdüsen, 8 Triebwerk der zweiten Stufe, 9 Kerosintank, 10 Wasserstoffperoxidtank, 11 Triebwerk der ersten Stufe

»Black Brant«, Abk. **BB:** Name von Höhenforschungsraketen (Canada). »BB 3« ist eine einstufige Feststoffrakete von 6 m Länge, 25 cm Durchmesser und 300 kg Startmasse, mit der man eine Nutzmasse von 20 kg bis in 150 km Höhe befördern kann. »BB 4« ist eine zweistufige Feststoffrakete mit 1500 kg Startmasse, die 18 kg bis in 1000 km Höhe trägt, »BB 5« eine einstufige Feststoffrakete von 1200 kg Startmasse, für 90 kg Nutzlast bis in 400 km Höhe.

»Black Knight« [engl., Schwarzer Ritter]:

»Black Knight« auf dem Starttisch

einstufige Forschungsrakete (Großbritannien), die in Verbindung mit einem besonderen Zweitstufenaufsatz für Untersuchungen zu Wiedereintrittsproblemen eingesetzt wird. Die Gesamtlänge des Geräts beträgt 10,5 m und sein Durchmesser 1 m. Für die eigentliche Rakete wird das Antriebssystem → »Gamma MK-201« verwendet. Der Zweitstufenaufsatz besteht aus einem kegelförmigen Wiedereintrittskörper, auf dem ein Feststofftriebwerk aufgesetzt ist. Die Ausströmdüse dieses Triebwerks zeigt gegen die Flugrichtung. Nach dem Brennschluß der Hauptantriebsstufe wird diese durch Sprengbolzen von dem Aufsatz getrennt. Der Restkörper steigt antriebslos bis auf eine Gipfelhöhe von etwa 600 km. Während des Abstiegs wird das Gerät durch Druckgasdüsen drallstabilisiert, so daß es seine vertikale Lage zur Erdoberfläche beibehält. In 110 km Höhe wird der Gerätesatz zur Drallstabilisierung abgeworfen und das Feststofftriebwerk gezündet. Rund 65 km über der Erdoberfläche ist das Triebwerk ausgebrannt und wird abgeworfen. Der die Meßgeräte tragende Wiedereintrittskörper erreicht so eine Geschwindigkeit zwischen 4500 und 4900 m/s. Er trifft etwa 100 km vom Startplatz entfernt auf die Erde auf. Ein geeignetes Versuchsgelände war daher nur im Bereich des australischen Raketenversuchszentrums Woomera zu finden. Die anfallenden Meßwerte über den Eintrittsvorgang werden auf einem Magnetband gespeichert. Das Bandgerät ist in einer besonderen Stahlkapsel untergebracht, die es gegen Stoß und Temperatureinwirkungen hinreichend schützt.

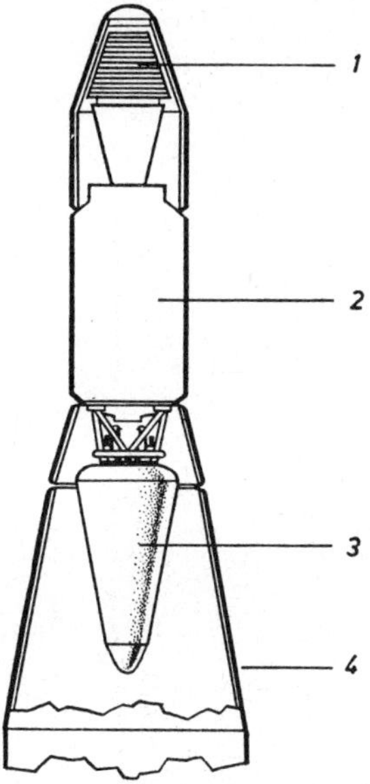

Aufbauschema der zweiten Stufe der »Black Knight«: 1 Gerätesatz zur Drallstabilisierung, 2 Feststofftriebwerk zur Rückkehrbeschleunigung, 3 Wiedereintrittskörper, 4 Stufenadapter

Blagonrawow, *Anatolij Arkadjewitsch:* sowjetischer Raumfahrtwissenschaftler (Spezialgebiet Mechanik), geb. 1. Juni 1894, Mitglied der Akademie der Wissenschaften der UdSSR seit 1943, früher vornehmlich auf dem Gebiet der artilleristischen Waffentechnik tätig, ab 1953 Direktor des Instituts für Maschinenkunde der Akademie, Vorsitzender der Kommission zur Erforschung und Nutzung des Weltraums bei der Akademie der Wissenschaften der UdSSR, seit 1959 Vizepräsident des COSPAR.

»Blue Scout« → »Scout«.

»Blue Steel« [engl., Blauer Stahl]: Luft-Boden-Rakete (engl. stand-off-bomb), mit der der Wirkungsbereich britischer Strahlbomber vergrößert werden soll. Die Rakete hat eine Länge von 10,7 m und einen max. Durchmesser von 1,28 m. Die Spannweite ihrer am Heck befindlichen Leitflächen beträgt 3,96 m. Die Startmasse der »B. S.« soll bei 7 t liegen. Als Antrieb dient ein Flüssigkeitstriebwerk → »Stentor A. S. St. 1-1«, das ihr in einer Flughöhe von 18000 m eine Geschwindigkeit von mehr als Mach 2 verleiht.

»Blue Steel« unter einem Trägerflugzeug

»Blue Streak«: einstufige Flüssigkeitsrakete (Großbritannien), die ursprünglich als militärische Langstreckenrakete (Reichweite etwa 4800 km) entwickelt wurde, nach Streichung aus der Militärplanung aber als Startstufe für die Trägerrakete → »Europa 1« verwendet wird. Mit Ausnahme des Schubs, der etwas erhöht wurde, blieb dabei die Auslegung der militärischen Version erhalten. Deren konstruktive Lösung stellte insofern im Bereich der Raketenentwicklungen westlicher Länder eine Besonderheit dar, als ein dort bis dahin unerreicht hoher Konstruktionsfaktor verwirklicht werden konnte. Den wesentlichsten Einfluß übte dabei das Verfahren aus, die Raketenaußenhaut unmittelbar von den Wandungen der Treibstoffbehälter bilden zu lassen und letztere so dünn wie möglich zu halten. Als Material wählte man 0,5 mm dicke Bleche aus legiertem Stahl. Eine ausreichende Stabilität der Raketenzelle läßt sich somit nur durch einen versteifend wirkenden Innendruck erzielen. Vor dem Start wird dazu für beide Behälter Stickstoffgas verwendet, danach im Oxydationstank gasförmiger Sauerstoff. Der Brennstoffbehälter ist zusätzlich durch außenliegende Stringer versteift. Das Antriebssystem der Rakete besteht aus 2 Flüssigkeitstriebwerken (Rolls-Royce »RZ. 2«), die im wesentlichen einen Lizenznachbau der US-amerikanischen »S-3«-Triebwerke darstellen. Der Bodenschub beträgt für den Raumfahrtträger 68 Mp. Jedes Triebwerk ist ein selbständiges Aggregat mit eigenem Turbopumpensystem, separaten Treibstoffleitungen und Regeleinrichtungen. Brennkammer und Düse werden aus 312 parallelliegenden Nickelröhrchen nach einem Spezialverfahren zusammengelötet. Die Wanddicke dieser Röhrchen beträgt 0,3 mm. Die Druckbeanspruchung wird von Stahlbändern aufgenommen, die außen um die Brennkammer liegen. Als Treibstoffe werden Flüssigkeitssauerstoff und Kerosin verwendet, von denen letzteres auch zur Regenerativkühlung der Brennkammer dient. Als Brennkammerdruck werden 37 kp/cm^2 angegeben. Der Gesamttreibstoffdurchsatz beläuft sich auf 255,8 kg/s bei einem Mischungsverhältnis (Flüssigsauerstoff : Kerosin) von 2,16:1. Die Treibstoffe werden durch ein Turbopumpenaggregat gefördert, dessen Gasturbine zweistufig ausgelegt ist. Der Antrieb der beiden Kreiselpumpen geschieht über ein zwischengeschaltetes Getriebe, das die Turbinendrehzahl von 29300 U/min auf 5987 U/min für die Pumpen herabsetzt. Im Gasgenerator werden ebenfalls die beiden Treibstoffe, allerdings mit starkem Brennstoffüberschuß (Mischungsverhältnis Sauerstoff: Kerosin = 0,35:1), verwendet. Bei einem Durchsatz von 4,54 kg/s beträgt die Temperatur des Arbeitsgases in diesem Fall nur 650 °C. Das komplette Antriebsaggregat hat eine Masse von 680 kg. Zur Erzielung der notwendigen Lenkeffekte sind beide Triebwerke der Rakete kardanisch gelagert.

Heckteil einer »Blue Streak«

»Blue Water«: taktische Boden-Boden-Rakete (Großbritannien) mit einer Länge von 7,6 m und einem max. Durchmesser von 0,6 m. Die Heck-Leitflossen haben eine Spannweite von 2,05 m, während die der Lenkung dienenden, etwa in der Mitte des Flugkörpers angebrachten Kreuzflügel eine Spannweite von 1,95 m aufweisen. Heck- und Steuerflossen sind um 45 ° gegeneinander versetzt. Als Antrieb dient ein Feststofftriebwerk, und für die Lenkung ist eine Trägheitssteuerung (→ Trägheitsnavigation) vorhanden.

Boden-Boden-Rakete, Boden-Luft-Rakete → Kampfrakete.

Bodenrelaisstation: mit Funkanlagen ausgerüstete große Bodenstation, über die der Relaisverkehr mit Nachrichtensatelliten abgewickelt wird. Die von einem, u. U. weitverzweigten, Bodennetz zur Übermittlung von Nachrichten oder Fernsehsendungen gelieferten Signale werden von der B. dem jeweiligen Relaissatelliten zugestrahlt und von diesem dann an die B. auf

Bodenrelaisstation des COMSAT-Netzes (USA)

Große Radome-Antennenanlage für Satellitenfunkverkehr

der Empfängerseite weitervermittelt. Die mit Parabolreflektor ausgerüstete Richtantenne der B. bringt man meist in einer annähernd kugelförmigen, durch höheren Innendruck versteiften, dünnwandigen Plastkuppel *(Radome* = Abk. für engl. **Ra**dio-**Dome**) als Schutz unter.

Bodenstation → Bahnvermessung.

Booster [engl., Antreiber]: Ausdruck für kurzzeitig brennende Feststoff-Starthilfstriebwerke hoher Schubbeschleunigung; manchmal auch allgemein für Startstufen von Raketen verwendet.

Borane: Wasserstoffverbindungen (Hydride) des Bors, die als Brennstoffe für Raketentriebwerke vorgeschlagen wurden und gegenüber Kerosin einen bis zu 50 % höheren Heizwert haben. Neben *Pentaboran* (B_5H_9) und *Dekaboran* ($B_{10}H_{14}$), die sich durch thermische Zersetzung aus Diboran $(BH_3)_2$ gewinnen lassen, wurden auch Boranverbindungen, z. B. Äthyldiboran, erprobt. Als Oxydatoren für Boranbrennstoffe sind Flüssigsauerstoff sowie auch flüssiges Ozon und Fluor geeignet. Der wesentlichste Nachteil aller reinen Boranbrennstoffe liegt in der Bildung von festen Verbrennungsrückständen, die den Betrieb und die Leistung eines Raketentriebwerks wesentlich beeinträchtigen. Die B. erlangten nicht die große Bedeutung, die ihnen einmal vorausgesagt wurde.

Bordenergieversorgung: Verfahren und daraus entwickelte Anlagen zur Bereitstellung oder Erzeugung der in Raumflugkörpern benötigten Energien. Als Energieform für die Versorgung der Bordsysteme (z. B. wissenschaftliche und navigatorische Meßgeräte, Funkanlagen, Steuerungs- und Regelungssysteme, Klima- und sonstige Versorgungseinrichtungen) kommt ausschl. Elektroenergie in Betracht. Sofern auf eine primäre Energiequelle zurückgegriffen wird, die nicht unmittelbar Elektroenergie liefert (z. B. Kernumwandlung), muß ein entspr. Energiewandler eingeschaltet werden. Die Probleme der B. sind für die weitere Entwicklung der Raumfahrt von allergrößter Bedeutung, da ein Raumflugunternehmen nach Dauer und Breite des Programms stets nur so angelegt werden kann, wie sich eine nach Energieabgabe und Lebensdauer hinreichend leistungsfähige Bordenergieanlage einsetzen läßt. Verschiedene Typen von Energieanlagen sind schon seit längerem eingeführt, andere befinden sich noch in Entwicklung. Die dabei angewendeten Prinzipien unterscheiden sich vor allem hinsichtlich des primären Energieträgers, der entweder außerhalb des Raumflugkörpers liegt (Sonne und ihre Strahlung) oder aber an Bord mitgeführt wird (elektrochemische Energiequellen oder Kernbrennstoff).

1) *B. durch elektrochemische Energiequellen.*

a) *Akkumulatoren und Batterien* kamen wegen ihres bewährten und einfachen Prinzips schon bei den ersten Raumfahrtexperimenten (z. B. »Sputnik«, »Lunik«, UdSSR) zum Einsatz. Für bestimmte Aufgabenbereiche – z. B. als Speicher- bzw. Pufferbatterien für die von Primärquellen (Solarzellen o. ä.) erzeugte Elektroenergie – spielen sie auch heute noch eine maßgebliche Rolle in der B. Trotz beträchtlicher Fortschritte konnte ihr größter Nachteil – relativ hohe Masse je Energieeinheit und damit großer Massenaufwand für Versorgungsaufgaben mit langer Betriebszeit (ohne Nachladen) und hoher Leistungsabgabe – nicht wesentlich gemindert werden. Bei modernen, hochentwickelten Ag-Zn-Sammlern läßt sich bestenfalls eine Masse je Energieeinheit von 8,5 kg/kWh erreichen, mit einer Speicherkapazität von 115 Wh/kg (Ag-Cd-Sammler 75 Wh/kg, Pb- und Ni-Cd-Sammler etwa 25 bis 30 Wh/kg). Eine Einzelzelle (300 g, 25 Ah) dieser Ag-Zn-Typen hat eine zulässige Dauerstromstärke von 50 A, kann einen zulässigen Spitzenstrom von 200 A abgeben und liefert bis zur Erschöpfung eine nahezu konstante Entladespannung von 1,4 bis 1,5 V. Elektrochemische Energiequellen dieser Gruppe ergeben die günstigsten Anwendungsbedingungen bei Raumflugeinsätzen bis zu einigen Tagen Dauer unter Leistungserfordernissen bis zu einigen Kilowatt.

b) *Brennstoffzellen (-elemente)* sind, obwohl in ihren Grundzügen schon lange bekannt, erst in jüngster Zeit durch die Erfordernisse der Raumfahrttechnik zu größeren Fortschritten und maßgeblicher Bedeutung gelangt. Ein Brennstoffelement ist eine galvanische Zelle, in der die chemische Energie von Brennstoffen auf elektrochemischem Wege direkt in elektrische Energie umgewandelt wird. Brennstoff und Oxydationsmittel werden kontinuierlich und getrennt der mit einem Elektrolyten gefüllten Zelle zugeführt und hier an 2 Elektroden umgesetzt. Die mitzuführende Brennstoffmasse ist somit der gewünschten Betriebszeit proportional. Der Wirkungsgrad von Brennstoffzellen liegt zwischen 30 und 75 %. Der in der Raumfahrttechnik am meisten verwendete Typ ist die H_2/O_2-Zelle. Die in diesem Element ablaufende (Knallgas-)Reaktion ist im Prinzip die Umkehrung der Wasser-Elektrolyse, und so entsteht als Endprodukt des Vorgangs anderweitig verwendbares Wasser. Die Ausgangsprodukte Wasserstoff und Sauerstoff werden – wie im Falle ihrer Verwendung als flüssige Raketentreibstoffe – in besonderen Tanks mitgeführt, vor dem Eintritt in die Brennstoffzelle in gasförmigen Zustand gebracht und dann den porösen Diffusionselektroden zugeleitet. In der Zelle befindet sich zur Gastrennung noch ein Diaphragma. Ausschlaggebend für die Erzielung hoher Energieausbeute und Stromdichte sind die Zusammensetzung des Elektrolyten und die Elektrodenkonstruktion. Die EMK von Brennstoffzellen liegt ganz allgemein in der Größenordnung von 1 V. Mit Brennstoffzellen läßt sich eine Masse je Energieeinheit unter 1 kg/kWh erreichen. Die Speicherkapazität des H_2/O_2-Systems (beide Stoffe in flüssiger Form mitgeführt) beträgt 3,7 kWh/kg. Man erwartet, daß sich die derzeitige Leistungsmasse von 170 bis 140 kg/kW in nächster Zeit auf 30 kg/kW wird senken lassen. Insgesamt bieten sich also Brennstoffzellen für Energieversorgungsaufgaben mit langer Betriebszeit (im Prinzip nur durch die Brennstoff-Lagerkapazität begrenzt) und für eine Leistungsforderung bis weit in den Kilowattbereich hinein an.

2) *B. durch Sonnenenergieanlagen.* Der Vorteil aller Sonnenenergieanlagen besteht darin, daß kein Energieträger mitgeführt zu werden braucht. Solange sich der Raumflugkörper außerdem nicht allzu weit aus dem intensiven Strahlungsfeld der Sonne herausbewegt, steht die einmal installierte Leistung auch beliebig lange zur Verfügung. Zu den wesentlichsten Nachteilen gehört die nicht sehr große Energiedichte der Sonnenstrahlung. Für hohe Leistungsabgabe sind daher beträchtlich große Sammelflächen erforderlich, wenn Dauerentnahme gefordert wird, oder man muß Speicherbatterien einschalten. Die Leistung einer Sonnenenergieanlage ist dem

Solarzellen auf der zylindrischen Außenwandung eines Satelliten (»Syncom 2«)

Kosinus des Einfallswinkels (gegen das Lot auf der Sammelfläche) der Sonnenstrahlung proportional. Weiterhin unterliegt die Wirksamkeit der Sonnenenergieanlagen dem Schatteneffekt, d. h. der Abschirmung der Sonnenstrahlung durch nahestehende Himmelskörper (z. B. Erde bei Erdumlaufbahnen) oder durch Änderung der Fluglage.

a) *Solarzellen* haben als Empfangselemente Halbleiterphotozellen, mit deren Hilfe die Energie der Sonnenstrahlung direkt in Elektroenergie umgewandelt wird. Als Halbleitermaterial kommen bisher praktisch nur Silizium (Si) und Galliumarsenid (GaAs) in Betracht, da der Wirkungsgrad anderer gleichartiger Materialien (z. B. Kadmiumtellurid oder -sulfid mit max. 7 bis 8 %) entschieden zu niedrig ist. Aber auch bei den heute vornehmlich verwendeten Si-Elementen macht der relativ niedrige Wirkungsgrad (max. 14 %, durchschnittlich 11 %, GaAs max. 11 %) für hohe Leistungsabgabe entspr. große Sammelflächen und eine aufwendige Struktur erforderlich. Bei konventioneller Sammelflächenstruktur, d. h. entweder mit Si-Zellen belegte Außenhaut des Raumflugkörpers oder in sich starre, einseitig belegte, dafür aber der Sonne nachgeführte Solarzellen-Ausleger bzw. zweiseitig belegte, nicht nachgeführte Solarzellen-»Paddel«, ergibt sich zur Zeit eine spezifische Flächenmasse von 5 bis 7 kg/m^2. Die neuerdings bei der Entwicklung faltbarer Strukturen erzielten Fortschritte machen jedoch schon eine Flächenmasse von 2,5 kg/m^2 und darunter möglich. Letztere haben eine spezifische Anlagenleistung von etwa 60 W/kg (18 kg/kW Leistungsmasse), während diese für ältere Konstruktionen noch bei 20 W/kg (50 kg/kW) liegt. Die modernen faltbaren Strukturen machen heute schon Anlagen mit einer Leistungsabgabe bis zu 50 kW möglich (Flächenleistung 100 W/m^2). Sehr nachteilig sind allerdings die hohen Kosten für derartige Anlagen. Weiterhin ist das Problem der Strahlungsfestigkeit gegenüber höherer Teilchenstrahlungsdichte noch immer nicht befriedigend gelöst. Zum Schutz der Empfangselemente gegen Korpuskularstrahlung, harte Wellenstrahlung und Mikrometeoriten werden heute allgemein sehr dünne, für den wirksamen Wellenbereich der Sonnenstrahlung transparente Überzüge verwendet. In vielem erwartet man von der Entwicklung der CdS-Dünnschichtzellen wesentliche Verbesserungen. Für den praktischen Betrieb werden Solarzellen heute i. allg. mit Speicher- oder Pufferbatterien (früher Ni-Cd-, gegenwärtig meist Ag-Zn-Typ) zusammengeschaltet, die ganze Anlage bezeichnet man dann als Sonnen- oder Solarbatterie.

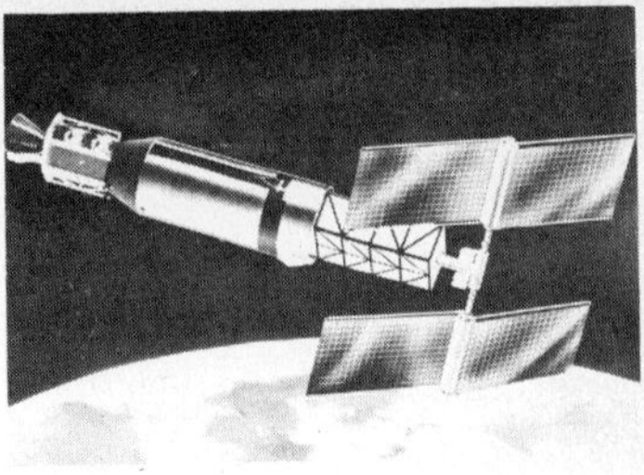

Satellit mit ausrollbaren Solarzellenauslegern

Kenndaten für Silizium-Solarzellen
(nach S. Karius und E. F. Schmidt)

Grundmaterial	Silizium
Dotierungsstoff	Bor
Dotierungstyp	n auf p
Spez. Widerstand des Grundmaterials	10 Ω · cm
Wirkungsgrad	10,5 %
max. Leistung	59 mW
Leerlaufspannung	545 mV
Kurzschlußstrom	145 mA
Temperaturkoeffizienten für max. Leistung	−0,5 %/Grd
Leerlaufspannung	−0,45 %/Grd
Kurzschlußstrom	+0,06 %/Grd

b) *Schichtplattengeneratoren* sind zwar verschiedentlich diskutiert worden, aber noch nicht zur praktischen Anwendung gelangt. Es handelt sich im wesentlichen um 2 bis 3 mm dicke Schichtkonstruktionen aus 2 dünnen Metallfolien als Sammelelektroden, zwischen denen sich eine sehr große Anzahl winziger Halbleiterthermoelemente befindet. Die bes. präparierten Folien dienen auf der einen Schichtseite als Wärmesammler, auf der anderen als Abstrahler. Der von den Thermoelementen abgegebene Strom wird über die Folien abgeführt und einer Speicherbatterie zugeleitet. Als Vorteile dieses Prinzips werden geringe Masse sowie niedrige Herstellungskosten genannt. Weiterhin besteht die Möglichkeit, die Schichtplatten zu falten und damit beträchtliche Sammelflächen bei geringem Packungsvolumen zu erreichen. Man rechnet damit, daß für 1 kW Leistung bei Venussonden knapp 10 kg und bei Marssonden etwa 36 kg Schichtmaterial benötigt würden. Schließlich könnten sich Schichtplattengeneratoren u. U. auch weniger empfindlich gegen Mikrometeoriten und kosmische Strahlungen erweisen als Solarzellen.

c) *Solar-dynamische Systeme* sind ebenfalls bisher nur projektiert oder noch in Entwicklung. Sie haben einen hochreflektierenden Hohlspiegel als Sammler (»Sonnenspiegel«), der die Sonnenstrahlung auf einen Absorber konzentriert. In diesem wird ein Arbeitsmedium (z. B. Quecksilber oder Rubidium) verdampft, das zum Antrieb eines Turbogenerators dient und anschließend in einem Abstrahler (Radiator, Kühler) wieder verflüssigt wird. Zur Überbrückung des Schatteneffekts in Erdumlaufbahnen kann beispielsweise Lithiumhydrid als Wärmespeicher eingeschaltet werden, mit dem sich für etwa 1,5 h die Quecksilberverdampfung ohne Sonneneinstrahlung aufrechterhalten läßt. Nach diesem Verfahren arbeitende Sonnenenergieanlagen wurden schon vor rund 40 Jahren von einigen Pionieren der Raumfahrt *(Noordung, Oberth)* als Möglichkeit für langdauernde hohe Energieabgabe erkannt und beschrieben. Ursprünglich war man allerdings der Meinung, daß sich derartige Energieanlagen wegen des vermutlich beträchtlichen Bau- und Massenaufwands nur für entspr. große Raumflugeinheiten (bemannte Großsatelliten, Außenstationen) ökonomisch verwirklichen ließen. Es wurden neuerdings jedoch schon Anlagen entworfen, die sogar in Meß- oder Nachrichtensatelliten von nur 1000 bis 1500 kg Gesamtmasse eingesetzt werden

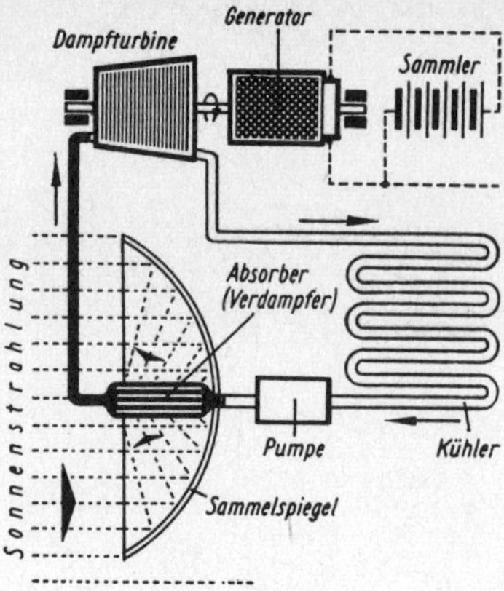

Sonnenspiegel mit Dampfturbine und Elektrogenerator

können, da ihre eigene Masse nur etwa 200 bis 300 kg beträgt. Bei mehrjährigem Betrieb sollen diese Anlagen eine kontinuierliche Leistungsabgabe bis zu 15 kW ermöglichen; der Gesamtwirkungsgrad liegt allerdings nur bei ungefähr 10 %. Als Leistungsmasse kann gegenwärtig mit Werten von etwa 0,05 bis 0,08 kg/W gerechnet werden. Für den mittleren Leistungsbereich werden derartige Systeme wahrscheinlich – wegen der großen Fortschritte bei Solarzellen und Reaktorsystemen – weniger Bedeutung erlangen.

3) *B. durch Kernenergieanlagen.* Die Ausnutzung von Kernenergie zur B. ist auf 3 Wegen möglich. Erstens kann der mit Kernreaktoren übliche Weg beschritten werden, über Wärmeaustausch ein Arbeitsmedium aufzuheizen und mit dessen Dampf einen Turbogenerator zu betreiben. Zweitens kann die von einem Reaktor erzeugte Wärme über thermoelektrische oder thermionische Energiewandler direkt in Elektroenergie umgeformt werden. Drittens läßt sich die von einem hochradioaktiven Isotop erzeugte Wärme ausnutzen, um über Thermoelemente oder thermionische Wandler elektrische Energie zu gewinnen. Die nach dem zuletzt genannten Prinzip arbeitenden Anlagen werden auch als Radionuklid-Batterien bezeichnet. An allen 3 Verfahren wird zur Zeit mit großer Intensität gearbeitet, weil sie hinsichtlich dauerhafter bzw. dauerhafter und hoher Leistungsabgabe, wie sie in zunehmendem Maße durch die höher gesteckten Ziele der

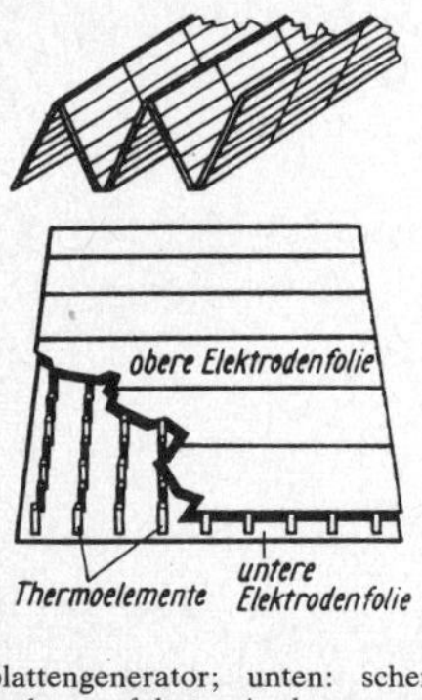

Schichtplattengenerator; unten: schematischer Aufbau; oben: gefalteter Ausleger

Raumfahrt erforderlich wird, sehr aussichtsreich sind.

a) *Reaktorsysteme* erfordern – vor allem wegen der notwendigen hochwirksamen Abschirmung – noch immer einen relativ hohen Massenaufwand, so daß sie grundsätzlich nur für den Einsatzbereich mit hoher bis sehr hoher Leistungsabgabe und langer Betriebszeit günstige Bedingungen bieten. *Reaktor-Turbogenerator-Anlagen* (z. B. mit Hg als Arbeitsmedium für die Dampfturbine), wie sie im amerikanischen → »SNAP«-Programm schon erprobt wurden, ergeben eine bes. ungünstige Leistungsmasse (etwa 1000 kg/kW). Systeme mit thermoelektrischen Wandlern (z. B. »SNAP 10A«) sind zwar zuverlässiger und relativ billig, haben jedoch wegen des schlechten Wirkungsgrads der Thermoelemente gegenüber modernen Solarzellenanlagen vergleichbarer Leistung ebenfalls eine recht ungünstige Leistungsmasse (400 bis 800 kg/kW). Aussichtsreicher erscheinen dagegen Reaktorsysteme mit thermionischen Wandlern, bei denen die in den Brennelementen entstehende Wärme direkt im Reaktorraum an die Wandler abgegeben wird *(Incore-Thermionik-Reaktor),* wobei die Thermionik-Elemente (Molybdänkörper mit Wolframschicht als Emitter und gekühltem Kollektorrohr) direkt mit den Brennelementen des Reaktors zu Einheiten kombiniert werden. Vorteil dieses Systems ist, daß der Reaktor bei relativ niedriger Kollektortemperatur betrieben werden kann und somit schwierige technologische Probleme vermieden werden. Man erwartet, daß nach diesem Verfahren für den Leistungsbereich von 20 bis 100 kW massengünstige und relativ billige Energieversorgungssysteme geschaffen werden können.

Erste Entwicklungsarbeiten lassen für eine Leistung von 30 bis 40 kW Anlagen mit einer Gesamtmasse von etwa 1200 bis 1300 kg (davon 550 kg Reaktor, 270 kg Abschirmung) schon für die nächsten Jahre möglich erscheinen.

b) *Radionuklid-(Radioisotopen-)Batterien* arbeiten mit Strontium-90, Zer-144, Polonium-210, Plutonium-238 und gelegentlich auch Curium-242 und 244 als radioaktive »Brennstoff«-Substanzen. Das Strontium- und das Zerisotop erfordern eine Abschirmung, während die Alphastrahler diesen Nachteil nicht aufweisen. Die Brennstoffelemente werden in Hüllen fest eingeschweißt, mit denen sie dann in Bohrungen des Brennstoffblocks eingesetzt werden. Hülle und Brennstoffblock bestehen aus hochwarmfestem Material, da eine Kontakttemperatur bis über 1000 °C auftreten und das beim Alpha-Zerfall entstehende Helium zu einem Druck bis 500 kp/cm² führen kann. Als thermoelektrische Energiewandler werden ausnahmslos Halbleiterelemente eingesetzt. Daneben werden auch in zunehmendem Maße thermionische Wandler verwendet. Für weiterentwickelte Typen wird eine Leistungsmasse von 200 bis 150 kg/kW genannt. Im

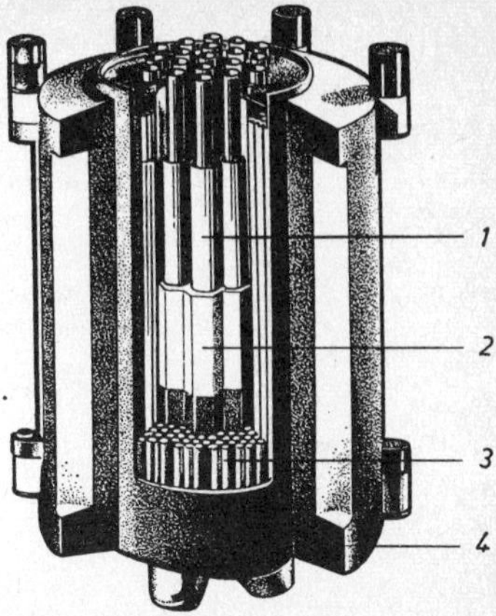

Incore-Thermionik-Reaktor: 1 Thermionik-Brennstäbe, 2 Moderator, 3 Treiberbrennstäbe, 4 Neutronenreflektor

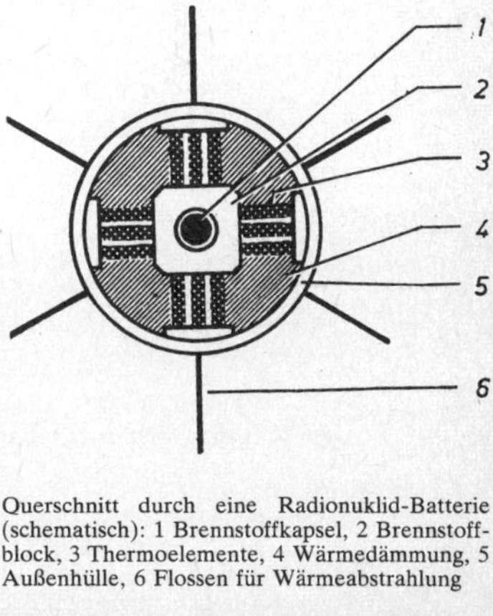

Querschnitt durch eine Radionuklid-Batterie (schematisch): 1 Brennstoffkapsel, 2 Brennstoffblock, 3 Thermoelemente, 4 Wärmedämmung, 5 Außenhülle, 6 Flossen für Wärmeabstrahlung

übrigen kommen Radionuklid-Batterien etwa für den gleichen Einsatzbereich wie Solarzellensysteme in Betracht, sind jedoch i. allg. teurer und schwerer als diese. Für Leistungen über einige Kilowatt werden sie aus Kosten- und Sicherheitsgründen (Startunfall!) kaum in Frage kommen.

»Boreas«: Meßsatellit der → ESRO (auch »ESRO 1 B« genannt), der am 1. Okt. 1969 mit einer → »Scout«-Rakete in eine Umlaufbahn zwischen 291 und 389 km Höhe (Bahnneigung 86 °) gebracht wurde. Der zylinderförmige Satellit (Höhe 93 cm, Durchmesser 76 cm) hatte eine Masse von 85 kg und besaß eine magnetische Fluglagestabilisierung, die ihn innerhalb von 14 d in Richtung der erdmagnetischen Feldlinien ausrichtete. Die Stromversorgung erfolgte durch Solarzellen, die sich auf der Oberfläche des Satelliten befanden. Der Satellit diente ebenso wie »Aurora« (»ESRO 1A«) dem Studium der ionosphärischen und Polarlichtphänomene. Er verglühte am 23. Nov. 1969 in den dichteren Schichten der Erdatmosphäre.

Borman, *Frank:* US-amerikanischer Astronaut, geb. 14. März 1928 Gary (Indiana), führte zusammen mit → *Lovell* in der Raumkapsel »Gemini 7« vom 4. bis 18. Dez. 1965 den bisher längsten Raumflug amerikanischer Astronauten (206 Umläufe) und das erste Rendezvousmanöver (mit »Gemini 6«) aus. Vom 21. bis 27. Dez. 1968 nahm er als Kommandant von »Apollo 8« mit → *Lovell* und → *Anders* an der ersten Mondumkreisung teil. – Nach einer Ingenieurausbildung in West Point ging B. 1950 zur US-Luftwaffe. Er studierte Flugwissenschaften an der Technischen Hochschule in Pasadena und wurde 1960 Dozent an der Akademie der Edwards Air Force Base. 1962 kam er in die Astronautengruppe der NASA. B. ist Spezialist für Triebwerksentwicklungen.

Braun, *Wernher von:* Techniker, geb. 23. März 1912 Wirsitz als Sohn eines höheren preußischen Staatsbeamten, beschäftigte sich ab 1930 mit Problemen der Raketentechnik und Raumfahrt und wurde zu einem der führenden Spezialisten der Raketentechnik in Deutschland (bis 1945) und später der Raketen- und Raumfahrttechnik in den USA. Er gehörte schon als Oberschüler und späterer Student zum Mitarbeiterstab des → Raketenflugplatzes Berlin. Durch seine familiär bedingten Beziehungen zu Militärkreisen wurde er ab Okt. 1932 Mitarbeiter des Heereswaffenamts auf dem Raketenversuchsgelände in Kummersdorf und später Leiter der dortigen Versuchsstelle »West«. Ab 1936 war v. B. führend am Aufbau der → Heeresversuchsanstalt Peenemünde beteiligt, deren technische Leitung er bis zum Kriegsende innehatte. Dort wurde u. a. die erste Flüssigkeitsgroßrakete (→ »A 4«) entwikkelt, die, ohne den erwarteten Einfluß auf die militärische Entwicklung, ab 1944 unter der Bezeichnung »V 2« – als »Wunderwaffe« propagiert – als Terrorwaffe gegen die Zivilbevölkerung westeuropäischer Städte zum Einsatz kam.

Nach Beendigung des Kriegs trat v. B. in die Dienste der US-amerikanischen Raketenrüstung, nahm die amerikanische Staatsbürgerschaft an und wurde Leiter eines Entwicklungsteams, das der US-Army unterstellt war (Redstone-Arsenal, Huntsville, Ala.) und grundlegende Arbeiten zur Entwicklung ballistischer Kampfraketen leistete. Als Ergebnis dieser Arbeiten entstanden die Boden-Boden-Raketen → »Redstone« und → »Jupiter«. Als sich das offizielle US-amerikanische Satellitenprojekt »Vanguard« 1957 als Fehlschlag erwies, erhielt die Gruppe um v. B. Gelegenheit, nach der von ihr entwickelten Konzeption, unter Verwendung von »Redstone«- und »Jupiter«-Raketen, Satelliten- und Raumsondenstarts durchzuführen. Ihr gelang der Start des ersten US-amerikanischen Meßsatelliten (»Explorer 1«) und später auch der ersten erfolgreichen US-amerikanischen Raumsonde (»Pioneer 4«). Die weiteren Bemühungen des von v. B. geleiteten Entwicklungszentrums führten nach Gründung der NASA zu seiner Berufung als Direktor des am 1. Juli 1960 in Funktion getretenen → Marshall Space Flight Centers (Huntsville, Ala.), dessen Hauptaufgabe in der Entwicklung extrem großer Trägersysteme für das amerikanische Raumfahrtprogramm besteht (→ »Saturn«-Raketen, → »Apollo«). Anfang 1970 wurde v. B. zum Stellvertretenden Direktor der NASA und Leiter für Planung berufen.

Bremsmanöver → Rückkehrproblem.

Bremsrakete, *Bremstriebwerk:* selbständige Antriebseinheit, die zum Vermindern der Bahngeschwindigkeit einer Rakete, Raketenstufe oder eines Raumflugkörpers dient, indem sie einen *Bremsschub* erzeugt, d. h. einen gegen die augenblickliche Bewegungsrichtung des Körpers gerichteten Schub bzw. eine entspr. Schubkomponente. Die Abbremsung von Raketen oder -stufen geschieht gewöhnlich durch kleine Feststoff-*Bremstriebwerke* und spielt vor allem für Trennvorgänge zwischen Rakete und Nutzmasseteil bzw. einzelnen Raketenstufen eine wesentliche Rolle, wobei jeweils derjenige Teil abgebremst wird, der seine Antriebsfunktion beendet hat. Dadurch wird eine Kollision der getrennten Körper oder eine Behinderung in ihrem Antriebs- bzw. Flugprogramm vermieden. Als Bremstriebwerk für Rückkehrmanöver von Raumflugkörpern kann auch ein Flüssigkeitstriebwerk verwendet werden, das zuvor als Antriebseinheit für Bahnmanöver diente.

Brenndauer: Zeitraum von der Zündung bis zum Brennschluß eines Raketentriebwerks.

Brennfläche → Treibsatz.

Brennkammer: in der Regel zylindrischer, einseitig offener Behälter, in dem bei chemischen Raketentriebwerken die thermochemischen Reaktionen des Treibstoffs zur Bildung des Arbeitsmediums für den Antriebsstrahl ablaufen. Der Verbrennungsprozeß ergibt einen bestimmten *B.druck* und eine *B.temperatur,* die von der Auslegung der B., dem Treibstoffdurchsatz und

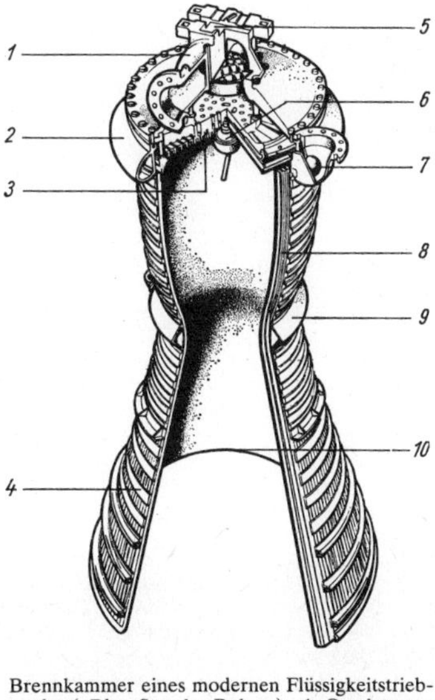

Brennkammer eines modernen Flüssigkeitstriebwerks (»Blue-Streak«-Rakete): 1 Oxydatorzuführung, 2 Einlaufverteiler für Brennstoff, 3 Einspritzkopf, 4 Versteifungsring, 5 Anschluß für Kardanaufhängung, 6 pyrotechnischer Zünder, 7 Brennstoffzuführung, 8 brennstoffgekühlte Röhrenwandung, 9 Düsenhalsverstärkung, 10 Düsenmündung

den thermodynamischen Kennwerten des Treibstoffs abhängen. Bei Kernenergie-Raketentriebwerken wird in der B. die

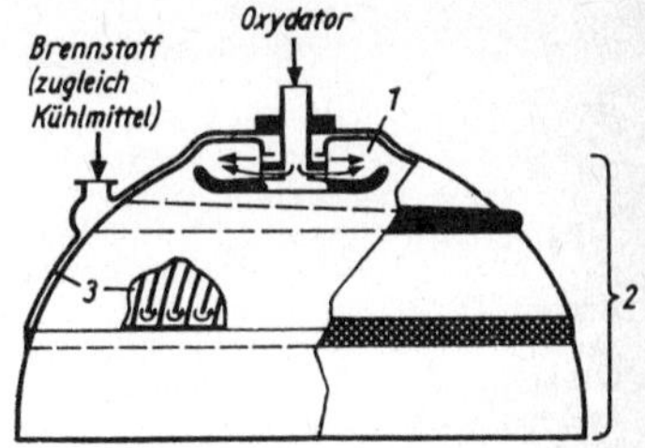

Kombination einer Radialbrennkammer (1) mit einer E-D-Düse (2) in schematischer Darstellung, 3 Kühlmantel

Stützmasse durch die beim kernenergetischen Prozeß frei werdende Wärme aufgeheizt. – Die Öffnung der B. geht in den Düsenhals der → Entspannungsdüse über, durch die das Arbeitsmedium mit hoher Geschwindigkeit austritt. Der jeweilige Aufbau der B. richtet sich vor allem nach der Art des verwendeten Treibstoffs (fest oder flüssig). Sie und die anschließende Entspannungsdüse müssen so ausgelegt werden, daß bei entspr. Treibstoffdurchsatz einerseits eine stabile und möglichst vollständige Verbrennung des Treibstoffs gewährleistet ist, andererseits aber eine unzulässig hohe Druckbildung vermieden wird. Eine für die Funktion von Flüssigkeits-B. bes. wichtige Komponente ist der → Einspritzkopf. Zum Schutz der Wandung der B. und Entspannungsdüse gegen die hohe Verbrennungstemperatur (2500 bis 300 °C im Mittel) wendet man → Kühlverfahren an. → chemisches Raketentriebwerk.

Brennschluß: Zeitpunkt, in dem der Antrieb einer Rakete zu arbeiten aufhört und der antriebslose Flug beginnt. Im einfachsten Fall ist der B. durch den völligen Verbrauch der Treibstoffe gegeben. Bei exakt einzuhaltendem Schubprogramm, wie es für Raumfahrtzwecke oder für die Zielgenauigkeit von militärischen Fernraketen Voraussetzung ist, wird der B. durch ein Steuerkommando ausgelöst, das die Triebwerksfunktion zu dem Zeitpunkt unterbricht, in dem die geforderten Anfangsparameter für die Freiflugbahn erreicht sind. Dieses *B.kommando* kann durch eine in der Rakete befindliche automatische Programmsteuerung oder aber durch Funk von einer Bodenstation aus gegeben wer-

den. Die beim B. erreichte Fluggeschwindigkeit einer Rakete ist die *B.geschwindigkeit.*
Bei Mehrstufenraketen addieren sich die B.geschwindigkeiten der einzelnen Stufen zur effektiven Endgeschwindigkeit. Den Ort am Ende einer Antriebsbahn oder eines Antriebsabschnitts, in dem der B. des jeweils in Tätigkeit gewesenen Triebwerks oder -systems erfolgt, bezeichnet man als *B.punkt,* seine Höhe über der Erdoberfläche als *B.höhe.* Für komplizierte Raumfahrtprogramme kann es sich auch als notwendig erweisen, ein Triebwerk für mehrmaligen B. und entspr. → Wiederzündung auszulegen. Derartige Triebwerke spielen vor allem für voll manövrierbare Raumflugkörper, wie sie bei der Rendezvoustechnik erforderlich sind, eine ausschlaggebende Rolle. Die *B.masse* ist die Gesamtmasse des Restkörpers einer Rakete, der bei B. einer Antriebsstufe deren B.geschwindigkeit erreicht hat. Alle Teile der Rakete, die eventuell vor B. von dieser getrennt wurden (z. B. Verkleidungen, Stufenadapter), gehen nicht in die B.masse ein. In bezug auf die letzte Antriebsstufe einer mehrstufigen Satellitenträgerrakete wird die B.masse zur *Umlaufmasse.* Diese umfaßt somit die letzte Antriebsstufe selbst (leer oder mit Treibstoffrest, verbliebene Hilfseinrichtungen) und die eigentliche Nutzmasse. Bleiben letzte Stufe und Nutzmassekörper (Meß- oder Beobachtungssatellit, Raumsonde während des Flugs in der Parkbahn) auch in der Umlaufbahn verbunden, so wird die Umlaufmasse gleichzeitig zur Gesamtmasse der Satelliteneinheit.

Brennstoff → Treibstoff.

Brennstoffzellen → Bordenergieversorgung.

British Interplanetary Society, Abk. **BIS:** 1933 von *Burgess* und *Clarke* gegr. und damit älteste noch bestehende wissenschaftliche Gesellschaft (Großbritannien), die sich die Förderung des Raumfahrtgedankens zum Ziel gesetzt hat. Sie unterstützt dazu vor allem theoretische Arbeiten und Diskussionen auf den Gebieten der Raketen- und Raumflugtechnik, der Astronomie u. a. Randgebiete. Die Gesellschaft, die seit 1933 als eigene Zeitschrift das ›Journal of the British Interplanetary Society‹ herausgibt, hat maßgeblichen Anteil an der Gründung der Internationalen Astronautischen Föderation und organisierte mehrere Internationale Astronautische Kongresse sowie Fachtagungen verschiedener spezieller Thematik.

»Bullpup« [engl., svw. Stierkalb]: einstufige Feststoffrakete (USA), die als gelenkte Luft-Boden-Rakete für taktische Einsätze gegen Boden- und Seeziele bestimmt ist. Sie hat eine Länge von etwa 3,4 m (Durchmesser etwa 0,4 m) und eine Startmasse von etwa 260 kg. Ihre Brennschlußgeschwindigkeit beträgt 2250 m/s und ihre Reichweite 3 bis 5 km. Zur Stabilisierung und Lenkung ist die Rakete mit je

»Bullpup«-Raketen unter den Tragflächen eines Kampfflugzeugs

4 Bug- und Heckleitflossen ausgestattet. Das erste Einsatzmuster war mit einem 115-kg-Gefechtskopf für herkömmlichen Sprengstoff ausgerüstet, der in einer verbesserten Version durch einen Kernsprengkopf (450 kg) ersetzt wurde.

»Bumper« [engl.] → »A 4«.

»Burner II«: Raketenoberstufe (USA), die vornehmlich als → Apogäumstriebwerk eingesetzt wird. Das Gerät hat eine Gesamtmasse von 770 kg, von denen 625 kg auf das Feststofftriebwerk entfallen (560 kg Treibstoff); der Schub beträgt etwa 4000 kp. Es wird hauptsächlich in Verbindung mit der → »Thor«-Rakete verwendet, wobei mit dieser Kombination bis zu 2300 kg Nutzmasse in eine erdnahe Umlaufbahn gebracht werden können.

Bykowski, *Valeri Fjodorowitsch:* sowjetischer Kosmonaut, geb. 2. Aug. 1934 Pawlowski Possad (Gebiet Moskau), führte vom 14. Juni 1963 an im Raumschiff → »Wostok 5« einen 5tägigen Raumflug aus (81 Umläufe), der als Rekord mehr als 2 Jahre unübertroffen blieb und mit dem der ersten Kosmonautin der Erde, *Tereschkowa* (»Wostok 6«), den zweiten Doppelflug ergab. – B. war bis 1952 im Moskauer Städtischen Fliegerklub, besuchte bis 1959 eine Militärfliegerschule, war dann Jagdfliegeroffizier, auch Instrukteur für Fallschirmsport, und begann nach seinem Eintritt in die sowjetische Kosmonautengruppe ein Studium an der Shukowski-Ingenieur-Akademie.

»B 1«: Raketenflugzeug, das 1941/42 in der Sowjetunion als Abfangjäger gebaut wurde. Die Konstruktion des Flugzeugs stammte von *Bolchowitinow*, das im Heck untergebrachte Flüssigkeitstriebwerk von *Duschkin.* Der erste Versuchsflug einer »B 1« wurde am 15. Mai 1942 von *Bachtschiwandschi* durchgeführt.

C

Cape Kennedy: am 29. Nov. 1963 durch die Regierung der USA beschlossene Neubezeichnung des an der Südostküste Floridas gelegenen *Cape Canaveral* zu Ehren des ermordeten Präsidenten *John Fitzgerald Kennedy* (1917–1963). Gleichzeitig erfolgte die Umbenennung des NASA-Bereichs im dortigen größten US-amerikanischen Raketen- und Raumfahrtstartgelände in *John F. Kennedy Space Flight Center* (John-F.-Kennedy-Raumflugzentrum).

»Canary Bird« → »Intelsat«

Carpenter, *Malcolm Scott:* US-amerikanischer Astronaut, geb. 1. Mai 1925 Boulder (Colorado), führte am 24. Mai 1962 in einer → »Mercury«-Raumkapsel (»Aurora 7«) einen etwa 5stündigen Raumflug aus (3 Umläufe). – C. wurde Marineflieger und qualifizierte sich später als Marine-Testpilot und arbeitete im Naval Air Test Center in der Abteilung für elektronische Ausrüstungen.

»Centaur«: Oberstufe für Trägerraketen (USA), die ursprünglich als besondere Hochleistungsstufe für den Transport einer optimalen Nutzmasse in eine äquatoriale → Synchronbahn projektiert, später jedoch für die verschiedensten Raumflugmissionen eingesetzt wurde. Die gestellten Forderungen ließen sich nur durch Verwendung hochenergetischer Treibstoffe (Flüssigsauerstoff/Flüssigwasserstoff) und durch ein wiederzündbares Triebwerk erfüllen. In der raketentechnischen Handhabung von Flüssigwasserstoff lagen zunächst jedoch keine Erfahrungen vor, so daß auf Grund zahlreicher Schwierigkeiten der ursprünglich auf etwa 2 Jahre angesetzte Entwicklungszeitraum auf fast 4 Jahre anwuchs. In der Gesamtauslegung wurde das »C.«-Gerät als Oberstufe für die »Atlas«-Trägerrakete entwickelt, wobei weitgehend deren Konstruktionsprinzipien, Herstellungsmethoden und Bauvorrichtungen übernommen wurden. 2 Triebwerke mit Pumpenförderung geben einen Vakuumschub von je 6750 kp ab. 4 kleinere Triebwerke von je 22,7 kp Schub (katalytisch zersetztes Wasserstoffperoxid [H_2O_2] als Arbeitsmedium) dienen der Vorbeschleunigung der Treibstoffe zur → Wiederzündung, 6 H_2O_2-Dampfdüsen der Freiflug-Lageregelung (0,68 und 1,36 kp Schub). Die Gesamtlänge des »C.«-Geräts beträgt einschl. Nutzmasse-Kegelspitze und Stufenadapter 13,70 m. Die Gesamtmasse beläuft sich, allerdings ohne Nutzmassespitze, auf etwa 14500 kg. Davon entfallen 10200 kg auf Flüssigsauerstoff und 2170 kg auf Flüssigwasserstoff, während die Leermasse mit etwa 1600 kg angegeben wird. Die Wanddicke der aus legiertem Stahl hergestellten Treibstofftanks beträgt dabei nur etwa 0,25 mm. Das Lenksystem der »C.« basiert auf einer Trägheitsnavigationsanlage, die zusätzlich mit einem speziellen Digitalrechner ausgerüstet ist. Am 27. Nov. 1963 war der erste erfolgreiche Start. Seitdem hat sich die »C.« in verschiedenen Programmen (»Surveyor«; »OAO«; »ATS«; »Mariner«) als Hochenergieantriebsstufe bewährt.

»Centaure« [frz., Zentaur]: zweistufige Feststoffhöhenrakete (Frankreich) von 6,02 m Länge, 0,28 und 0,31 m Durchmesser und etwa 350 kg Startmasse. Beide Stufen haben je 4 Heckstabilisierungsflossen (Spannweiten 0,73 und 0,78 m). Die Rakete kann 30 kg Nutzmasse in über 100 km Höhe tragen.

Centre Nationale des Études Spatiales [frz.], Abk. **CNES:** Nationales Raumfahrtforschungszentrum Frankreichs, mit dem Sitz in Brétigny.

Cernan, *Eugene A.:* US-amerikanischer Astronaut, geb. 14. März 1934 Chicago, führte als Kopilot mit → *Stafford* in der Raumkapsel → »Gemini 9« vom 3. bis 6. Juni 1966 einen Raumflug aus, bei dem er sich 125 min im Freiflug außerhalb der Kapsel aufhielt. Vom 18. bis 26. Mai 1969 nahm er in »Apollo 10« gemeinsam mit *Stafford* und → *Young* an der zweiten Mondumfliegung teil, bei der er mit *Stafford* erstmalig die »Apollo«-Landeeinheit in einer Mondumlaufbahn erprobte und den Abstieg simulierte. – Nach Abschluß eines zivilen Studiums (Elektrotechnik) wurde C. während seiner Militärdienstzeit Marineflieger und studierte anschließend an der Technischen Akademie der Marine Flugzeugbau. 1963 kam er zur Astronautengruppe der NASA und beschäftigte sich dort speziell mit Funktionsuntersuchungen an Antriebssystemen von Trägerraketen, mit der Rendezvous-Zielraketenstufe »Agena« und dem Fluglageregelungssystem der »Gemini«-Raumkapsel.

Chaffee, *Roger:* US-amerikanischer Astronaut, geb. 1936, tödlich verunglückt bei Bodenerprobung einer Kommandokapsel des Projekts → »Apollo« am 27. Jan. 1967 Cape Kennedy.

chemisches Raketentriebwerk: Raketentriebwerk, bei dem Masse und Energie des Antriebsstrahls durch thermochemische Reaktionen zwischen 2 oder mehr Komponenten eines → Treibstoffs erzeugt werden; daher besser als *thermochemisches Triebwerk* bezeichnet. Nach dem Aggregatzustand des Treibstoffs oder der Treibstoffkomponenten bzw. deren Anzahl unterscheidet man *Feststofftriebwerke, Flüssigkeitstriebwerke, Hybridtriebwerke und Tribridtriebwerke.*

1) *Feststofftriebwerke* sind die einfachsten c. R. Sie bestehen i. allg. aus einer meist zylindrischen Brennkammer, die zugleich als Vorratsbehälter für den festen Treibstoff dient, einer anschließenden ablations- bzw. strahlungsgekühlten (vgl. Kühlverfahren) → Entspannungsdüse und dem Zündsystem, das entweder im Brennkammerkopf oder in der Nähe des Düsenhalses untergebracht ist. Wenn mehrere parallel angeordnete stab- oder röhrenförmige Treibsätze verwendet werden, befindet sich am Brennkammerende noch ein *Halterost* zum Fixieren der Lage der Treibsätze. Feststofftriebwerke mit langer Lagerzeit (Raketenwaffen) versieht man meist mit einem besonderen *Brennkammer-* oder *Düsenverschluß,* der entweder in den Düsenhals oder in die Düsenmündung eingesetzt und nach Zündung des Triebwerks herausgeschleudert wird. Das Fehlen einer Treibstoffördereinrichtung sowie eines zusätzlichen Kühlsystems für Brennkammer und Düse verringert den Aufwand von Feststoff- gegenüber Flüssigkeitstriebwerken ganz beträchtlich. Allerdings werden an die Festigkeit der Brennkammerwandung und somit auch des gesamten Treibstoffüllraums beträchtliche Anforderungen gestellt, da der Brennkammerdruck meist 100 bis 150 kp/cm^2 beträgt und die Verbrennungstemperatur zwischen 2500 und 3000 °C liegen kann. Trotz ihres einfacheren Gesamtaufbaus waren Feststofftriebwerke somit lange Zeit schwerer als Flüssigkeitstriebwerke, jedenfalls soweit es große Triebwerkseinheiten betraf, wie sie beispielsweise für Raumfahrtzwecke erforderlich sind. In den letzten Jahren konnten jedoch, vor allem durch Verwendung von glasfaserverstärkten Plastwerkstoffen, relativ leichte Feststofftriebwerke bis zu etwa 6 m Durchmesser gebaut und erprobt werden. Der Triebwerkskörper besteht dabei aus einem relativ dünnwandigen Stahlgehäuse, über das mehrere Glasfaserlagen mit Zwischenschichten aus Plast gewickelt sind und das an der Innenwandung noch mit einer besonderen Wärmeschicht versehen ist. Zur weiteren Verminderung der Triebwerksleermasse ist man allgemein dazu übergegangen, die Treibsätze nur noch als Innenbrenner auszulegen, so daß bis kurz vor Brennschluß der fest an der Triebwerkswandung anliegende Treibstoff noch gewisse Druck- und Temperaturbelastungen von der Wandung fernhält.

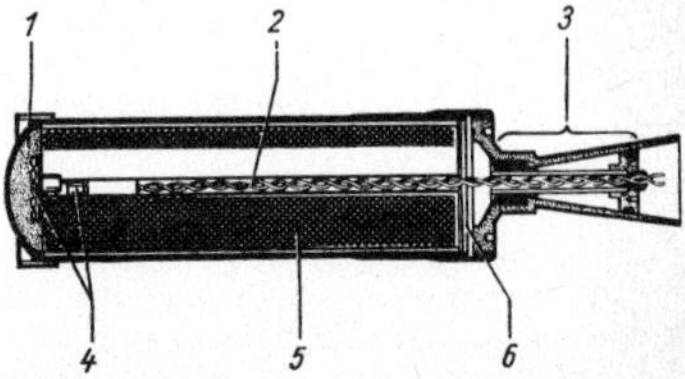

Schnitt durch ein kleines Feststofftriebwerk mit Düsenverschluß: 1 Plasthaube, 2 Zündkabel, 3 Düsenverschluß, 4 Zünder, 5 Treibsatz, 6 Halterost

Neben diesen Fortschritten im Triebwerksbau konnte auch die Fertigung großer und größter Treibsätze wesentlich verbessert werden. So gelang es durch die Einführung plastischer Bindemittel, die Treibsätze in einem weiten Bereich gieß- und formbar zu machen und dabei gleichzeitig die Bildung von Rissen und Lunkern im Treibsatzgefüge weitgehend zu vermeiden, die früher stets zu einem großen Risiko beim Betrieb von Feststoffraketen führten. Die modernen Treibsätze bleiben selbst nach dem an den Guß sich anschließenden Aushärten verhältnismäßig plastisch, so daß sie auch außerhalb des Triebwerksgehäuses ohne weiteres transportiert werden können. In der Vergangenheit war man aus diesbezüglichen Sicherheitsgründen stets gezwungen, große Treibsätze wegen der mangelnden Plastizität unmittelbar

Feststoff-Versuchstriebwerk mit 3 m Durchmesser

in das Gehäuse abzugießen und dort auch durchhärten zu lassen. Die Fertigung extrem großer Feststofftriebwerke (z. B. »Titan-3 C«-Erststufe: 3 m Durchmesser, 170 t Treibstoffmasse, 450 Mp Schub) wirft dennoch große Probleme auf, die vor allem mit der großen Länge der erforderlichen Treibsätze zusammenhängen. So ging man zur *Segmentbauweise* über, bei der die Brennkammer nicht einen einheitlichen Treibsatz, sondern mehrere hintereinanderliegende Treibsatzsegmente enthält. Dieses Verfahren hat sich sehr bewährt und macht selbst Triebwerke mit 6 m Durchmesser und darüber (Schub 1500 bis 2000 Mp und mehr) möglich.

Bis vor wenigen Jahren bestanden auch nur relativ unvollkommene Möglichkeiten zur Regelung des Schubvektors nach Größe und Richtung und damit des Antriebsprogramms eines Feststofftriebwerks, wodurch vor allem eine raumflugtechnische Verwendung stark eingeschränkt war. Lediglich kleine Triebwerkseinheiten fanden als Endstufen von mehrstufigen Flüssigkeitsraketen Verwendung. Der Schubverlauf konnte damals zwar durch spezielle Formgebung und Zusammensetzung des Treibsatzes (→ Abbrand) in gewissem Umfang beeinflußt werden, und bei kleinen und mittelgroßen Triebwerken ließ sich die Richtung des Antriebsstrahls mittels Strahlrudern ändern, aber eine exakte Abschaltung des Triebwerks vor dem vollständigen Ausbrennen des Satzes bereitete größte Schwierigkeiten, und die Wiederzündung eines abgeschalteten Triebwerks war unmöglich. Bei modernen Feststofftriebwerken sind diese Probleme gelöst. So kann der Abbrand praktisch schlagartig gelöscht werden, und für die Strahlablenkung verwendet man selbst bei extrem großen Triebwerken nach allen Richtungen schwenkbare Düsen und Düsenmündungsringe (allerdings mit beschränktem Auslenkwinkel) oder eine gasdynamische → Schubvektorsteuerung. Ebenso wurden Verfahren zum Wiederzünden von Feststofftriebwerken entwickelt. Durch diese wesentlichen Fortschritte, zu denen noch

Eines der ersten sowjetischen Flüssigkeitstriebwerke (Druckgasförderung) zum Einbau in Flugzeugen

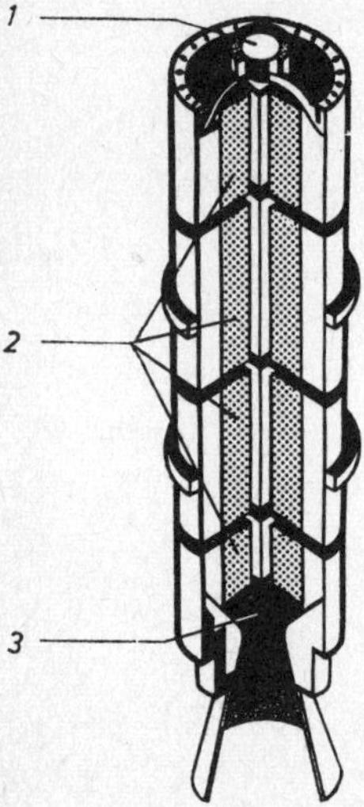

Feststofftriebwerk in Segmentbauweise: 1 Zünder, 2 Treibsatzsegmente, 3 Brennkammer

eine allgemeine Leistungssteigerung (Ausströmgeschwindigkeit zwischen 2500 und 2800 m/s) hinzukam, wurden die Feststofftriebwerke in den letzten Jahren zu einer ernsthaften Konkurrenz für Flüssigkeitstriebwerke als Großraketenantriebe, wie sie für Raumfahrtzwecke und weitreichende Raketenwaffen eine Rolle spielen. Ein besonderer Vorteil bei der Verwendung von großen Feststoffantrieben liegt in der wesentlich geringeren Startvorbereitungszeit, die bei Flüssigkeitsantrieben durch das kompliziertere Gesamtsystem sowie durch die oftmals schwierige Treibstoffhandhabung und Betankung bis zu mehreren Tagen und Wochen betragen kann. Die gute Lagerungsmöglichkeit moderner Feststofftreibsätze oder -triebwerke macht diese darüber hinaus zum praktisch konkurrenzlosen Antrieb für alle Arten von Raketenwaffen, bei denen ständig schnellste Einsatzbereitschaft sowie geringer Wartungs- und Überprüfungsaufwand von entscheidender Bedeutung sind.

2) *Flüssigkeitstriebwerke* haben im Unterschied zu den Feststofftriebwerken einen wesentlich komplizierteren Aufbau. Zu den Hauptteilen der Antriebsanlage gehören die separaten Treibstoffbehälter (getrennt nach Oxydator- und Brennstofftank), das eigentliche Triebwerk und das Triebwerkszubehör. Zum *Triebwerk* rechnet man dabei i. allg. nur die → Brennkammer mit → Einspritzorganen und Kühlsystem (→ Kühlverfahren) sowie die daran anschließende → Entspannungsdüse. Das *Triebwerkszubehör* umfaßt die Treibstoffzuleitungen mit Ventil- und Regeleinrichtungen sowie das → Treibstofffördersystem. Gelegentlich werden allerdings Triebwerk und Triebwerkszubehör unter dem erstgenannten Begriff zusammengefaßt. Die Trennung der Brennkammer-Düsen-Einheit von den übrigen Teilen hat den Vorteil, daß die hohe Druck- und Temperaturbelastung auf das Triebwerk selbst beschränkt bleibt. In der Regel liegt der Verbrennungsdruck zwischen 30 und 70 kp/cm^2 und die Verbrennungstemperatur zwischen 2500 und 3000 °C, in Triebwerken mit hochenergetischen Treibstoffen auch noch etwas darüber. Für die bei Großraketen sehr umfangreichen Treibstoffbehälter kann daher – unter Berücksichtigung der durch die großen Treibstoffmengen bedingten statischen Festigkeitsforderungen – weitgehend die Leichtbauweise angewendet werden. Im Triebwerksbau haben die intensiven Entwicklungen der letzten Jahre auf den Gebieten der Werkstofftechnologie, der hochwirksamen Kühlsysteme und der konstruktiven Maßnahmen zur Sicherung einer stabilen Verbrennung auch bei extrem großem Durchsatz, einschl. des schnellen und stabilen Schubaufbaus nach der Zündung, zu großen Fortschritten geführt. Vor allem bei großen Triebwerken bereitete das Auftreten von Verbrennungsschwingungen (instabile Verbrennung) lange Zeit große Schwierigkeiten. Wie sich gezeigt hat, spielen dabei die konstruktiven Eigenschaften des Einspritzsystems eine entscheidende Rolle.

Weiterhin konnten Hochleistungstriebwerke entwickelt und eingesetzt werden, die mit der früher kaum für anwendbar gehaltenen, hochenergetischen Treibstoffkombination Flüssigwasserstoff/Flüssigsauerstoff arbeiten. Eine wesentliche Voraussetzung war die Lösung der Probleme, die mit der sicheren Handhabung großer Mengen von flüssigem Wasserstoff zusammenhängen. Die Verbrennungstemperatur

Französisches Flüssigkeitstriebwerk (Pumpenförderung) für Zusatzantrieb von Flugzeugen

Großes Flüssigkeitstriebwerk (»F-1«, USA) in der Endmontage; der Röhrenaufbau der Brennkammer ist deutlich zu erkennen

kann auch im H_2/O_2-Triebwerk durch ein entspr. Mischungsverhältnis im Bereich von 2500 bis 3000 °C gehalten werden. Durch den hohen spezifischen Impuls von 3300 bis 4200 m/s haben diese Triebwerke eine sehr niedrige Leistungsmasse (0,03 bis 0,01 kg/kp). Die Brenndauer kann im Einsatz bis zu 8 min und mehr betragen. Darüber hinaus gelang der Bau von betriebssicheren Einzeltriebwerken mit extrem hohem absolutem Schub (gegenwärtig in der Größenordnung von 700 Mp, → »F-1«-Triebwerk), die zwar konventionelle Treibstoffe (z. B. Kerosin/Flüssigsauerstoff) verwenden, aber dennoch eine sehr niedrige Leistungsmasse (Fördersystem mit Gasgenerator und Regeleinrichtungen eingerechnet) von etwa 0,01 kg/kp erreichen.

Derart günstige Werte sind vor allem das Ergebnis einer langwierigen Entwicklungsarbeit auf dem Gebiet der System- und Komponentenvereinfachung, die im wesentlichen die Treibstofförder- und Regeleinrichtungen unter Einschluß des manchmal sehr komplizierten Anlaßsystems betrafen. Ein besonderer, schon seit vielen Jahren beschrittener Weg zur Erhöhung des absoluten Schubs eines Antriebssystems besteht darin, mehrere Einzeltriebwerke zu einem *Triebwerksbündel* zusammenzufassen, dessen funktionssicherer Betrieb jedoch ebenfalls zahlreiche Probleme aufwirft. Vor allem der gleichmäßige, stabile Schubaufbau in allen Brennkammern während des Anlassens und die Schubregelung während des weiteren Betriebs stellen beträchtliche Anforderungen an das Zusammenwirken aller Antriebskomponenten. Heute werden

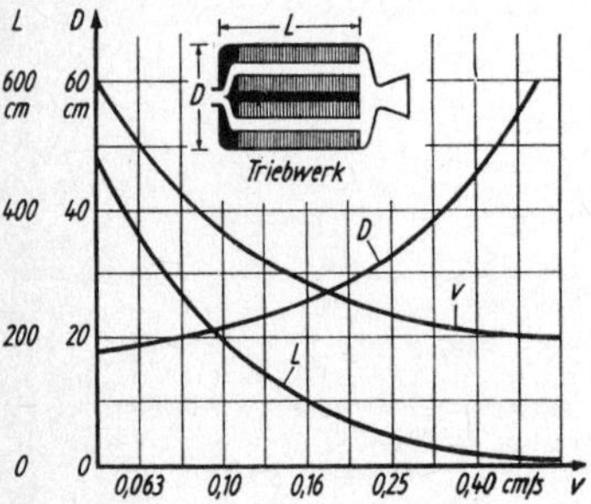

Größe von Hybridtriebwerken in Abhängigkeit von der Abbrandgeschwindigkeit *(v)*

Antriebseinheiten mit 5, 6 und sogar 8 parallel arbeitenden Einzeltriebwerken vornehmlich in Startstufen großer Trägerraketen verwendet. Zur Sicherung und Kontrolle des Schubaufbaus in der Anlaßphase bleibt dabei die Rakete nach dem Zündkommando noch einige Sekunden durch Halterungen an die Startplattform gefesselt und wird erst in dem Augenblick freigegeben, in dem alle Triebwerke des Bündels gleichmäßig laufen. Die Systemkonstruktion läßt es darüber hinaus zu, daß während des Aufstiegs bei Störungen ein Triebwerk ohne Beeinträchtigung des Gesamtantriebs- und Flugprogramms abgeschaltet werden kann; seine Antriebs- und Lenkaufgaben werden von den anderen Triebwerken des Systems übernommen.

Zu den großen Vorteilen der Flüssigkeitstriebwerke zählt vor allem die leichte Regelbarkeit ihres Schubprogramms; die Möglichkeiten reichen von stufenloser Schubregelung in weiten Bereichen bei kleinen Triebwerkseinheiten bis zur exakten Abschaltung und Wiederzündung großer Geräte. So finden Flüssigkeitstriebwerke u. a. auch als Zusatzantrieb für Militärflugzeuge mit Luftstrahltriebwerken Verwendung. Ihr hauptsächlicher Anwendungsbereich liegt aber bei Forschungs- und Trägerraketen, da dort ihre regelungs- und lenktechnischen Vorzüge (Einhaltung kompliziertester Antriebs- und Flugprogramme) den Nachteil der oft langwierigen Startvorbereitungen mehr als ausgleichen. Bes. durch die Möglichkeit der Feinregelung des Schubs von Trägerraketenendstufen sowie der Korrekturtriebwerke von Raumflugkörpern sind sie bisher den Feststofftriebwerken noch immer beträchtlich überlegen.

3) *Hybridtriebwerke* sind dadurch gekennzeichnet, daß eine der Treibstoffkomponenten, meist der Oxydator, in flüssiger und die andere Komponente in fester Form zum Einsatz kommt. Derartige Treibstoffsysteme werden auch als *Lithergole* (→ Treibstoffe) bezeichnet. Hybridtriebwerke bestehen analog den Feststofftriebwerken aus einem zylindrischen Behälter, der als Vorratsbehälter für den festen Treibstoffteil (meist stab- oder röhrenförmiger Körper) und gleichzeitig als Brennkammer dient. Die Zuführung der flüssigen Treibstoffkomponente geschieht über ein Einspritzsystem im Brennkammerkopf, das dem Einspritzsystem eines Flüssigkeitstriebwerks weitgehend ähnlich ist; es wird ausschl. Druckgas als Fördermittel verwendet, da eine Pumpenanlage das System

allzu aufwendig macht. Die Leistung von Hybridtriebwerken kann theoretisch etwa den Bereich hochenergetischer Flüssigkeitstriebwerke erreichen. Von Vorteil ist ihre weitgehende Sicherheit gegen explosive Verbrennungsvorgänge, da der Abbrand des Feststoffs nur in dem Ausmaß geschehen kann, wie die flüssige Komponente zugeführt wird und gleichzeitig brennbare Oberfläche des Feststoffs zur Verfügung steht. Dadurch sind Hybridtriebwerke auch außerordentlich leicht regelbar und bieten günstige Voraussetzungen für wiederholte Abschaltung und Zündung. Gegenwärtig befinden sich Hybridtriebwerke erfolgreich in der Flugerprobung.

4) *Tribridtriebwerke* arbeiten mit Treibstoffen, die aus 3 Komponenten zusammengesetzt sind, sog. *Triergolen* (→ Treibstoffe). In ihrem Aufbau und ihrer Betriebstechnik sind sie entweder – wenn 3 Komponenten flüssig sind – konventionellen Flüssigkeitstriebwerken oder – wenn einer der beiden Brennstoffe in fester Form vorliegt – den Hybridtriebwerken ähnlich. Bei extrem hochenergetischen Triergolkombinationen (z. B. Fluor-Lithium-Wasserstoff) ergeben sich Verbrennungstemperaturen um 4500 °C, die dann allerdings durch Einspritzen von zusätzlichem Wasserstoff am Brennkammeraustritt (Düsenhals) auf 2000 °C und darunter gesenkt werden können. Mit Tribridtriebwerken lassen sich die höchsten spezifischen Impulse (bisher schon 5000 m/s bei 17 kp/cm^2 Brennkammerdruck) aller chemischen Raketentriebwerke erreichen. Zur Zeit befindet sich ihre Entwicklung noch im Anfangsstadium.

»China 1«: erster, ohne offizielle Namensgebung, am 24. April 1970 mit einer eigenen Trägerrakete in eine Umlaufbahn zwischen 439 und 2384 km Höhe gebrachter Erprobungssatellit der Volksrepublik China. Der Satellit hatte eine Masse von 173 kg und sendete auf der Frequenz 20,009 MHz.

»Ch. 2«: zweiter, wie sein Vorgänger ohne offizielle Namensgebung, am 3. März 1971 mit einer eigenen Trägerrakete in eine Umlaufbahn zwischen 269 und 1800 km Höhe gebrachter Satellit der Volksrepublik China.

Chlorella → Algenzyklus.

Chlortrifluorid → Treibstoff (II 2a ε).

Chrunow, *Jewgeni:* sowjetischer Kosmonaut, geb. 10. Sept. 1933 Prudy (Gebiet Tula), startete am 15. Jan. 1969 als Forschungsingenieur mit → *Wolynow* und → *Jelissejew* in »Sojus 5« zu einem Raumflug, bei dem das erste Kopplungsmanöver zwischen bemannten Raumflugkörpern (mit »Sojus 4«) zur ersten experimentellen Raumstation stattfand. C. führte dabei gemeinsam mit *Jelissejew* einstündige Außenbordarbeiten durch; danach stiegen beide nach »Sojus 4« über und landeten mit diesem am 17. Jan. 1969. – C. war ursprünglich in der Landwirtschaft tätig, besuchte dann eine Fliegerschule und diente in den Luftstreitkräften der UdSSR; 1960 trat er in die Kosmonautengruppe ein; 1968 absolvierte er die Militärakademie für Luftfahrttechnik in Moskau.

CNES: Abk. für **C**entre **N**ationale des **É**tudes **S**patiales.

»Cobra«: Feststoff-Panzerabwehrrakete (BRD) mit Drahtkommandoübertragung. Sie wurde als Ein-Mann-Waffe entwickelt, kann aber auch von Fahrzeugen aus eingesetzt werden. Ihre Gesamtlänge (einschl. 2,5-kg-Gefechtskopf) beträgt 0,78 m, ihr Durchmesser etwa 0,10 m, die Masse 9,5 kg. Sie hat außer dem Marschtriebwerk ein kleines Starthilfswerk und bei einer mittleren Fluggeschwindigkeit von 85 m/s eine max. Reichweite von 1,6 km. Die Lenkung geschieht durch elektromagnetisch betätigte und in die Hinterkanten der 4 Stabilisierungsflossen (Kreuzflügel) eingelassene Klappen (Spoiler).

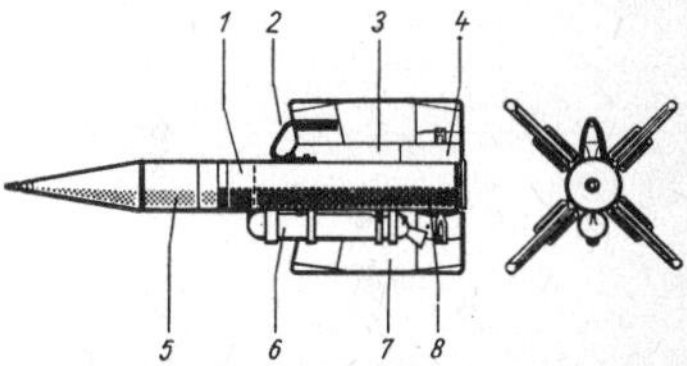

Aufbauschema der »Cobra« (»Bö 810«); in Seitenansicht, unterer vorderer Flügel weggelassen: 1 Kreiselanlage, 2 Tragegriff, 3 Batterie, 4 Leuchtsatz, 5 Kampfkopf, 6 Starttriebwerk, 7 Kreuzflügel mit Spoiler, 8 Marschtriebwerk

Collins, *Michael:* US-amerikanischer Astronaut, geb. 31. Okt. 1930 Rom, führte als Kopilot mit → *Young* in der Raumkapsel »Gemini 10« vom 18. bis 21. Juli 1966 den bis zu diesem Zeitpunkt vielseitigsten bemannten Raumflug aus (Doppelrendezvous, Höhenrekord), wobei er sich 30 min im Freiflug außerhalb der Kapsel aufhielt. Vom 16. bis 24. Juli 1969 nahm er gemeinsam mit → *Amstrong* und → *Aldrin* in »Apollo 11« am ersten Mondlandeunternehmen teil, bei dem er während des Abstiegs der Mondfähre als Pilot in der Kommandoeinheit verblieb. – Nach seiner Ausbildung (mit wissenschaftlichem Abschluß an der Militärakademie West Point) ging C. zur Luftwaffe und wurde dort Testpilot. Im Okt. 1963 kam er zur Astronautengruppe der NASA und spezialisierte sich auf Raumanzüge und Sicherung von Ausstiegsmanövern. Nach dem Mondflug wurde er Chef der Informationsabteilung des US-amerikanischen Außenministeriums.

Committee on Space Research [engl.], *Komitee für Weltraumforschung,* Abk. **COSPAR:** wissenschaftliches Gremium für internationale Zusammenarbeit auf dem Gebiet der Weltraumforschung, gegr. 1958 auf einer Generalversammlung des International Council of Scientific Unions (ICSU); Sitz ist Paris, über 40 Mitgliedsländer. Hauptaufgabe ist die Förderung von Programmen der Weltraumforschung (nicht der Raumfahrtforschung) mit Hilfe derjenigen wissenschaftlichen Institutionen, die in den Programmen der ICSU zusammenarbeiten. Mitglieder des Komitees sind daher ausschl. die Akademien der Wissenschaften der einzelnen Länder oder deren entspr. Spezialkomitees. Im Mittelpunkt ihrer Arbeiten stehen die durch moderne Forschungsmethoden, zu denen selbstverständlich nicht zuletzt auch die Anwendung der Raumflugtechnik gehört, erweiterten und vertieften Probleme der allgemeinen Weltraumforschung. Die ab 1960 von COSPAR etwa in Jahresabständen veranstalteten Internationalen Symposien ergaben einen fruchtbaren Austausch der in den einzelnen Ländern erarbeiteten wissenschaftlichen Ergebnisse auf allen Gebieten der kosmischen Physik. Die mit Raumflugkörpern erzielten Resultate stellten dabei die wesentlichsten Beiträge dar. Das internationale Ansehen der auf dem Gebiet der Weltraumforschung tätigen Wissenschaftler der Deutschen Demokratischen Republik fand 1963 verdiente Würdigung in der einstimmig beschlossenen Aufnahme des *Nationalkomitees für Geodäsie und Geophysik (NKGG)* der Deutschen Akademie der Wissenschaften zu Berlin, das seither in allen Arbeitsgruppen des COSPAR maßgeblich mitarbeitet.

COMSAT [Abk. für engl. **Com**munication **Sat**ellites Corp.]: US-amerikanische Fernmeldesatelliten-Gesellschaft; → »Early Bird«.

Conrad, *Charles* jr.: US-amerikanischer Astronaut, geb. 2. Juni 1930 Philadelphia; führte zusammen mit → *Cooper* vom 21. bis 29. Aug. 1965 in der Raumkapsel → »Gemini 5« und mit → *Gordon* vom 12. bis 15. Sept. 1966 in »Gemini 11« Raumflüge durch. Vom 14. bis 24. Nov. 1969 nahm er als Kommandant von »Apollo 12« mit → *Bean* und → *Gordon* am zweiten Mondlandeunternehmen teil und hielt sich bei 2 Ausstiegen insgesamt 7 h 48 min außerhalb der Mondfähre »Intrepid« auf.

Container [engl., Behälter]: Meßgerätebehälter, der außen an Höhenraketen zusätzlich zum Meßkopf mitgeführt und während des Aufstiegs in einer bestimmten Höhe abgetrennt wird. Der C. durchfliegt nach der Abtrennung eine eigene ballistische Bahn, auf der seine Meßgeräte, unbeeinflußt von der Nähe des Raketenkörpers, im Auf- und Abstieg arbeiten können. Die Meßwerte werden dabei automatisch von einem Meßwertsender zur Erde übertragen. Dieses Verfahren bietet eine wertvolle Ergänzung zum Einsatz von → Raketenköpfen, die meist – zumindest während des Aufstiegs – in unmittelbarer Nähe des Raketenkörpers bleiben und durch dessen unvermeidliche Entgasungswolke in ihren Messungen empfindlich gestört werden können. Die Rückführung der C. zur Erdoberfläche geschieht am Fallschirm. C. wurden erstmalig von sowjetischen Wissenschaftlern bei Aufstiegen ihrer → »A«-Höhenraketen eingesetzt (Gipfelhöhe bis 121 km, Masse der C. 360 kg).

Gelandeter Container einer »A 2« (UdSSR)

Cooper, *Gordon Leroy:* US-amerikanischer Astronaut, geb. 6. März 1927 Shawnee (Okla.), führte am 15. und 16. Mai 1963 in einer → »Mercury«-Raumkapsel (»Faith 7«) einen 34stündigen Raumflug aus (22 Umläufe), vom 21. bis 29. Aug. 1965 dann zusammen mit → *Conrad* in der Raumkapsel »Gemini 5« einen zweiten Raumflug (120 Umläufe). – C. unternahm schon mit 16 Jahren seinen ersten Alleinflug, war lange Zeit Sportflieger, dann auch Militärflieger und, nach abgeschlossenem

Studium im Flugzeugbau (1956), Testpilot sowie Ingenieur zur Erprobung von Luft- und Raumfahrtforschungsgeräten.

»Cora«: spezielle Ausführung der zweiten Stufe »Coralie« (Frankreich) der Trägerrakete → »Europa 1«, die für separate Freiflugerprobungen entspr. modifiziert wurde. Die »C.« hat 2 m Durchmesser und eine Länge von 11,5 m; der Startschub beträgt 28 Mp bei 18,5 t Startmasse (9850 kg Treibstoffe). Die Rakete weist zusätzliche aerodynamische Lenkflossen auf und trägt neben einer Attrappe der dritten »Europa-1«-Stufe die für die ELDO-Satelliten vorgesehene Nutzlastverkleidung. Die ersten Starts der »C.« fanden im Nov. und Dez. 1966 in → Hammaguir statt.

»Coralie« → »Europa 1«.

COSPAR: Abk. für **C**ommittee **o**n **Spa**ce **R**esearch.

Countdown [engl., Herunterzählen]: in der anglo-amerikanischen Raketenfachsprache üblicher Ausdruck für den nach einem präzisen Zeitplan aufgeschlüsselten Ablauf der Startvorbereitungen an einer Trägerrakete. Jeder der einzelnen Vorbereitungsschritte, einschl. aller Überprüfungen, ist im C. rückläufig von dem meist mit »*T*« bezeichneten Startzeitpunkt (*»Null = Zero«* im Startkommando) nach Stunden und Minuten festgelegt. Ergeben sich bei der Startvorbereitung irgendwelche Schwierigkeiten, kann das C. unterbrochen und im Rahmen der für die jeweilige Flugmission gegebenen Möglichkeiten mit Anschluß an einen neuen »*T*«-Zeitpunkt fortgeführt werden. In den letzten Minuten des C. laufen meist nur noch automatisch gesteuerte Überprüfungen und Schaltungen für den Anlaßvorgang ab, die aber noch bis wenige Sekunden vor der Zündung der Triebwerke durch manuelle Eingriffe notfalls unterbrochen werden können. Im weiteren geht das C. in der automatischen Startleit- und Kontrollanlage kontinuierlich in das Steuerprogramm der aufsteigenden Rakete über.

»Courier 1 B« [engl., Kurier]: aktiver Nachrichtensatellit (USA), der nach dem Fehlstart von »Courier 1A« (18. Aug. 1960) am 4. Okt. 1960 in eine Umlaufbahn zwischen 925 und 1200 km Höhe (Neigung 28,3 °) gebracht wurde. Er war ein kugelförmiges Objekt mit einem Durchmesser von 1,3 m, dessen Oberfläche mit Ausnahme eines Äquatorbands gänzlich mit Solarzellen besetzt war. Die Umlaufmasse betrug 227 kg, wovon 136 kg auf die elektronischen und funktechnischen Einrichtungen entfielen. Die Erprobungsaufgaben entsprachen einem Programm der US-Army zur Entwicklung von militärischen Nachrichtensatelliten. Zu diesem Zweck konnte der Satellit Texte und Bilder aufnehmen, auf Magnetbändern speichern und auf Abruf wieder abstrahlen. Seine entspr. Anlagen arbeiteten mit 13000 Halbleiterbauelementen und hatten eine Kapazität von 20 Fernschreib- und 4 Sprechkanälen. Von den 5 Magnetbandgeräten dienten 4 der Fernschreib- und Bildspeicherung und eines zur Sprechtextspeicherung.

Die Aufnahme- und Wiedergabekapazität lag bei 74000 Worten/min.

Die Arbeitszeit der elektronischen und funktechnischen Einrichtungen war auf etwa ein Jahr geplant; eine Störung, deren Ursachen nicht ermittelt werden konnten, beendete die Funktion des Satelliten jedoch schon nach etwas mehr als einem Monat Betriebszeit.

Cunningham, *Walter:* US-amerikanischer Astronaut, geb. 16. März 1932 Creston (Iowa), nahm von 11. bis 22. Okt. 1968 gemeinsam mit → *Schirra* und → *Eisele* in »Apollo 7« am ersten Erprobungsflug einer bemannten »Apollo«-Kommandoeinheit teil. – C. war anfangs wissenschaftlicher Assistent (Diplomphysiker) an der Universität von California, später bis zum Eintritt in das Astronautenteam (1963) als Physiker in der Industrie tätig; er spezialisierte sich u. a. auf die Entwicklung von Geräten für Meßsatelliten (z. B. Magnetometer für den ersten → »OGO«-Satelliten) und wurde für die Führung des »Apollo«-Mondlandegeräts ausgebildet.

D

DAG: Abk. für **D**eutsche **A**stronautische **G**esellschaft.

Dauerantrieb: Antriebsverfahren für Raumflugkörper, bei dem das Antriebssystem über längere Zeit (Tage, Wochen, Monate) in Tätigkeit ist. Chemische Raketentriebwerke eignen sich aufgrund ihrer Leistungscharakteristik (höchster Wirkungsgrad nur bei schnellstem Verbrauch der Treibstoffe) für dieses Verfahren nicht. Es kommen dafür ausschl. → elektrische Raumfahrtantriebe in Betracht, deren geringer Treibstoffdurchsatz bei gleichzeitig sehr hoher Ausströmgeschwindigkeit zu niedrigem relativem Treibstoffverbrauch und dennoch großem Gesamtwirkungsgrad führt. Allerdings liegt die damit erzielbare Schubbeschleunigung noch weit unter der Eigenmasse der angetriebenen Raumflugkörper, so daß zu deren Start von der Erdoberfläche Trägerraketenstufen mit einem chemischen Raketentriebwerk verwendet werden müssen. Der D. kann dann erst auf der damit erreichten Freiflugbahn einsetzen. Aufgrund der langen Antriebszeit ist trotz der geringen Schubbeschleunigung eine sehr hohe Fluggeschwindigkeit erreichbar, die bei weitreichenden Raumflügen die Flugzeit beträchtlich verkürzen wird.

»Dauphin« [frz., Kronprinz]: einstufige Feststoffhöhenrakete (Frankreich) von 5,15 m Länge, 0,56 m Durchmesser und etwa 1000 kg Startmasse. Sie ist mit 4 Heckstabilisierungsflossen (Spannweite 1,22 m) ausgestattet und kann bis zu 300 kg Nutzmasse in über 100 km Höhe befördern.

Deckungsverfahren: Nachführen einer Kampfrakete auf ein bewegliches Ziel, indem der Lenkschütze die Rakete ständig optisch in Deckung mit dem Ziel und somit auf der Visierlinie hält.

Deklination: Winkelabstand eines Gestirns vom Himmelsäquator, gemessen längs des Stundenkreises des Gestirns, zum Nordpol hin positiv, zum Südpol hin negativ gezählt.

Dekompression: spontan einsetzender und mehr oder weniger schnell verlaufender Druckabfall in einer Raumkabine oder einem Raumanzug, der durch Entweichen der jeweiligen Atmungsatmosphäre bei plötzlichem Leckwerden auftreten kann. Die D. ist bei bes. schnellem Verlauf *(explosive D.)* von tödlicher Gefahr für den Raumfahrer, da sie zur gasförmigen Abscheidung der sonst im Blut gelösten Gase führt. In einer Raumkabine ist eine eventuelle D. weniger gefährlich, solange die Raumfahrer Raumanzüge tragen, die bei Eintreten des Defekts für hermetischen Abschluß gegen die Umwelt sorgen.

Deutsche Astronautische Gesellschaft, Abk. **DAG:** am 22. Juni 1960 in der Deutschen Demokratischen Republik mit dem Sitz in Berlin gegr. Vereinigung von Vertretern verschiedener Fachrichtungen, die sich zur Aufgabe gestellt hat, die friedliche Erforschung und Nutzung des Weltraums zu fördern, zur internationalen Zusammenarbeit auf diesem Gebiet beizutragen und breiten Kreisen Kenntnisse über die friedliche Raumfahrtforschung zu vermitteln. Die DAG fördert zu diesem Zweck Anregungen und Durchführung von wissenschaftlichen Arbeiten, die astronautischen Problemen gewidmet sind, führt Tagungen und wissenschaftliche Diskussionen durch und betreibt auf internationaler Ebene Zusammenarbeit und Materialaustausch mit anderen astronautischen Gesellschaften. Die DAG ist der Deutschen Akademie der Wissenschaften zu Berlin angeschlossen und wurde auf dem 11. Internationalen Astronautischen Kongreß 1960 in Stockholm als stimmberechtigtes Mitglied in die Internationale Astronautische Föderation (IAF) aufgenommen. Seit 1963 gibt die Gesellschaft, zusammen mit dem Zentralen Fachausschuß Astronomie des Deutschen Kulturbunds, eine eigene Zeitschrift ›Astronomie und Raumfahrt‹ heraus. Zur Intensivierung der Informationstätigkeit werden daneben in zwangloser Folge detaillierte Schnellinformationen zu allen Starts von Raumflugkörpern herausgegeben. Für die Zusammenarbeit mit nationalen und internationalen Institutionen wurden spezielle Arbeitsgruppen geschaffen, deren Tätigkeit u. a. mit den gleichlaufenden Bestrebungen der IAF koordiniert ist. Zur Förderung der praktischen Arbeit wird von der DAG der Betrieb einer funktechnischen Satellitenbeobachtungsstation unterstützt.

Deutsche Gesellschaft für Luft- und Raumfahrt, Abk. **DGLR:** am 9. Dez. 1967 in Bad Godesberg auf Betreiben westdeutscher Regierungsstellen und führender Kräfte der westdeutschen Luft- und Raumfahrtindustrie durch Fusion der → Deutschen Gesellschaft für Raketentechnik und Raumfahrt mit der → Wissenschaftlichen Gesellschaft für Luft- und Raumfahrt entstandene neue Organisation (über 3000 persönliche oder korporative Mitglieder). Ihr Hauptziel ist die Unterstützung der Konzentration wissenschaftlicher und technischer Kapazitäten (personell und institutionell) für selbständige Großforschungsprojekte auf den Gebieten der Luft- und Raumfahrt sowie grundlegender und angrenzender Bereiche (Raketentechnik, Weltraumforschung u. a.) und die maßgebliche Beteiligung an internationalen Projekten. Die DGLR nahm ihre Tätigkeit am 1. Jan. 1968 auf; ihr juristischer Sitz ist Westberlin, die Geschäftsstelle befindet sich in Köln.

Deutsche Gesellschaft für Raketentechnik und Raumfahrt, Abk. **DGRR:** 1956 durch Umbenennung aus der → Gesellschaft für Weltraumforschung hervorgegangener Verein in der BRD. Die DGRR gab wissenschaftliche Publikationen heraus, veranstaltete Fachtagungen und Vorträge, bildete an Hochschulen und Universitäten Studentenfachgruppen und war maßgeblich an der Gründung der Internationalen Astronautischen Föderation beteiligt; ihr damaliger Vorsitzender *Sänger* wurde auch erster Präsident der IAF. 1952 wirkte sie an der Gründung des Raketen- und Raumfahrtmuseums in München mit. Die von der Gesellschaft gestiftete *Hermann-Oberth-Medaille* für besondere Verdienste um die Raumfahrtentwicklung wurde ab 1951 zahlreichen Wissenschaftlern und Technikern verliehen. → Deutsche Gesellschaft für Luft- und Raumfahrt.

Deutsche Raketen-Gesellschaft → Hermann-Oberth-Gesellschaft.

Dezelerator [lat., Verzögerer] → Raketenschlitten.

DGLR: Abk. für **D**eutsche **G**esellschaft für **L**uft- und **R**aumfahrt.

DGRR: Abk. Abk. für **D**eutsche **G**esellschaft für **R**aketentechnik und **R**aumfahrt.

»Diademe«: Meßsatelliten (Frankreich), die mit französischen Trägerraketen (→ »Diamant«) in Umlaufbahnen gebracht werden. Die Satelliten gehören der Entwicklungsserie »D 1« (→ »Diapason«) an. Ihre Aufgaben sind praktisch identisch und umfassen verschiedene Bahnvermessungsverfahren (mittels Doppler-Effekt, Lasertechnik und Fotografie). Sie haben (ohne Solarzellenausleger) einen Durchmesser von 0,5 m, eine Masse von 22,9 kg und sind drallstabilisiert. Verschiedene Reflektorgruppen in den Auslegern und am Satellitengehäuse dienen dem Laserexperiment. »D. 1« (»D 1 C«) wurde am 8. Febr. 1967 von Hammaguir (Sahara) aus gestartet. Er erreichte eine Umlaufbahn zwischen 575 und 1340 km Höhe, während der am 15. Febr. 1967 gestartete »D. 2« (»D 1 D«) in eine Bahn zwischen 592 und 1886 km gelangte; die Bahnneigung betrug jeweils etwa 40 °.

»Dial« [Abk. für franz. **Di**amant **Al**lemagne]: Meßsatellit für aeronomische Untersuchungen, der in Westdeutschland gebaut und am 10. März 1970 mit einer französischen »Diamant-B«-Rakete in eine Umlaufbahn zwischen 350 und 1900 km Höhe gebracht wurde. Der Start erfolgte vom französischen Raketenstartgelände in Kourou (Franz.-Guayana). Der Satellit hatte eine Masse von 60 kg (10 kg Meßgeräte) und eine vorgesehene Lebensdauer von mindestens 25 d, seine Gesamthöhe betrug 1,15 m, der größte Außendurchmesser der oktogonalen Satellitenzelle 71 cm, die Energieversorgungsanlage umfaßte Solarzellen und Speicherbatterien.

»Diamant«: dreistufige Satellitenträgerraketen (Frankreich), deren Version »D.-A« eine Gesamtlänge (mit Nutzlast) von 18,94 m und eine Startmasse von 18,4 t hat. Die

Dreistufige Trägerrakete »Diamant«

Startstufe hat ein Flüssigkeitstriebwerk von 28 Mp Schub, in dem Salpetersäure und Terpentinöl als Treibstoffe verwendet werden (zusammen etwa 12,5 t): die Leermasse der Stufe beträgt 1,7 t. Als Brennzeit werden 88 s angegeben. Die zweite Stufe ist ein Feststofftriebwerk, das für 42 s einen Schub von 15 Mp abgibt; es hat eine Masse von 2,9 t, wovon 2,275 t auf den Treibstoff (Polyurethan-Basis) entfallen. Die dritte Stufe wird ebenfalls von einem Feststofftriebwerk gebildet, das bei 800 kg Gesamtmasse 650 kg Treibstoff enthält. Als Brennzeit werden 47 s angegeben. – Mit dieser Trägerrakete kann eine Nutzmasse von etwa 80 kg in eine elliptische Umlaufbahn zwischen 400 und 1300 km Höhe gebracht werden. Mit »D.-A«-Raketen wurden 1965 auf dem französischen Raketenversuchsgelände Hammaguir (Sahara) die ersten französischen Meßsatelliten → »A 1« und »D 1« (→ »Diapason«) gestartet. Die Weiterentwicklung »D.-B« (auch »Super-D.«) hat eine etwas größere Erststufe (Länge 14,0 m, Durchmesser 1,4 m), die mit UDMH/Stickstofftetroxid betrieben wird; die zweite Stufe blieb unverändert, während als dritte Stufe ein 640-kg-Feststofftriebwerk dient. Die Startmasse der 23,8 m langen »D.-B« beträgt 24063 kg, der Startschub 35,1 Mp; als Nutzlast sollen 100 kg in eine 700-km-Kreisbahn gebracht werden können.

Diäthylentriamin → Treibstoff (II 2 b δ).

»Diapason«: Meßsatelliten (Frankreich), die mit französischen Trägerraketen (→ »Diamant«) in Umlaufbahnen gebracht werden. Während der Entwicklung tragen die verschiedenen Typen dieser Satellitenserie die Bezeichnung »D-Nr.«. Der am 11. Febr. 1966 in Hammaguir gestartete »D.A« (»D 1 B«) erreichte rund 2750 km Apogäums- bzw. 500 km Perigäumshöhe und eine Bahnneigung von 34 °. Der Satellit hatte eine Nutzmasse von 19 kg, war zylinderförmig gestaltet (Durchmesser 0,50 m, Höhe 0,20 m) und trug 4 Solarzellenausleger sowie 5 Antennen. Neben dem Satelliten gehörte noch eine Instrumentenbaugruppe gleicher Masse zur Nutzmasse der Trägerrakete. Mit dieser Baugruppe blieb der Satellit bis 13 min nach dem Start verbunden. Sie umfaßte Meßgeräte zur Überwachung der dritten Stufe und des Eintritts des Satelliten in die Umlaufbahn sowie einen Transponder, mit dessen Hilfe der Satellit geortet werden konnte. Der Satellit selbst wies außerdem einen Kommandoempfänger sowie einen Telemetriesender auf. Er war drallstabilisiert (30 U/min) und durch Beplankung mit Werkstoffen verschiedener Wärmeleitfähigkeit passiv temperaturgeregelt.

Diergol *n* → Treibstoff (II).

»Discoverer« [engl., Entdecker]: militärische Versuchs- und Erprobungssatelliten (USA), die bis Anfang 1962 das offizielle US-amerikanische militärische Satelliten- und Raumfahrtprogramm vertraten. Danach wurde die offene Typenbezeichnung (auch für »MIDAS«- und »SAMOS-Satelliten) aufgegeben und nur noch die allgemeinen Begriffe *Geheimsatellit* oder *»Anonymus«* (letzterer hauptsächlich für Registrierzwecke) verwendet. Zugleich ging der Umfang der Informationen zurück, so daß in den meisten Fällen nur

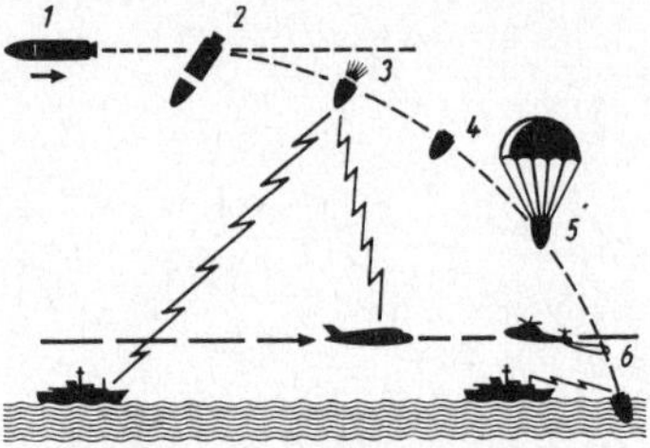

Bergung der »Discoverer«-Kapseln (schematisch): 1 Satellit in Umlaufbahn, 2 Drehung und Kapselabtrennung, 3 Abbremsen der Kapsel, 4 Eintritt in die Atmosphäre, 5 Fallschirmausstoß, 6 Bergung

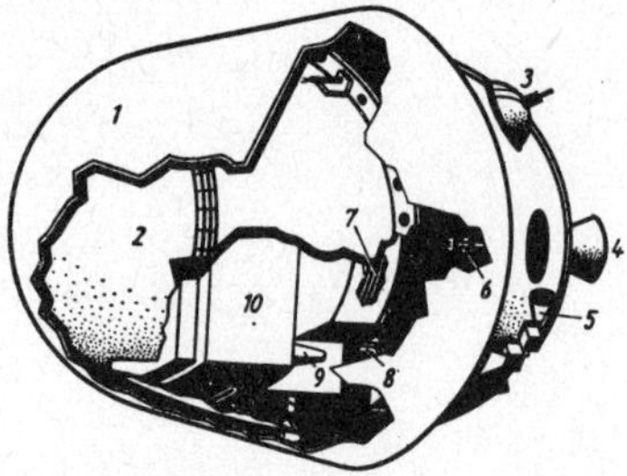

Rückkehrkapsel der »Discoverer«: 1 Nasenkonus, 2 Gerätekapsel, 3 Druckgasbehälter, 4 Bremstriebwerk, 5 Druckgasdüse, 6 Sprengbolzen, 7 Fallschirm, 8 Sprengkapseln, 9 Blinklicht, 10 Instrumente

Startdatum und angenäherter Bahnverlauf bekannt wurden. Mit den »D.«-Satelliten sollten vor allem Verfahren zur Rückführung von Instrumentenbehältern (Rückkehrkapseln) zur Erdoberfläche aus einer Umlaufbahn erprobt werden. Diese heute in der militärischen Satellitentechnik breit angewendeten Verfahren lassen sich auch für andere Zwecke ausnutzen (→ »Bios«). Die Rückkehrkapsel wird von dem auf der Umlaufbahn verbleibenden Satelliten ausgestoßen und in den tieferen Schichten der Erdatmosphäre am Fallschirm herabgeführt. Ein eingebauter Peilsender strahlt dabei Signale aus, die das Auffinden der Kapsel ermöglichen. In der Regel wird die Kapsel noch in der Luft durch Flugzeuge mit Schleppgeräten aufgefangen. Der Eintritt in die Abstiegsbahn nach dem Ausstoßen wird durch Zünden eines eingebauten Feststofftriebwerks eingeleitet. Eine Besonderheit der »D.«-Satelliten bestand darin, daß sie mit der letzten Antriebsstufe des Trägersystems (»Thor-Agena«-Rakete) verbunden blieben. Sie hatten zylindrische Form mit Nasenkonus, dessen vorderster Teil die Rückkehrkapsel darstellte. Je nach dem Typ der »Agena«-Stufe (A oder B) hatte das Gesamtgerät eine Länge von 5,85 oder 7,62 m. Der Durchmesser betrug in jedem Fall 1,52 m. Die Gesamtmassen waren sehr unterschiedlich und lagen zwischen 598,7 kg (»D. 1«) und 1107 kg (»D. 20«), während die Nutzmasse bei »D. 1« 111,1 kg, bei »D. 20« 200 kg und bei allen anderen 136,2 kg betrug. Von insgesamt 38 Startversuchen waren allerdings nur 26 erfolgreich, von denen »D. 1« am 28. Febr. 1959 und »D. 38« am 27. Febr. 1962 in ihre Umlaufbahnen gelangten. Letztere waren sehr unterschiedlich und lagen zwischen 170 und 1700 km Höhe.

Dobrowolski, *Georgi:* sowjetischer Kosmonaut, geb. 1. Juni 1928 Odessa, gest. (verunglückt bei der Rückkehr von »Sojus 11«) 30. Juni 1971, startete am 6. Juni 1971 als Kommandant mit → *Wolkow* und → *Pazajew* in »Sojus 11« zu einem 24tägigen Raumflug, bei dem durch Kopplung des Raumfahrzeugs mit dem unbemannten Raumstationsmodul »Salut« und nachfolgendem Überstieg der Kosmonauten sowie Inbetriebnahme der diesbezüglichen technischen und wissenschaftlichen »Salut«-Installationen die erste operative wissenschaftliche → Raumstation vom Typ »Salut-Sojus« geschaffen wurde. – D. war zunächst Jagdflieger und absolvierte 1961 die Akademie der Luftstreitkräfte. Nach seiner Aufnahme in die Kosmonautengruppe spezialisierte er sich auf die Raumfahrzeugführung.

Docking [engl. to dock, ins Dock bringen]: Koppeln von Raumflugkörpern in einer Erdumlauf- o. a. astronautischen Freiflugbahn *(D.-Manöver)*]; auch in Verbindung mit anderen Begriffen gebraucht (z. B. *D.-Adapter* = Kopplungsadapter).

»DODGE« [Abk. für engl. **D**epartment **o**f **D**efense **G**ravity Gradient **E**xperiment]: militärische Satelliten (USA), die vornehmlich Untersuchungen zur → Schwerkraftgradienten-Stabilisierung in angenäherten Synchronbahnen dienen (Masse etwa 200 kg). Die Ausrüstung besteht aus mehreren Dreiachsen-Magnetometern, 6 Sonnensensoren und 3 Fernsehkameras (2 für Schwarz-Weiß-, 1 für Farbsendungen). Der erste Start erfolgte, gemeinsam mit 5 weiteren militärischen Satelliten, am 1. Juli 1967 mit einer »Titan-3C«-Trägerrakete.

Doppelimpulsmanöver → Übergangsbahn.

Doppler-Effekt [nach dem österreichischen Physiker *Christian Doppler,* 1803 bis 1853]: scheinbare Veränderung der Frequenz (Schwingungszahl) des Schalls oder einer elektromagnetischen Strahlung (Licht-, Funkwellen) bei gegenläufiger Bewegung von Schall- oder Strahlungsquelle und Beobachter. Bei gegenseitiger Annäherung empfängt der Beobachter eine höhere Ton- oder Strahlungsfrequenz als bei gleichbleibender Entfernung; bei zunehmender Entfernung verschiebt sich die Frequenz zu niederen Werten hin. Die Frequenzverschiebung ist in beiden Fällen der Relativgeschwindigkeit proportional. Ihre Messung ermöglicht bei der funk-

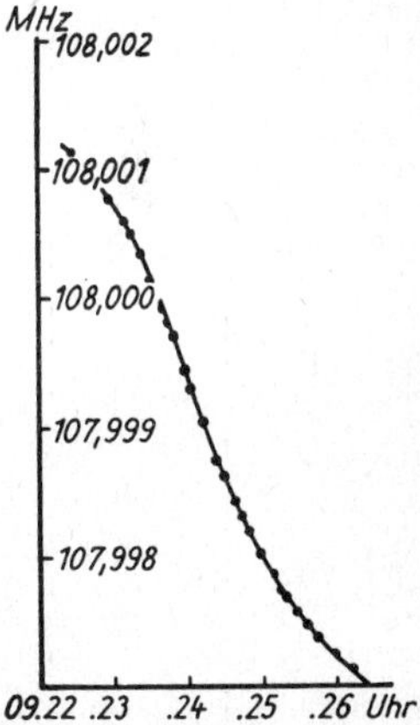

Typische Doppler-Frequenzkurve für den Durchgang eines Satelliten

technischen → Bahnvermessung von Trägerraketen und Raumflugkörpern die Bestimmung von deren Geschwindigkeit relativ zu der betr. Beobachtungsstation und daraus wiederum die Ableitung von Bahnpositionen. Die gemessene *Doppler-Frequenzkurve* ergibt auch den Zeitpunkt der größten Annäherung des Satelliten an die Station, und zwar aus der Lage ihres Umkehrpunkts.

Doppler-Radar → Bahnvermessung.

»Dragon« [frz., Drache]: zweistufige Feststoffhöhenrakete (Frankreich) von 7,10 m Länge, 0,56 bzw. 0,31 m Durchmesser und etwa 950 kg Startmasse. Sie ist in beiden Stufen mit je 4 Heckstabilisierungsflossen (Spannweiten 1,22 und 0,78 m) ausgestattet und kann 30 kg Nutzmasse in eine Höhe von einigen hundert Kilometern befördern.

Dralldüsen: kranzförmig im Bodenteil eines Feststofftriebwerks angeordnete kleine Entspannungsdüsen, deren jeweilige Mittelachsen so gegen die Triebwerksachse geneigt sind, daß die ausströmenden Verbrennungsgase einen Drallimpuls erzeugen. D. werden zur → Drallstabilisierung ungelenkter Raketenwaffen eingesetzt; sie finden aber auch gelegentlich in Endstufen-Feststofftriebwerken von kleinen Meßsatelliten Verwendung, um diese bei ihrem Umlauf raumstabil auszurichten.

Drallradstabilisierung: Verfahren zur Lagestabilisierung von Raumflugkörpern, bei dem elektrisch angetriebene Drehmomenterzeuger *(Drallräder)* zur Kompensierung unerwünschter Störmomente (Resttaumelbewegungen oder -drall nach Ablösen von der Trägerrakete; solarer Strahlungsdruck; magnetische und gravitatorische Kräfte) verwendet werden. In Umkehrung dieses Prinzips können die 3 Drallräder eines solchen Stabilisierungssystems (je ein Rad wirkt auf eine Körperachse) auch ganz allgemein zur Lageregelung von Raumflugkörpern benutzt werden. → Trägheitsrad.

Drallraketen: kleine Feststofftriebwerke, die zur → Drallstabilisierung von Raumflugkörpern (Meßsatelliten, Raumsonden) dienen. Sie werden meist außen am Raumflugkörper tangential zu seinem Querschnitt angeordnet.

Drallstabilisierung: raumstabile Fixierung einer Achse, meist der Hauptachse, eines unbemannten Raumflugkörpers oder einer Feststoffkampfrakete durch Rotation um diese Achse, ähnlich wie beim Geschoß. Die Flugkörper erhalten die Rotation entweder durch Übertragen des Dralls der letzten Antriebsstufe oder durch kleine → Drallraketen bzw. → Dralldüsen.

Drallzerstäuber: → Einspritzorgane.

Dreiachsenlagesimulator: Übungsgerät, mit dessen Hilfe Raumfahrer die Fluglageregelung eines bemannten Raumflugkörpers durch Handsteuerung trainieren können. Der D. besteht meist aus einer Kabinennachbildung, die in einer kardanischen Aufhängung frei um alle 3 Achsen beweglich ist und bei modernen Geräten durch Druckgasdüsen manövriert werden kann.

Dreiachsrotor: geschlossene, in einem dreiachsigen Kardanrahmen gelagerte Kabine, in der Raumfahrer bei der Auswahlprüfung und während ihrer Ausbildung auf ihre Reaktion bei verschieden schnellen, gleichzeitigen Drehungen um ihre Körperachsen oder ihren Körperschwerpunkt untersucht werden.

Dreiimpulsmanöver → Übergangsbahn.

Dreikörperproblem → Himmelsmechanik.

Druckgasbehälter, Druckgasförderung → Treibstofffördersystem.

Druckgasstrahldüse: einfache, meist kleine Entspannungsdüse, die vorwiegend im Lageregelungssystem von Raumflugkörpern verwendet wird. Da die erforderliche Schubkraft relativ gering ist, genügt der Betrieb mit Kaltgas (Stickstoff), das unter hohem Druck in meist kugelförmigen Speicherbehältern mitgeführt wird. Der geringe technische Aufwand für eine einzelne D. macht es überflüssig, sie schwenkbar anzuordnen. Man bringt vielmehr häufig 2 bis 4 zu einer Einheit zusammengefaßte Düsen starr an einer für die Lageänderungskräfte günstigen Stelle des Raumflugkörpers an. Die Strahlrichtungen der einzelnen Düsen stehen dabei jeweils senkrecht zueinander, so daß verschiedene Schubrichtungen nach dem einfachen Prinzip eines Mehrwegehahns erzielt werden können. Durch Anbringen mehrerer solcher Düseneinheiten an verschiedenen Punkten des Raumflugkörpers lassen sich alle notwendigen Lageänderungen bewirken.

D-Schicht → Erdatmosphäre.

»DSCS« [Abk. für engl. **D**efense **S**atellite **C**ommunication **S**ystem]: Bezeichnung für militärische Nachrichtensatelliten (USA), die als Nachfolger der → »IDCSP« eingesetzt werden.

Duoplasmatron → elektrische Raumfahrtantriebe.

Durchsatz, *Treibstoffdurchsatz:* Menge des in der Zeiteinheit von einem Raketentriebwerk verbrauchten Treibstoffs in kg/s.

Der D. ist mit entscheidend für die Größe des → Schubs eines Triebwerks.

Düseneinsatz: aus bes. hochwarmfestem Material (Graphit, Wolfram, faserverstärkte Werkstoffe) gefertigtes Teil, das in Brennkammern ohne Regenerativkühlung (Feststofftriebwerke, kleine bis mittlere Flüssigkeitstriebwerke) als Düsenhalsstück eingesetzt wird.

Düsenflächenverhältnis: Kenngröße von → Entspannungsdüsen, die gebildet wird durch den Quotienten aus Düsenhalsfläche und Düsenmündungsfläche. Je größer das D., um so größer ist auch i. allg. der Wirkungsgrad einer Entspannungsdüse.

Düsenhals, Düsenmündung, Düsenöffnungswinkel → Entspannungsdüse.

Düsenplatte → Kampfrakete.

Düsenverschluß → chemisches Raketentriebwerk.

»Dyna Soar« »X-20« [engl. Abk. von **Dynamic Soar**ing = dynamischer Gleitflug]: Projekt eines → Raumgleiters (USA) für 2 Mann Besatzung, der als Zubringerflugkörper für bemannte Raumstationen dienen sollte. Nach jahrelangen kostspieligen Entwicklungsarbeiten wurde dieses Projekt aufgegeben.

»D-1-A-1100«: Flüssigkeitstriebwerk (Sowjetunion), das 1941/42 für das Raketenflugzeug → »B-1« entwickelt wurde. Das Triebwerk wurde mit der Treibstoffkombination Salpetersäure/Kerosin (Zündung mit Glühkerze) betrieben und lieferte bei einem spezifischen Impuls von 2040 m/s (Brennkammerdruck 17 kp/cm^2) einen Nennschub von 1100 kp. Bei Druckgasförderung war das Triebwerk von 400 bis 1400 kp regelbar, wobei der Maximalschub bis zu 70 s gehalten werden konnte und die Gesamtbrennzeit 200 s erreichte.

E

»Early Bird«[engl., Frühaufsteher]: erster kommerzieller, aktiver Fernmeldesatellit (USA), der als Weiterentwicklung der »Syncom«-Satelliten in einer Synchronbahn eingesetzt wurde und dessen Nachfolgemuster die → »Intelsat«-Satelliten bilden. Der Satellit hatte Zylinderform, einen Durchmesser von 72 cm und eine Höhe von 59 cm. Die Masse betrug 38 kg, und die fernmeldetechnische Ausrüstung ermöglichte Verbindungen über 240 Zweiweg-Sprechkanäle und 2 Fernsehkanäle. Die Stromversorgung geschah durch Solarzellen, die den ganzen Zylindermantel bedeckten. Der Satellit wurde am 6. April 1965 mit einer »TAD«-Rakete gestartet. Er gelangte zunächst in eine stark elliptische Übergangsbahn zwischen 1450 und 36460 km Höhe, die endgültige Bahn hatte eine Perigäumshöhe von 34900 km, eine Apogäumshöhe von 36570 km und eine Bahnneigung von 359,86 ° (Standort über dem Atlantik). Nach 2 Monaten begann die Einsatzzeit für den von der US-amerikanischen Fernmeldesatelliten-Gesellschaft → »COMSAT« betriebenen Fernmeldeverkehr.

»Echo«: passive Nachrichtensatelliten (USA), Ballonsatelliten, deren Oberfläche einen dünnen metallischen Belag aufweist, so daß auftreffende Funksignale reflektiert werden. Über ihre eigentliche Aufgabe hinaus bieten die »E.«-Satelliten die Möglichkeit zu sehr genauen und aufschlußreichen Luftdichtemessungen in sehr großen Höhen. Ihre geringe Querschnittsbelastung läßt sie selbst noch bei der geringen Luftdichte von $1{,}1 \cdot 10^{-18}$ g/cm^3 (in etwa 1500 km Höhe) mit deutlichen Bahnänderungen reagieren. Diesem Effekt überlagert sich außerdem die Wirkung des Strahlungsdrucks der Sonne.

Der Satellit »E. 1A« wurde am 12. Aug. 1960 von Cape Canaveral (heute Cape Kennedy) aus mit einer »Thor-Delta«-Rakete gestartet. Er erreichte eine Bahn mit 1520 km Perigäums- und 1690 km Apogäumshöhe. Die Umlaufzeit betrug zu diesem Zeitpunkt (23. Aug. 1960) 118,23 min, die Bahnneigung 47,24 °. Die Ballonhülle, die beim Start in einem kugelförmigen Behälter von 0,67 m Durchmesser zusammengelegt war, hatte eine Masse von 62 kg. Mit den beiden für die funktechnische Bahnverfolgung eingebauten Kleinsendern betrug die Gesamtmasse des Satelliten 76 kg. Seine Hülle bestand aus einer 0,127 mm dicken Haut aus → Mylar, die mit einer nur 0,002 mm dicken Schicht Aluminium bedampft war. Die Hülle entfaltete sich durch Verdampfen von Benzoesäure und Anthrachinon auf 30,5 m Durchmesser. Der nach dem Aufblasen in der Hülle verbleibende geringe Gasdruck sollte die Kugelform stabilisieren. Sowohl Meteoritentreffer als auch die Temperaturänderung beim Eintritt des Satelliten in den Erdschatten bewirkten jedoch eine zunehmende Verformung der Hülle, die sich in deutlichen Helligkeitsschwankungen des Satelliten äußerte und die Qualität der Signalübertragung so absinken ließ, daß die Funkübertragungsversuche nach einem Monat abgebrochen wurden. Wie schlecht die bahnmechanischen Verhältnisse von »E. 1« anfänglich zu übersehen waren, läßt sich daraus erkennen, daß man nur mit einer Lebensdauer von etwa 1 Jahr rechnete, während der Satellit tatsächlich erst am 24. Mai 1968 in den dichteren Schichten der Erdatmosphäre verglühte.

Der zweite Satellit dieser Reihe (»E. 2«) wurde am 25. Jan. 1964 mit einer »Thor-Agena-B«-Rakete gestartet. Seine an-

Visuelle Überprüfung eines »Echo«-Satelliten durch einen von einem kleinen Fesselballon getragenen Techniker

fängliche Bahnhöhe lag zwischen 1033 km und 1313 km. Der Satellitenteil hatte eine Gesamtmasse von 350 kg, von denen 252 kg auf die reine Satellitenhülle entfielen, die im aufgeblasenen Zustand 41 m Durchmesser hatte. Die Mylarhaut hatte diesmal nur eine Dicke von 0,0087 mm und war auf beiden Seiten mit je einer Aluminiumschicht von 0,0045 mm Dicke versehen. Innerhalb der Hülle waren kleine Taschen angebracht, in denen sich Pyrazol befand, das unter Einwirkung der Sonnenstrahlung das Gas zum Aufblasen des Ballons lieferte. Dieser Vorgang dauerte etwa 90 min. Um eine Verformung des gesamten Ballons bei Beschädigung der Außenhaut zu verhindern, wurde er in mehrere Kammern unterteilt. Schon kurz nach dem Start wurden in einem koordinierten Versuchsprogramm erste Funkverbindungsexperimente zwischen den USA und der UdSSR (Semenki-Observatorium bei Gorki) vorgenommen, an denen sich später auch britische Bodenstationen beteiligten. Eine Fernsehübertragung ist mit »E.«-Satelliten nicht möglich.

Echtzeittelemetrie → Meßwertübertragung.

E-D-Düse → Entspannungsdüse.

»EGRS« [Abk. für engl. **E**lektronic and **G**eodetic **R**anging **S**atellite = elektronischer und geodätischer Meßsatellit]: andere Bezeichnung für Satelliten vom Typ → »Secor«.

Einspritzdruck: Druck, der zum Einbringen der Treibstoffkomponenten in eine in Betrieb befindliche Flüssigkeitsbrennkammer erforderlich ist. Die Höhe des E. wird durch 2 Voraussetzungen bestimmt: Erstens muß er die Treibstoffe gegen den sich in der gezündeten Brennkammer ausbildenden Gasdruck in den Brennraum befördern und zweitens darüber hinaus ausreichen, um eine für die → Gemischbildung notwendige feine Zerteilung und Mischung der Treibstoffkomponenten zu bewirken. Daraus ergibt sich, daß der E. erfahrungsgemäß etwa 3 bis 15 kp/cm^2 über dem jeweiligen Brennkammerdruck liegen muß. Die Höhe des E. bestimmt demzufolge auch unmittelbar, unter Berücksichtigung gewisser Druckverluste in den Treibstoffzuführungen, die Höhe des *Förderdrucks,* mit dem die Flüssigkeiten vom → Treibstoffördersystem der Brennkammer zugeführt werden. Damit müssen schließlich auch Auswahl und Auslegung des Fördersystems dem erforderlichen E. angepaßt werden. Für hohen Brennkammerdruck und E. wird bei sehr großen Antriebseinheiten ausschl. Pumpenförderung gewählt. Durch Verwendung faserverstärkter Werkstoffe für die Treibstoffbehälter läßt sich für kleine bis mittelgroße Antriebseinheiten jetzt auch die Druckgasförderung bis zu hohen Druckwerten einsetzen.

Einspritzkopf: i. w. S. dasjenige Bauteil einer Flüssigkeitsbrennkammer, in dem die → Einspritzorgane untergebracht sind. Bei modernen Brennkammerkonstruktionen, die meist einen zylindrischen Brennraum und einen ebenen Brennkammerkopf aufweisen, übernimmt letzterer zugleich auch die Funktion des E.s. In Triebwerken extrem hoher Leistung wird zur Unterbringung der Einspritzorgane gelegentlich auch der dem Brennkammerkopf nächstliegende Teil der zylindrischen Brennkammerwand herangezogen, so daß die Definition des E. als ein im ursprünglichen Sinne selbständiges Bauteil für diese Fälle nicht mehr gilt.

Einspritzorgane: diejenigen Bauelemente in Flüssigkeitsbrennkammern, durch die die Treibstoffkomponenten in den Brennraum eintreten. Damit die für einen günstigen Verbrennungsablauf notwendige → Gemischbildung erreicht wird, müssen die zugeführten Treibstoffe vor allem möglichst fein zerteilt werden. Aus diesem Grunde werden die E. als *Zerstäuber* ausgebildet. Die mechanische Energie für den Zerstäubungsvorgang liefert der → Einspritzdruck. Die Gemischbildung wird um so gleichmäßiger, je kleiner die entstehenden Treibstofftröpfchen sind, je gleichmäßiger sich diese über den Querschnitt des eintretenden Treibstoffstrahls verteilen und je mehr Einspritzöffnungen kleinen Durchmessers im → Einspritzkopf angebracht werden. Die Größe der Tröpfchen und ihre Verteilung im einzelnen Treibstoffstrahl hängen hauptsächlich vom Typ der verwendeten E. ab. Daneben übt aber auch der Einspritzdruck einen wesentlichen Einfluß aus; d. h., je größer der Druckabfall im Zerstäuber, um so besser ist die Auflösung des Treibstoffstrahls. Bei sehr hohem Brennkammerdruck erfordert ein großer Druckabfall im Zerstäuber zwangsläufig eine Erhöhung des Förderdrucks. Daher läßt sich dieser Weg, bes. bei Druckgasförderung, nur bis zu einer gewissen Grenze beschreiten, weil sonst die Masse des gesamten Antriebssystems zu groß werden würde. – Nach der Art der Strahlauflösung unterscheidet man 2 Hauptgruppen von Zerstäubern.

1) *Strahlzerstäuber* bestehen in der einfachsten Form aus einer zylindrischen Öff-

nung kleinen Durchmessers; eine große Anzahl solcher Öffnungen befindet sich in paralleler Anordnung im Einspritzkopf der Brennkammer. Der Zerfall des Treibstoffstrahls in Tröpfchen wird allein durch mechanische innere Kräfte, ausgehend vom Einspritzdruck, bewirkt. Für den Strahlzerstäuber ist i. allg. der schmale, lange und relativ scharf begrenzte Treibstoffstrahl charakteristisch. Die Zerstäubung beginnt erst in einer gewissen Entfernung von der Einspritzöffnung. Größe und Form der Austrittsöffnung sowie die Höhe des Einspritzdrucks bestimmen die Verteilungsstruktur der Tröpfchen maßgeblich. Diese ist grundsätzlich über den Strahlquerschnitt sehr ungleichmäßig; das Maximum der Tröpfchendichte liegt in jedem Fall in der Strahlachse. Für einfache Paralleleinspritzung aus einem ebenen Einspritzkopf heraus ergibt die Forderung nach einem hohen Treibstoffdurchsatz u. U. große technologische Schwierigkeiten, da je Flächeneinheit eine außerordentlich große Anzahl von Bohrungen notwendig werden kann, wobei die getrennte Zuleitung der beiden Treibstoffkomponenten zusätzliche Probleme aufwirft. Aus diesem Grunde und zur Verbesserung des Wirkungsgrads bei der Treibstoffzerteilung und -mischung entwickelte man die Untergruppe der *Prallzerstäuber*. Deren Grundprinzip besteht darin, daß die Einspritzbohrungen in einem besonderen Mischkopf einander gegenüber bzw. in ebenen Brennkammerköpfen unter einem bestimmten Winkel zueinander angeordnet werden. Die austretenden Treibstoffstrahlen prallen in der *Mischungszone* aufeinander und werden somit besser zerteilt als bei Paralleleinspritzung. Führt man dabei noch die beiden Treibstoffkomponenten unmittelbar gegeneinander, so werden diese gleichzeitig sehr intensiv gemischt. Schrägbohrungen haben jedoch technologisch und in bezug auf den Wirkungsgrad (Anzahl der Bohrungen je Flächeneinheit) erhebliche Nachteile. Deshalb geht man in Hochleistungstriebwerken, die zumeist einen ebenen Brennkammerkopf bei zylindrischer Gesamtform der Brennkammer haben, verschiedentlich dazu über, die eine Treibstoffkomponente ausschl. über den Brennkammerkopf parallel zur Brennkammerlängsachse einzuspritzen, während die andere Komponente senkrecht dazu aus der Brennkammerwand in die Mischungszone tritt. Zur Gruppe der Prallzerstäuber gehören i. w. S. auch solche, bei denen die Feinzerstäubung des Treibstoffstrahls durch das Auftreffen auf eine besondere, direkt vor der Einspritzbohrung befindliche *Prallplatte* bewirkt wird.

2) *Drall- oder Zentrifugalzerstäuber* erteilen dem Treibstoffstrahl eine rotierende Bewegung (Drall), die er auch nach dem Austritt aus der Einspritzöffnung beibehält. Unter Einwirkung der Zentrifugalkräfte wird der austretende Strahl auseinandergezogen und sehr schnell in Tröpfchen aufgelöst. Durch den Drall wird zugleich der für die Treibstoffmischung erwünschte → Verwirbelungseffekt unterstützt. Der Strahlkegel der Drallzerstäuber ist breit und kurz, was sich vorteilhaft auf die Gemischbildung und die Ausnutzung des Brennkammerraums auswirkt. Die Treibstofftröpfchen sind in ihm ziemlich gleichmäßig verteilt, wobei allerdings in

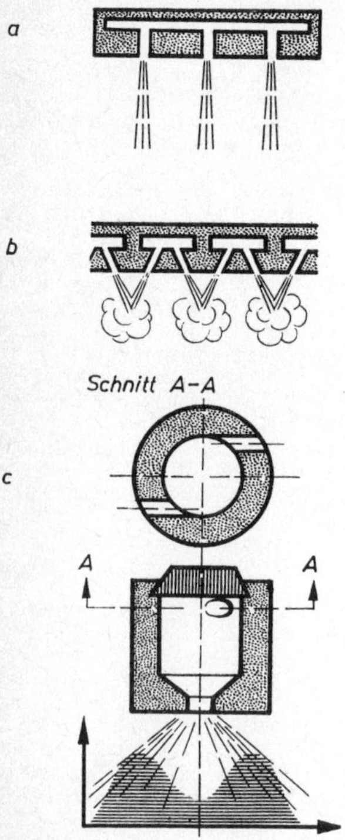

Zerstäuber-Hauptgruppen: a Strahlzerstäuber, b Prallzerstäuber, c Drallzerstäuber (mit Tröpfchenverteilungsdiagramm)

bestimmtem Radius um die Zerstäuberachse die größte Konzentration erreicht wird. Der Treibstoff erhält seine Drehbewegung entweder durch tangentiales Einströmen in eine kleine Vorkammer, an die sich die zylindrische Einspritzöffnung anschließt, oder dadurch, daß er durch einen Schraubenkanal geführt wird. Beide Verfahren werfen jedoch erhebliche technologische Probleme auf, so daß Drallzerstäuber selten allein, sondern meist mit Strahlzerstäubern zusammen eingesetzt werden, da sich dann die günstigen Eigenschaften beider Typen vorteilhaft ausnutzen lassen.

Einstoffsysteme → Treibstoff.

Eintauchbahn, Eintrittskorridor → Wiedereintrittskorridor.

Eisele, *Donn:* US-amerikanischer Astronaut, geb. 23. Juni 1930 Columbus (Ohio), nahm vom 11. bis 22. Okt. 1968 gemeinsam mit → *Schirra* und → *Cunningham* in »Apollo 7« am ersten Erprobungsflug einer bemannten »Apollo«-Kommandoeinheit teil. – E. studierte als Berufssoldat an der US-Marine-Akademie und am Technischen Institut der US-Luftstreitkräfte; danach war er als Projektingenieur und Testflieger in der Spezialwaffenentwicklung der US-Air-Force tätig. 1963 kam er in das Astronautenteam.

Ekliptik: Projektion der Erdbahnebene an die als unendlich groß angesehene Himmelskugel, wobei die Erdbahnebene im exakten Sinne durch die Bahn des Systemschwerpunkts Erde–Mond festgelegt wird. Als allgemeine Definition läßt man meist auch die etwas ungenauere Bestimmung gelten, daß die E. durch die scheinbare jährliche Sonnenbahn dargestellt wird, deren Lage tatsächlich nur sehr geringfügig von der vorstehend definierten Erdbahnebene abweicht. Durch die Neigung der Erdachse (23°27′) gegen die durch den Erdmittelpunkt gezogene Senkrechte auf der Erdbahn ergibt sich ein gleichgroßer Schnittwinkel zwischen E. und Himmelsäquator, den man als *Schiefe der E.* bezeichnet. Die Sternbilder, die von der E. durchlaufen werden, nennt man *Tierkreissternbilder* oder meist einfach *Tierkreis,* da sich ihre Konfigurationen überwiegend mit der Darstellung von tierischen Wesen verbinden.

ELDO: Abk. für **E**uropean **L**auncher **D**evelopment **O**rganization.

ELDO-Rakete → »Europa 1«.

Electron-Bombardment-Verfahren → elektrostatische Triebwerke.

elektrische Raumfahrtantriebe: Bezeichnung für eine Gruppe von Rückstoßantrieben, bei denen die Masseteilchen des Arbeitsmediums *(Stützmasse)* ihre Energie durch Einwirkung von außen, und zwar durch primär erzeugte Elektroenergie erhalten. Die Primärenergiequelle ist selbst nicht an der unmittelbaren Vortriebserzeugung beteiligt; sie liefert lediglich die Betriebsenergie für das eigentliche *elektrische Triebwerk,* in dem der Antriebsstrahl nach Masse und Energie ausgebildet wird. Als Primärenergiequellen kommen vornehmlich Kleinreaktoren, Radionuklid-Batterien und Solarzellen in Betracht. Es erweist sich daher nicht nur aus Gründen einer hochleistungsfähigen → Bodenenergieversorgung für zukünftige Raumflugkörper als vordringlich, der Entwicklung sehr leichter Kernenergieanlagen hoher Leistungsabgabe bzw. anderer Elektrogeneratoren größte Aufmerksamkeit zu schenken, sondern auch für die Betriebstechnik der e. R.
In antriebsmechanischer Hinsicht unterscheiden sich die e. R. grundsätzlich von den chemischen und kernenergetischen Raketentriebwerken. Obwohl mit ihnen eine Ausströmgeschwindigkeit erreichbar ist, die bis zu 2 Größenordnungen über derjenigen chemischer Antriebe liegt, bleibt die erzielbare Schubbeschleunigung mit 10^{-3} bis 10^{-7} g ($g = 9{,}81$ m/s^2) ganz wesentlich unter der der konventionellen und der kernenergetischen Antriebe. Der Grund dafür liegt in dem vom Prinzip her außerordentlich geringen Massedurchsatz elektrischer Antriebssysteme. Diese lassen sich daher auch nicht als Starttriebwerke für Trägerraketen einsetzen. Die mit einem e. R. ausgerüsteten Raumflugkörper benötigen somit in jedem Fall ein Startantriebssystem auf chemischer oder kernenergetischer Basis. Da elektrische Antriebe ihrem Wirkungs- und zum Teil auch ihrem Funktionsprinzip nach erst auf Freiflugbahnen zum Einsatz gebracht werden können, rechnet man diese Antriebsverfahren i. w. S. auch zur Kategorie der → *Raumantriebe.* Der bedeutsamste Vorteil aller e. R. liegt darin, daß mit ihnen bei einem günstigen energetischen Wirkungsgrad und sehr geringem Treibstoffverbrauch eine wesentlich längere Antriebszeit zu erzielen ist, als dies bei chemischen Raketentriebwerken aus prinzipiellen Gründen möglich ist. Durch einen über viele Wochen oder gar Monate anhaltenden → Dauerantrieb können trotz der geringen Schubbeschleunigung selbst Körper sehr beträchtlicher Nutzmasse auf eine au-

ßergewöhnlich hohe Fluggeschwindigkeit gebracht bzw. über eine große oder sogar extrem weite Entfernung transportiert werden. Für kleine Zielentfernungen, wozu vor allem der Bereich Erde–Mond zu rechnen ist, muß allerdings gegenüber den schubstärkeren chemischen Raketentriebwerken eine beträchtliche Verlängerung der Flugzeit in Kauf genommen werden. Beim Transport unbemannter Nutzmassekörper wäre dieser Nachteil aber ziemlich unwesentlich.

Aus den vorgenannten Gründen wird die Anwendung e. R. immer auf gewisse, mit Sicherheit aber sehr bedeutsame Spezialaufgaben der Raumflugtechnik beschränkt bleiben. Der eigentlichen Antriebserzeugung liegen bei den e. R. teilweise sehr unterschiedliche Funktionsprinzipien zugrunde. Die wesentlichsten Unterschiede bestehen in den jeweiligen Verfahren zur Ausbildung des Antriebsstrahls sowie zur Energieübertragung auf das Arbeitsmedium. Als Ausgangsprodukt für die Strahlbildung dient in jedem Fall ein als Treibstoffvorrat mitzuführendes *Arbeitsmedium* (→ Stützmasse). Im einzelnen unterscheidet man die Gruppen der → *elektrostatischen,* der *elektrothermischen* und der *magnetogasdynamischen* Triebwerke. Die beiden zuletzt genannten Prinzipien faßt man auch unter der Bezeichnung → Plasmaantriebe zusammen. Zu den Anwendungsbereichen e. R. gehören die Feinkorrektur der Bahnparameter und die Fluglageregelung künstlicher Erdsatelliten, der Transport großer Nutzmassen von erdnahen Ausgangsbahnen auf sehr hoch liegende Satellitenbahnen (z. B. Synchron-Bahnen), der laufende Transport von Nutzmassen zum Mond (Unterstützung des Ausbaus von Mondstationen) sowie die Verwirklichung von zeitökonomischen Übergangsbahnen zu den sonnenferneren Planeten und eventuell auch von interstellaren Flügen.

Auch kleine elektrische Triebwerksanlagen können schon durch Dauerantriebswirkung selbst massereichen künstlichen Erdsatelliten eine hinreichende Bahnstabilisierung geben. Ihr besonderer Vorteil liegt für diesen Fall in der Möglichkeit einer sehr exakten und feinen Schubvektorsteuerung. Für diese Steuerungs- und Stabilisierungsaufgaben wäre der elektrostatische Antrieb bes. vorteilhaft, da sich der erforderliche Schub (etwa 10^{-4} kp) sehr leicht realisieren läßt, der Gesamtwirkungsgrad recht hoch (70 bis 90 %) liegt und das Arbeitsmedium (z. B. Zäsium oder Quecksilber) mit geringem Druck gefördert werden kann. Die erforderliche Eingangsleistung wäre mit Sonnenzellen durchaus aufzubringen. Elektrothermische Triebwerke kommen für derartige Aufgaben nicht in Betracht, da sie als elektrische Eingangsleistung mindestens 1 kW erfordern und ihre untere Schubgrenze bei etwa $5 \cdot 10^{-3}$ kp, also für Stabilisierungszwecke schon unnötig hoch, liegt. Ähnliche Einschränkungen gelten zum Teil auch für magnetogasdynamische Triebwerke.

Wie einige Untersuchungen gezeigt haben, könnten für den Nutzmassetransport zwischen verschieden hohen Satellitenbahnen elektrothermische Triebwerke günstige Voraussetzungen bieten. Um den Schwierigkeiten bei der Handhabung von flüssigem Wasserstoff als Arbeitsmedium zu entgehen, wird dabei ein Betrieb mit Ammoniak (NH_3) vorgeschlagen. Unter Voraussetzung eines Wirkungsgrads von 42 %, einer Ausströmgeschwindigkeit von 10 000 m/s sowie einer Elektroenergiequelle von 30 kW Leistung ergibt sich für den Übergang von einer 420-km-Kreisbahn auf eine 24-Stunden-Bahn eine Flugzeit von rund 79 d. Die Anfangsmasse des Raumflugkörpers auf der Ausgangsbahn soll dabei 3450 kg betragen. Optimale Bedingungen sind in diesem Fall allerdings nicht zu erreichen, da diese eine Ausströmgeschwindigkeit von 40 000 m/s (bei 0,1 kW/kg spezifischer Leistung) voraussetzen würden. Mit reinen elektrothermischen Triebwerken läßt sich eine derartige Ausströmgeschwindigkeit jedoch nicht erzielen. Als primäre Energiequelle käme nur ein Hochleistungskleinreaktor mit Quecksilber-, Rubidium- oder Kaliumkreislauf im Turbogenerator oder aber auch mit thermionischen Wandlern in Betracht. Für den Transport großer Nutzmassen zum Mond könnte man etwa von den gleichen Voraussetzungen ausgehen. Die in der Größenordnung mehrerer Monate liegende Flugzeit würde für Transportflüge ohne Besatzung kaum ein entscheidendes Hindernis sein. Einer der interessantesten und aussichtsreichsten Anwendungsbereiche e. R. wird die Entsendung von Raumflugkörpern auf interplanetare Übergangsbahnen sein. Wie eingehende Untersuchungen gezeigt haben, muß für Flüge zu den erdnahen Planeten Venus und Mars noch mit Flugzeiten gerechnet werden, die etwa von der gleichen Größenordnung sind wie die mit chemischen Triebwerken auf klassischen Übergangsbahnen erzielbaren Wegzeiten. Für Vorstöße zu den äußeren Planeten ergibt sich jedoch aus der Möglichkeit des Dauerantriebs eine sehr große Zeitverkürzung gegenüber Flügen auf antriebslos durchlaufenen Übergangsbahnen. Wieweit sich nach diesem Prinzip auch interstellare Flüge verwirklichen lassen, werden erst künftige Untersuchungen und Entwicklungen zeigen.

»Elektron«: Meßsatelliten (UdSSR), die speziell zur Untersuchung der irdischen Magnetosphäre eingesetzt wurden. Hauptpunkt des Meßprogramms war die Registrierung der Partikel in den verschiedenen Strahlungsgürteln. Um erstmalig mit 2 Geräten gleichzeitig in verschiedenen räumlichen Bereichen und Entfernungen messen zu können, wurde ein besonderes Startverfahren angewendet, bei dem jeweils 2 Satelliten von einer gemeinsamen Trägerrakete in ihre Umlaufbahnen gebracht wurden. Ein Satellit wurde noch während der Antriebsphase des Trägersystems abgetrennt und der zweite erst bei dessen Brennschluß.

Die so erzielten verschiedenen Bahneinlaufgeschwindigkeiten und -punkte ergaben zwangsläufig sehr unterschiedliche Bahnen für die beiden Satelliten. Um den jeweils zuerst abgetrennten Satelliten schnell aus der Nähe des weiter beschleunigenden Trägersystems zu bringen, war er noch mit einem speziellen Zusatztriebwerk ausgerüstet. Die beiden bisher durchgeführten Unternehmen zeigten eine hervorragende Übereinstimmung in den Anfangsparametern für die Bahnhöhen. Die jeweils zuerst abgetrennten Satelliten durchliefen auf ihren elliptischen Bahnen vor allem den Bereich der innersten Strahlungszone, während die anderen sehr exzentrische Bahnen erhielten, die sie bis in den Grenzbereich des äußersten Strahlungsgürtels führten. Der jeweils »innere« Satellit war ein zylindrischer Gerätebehälter mit sphärischen Endflächen. Eine der gewölbten Endflächen trug einen tellerförmigen Aufsatz, auf dem sich die Empfangselemente verschiedener Meßgeräte sowie 4 Stabantennen befanden. An einem Ringwulst waren 6 Solarzellenausleger befestigt, die während des Aufstiegs an den Satellitenkörper herangeklappt waren und sich erst nach dessen Abtrennung von der Trägerrakete entfalteten. Die sphärische Endfläche dieser Seite trug ein Massenspektrometer und ebenfalls 4 Stabantennen. Die zylindrische Wandung des Gerätebehälters wies über ihre ganze Länge gegeneinander verschiebbare jalousieartige Temperaturregelblenden auf, die in

»Elektron 1«

»Elektron 2«

den beiden Ringwülsten geführt wurden. Der Gerätebehälter der »äußeren« Satelliten war ebenfalls zylindrisch, hatte aber

nur eine sphärische Endfläche, während das andere Ende in eine stufenförmig abgesetzte Ringfläche überging, die – ebenso wie die Wandung des Gerätebehälters – Solarzellen, ferner 4 Stabantennen und 2 Sonnendetektoren des Orientierungssystems trug. Auch bei diesem Typ waren, in 2 Ringen angeordnet, Temperaturregelblenden vorhanden. Die sphärische Endfläche hatte einen konischen Aufsatz mit stabförmigem Ausleger, an dessen Ansatz sich 2 weitere Sonnendetektoren befanden. Der Ausleger selbst trug 2 hochempfindliche Magnetometer, von denen eines den Messungen im erdnahen Raum diente, das andere Untersuchungen des interplanetaren Magnetfelds. Darüber hinaus waren außen an den Satelliten angebracht: ein Meßgerät für Teilchen niederer Energie, ein spezielles Protonenmeßgerät, Geräte zur Untersuchung der Teilchen in den Strahlungsgürteln, des Energiespektrums von Elektronen und der solaren Röntgenstrahlung sowie besondere Teilchen-»Fallen« und ein Massenspektrometer.
Das Meßprogramm konnte sowohl durch ein automatisches System als auch durch Signale von Bodenstationen aus gesteuert werden. Die Meßwerte wurden bis zur Abfrage durch Bodenstationen gespeichert bzw. bei deren Überfliegen direkt übertragen. Neben den außen angebrachten Meßwertgebern wiesen beide Satelliten im Innern noch Strahlungsmeßgeräte zur Registrierung hochenergetischer Partikel auf. Die untere Grenze für Elektronen lag dabei in der Größenordnung von 2 MeV und für Protonen bei 30 MeV. Auch Photonen mit > 50 keV Energie konnten mit im Innern untergebrachten Meßinstrumenten registriert werden. Die Untersuchbarkeit der Teilchen mit niederer Energie reichte bei Elektronen und Protonen bis zu 100 eV herab. Da die Satelliten sich teilweise aus dem Bereich des äußeren Strahlungsgürtels herausbewegten, verfügten sie zusätzlich über Instrumente zur Untersuchung der primären kosmischen Strahlung. Die zusätzliche Instrumentierung der »inneren« Satelliten bestand aus Detektoren für Mikrometeoriten und Meßgeräten zur Registrierung der solaren Röntgenstrahlung. Beide Satelliten verfügten über Empfangsanlagen zur Untersuchung der galaktischen Radiostrahlung. Die Empfänger dieser Anlagen waren auf Wellenlängen von 200 und 400 m abgestimmt, die normalerweise durch die Ionosphäre abgeschirmt werden. Zur Bahnverfolgung und Meßwertübertragung wurden die Satelliten mit jeweils 5 Sendern ausgerüstet.
Der erste Start im Rahmen des »E.«-Programms geschah am 30. Jan. 1964. Als Bahnparameter ergaben sich für »E. 1« eine Perigäumshöhe von 406 km, eine Apogäumshöhe von 7145 km und eine Bahnneigung von 60°50′, für »E. 2« die Werte 457 km, 68000 km und 60° 51′. Das Funktionsprogramm beider Satelliten verlief einwandfrei. Ebenso erfolgreich war das zweite Unternehmen dieser Reihe, bei dem am 11. Juli 1964 die beiden Satelliten »E. 3« und »E. 4« in ihre Umlaufbahnen gebracht wurden. Ihre Perigäumshöhen betrugen 405 bzw. 459 km, die Apogäumshöhen 7040 bzw. 66235 km und die Bahnneigung beider Raumflugkörper 60°52′.

elektrostatische Triebwerke: Untergruppe der → elektrischen Raumfahrtantriebe, bei denen der Antriebsstrahl dadurch erzeugt wird, daß die Moleküle oder Atome des Arbeitsgases nach der Methode der *Kontaktionisation* oder durch eine Gasentladung *(Stoßionisation)* weitgehend in Ionen verwandelt und anschließend in einem elektrostatischen Feld beschleunigt werden. Man bezeichnet die nach diesem Prinzip arbeitenden Triebwerke daher auch als *Ionentriebwerke*. Zur Triebwerksanlage gehören demzufolge immer eine Ionenquelle, eine oder mehrere Beschleunigungselektroden sowie eine Einrichtung, die durch Abgabe oder Zumischung von Elektronen die Ladung des austretenden Ionenstrahls neutralisiert. Der Grundgedanke dieses Funktionsprinzips geht schon auf Überlegungen *Ziolkowskis, Oberths, v. Pirquets* u. a. Raumfahrtpioniere zurück. Mit e. T. läßt sich beispielsweise bei einem Potential des beschleunigenden elektrostatischen Feldes von etwa $2 \cdot 10^4$V eine Austrittsgeschwindigkeit bzw. ein spezifischer Impuls bis zur Größenordnung von 10^5 m/s erreichen. Die Austrittsgeschwindigkeit kann berechnet werden nach:

$$c = \sqrt{2 \cdot U \frac{\varepsilon}{\mu} \cdot 10^7} \quad \text{in m/s},$$

worin U die Beschleunigungsspannung angibt, ε für die Ladung und μ für die Masse der Ionen steht. Die ersten aussichtsreichen Entwicklungsarbeiten an e. T. wurden vornehmlich auf der Basis thermischer Kontaktionisation des Arbeitsmediums durchgeführt. Als geeignetes Arbeitsmedium kommen dabei nur solche Stoffe in Betracht, deren Ionisationspotential möglichst niedrig liegt, um schon bei niedriger thermischer Anregung eine ausreichende Ionisationswirkung und einen günstigen Treibstoffausnutzungsgrad zu erzielen. In dieser Hinsicht sind die Alkalimetalle Zäsium, Rubidium und Kalium bes. vorteilhaft. Für den Betrieb mit Stoßionisation kommt vor allem Quecksilber in Betracht. In den bisher bekanntgewordenen Versuchstriebwerken mit thermischer Anregung wurde zumeist auf Zäsium als Arbeitsmedium zurückgegriffen und als Kontaktmaterial ein elektrisch aufgeheiztes (bis etwa 500 °C) Platin- oder Wolframgitter verwendet. Zur Vorbereitung des Ionisationsvorgangs muß das meist in flüssigem Zustand mitgeführte Arbeitsmedium zunächst verdampft werden, was in einer ebenfalls elektrisch beheizten Verdampfungskammer geschehen kann. Nach dem Durchtritt der Alkaliatome durch das glühende Kontaktgitter gelangen die entstehenden Ionen in den Linearbeschleuniger, den sie dann als enges Ionenbündel mit großer Geschwindigkeit verlassen. Bedeutende Schwierigkeiten bereiten meist die im Ionenstrahl auftretenden Ladungseffekte sowie die Neutralisation des Ladungsstroms in seiner Gesamtheit. Ein großer Vorteil dieser Triebwerkstypen liegt dagegen in der sehr geringen thermischen und mechanischen Belastung der Triebwerkskonstruktion, wodurch ein → Dauerantrieb wesentlich begünstigt wird. Das für e. T. mit Gasentladungsionenquelle übliche Verfahren besteht in der Ionenaussonderung aus einem Plasma, woran sich wieder eine elektrostatische Beschleunigung anschließt. Die wesentlichsten Unterschiede liegen im einzelnen beim Plasmabildungsprozeß (z. B. Electron-Bombardment-Prinzip, Duoplasmatron, Hochfrequenzionenquelle) sowie in der geometrischen Verschiedenheit der Austrittsöffnung und in der eventuellen zusätzlichen Anwendung äußerer Magnetfelder. Das schon sehr gut durchentwickelte *Electron-Bombardment-Verfahren (Kaufmann-Prinzip; Kaufmann-Antrieb)* arbeitet mit Quecksilber als Arbeitsmedium. Der neutrale Quecksilberdampf gelangt über einen Verteiler in die Ionisationskammer, in der die Stoßionisation durch die von einer Kathode emittierten

Kaufmann-Antrieb mit 4 Beschleunigerkammern

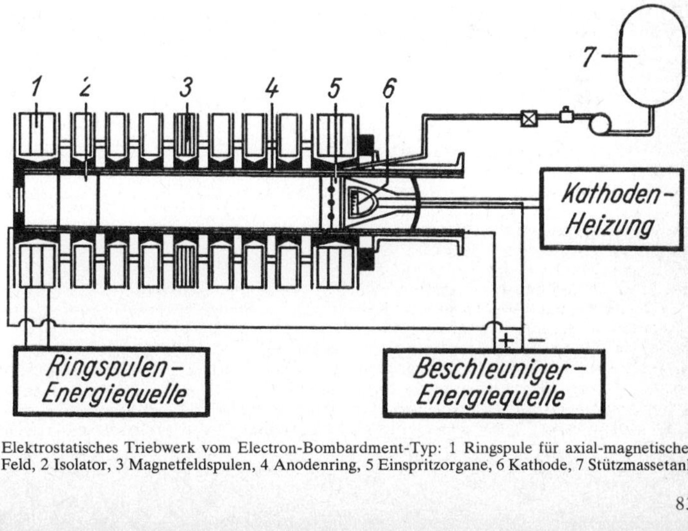

Elektrostatisches Triebwerk vom Electron-Bombardment-Typ: 1 Ringspule für axial-magnetisches Feld, 2 Isolator, 3 Magnetfeldspulen, 4 Anodenring, 5 Einspritzorgane, 6 Kathode, 7 Stützmassetank

Vakuumkammer für Versuche mit elektrischen Triebwerken

Elektronen geschieht. Ein Magnetfeld kann dabei die Aussonderung der Ionen unterstützen, die anschließend wieder in einem elektrostatischen Feld beschleunigt werden.
Laboratoriumsversuche ergaben bei einer Ionenstromstärke von 0,5 A eine Austrittsgeschwindigkeit zwischen 80000 und 85000 m/s sowie einen Schub um etwa 0,01 kp. Bei einer ähnlichen Ionenquelle wird die Ionisation des Quecksilberdampfs durch die Stöße von Elektronen bewirkt, die in einem Käfig aus elektrischen und magnetischen Feldern schwingen. Durch dieses Feldsystem werden die Elektronen außerdem, so wie es auch beim Electron-Bombardment-Verfahren mittels äußerer Magnetfelder geschieht, an der Vermischung mit den in den Beschleuniger übertretenden Ionen gehindert. In der sehr leistungsfähigen *Duoplasmatron*-Ionenquelle liefert ein von einem Magnetfeld stabilisierter Lichtbogen das Ausgangsplasma. Mit dem Prinzip eines solchen Lichtbogen-Ionentriebwerks zeichnet sich der Übergang zu den reinen → Plasmaantrieben ab. Darüber hinaus ist allgemein festzustellen, daß sich durch immer zahlreicher werdende Kombinationslösungen die Schwierigkeiten einer klaren Abgrenzung zwischen den erwähnten Hauptgruppen ständig vergrößern. Neuerdings bemüht man sich auch um *Kolloidionen-Triebwerke,* bei denen an Stelle von ionisierten Atomen mit ionisierten Tröpfchen des Arbeitsmediums (z. B. Quecksilber) gearbeitet wird.
Die Erprobung von e. T. im Laboratorium setzt einen nicht unerheblichen Aufwand voraus, weil sie ihrem Funktionsprinzip

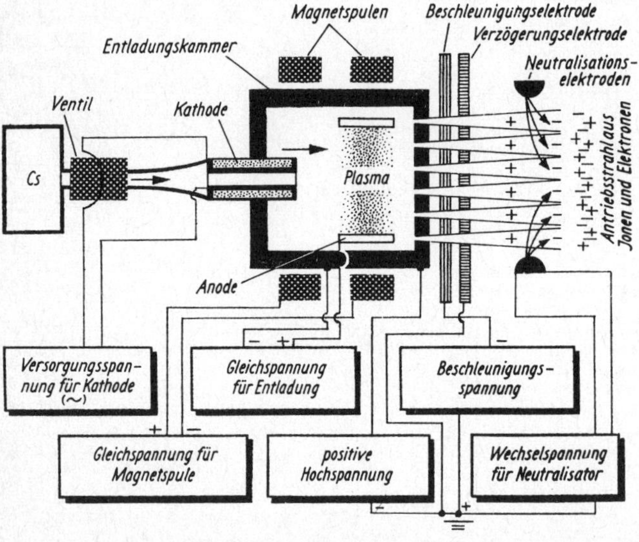

Schema eines elektrostatischen Triebwerks mit Gasentladungsionenquelle

nach nur im Hochvakuum in Betrieb genommen werden können. Für den Versuchsbetrieb müssen also entspr. große Vakuumkammern mit Hochleistungspumpen zur Verfügung stehen. Über die Erprobung e. T. in Freiflügen mit Daten für die jeweilige Triebwerkskonstruktion liegen bisher nur Angaben zum Projekt → »SERT« (USA) vor. In der UdSSR werden ähnliche Entwicklungen seit langem mit großer Intensität betrieben und Testflüge (1964 mit »Woschod 1« und »Sonde 2«, 1969 mit »Sonde 7« und »Jantar«) durchgeführt.

elektrothermisches Triebwerk → Plasmaantriebe.

»Emeraude« [frz., Smaragd]: einstufige Flüssigkeitsrakete (Frankreich), die u. a. als Erprobungsmuster für die Startstufe des Satellitenträgers »Diamant« diente. Sie hat eine Länge von 16,5 m (Durchmesser 1,40 m) und eine Startmasse von 15,9 t. Ihr Triebwerk (Startschub 28 Mp) arbeitet mit Druckgasförderung unter Verwendung eines Feststoffgasgenerators und Wasserzumischung.

Endbrenner → Treibsatz.

Endmasse svw. Brennschlußmasse, → Brennschluß.

Endstufe → Stufenprinzip.

Energieversorgung → Bordenergieversorgung.

Entspannungsdüse, *Ausströmdüse:* Teil eines Raketentriebwerks, der unmittelbar an die Brennkammer anschließt und in dem die thermische Energie der Verbrennungsgase in kinetische Energie des Antriebsstrahls umgewandelt wird. Der Vorgang beruht im wesentlichen auf einem Entspannungseffekt der Gase, bei dem neben thermodynamischen Vorgängen vor allem die Gestaltung der E. eine wesentliche Rolle spielt. Das allgemeine Kennzeichen von E. ist ihre am Brennkammerende ansetzende Verengung *(Düsenhals)* und der verschieden geformte Erweiterungsteil, der mit der *Düsenmündung* gegen die Umgebung abschließt. Die besondere Wirkung der E. besteht darin, daß der Gasstrahl aufgrund der Strömungsvorgänge im Erweiterungsteil aus der Düsenmündung mit Überschallgeschwindigkeit austritt. Eine Düse ohne Erweiterungsteil ergibt lediglich eine Austrittsgeschwindigkeit, die der vom Druck in der Verengung abhängigen Schallgeschwindigkeit entspricht. Da der Antriebsimpuls (Triebwerksschub) sowohl mit dem Treibstoffdurchsatz als auch mit der Ausströmgeschwindigkeit ansteigt, muß man bemüht sein, eine möglichst hohe Ausströmgeschwindigkeit zu erzielen. Die höchste theoretisch mögliche Geschwindigkeit würde bei vollständiger Entspannung und Abkühlung des Gases zu erreichen sein. Dazu müßte das *Entspannungs-* oder *Erweiterungsverhältnis* der Düse, das ist das Verhältnis von Düsenmündungsfläche zu

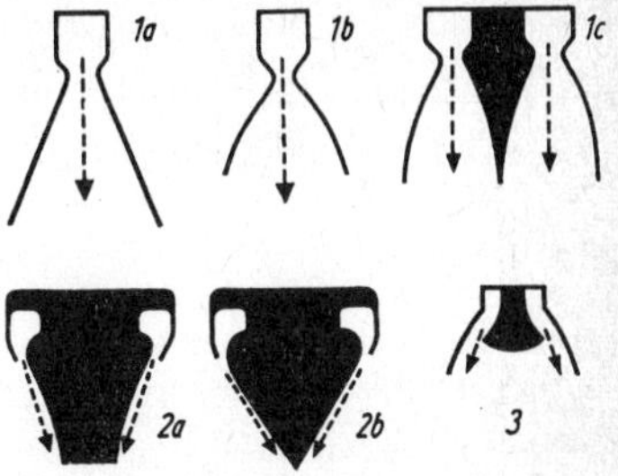

Typen von Entspannungsdüsen (schematisch): 1 a konische Düse, 1 b Paraboldüse, 1 c Ringdüse mit Parabelkontur, 2 a Ringhalsdüse mit Parabolkegel, 2 b Ringhalsdüse mit geradem Kegel, 3 E-D-Düse

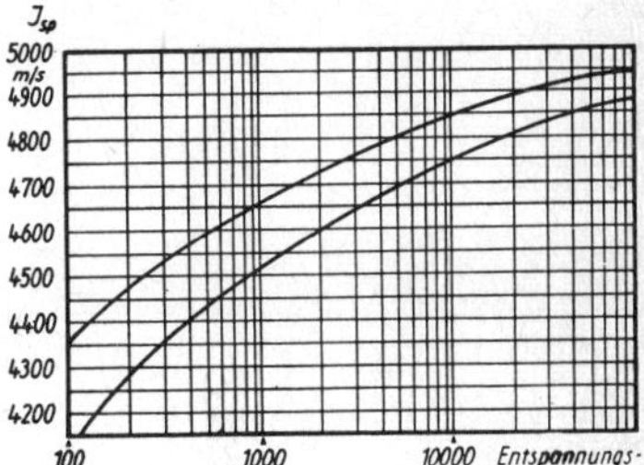

Spezifischer Impuls von H_2/F_2 (obere Kurve) und H_2/O_2 (untere Kurve) in Abhängigkeit vom Entspannungsverhältnis

Düsenhalsfläche, unendlich groß gemacht werden können und die Entspannung in den leeren Raum erfolgen. Das technisch realisierbare Entspannungsverhältnis (meist 1:70 bis 1:200) läßt somit eine max. Energieumsetzung schon aus diesem Grunde nicht zu; der dadurch bedingte Antriebsverlust ist jedoch nicht allzu wesentlich. Zu größeren Verlusten kann dagegen die → Strahlablösung bei Düsen mit ungünstiger Gestaltung des Erweiterungsteils führen. In Abhängigkeit von allgemeinen Entwurfsprinzipien und modernen Erkenntnissen, von denen letztere zu grundlegend neuen Triebwerkskonzeptionen (Ringbrennkammer, Kegeldüse, ausfahrbare Düsenverlängerung) geführt haben, unterscheidet man gegenwärtig folgende Haupttypen von E.:

1) *Düsen mit innerer Entspannung.*

a) Die *konische Düse* entspricht der von *de Laval* 1887 erstmalig angegebenen klassischen Überschalldüse *(Laval-Düse)*. Ihr Erweiterungsteil hat glatte konische Form und einen *Düsenöffnungswinkel* (Winkel zwischen Kegelmantel und Düsenachse), dessen günstigste Werte erfahrungsgemäß etwa zwischen 12° und 15° liegen. 15°-Düse wird gewöhnlich als Vergleichsstandard verwendet. Die Laval-Düse hat bei richtiger Auslegung eine rein axiale Düsenströmung, weist jedoch bei großem Entspannungsverhältnis die größte Baulänge aller Düsenformen auf.

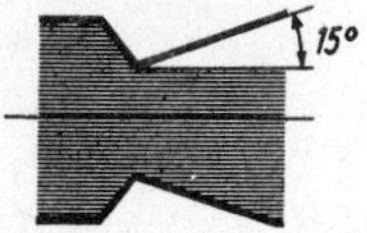

Düsenöffnungswinkel bei klassischer Laval-Düse

In verkürzten Düsen mit größerem Öffnungswinkel entsteht einmal eine radiale Strömungskomponente, die zu Schubverlusten führt, zum anderen wird bei eventuell vorangegangener Dissoziation im Verbrennungsgas die Möglichkeit für Rückbildungsprozesse im Gasstrahl verringert, was ebenfalls unerwünschte Energieverluste zur Folge hat. Der Verlauf des Düsenhalses soll gut gerundet und geglättet sein, um einen möglichst ungestörten Strömungsverlauf zu erhalten. Die innere Düsenwandung muß ebenfalls weitgehend glatt sein, damit Reibungsverluste der Gasströmung vermieden werden. Spiegelglatte Düseninnenflächen setzen gleichzeitig die Wärmeabgabe an die Düsenwandung herab.

b) Die *Paraboldüse* ist aus der konischen Laval-Düse durch die Forderung nach einer kürzeren Düse bei gleichem Schubkoeffizienten hervorgegangen. Ihr Erweiterungsteil hat im Schnitt eine parabelähnliche Kontur, zu deren Optimierung i. allg. elektronische Rechenanlagen erforderlich sind. Der Verkürzungsfaktor einer Laval-Düse mit Parabelkontur gegenüber einer konventionellen 15°-Standarddüse beträgt 0,7 und darunter. Düsen dieser Art finden in modernen Großtriebwerken sehr häufig Verwendung.

c) Die *Ringdüse mit Parabelkontur* ist eine Variante der Paraboldüse, die durch den neuen Konstruktionsgedanken der Ringbrennkammer entstand. Der Erweiterungsteil bildet hierbei einen Torus mit parabelförmiger Innen- und Außenwandung. Dadurch entsteht im Triebwerk ein ganz von der heißen Gasströmung umschlossener Kegel mit parabolisch gekrümmter Oberfläche, dessen Kühlung einige Schwierigkeiten bereitet. Die Kontur der Ringdüse wird wie bei der Paraboldüse berechnet.

2) *Düsen mit äußerer Entspannung.*

a) Auch die *Ringhalsdüse mit Parabolkegel* setzt eine Ringbrennkammer voraus. Bes. kennzeichnend ist die Formgebung des Düsenhalses, die zunächst der Düsenhalsströmung eine radial nach innen gerichtete Komponente erteilt. Von der parabolisch gekrümmten Innenwandung der Düse, die einen Zentralkegel bildet, wird der expandierende Gasstrahl dann in rein axiale Richtung abgelenkt. Ebenso charakteristisch ist aber für diese Düse, daß die äußere feste Wandung des Erweiterungsteils fehlt. Der Gasstrahl wird nach außen lediglich von der umgebenden Atmosphäre begrenzt, wodurch sich automatisch entspr. dem Außendruck die richtige Entspannung einstellt und somit stets ein max. Schubkoeffizient erreicht wird. Dieser Faktor ist bes. für Starttriebwerke von Trägerraketen von Bedeutung, da während deren Betriebszeit der Außendruck von 1 kp/cm²

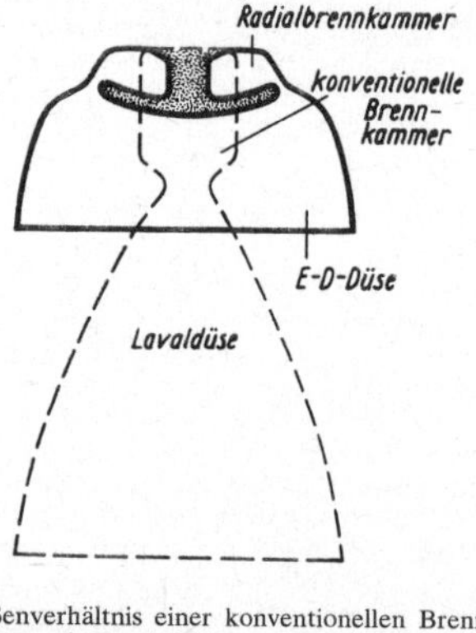

Größenverhältnis einer konventionellen Brennkammer mit Paraboldüse zu einer Radialbrennkammer mit E-D-Düse

Modell einer Ringbrennkammer mit »Aerospike«-Düse

(Bodennähe) bis auf annähernd Null sinken kann.
b) Die *Ringhalsdüse mit geradem Kegel (»Aerospike«-Düse)* hat einen konischen Innenkegel mit konstantem Öffnungswinkel, wodurch sich gewisse fertigungstechnische Vorteile ergeben.
Im übrigen weist sie dieselben charakteristischen Merkmale auf wie diejenige mit Parabolkegel. Allen Düsentypen mit äußerer Entspannung und Innenkegel (daher gelegentlich auch als *Kegeldüsen* bezeichnet) ist, wie bei der Ringdüse, das Problem einer ausreichenden Kühlung der Kegelwandung gemeinsam. Ein großer Vorteil der Triebwerke mit Ringhalsdüse besteht darin, daß die Gesamtbaulänge der Triebwerkseinheit gegenüber konventionellen Triebwerken wesentlich verringert werden kann, wenn das Triebwerkszubehör (Generator, Turbopumpen, Regeleinrichtungen und Leitungen) zum großen Teil oder ganz in den Innenkegel eingebaut wird. Selbstverständlich wird dann die Frage der Kegelkühlung bes. wichtig.
3) *Düsen mit innerer und äußerer Entspannung.* Die *E-D-Düse* ist in ihrer äußeren Form der Paraboldüse sehr ähnlich, in ihrer Funktion stellt sie aber sozusagen eine umgestülpte Ringhalsdüse mit Parabolkegel dar. Ihre Bezeichnung leitet sich daraus ab, daß mit der **E**xpansion der Gase eine **D**eflexion (Ablenkung) durch die mantelförmige Düsenaußenwand verbunden ist. Der wesentlichste Unterschied zu Düsen mit äußerer Entspannung besteht darin, daß sich hier die ringförmige Brennkammer in nur geringem Abstand von der Symmetrieachse befindet. Die E-D-Düse ergibt eine Düsenhalsströmung, die radial von der Düsenachse weg gerichtet ist. Der Gasstrahl expandiert ganz innerhalb des Außenmantels. Die »äußere Entspannung« an der Atmosphäre ist in diesem Fall so zu verstehen, daß hier der hinter dem zentralen »Pilz« entstehende Innenkegel nicht aus festem Material, sondern aus Luft besteht, wodurch sich die Expansion wiederum automatisch auf den umgebenden Luftdruck einstellen kann. Der innere Luftkegel weist zwar gegenüber dem Außendruck einen geringeren Druck auf; dieser Effekt ist jedoch nur von geringem Einfluß auf den Düsenwirkungsgrad, wenn der zentrale Umlenkpilz flach gehalten wird. Mit zunehmender Flughöhe und sinkendem Außendruck nähert sich der ringförmige Gasstrahl in seinem Zentralteil immer mehr der Düsenachse, bis er schließlich einen geschlossenen Strömungsverlauf bildet.

Entweichgeschwindigkeit → Bahngeschwindigkeit.

»Eole«: Programm (Frankreich) zur Erprobung (ab 1970) globaler Wettererkundungen durch kombinierten Einsatz von Forschungsballons und Spezialsatelliten. Die Ballons sind so konstruiert, daß jeder ständig in einem bestimmten Druckniveau – mit angenähert gleichbleibender Höhe über der Erdoberfläche – verbleiben und damit für längere Zeit in der Atmosphäre driften kann; gemessen werden Temperatur und Feuchtigkeit, aus der Driftbewegung lassen sich großräumige Luftströmungen ermitteln. Die schwerkraftstabilisierten »E.«-Satelliten sollen die Ballons orten, ihre Meßdaten abrufen und an Bodenstationen übermitteln. Das Programm sieht rund 500 Ballons vor, die gleichzeitig auf der südlichen Halbkugel gestartet werden.

Ephemeriden: in der → Himmelsmechanik die für zeitlich konstanten Abstand (Tagesfolge o. ä.) vorausberechneten geozentrischen Orte eines (natürlichen oder künstlichen) Himmelskörpers an der Himmelskugel. Die E. machen die Auffindung des betr. Objekts am Himmel oder – durch Vergleich von beobachteten und berechneten Örtern – eine genaue Bahnbestimmung möglich.

Epoche → Bahnelemente.

Erdatmosphäre: Gashülle der Erde, die von deren Schwerkraft festgehalten wird und ein Gasgemisch darstellt, das am Erdboden als trockene Luft aus (Volumenprozente) rund 78 % Stickstoff, 21 % Sauerstoff, etwa 1 % Edelgasen und 0,03 % Kohlendioxid besteht. Von Wasserdampf, Ozon und Aerosolgehalt abgesehen, än-

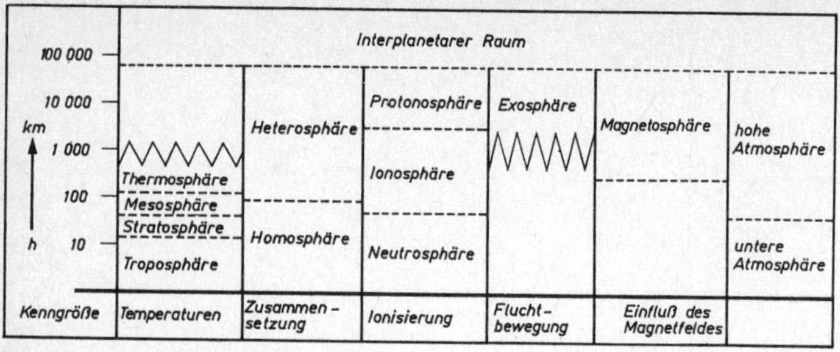

Nomenklatur der Erdatmosphäre

dert sich diese Zusammensetzung in der *Homosphäre* (bis etwa 90 km Höhe) nicht (sie bleibt homogen); darüber, in der *Heterosphäre,* tritt – vornehmlich durch kurzwellige Sonnenstrahlung – zunehmende Dissoziation von Sauerstoff und Stickstoff sowie eine allmähliche Änderung der Zusammensetzung ein. Für das organische Leben auf der Erde ist die E. von grundlegender Bedeutung (Stoffwechselbasis, Strahlungs- und Meteoritenschutz). Ihre Dichte (0,00129 g/cm^3 am Boden bei 760 Torr) nimmt mit der Höhe sehr schnell ab, so daß bis in 20 km Höhe etwa 9/10 ihrer Gesamtmasse konzentriert ist.

Vertikal kann die E. nach verschiedenen meteorologisch-physikalischen Gesichtspunkten untergliedert werden; die am häufigsten verwendete Einteilung umfaßt folgende Schichten:

1) *Troposphäre,* reicht von der Erdoberfläche bis in etwa 11 km Höhe; ihre Obergrenze *(Tropopause)* liegt in den Tropen höher (16 bis 18 km) als in den Polargebieten (8 bis 10 km), wobei die Temperatur bis zur Tropopause auf –80 °C (Äquatorgegend) bzw. –50 °C (Polargebiet) im Mittel absinkt. In der Troposphäre spielen sich die als »Wetter« bezeichneten Vorgänge ab.

2) *Stratosphäre,* erstreckt sich von der Tropopause bis in etwa 50 km Höhe; ihre Obergrenze wird als *Stratopause* bezeichnet. Die Stratosphäre ist sehr arm an Wasserdampf: in 20 bis 25 km Höhe ist Ozon angereichert (Ozon-Schicht), das durch Einwirkung ultravioletter Sonnenstrahlung aus dem atmosphärischen Sauerstoff gebildet wird. Die Temperatur bleibt unterhalb der Ozon-Schicht im Bereich von –50 bis –80 °C, steigt darüber jedoch auf etwa 0 bis 50 °C (in 50 km Höhe) an; Ursache dafür ist die Absorption der ultravioletten Sonnenstrahlung durch die Ozon-Schicht.

3) *Mesosphäre,* reicht bis in etwa 100 km Höhe; ihre Obergrenze *(Mesopause)* bildet eine markante Inversion (Temperaturumkehrschicht), wobei die Temperatur bis zu dieser Höhe zunächst auf –70 bis –90 °C absinkt.

4) *Thermosphäre,* erstreckt sich bis in etwa 500 km Höhe und hat keine spezifische Obergrenze. Die (gaskinetische) Temperatur steigt sehr rasch auf etwa 500 °C in 200 km und auf >1000 °C in etwa 500 km Höhe an. Die Absorption der kurzwelligen Sonnenstrahlung führt zu einer Ionisation der dissoziierten Gasteilchen, wobei sich Schichten verschiedener Ionenkonzentration in etwa 80 km *(D-Schicht),* 100 bis 120 km *(E-Schicht)* und von 180 bis 300 km Höhe *(F_1- und F_2-Schicht)* ausbilden. Der deshalb in seiner Gesamtheit als *Ionosphäre* bezeichnete Bereich spielt wegen seiner Reflexionseigenschaft gegenüber elektromagnetischen Wellen für den irdischen Funkverkehr eine bedeutende Rolle. Schichthöhen und Ionisationsgrad (Elektronendichte) schwanken mit Sonnenstand und -aktivität, wobei kurzzeitige Störstrahlungen der Sonne sehr empfindliche Ionosphärenstörungen hervorrufen, so daß die Verhältnisse in der Ionosphäre einen wichtigen Indikator für besondere Vorgänge auf der Sonne darstellen.

5) *Exosphäre,* geht in etwa 2000 bis 3000 km Höhe ohne scharfe Grenze in die physikalischen Bedingungen des erdnahen kosmischen bzw. interplanetaren Raums (Erdmagnetosphäre u. a.) über und stellt ein Gebiet dar, in dem ständig Gasteilchen aus der extremen Hochatmosphäre – wegen der hohen gaskinetischen Temperatur,

der großen freien Weglänge und der verringerten Erdanziehung – in den Weltraum abwandern können (ex [lat.] = hinaus; *Dissipationssphäre)*. Die Gesamtheit der Vorgänge in der Exosphäre ist jedoch schwer durchschaubar, weil die Wechselwirkungen mit den sonstigen Bedingungen des erdnahen kosmischen Raums außerordentlich vielfältig und kompliziert sind.
Die Durchlässigkeit der E. für elektromagnetische Strahlung ist von deren Wellenlänge abhängig. Unterhalb von etwa 3000 Å wird die einfallende Strahlung (der Sonne u. a. Himmelskörper) völlig durch Bildung von atomarem Sauerstoff und Ozon absorbiert. Entspr. Strahlungsuntersuchungen können daher nur ab etwa 100 km Höhe angestellt werden (mittels Raketen und künstlicher Erdsatelliten). Für Wellenlängen von 3000 bis etwa 10000 Å ist die E. durchlässig *(optisches Fenster)*, ebenso für den Wellenlängenbereich von einigen Millimetern bis etwa 25 m *(Radiofenster* genannt, da hier die Beobachtungen mit den Hilfsmitteln der Funktechnik bzw. Radioastronomie erfolgen). Kosmische Radiostrahlung mit noch größeren Wellenlängen wird an der Ionosphäre reflektiert. Die Erforschung der E. geschieht bis 50 km Höhe mit Ballonen, darüber mit (meteorologischen und geophysikalischen) Forschungsraketen sowie mit speziell instrumentierten künstlichen Erdsatelliten.
Erdfunkstelle: Bodenstation in einem Nachrichtensatelliten-Netz (z. B. → Pleumeur Bodou).
Erdkoma *f*: ein an die äußere Hochatmosphäre der Erde anschließendes hüllenförmiges Gebiet, in dem die Wasserstoffkonzentration größer ist als im interplanetaren

Erdkoma und Erdschweif (schematisch)

Raum. Im erdnahen Bereich der E. beträgt die mittlere Dichte etwa 10 Wasserstoffatome je cm^3; nach außen nimmt sie sehr schnell ab. Die Druckwirkung der solaren Strahlung führt auf der der Sonne abgewandten Seite zur Ausbildung einer schweifartigen Verlängerung der E. in den interplanetaren Raum. Die Existenz der E. wurde schon früher von einigen Wissenschaftlern zur Erklärung verschiedener Effekte des Zodiakallichts sowie des Nachthimmelleuchtens hypothetisch angenommen und konnte durch Messungen mit Satelliten und Raumsonden bestätigt werden. Die Entstehung der E. wird mit Diffusion des in der Hochatmosphäre vorkommenden terrestrischen Wasserstoffs in den interplanetaren Raum erklärt.
Erdsatellit, künstlicher: Raumflugkörper, der sich auf einer kreisähnlichen oder elliptischen Bahn um die Erde bewegt. Neben den unbemannten Geräten für die verschiedensten Aufgabenstellungen (Meß- und Beobachtungssatelliten, Navigations- und Nachrichtensatelliten) gehören auch alle bemannten Raumflugkörper auf Erdumlaufbahnen zu den k. E. Die Bahn eines k. E. unterliegt Störungen durch die Asymmetrie des Erdgravitationsfelds, durch das Erdmagnetfeld und die Hochatmosphäre, wobei – bes. bei erdnahem Verlauf der Bahn oder eines Bahnteils – hauptsächlich die atmosphärische Bremsung zu einer ständigen Abnahme der Bahnhöhe und damit schließlich zum Eintritt des k. E. in die dichteren Schichten der Atmosphäre führt. Wenn hierfür keine besonderen technischen Maßnahmen getroffen sind, verglüht der Satellit bei diesem Vorgang durch die hohe → aerodynamische Aufheizung. Der erste k. E. wurde am 4. Okt. 1957 von der UdSSR gestartet (→ »Sputnik«).
Erdsensor → Horizontsucher.
»Eridan« [nach dem Sternbild Eridanus]: zweistufige Feststoffhöhenrakete (Frankreich) von 8,35 m Länge (Durchmesser beider Stufen 0,56 m) und etwa 1,7 t Startmasse. Sie ist in beiden Stufen mit je 4 Heckstabilisierungsflossen (Spannweiten 1,55 und 1,22 m) ausgestattet und kann bis zu 300 kg Nutzmasse in einige hundert Kilometer Höhe befördern.
Erosionsabbrand: durch schnelle Gasströmung verstärktes Abtragen der Abbrandoberfläche in Feststofftriebwerken mit Innenbrennern. Bei diesen strömen die Verbrennungsgase durch die Abbrandkanäle in der Richtung vom Kopf zum Düsenende des Triebwerks. Auf der ganzen Länge des Treibsatzes ist die Wand des Abbrandkanals auch meist mit der Verbrennungsfront identisch. Daher nimmt die abströmende Gasmasse in der angegebenen Richtung ständig zu, wodurch die Gasgeschwindigkeit ebenfalls ansteigt und der Erosionseffekt zum Düsenende hin stärker in Erscheinung tritt. Ohne Einfluß der Erosion müßte die Gasdruckkurve

über die gesamte Brennzeit hinweg konstant sein. Tatsächlich ergibt sich aber am Anfang des Triebwerklaufs infolge Erosion eine Abbrandgeschwindigkeit, die im Mittel bis zu etwa 20 % höher liegt als bei erosionslosem Abbrand. Aus der erhöhten

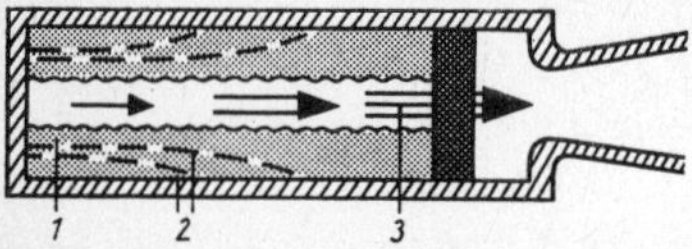

Strömung und Erosion im Gaskanal eines Innenbrenner-Feststofftriebwerks: 1 Brennfläche bei Betriebsbeginn, 2 Brennfläche bei fortschreitender Brennzeit, 3 Verdichtung der Gasströmung

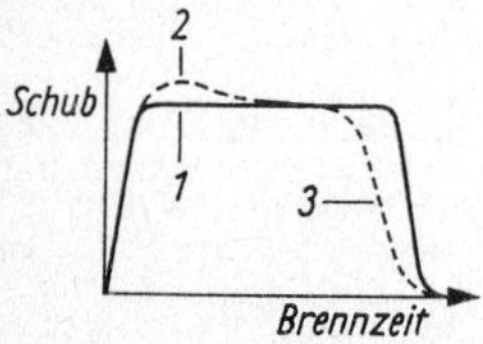

Veränderungen des Schubverlaufs durch Erosionsabbrand: 1 theoretischer Schubverlauf, 2 Schubspitze durch Erosion, 3 Schubverlust

Abbrandgeschwindigkeit folgt eine beachtliche Drucksteigerung und damit eine merkliche Schuberhöhung. Diese *Schubspitze* zu Beginn der Brennzeit klingt jedoch relativ schnell ab, da sich mit fortschreitendem Abbrand die Kanäle erweitern und somit auch der Erosionseffekt verringert. Letzterer hat darüber hinaus zur Folge, daß sich der am Düsenende liegende Teil des Abbrandkanals schneller erweitert als der am Triebwerkskopf. Damit tritt am Schluß der Brennzeit nicht ein schlagartiges Verlöschen des Abbrands bzw. Aussetzen des Schubs ein, wie es eigentlich wünschenswert wäre, sondern die Schubkurve zeigt einen relativ langsamen Abfall, weil ein merklicher Teil des Treibstoffs bei zu geringem Druck abbrennt *(Schubverlust)*. Der E. vermindert somit nicht nur die spezifische Leistung des Triebwerks, er verändert auch das theoretisch vorgegebene Schubprogramm, d. h., er erschwert u. U. die Lenkung von Flugkörpern mit Feststoffantrieb erheblich.

»ERS« [Abk. für engl. **E**nvironmental **R**esearch **S**atellite]: Satelliten (USA), die für verschiedene Untersuchungen, vornehmlich funktechnischer Art, im erdnahen Raum eingesetzt werden. Die als Tetraeder (daher anfangs auch als *»TRS«* = *T*etrahedral *R*esearch *S*atellite bezeichnet) bzw. Oktaeder (*»ORS«* = *O*ktahedral *R*esearch *S*atellite) ausgebildeten Satelliten sind außerordentlich klein (Masse zwischen 0,7 und 1,4 kg, Durchmesser etwa 15 cm) und tragen auf ihrer Oberfläche Solarzellen zur Energieversorgung des eingebauten Senders oder Transponders. Seit dem 17. Okt. 1963 wurden über 30 Satelliten dieses Typs in → Multiple-Starts in Umlaufbahnen gebracht.

Erweiterungsverhältnis → Entspannungsdüse.

E-Schicht → Erdatmosphäre.

ESDAC → European Space Research Organization.

Esnault-Peltérie, *Robert:* französischer Techniker und Wissenschaftler, geb. 8. Nov. 1881 Paris, gest. 1957 Nizza; wurde durch frühe Beschäftigung mit dem Raumfahrtproblem und durch ausgedehnte publizistische Tätigkeit zu einem der ersten und wirksamsten Verfechter der Raumfahrtidee. Zu Beginn des 20. Jh. betätigte er sich als Motoren- und Flugzeugkonstrukteur (u. a. Schöpfer des ersten Eindeckers) und beschäftigte sich dann zwischen 1905 und 1910 grundlegend mit dem Problem des Rückstoßantriebs. Sein Hauptwerk ›L'exploration par fusées de la très haute atmosphère et la possibilité des voyages interplanétaires‹ [›Die Erforschung der Hochatmosphäre mit Raketen und die Möglichkeit interplanetarer Reisen‹] erschien 1928, sein zweibändiges Werk ›L'Astronautique‹ 1930/35. Er wurde in den 30er Jahren Mitglied der damaligen »Gesellschaft für Weltraumforschung« in Deutschland und 1936 Mitglied der Pariser Akademie der Wissenschaften.

ESRANGE, ESRIN → European Space Research Organization.

ESRO: Abk. für **E**uropean **S**pace **R**esearch **O**rganization.

»ESRO-I« → »Aurora«.

»ESRO-II« → »Iris«.

»ESSA« [Abk. für engl. **E**nvironmental **S**urvey **Sa**tellite = Umweltbeobachtungssatellit, auch **E**nvironmental **S**cience **S**ervices **A**dministration]: Bezeichnung für die ersten operativen Wettersatelliten vom Typ → »TIROS«, die dem US-Wetterbüro gehören. Die dem Erprobungstyp »TIROS 9« entspr. Satelliten haben einen Durchmesser von 105 cm und eine Höhe von 55 cm. Als Trägerraketen werden »Thor-

Delta«-Raketen verwendet. »E. 1« (138 kg) wurde am 3. Febr. 1966 in eine Umlaufbahn mit einer Perigäumshöhe von 707 km und einer Apogäumshöhe von 840 kg gebracht. Die nahezu polare Bahn war mit 97,90 ° Neigung rückläufig und durch die Präzession von 1 °/d in östlicher Richtung sonnensynchron. Der Satellit trug 2 Vidicon-Kameras (Auflösung 3,5 km im Bildzentrum). Die Aufnahmen wurden auf Magnetband gespeichert und an 2 Empfangsstationen (Fairbanks, Alaska, und Wallops Island, Virginia) abgestrahlt. Sie ergaben jeden Tag ein Wetterbild der gesamten Erde, mit Ausnahme der jeweils unterbeleuchteten Gebiete an den Polen. Der am 28. Febr. 1966 gestartete »E. 2« (131 kg) erreichte eine polare Umlaufbahn zwischen 1359 und 1415 km Höhe und ist mit 2 APT-Kameras (→ APT-System) ausgerüstet, so daß die Fotos von den zahlreichen APT-Empfangsstationen und auch von behelfsmäßigen Empfangseinrichtungen in verschiedenen Ländern der Erde aufgenommen werden können. Für den am 2. Okt. 1966 gestarteten »E. 3« (148 kg, Bahnhöhe zwischen 1380 und 1480 km) wurde, wie bei »E. 1«, das Verfahren der alleinigen Bildübertragung an die beiden Bodenstationen Fairbanks und Wallops Island angewendet. »E. 4« (132 kg) erreichte am 26. Jan. 1967 eine kreisförmige Umlaufbahn in 1390 km Höhe. Er ist als Nachfolger von »E. 2« wiederum mit einer APT-Anlage ausgerüstet. Der Start von »E. 5« (150 kg) gelang am 20. April 1967 (1358 bis 1424 km; kein APT). »E. 6« (132 kg) wurde am 10. Nov. 1967 in eine Bahn zwischen 1406 und 1484 km Höhe gebracht (mit APT-Einrichtung). »E. 7« (144 kg) gelangte am 16. Aug. 1968 in eine weitgehend kreisförmige Umlaufbahn (1470 km Höhe, kein APT), »E. 8« (132 kg) am 15. Dez. 1968 in eine Bahn zwischen 1410 und 1473 km Höhe und »E. 9« am 26. Febr. 1969 in eine Bahn zwischen 1430 und 1505 km.

ESTEC → European Space Research Organization.

»Europa 1«: dreistufige Flüssigkeitsrakete, die als Satellitenträger im Rahmen des »ELDO«-Programms eingesetzt und deshalb auch als »ELDO-Rakete« (»ELDO-A«) bezeichnet wird. Als Startstufe kommt die in Großbritannien ursprünglich als Interkontinentalrakete entwickelte und danach der neuen Aufgabe angepaßte → »Blue Streak« (F-Serie) zum Einsatz. Die zweite Stufe »Coralie« wurde von Frankreich aus den Erfahrungen mit der »Véronique«-Höhenrakete entwickelt und liefert mit 4 Triebwerken einen Schub von etwa 28 Mp. Für die dritte Stufe (»Astris«) lag die Entwicklung in Westdeutschland (ASAT); sie hat einen Durchmesser von 2 m und eine Länge von 3,81 m. Ihre Masse beträgt 3370 kg, wovon rund 2800 kg auf die Treibstoffkombination Stickstofftetroxid/Gemisch aus unsymmetrischem Dimethylhydrazin und Hydrazin entfallen. Die Stufe ist mit einem Triebwerk von 2,3 Mp Vakuumschub ausgerüstet (Brenndauer 360 s), das zur Lenkung und Lageregelung um die beiden Querachsen geschwenkt werden kann. Zur Rollsteuerung dienen 2 jeweils seitlich vom Haupttriebwerk angebrachte Hilfstriebwerke mit einem Schub zwischen 30 und 50 kp. Mit dieser Drittstufe kann das Trägersystem etwa 1,2 t Nutzmasse in eine 500-km-Umlaufbahn bringen. Die Entwicklung der Testsatelliten wurde an Italien vergeben, während Belgien das Ortungs- und Lenksystem und die Niederlande die telemetrischen Anlagen sowie die Elektronik des Referenzsystems beisteuern sollten. Als Startplatz wurde das Raketenversuchsgelände in Woomera (Australien)

»Blue-Streak«-Startstufe und Oberstufenattrappen der Trägerrakete »Europa 1«

gewählt. Nach dem ersten Terminplan sollte die »E. 1« ab 1968 einsatzfähig sein, aber nach Mißerfolgen bei Vorversuchen mit der ersten und zweiten Stufe (1967, Versagen der zweiten Stufe) mißlangen auch die ersten Erprobungsstarts des Gesamtsystems (ohne Satelliten) im Nov. 1968 und im Juli 1969 (Versagen der dritten Stufe). Parallel dazu begannen Entwicklungsarbeiten zu einer Version »E. 2«, die sich von der »E. 1« in erster Linie durch eine veränderte Konzeption der dritten Stufe (→ Perigäum-Apogäum-System zum Eindringen von Nachrichtensatelliten in eine geostationäre Umlaufbahn) unterscheidet. Darüber hinaus wurden 1969 von der ELDO Studienaufträge für eine fortgeschrittene »E. 3«-Trägerrakete vergeben.

European Launcher Development Organization [engl.], Abk. **ELDO:** Vereinigung, die mit dem Ziel gegr. wurde, die Mittel und Möglichkeiten mehrerer westeuropäischer Länder zur Entwicklung eigener Trägerraketen (für den Transport großer Nutzmassen) zusammenzufassen. Die von der ELDO zu entwickelnden Trägersysteme sollen dabei vornehmlich der Durchführung des Programms der → European Space Research Organization dienen. Die ELDO nahm am 15. Sept. 1962 ihre vorbereitenden Arbeiten auf. Der Rat der Organisation mit dem Sitz in Paris konstituierte sich jedoch erst am 5. Mai 1964. Als Mitgliedsländer waren vertreten: Belgien, Frankreich, Großbritannien, Italien, Niederlande, Westdeutschland und Australischer Bund. Für die ersten 5 Jahre des ELDO-Programms wurde zunächst mit Ausgaben in Höhe von 70 Mill. Pfund gerechnet. Die Teilnahme des Australischen Bunds ermöglichte die Einbeziehung des Raketenstartgeländes Woomera in das Flugerprobungsprogramm der ELDO. Hauptschwerpunkt des bisherigen ELDO-Programms war die Entwicklung der → »Europa 1«-Rakete.

European Space Research Organization [engl.], *Europäische Weltraumforschungsorganisation,* Abk. **ESRO:** Vereinigung, die zu dem Zweck gegr. wurde, die Mittel und Möglichkeiten mehrerer westeuropäischer Länder zur Durchführung gemeinsamer Weltraumforschungs- und Raumfahrtprogramme zusammenzufassen. Das Übereinkommen zur Gründung der E. wurde 1962 in Paris unterzeichnet und trat 1964 in Kraft. Mitglied der Organisation wurden: Belgien, Dänemark, Frankreich, Großbritannien, Italien, Niederlande, Schweden, Schweiz, Spanien und Westdeutschland. Das für die ersten 8 Jahre aufgestellte vorläufige Programm der ESRO sieht u. a. den Start von rund 440 kleinen und mittelgroßen Raketensonden, 8 Raumsonden, 22 kleinen Satelliten, 4 astronomischen Satelliten und 2 Mondsatelliten vor. Die dazu benötigten Trägersysteme sollen vornehmlich im Rahmen der → European Launcher Development Organization entwickelt und mit Unterstützung des Australischen Bundes zunächst auf dem Raketenversuchsgelände Woomera erprobt werden; das erste stellt die dreistufige Satellitenträgerrakete → »Europa 1« dar.

Zur Durchführung des weitgespannten Programms der ESRO wurden mehrere gesonderte Einrichtungen geschaffen. So befaßt sich das in Noordwijk (Niederlande) eingerichtete *Zentrum für Raumfahrttechnik* (European Space Technology Centre, Abk. *ESTEC)* hauptsächlich mit der Projektierung, Entwicklung und Herstellung von Nutzlasten für Höhen- und Raumflugträgerraketen. Das in Darmstadt aufgebaute *Datenverarbeitungszentrum (*European Space Data Centre, Abk. *ESDAC)* übernimmt die Analyse von Meßdaten sowie die rechentechnische Bearbeitung von Problemen der Bahnmechanik. In einem besonderen *Institut für Weltraumforschung (*European Space Research Institute, Abk. *ESRIN),* das in Italien eingerichtet wurde, werden – ähnlich wie im *Laboratorium für Weltraumforschung (*European Space *La*boratory, Abk. *ESLAB)* in den Niederlanden – vornehmlich die physikalischen und chemischen Vorgänge im Weltraum sowie deren Einflüsse auf Meßsysteme untersucht. Weiterhin baute die ESRO eigene *Stationen für Ortungs- und Meßwertübertragungszwecke* auf *(ESTRACK).* Schließlich wurde eine eigene *Startbasis für Höhenforschungsraketen (*European Space Launching *Range,* Abk. *ESRANGE)* in Kiruna (Schweden) jenseits des Polarkreises geschaffen.

EUROSPACE [engl. space = Weltraum], *Europäische Industriegruppe für Raumfahrtstudien:* 1961 von britischen und französischen Industriegruppen gegr. internationaler Verband, der sich die Entfaltung industrieller Aktivität auf dem Raumfahrtgebiet zum Ziel gesetzt hat. Ferner widmet er sein Interesse dem Studium technischer, wirtschaftlicher und juristischer Probleme auf europäischer und internationaler Ebene, wie sie der Industrie bei der Nutzbarmachung und Erschließung des Weltraums entstehen. Als aktive und kollektive Mitglieder spielen vor allem Firmen und Verbände der europäischen Raumfahrtindustrie eine Rolle in der E.

EVA [Abk. für **E**xtra-**V**ehiculare **A**ktivität, nach engl. **E**xtra-**V**ehicular **A**ctivity]: die gesamte Außenbordtätigkeit eines Raumfahrers bei teilweisem (z. B. Arbeiten in der geöffneten Ausstiegsluke) oder völligem Ausstieg in den Weltraum.

Exosphäre → Erdatmosphäre.

Explorer [engl., Kundschafter]: Meßsatelliten (USA), die in der bisher umfangreichsten amerikanischen Serie für wissenschaftliche Aufgaben eingesetzt wurden. Für die Entwicklung der Satelliten war anfangs die amerikanische Armee, später das der NASA unterstehende Goddard Space Flight Center verantwortlich. Zu dieser Reihe gehörte auch der erste erfolgreich gestartete US-amerikanische Satellit (»E. 1«, 1. Febr. 1958). Aufbau und Ausrüstung der Satelliten sind sehr verschiedenartig und wegen der beschränkten Nutzmassekapazität jeweils auf Teilprogramme der Erforschung des erdnahen Raums und seines Übergangsgebiets zum interplanetaren Raum abgestimmt. So waren die ersten »E.«-Satelliten relativ kleine Geräte mit einer Nutzmasse zwischen 8 und 12 kg, die als zylindrische Anbauteile einer kleinen Endstufen-Feststoffrakete in die Bahn gebracht wurden. Später stieg die Nutz-

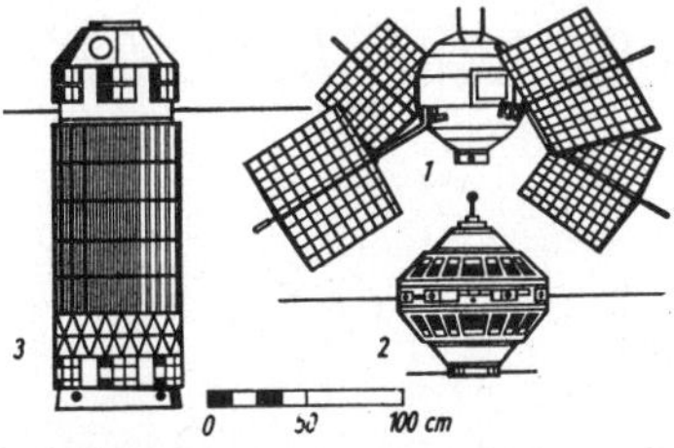

Meßsatelliten der ersten »Explorer«-Serie: 1 »Explorer 6«, 2 »Explorer 7«, 3 »Explorer 13«

masse i. allg. auf etwa 40 bis 70 kg, in Sonderfällen auf etwa 120 bis 180 kg an. Die Gerätezellen waren dabei meist kugelförmig, aber auch teilweise zylindrisch oder vieleckig. Die daran außen angebrachten Solarzellenausleger verhalfen einigen »E.«-Satelliten zu der Nebenbezeichnung *Paddlewheel-(Schaufelrad-)Satellit.* Auch einzelne Ballonsatelliten kleinen Durchmessers (etwa 3,7 m) gehörten zu dieser

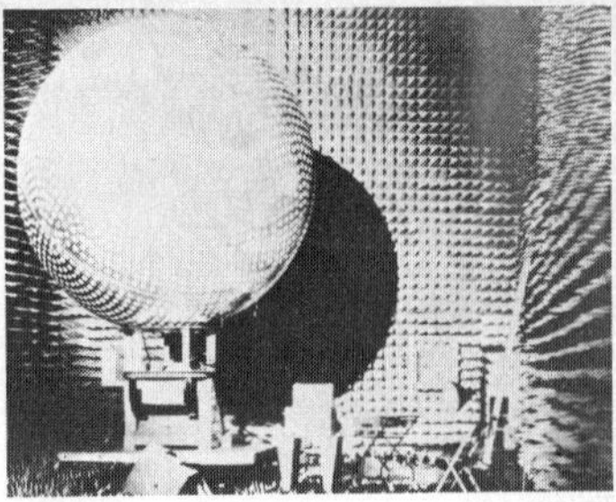

Ballonsatellit »Explorer 39« in einer Testkammer

Serie (z. B. »E. 9« und »E. 39«). Einer der ersten und wesentlichsten Beiträge der »E.«-Satelliten zur Erforschung des erdnahen kosmischen Raums waren Messungen über die Verteilung von Strahlungsteilchen, die zur Auffindung der Strahlungsgürtel Anlaß gaben. Auch im weiteren Verlauf dieser Serie wurden zahlreiche wichtige Ergebnisse über Struktur und Veränderung der Strahlungsgürtel erhalten. Das gegenwärtige »E.«-Programm umfaßt 3 Kategorien: erstens Satelliten für die Erforschung der Atmosphäre und der Ionosphäre, zweitens Satelliten für Magnetfeldmessungen und interplanetare Untersuchungen sowie drittens Satelliten für astronomische und astrophysikalische Forschungen. Zu den Satelliten der zweiten Gruppe gehören auch die *»IMP«-Satelliten* [IMP = Abk. für engl. **I**nterplanetary **M**onitoring **P**latform]. Diese interplanetaren Strahlungswarnsatelliten werden auf sehr exzentrische Umlaufbahnen gebracht, deren Apogäumshöhen teilweise bis in Mondentfernung liegen, und dienen hauptsächlich zum frühzeitigen Erkennen von Sonneneruptionen. Der erste »IMP«-Satellit wurde am 27. Nov. 1963 gestartet (»E. 18«) und erreichte eine Bahn mit 194 km Perigäumshöhe und 195572 km Apogäumshöhe (Masse 63,4 kg). Von den späteren konnte »IMP-E« (»E. 35«) am 19. Juli 1967 mit Hilfe eines Zusatztriebwerks in eine Mondumlaufbahn (765/7880 km) gebracht werden. »IMP-G« (»E. 41«) gelangte am 21. Juni 1969 in eine fast polare Bahn (85°) zwischen 345 und 220000 km Höhe. Der Satellit (79 kg) ist mit 12 Versuchsanordnungen ausgestattet. Als weitere Variante der »E.«-Satelliten sind → »GEOS«-Satelliten zur exakten Erdvermessung im Einsatz. »E. 37« (6. März 1968) wurde im Rahmen der →

»Solrad«-Serie in eine Umlaufbahn zwischen 521 und 877 km Höhe gebracht, und »E. 38« (189 kg) gelangte als erster »*R*adio*a*stronomy-*E*xplorer« *(»RAE-A«)* am 4. Juli 1968 in eine 5968 km hoch liegende Kreisbahn. Letzterer dient speziellen Untersuchungen im Frequenzbereich < 10 Hz und ist dazu mit ausfahrbaren (228 m) Antennen (Röhrchenstruktur mit 2,5 cm Durchmesser) ausgerüstet.

extragalaktisch: außerhalb des Milchstraßen-Sternsystems (→ Galaxis) befindlich.

F

»Faith 7« → »Mercury«.
»Falcon« [engl., Falke]: einstufige Feststoffraketen (USA), die als gelenkte Luft-Luft-Raketen unter den Tragflächen oder an den Rumpfseiten (auch zu mehreren in Spezialbehältern) von Flugzeugen mitgeführt werden. Die mit konventionellem hochexplosivem Kampfkopf ausgerüsteten Typen »AIM-4 A, C, D, E, F und G« haben eine Länge von 1,98 m (Durchmesser 0,165 m) und eine Startmasse von 55 kg. Die langgestreckten Delta-Heckflossen haben eine Spannweite von 0,57 m. Das Feststofftriebwerk entwickelt einen Schub von 2,8 Mp, und die Reichweite beträgt etwa 8 km. Die Version »AIM-26 A« (Länge etwa 2,30 m, Durchmesser 0,28 m, Masse > 91 kg) trägt dagegen eine Kernsprengladung. Über die für den Abfangjäger »YF-12 A« entwickelte »AIM-47 A« liegen keine Daten vor. Als Lenkverfahren kommen Radar- und Infrarot-Zielsuchlenkung sowie daraus kombinierte Verfahren zur Anwendung.
Fallschirmbergung → Rückkehrproblem.
Feinstrahllenkung → Leitstrahllenkung.
Feoktistow, *Konstantin Petrowitsch:* sowjetischer Kosmonaut, geb. 1926 Woronesh, führte am 12. Okt. 1964 zusammen mit → *Komarow* und → *Jegorow* in dem ersten mehrsitzigen Raumschiff der Erde (»Woschod 1«) einen 24stündigen Raumflug aus (16 Umläufe), bei dem er die Funktion eines Spezialisten für technisch-wissenschaftliche Untersuchungen ausübte. – Während des zweiten Weltkriegs übernahm F. als Freiwilliger schwierige Aufklärungsaufträge, für die er mit dem Orden »Roter Stern« ausgezeichnet wurde. 1949 schloß er eine Ausbildung an der Moskauer Technischen Hochschule ab, arbeitete anschließend an verschiedenen Forschungsinstituten und wurde 1955 Kandidat der Technischen Wissenschaften.
Fernlenkung → Lenkung.
Fernmeldesatellit, Fernsehsatellit → Nachrichtensatellit.
Feststoffgasgenerator → Treibstofförder-system.
Feststofftriebwerk → chemisches Raketentriebwerk.
Filmkühlung → Kühlverfahren.
Filiptschenko, *Anatoli:* sowjetischer Kosmonaut, geb. 1928 Dawydowka (Gebiet Woronesh), nahm vom 12. bis 17. Okt. 1969 als Kommandant mit → *Gorbatko* und → *Wolkow* in »Sojus 7« am ersten Dreiergruppenflug (mit »Sojus 6« und »Sojus 8«) teil. – F. absolvierte die Militärschule Tschugujew und diente ab 1950 bei den Luftstreitkräften; dabei beendete er ein Studium an der Akademie der Luftstreitkräfte.
»Fireflash« [engl., svw. Feuerblitz]: Luft-Luft-Lenkwaffe (Großbritannien), die aus einem antriebslosen Flugkörper (Träger der Gefechtsladung und der Lenkelektronik) und 2 in Höhe des Gefechtskopfs seitlich angebrachten Feststofftriebwerken besteht. Der Gefechtsladungsträger ist mit 4 trapezförmigen, starren Leitflossen in der Mitte des Rumpfs und 4 am Heck befindlichen Luftrudern für die Lenkung ausgerüstet. Durch die weit über die Spitze des Flugkörpers hinausragenden Feststofftriebwerke erhält das System eine Gesamtlänge von 2,84 m, während der Hauptkörper allein nur 2,26 m lang ist. Der Durchmesser aller 3 Körper ist gleich und beträgt jeweils 0,14 m. Die Feststofftriebwerke liefern einen Schub von je 500 kp und vermitteln dem Flugkörper eine Höchstgeschwindigkeit von etwa Mach 2.

»Fireflash« an den Tragflächenkonsolen eines Abfang-Jagdflugzeugs

Nach Brennschluß werden die beiden Triebwerke durch kleine Sprengsätze vom Hauptkörper abgetrennt, und dieser legt den restlichen Weg ins Ziel antriebslos zurück.
»Firestreak« [engl., Feuerstreifen]: einstufige Luft-Luft-Feststoffrakete Großbritannien) von 3,2 m Länge, 136 kg Startmasse und 7,3 km Reichweite. Sie hat einen Infrarot-Zielsuchkopf als Geber für die aktive Kommandolenkung.
Fjodorow, *Alexander Petrowitsch:* russ. Erfinder (2. Hälfte des 19. Jh.), veröffentlichte 1896 in Petersburg die Arbeit ›Ein neues Prinzip der Luftschiffahrt …‹, in der

er den Aufbau eines Raketenapparates für die Bewegung im luftleeren Raum beschreibt und als Arbeitsmedium Dampf, Druckluft bzw. Kohlendioxid vorschlägt.

Flächensatz → Keplersche Gesetze.

Flammendeflektor → Ablenkschacht.

Flammenfront: derjenige Bereich der Brennkammer eines gezündeten Flüssigkeitstriebwerks, in dem die Verbrennungsreaktion voll wirksam ist. Die F. schließt unmittelbar an die → Mischungszone an und geht nach der anderen Seite in das Gebiet des stationären Verbrennungsablaufs über, von dem der überwiegende Teil des Brennkammervolumens in Anspruch genommen wird. Die sprunghafte Temperaturzunahme in der F. bedingt ein starkes Anwachsen der Reaktionsgeschwindigkeit, die dann ihrerseits den Aufbau der stationären Verbrennung bewirkt. Die F. wird i. allg. als außerordentlich eng begrenzte Schicht angesehen in der Größenordnung von etwa 10^{-3} mm. Sie ist daher auch keine ebene Fläche, da schon die örtlich sehr verschiedenen Turbulenzverhältnisse eine solche Ausbildung verhindern.

Fla-Rakete svw. Boden-Luft-Rakete; → Kampfrakete.

Fluchtgeschwindigkeit → Bahngeschwindigkeit.

Fluchtrakete → Rettungsrakete.

Fluglageregelung, *Lageregelung:* kontrollierte Einflußnahme auf die räumliche Ausrichtung einer Rakete oder eines Raumflugkörpers während des Flugs. Die F. ist vor allem vor und während jeder Antriebsphase (Start und Wiederzünden der Rakete, Bahnkorrektur des Raumflugkörpers) von größter Bedeutung, da sie im Zusammenwirken mit der → Schubvektorsteuerung und dem eventuellen Einfluß von aerodynamischen Kräften (Bodennähe) eine wesentliche Voraussetzung für die Einhaltung des Bahnprogramms (→ Flugprogramm) bildet. F. und Schubvektorsteuerung können dabei unter dem Begriff *Flugregelung* zusammengefaßt werden. Ein in dieser Hinsicht bes. wichtiger Sonderfall ist die F. für das Rückkehrmanöver eines Raumflugkörpers zur Erdoberfläche, dessen programmgemäßer Ablauf nur dann gewährleistet ist, wenn der Raumflugkörper vor Betätigen des Bremsantriebssystems in die richtige Lage relativ zur ursprünglichen Bahnbewegung gebracht wird. Für Raumflugkörper in Freiflugbahnen spielt die F. vor allem hinsichtlich des Beobachtungs- und Meßprogramms eine wichtige Rolle.
Die F. setzt in jedem Fall ein Lagebezugssystem voraus. In Trägerraketen, ballistischen Raketen und Raumflugkörpern verwendet man dazu ausschl. Kreiselplattformen (→ Trägheitsnavigation), gegen deren raumfeste Orientierung die während des Flugs auftretenden Drehbewegungen der Rakete automatisch gemessen werden. Diese Meßwerte des *Lagereferenzsystems* gehen zum Lenkrechner und von dort als Steuerkommandos an die Organe, mit deren Hilfe die Fluglage der Rakete oder des Raumflugkörpers verändert werden kann (Luftruder, schwenkbare Haupttriebwerke, Hilfstriebwerke, Druckgasdüsen, Trägheitsräder). Bei bemannten Raumflugkörpern kann die F. auch nach optischen Beobachtungen des Außenraums (Erdhorizont, Gestirnkonstellationen) durchgeführt werden. Diese *F. nach Sicht* ist vor allem für Rendezvousmanöver von Bedeutung.

Flugprogramm: Zusammenfassung aller kinematischen und dynamischen Voraussetzungen, die der Durchführung einer bestimmten *Flugmission* zugrunde gelegt werden müssen. Letztere stellt dabei die detaillierte Konzeption des vorgegebenen astronautischen Flugauftrags (z. B. Flug zum Mond mit Landung und Rückkehr der Besatzung) dar. Die grobe Festlegung des Flugablaufs geschieht im Rahmen des *Missionsprofils,* auf dessen Grundlage zunächst die *Standard-* oder *Sollbahn* (Ort und Geschwindigkeit als Funktion der Zeit) gewählt wird. In diese Auswahl gehen neben bahnmechanischen Überlegungen auch zahlreiche technische u. a. Optimierungsforderungen ein. So spielt beispielsweise die je Einheit des technischen bzw. wirtschaftlichen Aufwands transportierte Nutzmasse eine ebenso große Rolle wie die Frage des rein technischen Aufwands für die Erhöhung der Lebenssicherung einer eventuell mitfliegenden Besatzung. Der Auswahl einer Standardbahn haftet stets eine gewisse Willkür an, so daß, je nach Abgrenzung der Optimierungsvoraussetzungen, aus der gleichen Flugmission (z. B. Entsendung einer Marssonde) ganz verschiedene Grundgrößen des F. (z. B. Starttermin, Reisezeit) resultieren können. Die ausgewählte Standardbahn wird im weiteren zur Führungsgröße innerhalb des F. Es ist daher notwendig, das F. zu unterteilen in das *Bahnprogramm,* gegeben durch die Standardbahn, und in das *Steuerprogramm.* Letzteres liefert bei Abweichungen von der Sollbahn die Führungssignale, mit deren Hilfe das Lenksystem (→ Lenkung) eine Angleichung der Ist- an die

Sollbahn vollzieht. Das Steuerprogramm ist also so beschaffen, daß beim Fehlen unbekannter Störkräfte der Raumflugkörper exakt auf der Sollbahn fliegen würde.
Bei komplizierten Flugmissionen (z. B. Mondlandung) wird das Steuerprogramm in Teilstücken oder auch kontinuierlich erst während des schon begonnenen Flugs abgeleitet und eine Standardbahn nur roh vorgegeben. So entsteht für die Flugführung eine unmittelbare Wechselbeziehung zwischen dem augenblicklichen Bahnverlauf und einem entspr. angepaßten Steuerprogramm *(adaptive Flugführung; adaptive Lenkung)*, wobei letzteres auf die Erfüllung des Missionsprofils schrittweise abgestimmt wird. Die einzelnen, von einer Bahnänderung zur nächsten reichenden Abschnitte des Bahnprogramms müssen allerdings auf die zusätzlichen antriebstechnischen Möglichkeiten des Raumflugkörpers zu entspr. Bahnkorrekturen abgestimmt werden. Eine wesentliche Rolle spielt bei allen Verfahren der F.gestaltung die → Ortung des Raumflugkörpers, mit deren Hilfe die Anhaltspunkte für die Ableitung des Steuerprogramms gewonnen werden.
Flugregelung → Fluglageregelung.
Flüssigfluor → Treibstoff (II 2 a ε).
Flüssigkeitskühlung → Kühlverfahren.
Flüssigkeitstriebwerk → chemisches Raketentriebwerk.

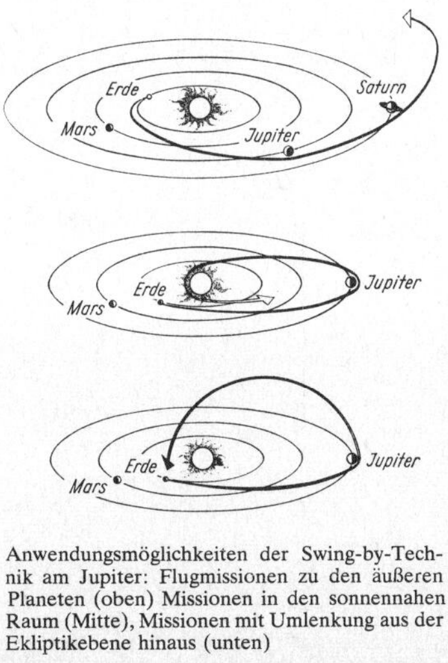

Anwendungsmöglichkeiten der Swing-by-Technik am Jupiter: Flugmissionen zu den äußeren Planeten (oben) Missionen in den sonnennahen Raum (Mitte), Missionen mit Umlenkung aus der Ekliptikebene hinaus (unten)

Flüssigsauerstoff → Treibstoff (II 2 a α).
Fly-by-Technik [engl., Vorbeiflug-Technik], *Swing-by-Technik:* Flugführungsverfahren, bei dem ein Raumflugkörper auf seiner Freiflugbahn so in die Nähe eines

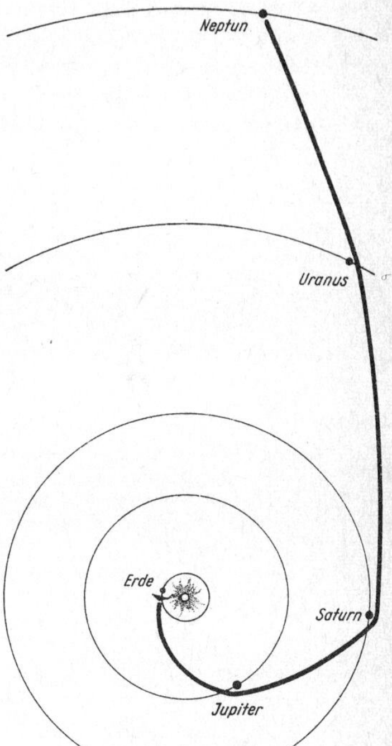

Dreifache Swing-by-Mission (Grand Tour)

Himmelskörpers gelangt, daß dessen Gravitationswirkung und Bahngeschwindigkeit zur gewollten Richtungsänderung sowie zur Vergrößerung bzw. Verringerung der Bahngeschwindigkeit des Raumflugkörpers relativ zur Sonne ausgenutzt werden kann. Obwohl die Relativgeschwindigkeit des Raumflugkörpers zum Fly-by-Planeten vor und nach dem Passieren dessen gravitatorischer Wirkungssphäre gleich ist, ergibt sich aus der Drehung des Vektors seiner Relativgeschwindigkeit zum Planeten durch Vektoraddition von Relativ- und Umlaufgeschwindigkeit des Planeten eine entspr. größere oder kleinere Absolutgeschwindigkeit des Raumflugkörpers gegenüber der Sonne. Fly-by-Manöver am massereichen Planeten Jupiter bringen eine bes. wirkungsvolle Bahnbeeinflussung. Für den Zeitraum 1967/78 ergibt sich aus den Konstellationen der großen Planeten von Jupiter bis Neptun die äußerst seltene Möglichkeit eines Ketten-fly-by-Verfahrens, bei dem die 4 Planeten der Reihe nach mit einem einzigen Raumflugkörper – dazu noch unter beträchtlicher Flugzeitverkürzung (13 a bis zum Neptun gegenüber 24 a im Direktflug) angeflogen werden könnten (»Große Tour«).

Förderdruck → Einspritzdruck.

Fördersystem → Treibstofffördersystem.

Forschungsrakete: 1. allgemein eine Rakete, die zur Durchführung wissenschaftlicher Untersuchungen eingesetzt wird. Ihre Flugbahn verläuft je nach Aufgabenstellung mehr oder weniger vertikal. → Höhenrakete. – 2. Rakete, die speziell zur Untersuchung raketenballistischer oder -technischer Einzelprobleme (z. B. Wiedereintauch-, Aufheizungs- und Abtrennvorgänge) verwendet wird. – Bei beiden Arten von F. werden die Meßwerte entweder während des Flugs durch Funk übermittelt oder von einer mit dem Meßgeräteteil verbundenen Einrichtung registriert, die man dann birgt.

Freiflugbahn: Bahn oder Bahnteil eines Raumflugkörpers, auf der bzw. dem dieser ohne Einwirkung von Antriebskräften fliegt. Die F. (oder der erste F.abschnitt) beginnt im Brennschlußpunkt der Antriebsbahn des Trägersystems. Sie wird in ihrem weiteren Verlauf nur noch durch die Anziehungskräfte der Himmelskörper bestimmt. Die F. kann gegebenenfalls durch weitere Antriebsmanöver (Bahnkorrektur, Kopplungsmanöver) unterbrochen werden, wobei die anschließenden F.en oder F.teile gegenüber der ursprünglichen F. einen u. U. wesentlich anderen Verlauf zeigen können. Als Beispiel für eine aus mehreren Abschnitten zusammengesetzte F. sei diejenige eines als Mondsatellit vorgesehenen Raumflugkörpers genannt: Dem ersten Antriebsabschnitt des Trägersystems folgt als erste F. eine Parkbahn in Erdnähe. Eine zweite Antriebsphase bringt dann den verbliebenen Teil des Raumflugsystems in eine F., die als langgestreckter Ellipsenteil zum Mond führt. In Mondnähe wird schließlich durch ein weiteres Bahnänderungsmanöver die Umwandlung der Annäherungsbahn in eine Mondsatellitenbahn vollzogen, die dann die endgültige F. des Raumflugkörpers darstellt.

»Friendship 7« → »Mercury«.

Frühlingspunkt, *Widderpunkt:* Schnittpunkt der scheinbaren Sonnenbahn (Ekliptik) mit dem Himmelsäquator, den die Sonne um den 21. März (astronomischer Frühlingsanfang) in der Richtung von Süden nach Norden überschreitet. Der F. ist der maßgebende Bezugspunkt für die Bestimmung der → Bahnelemente von künstlichen Erdsatelliten und interplanetaren Raumflugkörpern. Er liegt, analog den Bahnknoten anderer Himmelskörper, in seiner räumlichen Lage nicht fest, sondern verschiebt sich, vor allem durch die auf den Äquatorwulst der Erde einwirkenden Störkräfte von Mond und Sonne, in jedem Jahr um den Betrag von 50,4" entlang der Ekliptik, und zwar entgegengesetzt zur scheinbaren Bewegung der Sonne. Man bezeichnet diese Bewegung als *Präzession.*

»FR 1«: Meßsatellit (Frankreich), zur Untersuchung der Ausbreitung von Radiowellen sehr niedriger Frequenz innerhalb der Atmosphäre. Als Trägerrakete für den Aufstieg (6. Dez. 1965) wurde eine US-amerikanische Rakete vom Typ »Scout« verwendet. Sie brachte den Satelliten (50 kg Masse) in eine etwa 800 km hoch liegende → Polarbahn.

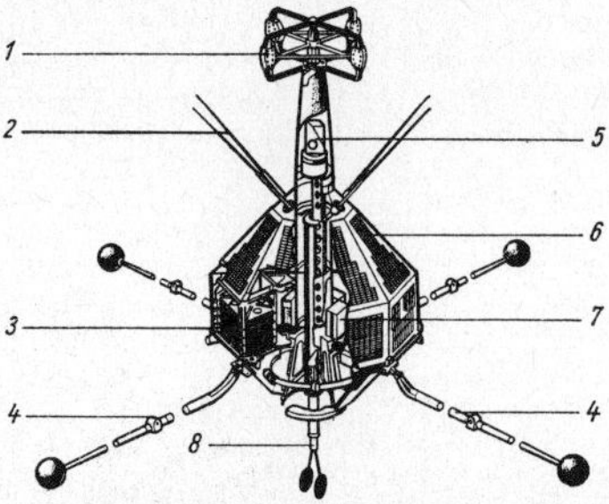

Französischer Meßsatellit »FR 1«: 1 Antenne für Längswellenausbreitung in der Magnetosphäre, 2 Telemetrieantennen, 3 Elektronikblock, 4 Auslegereinrichtung für Antenne zur Untersuchung des elektrischen Felds, 5 Magnetometer, 6 Solarzellen, 7 Batterien, 8 Impedanzsonde zur Messung der Elektronendichte

F-Schichten → Erdatmosphäre.

Führungssystem → Raumflugnavigation.

Funkbake → Ortung.

Funktionsdauer → Lebensdauer.

»F-1«-Raketentriebwerk: bisher größtes

im Einsatz befindliches Flüssigkeitstriebwerk der USA, das für 700 Mp Schub ausgelegt ist und als Antriebsgrundeinheit für alle US-amerikanischen Trägerraketen mit mehr als 2500 t Startmasse verwendet wird. Ein aus 5 »F-1« bestehendes Triebwerksbündel liefert z. B. den Startschub für die »Saturn-5«-Rakete (→ »Saturn«). Den Entwurfsprinzipien legte man neben der Anwendung modernster metallurgischer und technologischer Fortschritte die mit dem → »H-1«-Raketentriebwerk gemachten Erfahrungen zugrunde.
Haupteinheiten des Triebwerks sind die Brennkammer, ein getriebeloses Turbopumpenaggregat mit zugehörigem Gasgenerator und die Regeleinrichtungen. Die Triebwerksmasse beläuft sich auf etwa 8,6 t, womit sich ein spezifischer Schub von rund 80 kp/kg ergibt. Aufgrund der kompakten Bauweise kann das Triebwerk einschl. Pumpenaggregat und Regeleinrichtungen kardanisch geschwenkt werden. Als Treibstoffe kommen Flüssigsauerstoff und Kerosin zur Verwendung; der Gesamtdurchsatz beträgt 2700 kg/s. Über den Brennkammerdruck wurden bisher keine Angaben gemacht, er dürfte jedoch etwa bei 70 kp/cm^2 liegen. Die Brennkammer wird unter Verwendung des Brennstoffs regenerativ gekühlt, wozu die Brennkammerwandung von 2 übereinanderliegenden axialen Schichten verlöteter Rohre gebildet wird. Der Kühlmittelfluß geht zunächst durch die äußere Rohrschicht bis zur Düsenmündung und von dort durch die innere Rohrlage wieder zum Brennkammerkopf zurück. Die Brennkammerkühlung wirft bei Triebwerken dieser Größenordnung keine besonderen Probleme mehr auf, weil der dafür zur Verfügung stehende Brennstoffdurchsatz mit dem Quadrat des Triebwerksdurchmessers anwächst, die Wärmeübergangsfläche jedoch nur in direkt proportionalem Verlauf ansteigt. So wird im »F-1«-R. bestenfalls die Hälfte des durchgesetzten Brennstoffs zur Kühlung benötigt. Der Brennkammerkopf ist eben; über Typ und Geometrie der Einspritzorgane liegen keine Angaben vor. Die Regelung der Treibstoffströme geschieht über Ecktellerventile, für deren hydraulische Betätigung der hinter der Pumpe mit etwa 80 kp/cm^2 Druck zur Verfügung stehende Brennstoff benutzt wird. Die Gasturbine zum Antrieb der beiden Treibstoffpumpen liegt mit diesen auf einer Welle, um jedes Risiko beim Anlaufen des Aggregats zu vermeiden. Die Drehzahl beträgt etwa 6000 U/min, und die Turbinenleistung erreicht nahezu 1 MW. Der Turbinengasgenerator besteht aus einer kugelförmigen Brennkammer, in der ein brennstoffreiches Gemisch der Haupttreibstoffe (Sauerstoff oder Kerosin) zur Reaktion gebracht wird. Die Verbrennungstemperatur beträgt wegen des Brennstoffüberschusses zwar nur rund 600 °C; es ist jedoch aus Sicherheitsgründen trotzdem eine Regenerativkühlung der Generatorbrennkammer vorhanden. Der Treibstoffverbrauch des Turbinenantriebs liegt bei etwa 50 kg/s, wobei die Durchflußregelung der Generatortreibstoffe mit höchster Präzision geschehen muß, da der Triebwerksschub durch die Generatorleistung gesteuert wird. Über den Anlaßvorgang beim Start liegen keine näheren Angaben vor, es läßt sich jedoch annehmen, daß er weitgehend dem des »H-1«-Triebwerks vergleichbar ist. Dabei ist von größter Bedeutung, daß sich der vorgeschriebene Brennkammerdruck auf Bruchteile einer Sekunde genau einstellt, so daß die Rakete beim Anlassen nicht zu lange auf der Startplattform festgehalten zu werden braucht. Auch an die Einhaltung des Brennschlußzeitpunkts werden höchste Anforderungen gestellt. Die Brennschlußsteuerung läuft innerhalb von 0,2 s ab. Als größte Schwierigkeit bei der Entwicklung des Triebwerks traten Verbrennungsschwingungen in Erscheinung, deren Beseitigung zu einer Verzögerung des Programmablaufs von etwa einem Jahr führte.

»F-1«-Raketentriebwerk

Gagarin, *Juri Alexejewitsch:* sowjetischer Kosmonaut, geb. 9. März 1934 Rayon Gshatsk (Gebiet Smolensk), gest. (verunglückt) 27. März 1968; G. führte am 12. April 1961 als erster Mensch eine Erdumkreisung (108 min Gesamtflugzeit, »Wostok 1«) aus und leitete damit die Flüge mit bemannten Raumflugkörpern ein. – G. schloß 1951 an einer Handwerksschule die Ausbildung als Gießer mit Auszeichnung ab, besuchte dann bis 1955 das Industrietechnikum in Saratow, wo er auch Mitglied des Fliegerklubs war. Bis 1957 studierte er an der Höheren Militärfliegerschule in Orenburg und wurde dann Jagdfliegeroffizier. Nach seinem Raumflug war G. bis 1963 Kommandeur der sowjetischen Kosmonautengruppe.

Juri Gagarin

galaktisch: zum Milchstraßen-Sternsystem (→ Galaxis) gehörig.

Galaxis: ursprünglich speziell für das Milchstraßen-Sternsystem gebrauchte Bezeichnung, zu dem rund 100 Mrd. Sterne (einschl. Sonne mit Sonnensystem) und große Mengen nichtstellarer Materie gehören; in der Form *Galaxie* (Mz. *Galaxien)* neuerdings auch für alle anderen ähnlichen Sternsysteme verwendet.

Gamma: bes. in der Geophysik übliche Bezeichnung für die magnetische Flußdichte; gesetzliche Maßeinheit ist das Tesla (T):

$1\gamma = 10^{-5}$ Gauss $= 10^{-9}$ T.

»Gamma MK-201«: Raketenantriebssystem der Forschungsrakete → »Black Knight« (Großbritannien). Es besteht aus 4 kompletten Einzeltriebwerken (ursprünglicher »Gamma«-Typ), die zu einer neuen Antriebseinheit zusammengefaßt sind, um den für die »Black Knight« erforderlichen Gesamtschub zu erreichen. Jede der 4 Brennkammern verfügt über ein separates Turbopumpensystem, dessen Turbine jeweils mit katalytisch zersetztem Wasserstoffperoxid betrieben wird. Alle Brennkammern sind beweglich gelagert und lassen sich zur Lagestabilisierung über eine relativ einfach gehaltene Steuerungsautomatik elektrohydraulisch auslenken. Die Treibstoffzuführung geschieht über die Drehachsen der Brennkammern. Als Treibstoffe werden Wasserstoffperoxid (Oxydator) und Kerosin (Brennstoff) verwendet, die nach vorangegangener katalytischer Zersetzung des Wasserstoffperoxids in der Brennkammer hypergol zünden. Das Wasserstoffperoxid dient außerdem als Kühlmittel für die Regenerativkühlung der Brennkammern. Die gesamte Triebwerkseinheit hat eine Masse von etwa 320 kg, der Gesamtschub beträgt in Meereshöhe 7,45 Mp. Am Ende der Antriebsperiode steigt der Schub durch Absinken des Umgebungsdrucks auf fast 8,6 Mp an.

Auf der Grundlage des Typs »MK-201« wurde für die Satellitenträgerrakete → »Black Arrow« der Typ »MK-304« entwickelt. Dieses System besteht ebenfalls aus 4 Brennkammern, die jedoch von einer einzigen Turbopumpe versorgt werden. Für die Startstufe der »Black Arrow« werden 2 dieser »MK-304«-Einheiten verwendet (»Gamma-8«-System), wobei die 8 Brennkammern jeweils zu zweit radialkreuzförmig im Heck der Raketenstufe angeordnet sind. Da die Brennkammerpaare um die radiale Aufhängeachse drehbar gelagert sind, ergibt sich eine Steuerbarkeit der Rakete um alle 3 Achsen. Die verbesserte Triebwerkskonstruktion liefert einen spezifischen Impuls von 2500 m/s (Vakuum), der Gesamtstartschub beträgt rund 22700 kp.

Ganswindt, *Hermann:* Techniker, geb. 12. Juni 1856 Voigtshof bei Seeberg, gest. 25. Okt. 1934 Berlin, beschäftigte sich etwa ab 1890 u. a. auch mit Gedanken zum Rückstoßantrieb für den Weltraumflug. Anläßlich eines Vortrages trat er 1891 erstmalig mit seinen Gedanken an die Öffentlichkeit und entwickelte dabei sein Projekt eines »Weltenfahrzeugs«, das durch intermittierende Pulverexplosionen angetrieben werden sollte. G. vermochte jedoch nicht, seinen Ideen das tragende wissenschaftliche und technische Fundament zu geben, so daß er meist als überspannter Phantast betrachtet wurde.

Gasdrucktriebwerke: Raketentriebwerke, in denen die thermische Energie hochgespannter Gase durch eine nachfolgende Entspannung in einer Ausströmdüse in die kinetische Energie des Antriebsstrahls umgewandelt wird. Zu den G. zählen die chemischen und die Kernenergieraketentriebwerke.

Gasdynamik: Lehre vom Verhalten strömender Gase bei großer Geschwindigkeit oder bzw. und großer Dichteänderung. Die G. hat grundlegende Bedeutung für die Entwicklung von Raketen- u. a. Strahltriebwerken, für Probleme der Ballistik sowie der Strömungsverhältnisse an schnellfliegenden Flugzeugen u. a. Flugkörpern.

Gasdynamisches Laboratorium, Abk. **GDL:** 1921 von → *Tichomirow* in Moskau als erste sowjetische Einrichtung für Forschungs- und Entwicklungsarbeiten auf dem Gebiet der Raketentechnik gegr. und militärisch verwaltete Institution. Erstes Ziel war die Entwicklung von Raketengeschossen mit rauchlosen Feststoff-Treibsätzen. Nachdem schon ein Teil der ersten Arbeiten in Leningrad ausgeführt worden war, wurde die Institution 1927 insgesamt dorthin verlegt. Die auf der Grundlage von Trotylpyroxylin entwickelten rauchlosen Festtreibstoffe wurden in Starthilfen für leichte und schwere Flugzeuge (»U-1«, »TB-1« u. a.) sowie in Raketengeschossen unterschiedlichen Kalibers – insbes. zur Flugzeugbewaffnung – verwendet. Im zweiten Weltkrieg kamen diese Geschosse, mit gewissen konstruktiven Veränderungen durch das »Wissenschaftliche Institut zur Erforschung des Rückstoßes«, bei den Raketenwerfern »Katjuscha« zum Einsatz. Bes. großen Anteil an diesen Arbeiten hatten außer *Tichomirow, W. A. Artemjow,* → *Petropawlowski* und → *Langemaak.*

Am 15. Mai 1929 wurde eine Gruppe – später Abteilung – gegr., die das erste elektrische Rückstoßtriebwerk der Welt und die ersten sowjetischen Flüssigkeitstriebwerke entwickelte. 1930/33 wurde die Serie der → »ORM«-Flüssigkeitstriebwerke entwickelt und gebaut. Daneben wurden schon 1930 erstmals Salpetersäure, Stickstofftetroxid, Perchlorsäure, Tetranitromethan, Wasserstoff, Beryllium u. a. als Komponenten für Raketentreibstoffe vorgeschlagen. Ferner arbeitete die Gruppe Verfahren zum Temperaturschutz von Brennkammern durch keramischen Überzug (u. a. mit Zirkondioxid) sowie verschiedene Düsenprofile, chemische Zündverfahren und kardanische Aufhängungen für Triebwerke aus. Weiterhin wurden Treibstoffördersysteme mit Turbopumpen und Gasgeneratoren sowie unter Verwendung von Arbeitsgas aus der Triebwerksbrennkammer entworfen und gebaut. An diesen Arbeiten waren *A. L. Maly, W. I. Serow, E. N. Kuzmin, I. I. Kulagin, E. S. Petrow, P. I. Minajew, B. A. Kutkin, W. P. Jukow, N. G. Tschernyschew* u. a. beteiligt. Von 1929/30 war diese Arbeitsgruppe im Elektrophysikalischen Institut Leningrad, 1930/32 auf dem Artillerieversuchsgelände in Rshewsk (bei Leningrad) und 1932/33 in einem Gebäude der Admiralität auf der Peter-Pauls-Festung in Leningrad untergebracht.

Ende 1933 wurde das GDL mit der »Gruppe zum Studium der Rückstoßbewegung« (→ GIRD) zum »*Wissenschaftlichen Institut zur Erforschung des Rückstoßes*« in Moskau vereinigt. Dort wurden 1934/38 im Rahmen der Versuchsserie »ORM« (»ORM-53« bis »ORM-102«) weitere Entwicklungen durchgeführt, zu denen auch die Erprobung des Gasgenerators »GG-1« gehörte, den man mit einem Arbeitsgas aus Salpetersäure, Kerosin und Wasserdampf bei 580 °C und einem Druck von 25 kp/cm^2 mehrere Stunden in Betrieb halten konnte (1937). 1939/41 entstand aufgrund dieser Arbeiten als neue selbständige Institution das »*Entwicklungs- und Konstruktionsbüro für Flüssigkeitsraketentriebwerke*«, das in den vierziger Jahren die Flüssigkeitstriebwerke »RD-1« bis »RD-3« herausbrachte. Maßgebliche Mitarbeiter in diesem Bereich waren → *Koroljow* (für Flugerprobungen, 1942/45), *G. S. Shirizki, D. D. Sevruk, W. A. Witka, N. N. Artamonow* u. a.

Die Arbeiten im GDL bildeten die Grundlage für die Entwicklung von Raketentriebwerken in der Sowjetunion. Das daraus hervorgegangene und ständig erweiterte Kollektiv schuf die leistungsfähigen Triebwerke und Triebwerksysteme für alle sowjetischen Trägerraketen.

Gasgenerator, *Turbinengasgenerator:* Teil des Zubehörs von Flüssigkeitsraketentriebwerken mit Pumpenförderung (→ Treibstoffördersystem), in dem das Arbeitsmedium für die Turbine des Turbopumpenaggregats erzeugt wird. Der Aufbau der G.kammer kann sehr verschieden sein und richtet sich nach den Ausgangsprodukten des Arbeitsmediums bzw. dem Verfahren seiner Erzeugung. So wird z. B. bei »kaltem« Turbinenbetrieb im G. Wasserstoffperoxid katalytisch zersetzt, wobei ein Gemisch aus überhitztem Dampf (etwa 500 °C) und Sauerstoff entsteht. Durch Einspritzen von Brennstoff kann das Arbeitsmedium über eine zusätzliche Verbrennungsreaktion auch »heiß« gemacht werden. Dasselbe läßt sich dadurch erreichen, daß man im G. die gleichen Treibstoffkomponenten verwendet wie in der Triebwerksbrennkammer. Dieses Verfahren wird heute fast ausschl. angewendet, da sich damit der höchste Turbinenwirkungsgrad erreichen läßt und zugleich das Mitführen zusätzlicher Hilfsstoffe entfällt. Um die Temperatur des Turbinengases nicht allzu hoch werden zu lassen und damit die Triebwerksteile zu belasten bzw. eine Kühlung erforderlich zu machen, wählt man den Brennstoffanteil des G.gemischs entspr. groß. Es werden darüber hinaus Versuche gemacht, durch Anzapfen der Triebwerksbrennkammer ohne besonderen G. zu einem brauchbaren Turbinenarbeitsgas zu gelangen.

Gaskanal: axialer Hohlraum bei Röhrenbrennern (→ Treibsatz), in dem das durch den Abbrandvorgang entstehende Verbrennungsgas zum Düsenhals strömt.

Gasöl → Treibstoff (II 2 b α).

GDL: Abk. für Gasdynamisches Laboratorium.

Gegenschubverfahren: für den Einsatz von mittelgroßen und großen ballistischen (Feststoff-) Kampfraketen ausgearbeitetes Verfahren, bei dem man den von Umkehrdüsen erzeugten Schub (→ Schubumkehr) zur Präzisierung der geforderten Brennschlußgeschwindigkeit verwendet.

Geheimsatellit → »Discoverer«.

»Gemini« [lat., Zwillinge]: bemannte Raumflugkörper (USA), mit denen jeweils 2 Raumfahrer in eine erdnahe Umlaufbahn gebracht werden konnten und die als Nachfolger der »Mercury«-Raumkapseln zum Vorbereitungsprogramm für das »Apollo«-Projekt gehörten. Damit ergaben sich für das »G.«-Programm folgende Hauptpunkte:

1) raumfahrtmedizinische Untersuchungen unter besonderer Berücksichtigung des Schwerelosigkeitseinflusses bei Flügen bis zu 2 Wochen Dauer;

2) Untersuchung der Leistungsfähigkeit des Menschen im freien Raum durch Ausstieg eines Astronauten in der Umlaufbahn;

3) Durchführung von Bahnmanövern zur Vorbereitung von Rendezvousversuchen;

4) Erprobung von Rendezvousverfahren zur Vorbereitung des Mondrendezvous beim »Apollo«-Flug;

5) verschiedene wissenschaftliche Versuche (Geophysik, Astrophysik).

Wie sich jedoch bald nach Beginn der praktischen Flugeinsätze zeigte, kam zu diesem offiziellen wissenschaftlichen Programm noch ein mehr oder weniger geheimgehaltenes militärisches Erprobungs- und Versuchsprogramm. Dazu gehörten u. a. Funkverbindungsexperimente, visuelle und photographische Aufklärung von Objekten auf der Erdoberfläche sowie Beobachtung und Bahnvermessung von startenden Trägerraketen.

In Aussehen und Aufbau hatte die »G.«-Raumkapsel eine gewisse Ähnlichkeit mit der »Mercury«-Raumkapsel. Als 2-Mann-Gerät war sie jedoch entspr. größer, wobei ihre sehr beschränkte Masse (etwa 3,3 t) auf die Nutzmassekapazität der Trägerrakete »Titan 2« abgestimmt werden mußte. Das vollständige Raumfluggerät umfaßte neben der Rückkehrkapsel noch einen Zusatzteil, der in der Umlaufbahn mit der Kapsel verbunden blieb (Gesamtlänge 5,80 m). Diese Adapterbaugruppe (etwa 1,1 t) war zweiteilig. In dem an die Kapsel angrenzenden Ringteil befand sich lediglich das Bremssystem, während der rückwärtig anschließende Adapterring das Lagekorrektursystem, die 6 Bahnkorrekturtriebwerke (je 45 kp Schub) und einen Teil der Energieversorgungsanlage enthielt. Das Bremssystem bestand aus 4 Feststofftriebwerken mit kugelförmigen Brennkammern und jeweils 1135 kp Schub. Kurz vor dem Bremsmanöver wurde der äußerste Adapterring abgetrennt und nach Brennschluß der Bremstriebwerke auch der zweite Ring, so daß für den Wiedereintritt nur die reine Raumkapsel verblieb. Die hermetische Raumkabine war in Halbschalenbauweise aus Titanblech gefertigt und außen zum Schutz gegen Erwärmung mit Schindeln aus einer Sonderlegierung verkleidet. Das »G.«-Gerät hatte keinen Turmaufbau mit Rettungsraketen wie »Mercury«, dafür aber Schleudersitze für die Astronauten, die eine Rettungsmöglichkeit beim Start sowie bis in etwa 20 km Höhe boten. Das Katapultieren hätte gegebenenfalls durch die beiden Einstiegsluken, die zuvor automatisch geöffnet wurden, geschehen können.

In diesen Luken befanden sich auch die Sichtfenster für die Astronauten. Der turmartige Aufsatz der Kapsel enthielt das Bergungssystem (Fallschirme, Signalgeräte u. a.) sowie das Rendezvousradar. Außerdem befanden sich dort noch 2 Hilfsdüsensysteme, die der Lageregelung während der Eintrittsphase dienten. Das Klimasystem versorgte die Kabine mit einer reinen Sauerstoffatmosphäre unter einem Druck von 0,35 kp/cm^2. Die Astronauten trugen Raumanzüge, die für den Aufenthalt im freien Raum geeignet waren. Als Hauptenergieversorgung dienten Brennstoffzellen im hinteren Adapterring, nach dessen Abtrennung 5 Silber-Zink-Batterien, die sich in der Raumkapsel befanden. Außer mit dem Rendezvousradar war das Raumfluggerät noch mit einer

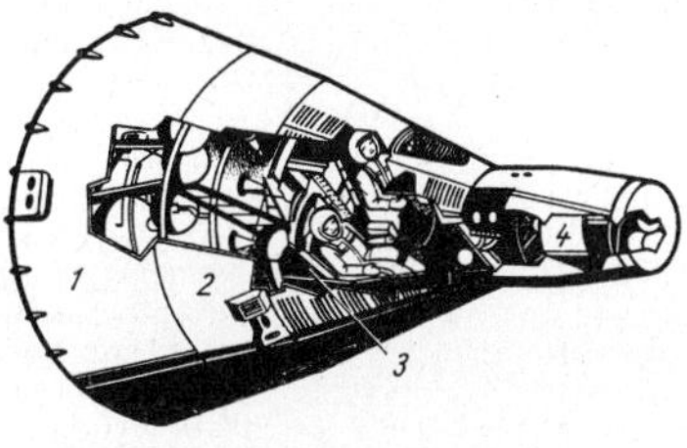

Aufbauschema des »Gemini«-Raumfluggeräts: 1 Adapterring mit Energieversorgung und Lage- sowie Bahnkorrektursystem, 2 Adapterring mit Bremstriebwerken, 3 Kabinenkapsel, 4 Geräte und Ausrüstungen

doppelten Sprechfunkanlage, 2 Peilsendern zur Bahnverfolgung, 3 Meßwertübertragungssendern, einem Transponder zur Radarerfassung und einem digitalen Kommandoempfangssystem ausgerüstet.

Der auf 2 Vorversuche mit unbemannten Kapseln folgende Flug von »G. 3« diente vornehmlich der Systemerprobung. Die anfängliche Apogäumshöhe von 229 km wurde nach dem ersten Umlauf mit Hilfe des Bahnkorrektursystems auf 171 km abgeändert. Weiterhin war von Interesse, daß erstmals eine Boden-Bord-Funkverbindung über einen Satelliten (»Syncom«) geleitet wurde. Der zweite Flug einer »G.«-Kapsel (»G. 4«) wurde bereits über 4d durchgeführt. Während der dritten Erdumkreisung führte → *White* ein Ausstiegsmanöver durch, bei dem er für 20 min freifliegend im Raum verblieb. Ein Annäherungsmanöver zwischen Raumkapsel und letzter Stufe des Trägersystems (»sekundäres« Rendezvous) mißlang jedoch, da

Edward White nach dem Ausstieg frei im Raum; in der rechten Hand ein Druckgas-Rückstoßgerät (Düsen an den Rohrenden), darauf eine Kamera

die Trägerstufe unerwartete bahnmechanische Störungen zeigte. Die Hauptaufgabe für »G. 7« bestand in einem 14tägigen Dauerflug. Während des Fluges sollte durch »G. 6« der Versuch eines Annäherungsrendezvous gemacht werden. Die beiden Raumflugkörper näherten sich bei diesem erstmaligen Experiment bis auf etwa 0,30 m und flogen in geringer Distanz mehrere Stunden gemeinsam um die Erde. Mit der Raumkapsel »G. 8« sollte zum erstenmal ein *Kopplungs-*(engl. *Docking-*) *Rendezvous* durchgeführt sowie mehrfach wiederholt werden, und einer der Astronauten (→ *Scott*) sollte während des auf 71 h angesetzten Flugs die Raumkapsel für einen vollen Erdumlauf verlassen. Das schwierige Kopplungsmanöver gelang; als Zielkörper diente ein rund 100 min vor dem »G.«-Start in Umlauf gebrachter »Agena«-Zielsatellit, der mit einem Kopplungsadapter ausgestattet war. Das Unternehmen mußte jedoch kurz nach der ersten Kopplung abgebrochen werden, da durch Fehlfunktion einer Lageregelungsdüse des »G.«-Systems gefährliche Taumelbewegungen des Raumflugkörpers eintraten. Nachdem es → *Armstrong* gelungen war, die Raumkapsel wieder zu stabilisieren, erging von der Bodenleitstelle die Anweisung zu einer Notlandung – weit von den sonst vorgesehenen Landeorten entfernt – im westlichen Teil des Pazifiks. Landung und Bergung verliefen mit bemerkenswerter Präzision und lieferten den wichtigen Nachweis, daß auch die für Zwischenfälle dieser Art vorgesehenen

Annäherungsrendezvous von »Gemini 6« (im Vordergrund) und »Gemini 7«

Maßnahmen eine gewisse Sicherheit zu bieten vermögen.
Der Start von »G. 9« (→ *Stafford* und → *Cernan*) mußte wegen technischer Schwierigkeiten zweimal verschoben werden. Am 17. Mai 1966 erreichte der neue »Agena«-Zielsatellit seine Umlaufbahn nicht. Beim zweiten Versuch (1. Juni 1966), bei dem als Ersatz für das nicht so schnell zu ersetzende »Agena«-Gerät ein → »ATDA«-Satellit gestartet worden war, ergab sich eine Störung im Bordrechner der Kapsel. Am 3. Juni glückten schließlich der Start von »G. 9« und das erste Annäherungsrendezvous an den »ATDA«-Satelliten. Ein Kopplungsmanöver konnte jedoch nicht durchgeführt werden, da sich die Verkleidung des Kopplungsadapters am »ATDA« nicht vollständig gelöst hatte. Dagegen war ein zweites und erstmalig ohne Radarhilfe ausgeführtes Annäherungsrendezvous erfolgreich. Das zweite Hauptexperiment des Unternehmens war ein Ausstieg *Cernans* von 125 min (5. Juni). Ein 7,60 m langes Verbindungs- und Versorgungskabel sicherte während dieser Zeit den ausgestiegenen Astronauten. Zu den teilweise bei geöffneten Kapselluken ausgeführten wissenschaftlichen Experimenten zählten Zodiakallicht-Photographie, Meteoriten-Sammelversuche, Horizont-Photographie und funktechnische Versuche.
Das Unternehmen »G. 10« wies eine Reihe von raumflugtechnischen Höhepunkten auf. Zunächst gelang zum zweitenmal ein Kopplungsrendezvous mit dem 100 min früher gestarteten Zielsatelliten »Agena 10«. Das Manöver wurde erstmalig nur mit bordeigenen Navigations- und Rechenhilfen ausgeführt, hatte jedoch einen unerwartet hohen Verbrauch an Treibstoff zur Folge. Nach der Kopplung wurde der Antrieb der »Agena«-Stufe von »G. 10« aus erneut gezündet und gesteuert. Mit seiner Hilfe gelang erstmalig die beträchtliche Bahnänderung von 297 km auf 767 km Höhe, die größte bis dahin überhaupt von Menschen erreichte Höhe. Dieses Manöver war als sehr heikel angesehen worden, da zuvor keine klaren Vorstellungen über die Stabilität eines solchen gekoppelten Systems bestanden. Unter erneuter Verwendung des »Agena-10«-Antriebs führte → *Young* »G. 10« wieder auf

Start einer »Titan« mit »Gemini«-Raumkapsel

Flüge bemannter Raumkapseln vom Typ »Gemini«

Raumfahrzeug	Astronauten	Starttag	Flugdauer	Umläufe	Perigäumshöhe (km)	Apogäumshöhe (km)
»Gemini 3«	Grissom Young	23. 3. 1965	4h 53min	3	160/160*	229/171*
»Gemini 4«	McDivitt White	3. 6. 1965	4d 1h 56min	62	160	280
»Gemini 5«	Cooper Conrad	21. 8. 1965	7d 22h 56min	119	162	346
»Gemini 6«	Schirra Stafford	15. 12. 1965	1d 1h 51min	16	160/296*	257/296*
»Gemini 7«	Lovell Borman	4. 12. 1965	13d 18h 35min	205	221/296*	326/296*
»Gemini 8«	Armstrong Scott	16. 3. 1966	10h 42min	6,5	160/298*	275/298*
»Gemini 9«	Stafford Cernan	3. 6. 1966	3d 0h 21min	45	159/296*	269/297*
»Gemini 10«	Young Collins	18. 7. 1966	2d 22h 47min	44	160/297*/385*	267/297*/ 767*/385*
»Gemini 11«	Conrad Gordon	12. 9. 1966	2d 23h 17min	45	161/290*	308/1367*/ 290*
»Gemini 12«	Lovell Aldrin	11. 11. 1966	3d 22h 35min	59	160/297,5*	269/297,5*

* nach Bahnänderungsmanöver

eine Höhe von 385 km herab und leitete damit ein Annäherungsrendezvous mit dem schon im März für »G. 8« gestarteten Zielsatelliten »Agena 8« ein. Als sich »G. 10« nach Trennung von »Agena 10« dem zweiten Zielsatelliten genügend genähert hatte, verließ → *Collins* die Raumkapsel zu einem auf 55 min angesetzten Freiflug und demontierte dabei ein Meßgerät (Mikrometeoritendetektor) von »Agena 8«. Die Befestigung eines Ersatzdetektors gelang ihm nicht, und bei der Rückkehr in die Raumkapsel ging seine Handkamera verloren. Wegen der stark verringerten Treibstoffreserve von »G. 10« wurde das Ausstiegsexperiment auf 25 min verkürzt.

Bei »G 11« gelang es, mit dem 100 min früher gestarteten Zielsatelliten »Agena 11« sofort beim ersten Umlauf ein Kopplungsmanöver durchzuführen. Dieses Verfahren hat vor allem große Bedeutung für Rettungsmanöver bei eventuell havarierten bemannten Raumflugkörpern in Erdumlaufbahnen. Im weiteren Verlauf des Unternehmens führten die beiden Astronauten verschiedene wissenschaftliche Experimente und photographische Arbeiten aus, zum Teil bei länger geöffneten Kabinenluken. Später verließ → *Gordon* die Kabine für 44 min (ursprünglich waren 115 min angesetzt). Es zeigte sich erneut, daß die großen Belastungen eines Ausstiegs längerer Dauer und mit Arbeitsauftrag bald zu einer beträchtlichen Erschöpfung des ausgestiegenen Raumfahrers führten und Komplikationen mit dem »G.«-Klimaregelungssystem ergaben. *Gordon* barg ein außen am Adapterteil angebrachtes Kernspuremulsionspaket und befestigte zwischen den beiden Komponenten des gekoppelten Systems eine Verbindungsleine. Später führte → *Conrad* das gekoppelte System unter Verwendung des »Agena«-Triebwerkes in die Rekord-Apogäumshöhe von rund 1370 km, womit »G. 11« als erster bemannter Raumflugkörper unmittelbar bis an die untere Randzone des inneren Strahlungsgürtels vorstieß. 3 h später wurde der Abstieg auf 290 km Bahnhöhe durchgeführt. Nach der Trennung von »Agena 11« manövrierte *Conrad* die beiden – noch durch die Leine verbundenen – Raumflugkörper in eine Rotationsbewegung um den gemeinsamen Masseschwerpunkt. Damit wurde der Vorversuch zu einem Verfahren gemacht, mit dessen Hilfe später eventuell in bemannten Raumflugkörpern ein Schwerkraftersatz durch Fliehkraftandruck geschaffen werden soll. Bei einer Umdrehung des Systems in 9 min entstand ein Andruck von 0,00015 g. Mit »G. 12« fand das»G.«-Programm seinen erfolgreichen Abschluß. Neben Routineexperimenten auf dem Rendezvoussektor (»Agena-12«-Zielsatellit) und verschiedenen militärischen und wissenschaftlichen Beobachtungsprogrammen diente dieses Unternehmen vornehmlich der Untersuchung verbesserter Methoden und bioastronautischer Bedingungen bei

Ausstiegen. → *Aldrin* blieb dabei 126 min (13 min länger als vorgesehen) im Freiflug außerhalb der Raumkabine, ohne, trotz größerer Arbeitsbelastung, die bei früheren Ausstiegen aufgetretenen starken Erschöpfungserscheinungen zu zeigen.

Gemischbildung: Sammelbegriff für alle Vorgänge in der Brennkammer eines Flüssigkeitsraketentriebwerks, die notwendig sind, um die eintretenden Treibstoffkomponenten in den für den Verbrennungsablauf günstigsten Zustand zu versetzen. Man spricht in diesem Zusammenhang auch häufig von *Gemischaufbereitung*. Dazu gehören die Auflösung des Treibstoffstroms in feinverteilte Tröpfchen und möglichst gleichzeitige intensive Mischung von Oxydator und Brennstoff.

Zur Einleitung einer intensiven chemischen Reaktion zwischen den beiden Treibstoffkomponenten müssen diese in dampfförmigen Zustand versetzt werden. In einem gezündeten Triebwerk geschieht dies durch Wärmeaufnahme aus den reagierenden Substanzen. Damit dieser wichtige Verdampfungsprozeß möglichst wenig Zeit in Anspruch nimmt – da u. a. die Brennkammerdimensionen davon abhängig sind –, muß für eine möglichst feine Zerteilung der eintretenden Treibstoffe gesorgt werden. Es genügt also nicht, wie zuweilen fälschlich angenommen wird, jede Komponente durch eine recht große Öffnung in die Brennkammer zu befördern, um einen möglichst hohen Treibstoffdurchsatz zu erzielen. Das Ergebnis wäre durchaus gegenteilig. Mangelhafte Zerteilung und Mischung der beiden Treibstoffströme würden kaum einen sicheren Verbrennungsablauf ergeben, und der größte Teil des Treibstoffes würde unverbrannt durch die Ausströmdüse das Triebwerk verlassen. Eine gute G. ist somit eine der wichtigsten Grundvoraussetzungen für günstiges → Zündverhalten der Treibstoffkombination, ruhigen Verbrennungsablauf und beste energetische Ausnutzung des Treibstoffdurchsatzes. Den entscheidenden äußeren Einfluß auf die G. üben vor allem Typ und Anordnung der → Einspritzorgane aus. Diese übernehmen unter Ausnutzung des → Einspritzdrucks die Zerteilung der Treibstoffe in feine und feinste Tröpfchen. Die Mischung der Treibstoffkomponenten kann bereits im flüssigen Zustand durch Zusammenfließen der Tröpfchen und eventuelle gegenseitige Lösung des Oxydators und des Brennstoffs beginnen, geschieht jedoch vor allem erst in der gasförmigen Phase der Komponenten. Die für das Vorwärmen und Verdampfen erforderliche Wärme wird den Treibstofftröpfchen einmal durch die Wirbelbewegung schon erwärmter Gase im Brennkammerkopf, zum anderen durch die Wärmestrahlung aus dem reagierenden Gasvolumen und von der heißen Brennkammerwand her zugeführt. Eine sehr große Bedeutung für die Wärmeübertragung auf die Tröpfchen hat die Verwirbelung, die gleichzeitig zur mechanischen Mischung der verdampften Treibstoffe erheblich beiträgt. Die G. sollte jeweils auf einen möglichst kleinen Teil des Brennkammervolumens beschränkt bleiben, um bei kleinster Auslegung der Brennkammer einen hinreichend großen Raum für den möglichst vollständigen Ablauf des eigentlichen Verbrennungsprozesses nutzbar zu machen. Die konstruktive Lösung für das Einspritzsystem bildet somit eine ausschlaggebende Einflußgröße für Leistung und Wirkungsgrad eines Flüssigkeitsraketentriebwerks.

»Genie«: einstufige Feststoffrakete (USA), die als ungelenkte Luft-Luft-Rakete mit einem nuklearen 1,5-kt-Gefechtskopf ausgerüstet ist. Ihre Länge beträgt 2,4 m und ihre Startmasse 410 kg. Die Reichweite wird mit etwa 10 km angegeben.

geodätischer Satellit: künstlicher Erdsatellit, der speziell mit optischen oder funktechnischen Einrichtungen zur äußerst präzisen Ortsbestimmung und Bahnvermessung durch Bodenstationen ausgerüstet ist. Aus den durch die Ortsbestimmungen laufend erhaltenen exakten Bahndaten lassen sich sehr genaue Werte für Größe und Form des Erdkörpers ableiten, Anomalien des Erdgravitationsfelds feststellen und die Positionen von Punkten auf der Erdoberfläche – auch bei interkontinentalen Entfernungen bzw. isolierter Lage (z. B. Inseln) – auf wenige Meter genau bestimmen. Letzteres war zuvor nur mit einer Genauigkeit von einigen hundert Metern und mehr möglich. Als Ortungshilfen im Satelliten werden ein hochintensives Blitzlichtsystem, Laser-Reflektoren oder Radar-Transponder (für Doppler-Messungen) eingesetzt. → »GEOS«.

Geokorona → Erdkoma.

geophysikalische Rakete → Höhenrakete.

»GEOS« [Abk. für engl. **Geo**detical **S**atellite]: Satelliten des »Explorer«-Programms, die geodätischen Untersuchungen dienen. »G. 1« (»Explorer 29«) wurde am 6. Nov. 1965 in eine Bahn zwischen 1100 und 2300 km Höhe gebracht. Er hat 175 kg

Masse, die Form einer achteckigen Schachtel (Durchmesser 122 cm) mit Aufsätzen auf den Deckflächen und ist als erster NASA-Satellit mit einer → Schwerkraftgradienten-Stabilisierung ausgestattet. Der Stabilisierungsausleger ist ausfahrbar und hat eine Länge von 18,25 m. An 4 der 8 Seitenflächen des Grundkörpers befinden sich Xenonlampen, deren kommandogesteuerte Lichtblitze eine exakte Ortung ermöglichten. Die Entfernung des Satelliten von der Bodenstation wird mit Hilfe eines Laserstrahls vermessen, der durch 322 silberverspiegelte Quarzprismen am Satelliten reflektiert wird.
»G. 2« (»Explorer 36«) gelangte am 11. Jan. 1968 in eine Umlaufbahn zwischen 1106 und 1470 km Höhe. Seine Masse beträgt 212 kg und seine Ausrüstung ist der von »G. 1« weitgehend ähnlich, zuzüglich einiger Einrichtungen für funktechnische Ortungsverfahren.

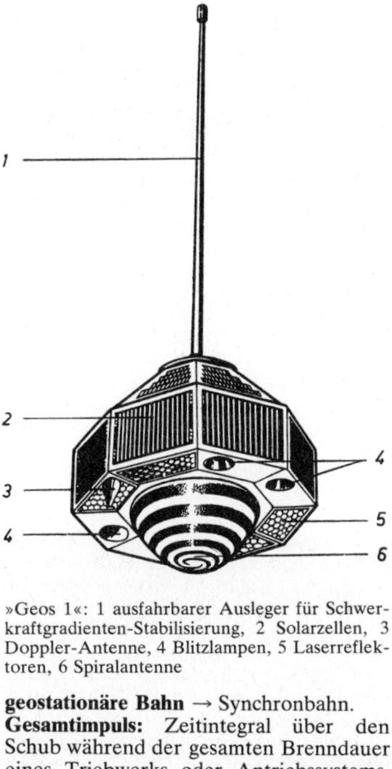

»Geos 1«: 1 ausfahrbarer Ausleger für Schwerkraftgradienten-Stabilisierung, 2 Solarzellen, 3 Doppler-Antenne, 4 Blitzlampen, 5 Laserreflektoren, 6 Spiralantenne

geostationäre Bahn → Synchronbahn.
Gesamtimpuls: Zeitintegral über den Schub während der gesamten Brenndauer eines Triebwerks oder Antriebssystems. Im letzten Fall ist der G. die Summe der Totalimpulse aller Einzeltriebwerke des Systems, auch wenn diese auf mehrere Stufen verteilt sind.
Gesamtmassenverhältnis → Raketengrundgleichung.
Geschoßwerfer svw. Raketenwerfer.
Gesellschaft für Weltraumforschung, Abk. **GfW:** 1. Am 18. Aug. 1937 von *Hans K. Kaiser* mit dem Sitz in Köln gegr. Nachfolgegesellschaft des »Vereins für Raumschiffahrt«; gab ab 1940 die Zeitschrift ›Weltraum‹ heraus, war aber während des zweiten Weltkriegs zur Einschränkung der Arbeit gezwungen und wurde 1945 aufgelöst. – 2. Am 29. Jan. 1948 durch *Heinz Hermann Kölle* und *Gerhards* mit dem Sitz in Stuttgart neugegr. Gesellschaft, 1956 in → »Deutsche Gesellschaft für Raketentechnik und Raumfahrt« umbenannt. – 3. 1962 in Westdeutschland geschaffene Gesellschaft (GmbH), die die vom Ministerium für wissenschaftliche Forschung beschlossenen und finanzierten industriellen Forschungs- und Entwicklungsvorhaben zur Weltraumforschung lenken und dabei gleichzeitig wissenschaftlichen und technischen Nachwuchs fördern soll.
»GGTS« [Abk. für engl. **G**ravity **G**radient **T**est **S**atellite]: Satellit zur Untersuchung von Verfahren zur → Schwerkraftgradienten-Stabilisierung in angenäherten oder echten → Synchronbahnen. »GGTS 1« (46 kg) wurde am 16. Juni 1966 in eine angenäherte Synchronbahn (33 700 km) gebracht. Weitere Satelliten dieses Typs wurden in Multiple-Starts militärischer Geheimsatelliten einbezogen, wodurch keine zuverlässigen Daten verfügbar sind.
Gierachse → Raketenachsen.
Gipfelhöhe: Punkt in der Bahn einer Höhenrakete oder ballistischen Fernrakete, der am weitesten von der Erdoberfläche entfernt ist. Die G. ist bei Vertikalaufstiegen (Höhenrakete) nur vom Antriebsvermögen, bei einer Fernrakete außerdem noch vom Neigungswinkel des Schubvektors gegen die Horizontale im Brennverschlußpunkt abhängig. Für niedrig liegende Brennschlußhöhen muß bei Berechnung der G. der Luftwiderstand berücksichtigt werden.
GIRD [Abk. für russ. »**G**ruppa **I**sutschenija **R**eaktiwnogo **D**wishenija«, »Gruppe zum Studium der Rückstoßbewegung«]: 1. Innerhalb des Verbandes »Ossoaviachim« 1931 in Moskau *MosGIRD,* Leningrad *LenGIRD* sowie später in Charkow, Baku u. a. Städten der Sowjetunion gegr. gesellschaftliche Organisation, die eine Förderung des Raumfahrtgedankens und der Entwicklung der Raketen- und Raumflug-

technik zum Ziel hatte. – 2. Im Juni 1932 auf Beschluß des Präsidiums des Zentralrats des »Ossoaviachim« als zentrale Forschungs- und Entwicklungsorganisation für Raketen- und Raumfahrttechnik in Moskau geschaffene Einrichtung, die in Zusammenarbeit mit dem → Gasdynamischen Laboratorium eine wichtige Rolle in der Entwicklung der sowjetischen Raketen- und Raumfahrtforschung spielte. Leiter der vereinigten Gruppe war der Vorsitzende des wissenschaftlich-technischen Rates der MosGIRD, → *Koroljow*. Der GIRD wurde auch die Arbeitsgruppe von → *Zander* eingegliedert, die sich bis dahin selbständig innerhalb der MosGIRD mit der Entwicklung von Flüssigkeitstriebwerken (»OR«-Reihe) für den Raketengleiter »RP-1« beschäftigt hatte. Ab Aug. 1932 wurde die GIRD von der Verwaltung militärischer Erfindungen der Roten Armee finanziert. Die eine Abteilung befaßte sich mit der Entwicklung von ballistischen Flüssigkeitsraketen, Staustrahltriebwerken und gasdynamischen Forschungsanlagen sowie von Raketengleitern und Raketenflugkörpern. Leiter dieser Abteilungen waren → *Tichonrawow, J. A. Pobedonoszew* und → *Koroljow*. Daneben wurden Abteilungen für Produktion und Prüfstandarbeiten eingerichtet. Erste Aufgabe der GIRD war die Grundlagenforschung an Flüssigkeitsraketen mit den Treibstoffkombinationen Flüssigsauerstoff-Benzin bzw. -Äthylalkohol. Daneben wurden Experimente zur Zündung metallischer Brennstoffe in Luft durchgeführt. Am 17. Aug. 1933 wurde die erste sowjetische Flüssigkeitsrakete → »GIRD-09« und am 25. Nov. 1933 die → »GIRD-X« gestartet. Weiterhin wurden eine Reihe von ballistischen Flüssigkeitsraketen und Flügelraketen, verschiedene Flüssigkeitstriebwerke sowie ein Hybridtriebwerk »09« entwickelt und erprobt. Außerdem fanden Flugerprobungen mit Modellen von Staustrahltriebwerken statt, die aus einer Kanone verschossen wurden. Ein Überschall-Windkanal wurde gebaut und die Arbeit an Pumpensystemen zur Treibstoffförderung fortgesetzt. Ende 1933 kam es zur Vereinigung von GIRD und dem Gasdynamischen Laboratorium zum »*Wissenschaftlichen Institut zur Erforschung des Rückstoßes*«. Aus der GIRD gingen zahlreiche Wissenschaftler und Techniker hervor, die bedeutende Beiträge zur Entwicklung der sowjetischen Raketen- und Raumfahrtforschung lieferten.

MosGIRD. Zu den Organisatoren und aktivsten Kräften dieser am 18. Aug. 1931 gegr. Gruppe gehörten *Zander* (erster Leiter), *Koroljow* (Nachfolger von Zander), *B. I. Tscheranowski, W. P. Wetschinkin* und *J. A. Pobedonoszew* sowie Vertreter der Öffentlichkeit. Die Gruppe entfaltete mit Vorlesungen, Vorträgen und auf literarischem Gebiet eine umfang- und erfolgreiche Öffentlichkeitsarbeit, organisierte Lehrgänge über die Theorie der Rückstoßbewegung und begann mit Projektierungen und Entwicklungen zu Flüssigkeitsraketentriebwerken für Flugzeuge. 1932 ging die Mehrzahl der Mitglieder der Moskauer Gruppe in der zentralen Forschungs- und Entwicklungs-GIRD auf. Dem verbliebenen Kreis der MosGIRD wurden 1934, unter Umbenennung in »*Reaktive Gruppe des Zentralen Sowjets des Ossoaviachim*«, auch weiterhin propagandistische und bildende Aufgaben übertragen, die sie bis zum Ende der dreißiger Jahre erfolgreich fortsetzte. Außerdem wurde in dieser Gruppe eine ganze Reihe kleiner Experimentalraketen geschaffen.

LenGIRD. In dieser im Nov. 1931 geschaffenen Gruppe gehörten *J. I. Perelman, N. A. Rynin, W. W. Rasumow* (erster Vorsitzender der Gruppe) sowie *A. N. Stern, E. E. Tschertowski, M. W. Gashala, I. N. Samarin* und *M. W. Matschinski* zu den Organisatoren und aktivsten Kräften. Große Unterstützung fand die LenGIRD bei Mitarbeitern des Gasdynamischen Laboratoriums. Es wurde ebenfalls erfolgreiche Öffentlichkeitsarbeit geleistet und mit kleinen Feststoffraketen experimentiert. Im Herbst 1932 wurden Lehrgänge zur Theorie der Rückstoßbewegung eingerichtet. 1934 wurde die Gruppe in eine »Sektion für Rückstoßbewegung« umgebildet, die unter Leitung von *M. W. Matschinski* die Öffentlichkeitsarbeit fortsetzte, Versuche über die Auswirkung von Andruckbelastungen auf Lebewesen anstellte und bis zum Ausbruch des 2. Weltkrieges verschiedene Modelle von Flüssigkeitstriebwerken und -raketen entwickelte.

»GIRD-X«: eine der ersten sowjetischen Versuchsraketen mit Flüssigkeitstriebwerk; sie wurde in der → GIRD nach Vorarbeiten durch → *Zander* unter Leitung von → *Koroljow* entwickelt. Die Rakete hatte eine Länge von 2,2 m und eine Masse von 29,5 kg (8,3 kg Treibstoff). Das mit Flüssigsauerstoff und Äthylalkohol sowie Druckgasförderung arbeitende Triebwerk erzeugte einen Schub von 70 kp. Der Start erfolgte am 25. Nov. 1933; die Konstruk-

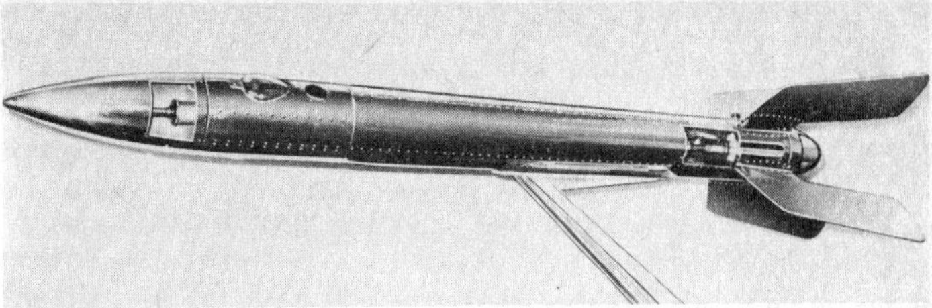

Versuchsrakete »GIRD-09«

tion wurde in nachfolgenden sowjetischen Raketen weiterentwickelt (1935/37).

»GIRD-09«: erste sowjetische Versuchsrakete mit Flüssigkeitstriebwerk, die von der → GIRD unter Leitung von → *Koroljow* nach einem Entwurf von → *Tichonrawow* entwickelt wurde. Die Rakete hatte eine Länge von 2,4 m und eine Masse von 19 kg (5 kg Treibstoff). Das mit Flüssigsauerstoff – der durch den eigenen Verdampfungsgasdruck in die Brennkammer gepreßt wurde – und Hartbenzin, das sich in der Brennkammer befand, arbeitende Triebwerk liefert einen Schub von 50 kp. Beim ersten Start am 17. Aug. 1933 wurde eine Höhe von etwa 400 m erreicht. 1934 wurde eine kleine Serie von Raketen des gleichen Typs (»GIRD-13«) gebaut, mit denen Aufstiege bis in 1500 m Höhe gelangen. Die Entwicklung der »GIRD«-Raketen bildete den Ausgangspunkt für die weiteren Arbeiten an Flüssigkeitsraketen in der Sowjetunion.

Glenn, *John Herschel*: US-amerikanischer Astronaut, geb. 18. Juli 1921 Cambridge (Ohio), führte am 20. Febr. 1962 als erster Amerikaner in einer → »Mercury«-Raumkapsel (»Friendship 7«) einen etwa fünfstündigen Raumflug aus (3 Umläufe). – G. war zunächst Militärflieger und zuletzt Testpilot des Marinekorps.

Globalraketen: Bezeichnung für militärische Trägerraketen mit großer bis extremer Nutzmassekapazität und einer Reichweite bis zu 20000 km und mehr. Das große Antriebsvermögen dieser Raketen ermöglicht einen Anflug auf das Zielgebiet aus beliebiger Richtung, also auch gegen die Erdrotationsrichtung. Als Flugbahn kommt erstens eine langgestreckte und damit weit in den Raum hinausreichende Ellipse in Betracht (*ballistische G.*), deren einer Brennpunkt im Massenzentrum der Erde liegt. Der Freiflugbahnteil beginnt etwa über dem Startort und endet im Ziel (bei Vernachlässigung eines Startlenkprogramms und des Luftwiderstands beim Zielanflug). Die Abwehr eines so gestarteten Kampfkopfes ist aufgrund der hohen Geschwindigkeit, mit der sich dieser am Ende der Abstiegsbahn der Erdoberfläche nähert (etwa 9 bis 10 km/s), außerordentlich schwierig. Zweitens können G. ins Ziel auf einer sehr erdnahen Satellitenteilbahn fliegen; man bezeichnet sie dann als *Orbitalraketen*. Diese Raketen oder besser ihre Kampfköpfe brauchen gegebenenfalls keinen vollen Umlauf um die Erde auszuführen. Ihre Abstiegs- und damit Zielannäherungsbahn ist, wegen der komplizierten aerodynamischen Einflüsse in der Hochatmosphäre und möglicher zusätzlicher aerodynamischer Flugsteuerung für den Gegner bahnmechanisch kaum zu erfassen, wodurch die Abwehr sehr erschwert wird. Über einsatzfähige G. der Kategorie »Orbitalrakete« verfügt bisher ausschl. die Sowjetunion.

Goddard, *Robert Hutchings*: Physiker, geb. 5. Okt. 1882 Worcester (Mass., USA), gest. 10. Aug. 1945, Professor für Mathematik und Physik in Worcester und Princeton, beschäftigte sich von 1912 an als erster Wissenschaftler der USA mit dem Raketenproblem. Dabei leitete ihn allerdings nicht der Gedanke an die Raumfahrt, wie es bei den europäischen Raketenpionieren überwiegend der Fall war, sondern vielmehr ein grundlegendes physikalisches Interesse am Raketenprinzip als Antriebsmittel für Höhen- und Fernflugkörper. Seine Arbeiten führte er in größter Zurückgezogenheit aus. 1915/16 machte er Versuche mit Feststofftreibsätzen in Brennkammern mit hochpolierten Ausströmdüsen, die er teilweise sogar in Vakuumröhren durchführte. Seine vielseitigen Erfahrungen legte er in der 1919 erschienenen Schrift ›A method of reaching extreme altitudes‹ (Eine Methode zum Erreichen sehr großer Höhen) nieder, die damit zu den klassischen Standardwerken der Raketenpionierzeit wurde. 1920 wandte er sich flüssigen Treibstoffen zu und entschied sich dabei für Flüssigsauerstoff und Benzin. Er entwickelte ein Flüssigkeitstriebwerk mit Pumpenförderung und startete schließlich nach langwieriger Entwicklungsarbeit am 16. März 1926 die erste Flüssigkeitsrakete der Erde. Nach 2,5 s Flugzeit schlug die Rakete jedoch wieder auf dem Boden auf. Am 17. Juli 1929 erfolgte ein weiterer Startversuch, bei dem die 3 m lange Rakete 300 m Höhe erreichte, dann aber explodierte. G. erkannte sehr bald die Schwierigkeiten und Probleme einer hinreichenden Stabilisierung der Rakete beim Aufstieg. Er schuf daraufhin die erste praktisch eingesetzte Raketenstabilisierung mit Steuerkreisel und Strahlruder. Die damit ausgerüstete Rakete stieg am 19. April 1932 in einwandfreiem Flug auf eine Höhe von einigen hundert Metern. Seine Entwicklungen auf diesem Gebiet schloß G. mit dem erfolgreichen Aufstieg einer Rakete ab, die am 31. Mai 1935 eine Höhe von rund 2300 m erreichte. Neben dem selbstlosen Einsatz persönlicher finanzieller Mittel verhalfen ihm vor allem die Zuschüsse aus verschiedenen Stiftungen (Smithsonian, Guggenheim) zur Durchführung seiner Arbeiten, die in den letzten Lebensjahren allerdings ausschl. militärischen Konzeptionen unterlagen (US-Navy). Nach G. hat das »G. Space Flight Center« (»G.-Raumfahrt-Zentrum«) in Greenbelt (Maryland) seinen Namen.

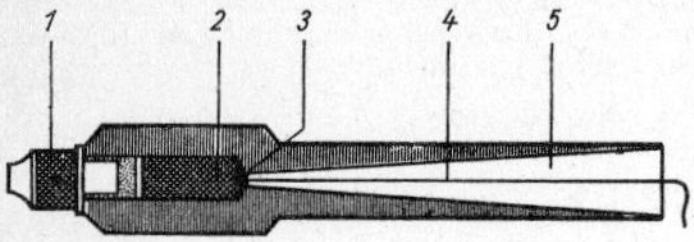

Schema eines Feststoff-Versuchstriebwerks von Goddard: 1 Verschlußbolzen, 2 Preßpulver, 3 Zündkapsel, 4 Zünddraht, 5 Ausströmdüse

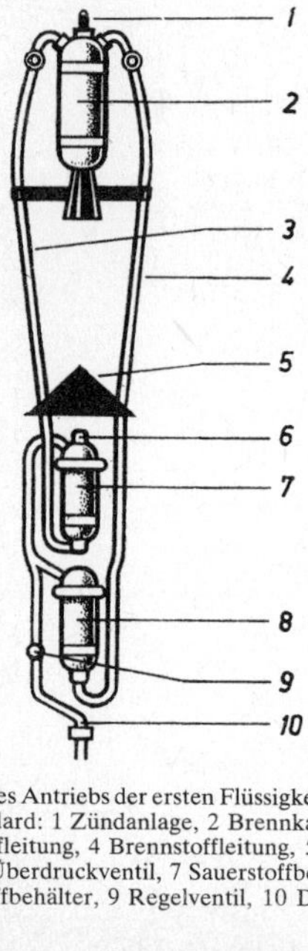

Schema des Antriebs der ersten Flüssigkeitsrakete von Goddard: 1 Zündanlage, 2 Brennkammer, 3 Sauerstoffleitung, 4 Brennstoffleitung, 5 Schutzkegel, 6 Überdruckventil, 7 Sauerstoffbehälter, 8 Brennstoffbehälter, 9 Regelventil, 10 Druckgasleitung

Goonhilly Downs: in der Nähe der britischen Westküste (Cornwall) gelegene Bodenrelaisstation für Funk- und Fernsehübertragungen zwischen Europa und den USA mittels Nachrichtensatelliten.

Gorbatko, *Viktor*: sowjetischer Kosmonaut, geb. 1934 im Kubangebiet, nahm vom 12. bis 17. Okt. 1969 als Forschungsingenieur mit → *Filiptschenko* und → *Wolkow* in »Sojus 7« am ersten Dreiergruppenflug (mit »Sojus 6« und »Sojus 8«) teil. – G. kam 1953 an die Militärfliegerschule Bataisk und diente danach bei den Luftstreitkräften. 1968 schloß er eine höhere Ingenieurausbildung an der Shukowski-Ingenieurakademie ab.

Gordon, *Richard*: US-amerikanischer Astronaut, geb. 5. Okt. 1929 Seattle (Wash.), führte vom 12. bis 15. Sept. 1966 zusammen mit → *Conrad* in der Raumkapsel »Gemini 11« einen Raumflug durch und dabei einen Ausstieg von 44 min Dauer aus. Vom 14. bis 24. Nov. 1969 nahm er gemeinsam mit → Conrad und → Bean in »Apollo 12« am zweiten Mondlandeunternehmen teil, bei dem er während des Abstiegs der Mondfähre als Pilot in der Kommandokabine verblieb. – G. ist Marineoffizier, schloß 1951 ein Fachstudium der Chemie an der Universität Washington ab und war ab 1953 in verschiedenen Erprobungseinheiten der US-Navy tätig.

Gravitationsgesetz: von dem Physiker *Isaac Newton* (1643–1727) gefundenes Gesetz, nach dem die Anziehungskraft K (*Gravitation*) zwischen 2 Körpern der Massen m_1 und m_2 dem Produkt aus diesen Massen direkt und dem Quadrat ihres Abstands r umgekehrt proportional ist:

$$K = G\frac{m_1 \cdot m_2}{r^2}$$

Der Faktor *G* bezeichnet dabei die universell gültige *Gravitationskonstante,* für die sich der Wert $6{,}674 \cdot 10^{-11}\ m^3/kg \cdot s^2$ ergibt, wenn die Massen in kg, der Abstand in m und die Kraft in dyn ausgedrückt werden. Das G. stellt die grundlegende Beziehung für die Himmelsmechanik in der Astronomie und für die Bahnmechanik in der Raumflugtechnik dar.

»Greb«, später auch »*SR*«-*Satellit,* »*Solarad*« oder »*Solrad*« [Abk. für engl. **s**olar **r**adiation = Sonnenstrahlung]: Meßsatelliten (USA), die anfangs zusammen mit → »Transit«, danach auch mit anderen militärischen Satelliten gestartet und in der Umlaufbahn von diesen getrennt wurden; sie dienten ausschl. der Untersuchung der solaren Röntgenstrahlung. Der Satellitenkörper war kugelförmig (Durchmesser 0,51 m) und mit mehreren kreisförmigen Solarzellenflächen sowie 4 Stabantennen besetzt. »G. 1« (Masse 19,1 kg) gelangte am 22. Juni 1960 mit »Transit 2 A« in seine Umlaufbahn, die der des Hauptsatelliten sehr ähnlich war. Bis März 1965 folgten noch weitere 6 »G.«- bzw. »SR«-Satelliten.

Grissom, *Virgil*: US-amerikanischer Astronaut, geb. 3. April 1926 Mitchell (Ind.), gest. (verunglückt bei Bodenerprobung einer »Apollo«-Kommandokapsel) 27. Jan. 1967 Cape Kennedy, führte am 21. Juli 1961 in einer »Mercury«-Raumkapsel (»Liberty Bell 7«) einen ballistischen Versuchsflug durch und nahm mit → *Young* am 23. März 1965 am ersten Flug (3 Umläufe) einer bemannten → »Gemini«-Raumkapsel teil. – G. war Kampfflieger und legte 1950 sein Ingenieurexamen ab. Bis 1955 besuchte er die Technologische Universität der Luftwaffe, wurde 1956 Testpilot und 1959 als Raumfahrer ausgewählt.

Grobstrahllenkung → Leitstrahllenkung.

große Halbachse → Bahnelemente.

Grundgleichung → Raketengrundgleichung.

Grundstufe → Stufenprinzip.

Grundverhältnis: Rechengröße, die als Quotient aus der Startmasse einer Rakete und der transportierten Nutzmasse gebildet wird. Das G. ist eine wichtige technische Vergleichsgröße für die Leistungsfähigkeit von Trägerraketen. Da aber die Nutzmasse von der jeweiligen Flugmission abhängig ist, kann das G. für ein und dieselbe Trägerrakete sehr verschieden sein, so daß Vergleiche zwischen verschiedenen Trägersystemen nur dann Sinn haben, wenn sie auf die gleiche Flugmission bezogen werden. Die für die ökonomische Verbesserung der Raumflugtechnik sehr wichtige Verkleinerung des G. wird im wesentlichen von den Verbesserungen in der Antriebstechnik, den allgemeinen Fortschritten im Leichtbau und der sehr wichtigen Komponenten- und Systemvereinfachung (vor allem Verringern des für die Steuerungsanlage benötigten Aufwands) bestimmt. Lag das G. für mehrstufige Flüssigkeitsgroßraketen zu Beginn der praktischen Raumfahrtepoche (1956/57), eine erdnahe Satellitenbahn vorausgesetzt, i. allg. noch zwischen etwa 500 und 100, so sind gegenwärtig schon Trägersysteme verfügbar, deren G. nur noch etwa zwischen 30 und 25 und teilweise sogar noch etwas darunter liegt.

H

Haise, Fred: US-amerikanischer Astronaut, geb. 14. Nov. 1933 Biloxi (Mississippi), nahm vom 11. bis 17. April 1970 mit → Lovell und → Swigert in »Apollo 13« an einem vorzeitig wegen Havarie des Raumfahrzeugs abgebrochenen Mondflugunternehmen teil. – H. war Militärflieger und später Testpilot, er kam 1966 zur Astronautengruppe.

Halterost → chemisches Raketentriebwerk.

Hammaguir: frz. Raketenversuchsgelände in der Sahara (Algerien), das außer für Versuche mit militärischen Raketen auch als Startplatz für Satelliten-Trägerraketen (→ »Diamant«) und der französischen Zweitstufe der → »Europa-1«-Trägerrakete diente, aber am 1. Juli 1967 aufgrund vertraglicher Vereinbarungen mit Algerien von Frankreich geräumt wurde. Als Ersatz wurden Forschungszentren und Raketenstartplätze in Frankreich, Französisch-Guayana sowie auf frz. Inseln im Pazifik eingerichtet.

Handsteuerung: System zur Fluglageregelung eines bemannten Raumflugkörpers durch manuelle Eingriffe. Als Stellvorrichtung dient ein steuerknüppelähnlicher Handgriff, der analog den 3 Achsen des Raumflugkörpers (→ Raketenachsen) bewegt werden kann (Drehen für die Gierachse, Drücken und Ziehen für die Stampfachse, Querneigungen für die Rollachse). Als Referenzgeber für die Kontrolle bei der Fluglageregelung dienen optische Lageanzeiger.

harte Landung: Begriff, der umgangssprachlich häufig für den Aufprall eines Raumflugkörpers auf der Mondoberfläche verwendet wird. Die h. L. ist stets mit einer völligen oder weitgehenden Zerstörung des Raumflugkörpers verbunden und widerspricht somit eigentlich dem landläufigen Sinn des Begriffs »Landung«. → weiche Landung.

»Hawk« [engl., Habicht]: einstufige Feststoffrakete (USA), die als gelenkte Boden-Luft-Rakete hauptsächlich zum Einsatz gegen Tiefflieger bestimmt ist. Sie wird von geländegängigen Drillings- und Vierlings-Selbstfahrlafetten gestartet, die lufttransportfähig sind. Die Rakete weist eine Länge von 5,10 m (Durchmesser 0,35 m) und eine Spannweite der langgestreckten Delta-Leitflächen von 1,20 m auf. Ihre Startmasse beträgt 550 kg und ihre Reichweite etwa 35 km. Der Gefechtskopf kann mit konventionellem oder mit Kernsprengstoff gefüllt werden. Das Lenksystem arbeitet mit Leitstrahl- und Zielsuchlenkung.

»Hawk«-Raketen auf einer fahrbaren Drillingslafette

Heckflossen: außen am Heck mancher Raketen angebrachte Flächen, die der aerodynamischen Stabilisierung (*Stabilisierungsflossen*) während der ersten Phase des Aufstiegs dienen. Zum Verstärken der Stabilisierungswirkung und zum eventuellen Erzielen einer Lenkwirkung sind die Hinterkanten der H. gelegentlich noch mit → Luftrudern ausgerüstet.

Heeresversuchsanstalt Peenemünde: von der Wehrmacht 1936 auf der Insel Usedom, westlich des Ortes Peenemünde, gegr. Raketenversuchszentrum. Der Hauptteil des Forschungszentrums unterstand dem Heer, ein kleinerer Teil der Luftwaffe. In der H. P. wurden unter der technischen Leitung von *W. v. Braun* hauptsächlich die an der Heeresversuchsstelle Kummersdorf begonnenen Entwicklungen der »A«-Raketenserie (»A« = Abk. für »Aggregat«) fortgesetzt, in deren Mittelpunkt die einstufige Flüssigkeitsrakete → »A 4« (»V 2«) stand.

Heißwasserraketentriebwerk: Triebwerk, in dem ein Gemisch aus Heißwasser und Wasserdampf als Arbeitsmedium verwendet wird. Es besteht im Prinzip aus einem Druckbehälter mit Beheizungsvorrichtung (elektrisch oder Flammenbrenner) und einer im Behälterboden befindlichen Entspannungsdüse, die verschließbar ist. Bei verschlossener Düse wird zunächst Wasser im Druckbehälter so weit aufgeheizt, bis ein Dampfdruck von etwa 40 bis 50 kp/cm^2 erreicht ist. Dann wird durch Zünden eines Sprengbolzens der Düsenverschluß geöffnet, und das Heißwasser-Dampf-Gemisch

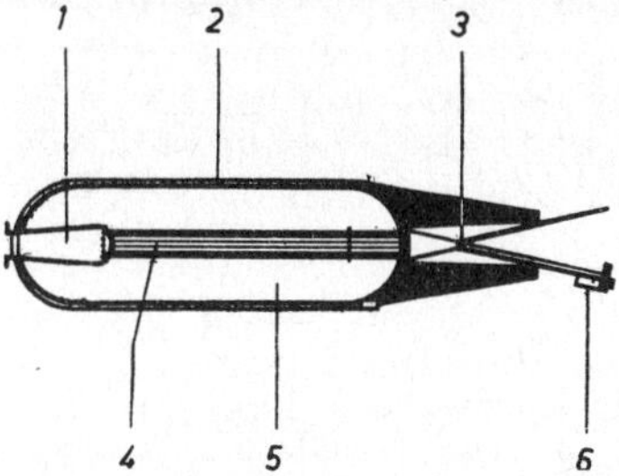

Schema eines Heißwasserraketentriebwerks: 1 Brenner, 2 Wärmedämmschicht, 3 Düsenverschluß, 4 Brennraum, 5 Druckbehälter, 6 Sprengbolzen

kann durch die Düse unter Druckabfall im Behälter expandieren. Ein H. hat zwangsläufig eine große Eigenmasse bei geringer spezifischer Leistung, was es für den Flugeinsatz als Raketenstufe ungeeignet macht. Es ist jedoch außerordentlich wirtschaftlich und kann daher als kurzzeitig mit absoluter Schubkraft wirkender Hilfsantrieb (Starthilfe für Flugzeuge, Raketenschlitten, Raumtransporter) verwendet werden.

»Helios«: gemeinsames Sonnensonden-Projekt Westdeutschlands und der USA. Um 1974 ist der Start von 2 weitgehend gleichartigen Sonden (mit Instrumenten für jeweils 10 Experimente ausgerüstet) geplant, die sich der Sonne bis auf etwa 0,3 AE (rund 50 Mill. km) nähern sollen. Die spinstabilisierten Sonden (etwa 200 kg Masse, davon 52 kg für wissenschaftliche Ausrüstung) sollen das solare Plasma, die solare Strahlung, das Magnetfeld im sonnennahen Raum sowie die Zodiakallichtmaterie (Elektronen und Staub) untersuchen.

»HEOS« [Abk. für engl. **H**ighly **E**xcentric **O**rbital **S**atellite]: im Auftrage der →ESRO und in Zusammenarbeit mehrerer westeuropäischer Firmen und Institute entwickelte und ausgerüstete Meßsatelliten, die mit Trägerraketen der USA in eine extrem exzentrische Umlaufbahn gebracht werden. Der erste Satellit dieser Serie, »H.A-1«, gelangte am 5. Dez. 1968 mit einer schubverstärkten »Thor-Delta«-Rakete in eine Umlaufbahn zwischen 425 und 223 428 km Höhe (Umlaufzeit 4 d 16 h 29 min). Er hat eine Masse von 108 kg, die Form einer sechzehneckigen Trommel (Durchmesser 1,30 m, Höhe 0,90 m) – deren Außenfläche mit Solarzellen belegt ist – und einen Meßgeräteausleger von 2 m Länge. Seine 8 Meßgeräteeinheiten dienen vornehmlich Untersuchungen in den äußeren Bereichen der Magnetosphäre. Nach dreijähriger Entwicklungszeit startete am 31. 1. 1972 »H.A-2«. 47 Minuten nach dem Start schwenkte er in die vorausberechnete elliptische Bahn (erdfernster Punkt 224 000 km, erdnächster Punkt 400 km) ein. Gewicht des »H.-A-2« 117 kg, Gewicht der Meßgeräte 30,5 kg. Im Gegensatz zu seinem Vorläufer »H.A-1«, der die Erde auf einer äquatorialen Umlaufbahn umkreist, wurde »H.A-2« in eine polare Umlaufbahn eingeschossen. Seine Aufgabe ist die Erforschung des Sonnenwindes und des Erdmagnetismus. Er soll vor allem die Region um den nördlichen neutralen Punkt des irdischen Magnetfeldes, sowie die Schockfront erforschen, an der die Partikelströme von der Sonne auf das Magnetfeld treffen. Damit soll der Satellit das von »H.A-1« begonnene Forschungsprogramm fortsetzen.

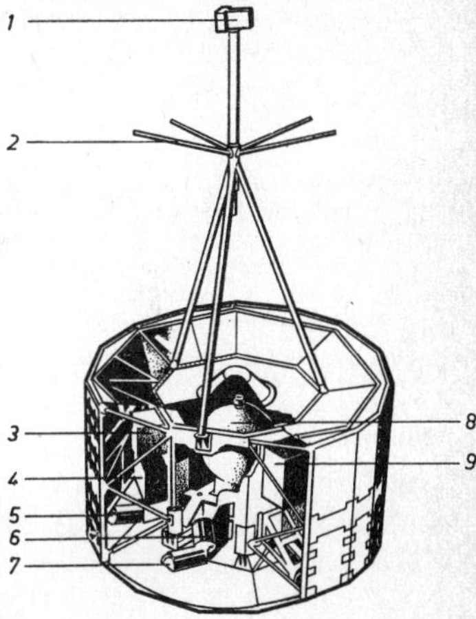

Aufbauschema eines »HEOS-A«-Satelliten: 1 Magnetometer, 2 Antennen, 3 Elektronik für Magnetfeldmessungen, 4 Datenspeicher, 5 Sonnenwindsensoren, 6 Sensoren für positive Komponente der solaren Teilchenstrahlung, 7 Albedosensor, 8 Stickstoff-Druckgasbehälter, 9 Elektronik für Teilchenstrahlungsmessungen

Hermann-Oberth-Gesellschaft: Vereinigung zur Förderung der Raketentechnik und ihrer angrenzenden Fachgebiete sowie der Erschließung und Erforschung des Weltraums, die als »Arbeitsgemeinschaft für Raketentechnik« im Sept. 1952 in Bremen gegr., im Jan. 1955 unter Vorsitz des seither amtierenden Präsidenten *A. F. Staats* als »Deutsche Raketen-Gesellschaft e.V.« in Bremen registriert und 1963 in »Hermann-Oberth-Gesellschaft e. V.« (HOG) umbenannt wurde.
Die Gesellschaft verfolgt als Hauptziel, breite Interessentenkreise mit den Problemen der Raumfahrt vertraut zu machen und Fachleute aus Raketentechnik sowie Raumfahrt- und Weltraumforschung des In- und Auslands zur Durchführung ihrer Förderungsarbeiten zusammenzuführen.
Die HOG ist seit 1956 Mitglied der → Internationalen Astronautischen Föderation und unterhält in zahlreichen westeuropäischen Ländern von Fachleuten geleitete Landesgruppen. Neben einer breiten Öffentlichkeitsarbeit und der Herausgabe einer eigenen Fachzeitschrift (›Astronautik‹) führt die Gesellschaft seit 1954 in Raketen- und Raumfahrtseminaren eine intensive Bildungsarbeit mit Nachwuchskräften durch, wozu auch die von Fachkräften angeleiteten Bastel- und Entwicklungsarbeiten an Kleinstraketen in Jugendgruppen gehören. Darüber hinaus wurden raketen- und raumfahrttechnische Lehr- und Versuchsstellen geschaffen, an denen Geräte (Forschungsraketen für meteorologische Zwecke, Versorgungsflugkörper, Hybridtriebwerke, Heißwasserraketenprüfstand, Startgeräte und deren Zubehör u. a.) für Lehrzwecke entwickelt und erprobt werden.

Hermann-Oberth-Medaille → Deutsche Gesellschaft für Raketentechnik und Raumfahrt.

hermetische Kabine → Raumkabine.

»He 176« → Walter-Triebwerke.

Hilfstriebwerke: Sammelbegriff für Raketentriebwerke, deren Schub entweder zum Steigern der Startleistung eines Antriebssystems herangezogen (*Starthilfstriebwerk*, bei Feststofftriebwerken auch *Starthilfsrakete* genannt) oder für Sonderzwecke außerhalb der Hauptantriebserzeugung benutzt wird (→ Steuertriebwerk, Verzögerungs- und Vorbeschleunigungstriebwerke für Trenn- und Wiederzündungsmanöver, Rettungsraketen); i. w. S. rechnen auch Apogäums-, Brems- und Landetriebwerke zu den H.

Start eines unbemannten Flugkörpers (USA) mit Feststoff-Starthilfsraketen

Himmelsmechanik: Teilgebiet der Astronomie, in dem die Bahnbewegungen der Himmelskörper behandelt werden. Als Grundlage ihrer ausschl. mathematischen Bearbeitungsverfahren dienen das Newtonsche → Gravitationsgesetz sowie dessen erweiterte Beziehungen, die → Keplerschen Gesetze. Letztere lassen sich jedoch nur auf den Spezialfall des *Zweikörperproblems* anwenden, wie er in grober Vereinfachung durch die Bewegung der Planeten um die Sonne gegeben und der mathema-

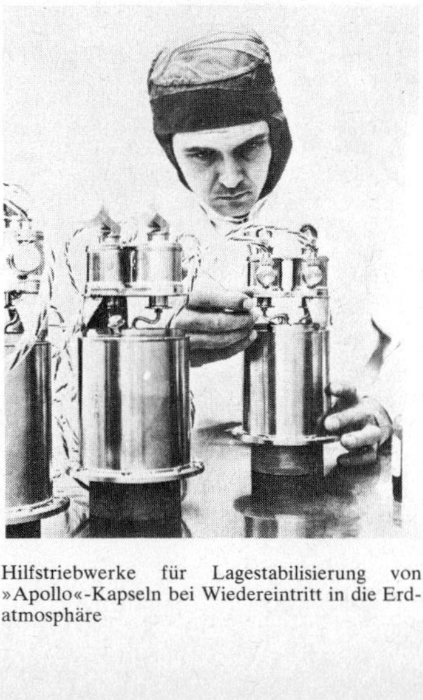

Hilfstriebwerke für Lagestabilisierung von »Apollo«-Kapseln bei Wiedereintritt in die Erdatmosphäre

tisch vollständig lösbar ist, d. h., seine Beziehungen lassen sich durch geschlossene mathematische Formeln wiedergeben. Für das *Dreikörper-* oder, allgemeiner, *Mehrkörperproblem* ist dies nicht mehr möglich, da die Bewegungen von 3 oder mehr Körpern, die sich unter der Einwirkung ihrer gegenseitigen Massenanziehung bewegen, außerordentlich kompliziert sind. Nur für einige Spezialfälle lassen sich noch allgemeine Formeln als geschlossene Lösungen angeben. Für die praktischen Belange der *Bahnbestimmung* verwendet man daher vornehmlich Näherungsverfahren, die unter Rückgriff auf die Lösungen des Zweikörperproblems durch Anwendung der *Störungsrechnung* eine weitgehende Annäherung an den tatsächlichen Bahnverlauf ergeben. Durch Vergleich der auf diesem Wege *berechneten* Bahnpositionen eines Himmels- bzw. Raumflugkörpers (*Ephemeridenrechnung*) mit dessen *gemessenen* Positionen lassen sich Bahnkorrekturen vornehmen. Die Erkenntnisse und Methoden der H. bilden damit die wichtigste Grundlage für die Festlegung, Kontrolle und gegebenenfalls Änderung von Raumfahrtbahnen, wobei die einschlägigen Arbeitsverfahren heute meist unter dem Begriff *Astrodynamik* zusammengefaßt werden. Für die Probleme der Astrodynamik kommt jedoch noch die Sonderbedingung hinzu, daß die betr. Körper durch Zusatzkräfte (Antriebskräfte) in ihrer Bewegung beeinflußt werden können.

Hitzekammer: Anlage, in der Raumfahrer auf ihre Widerstandsfähigkeit gegenüber äußeren Temperaturbelastungen untersucht werden. Um raumflugähnliche Bedingungen zu simulieren, sind die Versuchspersonen dabei mit einem hermetisch abgeschlossenen Raumanzug bekleidet, dessen Kühlsystem eine variable Innentemperatur ermöglicht. Die von außen einwirkende hohe Prüftemperatur, mit der gleichzeitig die temperaturabweisenden Eigenschaften des Raumanzugs getestet werden, wird durch elektrische Hochtemperaturstrahlung erzeugt.

Hitzeschild svw. Wärmeschild, → Kühlverfahren.

»HL-10«-Gleiter: bemanntes aerodynamisches Fluggerät (USA) zur Freifluguntersuchung günstiger Flugkörperformen für die Rückführung von Raumflugkörpern nach dem Prinzip des → Raumgleiters. Der für Versuche im Über- und Unterschallbereich entwickelte »HL-10« hat einen bootsähnlichen Rumpf, der zum Heck hin in angenäherte Deltaflächenform – mit seitlich hochgezogenen Stabilisierungsflächen – übergeht und allein schon durch diese Form als Auftriebskörper wirkt. Das Gerät hat eine Länge von 6,6 m, eine max. Spannweite von etwa 3 m und ist rund 2,7 m hoch. Seine normale Flugmasse beträgt rund 2000 kg, kann jedoch durch Wasserfüllung von Trimm-Ballasttanks auf 3600 kg erhöht werden. Der antriebslose Flugkörper wird durch ein Trägerflugzeug zunächst in sehr große Höhe gebracht und dort ausgeklinkt; danach kehrt er mit einer der Ausklinkhöhe entspr. Geschwindigkeit im Gleitflug zur Erde zurück und landet auf einem Dreiradfahrwerk. Die Möglichkeit des Einbaus eines Raketentriebwerks – zur Steigerung der Testfluggeschwindigkeit und Verbesserung der Landeanflugeigenschaften – ist vorgesehen. Die ersten Flugversuche wurden im Dez. 1966 unterbrochen, da konstruktive Änderungen im Steuerungssystem erforderlich wurden.

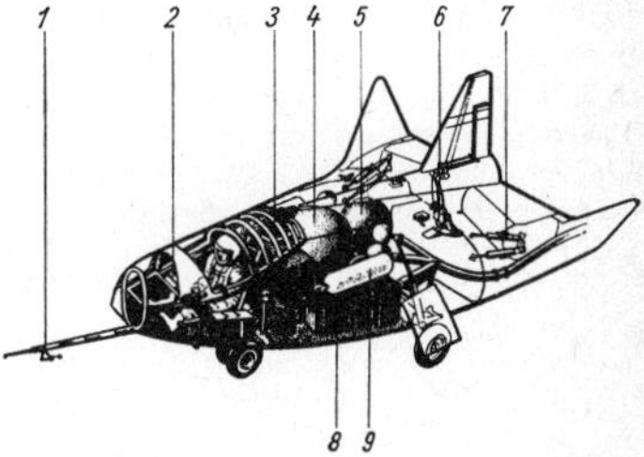

»HL-10«-Gleiter: 1 Ausleger für Staudruckmesser, 2 Instrumentenkonsole, 3 Fluglageregelungsgeräte, 4 vorderer Ballasttank, 5 hinterer Ballasttank, 6 Ruderstellvorrichtung, 7 Hydraulik für Auftriebsklappen, 8 Instrumentenausrüstung, 9 Druckluftbehälter

Hochwarmfestigkeit → Raketenwerkstoffe.

Hoefft, *Franz von*: Wissenschaftler, geb. 5. April 1882 Wien, gest. 13. Dez. 1954; war einer der ersten österreichischen Raumfahrtpioniere. Er verfolgte ab 1910 zunächst die utopische Idee eines »Ätherschiffs«, bei dem die »Nullpunktsenergie des Weltäthers« genutzt werden sollte. Wegen prinzipieller physikalischer Undurchführbarkeit gab er diesen Gedanken jedoch wieder auf und wandte sich ab 1924 realeren Raumfahrtplänen zu. Er gründete im Herbst 1926 in Wien die österreichische »Wissenschaftliche Gesellschaft für Höhenforschung« und wurde außerdem 1928 Vorstandsmitglied im → »Verein für Raumschiffahrt«.

Im Mittelpunkt seiner Arbeiten stand ein selbst aufgestelltes Raketenentwicklungsprogramm, das er 1924 auf der Naturforschertagung in Innsbruck vortrug. Die Raketentypen »RH-1« und »RH-2« waren als Höhenraketen mit Kreiselsteuerung gedacht. Bemerkenswert war die Idee, einen Ballon als Aufstiegshilfe zu verwenden, von dem die Rakete vor der Zündung zunächst auf etwa 10 000 m emporgetragen werden sollte. Dieser Gedanke wurde dann tatsächlich etwa 30 Jahre später im US-amerikanischen Unternehmen → »Rokkoon« verwirklicht. Die Rakete »RH-3« entwarf er als zweistufiges Gerät mit 3 t Startmasse und Kreiselsteuerung. Sie sollte 10 kg Blitzlichtpulver als Nutzmasse zum Mond transportieren, dieses beim Auftreffen auf den Mond entzündet werden und so irdischen Sternwarten die Beobachtung des Aufschlags ermöglichen. Das Modell »RH-4« wurde als interkontinentale Fernrakete für Post- und Frachtverkehr projektiert. Der Entwurf der »RH-5« stellte eine Rakete mit 2 Schwimmern dar (»Raketenschiff«), die von Wasserflächen aus starten und einen geflügelten Zwei-Mann-Flugkörper in eine Erdumlaufbahn bringen sollte. Für den Wiedereintritt des Geräts in die Atmosphäre waren Bremstriebwerke vorgesehen, und der Flugkörper selbst sollte dann in langgestrecktem Gleitflug zur Wasserlandung übergehen. Die Raketen »RH-6« bis »RH-8« waren schließlich für Flüge zum Mars und zur Venus gedacht, wobei ihr Start nicht ab Erdoberfläche, sondern von einer Außenstation aus vorgesehen war. Eine Möglichkeit, dieses bemerkenswert weitsichtige Programm durch eigene praktische Arbeitsbeiträge zu fördern, hatte v. H. jedoch nicht.

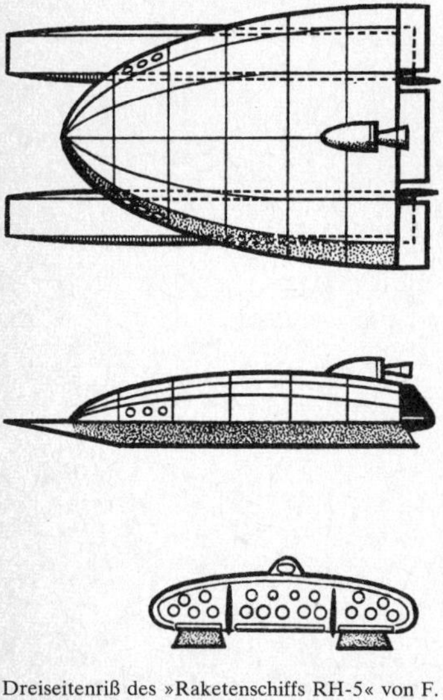

Dreiseitenriß des »Raketenschiffs RH-5« von F. v. Hoefft

Höhenforschung: Sammelbegriff für alle wissenschaftlichen Untersuchungen zur Erforschung der Hochatmosphäre und der dort anzutreffenden physikalischen Erscheinungen unter Verwendung von Meßballonen (Höhenballonen) und → Höhenraketen sowie verschiedener indirekter Methoden. In diesem Sinne wird gelegentlich auch die Ionosphärenforschung zur H. gerechnet.

Höhenrakete: Forschungsrakete, die speziell für wissenschaftliche Untersuchungen in der irdischen Hochatmosphäre und in deren Übergangsbereich zum erdnahen kosmischen Raum eingesetzt wird. Je nach Einsatzhöhe und Aufgabenstellung unterscheidet man *meteorologische* und *geophysikalische Raketen*, von denen letztere ausschl. in > 120 km Höhe zum Einsatz kommen. Sie können ein- oder mehrstufig sein, und ihre ballistische Flugbahn verläuft mehr oder weniger vertikal. Wegen der relativ geringen Aufenthaltsdauer der transportierten Meßgeräte im Untersuchungsraum bezeichnet man die H. häufig auch als *Raketensonden*. Die Meßwerte werden entweder während des Flugs durch Funkübermittlung oder nach Bergung der mit dem Meßgeräteteil verbundenen Registriereinrichtung gewonnen. Die ersten systematischen Aufstiege mit H. begannen bald nach Beendigung des zweiten Weltkriegs in der UdSSR und in den USA.
Rekordleistungen mit einstufigen H. erzielte man schon 1957 in der UdSSR, wo im Mai eine Nutzmasse von 2200 kg in 212 km Höhe gebracht wurde. Am 21. Febr. 1958 erreichte eine andere einstufige geophysikalische Rakete mit 1250 kg Nutzmasse eine Höhe von 473 km.

Hohmann, *Walter:* Techniker, geb. 18. März 1880 Hardheim (Odenwald), beschäftigte sich seit 1914 mit dem Problem des interplanetaren Flugs und veröffentlichte 1925 das Werk ›Über die Erreichbarkeit der Himmelskörper‹, in dem er erstmalig ausführliche Untersuchungen zu interplanetaren Flugbahnen niederlegte

(*Hohmann-Bahnen*, → Übergangsbahn) und u. a. auch erstmalig das Prinzip des »Beiboots« für Landungen auf fremden Himmelskörpern vorschlug, wie es rund 45 Jahre später im Programm → »Apollo« seine Verwirklichung fand.

»Honest John«: [engl., svw. »Ehrenhafter Hans«]: einstufige Feststoffrakete (USA), die als drallstabilisierte ungelenkte Kampfrakete für taktische Einsätze bestimmt ist. Sie hat eine Länge von 8,3 m (Durchmesser 0,762 m) und eine Startmasse von 2722 kg. Die Masse des Gefechtskopfes (Kernsprengladung) beträgt 680 kg, die Reichweite der verbesserten Version »M-50« etwa 32 km. Die Rakete wird auch als Startstufe für zwei- oder dreistufige Forschungsraketen eingesetzt.

Horizontalprüfstand → Raketenprüfstand.

Horizontsucher: optisches Gerät in Raumflugkörpern auf Erdumlaufbahnen; mit seiner Hilfe ist eine Lageorientierung bzw. -stabilisierung in bezug auf den Erdhorizont möglich (*Erdsensor*); durch dessen unscharfe Begrenzung (Lichtstreuung in der Erdatmosphäre) ist die Genauigkeit des Verfahrens jedoch eingeschränkt.

»HOT« [Abk. für frz. **H**aut subsonique **O**ptiquement téléguidé d'un **T**ube]: Panzerabwehrrakete, die von Frankreich und Westdeutschland gemeinsam entwickelt wurde. Die mit einem hochexplosiven Hohlladungssprengkopf (25 kg, Durchmesser 13,6 cm) ausgerüstete Rakete (21 kg, Länge 127,5 cm) hat ein Zweikammer-Feststofftriebwerk für Startbeschleunigung und Marschantrieb und wird aus einem Rohr (Länge 130 cm, Durchmesser 16 cm) gestartet. Die max. Reichweite liegt bei 4200 m, die Lenkung erfolgt halbautomatisch über Draht durch Betätigen eines → Strahlruders bzw. durch Handsteuerung vom Lenkschützen. 4 nach dem Verlassen des Startrohrs ausklappende Pfeilflügel tragen zur Flugstabilisierung bei. Die »H.« ist vornehmlich als Bewaffnung für Kampfpanzer, leichte gepanzerte Fahrzeuge, Hubschrauber u. a. gedacht.

Huckepack-Satellit, *Piggyback-Satellit* [engl.]: kleiner Meßsatellit, der einzeln oder auch zu mehreren mit einem größeren Satelliten verbunden gestartet und erst in der Umlaufbahn von diesem getrennt wird.

Hundekurve → Verfolgungsbahn.

Hybridtriebwerke → chemisches Raketentriebwerk.

Hydrazin → Treibstoff (II 1 b, II 2 b δ).

hydromagnetisches Stoßrohr → Plasmaantriebe.

»Hydyne« → Treibstoff (II 2 b γ).

Hypergol *n*: Treibstoffkombination, deren Komponenten beim Zusammentreffen in der Brennkammer selbstzündend sind. Ihre Handhabung setzt also beim Betanken einer Rakete entspr. Sicherheitsmaßnahmen voraus. Bekanntestes H. ist die Kombination Salpetersäure/unsymmetrisches Dimethylhydrazin. Triebwerke mit hypergolen Treibstoffen haben den Vorteil, daß kein besonderes Zündsystem zur Einleitung der Verbrennung benötigt wird. Um von dieser Möglichkeit auch dann Gebrauch machen zu können, wenn die Treibstoffkomponenten an sich nicht hypergol reagieren (z. B. Salpetersäure/Kerosin), führt man unmittelbar zur Zündung eine kleine Menge eines Stoffs (*Zündstoff*) zu (z. B. Triäthylamin), der mit dem Oxydator selbstzündend ist. Ein weiterer Vorteil ist der meist sehr kurze → Zündverzug.

Hyperschallgleiter svw. Raumgleiter.

»H-1«-Raketentriebwerk: Flüssigkeitstriebwerk (USA), das gebündelt in den Startstufen der »Saturn-1«- und »Saturn-1 B«-Raketen (→ Saturn) eingesetzt wird; weiterentwickelt aus dem in »Jupiter«-, »Thor«- und »Atlas«-Raketen verwendeten »S-3«-Triebwerk, wobei durch einschneidende Systemvereinfachung die An-

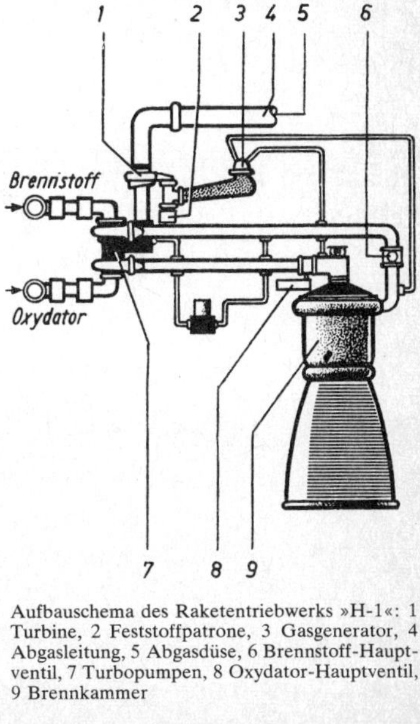

Aufbauschema des Raketentriebwerks »H-1«: 1 Turbine, 2 Feststoffpatrone, 3 Gasgenerator, 4 Abgasleitung, 5 Abgasdüse, 6 Brennstoff-Hauptventil, 7 Turbopumpen, 8 Oxydator-Hauptventil, 9 Brennkammer

zahl der Bauelemente um 90 % verringert werden konnte. Eine wesentliche Verbesserung bedeutete dabei die Anbringung des Turbopumpenaggregats unmittelbar seitlich an der Brennkammer, wodurch das Triebwerk weniger flexible und störanfällige Verbindungen für Schwenkbewegungen benötigt als das Vorläufermuster, bei dem das Turbopumpenaggregat noch separat über der Brennkammer angeordnet war und nicht an den Schwenkbewegungen teilnahm. Weiterhin wurde die Schubkontrolle vereinfacht, indem ein kompliziertes Ventilsystem durch einfache, geeichte Blenden in den Treibstoffleitungen ersetzt wurde. Auch der Anlaßvorgang ist wesentlich einfacher, indem die Turbine beim Anlassen zunächst durch eine Feststoffgaspatrone (3 kg Ammoniumnitrat) »angeschossen« wird. Da die Treibstoffe Flüssigsauerstoff und Kerosin nicht hypergol sind, wird für den Zündvorgang Aluminiumtriäthyl eingespritzt, das mit Sauerstoff hypergol reagiert. Brennkammer und Düse sind aus in Längsrichtung verlaufenden und miteinander verschweißten Röhren aufgebaut, die der Kühlmittelführung (Brennstoff) dienen. Das Triebwerk liefert bei einem Treibstoffdurchsatz von rund 330 kg/s und einem spezifischen Impuls von etwa 2600 m/s einen Startschub von 85 Mp (Vakuumschub etwa 97 Mp).

I

IAF: Abk. für **I**nternationale **A**stronautische **F**öderation.
ICBM [Abk. für engl. **I**nter-**C**ontinental **B**allistic **M**issile]: Interkontinentalrakete, → Kampfrakete.
»ICBM Alarm«: militärische Frühwarn-(Geheim-)Satelliten (USA), früher → »MIDAS«.
»IDCSP« [Abk. für engl. **I**nitial **D**efense **C**ommunications **S**atellite **P**rogram]: militärisches Nachrichtensatellitennetz (USA), das die erste Phase des → »DSCS« darstellt. Die drallstabilisierten »I.«-Satelliten (etwa 45 kg) werden jeweils in Gruppen bis zu 8 Objekten von einer → »Titan-3 C«-Trägerrakete in eine angenäherte äquatoriale Synchronbahn gebracht und dabei so verteilt, daß eine dauernde (globale) Verbindung zwischen Bodenstationen möglich ist. Die ersten 7 Satelliten dieses Typs wurden am 16. Juni 1966 bei einem Multiple-Start mit anderen militärischen Satelliten in Umlauf gebracht.
ideale Endgeschwindigkeit → Raketengrundgleichung.
»IMP«-Satellit → »Explorer«.
Impulsdichte, Impulsgeschwindigkeit → spezifischer Impuls.
Inertiallenkung: Verfahren zur Selbstlenkung (→ Lenkung) von Trägerraketen, Raumflugkörpern und weitreichenden ballistischen Raketen, bei dem die Lenkkommandos automatisch über ein bordeigenes Referenzsystem gebildet werden, das die Ortungsbezugswerte ausschl. oder teilweise aus Trägheitskräften ableitet. → Astronavigation, → Trägheitsnavigation.
Inertialsystem: Koordinatensystem, in dem das Galileische Trägheitsgesetz gilt, nach dem jeder Körper – der keinen äußeren Kräften unterworfen ist – in bezug auf das I. im Zustand der Ruhe verharrt oder sich in geradliniger gleichförmiger Bewegung befindet.
Injektionsgeschwindigkeit, Injektionspunkt → Bahninjektion.
»Injun« → »Transit«.
Inklination: Neigung der Bahnebene eines Raumflugkörpers gegen eine Bezugsebene, meist die Ebene des Erdäquators.
Innenbrenner: gemeinsame Bezeichnung für Röhren- und Sterninnenbrenner; → Treibsatz.
instabile Verbrennung → Abbrand.
»Intelsat«: stationäre, aktive Nachrichtensatelliten (USA), die in dem vom → »International Telecommunications Satellite Consortium« vorgesehenen Plan eines weltumspannenden Nachrichtensatelliten-Systems gestartet werden. Für die praktische Durchführung ist die → »COMSAT« verantwortlich. Ausgangspunkt bildeten die erfolgreichen Vorversuche mit → »Early Bird«. Der erste Satellit der Einsatzserie (»I.2 A«, auch »Blue Bird« genannt, 87 kg) wurde am 26. Okt. 1966 mit einer »TAT-Delta«-Rakete gestartet, erreichte jedoch nur eine Umlaufbahn zwischen 2945 und 36 800 km Höhe und war dadurch lediglich jeweils 8h/d für Übertragungen zwischen den USA und Hawaii verwendbar. »I.2B« (»Lani Bird«, 86,5 kg) gelangte nach seinem Start am 11. Jan. 1967 4d später in seine stationäre Position über dem Pazifik (176° w. L.) in 35 580 km Höhe. Mit dem am 27. März 1967 in die Umlaufbahn gelangten und über dem Atlantik stationierten »I.2C« (»Canary Bird«) wurde der Aufbau des »Intelsat-2«-Netzes abgeschlossen. Bei einem weiteren Start (28. Sept. 1967) gelangte der Satellit nicht in die vorgesehene Bahn. Der Start eines »I.-3«-Satelliten (151 kg, davon 23,6 kg Hydrazin für das Lage- und Bahnkorrekturtriebwerk) mißlang am 19. Sept. 1968.

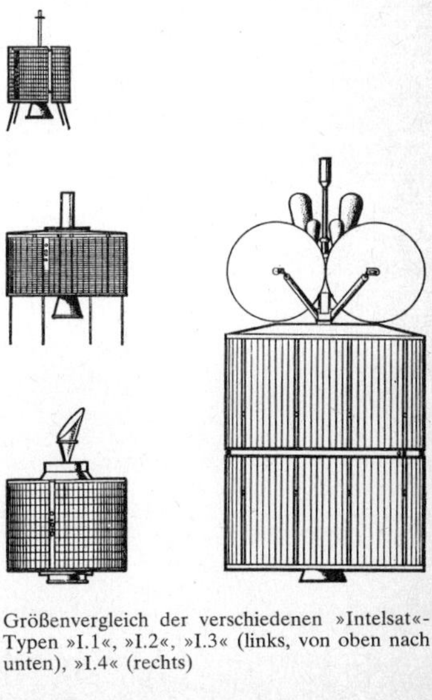

Größenvergleich der verschiedenen »Intelsat«-Typen »I.1«, »I.2«, »I.3« (links, von oben nach unten), »I.4« (rechts)

Modell eines Satelliten der »Intelsat-4«-Serie in Originalgröße

Die drallstabilisierten Satelliten dieser dritten Generation kommerzieller Nachrichtensatelliten sind so wie ihre Vorgänger trommelförmig (Durchmesser 1,42 m, Höhe 1,04 m), haben eine 0,85 m hohe, gegendrehende Richtantenne und bieten mit 1200 Übertragungskanälen eine fünffach größere Kapazität als ihre Vorläufer. So können 4 Fernsehprogramme gleichzeitig übermittelt werden.
»I.3B« wurde am 19. Dez. 1968 gestartet und in einer äquatorialen Synchronbahn über 30° w. L. stationiert. Der am 6. Febr. 1969 gestartete »I.3C« bekam zunächst eine Position über dem Pazifik in 174° ö. L., wurde dann aber (etwa 5 Monate später) über den Indischen Ozean in 62,5° ö. L. verlegt. Die von »I.3C« freigegebene Position über dem Pazifik wird von dem am 22. Mai 1969 gestarteten »I.3D« eingenommen. Durch einen Fehler in der Zweitstufe der »Thor-Delta«-Trägerrakete blieb »I.3E« (24. Juli 1969), der wiederum über dem Atlantik stationiert werden sollte, in einer Umlaufbahn zwischen 271 und 5397 km Höhe. Zur Entlastung des Satelliten »I.3D« und als Ersatz für den mißlungenen Start von »I.3E« wurde am 15. Jan. 1970 »I.3F« gestartet, der eine geostationäre Bahn und seinen Standort über dem Atlantik erreichte. Der am 23. April 1970 gestartete »I.3G« gelangte ebenfalls in eine Synchronbahn. Der Versuch, »I.3H« (23. Juli 1970) in seine Synchronbahn zu bringen, mißlang. Der Satellit geriet völlig außer Kontrolle (ungefähre Bahndaten: 19400 km Perigäumshöhe, 36030 km Apogäumshöhe, Bahnneigung 13,3°). Der erste Satellit der Serie »I.4« wurde am 26. Jan. 1971 gestartet und gelangte in eine geostationäre Bahn.

Interkontinentalrakete → Kampfrakete.

»Interkosmos«: Forschungssatelliten, die in Zusammenarbeit mehrerer sozialistischer Länder (»I.«-Arbeitsgruppe) entwickelt und mit sowjetischen Trägerraketen gestartet werden. Der am 14. Okt. 1969 gestartete »I.1« erreichte eine Umlaufbahn zwischen 260 und 640 km Höhe (Bahnneigung 48,4°) und dient speziell der Sonnenforschung. Er wurde vornehmlich zur Untersuchung der kurzwelligen Sonnenstrahlen mit folgenden Instrumenten ausgerüstet: Lyman-Alpha-Photometer und ein kontinuierlich arbeitender Meßwertsender (DDR); Röntgenspektroheliograph und Röntgenpolarimeter (UdSSR); Röntgenphotometer und optische Photometer (ČSSR). Die Flugüberwachung führt eine Arbeitsgruppe aus den gleichen Ländern durch. Die Satellitenmessungen werden durch ein koordiniertes »I.«-Forschungsprogramm (Ionosphären-, radioastronomische und optische Untersuchungen) von Bodenstationen in der Bulgarischen VR, der ČSSR und der Ungarischen VR, der DDR, der VR Polen, der SR Rumänien und der UdSSR ergänzt. Der speziell als Ionosphärensatellit instrumentierte »I.2« gelangte am 25. Dez. 1969 in eine Umlaufbahn zwischen 206 und 1200 km Höhe (Bahnneigung 48,4°). Seine wissenschaftliche Ausrüstung wurde in der VR Bulgarien, der DDR, der UdSSR und

»Interkosmos 1«

Meßgeräte- und Elektronikblock auf dem sphärischen Endstück des Satelliten »Interkosmos 1«

der ČSSR entwickelt und in der DDR und der UdSSR gebaut. Neben Messungen der Elektronendichte, der Ionenkonzentration sowie der Elektronentemperatur nach verschiedenen Verfahren, wurden mit einem in der DDR gebauten Sender vom Typ »Majak« besondere funktechnische Ionosphärenuntersuchungen angestellt. Die instrumentelle Ausrüstung des am 7. Aug. 1970 gestarteten »I.3« wurde in der ČSSR und in der UdSSR entwickelt und gebaut. Der eine der beiden Meßgerätekomplexe diente der Untersuchung von Strahlungspartikeln in den unteren Bereichen des Strahlungsgürtels zur Klärung der Zusammenhänge zwischen Sonnenaktivität und dynamischen Vorgängen in der Magnetosphäre, vornehmlich des Eindringmechanismus von solaren Teilchen in den Strahlungsgürtel. Der zweite Untersuchungsbereich betraf die Frage des Ursprungs von niederfrequenter Radiostrahlung, die in den oberen Schichten der Erdatmosphäre auftritt. Diesbezügliche Beobachtungen wurden auch synchron von »I.«-Bodenstationen angestellt. Der am 14. Okt. 1970 gestartete »I.4« besaß eine aktive Lagestabilisierung, die seine Längsachse ständig auf die Sonne ausrichtete. In seinem Aufbau, der instrumentellen Ausrüstung und der Bahnlage entsprach er weitgehend dem genau ein Jahr früher gestarteten »I.1«, wobei die Meßgeräte aufgrund der Erfahrungen mit »I.1« wesentlich verbessert waren und auch eine längeaktive Lebensdauer des Satelliten vorgesehen wurde.

Internationale Astronautische Akademie: wissenschaftliche Institution, deren Gründung 1960 in Stockholm auf dem 11. Kongreß der → Internationalen Astronautischen Föderation (IAF) beschlossen wurde. Zum Sitz des Sekretariats der Akademie wurde Paris bestimmt. Unter dem Vorsitz von → *Sedow* (UdSSR) wählte der Vorstand der IAF seinerzeit → *v. Karman* (USA) zum ersten Direktor der Akademie. Der Aufbau der Akademie wurde in Anlehnung an die großen klassischen Akademien (Académie des Sciences in Paris, Royal Society in London) vollzogen, allerdings mit dem Unterschied, daß die neue Akademie einen ausgesprochen internationalen Charakter hat und ihre Aktivität wesentlich spezieller in den sich neu entwickelnden astronautischen Wissenschaften entfaltet.
Die Mitglieder der Akademie repräsentieren keinerlei Organisationen oder nationale Einrichtungen; sie werden ausschl. aufgrund ihrer persönlichen Verdienste um die Astronautik gewählt. Die Akademie wird damit vornehmlich ein Treffpunkt für den Austausch von Ideen zwischen individuellen Forschern. Erstes Ehrenmitglied der Akademie wurde *Niels Bohr* (Dänemark). Zur Bearbeitung von speziellen Aufgaben wurden innerhalb der Akademie verschiedene Komitees oder Kommissionen gegr. Eines der Komitees beschäftigt sich mit den Vorarbeiten zu einem internationalen Mondforschungslaboratorium; dabei stehen vornehmlich die technischen Probleme im Vordergrund, die sich bei dessen Aufbau und Betrieb ergeben. Ein anderes Komitee widmet sich den Fragen wissenschaftlicher Publikationen; im Mittelpunkt dieser Arbeiten steht die Herausgabe eines mehrsprachigen astronautischen Wörterbuchs. Eine gemeinsam mit dem Internationalen Institut für Raumrecht gebildete Kommission untersucht Probleme der wissenschaftlichen und technischen Aspekte des Raumrechts. Außerdem existiert ein Komitee, dem die Auswahl der Träger für den jährlich zu vergebenden astronautischen Preis der Guggenheim-Stiftung obliegt.

Internationale Astronautische Föderation, Abk. **IAF:** Zusammenschluß von nationalen wissenschaftlichen Gesellschaften und Organisationen, die nach ihrer Satzung die Förderung der friedlichen Raumfahrt und ihrer technisch-wissenschaftlichen Grundlagen zum Ziel haben. Nach einem vorbereitenden Kongreß in Paris 1950 wurde die eigentliche Gründung der IAF auf dem zweiten Internationalen Astronautischen Kongreß 1951 in London vollzogen. Als Gründungsmitglieder waren astronautische und Raketengesellschaften aus Argentinien, Frankreich, Großbritannien,

Italien, Österreich, Schweden, der Schweiz, Spanien, den USA und aus Westdeutschland vertreten. Erster Präsident der IAF wurde auf diesem Kongreß der damals in Frankreich arbeitende westdeutsche Raketenspezialist *Eugen Sänger;* die Funktion des permanenten Sekretärs wurde dem schweizerischen Raketenfachmann *Josef Stemmer* übertragen. Später trat auch eine Arbeitsgruppe der Akademie der Wissenschaften der UdSSR unter *Sedow* bei, der für mehrere Jahre Präsident der IAF wurde.

Die Hauptsatzungspunkte der IAF umfassen: Verbreitung und Förderung der technischen und wissenschaftlichen Forschungen sowie des allgemeinen Interesses für alle Probleme der Raumfahrt; Beschränkung der Raumfahrtunternehmen auf friedliche und nichtmilitärische Ziele; Austausch und Verbreitung von Untersuchungsberichten und technischen Informationen; Information der Öffentlichkeit über Ziele und Fortschritte der Raumfahrt mit allen modernen publizistischen Mitteln; Förderung von wissenschaftlichen Arbeiten an Einzelproblemen der Raketen- oder Raumflugtechnik; Aufbau und Einrichtung einer → Internationalen Astronautischen Akademie; jährliche Veranstaltung eines *Internationalen Astronautischen Kongresses* (seit 1950), der jeweils von der Fachgesellschaft des Gastgeberlandes ausgerichtet wird. Auf dem XI. Internationalen Astronautischen Kongreß 1960 in Stockholm wurde die Deutsche Astronautische Gesellschaft (DDR) als stimmberechtigtes Mitglied in die IAF aufgenommen. Seit 1955 wird auf Anregung und unter Beteiligung der IAF die Zeitschrift ›Astronautica Acta‹, Wien, als internationales fachwissenschaftliches Publikationsorgan herausgegeben.

International Telecommunications Satellite Consortium [engl.], *Internationales Nachrichtensatelliten-Konsortium,* Abk. **Intelsat:** internationales Gremium, dessen Ziel der Aufbau und Betrieb eines weltumspannenden Systems von kommerziellen Nachrichtensatelliten ist; Geschäftsträger ist die → COMSAT (55 % der Anteile), von der die Aufträge zum Bau der Satelliten an die Unternehmen in den USA, in Westeuropa und Japan vergeben werden.

interplanetar svw. zwischen den Planeten (z. B. i.er Raum; i.e gas- und staubförmige Materie), auch im Sinne von »Verbindung zwischen den Planeten« (i.er Flug, Funkverkehr o. ä.).

interstellar svw. zwischen den (Fix-)Sternen (z. B. i.e staub- und gasförmige Materie), auch im Sinne von »außerhalb des Sonnensystems«.

Ionentriebwerk → elektrostatische Triebwerke.

Ionosphäre → Erdatmosphäre.

»IRIS« [Abk. für engl. **I**nternational **Ra**diation **I**nvestigation **S**atellite = Internationaler Strahlungsforschungssatellit]: Meßsatellit einer zweiten Versuchsreihe der → ESRO (daher auch »ESRO 2« genannt), der am 17. Mai 1968 – also noch vor »ESRO 1 A« (→ »Aurora) – mit einer → »Scout«-Rakete in eine Umlaufbahn zwischen 326 und 1086 km Höhe (Bahnneigung 97,2°) gebracht wurde. Der drallstabilisierte Satellit ist aus einer zwölfeckigen Zylinderstruktur (86 cm Höhe, 87 cm Durchmesser) aufgebaut und hat eine Masse von 74 kg (21,3 kg wissenschaftliche Ausrüstung). Auf den Außenflächen befinden sich rund 3500 Solarzellen für die Stromversorgung. Bei Absinken der vorgesehenen Drallstabilisierungsdrehzahl (40 U/min) erfolgt automatisch eine Drallbeschleunigung durch ein Gasdüsensystem. Die Meßdaten werden gespeichert und mit 2 W Sendeleistung und 4096 bit/s innerhalb von 3 min bei Überfliegen der ESRO-Bodenstationen an diese übertragen. Der Satellit dient Untersuchungen der Teilchenstrahlung in den Strahlungsgürteln sowie dem Studium der solaren Teilchen- und der solaren Röntgenstrahlung, der Elektronenkomponente der primären kosmischen Strahlung und der galaktischen Komponente der kosmischen Strahlung.

Irwin, *James:* US-amerikanischer Astronaut, geb. 1930 Pittsburgh, nahm mit → *Scott* und → *Worden* vom 26. Juli bis 7. Aug. 1971 in »Apollo 15« als Pilot der Landefähre am vierten erfolgreichen Mondlandeunternehmen teil und führte mit *Scott* unter Verwendung eines → Lunar Roving Vehicle drei Exkursionen mit fast 24 h Gesamtdauer aus.

»ISIS 1« [Abk. für engl. **I**nternational **Sa**tellite for **I**onospheric **S**tudies]: Meßsatellit, der in Kanada gebaut und mit einer US-amerikanischen Rakete am 30. Jan. 1969 in eine Umlaufbahn zwischen 574 und 3522 km Höhe (Bahnneigung 88,5°) gebracht wurde. Der Satellit dient einem gemeinsamen Programm Kanadas und der USA zur Untersuchung der Ionosphäre.

Isolationskammer, *Surdokammer:* raumfahrtmedizinische Versuchsanlage, in der die Reaktionen von – meist – Einzelpersonen auf lang andauernde absolute Isolation von der Umwelt untersucht werden. Kernstück der Anlage ist eine schallisolierte Kabine mit entspr. Klimaversorgung, die in ihrer sonstigen Ausrüstung mehr oder weniger die speziellen Verhältnisse bei Raumflügen (z. B. Beengtheit, technische Geräte zur Überwachung, Gegensprech- und Funkanlagen) simuliert. Die Reaktionen der Versuchsperson werden über Meßfühler und eine Meßwertübertragungseinrichtung ständig registriert und von Ärzten überwacht. Den Ärzten ist auch stets die Möglichkeit einer Direktbeobachtung der Versuchsperson über eine Fernsehkamera gegeben. Die bisherigen Versuchsergebnisse zeigen, daß es sorgfältig ausgewählten Menschen mit großer seelischer Ausgeglichenheit und Festigkeit viel länger (mehrere Wochen und Monate) möglich ist, ohne Schaden eine solche Isolation zu ertragen, als man ursprünglich angenommen hatte. Durch Auswertung der Verhaltensweisen mehrerer Versuchspersonen lassen sich auch Anhaltspunkte für die harmonische Zusammensetzung mehrköpfiger Besatzungen gewinnen.

Isotopenbatterie svw. Radioisotopenbatterie, → Bordenergieversorgung.

»ITOS« [Abk. für engl. **I**mproved **T**iros **O**perational **S**atellite]: verbesserte Typen von → »TIROS«-Einsatzsatelliten (USA). Der am 23. Jan. 1970 gestartete »ITOS 1« (Synonymbezeichnung »TIROS M«) hat die Form eines Quaders mit 1,02 m Seitenlänge und 1,20 m Höhe und besitzt eine Masse von 309 kg. Die erreichte Bahn ist rückläufig (102° Bahnneigung) und lag anfangs zwischen 1432 und 1478 km. Der Satellit ist mit 3 Solarzellenflächen (1,50 m Länge, 1 m Breite) ausgestattet, die rechtwinklig zur Längsachse an der Vorderkante des Quaders angebracht sind. Von den 4 Antennen dient eine zum Kommandoempfang und zur Abstrahlung des Peilsignals, 2 übertragen kontinuierlich Daten und Bilder zur Erde, und die vierte sendet die gespeicherten Daten im S-Band-Bereich. Die wissenschaftliche Ausrüstung des Satelliten besteht aus 2 Systemen. Der primäre Wetterbeobachtungskomplex umfaßt 2 AVCS-Kameras (Advanced Vidicon Camera System) für zu speichernde Bilder der globalen Wettersituation, 2 → APT-Kameras für direkte Bildübertragungen sowie 2 Infrarot-Abtastradiometer. Zu den sekundären meteorologischen Sensoren gehören ein Radiometer zur Bestimmung des Wärmehaushalts der Erde und ein Instrument zur Messung des Protonen-Flusses in der Flugbahn des Satelliten. Die AVCS-Kameras liefern Weitwinkelaufnahmen mit hohem Auflösungsvermögen (3 km in Bildmitte). Eine vollständige Bildfolge von 11 Einzelbildern (pro Überflug der Tagseite) wird in 48 min in Intervallen von 260 s aufgenommen und gespeichert. Das APT-System ergibt ebenfalls 11 Weitwinkelbilder mit gleicher Auflösung bei Überfliegen der Tagseite. Jede APT-Kamera ist mit einem Hochleistungsvidicon ausgerüstet, von dem die Bilder in 800 Zeilen mit 600 Bildpunkten je Zeile aufgelöst werden. Das Infrarot-Radiometer liefert Bilder von der Tagseite mit 3 km Auflösung (Bildmitte) und der Nachtseite mit 6 km. Auf der Tagseite wird die von der Erde reflektierte Strahlung im Bereich von 0,52 bis 0,73 Mikron aufgezeichnet, außerdem wird auf der Tag- und der Nachtseite die Eigenstrahlung der Erde im Bereich von 10,5 bis 12,5 Mikron registriert.

Die Übertragung der Infrarotbilder erfolgt in den Pausen zwischen 2 APT-Bildern. Mit den Messungen des Protonen-Flusses soll die Sicherheit der Warnung vor solaren Protonenstürmen erhöht werden, während die Bestimmung des Wärmehaushalts der Untersuchung langfristiger Änderungen dient.

J

»Jantar« [russ., Bernstein]: Flugkörper (UdSSR), die für besondere Versuche mit elektrischen Triebwerken eingesetzt werden. Die Erprobungen erfolgen in Einsatzhöhen zwischen 100 und 400 km Höhe, sowohl auf ballistischen als auch auf Satellitenbahnen. Das Funktionsprinzip der Antriebe ist offenbar auf die speziellen Einsatzbedingungen in diesen Höhen ausgerichtet. Ohne genauere technische Detailangaben werden Antriebssysteme beschrieben, die neben der Grundfunktion → elektrostatischer Triebwerke in den angegebenen Höhen die Eigenschaft von Staustrahlrohren haben und so den atmosphärischen Stickstoff als Arbeitsmedium für das elektrische Beschleunigungssystem zu verwenden gestatten. Im Okt. 1966 gelangte »J. 1« durch eine Höhenrakete auf eine ballistische Flugbahn mit etwa 400 km Gipfelhöhe (keine technischen Details). 1969 wurde über eine »J.«-Versuchsserie berichtet, bei der nach anfänglichen Erprobungen mit Argon als (mitgeführtem) Arbeitsmedium auch erfolgreiche Versuche mit atmosphärischem Stickstoff durchgeführt worden waren. Mit Argon konnte eine Ausströmgeschwindigkeit von 40 km/s erreicht werden, mit Stickstoff schließlich 120 km/s, bei einem Neutralisationsgrad von 99,5 %. Diese Antriebssysteme könnten als Lageregelungshilfen für große Raumflugkörper in Höhen bis 400 km (Raumstationen) oder als anderweitige Hilfsantriebe für Flugkörper in diesem Höhenbereich Bedeutung erlangen.

Jegorow, *Boris Borissowitsch:* sowjetischer Kosmonaut, geb. 1937 Moskau, führte am 12. Okt. 1964 zusammen mit → *Komarow* und → *Feoktistow* in dem ersten mehrsitzigen Raumschiff der Erde (»Woschod 1«) einen 24stündigen Raumflug aus (16 Umläufe), bei dem er als erster Spezialist die Aufgaben eines Raumschiff-Bordarztes übernahm. – J. arbeitete vorher nach Abschluß des Studiums an verschiedenen medizinischen Forschungsinstituten und veröffentlichte zahlreiche stark beachtete wissenschaftliche Arbeiten. Später spezialisierte er sich auf Probleme der Raumfahrtmedizin, wurde dabei auch mit der Ausbildung und Trainingsvorbereitung der sowjetischen Kosmonauten bekannt und faßte dann als Leutnant des medizinischen Dienstes den Entschluß, selbst an Raumflügen teilzunehmen.

Jelissejew, *Alexei:* sowjetischer Kosmonaut, geb. 13. Juli 1934 Shisdra (Geb. Kaluga), startete am 15. Jan. 1969 als Bordingenieur mit → *Chrunow* und → *Wolynow* in »Sojus 5« zu einem Raumflug, bei dem die erste Kopplung bemannter Raumflugkörper (mit »Sojus 4«) zu einer experimentellen Raumstation stattfand. J. übte dabei gemeinsam mit *Chrunow* eine einstündige Außenbordtätigkeit aus; anschließend stiegen beide nach »Sojus 4« über und landeten mit diesem am 17. Jan. 1969. Ferner nahm J. vom 13. bis 18. Okt. 1969 als Bordingenieur mit → *Schatalow* in »Sojus 8« am ersten Dreiergruppenflug (mit »Sojus 6« und »Sojus 7«) teil. J. startete am 23. April 1971 als Bordingenieur mit → *Schatalow* und → *Rukawischnikow* in »Sojus 10« zu seinem dritten Raumflug, bei dem neue Verfahren der Rendezvousflugführung und Kopplung mit dem unbemannten Raumstationsmodul »Salut« erprobt wurden. – J. arbeitete nach dem Studium an einer Moskauer Technischen Hochschule (ab 1951) in einem Konstruktionsbüro und promovierte später zum Kandidaten der technischen Wissenschaften; 1966 trat er in die Kosmonautengruppe ein.

Jodrell Bank: radioastronomisches Observatorium der Universität Manchester (Großbritannien), dessen Einrichtungen, insbes. sein Radioteleskop, auch zur Funkbeobachtung von Raumflugkörpern eingesetzt werden.

»Juno«: vierstufige Trägerraketen (USA), die bis 1961 für Satelliten- und Raumsondenstarts eingesetzt wurden. Die erste Version »J.1«, auch als *»Jupiter C«* bezeichnet, diente als Trägersystem für die ersten »Explorer«-Satelliten. Sie bestand aus der »Redstone«-Rakete als Startstufe und einer Kombination von 15 Feststofftriebwerken als 2., 3. und 4. Stufe. Die Gesamtlänge der Rakete betrug 20,9 m und ihre Startmasse 25,4 t. Die in eine konische Spitze auslaufende Startstufe hatte eine Länge von 17,4 m (Trägheitsnavigationssystem, Luft- und Strahlruderlenkung). Auf ihrer Spitze befand sich ein zylindrischer Behälter (0,85 m Durchmesser), in dem 11 der Feststofftriebwerke (Länge 1,3 m, Durchmesser 0,15 m, Masse je etwa 30 kg) ringförmig an der Wandung untergebracht waren. In diesen Ring war ein Bündel von 3 gleichen Triebwerken eingesetzt, das seinerseits über einen konischen Adapter mit dem zylindrischen Satelliten

Das Radioteleskop mit Parabolreflektor (76 m Durchmesser) in Jodrell Bank

verbunden war; dieser hatte ein Einzeltriebwerk des gleichen Typs. Nach Brennschluß der »Redstone«-Stufe wurde deren aus Adapter und Behälter mit 2. bis 4. Stufe bestehende Spitze abgetrennt und durch Druckluftdüsen bis zum Gipfelpunkt der Bahn in eine horizontale Lage gebracht. Anschließend wurden die 11 äußeren Triebwerke als 2. Stufe, danach das Dreierbündel als 3. Stufe und schließlich das Einzeltriebwerk als 4. Stufe gezündet. Alle 3 Stufen und der Satellit waren drallstabilisiert, da man den Zylinderbehälter mittels Elektromotoren und Riemenantriebs mit 460 U/min in Rotation versetzte, die kurz vor der Abtrennung noch auf 760 U/min beschleunigt wurde. – Das System »J.2« kam erstmalig für die »Pioneer«-Raumsonden und später ebenfalls für »Explorer«-Satelliten zum Einsatz. Es bestand aus den gleichen Oberstufen wie »J.1«, nur wurde als Startstufe die leistungsstärkere Mittelstreckenrakete »Jupiter« eingesetzt, die bei einer Brenndauer von 160 bis 170 s einen Startschub von etwa 70 Mp lieferte. Die Gesamtlänge dieses Systems betrug 23,2 m, seine Nutzmassekapazität für erdnahe Satellitenbahnen etwa 50 kg.

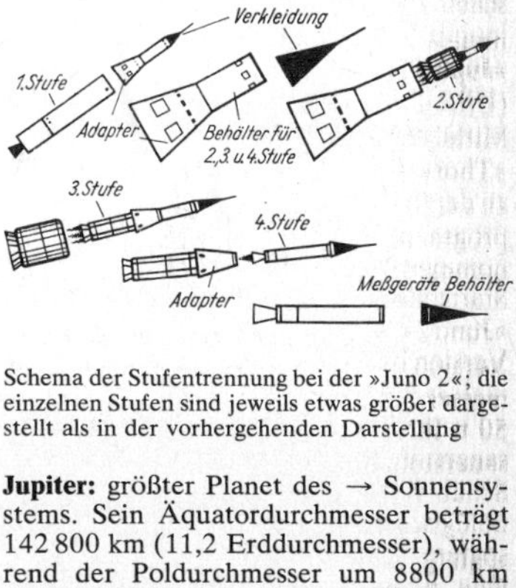

Schema der Stufentrennung bei der »Juno 2«; die einzelnen Stufen sind jeweils etwas größer dargestellt als in der vorhergehenden Darstellung

Jupiter: größter Planet des → Sonnensystems. Sein Äquatordurchmesser beträgt 142 800 km (11,2 Erddurchmesser), während der Poldurchmesser um 8800 km kleiner ist; die starke Abplattung ist auf die schnelle Rotation (9 h 50,5 min) des Planeten zurückzuführen. Seine Masse ist mit 318 Erdmassen mehr als doppelt so groß wie die aller übrigen Planeten zusammen. J. ist der Prototyp der Gruppe der Riesenplaneten, die daher auch als j.ähnliche Planeten bezeichnet werden. Seine geringe Dichte (1,33 g/cm^3) läßt, wie die der anderen j.ähnlichen Planeten, auf einen von den erdähnlichen Planeten wesentlich abweichenden physikalischen Aufbau schließen. J. ist von einer dichten Wolkenhülle (→ Albedo 0,41) umgeben, in der sich ein hoher Anteil von Methan und Ammoniak nachweisen läßt. J. ist bisher, außer der Erde, der einzige Planet, bei dem – aus Dezimeterwellenbeobachtungen – auf das

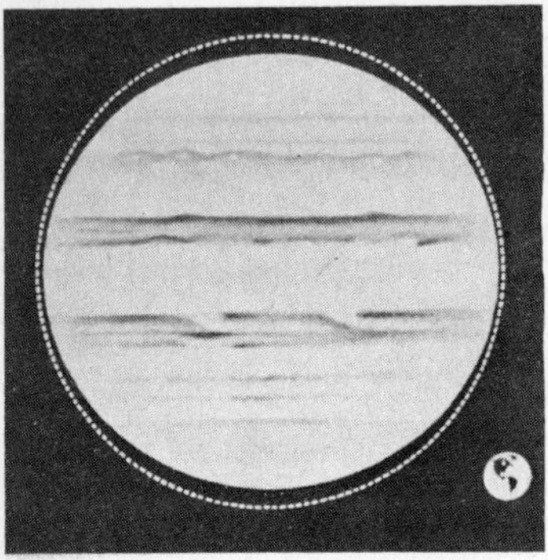

Größenvergleich von Jupiter und Erde

Vorhandensein von Strahlungsgürteln und damit auch eines Magnetfelds geschlossen werden kann. Der Planet hat insgesamt 12 Monde, von denen die 4 großen Galileischen Monde etwa die Größe des Erdmonds bzw. des Planeten Merkur haben.

»Jupiter«: einstufige Flüssigkeitsrakete (USA), die als Boden-Boden-Rakete für Mittelstreckeneinsätze parallel zur »Thor«-Rakete entwickelt, jedoch später zu deren Gunsten wieder aus dem Waffenprogramm der US-Streitkräfte herausgenommen wurde. Daneben kam sie noch als Startstufe des Trägerraketensystems → »Juno 2« zum Einsatz. In der militärischen Version betrug ihre Länge 18,4 m (Durchmesser 2,67 m) und ihre Startmasse etwa 50 t. Ihr Triebwerk arbeitete mit Flüssigsauerstoff/Kerosin und entwickelte einen Schub von etwa 70 Mp. Eine Reihe technologischer Erfahrungen wurde in das spätere »Saturn«-Programm übernommen. So werden die »J.«-Treibstoffzellen als Zentraltank für die Startstufen der »Saturn 1« und »Saturn 1 B« verwendet. – *»Jupiter A«* → »Redstone«; *»Jupiter C«* → »Juno«.

»J-2«-Raketentriebwerk: Flüssigkeitstriebwerk für die »S-4 B«-Zweitstufe der »Saturn 1 B« (→ »Saturn«). Als Treibstoffe werden Flüssigwasserstoff und Flüssigsauerstoff verwendet. Die Länge des Triebwerks beträgt 3,05 m, der max. Durchmesser (Düse) 2 m und die Gesamtmasse 1000 kg. Brennkammer und Düse sind aus in Längsrichtung verlaufenden Röhrchen (rostfreier Stahl) aufgebaut, die der Kühlmittelführung dienen. Als Kühlmittel wird der flüssige Wasserstoff verwendet, der unter einem Druck von 56 kp/cm^2 und mit einer Temperatur von 21 °K in das Kühlsystem eintritt. Er fließt auf halber Höhe der Düse in die Kühlröhrchen, und zwar zunächst in Richtung der Düsenmündung und erst von dort zurück zur zylindrischen Brennkammer. Die Zahl der Zuleitungen beträgt 180, die der Rückleitungen zum Einspritzkopf 360. Im Kühlmantel steigt die Temperatur des Wasserstoffs auf 110 °K, so daß dieser in gasförmigem Zustand in den Einspritzkopf gelangt. Da die Brennstoffzufuhr zur Brennkammer ausschl. auf diesem Wege, d. h. über das Kühlsystem, geschieht, wird die Leistung des Triebwerks durch Änderung der Fließgeschwindigkeit im Kühlmantel, die zwischen 18 und 305 m/s liegen kann, geregelt. Das Expansionsverhältnis des Triebwerks beträgt 1:27,5 und der Vakuumschub 90,7 Mp. Zur Treibstofförderung werden getrennte Turbopumpen mit zweistufigen Turbinen verwendet, die ihr Arbeitsgas von einem Gasgenerator erhalten, in dem Wasserstoff und Sauerstoff zur Verbrennung gelangen. Die Turbinenabgase werden ebenfalls der Brennkammer zugeleitet und zur Durchsatzerhöhung verwendet. Zur Förderung des Flüssigwasserstoffs dient eine siebenstufige Axialpumpe (2500 U/min) und für den Flüssigsauerstoff eine Radialpumpe (etwa 6000 U/min); beide werden durch die Fördermedien geschmiert. Um die Turbopumpen beim Anlassen des Triebwerks innerhalb kürzester Zeit auf volle Förderleistung zu bringen, wird gasförmiger Wasserstoff, der unter Druck in einem Kugelbehälter gespeichert ist, in die Turbine geleitet, wo er expandiert und damit den Anlauf der Pumpen vollzieht. Das vom Gasgenerator gelieferte Arbeitsgas treibt zuerst die Wasserstoffpumpe und dann, nach einer kurzen Verzögerung, die Sauerstoffpumpe an. Das elektrische System wurde so ausgelegt, daß es in einem Temperaturbereich von 88 bis 335 °K arbeitsfähig bleibt. Da das Triebwerk zur Lenkung der Rakete kardanisch

»J-2«-Raketentriebwerke in der Serienfertigung

aufgehängt ist (mit einer Auslenkungsmöglichkeit bis zu 10° gegen die Vertikale), mußten die gesamten Hilfsbaugruppen (Turbinen, Pumpen, Regeleinheiten) auf die Brennkammer selbst montiert werden.

K

Kabelmast → Abreißkabel.
Kabelturm → Startplattform.
Kabinenatmosphäre → Klimaanlage.
Kaltgasdüse → Druckgasstrahldüse.
Kampfkopf: derjenige Teil einer Kampfrakete, der die jeweilige Kampfladung umschließt. Der Aufbau des K.es richtet sich nach den speziellen Eigenschaften der Kampfladung, die entweder aus einer herkömmlichen Sprengladung oder einem chemischen bzw. bakteriologischen Kampfmittel bestehen kann.
Kampfrakete: allgemeine Rakete, die als Kampfmittelträger (konventionelle oder Kernsprengladung, chemische oder bakteriologische Kampfmittel) für militärische Zwecke eingesetzt wird. K. stellen sowohl die Hauptbewaffnung spezieller *Raketentruppen* als auch die Haupt- oder Teilbewaffnung anderer Waffengattungen (Luft- und Seestreitkräfte) dar. Sie zählen heute zur Ausrüstung aller modernen Streitkräfte. Die Einsatzmöglichkeiten von K. sind außerordentlich vielseitig. Sie können als Abwehrwaffen gegen mobile feindliche Kampfeinheiten (Panzer, Flugzeuge, Wasserfahrzeuge) sowie als Ergänzung und wesentliche Erweiterung konventioneller Artilleriewaffen oder als flugzeuggestützte, weitreichende Angriffswaffe gegen Bodenziele verwendet werden.
Eine Einteilung der K. nach bestimmten festen Kategorien ist im einzelnen oft recht schwierig. Für allgemeine Unterscheidung ist dies möglich nach der Art der Beeinflussung des Zielanflugs (Lenkung) oder nach der Gefechtsaufgabe. Alle K., bei denen die Grundwerte der Flugbahn nur zu Beginn ihres Abflugs auf einer relativ kurzen Strecke durch äußere Hilfsmittel (Lafette, Leitrohr, Startgerüst) festgelegt werden, bezeichnet man als ungelenkte K. Ihr Gegenstück bilden die gelenkten K., bei denen auch nach Verlassen der Startvorrichtung noch die Möglichkeit einer Flugbahnbeeinflussung besteht.

Panzerabwehrraketen auf Schwimm-SPW (UdSSR)

Zweistufige Luftabwehrrakete (UdSSR) in Feuerstellung

Der Einsatz *ungelenkter K.* ist aufgrund ihrer Besonderheiten in konstruktiver und taktischer Hinsicht auf spezielle Aufgaben ausgerichtet; so werden sie in verschiedenen Varianten als *Artillerieraketen* sowie als Bewaffnung von Erdkampf- und Jagdflugzeugen verwendet. Da sie keine komplizierten und störanfälligen Steuer- und Lenkeinrichtungen und ausschl. Feststofftriebwerke aufweisen, ist ihr Aufbau außerordentlich einfach, sie sind leicht zu warten, und ihre Vorbereitung zum Einsatz erfordert nur geringen Aufwand. Weil sie beim Abflug keinen Rückstoßeffekt zur Startvorrichtung haben, kann diese relativ leicht sein (Schienenlafette, Leitrohr) und daher auf den verschiedensten Gefechtsfahrzeugen (→ Raketenwerfer), Über- und Unterwasserkriegsschiffen angebracht werden; die Startvorrichtung wird wie ein Geschütz auf das Ziel gerichtet. Mit ungelenkten K. läßt sich auch eine größere Schußweite als mit gewöhnlichen Artilleriegeschossen erzielen, ihre Treffgenauigkeit ist allerdings wesentlich geringer. Zur Verbesserung der Treffgenauigkeit kann während des Flugs eine Drallstabilisierung angewendet werden. Dazu erhält das Feststofftriebwerk meist als Brennkammerboden eine *Düsenplatte,* in der sich mehrere nebeneinanderliegende konische Düsenbohrungen befinden, von denen die äußeren auf einem Kranz unter einem bestimmten Neigungswinkel gegen die Triebwerksachse angeordnet sind und dadurch die K. in Rotation versetzen. Die Wirksamkeit von ungelenkten K. kann durch Verwen-

Zweistufige weitreichende Abfangrakete (Antirakete) auf Transportfahrzeug (UdSSR)

dung eines Kernsprengkopfes für alle Einsatzbereiche außerordentlich vergrößert werden. Vom Flugzeug aus werden sie meist massiert als Salve gestartet, um die Trefferwahrscheinlichkeit zu erhöhen. Sie können aber auch einzeln eingesetzt werden, wobei man sie gegen Luftziele zum Ausgleich der geringen Treffgenauigkeit meist mit einem *Annäherungszünder* ausrüstet. Für Salvenstart werden sie in den meisten Fällen in zylindrischen, entspr. verkleideten Spezialbehältern unter den Tragflächen oder am Rumpf des Flugzeugs angebracht.
Die überwiegende Anzahl der K.ntypen aller Anwendungsrichtungen gehört zur Gruppe der *gelenkten K.* oder *Lenkraketen.* Ihr Aufbau ist durch die Lenkeinrichtung wesentlich komplizierter, und damit werden Einsatzvorbereitung und -führung teilweise beträchtlich aufwendiger. Hinzu kommt, daß zahlreiche Typen von gelenkten K. mit Flüssigkeitstriebwerk ausgerüstet und mehrstufig sind. Durch diese Besonderheiten müssen die Lenkraketentypen sehr genau auf den jeweiligen Einsatzzweck abgestimmt werden. Die Entwicklung gelenkter K. ergab sich aus dem Bemühen, einmal die Treffgenauigkeit gegenüber mobilen Zielen (Panzer, Flugzeug u. ä.) zu erhöhen und zum anderen auch die Treffgenauigkeit gegenüber festen Zielen bei gleichzeitig extremer Reichweitensteigerung entscheidend zu verbessern. Die ersten Lenkraketen wurden während des zweiten Weltkriegs entwickelt und eingesetzt. Die schnellen Fortschritte in der Elektronik und Automatisierung erbrachten in letzter Zeit zahlreiche Varianten von Lenkverfahren und machten die Lenkraketen, vor allem in Verbindung mit einer Kernsprengladung, zu äußerst wirkungsvollen Waffen.
Die Einteilung der K. nach ihrem Einsatzzweck geschieht häufig nach dem Ort ihrer Startbasis und der Lage des Zielorts; als Hauptklassen ergeben sich dabei:
1. *Boden-Boden-Raketen,* die von Land- oder Seekampfmitteln gegen Land- oder Seeziele eingesetzt werden;
2. *Boden-Luft-Raketen,* die von Land- oder Seekampfmitteln aus gegen Luftziele eingesetzt werden;
3. *Luft-Luft-Raketen,* die von Flugzeugen aus gegen Luftziele eingesetzt werden;
4. *Luft-Boden-Raketen,* die von Flugzeugen aus gegen Land- oder Seeziele eingesetzt werden.
Bei den kleinen Raketen der Klassen Luft-Luft und Luft-Boden wird eine klare Unterscheidung oft dadurch erschwert,

Zweistufige U-Boot-Raketen (UdSSR) auf Transportfahrzeugen

Taktische Rakete (UdSSR) in Feuerstellung

daß sie an sich für beide Zwecke geeignet sind. Weiterhin ist nach dieser Einteilung die Klasse Boden-Boden sehr inhomogen, da sie beispielsweise neben *Panzerabwehrraketen* auch *U-Boot-Raketen* umfaßt. Daher werden in dieser Klasse häufig noch entspr. Untergruppen aufgestellt. Bewährt hat sich dabei eine Gliederung nach den Gesichtspunkten der Kriegführung und der Reichweite. Als *taktische Raketenwaffen* werden danach alle K. mit einer Reichweite bis zu 100 km bezeichnet, und zwar unabhängig von dem jeweiligen Kampfmittelträger, dem Lenkprinzip, der Triebwerksauslegung und der Stärke der Gefechtsladung. Die taktischen Raketenwaffen erfüllen Kampfaufgaben unmittelbar im Interesse der Truppen auf dem Gefechtsfeld und bewegen sich in deren Gefechtsordnung. Als *operative Raketenwaffen* werden alle K. mit einer Reichweite zwischen 100 und 1000 km bezeichnet. Ihre Kampfaufgaben sind dem Ziel großer Truppenoperationen untergeordnet. Alle K. mit einer Reichweite > 1000 km gehören schließlich zu den *strategischen Raketenwaffen*. Dazu zählen die *Mittelstreckenraketen* (Reichweite bis etwa 4000 km), die *Interkontinentalraketen (interkontinentale ballistische Raketen,* Reichweite bis 12 000 km) und die → *Globalraketen* (Reichweite > 12 000 km und beliebige Anflugrichtung). Zur Geschichte der Raketenwaffen → Rakete.

kapazitive Kühlung → Kühlverfahren.

Kap Kennedy → Cape Kennedy.

»Kappa«-Serie: zwei- oder dreistufige Feststoff-Forschungsraketen (Japan), mit denen eine Nutzmasse bis zu 50 kg bis in etwa 350 km Höhe gebracht werden kann. Ihre Länge liegt zwischen 6,30 und 12,30

Feststoffrakete »Kappa 3«

Strategische Boden-Boden-Raketen (UdSSR) auf Transportfahrzeugen

m, der Erststufendurchmesser zwischen 0,25 und 0,42 m, die Startmasse zwischen 450 kg und 1350 kg.

Kardanaufhängung: Halterung von Flüssigkeitstriebwerken im Schubgerüst, bei der das Triebwerk eine, allerdings beschränkte, Möglichkeit zur Auslenkung gegen die Mittelachse der Rakete erhält und damit zur → Schubvektorsteuerung geeignet ist. Die Auslenkung geschieht mit Hilfe von Stellmotoren oder elektrohydraulischen Anlagen, die ihre Steuersignale vom Lenksystem der Rakete erhalten.

Karman, *Theodor von:* Wissenschaftler, geb. 11. Mai 1881 Budapest, gest. 7. Mai 1963 Aachen, leistete mit seinen hervorragenden Arbeiten zur Hydro- und Gasdynamik entscheidende Beiträge zur Luft- und Raumfahrt. Vor allem seine Untersuchungen zur Theorie der turbulenten Grenzschichten *(K.sche Wirbelstraße)* sowie über Methoden zur Profil- und Propellerberechnung erlangten große Bedeutung. Von 1930/49 war er Direktor der Aeronautical Laboratories of California Institute of Technology (USA), wo er 1936 auch die amerikanische Staatsbürgerschaft annahm. Im Alter widmete er seine Arbeiten vor allem dem neuen, von ihm benannten Forschungsgebiet, der »Magnetoströmungsdynamik«, das in zunehmendem Maße für die Raumfahrtforschung an Bedeutung gewinnt. Außer seinen wissenschaftlichen Fähigkeiten machten ihn auch sein Talent als Organisator moderner wissenschaftlicher Forschung und sein Eintreten für die Belange der Raumfahrt weltbekannt. So wurde er 1960 zum ersten Direktor der → Internationalen Astronautischen Akademie gewählt.

Katergol *n* → Treibstoff.

»Katjuscha« [russ., Katharinchen]: volkstümliche Bezeichnung für die von der Sowjetarmee im zweiten Weltkrieg erstmalig in großem Umfang eingesetzten Raketenwerfer für Salvenfeuer. Die »K.« waren meist auf Fahrzeugen montiert und hatten eine außerordentlich große Wirksamkeit.

Kaufmann-Antrieb → elektrostatisches Triebwerk.

Kavitation: Störung des gleichmäßigen Flüssigkeitsstroms in den Treibstoffzuleitungen oder im Kühlmantel eines Raketentriebwerks durch Gas- bzw. Dampfblasenbildung oder Abreißen der Strömung. K. führt in jedem Fall zu schwerwiegenden Störungen der Triebwerksfunktion und muß daher unter allen Umständen vermieden werden.

Kegeldüse → Entspannungsdüse.

Kennedy Space Flight Center → National Aeronautics and Space Administration.

Kepler-Bahn: Raumflugbahn, deren Verlauf in erster Näherung von den → Keplerschen Gesetzen bestimmt wird. Alle K.en sind stets Freiflugbahnen und stellen im Prinzip ganze Kegelschnitte (angenäherte Kreise; Ellipsen) oder Kegelschnitteile (Parabel-, Hyperbelabschnitte) dar. Im Fall der Bewegung in einer nahezu ungestörten Ellipsenbahn nennt man diese auch *Kepler-Ellipse.*

Keplersche Gesetze: von dem Astronomen *Johannes Kepler* (1571–1630) gefundene und nach ihm benannte Gesetze, die die Bewegung der Planeten im Sonnensystem und damit in erster Näherung auch die Bewegung von künstlichen Satelliten um die Erde beschreiben. Sie lassen sich auch aus dem später von *Newton* gefundenen → Gravitationsgesetz ableiten.

1. Keplersches Gesetz: Die Planeten bewegen sich in Ellipsen, in deren einem Brennpunkt sich die Sonne befindet.

2. Keplersches Gesetz: Der Radiusvektor (Verbindungslinie Sonne – Planet) überstreicht in gleichen Zeiträumen gleiche Flächen (Flächensatz). Dieses Gesetz sagt aus, daß sich der Planet in Sonnennähe rascher bewegt als in Sonnenferne.

3. Keplersches Gesetz: Die dritten Potenzen der großen Halbachsen der Bahnen zweier Planeten verhalten sich zueinander wie die Quadrate ihrer Umlaufzeiten.

Für den Fall der Übertragung dieser Gesetze auf die Bewegung eines künstlichen Erdsatelliten (unter Berücksichtigung ihrer wegen der Bahnstörungen nur näherungsweisen Gültigkeit) ist an die Stelle von »Sonne« »Erde« einzusetzen und für »Planet« »Satellit«.

Kernenergieanlagen → Bordenergieversorgung.

Kernenergietriebwerk, *Atomtriebwerk:* Raketentriebwerk, bei dem die durch Kernreaktion freigesetzte thermische Energie zur Fremdaufheizung eines Arbeitsmediums (Stützmasse) verwendet wird. Theoretisch kann die Energie sowohl von einem Kernspaltungs- als auch von einem Kernfusionsprozeß geliefert werden. Bisher ist jedoch nur für Spaltungsreaktionen eine technische Lösung möglich. Dabei wird die Stützmasse in einem Reaktor, dessen Inneres sozusagen die Brennkammer des Triebwerks darstellt, thermisch aufgeheizt und anschließend als Hochtemperaturgas in einer Ausströmdüse entspannt. Für die Bildung und Wirkung des

Antriebsstrahls gelten daher die gleichen thermodynamischen Prinzipien wie bei → chemischen Raketentriebwerken. Als Stützmasse sind bes. Stoffe geeignet, die ein möglichst niedriges Molekulargewicht aufweisen, wie Wasserstoff, Helium, Ammoniak und Wasser. Für Wasserstoff würde sich bei einer Aufheizungstemperatur zwischen 2500 und 3000 °C ein spezifischer Impuls von etwa 8000 m/s ergeben, dem jedoch ein sehr geringer volumenspezifischer Impuls gegenübersteht. K. mit Wasserstoff als Stützmasse werden daher vornehmlich als Hochenergieoberstufen von mehrstufigen Trägerraketen Bedeutung erlangen. Ein wesentlicher Nachteil aller K. ist der ziemlich große Massenaufwand für die Triebwerksanlage, vor allem durch die notwendige Strahlungsabschirmung. Dadurch ergibt sich für K. eine relativ ungünstige Leistungsmasse. Von wesentlichem Einfluß ist die Schwierigkeit einer Steigerung der Temperatur in der Reaktorbrennkammer > 3000 °C hinaus, da bei noch höherer Temperatur sowohl die Feststoff-Reaktorelemente als auch das übrige Brennkammer- und Düsenmaterial einer extremen Belastung unterworfen werden. Daher sind die Werkstoff- und Kühlprobleme für die Reaktorbrennkammer von K. denjenigen für chemische Raketentriebwerke ähnlich. Über praktische Erprobungen mit flugfähigen K. ist bisher nichts bekannt geworden; lediglich über Arbeiten an stationären Prototypenanlagen wurde berichtet.

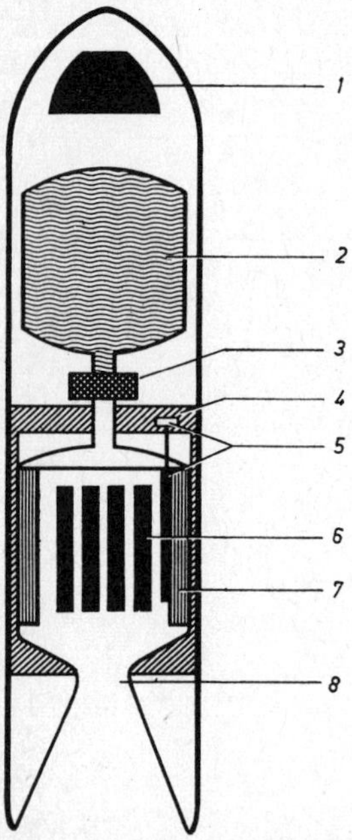

Aufbauschema einer Rakete mit Kernenergietriebwerk, das mit festen Brennstoffelementen arbeitet: 1 Nutzmasse, 2 Wasserstofftank (Stützmasse), 3 Turbopumpe, 4 Strahlungsschutz, 5 Kontrollstab, 6 Kernbrennstoff, 7 Reflektor, 8 Entspannungsdüse

Kerosin → Treibstoff (II 2 b α).

Kibaltschitsch, *Nikolai Iwanowitsch:* russischer Wissenschaftler, geb. 31. Okt. 1854, beschäftigte sich als Sprengstoffchemiker etwa um 1880 mit der Idee, durch Raketenantrieb in große Höhen oder gar in den Weltraum vorzustoßen. Er war Mitglied einer revolutionären Gruppe und schuf für diese Sprengkörper, von denen einer am 1. März 1881 den russischen Zaren Alexander II. tötete. Nach seiner Verhaftung arbeitete er seine Pläne zu Raketenflugkörpern in der Gefängniszelle weiter aus. Er skizzierte verschiedene Gedanken eines Pulverraketenantriebs mit schwenkbarer Brennkammer und stellte ein Programm für weitere Entwicklungsarbeiten auf. Er wurde mit seinen Kampfgefährten am 15. April 1881 hingerichtet, und seine Pläne verschwanden bis 1918 in den Gerichtsarchiven.

Kick-Stufe [von engl. to kick = stoßen]: Raketenoberstufe mit Apogäumstriebwerk.

»Kiwi« → »Nerva«.

Kleimenow, *Iwan Terentjewitsch:* sowjetischer Wissenschaftler (1898–1938), einer der Organisatoren der Arbeiten auf dem Gebiet der Raketentechnik in der Sowjetunion. Er war 1932/33 Leiter des → Gasdynamischen Laboratoriums und 1933/37 Leiter des Wissenschaftlichen Instituts zur Erforschung des Rückstoßes.

Kleine Planeten → Planetoiden.

Klemmung: Kennziffer, die aus dem Quotienten von gesamter Brennfläche und Düsenhalsfläche eines Feststofftriebwerks gebildet wird.

Klimaanlage: automatisch oder von Hand durch die Raumfahrer geregelte *(Klimaregelung)* Einrichtung in bemannten Raumflugkörpern, die in der hermetischen Raumkabine und in den Raumanzügen vorgegebene Bedingungen einer *Kabinen-* bzw. *Anzugatmosphäre* aufrechterhält.

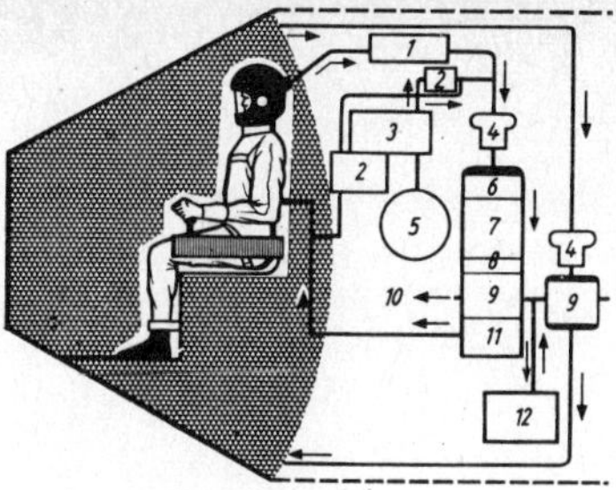

Beispiel einer Klimaanlage (»Mercury«-Raumkapsel): 1 Schwebstoff-Filter, 2 Regeleinheiten, 3 Druckreduzierventil, 4 Ventilator, 5 Sauerstoffbehälter, 6 Geruchsabsorber, 7 CO_2-Filter, 8 Filter, 9 Wärmeaustauscher, 10 Dampfaustritt, 11 Wasserabscheider, 12 Kühltank

Zusammensetzung und Besonderheiten der Kabinenatmosphäre sind durch raumfahrtbiologische und technische Normen festgelegt. So kann statt einer weitgehend den irdischen Normalbedingungen entspr. Kabinenatmosphäre für bestimmte Fälle (z. B. zur Durchführung von Ausstiegsexperimenten) eine druckreduzierte (0,25 bis 0,4 kp/cm^2), reine Sauerstoffatmosphäre notwendig werden. Es ist die Aufgabe der K., die Kabinen- bzw. Anzugatmosphäre von schädlichen Beimengungen (CO_2, Staub, Geruchsstoffe) zu befreien und gleichzeitig den notwendigen frischen Sauerstoff bereitzustellen (Luftregeneration), ihren Druck und ihre Feuchtigkeit möglichst konstant zu halten und vor allem ihre Temperatur auch unter ungünstigen äußeren Bedingungen (z. B. Rückkehrphase) nicht über ein vorgegebenes Maß anwachsen zu lassen. Die Lufttemperaturregelung geschieht stets durch *Kühlung* der Luft in der Raumkabine, da auch unter normalen Flugbedingungen durch den menschlichen Organismus und die Geräte überschüssige Wärme entsteht. Der Klimakreislauf im Raumanzug ist meist ein mehr oder weniger autonomer Teil des Kabinenkreislaufs. Aus Sicherheitsgründen kann er im Notfall ganz vom Kabinenkreislauf getrennt werden. Das tragbare Regelgerät für den Anzugkreislauf wird auch scherzhaft als *Klimakoffer* bezeichnet. Für den Fall eines Ausstiegs eines Raumfahrers in den freien Raum kann die Klimaversorgung des hermetischen Raumanzugs entweder über eine flexible Zuleitung (»Nabelschnur«) von der Anlage im Raumflugkörper oder durch ein auf dem Rücken getragenes, autonomes Klimagerät geschehen. Ein derartiger *Klimatornister* wurde erstmalig von *Leonow* bei seinem Ausstieg aus »Woschod 2« praktisch im Raum erprobt; er hielt in seinem Raumanzug eine druckreduzierte Sauerstoffatmosphäre (etwa 0,4 kp/cm^2) aufrecht.

Knotenlänge → Bahnelemente.

Knotenlinie und Knotenrücklauf → Bahnknoten.

Komarow, *Wladimir Michailowitsch:* sowjetischer Kosmonaut, geb. 16. März 1927 Moskau, gest. (verunglückt bei Erprobung von »Sojus 1«) 24. April 1967 bei Orenburg, führte am 12. Okt. 1964 zusammen mit → *Feoktistow* und → *Jegorow* in dem ersten mehrsitzigen Raumschiff der Erde (→ »Woschod 1«) einen 24stündigen Raumflug aus (16 Umläufe), bei dem er die Funktion eines Kommandanten innehatte. – K. wurde schon als Oberschüler 1942 in die Moskauer Spezialschule der sowjetischen Luftstreitkräfte aufgenommen und diente als Jagdflieger; 1959 schloß er das Studium als Flugzeugingenieur an der Shukowski-Akademie mit dem Diplom ab.

Komet [griech. »Haarstern«]: neblig-verwaschen aussehender Himmelskörper des → Sonnensystems. Die Mehrzahl der K.en, die sich allgemein auf mehr oder weniger elliptischen bis angenähert parabolischen Bahnen beliebiger Neigung um die Sonne bewegen, ist nur mit dem Fernrohr zu beobachten. Sie bestehen aus dem *K.enkern* (Durchmesser in der Größenordnung von 100 km; feste meteoritische Teilchen mit »Kitt« aus gefrorenen Gasen, wie NH_3, CH_4, CO_2 u. a.), der *K.enkoma* (Durchmesser in der Größenordnung von mehreren 10 000 km; Gasatmosphäre des Kerns) und dem bis zu einigen 100 Mill. km langen, meist gekrümmten, gasförmigen *K.enschweif* (daher auch »Schweifstern« für K.), der unter dem Einfluß des Strahlungsdrucks der Sonne sowie des Sonnenwinds entsteht.

Kometensonde: unbemannter Raumflugkörper, der speziell zur Untersuchung von Kometen eingesetzt wird, wobei er – in Abhängigkeit von den durch die Bahnlage des Kometen gegebenen Voraussetzungen – den Nahbereich des Kometen auf einer Annäherungsbahn anfliegt. Die bahnmechanischen und antriebstechnischen Probleme lassen nur einen begrenzten Spielraum bei der Auswahl von Annäherungsbahnen und ermöglichen den Einsatz von K. nur auf Kometen mit günstigen Sonnenumlaufbahnen.

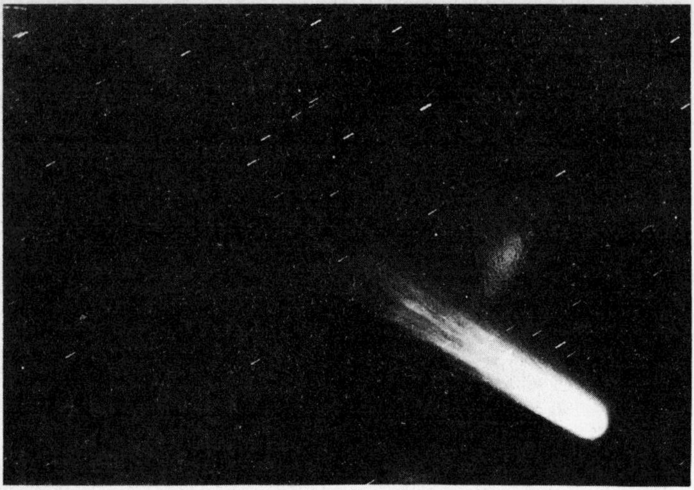

Komet 1957d (in der Folge des Alphabets vierter Komet des Jahres 1957) (21. August 1957, Sternwarte Sonneberg)

Kommandolenkung: Verfahren zur Fernlenkung (→ Lenkung) von Raketen, -waffen und Raumflugkörpern. Die Bildung der Lenkkommandos geschieht in einer Bodenleitstation *(Lenkstand)* durch manuelles Betätigen eines Steuerknüppels oder automatisch durch einen Lenkrechner. Nach dem Prinzip der Übertragung der Lenkkommandos an den mit einer entspr. Empfangsanlage ausgerüsteten Flugkörper unterscheidet man *Draht-K.* und *Funk-K.* Letztere läßt sich noch nach dem jeweiligen Verfahren der Zielverfolgung und der Kontrolle der Flugkörperbahn in *optische, Fernseh-* und *Radar-Funk-K.* unterteilen.

1. Die *Draht-K.* zählt zu den handgesteuerten und halbautomatischen Lenksystemen und wird vornehmlich für Raketen zur Bekämpfung von Panzern o. a. Bodennahzielen eingesetzt. Verschiedentlich wurden auch schon Versuche gemacht, Luft-Luft- und Luft-Boden-Raketen mit einer Draht-K. auszurüsten. Standort des Ziels und Flugwegs der Rakete werden optisch ermittelt, die Lenkkommandos über dünne isolierte Drähte, die von Spulen aus dem Flugkörper ablaufen, an dessen Lenkorgane übertragen. Die Reichweite dieses Lenkverfahrens ist naturgemäß beschränkt und beträgt i. allg. nur wenige Kilometer.

2) *Funk-K.*

a) Bei der *Funk-K. mit optischer Bahnverfolgung* ist ebenso wie bei Draht-K. Handsteuerung üblich, aber die Kommandos werden von einem speziellen Kommandosender im Lenkstand in Form codierter Funksignale zum Flugkörper übertragen, der nach Sicht gelenkt wird. Das Verfahren läßt sich zur Lenkung von Boden-Luft-, Luft-Luft- und Luft-Boden-Raketen einsetzen. Seine Nachteile bestehen in der durch die Handsteuerung begrenzten Lenkgenauigkeit sowie in der Möglichkeit der Störung des Funkwegs zwischen Lenkstand und Rakete durch den Gegner. Ein weiterer wesentlicher Nachteil ist die Abhängigkeit von den jeweiligen Sichtverhältnissen. Beim Start von großen Trägerraketen läßt sich dieses Verfahren in etwas abgewandelter Form ebenfalls anwenden. Die von optisch extrem hochleistungsfähigen Meßtheodoliten gelieferten Ortungsmeßwerte werden hierbei allerdings automatisch an die Leitzentrale übertragen, dort im Rahmen der mit anderen Methoden erlangten Flugbahndaten ausgewertet und erst auf diesem Zwischenweg in die Flugbahnsteuerung mit einbezogen.

b) Die *Funk-K. mit Fernseh-Bahnverfolgung* kann als Variante des vorigen Verfahrens angesprochen werden, bei der die Bewegung des Lenkobjekts in bezug auf den Zielkörper mit einer Fernsehanlage direkt kontrolliert wird. Der funktechnische Aufwand dieses Lenksystems ist allerdings sehr groß, weil im Lenkobjekt Fernsehkamera und -sender und im Lenkstand ein Fernsehempfänger eingebaut werden müssen. Das Verfahren kann für verschiedene Klassen von Lenkwaffen eingesetzt werden, so zur Führung von Luft-

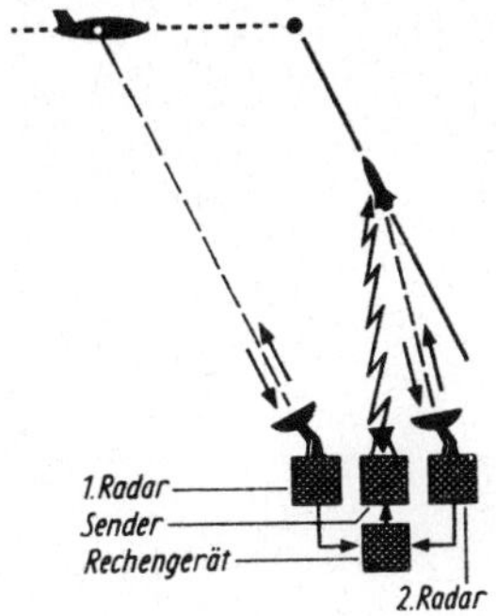

Funkkommandolenkung mit Radar-Bahnverfolgung (Einstrahlmethode mit Nachführungskurs)

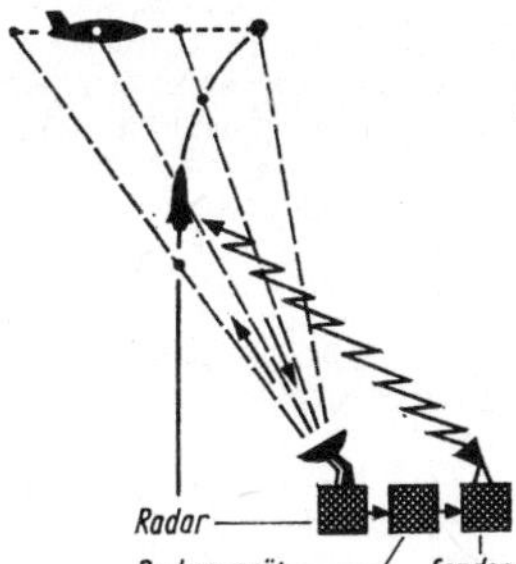

Funkkommandolenkung mit Radar-Bahnverfolgung (Zweistrahlmethode mit Vorhaltekurs)

Boden-Raketen bzw. Gleitbomben auf Boden- oder Seeziele, deren Standort sich laufend verändert oder nicht genau genug bekannt ist. Zu den Nachteilen dieses Lenkverfahrens gehören ferner seine Abhängigkeit von den Sichtverhältnissen im Zielgebiet, die Möglichkeit von Störungen durch den Gegner und die Begrenzung der Reichweite durch die Ausbreitungsbedingungen der Fernsehträgerwelle.

c) Die *Funk-K. mit Radar-Bahnverfolgung* hat den Vorteil der Unabhängigkeit von Wetter und Tageszeit. Ihre Lenkgenauigkeit ist sehr groß und macht sie vor allem für den Einsatz von Boden-Luft-Raketen (einschl. Antiraketen) und ballistischen Raketen großer Reichweite (Interkontinental- und Globalraketen) sowie Raumfahrtträgerraketen geeignet. Ihr Nachteil besteht einerseits in der Störungsmöglichkeit durch den Gegner und in einer gewissen Reichweitenbegrenzung durch die Ausbreitungsbedingungen der Radarstrahlen. Je nach Anzahl der im Lenksystem vereinigten Radarstationen unterscheidet man Einstrahl- und Zweistrahlsysteme.

Bei der ersten Variante des *Einstrahlsystems* (für Boden-Luft-Raketen) verfolgt ein und dieselbe Radarstation gleichzeitig Lenkobjekt und Ziel. Die Rakete bewegt sich dabei ständig etwa auf der Verbindungslinie Radarantenne–Ziel. Ihre Lage zum Ziel bzw. zur zentralen Achse des Radarstrahls ist auf dem Radarsichtschirm im Lenkstand erkennbar und veranlaßt automatisch die Funkübertragung entspr. Lenkkommandos, zu der auch das Radarsignal selbst benutzt werden kann. Zur Unterscheidung von Lenkobjekt und Ziel erhält ersteres meist noch ein Radarkennungsgerät (Antwortgerät). Die zweite Variante des Einstrahlsystems wird vornehmlich für die Lenkung von weitreichenden Raketen gegen feste Bodenziele eingesetzt. Da die Koordinaten des Ziels bzw. die Brennschlußbedingungen für den Eintritt in die astronautische Freiflugbahn und auch die Koordinaten des Startplatzes bekannt sind, läßt sich die Flugbahn festlegen und als Grundlage für das Steuerprogramm in das Lenksystem eingeben. Die Radarstation verfolgt dann die Rakete vom Start bis zum Brennschluß, die Ortungsmeßwerte gehen automatisch an die Lenkrechenanlage, und aus dem Vergleich zwischen Soll- und Istbahn werden die notwendigen Lenkkommandos gebildet. Dieses Verfahren läßt sich in seiner Genauigkeit noch durch weitere Radarstationen, die ebenfalls der Rechenanlage angeschlossen werden, verbessern.

Das *Zweistrahlsystem* bildet die komplizierteste, aber auch vollkommenste Methode zur Lenkung von Boden-Luft- bzw. Anti-Raketen. Dabei werden 2 automatische Radarstationen eingesetzt, von denen die eine nur das Lenkobjekt und die andere nur das Ziel verfolgt. Die Ortungsmeßwerte beider Geräte werden einer Rechenanlage zugeführt, die daraus die Lenkkommandos ermittelt.

Für alle Verfahren der Funk-K. sind also nicht nur umfangreiche Funkausrüstungen in Lenkobjekten und Bodenleitstationen, sondern auch hochleistungsfähige elektronische Datenverarbeitungs- und Rechenanlagen erforderlich. → Leitstrahllenkung.

Komponentenvereinfachung → chemisches Raketentriebwerk, Rakete.

Kondratjuk, *Juri Wassiljewitsch:* sowjetischer Wissenschaftler (1898–1942), einer der Pioniere der Raketentechnik in der Sowjetunion. K. veröffentlichte 1929 die theoretische Untersuchung ›Die Eroberung der interplanetaren Räume‹ sowie eine Reihe von Arbeiten zu Problemen der Raketendynamik und des Raketenbaus. Im Mittelpunkt standen dabei: energetisch günstigste Flugbahnen; Theorie der Mehrstufenraketen; Raumstationen als Planetensatelliten für interplanetare Flugverbindungen; aerodynamische Landeverfahren für Raumflugkörper; neue Treibstoffkomponenten (Metalle, Borane u. a.).

Konstruktionsfaktor: raketentechnische Entwurfsgröße; gebildet aus dem Verhältnis der Konstruktionsmasse zur Summe aus Konstruktions- und Treibstoffmasse.

Kopplungsadapter → Adapter.

Koroljow, *Sergei Pawlowitsch:* sowjetischer Wissenschaftler, geb. 12. Jan. 1906, gest. 14. Jan. 1966, wurde als einer der Schüler → *Ziolkowskis* zum bedeutendsten Konstrukteur von Trägerraketen und Raumflugkörpern der UdSSR. Er arbeitete ab 1927 in der Luftfahrtindustrie und besuchte als Werkstudent die Moskauer Technische Hochschule sowie eine Fliegerschule. 1931 wurde K. Gründungsmitglied der MosGIRD (→ GIRD) und 1932 einer der Organisatoren sowie der Leiter der GIRD. Nach Gründung des »Wissenschaftlichen Instituts zur Erforschung des Rückstoßes« (1933) wurde K. dessen stellvertretender wissenschaftlicher Direktor und Anfang 1934 Leiter der Abteilung Raketenflugkörper. 1934 veröffentlichte er eine umfassende und grundlegende Arbeit mit dem Titel ›Der Raketenflug in die Stratosphäre‹. K. entwickelte eine Reihe von Projekten, darunter den Raketengleiter »RP-318« – ein Segelflugzeug mit einem im Heck eingebauten Flüssigkeitstriebwerk –, mit dem *S. P. Fjodorow* im Febr. 1940 erste erfolgreiche Flüge durchführte. 1942/45 arbeitete K. als stellvertretender Chefkonstrukteur für Triebwerke, dabei vornehmlich an dem Problem, serienmäßig hergestellte Kampfflugzeuge mit Flüssigkeitstriebwerken für zusätzliche Beschleunigung auszurüsten. Die weitere Arbeit K.s war der Schaffung hochleistungfähiger Raketen und Raketensysteme gewidmet. Unter seiner Leitung arbeiteten nach 1945 die zahlreichen großen Kollektive in der Sowjetunion, von denen die Raumfahrt-Trägerraketen entwickelt und gebaut wurden. Auch die Entwicklung der »Wostock«- und »Woschod«-Raumfahrzeuge sowie der Satelliten vom Typ »Elektron«, »Molnija 1«, verschiedener Typen der »Kosmos«-Serie und der Raumsonden vom Typ »Sonde« leitete er als Chefkonstrukteur.

Korrekturmanöver: Maßnahme zur Veränderung einer Raumflugbahn, wenn diese die für die jeweilige Flugmission zu fordernden Parameter aus bahnmechanischen oder aus technischen Gründen (Genauigkeitsforderungen) nicht erreicht bzw. einhält. K. werden daher hauptsächlich erforderlich beim Einflug von Raumflugkörpern in Synchronbahnen, bei Rendezvousunternehmen und auf Übergangsbahnen zum Mond oder zu den Planeten bzw. auf Rückkehrbahnen von dort zur Erde. Zur Durchführung der K. müssen die betr. Raumflugkörper mit entspr. leistungsfähigen *Korrekturtriebwerken* ausgerüstet sein. Für einmalige Bahnkorrekturen, deren Antriebsbedarf von vornherein festliegt, können Feststofftriebwerke verwendet werden. Soll das Korrekturprogramm beweglicher gehalten werden, sind wiederzündbare Flüssigkeitstriebwerke geeigneter. Für einschneidende K. (z. B. große Bahnneigungsänderungen in Erdumlaufbahnen) ist bei großen Raumflugkörpern ein sehr beträchtlicher Antriebsaufwand erforderlich.

kosmischer Flugkörper svw. Raumflugkörper, → Raumfahrt und → Kosmos.

kosmische Geschwindigkeit → Bahngeschwindigkeit und → Kosmos.

kosmische Strahlung: Gesamtheit aller den kosmischen Raum durchdringenden Strahlungen, d. h. alle Arten von elektromagnetischer (Wellen-)Strahlung sowie mannigfaltiger Partikelstrahlung, die von den verschiedensten Elementarteilchen gebildet werden. Ihre intensivste Quelle im erdnahen und interplanetaren Raum ist die Sonne (solare Wellen- bzw. Teilchenstrahlungen). Die verschiedenen Komponenten der solaren Strahlung (vornehmlich UV-, Röntgen- und Gammastrahlung; Protonenströme) rufen vielfältige physikalische Wechselwirkungen mit dem Erdmagnetfeld und der Hochatmosphäre hervor, deren Untersuchung eins der wesentlichsten Anliegen des Einsatzes von wissenschaftlichen Raumflugkörpern ist. Ihre teilweise sehr hohe biologische Wirksamkeit führt im freien Raum zu einer allgemeinen

Strahlungsgefährdung für ungeschützte Organismen, so daß bemannte Raumflugkörper mit entspr. Strahlungsschutz (→ Strahlungsabschirmung) versehen werden müssen. Die Dichte der aus dem interstellaren Raum kommenden k. S., deren Quellen im einzelnen noch weitgehend unbekannt sind, ist gegenüber der solaren k. S. sehr gering. Dafür haben aber einzelne der ankommenden Strahlungsteilchen eine so gewaltige Energie, daß sie die der durchdringendsten, in irdischen Kernforschungslaboratorien erzeugten Teilchenstrahlung weit übertreffen. Wegen ihrer geringen Gesamtintensität bildet diese interstellare k. S. jedoch kein wesentliches Hindernis für Unternehmen mit bemannten Raumflugkörpern.

Kosmodrom [Kunstwort aus griech. kosmos = Weltall; dromos = Lauf(platz)]: Bezeichnung der sowjetischen Startplätze für Großraketen, insbes. Trägerraketen von Raumflugkörpern. Das berühmteste K. ist das Startzentrum in → Baikonur.

Kosmonaut: Raumfahrer; abgeleitet von dem in der russischen Sprache für Raumfahrt üblichen Begriff »Kosmonautik« (→ Raumfahrt) und daher vorwiegend auf sowjetische Raumfahrer angewendet.

Kosmos, *Weltall, Universum:* Gesamtheit alles Seienden; darin eingeschlossen auch die räumliche Gesamtheit der Welt, darstellbar als vierdimensionales Raum-Zeit-Kontinuum. Wortverbindungen wie Kosmosflug, Kosmostechnik, Kosmosmedizin, Kosmosbiologie, Kosmosindustrie, Kosmoswirtschaft u. ä. sind somit unsinnig, da diese Begriffe auf Dinge und Zusammenhänge angewandt werden, die keinesfalls den Kosmos betreffen, sondern auf einen wesentlich engeren räumlichen Bereich des Weltalls – im wesentlichen auf den erdnahen → Weltraum – bezogen und bzw. oder in ihren technischen Voraussetzungen bzw. Verknüpfungen im Bereich der Raumfahrt angesiedelt sind. Für die meisten dieser unpassenden Begriffsbildungen lassen sich daher in Anlehnung an die Grundbegriffe Weltraum ..., Raum ..., Raumflug ... bzw. Raumfahrt ... durchaus korrekte und eingeführte Wortverbindungen verwenden (z. B. Raumflug, Raumfahrttechnik, Raumfahrtmedizin) oder auch neu fassen (z. B. *Weltraumtechnik* bzw. *-technologie* für entspr. neue Prinzipien oder Verfahren, die nur unter Weltraumbedingungen zu handhaben sind). Ähnliches gilt für den Begriff *kosmisch* (den Kosmos, das Weltall betreffend; aus dem Weltall kommend); er ist nur in den Fällen vertretbar, wo es sich tatsächlich um (mehr oder weniger einfach erkennbare) Beziehungen im Sinne der grundlegenden Begriffsdefiniton handelt (z. B. kosmische Physik, kosmische Strahlung, kosmischer Raum). Unpassend bzw. unsinnig sind: kosmische Geschwindigkeit (→ Bahngeschwindigkeit), kosmische Rakete (svw. Trägerrakete), kosmischer Flugkörper (svw. Raumflugkörper), kosmische Technik, kosmischer Beruf, kosmische Mahlzeit o. ä.

»Kosmos«: unbemannte sowjetische Erdsatelliten, deren Serie zur bisher umfangreichsten der gesamten Raumfahrtpraxis wurde. Ihr im wesentlichen auf die Untersuchung des erdnahen Weltraums abgestimmtes Forschungsprogramm wurde am

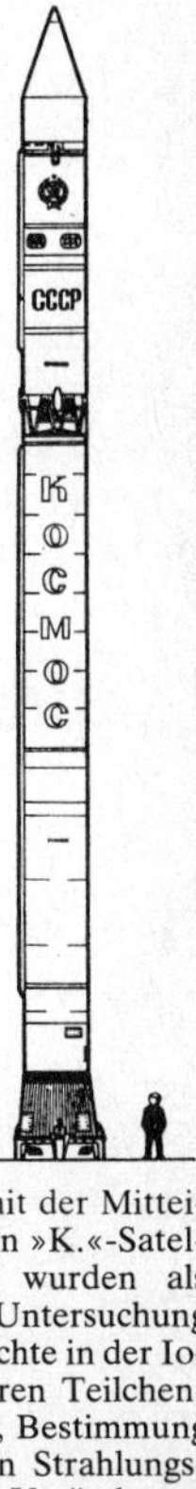

»Kosmos«-Trägerrakete

16. März 1962 zusammen mit der Mitteilung über den Start des ersten »K.«-Satelliten veröffentlicht. Darin wurden als Hauptaufgaben genannt: Untersuchung der Elektronen- und Ionendichte in der Ionosphäre, Studium der solaren Teilchenstrahlung niederer Energien, Bestimmung der Teilchenenergien in den Strahlungsgürteln und ihrer zeitlichen Veränderungen, Untersuchung der Zusammensetzung

der Primärkomponente der kosmischen Teilchenstrahlung und ihrer zeitlichen Veränderungen, Messungen des Erdmagnetfelds in verschiedenen Höhen und über verschiedenen geographischen Bereichen, Untersuchung der solaren UV- und Röntgenstrahlung und der gleichen Strahlung anderer kosmischer Objekte, Studium der chemischen Zusammensetzung der geladenen und neutralen Teilchen in der Hochatmosphäre, Messung der Verteilungsdichte und der Energien von Mikrometeoriten sowie ihrer räumlichen und zeitlichen Veränderungen und Untersuchungen über Bildung und Verteilung von Wolken in der Troposphäre.

Neben diesem umfassenden Weltraumforschungsprogramm, das praktisch alle Aufgaben erdnaher Meßsatelliten umschließt, werden im Rahmen der »K.«-Serie verschiedene raumfahrtmedizinische Untersuchungen und raumflugtechnische Erprobungen durchgeführt. In Abhängigkeit von der Vielseitigkeit dieses Programms sind die Umlaufbahnen der »K.«-Satelliten ziemlich unterschiedlich. Es lassen sich jedoch gewisse Gruppenbildungen in den Bahnparametern erkennen, die die Zugehörigkeit der jeweiligen Satelliten zu bestimmten Teilprogrammen nahelegen. So gibt es eine Gruppe, deren Bahnneigung etwa bei 49° liegt und zu der offenbar im wesentlichen reine Meßsatelliten mittlerer Größe gehören, deren Aufbau die sehr ökonomische Konzeption einer Verwendung standardisierter Systemstrukturen und -komponenten erkennen läßt. Eine andere Gruppe hat bevorzugt eine Bahnneigung um etwa 65°, wobei anzunehmen ist, daß zu dieser Gruppe vor allem Erprobungsgeräte gehören, die meist noch vor Ablauf der natürlichen Lebensdauer zur Erdoberfläche zurückgeführt werden. Ihre Größe liegt offenbar in der Kategorie bemannter Raumfluggeräte und wird bes. System- und Komponentenerprobungen sowie umfangreiche raumfahrtmedizini-

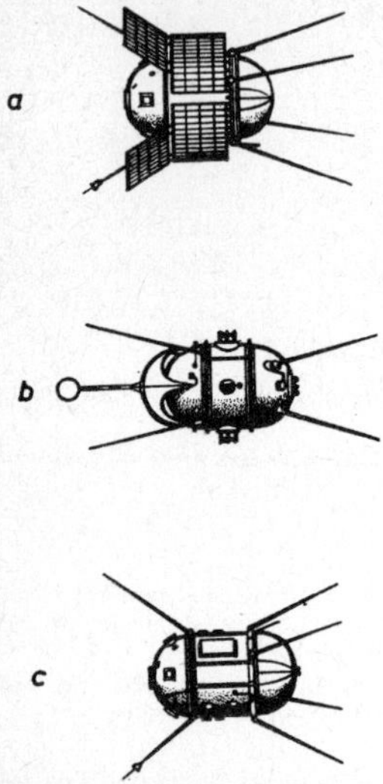

Verschieden ausgerüstete »Kosmos«-Forschungssatelliten lassen die Modulbautechnik erkennen; a mit Solarzellen, b und c mit chemischen Stromquellen

Wettersatellit »Kosmos 156«

sche Untersuchungen möglich machen. Neuerdings sind auch noch Gruppen mit anderen Bahnneigungen (52°, 56°, 69° bis 73°, 81°) in Erscheinung getreten.
Die Bahnhöhen sind, abgesehen von wiederum leicht ausgeprägten Gruppencharakteristiken, so verschiedenartig, wie es das Gesamtprogramm erfordert. Die Perigäumshöhen liegen zwar hauptsächlich zwischen etwa 180 und 300 km, die Apogäumshöhen dagegen zwischen etwa 220 und 1750 km. Eine der anfänglichen extremen Ausnahmen bildete »K. 41«, ein 65°-Satellit, dessen Umlaufbahn eine Perigäumshöhe von 644 km und eine Apogäumshöhe von 39568 km hatte.
Eine weitere Besonderheit des »K.«-Programms sind Starts von Trägerraketen, die gleichzeitig mehrere Satelliten in angenähert gleiche Umlaufbahnen tragen. Erstmalig am 18. Aug. 1964 wurden 3 Satelliten nach diesem Verfahren in Umlauf gebracht. Weitere Dreifachstarts erfolgten am 21. Febr. 1965 (»K. 54 bis 56«) und am 14. März 1965 (»K. 61 bis 63«). Die bisherigen Höhepunkte dieser Versuchstechnik bildeten die Starts von jeweils 5 Satelliten mit einer Trägerrakete am 16. Juli 1965 (»K. 71 bis 75«), am 3. Sept. 1965 (»K. 80 bis 84«) und am 18. Sept. 1965 (»K. 86 bis 90«) sowie ein Start von 8 »K«-Satelliten am 25. April 1970 (Bahnhöhe zwischen 1400 und 1500 km).
Eine außerordentlich wichtige Funktion kommt den »K.«-Satelliten offensichtlich noch bei der Vorbereitung von Flügen bemannter Raumflugkörper zu. Mit einer an einen bestimmten vorgesehenen Starttermin heranführenden »K.-Vorhut« wird dabei die kosmische »Wettersituation« eingehend untersucht, um die von außen möglicherweise einwirkenden Risiken exakter abschätzen zu können. Auch System- und Komponentenerprobungen werden wahrscheinlich mit den »K.«-Vorläufern bemannter Raumflugkörper vorgenommen. Einer der am 3. Sept. 1965 gestarteten »K.«-Satelliten war zur Bordenergieversorgung mit einer Radioisotopenbatterie ausgestattet, während »K. 97« u. a. mit einem Molekular-Quantengenerator für funktechnische Versuche ausgerüstet war. Ein bemerkenswertes bioastronautisches Experiment wurde mit »K. 110« (gestartet am 22. Febr. 1966) durchgeführt, an dessen 22tägigem Raumflug 2 Hunde teilnahmen, die anschließend zur Erde zurückgeführt wurden.
Eine spezielle Untergruppe der »K.«-Serie stellen die Wettersatelliten dar, von denen

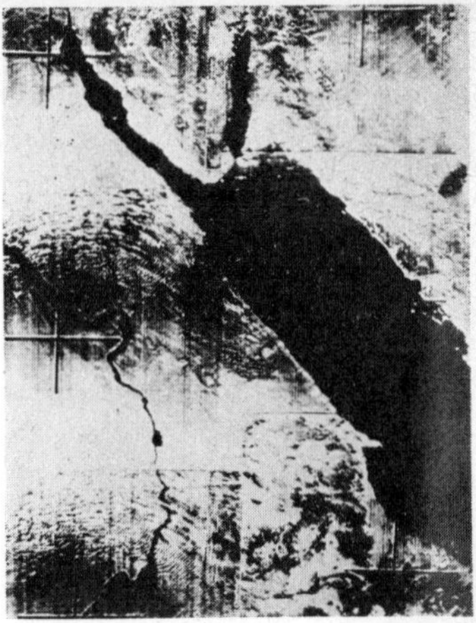

Aufnahme der Erdoberfläche (Nordostküste Afrikas mit Halbinsel Sinai und Nilverlauf) durch »Kosmos 144«

der erste (»K. 122«) am 25. Juni 1966 gestartet wurde und mit denen im weiteren (»K. 144«, »K. 156«, »K. 184«, »K. 206«, »K. 226« u. a.) das meteorologische Überwachungssystem »Meteor« aufgebaut wurde. Der näher beschriebene »K. 144« erreichte am 28. Febr. 1967 eine kreisförmige Umlaufbahn in 624 km Höhe. Er besteht aus einem zylindrischen Zentralkörper (Höhe etwa 4 m, Durchmesser etwa 1,20 m), der eine schwenkbare Antenne und 2 große drehbare Solarzellenausleger trägt.
In der Reihe der raumfahrttechnischen Erprobungen mit »K.«-Satelliten nehmen die Einsätze der Satelliten »K. 186«, »K. 188«, »K. 212« und »K. 213« eine Sonderstellung ein. Mit den beiden erstgenannten Satelliten wurde am 30. Okt. 1967 zum erstenmal ein vollautomatisches Kopplungsrendezvous ausgeführt und dieses Experiment mit den beiden zuletzt genannten Satelliten am 15. April 1968 erfolgreich wiederholt.
Die Entwicklung der Zusammenarbeit zwischen Wissenschaftlern und Technikern anderer sozialistischer Länder mit den entspr. Spezialisten in der Sowjetunion zeigte sich am Einsatz von »K. 261« (20. Dez. 1968, »Sputnik der Freundschaft«), bei dessen Aufbau und Instrumentierung ebenso wie bei der späteren Meßwertgewinnung erstmals auch Spezialisten aus der

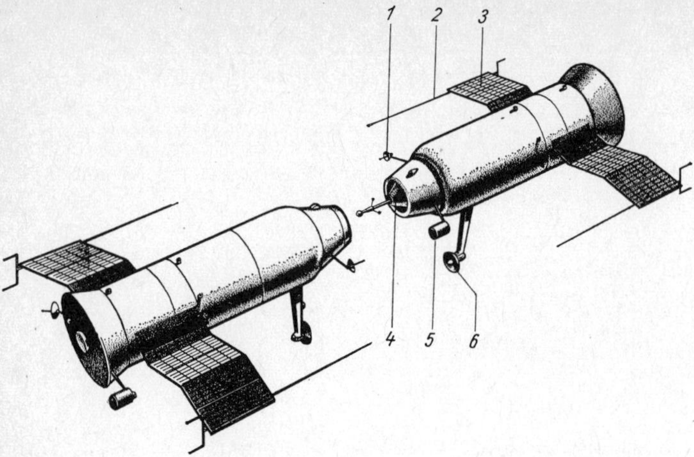

Schematische Darstellung der Endphase der Annäherung zwischen »Kosmos 212« (rechts) und »Kosmos 213«: 1 Richtantenne für Kopplungsmanöver, 2 Antenne für Boden-Bord-Verbindung, 3 Solarzellenausleger, 4 Konus mit Kopplungselementen, 5 Sensor für Kopplungsmanöver, 6 Rendezvousradar

ČSSR, DDR, VR Polen u. a. beteiligt waren. Der am 13. Juni 1970 gestartete »K. 348« war der zweite in der Sowjetunion entwickelte und gebaute Satellit dieser Serie, der Untersuchungen der Dichte der Hochatmosphäre, der Polarlichterscheinungen sowie der magnetischen Störungen über den Polargebieten der Erde im Rahmen des gemeinsamen Forschungsprogramms der sozialistischen Länder diente. Seine Bahn lag zwischen 212 und 680 km Höhe (Bahnneigung 71°).

Kosmosforschung: meist unklar definierter und darum auch mißverständlich gebrauchter Begriff, der entweder durch *Weltraumforschung* – wenn tatsächlich nur die Praktiken der wissenschaftlichen Erforschung des Weltraums und seiner Objekte im Sinne der klassischen Gebiete der Weltraumforschung (Astronomie, Astrophysik, Sonnenforschung, Physik der kosmischen Strahlung, Geophysik u. a.) gemeint sind – oder durch *Raumfahrtforschung* zu ersetzen ist – wenn die Verfahrenstechnik des Einsatzes von Raumflugkörpern betrachtet wird.

Kosmosmedizin svw. Raumfahrtmedizin (→ Kosmos).

Kreisbahngeschwindigkeit → Bahngeschwindigkeit.

Kreiselbeschleunigungsmesser → Beschleunigungsintegrator.

Kreiselplattform → Trägheitsnavigation.

kryogen → Treibstoff.

Kubassow, *Valeri:* sowjetischer Kosmonaut, geb. 1935 Wjasniki (Gebiet Wladimir), nahm vom 11. bis 16. Okt. 1969 als Bordingenieur mit → *Schonin* in »Sojus 6« am ersten Dreiergruppenflug (mit »Sojus 7« und »Sojus 8«) teil, bei dem er u. a. die ersten Schweißexperimente im Weltraum vornahm. – K. absolvierte die Moskauer Hochschule für Flugzeugbau, arbeitete ab 1958 in einem Konstruktionsbüro und erwarb den Grad eines Kandidaten der technischen Wissenschaften.

Kühlverfahren: Maßnahmen zum Schutz der Strukturfestigkeit hochtemperaturbelasteter Bauelemente von Raketentriebwerken (Brennkammer und Entspannungsdüse) sowie Frontteilen von Wiedereintrittskörpern (raumflugtechnische Rückkehrgeräte; Nasenkonus von ballistischen bzw. Kampfkopf von militärischen Fernraketen).

1) Bei der *Strahlungskühlung* wird die auftretende Wärmemenge durch einfache Abstrahlung in die Umgebung abgeführt. Eine wesentliche Rolle spielt dabei die Warmfestigkeit des jeweiligen Materials sowie dessen Abstrahlungsvermögen. Da beide Faktoren in ihrem Zusammenwirken begrenzt sind, läßt sich die Strahlungskühlung nur in Fällen nutzen, in denen die

Temperaturbelastung nicht allzu hoch liegt oder größere Abstrahlungsflächen zur Verfügung stehen. Man wendet sie daher vornehmlich in der Triebwerkstechnik an, bes. für Entspannungsdüsen mit großem Entspannungsverhältnis und demzufolge stark erweitertem Düsenmündungsteil, wobei zunächst ein Stück der Düse ab Düsenhals noch durch den allgemeinen Brennkammer-Flüssigkeitsumlauf (Regenerativkühlung, s. 4) mitgekühlt wird und nur der restliche Düsenerweiterungsteil als Ansatz mit Strahlungskühlung ausgelegt wird. Als Material findet vor allem Titanblech Verwendung. Bei Rückkehrkörpern ist die Strahlungskühlung als *alleiniges* Hilfsmittel nur in großen Höhen anwendbar, da in den tieferen Schichten der Erdatmosphäre die Wärmeflußrate zu hoch wird, so daß zusätzliche Schutzmaßnahmen erforderlich werden.

2) Bei der *Ablations-* oder *Schmelzkühlung* geschieht die Ableitung der Wärme durch Umsetzung bei Schmelz- und Verdampfungsprozessen in einer speziellen Schutzschicht, mit der die zu kühlenden Bauelemente überzogen werden. Ablation setzt niedrige Wärmeleitfähigkeit und Schwerflüssigkeit des Materials voraus. Außerdem soll dessen Verdampfungswärme möglichst hoch sein und eine große Gasentwicklung einsetzen, wobei endotherme Reaktionen erwünscht sind. Das Verfahren erfordert ein hohes Temperaturniveau und demzufolge große Wärmeübergangsraten. Es findet Anwendung in Feststofftriebwerken, Düseneinsätzen von Flüssigkeitstriebwerken und bes. bei Rückkehrkörpern. Für letztere stellt es die Lösung mit geringstem Massenaufwand dar. Als Werkstoff werden vor allem Kunstharz (z. B. Nylon und Phenolharze), meist mit Glasfaserverstärkung, oder Honigwabenkonstruktionen mit Kunstharzfüllung verwendet. Die auf diesem Wege erzielbare Herabsetzung der effektiven Grenzschichttemperatur ist erheblich. So wurde beispielsweise bei ballistischen Eintauchkörpern die Stoßwellentemperatur von etwa 4000 °K auf rund 2000 bis 2500 °K unmittelbar am Staupunkt herabgesetzt.

3) Die *Sublimationskühlung* nutzt die Sublimationswärme als Ergänzung zur Ablationskühlung aus. Als Material haben in dieser Hinsicht Graphit und der Plast Teflon bes. günstige Eigenschaften.

4) Die *Regenerativ-, Umlauf-* oder *Flüssigkeitskühlung*, das klassische K. für Verbrennungskraftmaschinen, wird in der Raketentechnik vornehmlich beim Betrieb von Flüssigkeitstriebwerken angewendet. Die Ableitung der Wärme von der hochtemperaturbelasteten Innenwandung von Brennkammer und Entspannungsdüse geschieht durch einen Flüssigkeitsstrom, der in einem *Kühlmantel* um diese Triebwerksteile herumgeführt wird. Die Ausbildung dieses Kühlmantels wird gegenwärtig dadurch technologisch weitgehend vereinfacht, daß Brennkammer und Düse aus in Längsrichtung parallelgeführten und miteinander verschweißten Röhrchen aufgebaut werden. Das Kühlmittel tritt entweder über eine ringförmige Zuführung an der Düsenmündung in das Kühlsystem ein oder etwas oberhalb, wobei es dann zunächst in einem Röhrenteil zur Düsenmündung strömt und anschließend in Gegenstromkanälen zum Brennkammerkopf geleitet wird. Da man ausschl. eine der beiden Treibstoffkomponenten als Kühlmittel benutzt, tritt diese schon vorgewärmt oder sogar in Gas- bzw. Dampfform in den Brennkammerkopf ein. Die Auslegung des Kühlsystems muß mit großer Sorgfalt durchgeführt werden, um Störungen durch

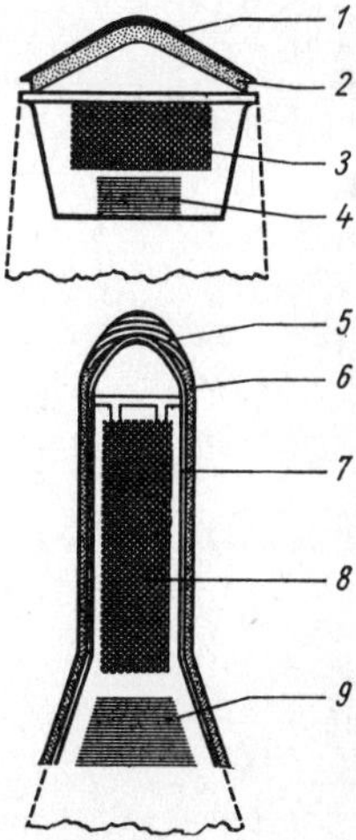

Eintauchnasenkörper weitreichender Kampfraketen als Anwendungsbeispiele für verschiedene Kühlverfahren; Wärmesenke (oben): 1 hochpolierte Metallschutzschicht, 2 Wärmeschild, 3 Sprengladung, 4 Hilfsgeräte; Schmelzkühlung (unten): 5 Schicht-Plast-Nase, 6 Abschmelzschicht (Phenolharz-Asbest), 7 Wärmedämmschicht, 8 Sprengladung, 9 Hilfsgeräte

→ Kavitation in den Kühlröhrchen und zu langsame Wärmeabführung unbedingt zu vermeiden. Die notwendige Durchflußmenge und -geschwindigkeit müssen ebenfalls sehr genau geregelt werden. Der Druck zur Förderung der Flüssigkeit im Kühlsystem wird von der Treibstofförderanlage geliefert. Dieses Verfahren ist zwar beträchtlich aufwendiger als Strahlungs- und Ablationskühlung, es ermöglicht jedoch heute schon die sichere Beherrschung einer Brennkammertemperatur bis etwa 3500 °C.

5) Die *Schleier-* oder *Filmkühlung* ist ein Ergänzungsverfahren zur Regenerativkühlung. Im einfachsten Fall werden dabei die Einspritzorgane im Brennkammerkopf so angeordnet, daß unmittelbar an der Brennkammerwand eine möglichst weit in die Brennkammer hineinreichende Anreicherung mit Brennstoff entsteht. Dieser Brennstoffüberschuß setzt in dem wandnahen Bereich die Gastemperatur wesentlich herab und wirkt somit wie ein teils flüssiger, teils gasförmiger Kühlschleier. Zur Verstärkung dieses Effekts in der Nähe des bes. temperaturbelasteten Düsenhalses kann man die Wandung zwischen Brennraum und Kühlmantel ringförmig mit kleinen Bohrungen versehen, durch die das Kühlmittel (Brennstoff) an diesen Stellen direkt in die Brennkammer eintreten kann. Dort bildet sich an der Brennkammerinnenwand wiederum ein Kühlfilm bzw. -schleier aus, der sehr wesentlich zur Temperaturverminderung im Düsenhals beiträgt. Eine Sonderform der Schleierkühlung ist die *Schwitzkühlung,* bei der das Kühlmittel durch einen aus porösem Material bestehenden Düseneinsatz in die Brennkammer gelangt und so die heiße Düsenströmung von der Wandung fernhält. Als Material bieten sich für diesen Zweck Sinterwerkstoffe an. In der Praxis bereitet dieses Verfahren jedoch große Schwierigkeiten, da das Kühlmittel sehr rein gefiltert sein muß und der Einfluß der Temperatur auf die Durchflußmenge recht beträchtlich ist.

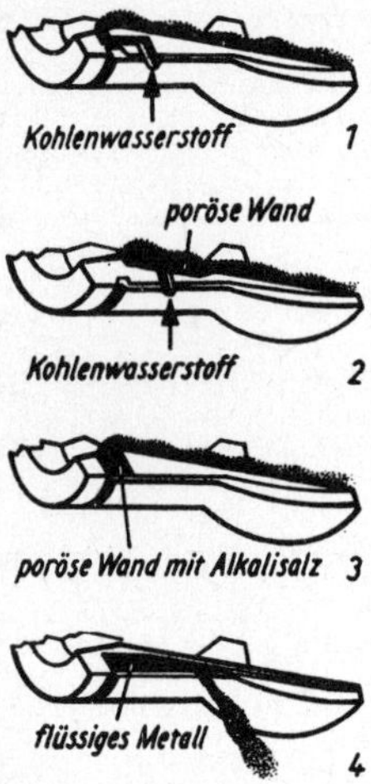

Kühlverfahren für Düsen von Feststofftriebwerken: 1 Schleierkühlung durch Einleiten eines Kohlenwasserstoffs am Düsenhals, 2 Schwitzkühlung, 3 Variante der Schwitzkühlung mit verdampftem Alkalisalz als schleierbildendes Medium, 4 Kühlung durch Verdampfen eines leichtflüssigen und -verdampfenden Metalls, das in einem ausschl. den Düsenhals umgebenden Kühlmantelstück untergebracht ist

6) Die *Wärmesenke* ist eigentlich kein K. im üblichen Sinne, obwohl sie gelegentlich als alleiniger Wärmeschutz bei Rückkehrkörpern (z. B. »Mercury«-Kapsel) verwendet wurde. Sie stellt sozusagen eine Erweiterung der *kapazitiven Kühlung* dar. Letztere beruht auf der Ausnutzung der Wärmespeicherfähigkeit eines hochtemperaturbelasteten Materials, die in Abhängigkeit von der aufgewandten Masse des Werkstoffs groß genug sein muß, um stärkere Abschmelz- und Verdampfungsvorgänge zu verhindern. Für ein derartiges Material werden daher große Wärmeleitfähigkeit, hohe spezifische Wärme und auch eine möglichst hohe Verdampfungswärme gefordert. Wärmesenken werden meist als schildartige Kappen für das zu schützende Gerät oder Bauteil gefertigt *(Wärmeschild).* Die Abhängigkeit der Wärmespeicherfähigkeit von der Masse des Schildmaterials führt in der Praxis sehr leicht zu unüberbrückbaren Schwierigkeiten hinsichtlich der Nutzmassekapazität eines Raumflugkörpers. Daher findet dieses Verfahren nur selten Anwendung. Als geeignetes Material kommt vor allem Beryllium in Betracht, da dieses eine für Metalle ungewöhnlich hohe spezifische Wärme hat und auch seine Verdampfungswärme sehr hoch liegt.

»Lacrosse«: einstufige Feststoffrakete (USA), die als Boden-Boden-Rakete vornehmlich für Einsätze gegen gepanzerte Erdziele bestimmt ist. Sie hat eine Länge von etwa 5,8 m und eine Startmasse von 1040 kg. Ihre Reichweite wird mit etwa 32 km angegeben; der Einsatz geschieht von Spezialfahrzeugen aus.

»Lacrosse« in der Startvorbereitung

Lagereferenzsystem, Lageregelung, Lageregelungssystem → Fluglageregelung.
Lagerungsfähigkeit: vorwiegend für militärische Anwendungszwecke wichtige Eigenschaft von Raketentreibstoffen, die sich auf ihre längere gefahrlose Aufbewahrung in der fertig betankten Rakete bezieht (engl. storable propellants = lagerfähige Treibstoffe). Für die gegenwärtig in der Praxis verwendeten Festtreibstoffe und bei manchen Flüssigtreibstoffen für Kurzstreckenraketen ist diese Bedingung meistens erfüllt. Sie bieten daher die Möglichkeit, Raketenwaffen auch über sehr lange Zeiträume hinweg einsatzbereit zu halten (z. B. in U-Booten). Bei weitreichenden ballistischen Fernraketen mit Flüssigkeitstriebwerken bestehen in dieser Hinsicht größere Einschränkungen, da gerade verschiedene, sonst sehr vorteilhafte Hochleistungstreibstoffe keine L. besitzen. So scheiden schon von vornherein alle Komponenten aus, die zu den kryogenen Treibstoffen gehören (z. B. Flüssigsauerstoff, -wasserstoff), da deren unvermeidbarer Verdampfungsprozeß einerseits ein laufendes Nachtanken erfordert und andererseits in der Nähe der Rakete durch eventuelle Bildung von Gasgemischen Gefahren oder große technische Schwierigkeiten entstehen würden.
Lagestabilisierung: Gesamtheit aller Maßnahmen, durch die ein Raumflugkörper in einer vorgegebenen räumlichen Ausrichtung gehalten wird (→ Fluglageregelung).
»Laika« → »Sputnik«.
»Lambda«-Serie: Forschungs- und Raumfahrtträgerraketen mit Feststoffantrieb (Japan). Mit der größten Version, der vierstufigen »Lambda 4-S-5« (Länge 16,2 m, Durchmesser der Startstufe 0,72 m, Startmasse 8200 kg, Startschub 36 400 kp) wurde der erste japanische Satellit → »Osumi« in eine Erdumlaufbahn gebracht.
»Lance«: taktische Boden-Boden-Rakete (USA) auf Selbstfahrlafette, die nach und nach ältere Typen (→ »Honest John«, → »Lacrosse«, »Little John«) ersetzen soll. Sie wird mit lagerfähigen Flüssigtreibstoffen betrieben, kann mit einer hochexplosiven konventionellen oder Kernsprengladung ausgerüstet werden und hat eine Reichweite von etwa 70 km.
Landekissen → »Mercury«.
Landeradar: spezielles Bordradarsystem, das während eines Landeabstiegs zur Oberfläche des Monds – oder eines anderen Himmelskörpers, auf dem ebenfalls nur eine Rückstoß-Bremslandung möglich ist – laufend die Höhe über Grund und die Annäherungsgeschwindigkeit mißt; mit diesen Meßwerten wird der Schub des Landetriebwerks gesteuert.
Landetriebwerk: Raketentriebwerk, das als *alleiniges* Hilfsmittel für das zerstörungsfreie Niedergehen eines Raumflugkörpers auf der Oberfläche eines Himmelskörpers verwendet wird. → Mondlandemanöver, → Rückkehrproblem.
Langemaak, *Georgi Erichowitsch:* sowjetischer Techniker, geb. 1898, gest. 1938; war 1928/33 im → Gasdynamischen Laboratorium einer der Leiter für die Entwicklung von Raketengeschossen, die mit einigen Veränderungen während des zweiten Weltkriegs mit den → »Katjuscha«-

Raketenwerfern verschossen wurden. 1934/37 war L. stellvertretender Direktor und Chefingenieur des Wissenschaftlichen Instituts zur Erforschung des Rückstoßes (→ GIRD).

Laufzeitmessung → Bahnvermessung.

Laval-Düse → Entspannungsdüse.

Lebensdauer: im übertragenen Sinn der Zeitraum, in dem sich ein künstlicher Erdsatellit in Umlauf befindet. Die natürliche L. ist bei erdnahen Umlaufbahnen in erster Linie abhängig von der Bremswirkung in der Hochatmosphäre, bei erdfernen Bahnen hauptsächlich von Bahnstörungen durch Erde und Mond und in besonderen Fällen noch vom Strahlungsdruck der Sonne. Die L. endet mit dem Eintritt des Raumflugkörpers in eine Absturz- oder Rückkehrbahn. Während die Absturzbahn mit einer Zerstörung des Raumflugkörpers durch aerodynamische Aufheizung verbunden ist, wird er auf einer Rückkehrbahn durch zusätzliche Maßnahmen (→ Kühlverfahren) vor der Zerstörung geschützt.

Für Satelliten, deren Perigäumshöhe über 1000 km liegt und deren → Querschnittsbelastung hoch ist, ist die L. praktisch unbegrenzt, während sie für sehr erdnah umlaufende Satelliten nur wenige Tage oder gar Umläufe betragen kann. Eine künstliche Verkürzung der L. tritt bei allen Unternehmen mit vorzeitiger Rückführung (z. B. bemannte Satelliten) ein. Bei langlebigen unbemannten Satelliten übertrifft die L. in den meisten Fällen wesentlich die *Funktionsdauer*, d. h. den Zeitraum, in dem die Bordausrüstung des Satelliten eine Meßwertgewinnung ermöglicht.

Leermasse → Raketengrundgleichung.

Leitstrahllenkung: Verfahren zur Fernlenkung (→ Lenkung) von Trägerraketen und Raketenwaffen. Man unterscheidet die ältere einfache Funk-L., die für die Führung von Trägerraketen und weitreichenden ballistischen Raketen in der Antriebsbahn verwendet werden kann, und die Radar-L., die sich bes. für die Führung einer Rakete auf ein Luftziel (Boden-Luft-Rakete) eignet. Das wesentliche Merkmal der L. gegenüber der → Kommandolenkung ist die Bildung der Lenkkommandos (aus den Funksignalen der Bodenstation) im Lenkobjekt selbst.

Bei der *Funk-L.* wird im einfachsten Fall nur eine *Leitebene* als Führungsnormale für die Rakete aufgebaut. Diese Ebene läßt sich durch die möglichst schmale Strahlungscharakteristik eines *Leitebenensenders* erzeugen, der in der Verbindungslinie Startplatz – Ziel vor dem Startplatz liegt. Ein *Leitstrahl* kann entweder durch Schnitt zweier Leitebenen oder durch axialsymmetrische Rotation eines Antennendipols um die Antennenmittelachse erzeugt werden. Bei dem zuletzt genannten Verfahren ist es möglich, den Öffnungswinkel des Leitstrahldiagramms zu verändern, um von einer *Grob-* zu einer *Feinstrahllenkung* übergehen zu können. Der gleiche Effekt kann auch durch 2 gleichzeitig abgestrahlte Leitdiagramme mit verschiedenen Öffnungswinkeln erreicht werden.

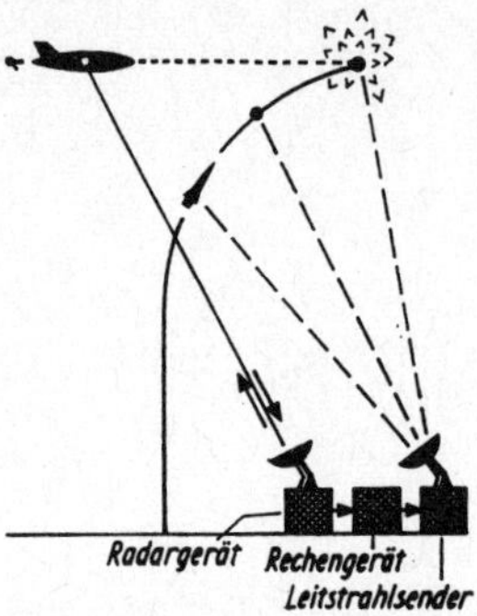

Radar-Leitstrahllenkung

Soll die Rakete in ein bewegliches Ziel geführt werden, so bildet man den Leitstrahlsender gleichzeitig als Radarsystem aus, mit dem das Leitobjekt laufend verfolgt werden kann. Eine derartige *Radar-L.* läßt sich noch dadurch verbessern, daß man das Ziel mit einer zweiten Radarstation verfolgt. Die Leitradarstation erhält ihre Führungskommandos durch eine Rechenanlage, die die vom Zielverfolgungsradar gelieferten Werte verarbeitet. Ein wesentlicher Nachteil der Radar-L. besteht darin, daß die Lenkungsgenauigkeit mit zunehmender Entfernung der Rakete vom Leitradar abnimmt. Man kombiniert dieses Verfahren daher mit einer → Zielsuchlenkung (meist einer halbaktiven). Ein Nachteil besteht in ihrer Empfindlichkeit gegen Radarstörverfahren des Gegners.

»LEM«: Abk. für **L**unar **E**xcursion **M**odul, frühere Bezeichnung für das »Apollo«-Mondlandegerät (→ »Apollo«); jetzt → »LM«.

LenGIRD → GIRD.

Lenkflossen, Lenkkommando, Lenkorgane → Lenkung.

Lenkprogramm → Programmwinkel.

Lenkrakete → Kampfrakete.
Lenkrechner → Lenkung.
Lenkstand → Kommandolenkung.
Lenkung: Vorgang, bei dem die Bewegung eines ortsveränderlichen Objekts (Rakete, Raumflugkörper o. a.) nach Geschwindigkeit und Richtung verändert wird. Die ausführenden Anlagen und Organe bilden das *Lenksystem,* das durch entspr. *Lenkkommandos* beeinflußt wird. Werden die Lenkkommandos ohne jede technische Hilfe von außen im Flugkörper selbst gebildet, spricht man von *autonomer L. (Selbst-L.,* wie → Zielsuchlenkung, → Inertiallenkung), bei Beeinflussung des Lenkvorgangs von einem anderen Ort aus von *Fern-L.* (z. B. → Kommandolenkung, → Leitstrahllenkung). Als *Lenkorgane* werden die Einrichtungen bezeichnet, die unmittelbar die Richtungsänderung bewirken. Dazu gehören im Bereich wirksamer Atmosphärendichte *Luftruder* bzw. *Lenkflossen,* im freien Raum Strahlruder bzw. ganze schwenkbare Triebwerks- (bzw. Brennkammer-)Einheiten. Die Lenkkommandos werden entweder von einer festgelegten Programmsteuerung geliefert oder aus dem Vergleich der durch fortlaufende → Ortung gewonnenen Werte für Geschwindigkeit und Bewegungsrichtung der Ist-Bahn mit den Werten des für das Erreichen des Missionsziels entwickelten Bahnprogramms *(adaptive L.).* Die für die Ermittlung der Lenkkommandos im zuletzt genannten Fall notwendigen Einrichtungen (elektronische *Lenkrechner*) können sich je nach dem Grundprinzip des *Lenkverfahrens* an Bord des Flugkörpers (bei Selbst-L.) oder in einer Bodenstation befinden (bei Fern-L.). Eine wesentliche Voraussetzung für die beabsichtigte Wirkung des Lenkkommandos ist eine ständige Kontrolle über die räumliche Lage des Flugkörpers bzw. eine kontrollierte Einflußnahme auf deren Veränderungen (→ Fluglageregelung), damit die von den Lenkorganen ausgeübten Lenkkräfte (z. B. Strahlablenkung des Haupttriebwerks) den Geschwindigkeitsvektor in der vorgesehenen Weise beeinflussen. Eine fehlerhafte Lageregelung führt ebenso wie falsche Lenkkommandos zu unerwünschten Bahnänderungen.
Leonow, *Alexei:* sowjetischer Kosmonaut, geb. 30. Mai 1934 Listwjanka (Sibirien), führte am 18. März 1965 zusammen mit → *Beljajew* in dem mehrsitzigen Raumschiff → »Woschod 2« einen 26stündigen Raumflug (18 Umläufe) aus, bei dem er als erster Mensch ein Ausstiegsmanöver durchführte und dabei 10 min frei im Raum flog. – Obwohl L. großes Interesse und Talent für die Malkunst hatte, entschloß er sich doch für eine technische und fliegerische Laufbahn, absolvierte ab 1953 eine Fliegerschule und später die Shukowski-Ingenieur-Akademie. Danach war er bis zur Aufnahme in die sowjetische Kosmonautengruppe Militärflieger.
»LES« [Abk. für engl. **L**incoln **E**xperimental **S**atellite]: Experimentalsatelliten (USA), mit denen ergänzende Untersuchungen zur Entwicklung von Nachrichtensatelliten angestellt werden. Es handelt sich um kleinere → »Huckepack«-Satelliten (Durchmesser etwa 0,6 m, Vieleckform), die in sehr unterschiedliche Bahnhöhen (einschl. angenäherte Synchronbahnen) gebracht werden. Der erste Start erfolgte am 11. Febr. 1965 (»L. 1«) in eine 2770-km-Kreisbahn.
Lichtbogentriebwerk → Plasmaantriebe.
Lifting-body [engl.] → Auftriebskörper.
Lithergol *n* → Treibstoff.
»LM« [Abk. für engl. **L**unar **M**odul] → »Apollo«.
»Lofti« → »Transit«.
»Long Tom« [engl., Langer Thomas]: zweistufige ungelenkte Forschungsrakete (Australien). Die erste Stufe wird von 3 gebündelten Feststofftriebwerken gebildet; sie hat eine Länge von 3,44 m und eine Masse von 635 kg. Die zweite Stufe besteht aus einem einzelnen Feststofftriebwerk und hat einen aufgesetzten zylindrischen Instrumentenbehälter von etwa 90 cm Länge und 23,5 cm Durchmesser. Die Gesamtlänge der zweiten Stufe beträgt 4,83 m. Die Nutzmasse ist variabel und wird mit max. 82 kg angegeben. Die erreichbare Gipfelhöhe liegt, in Abhängigkeit von Nutzmasse und Startwinkel, zwischen 90 und 180 km. Mit 59 kg Nutzmasse wurden im Vertikalaufstieg 122 km Höhe erreicht. Mit der »L. T.« wurden vor allem Messungen über die Einfallhäufigkeit von meteoritischem Staub in Höhen über 60 km vorgenommen.
Lotrichtungsanzeiger → Trägheitsnavigation.
Lovell, *James:* US-amerikanischer Astronaut, geb. 25. März 1928 Cleveland (Ohio), führte zusammen mit → *Borman* in der Raumkapsel → »Gemini 7« vom 4. bis 18. Dez. 1965 den bis dahin längsten Raumflug (206 Umläufe) amerikanischer Raumfahrer sowie das erste Rendezvousmanöver aus, nahm vom 21. bis 27. Dez. 1968 mit *Borman* und → *Anders* in »Apollo 8« an der ersten Mondumkreisung

und vom 11. bis 17. April 1970 mit → *Swigert* und → *Haise* in »Apollo 13« an einem vorzeitig wegen Havarie des Raumfahrzeugs abgebrochenen Mondflugunternehmen teil.
Nach einem Studium an der Universität Wisconsin trat L. in die Marine ein und schloß dort 1952 ein Ingenieurstudium ab. Danach absolvierte er eine fliegerische Ausbildung und wurde dann Testpilot. 1962 kam er zur Astronautengruppe der NASA. Dort entwickelte er sich zum Spezialisten für Lande- und Bergungssysteme.

»LR 20 P-3«-Triebwerk: Hochdruck-Versuchstriebwerk für Flüssigsauerstoff/Flüssigwasserstoff (USA), dessen Aufbau wesentlich von den konventionellen Konstruktionen abweicht. So sind für die beiden Treibstoffkomponenten getrennte Turbopumpenaggregate vorgesehen, die direkt (unter einem Winkel von 35° gegen die Mittelachse) auf die Brennkammer aufgesetzt sind. Die Turbinenräder ragen in eine Vorbrennkammer hinein und werden dort durch die Gase einer Verbrennungsreaktion angetrieben, an der 10 % des Sauerstoff- und 90 % des Wasserstoffdurchsatzes beteiligt sind (Arbeitstemperatur etwa 1500 °K). Die restliche Sauerstoffmenge wird den Einspritzorganen für die Hauptverbrennung zugeführt, die auf nockenartig in den Hauptteil der Brennkammer hineinragenden Trägern angeordnet sind. Der Rest des Wasserstoffs tritt durch eine erstmalig für diese Treibstoffkomponente angewandte Konstruktion zur Schwitzkühlung über Brennkammer- und Düsenwandung ein.

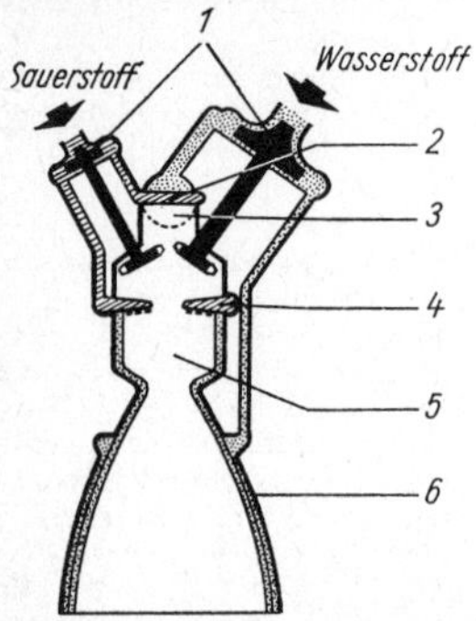

Betriebsschema des Wasserstoff-Sauerstoff-Hochdrucktriebwerks »LR 20 P-3«: 1 Pumpen, 2 Einspritzkopf, 3 Vorbrennkammer, 4 Sauerstoff-Haupteinspritzung, 5 Brennkammer, 6 Kühlmantel

Die Düsenverlängerung wird zusätzlich regenerativ durch den Wasserstoff gekühlt. Die Treibstoffe werden in der Vorkammer durch Zumischen eines hypergolen Reaktionspartners (wahrscheinlich Fluor) gezündet. Das Treibstoffmischungsverhältnis wird mit 6,5:1 bis 7:1 angegeben; die Temperatur soll in der Hauptverbrennungszone bei 5500 bis 6000 °K liegen und der Brennkammerdruck bei etwa 150 kp/cm^2, wobei eine Steigerung auf 200 kp/cm^2 vorgesehen ist. Der spezifische Impuls soll rund 4200 m/s betragen und der Schub etwa 5 Mp. Als Anwendungsbereich des Triebwerks werden Raumtransporter genannt, da es leicht zwischen 10 und 100 % des Schubs regelbar ist und eine lange Betriebszeit (zwischen 2 Überholungen) erreichbar ist.

Luftabwehrrakete svw. Boden-Luft-Rakete; → Kampfrakete.

Luft-Boden-Rakete, Luft-Luft-Rakete → Kampfrakete.

Luftruder: aerodynamisch gestaltete Flächenteile, die bei verschiedenen Raketentypen, vor allem bei Panzer- und Flugabwehrraketen, meist an den Hinterkanten von → Heckflossen o. a. Leitflächen angebracht sind und über eine entspr. Steuerung eine Flugstabilisierung bzw. Lenkung ermöglichen. Für Großraketen haben L. an Bedeutung verloren, da die →Schubvektorsteuerung in ihrer Wirkung überlegener ist.

Luftschleuse: Einrichtung in Raumfahrzeugen, die ein Verlassen der hermetischen Kabine oder Innenräume ermöglicht, ohne daß die wertvolle und u. U. funktionswichtige Kabinenatmosphäre in den Weltraum entweichen kann. Sie stellt eine separate Kammer dar, die einer bestimmten Anzahl von Raumfahrern Platz bietet. Das Schleusenmanöver erfordert in kleinen Raumfahrzeugen Sorgfalt und Geschicklichkeit der ausführenden Raumfahrer, da auf keinen Fall ihre Ausrüstung beschädigt werden darf. Gegen die Kabine und den Außenraum ist die L. jeweils durch eine Luke abgeschlossen, deren absolut zuverlässiger hermetischer Verschluß eine wesentliche Grundbedingung ist. Wenn der aussteigende Raumfahrer, der zu diesem Zweck selbstverständlich einen speziellen Raumanzug tragen muß, sich in die L. begeben hat und die Verbindungsluke zur Kabine geschlossen ist, kann die noch in der Schleuse befindliche Atmosphäre entweder in den Weltraum abgelassen oder in die Kabine abgepumpt werden. Das Ablassen in den Raum ist die einfachere Lösung, aber nur anwendbar, solange es sich um eine relativ geringe, zu ersetzende Gasmenge handelt. Das Abpumpen erfordert wesentlich mehr Aufwand und eine gewisse Wartezeit für die Ausstiegsoperation. Nach dem Ausgleich zwischen Weltraumvakuum und Schleuseninnerem kann die Ausstiegsluke geöffnet werden. Bei der Rückkehr in das Raumschiff schließt der Raumfahrer zunächst die Außenluke und läßt dann von der Klimaanlage den Schleusenraum wieder mit der Kabinenatmosphäre füllen. Anschließend kann er in das Raumschiffinnere zurückkehren. Bei zukünftigen großen Raumflugeinheiten wird man die Schleusenanlage entspr. großzügiger auslegen. Die erste Erprobung einer L. unter Raumflugbedingungen wurde anläßlich des Ausstiegsmanövers von *Leonow* (→ »Woschod«) erfolgreich durchgeführt.

»Luna« [lat., Mond]: unbemannte Mondsonden (UdSSR), die als Nachfolger der 3 »Lunik«-Mondsonden gestartet wurden und daher in der Numerierung mit »L. 4« beginnen. Das erste Gerät dieser neuen Reihe wurde am 2. April 1963 unter Einschaltung einer Parkbahn auf seine Flugbahn gebracht. Über seinen Aufbau fehlen nähere Angaben; die bemerkenswert große Nutzmasse von 1422 kg ließ auf eine umfangreiche Ausrüstung schließen. »L. 4« näherte sich am 6. April 1963 dem Mond bis auf etwa 8500 km und verblieb dann zunächst in einer Erdsatellitenbahn mit einem Perigäum von rund 90000 km und einem Apogäum von etwa 700000 km (Umlaufzeit etwa 30,7 d). Durch Störeinflüsse von Sonne und Mond veränderte sich diese Bahn so weit, daß der Raumflugkörper schließlich Ende 1963 in eine Sonnenumlaufbahn gelangte. Geräte und Einrichtungen der Sonde arbeiteten einwandfrei, und die Funkverbindung wurde bis einige Tage nach Passieren des Monds aufrechterhalten.

Mit der am 9. Mai 1965 gestarteten Mondsonde »L. 5« wurden erstmals Vorversuche zur Durchführung einer weichen Landung auf der Mondoberfläche gemacht. Zu diesem Zweck war die 1475 kg Nutzmasse umfassende Sonde mit Einrichtungen ausgerüstet, die für den komplizierten Anflug- und Landevorgang bei einer weichen Mondlandung benötigt werden. Nach einem Korrekturmanöver in der Übergangsbahn schlug »L. 5« am 12. Mai 1965 auf der Oberfläche des Monds im Gebiet des Mare Nubium auf.

Mit Hilfe der Sonden »L. 6« bis »L. 8« wurden weitere Erprobungen der Systeme für eine weiche Landung vorgenommen. »L. 6« (1442 kg) wurde am 8. Juni 1965 gestartet. Durch eine Störung beim Kurskorrekturmanöver in der Übergangsbahn wich jedoch der Raumflugkörper stark von der vorgesehenen Bahn ab und flog in etwa 160000 km Entfernung am Mond vorbei. Die sonst einwandfrei arbeitende Ausrüstung der Sonde ermöglichte auch auf der veränderten Flugbahn zahlreiche Untersuchungen. »L. 7« (4. Okt. 1965, 1506 kg) und »L. 8« (6. Dez. 1965, 1552 kg) gelangten im Bereich des Oceanum Procellarum auf die Mondoberfläche.

Schließlich gelang mit »L. 9« (Start 31. Jan. 1966, 1583 kg) die erste weiche Landung

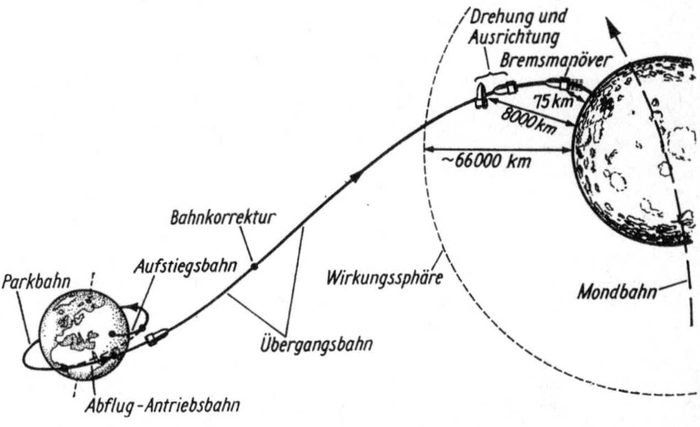

Bahnprogramm (schematisch) von »Luna 9«

eines Meßgerätebehälters auf der Mondoberfläche, und zwar am 3. Febr. 1966 (19^h 45^m 30^s MEZ) westlich der Krater Reiner und Marius an einem Punkt mit den Koordinaten 7° 08' n. B. und 64° 22' w. L. Das Raumfluggerät »L. 9« setzte sich aus der eigentlichen Mondsonde (Meßgerätebehälter 100 kg Masse), dem Korrektur- und Bremstriebwerk und verschiedenen Gerätezellen für die Steuerungsanlagen zusammen. In dem hermetisch geschlossenen Meßgerätebehälter waren Funkeinrichtungen, ein Programmzeitschaltwerk, eine Temperaturregelanlage, wissenschaftliche Geräte, darunter eine Kamera mit Bildübertragungseinrichtung (183,538 MHz) für Nahaufnahmen des Mondpanoramas, und Stromquellen untergebracht. Er war zusätzlich mit einer Stoßdämpfeinrichtung, 4 Stabantennen und 4 nach der Landung sektorartig aufklappenden Schutzflächen versehen, die zugleich die richtige Arbeitslage des Behälters und seiner Geräte sicherten. Das Korrektur- und Bremstriebwerk arbeitete mit flüssigem Treibstoff und Pumpenförderung. Zum Steuerungssystem gehörten eine Kreiselplattform und optische Sensoren sowie entspr. elektronische Hilfseinrichtungen, eine Funkanlage für Bahnmessungen, ein Programmzeitschaltwerk, ein Landeradar sowie Stromquellen und Antriebe für die Fluglageregelung. Ein Teil der Steuerungsanlage, der beim Bremsmanöver nicht benötigt wurde, war in 2 separaten Zellen untergebracht, die unmittelbar vor dem Einschalten des Bremstriebwerks abgetrennt werden konnten. Der Meßgerätebehälter selbst war mit dem übrigen System so verbunden, daß er sich kurz vor dem Auftreffen auf dem Mondboden vom Triebwerk lösen und separat niedergehen konnte. Der Abflug von »L. 9« geschah aus einer Parkbahn (Perigäumshöhe 173 km, Apogäumshöhe 224 km, Bahnneigung 52°).

Am 1. Febr. wurde auf der Übergangsbahn eine Bahnkorrektur durchgeführt, die den Anflug auf das vorgesehene Landegebiet weiter präzisierte. Die Geschwindigkeitskorrektur betrug dabei 71,2 m/s. In einer Entfernung von etwa 8300 km von der Mondoberfläche wurde »L. 9« durch das halbautonome Steuerungssystem mit dem Triebwerk genau auf die Mondvertikale ausgerichtet und in 75 km Höhe über der Mondoberfläche durch ein Kommando des Landeradars das Bremstriebwerk eingeschaltet. Der Meßgerätebehälter landete in einwandfreiem Funktionszustand auf der Mondoberfläche. Zum Zeitpunkt der Landung betrug die Sonnenhöhe über dem östlichen Horizont annähernd 3°. Am 4. Febr. (2^h 50^m MEZ) begann die Bildübertragung von Panoramaaufnahmen des Landegebiets. Der niedrige Sonnenstand und die hervorragende Qualität der Bilder ermöglichten erstmals, die Feinstruktur der Mondoberfläche zu erkennen. So zeigte sich, daß zumindest im Landegebiet von »L. 9« keine lockere Staubschicht vorhanden und der Mondboden offenbar auch für schwerere Körper tragfähig ist.

Ausschnitt aus dem von »Luna 13« aufgenommenen Mondpanorama

Ein weiterer bedeutender Erfolg der sowjetischen Raumfahrt war auch das nachfolgende Experiment mit »L. 10« (Start am 31. März 1966), bei dem dieser Raumflugkörper zum ersten künstlichen Satelliten des Monds wurde. Bei Abflug aus der Parkbahn (Perigäumshöhe 200 km, Apogäumshöhe 250 km, Bahnneigung 52°) hatte das Gesamtsystem eine Masse von 1600 kg. Es bestand aus dem eigentlichen Mondsatelliten (245 kg) und einer raumflugtechnischen Einheit, die ein Korrektur- und Bremstriebwerk sowie Gerätezellen mit den Steuerungs- und sonstigen Hilfsanlagen umfaßte. Der hermetisch abgeschlossene Gerätebehälter des Mondsatelliten war mit Meßgeräten, Funkanlagen für Bahnmessungen und Meßwertübertragungen, einer Temperaturregelanlage, Energiequellen und Kleinsttriebwerken für die Fluglageregelung ausgerüstet. Für die Untersuchung des Monds und des mondnahen Raums wurden Meteoritendetektoren, ein Gammastrahlungsspektrometer, ein Magnetometer, Meßgeräte für solare Teilchenströme und ein Infrarotmeßgerät eingesetzt. Nach einer Korrektur in der Übergangsbahn am 1. April 1966 geschah das Einflugmanöver in die Umlaufbahn am 3. April um 19^h 44^m MEZ. Das Bremstriebwerk verminderte die Bahngeschwindigkeit von etwa 2,5 km/s auf rund 1,25 km/s. 20 min nach diesem Bremsmanöver wurde der Mondsatellit vom Triebwerksteil getrennt. Als anfängliche Bahnpara-

Ausstellungsmodelle der Landekapsel von »Luna 9« (unten links) und des kompletten Raumfluggeräts

meter ergaben sich eine Periselenumshöhe von 350 km, eine Aposelenumshöhe von 1017 km und eine Umlaufzeit von 2 h 58 min 15 s. Alle Meßgeräte arbeiteten einwandfrei.
Der am 24. Aug. 1966 gestartete Mondsatellit »L. 11« erreichte am 28. Aug. 1966 eine Mondumlaufbahn in einer Höhe zwischen 160 und 1200 km über der Mondoberfläche mit einer Umlaufzeit von 2 h 58 min und einer Bahnneigung zum Mondäquator von 27°. Die Gesamtmasse von »L. 11« und der Antriebseinheit, die in der Mondumlaufbahn nicht getrennt wurden, betrug 1645 kg.
Im Unterschied zu »L. 10« und »L. 11« war der am 25. Okt. 1966 gestartete Mondsatellit »L. 12« (Masse etwa 1600 kg) mit einer Foto- und Bildübertragungsanlage ausgerüstet. Seine Bahnhöhe lag am 29. Okt. zwischen rund 100 und 1750 km bei einer Umlaufzeit von 3 h 15 min. Das anspruchsvolle Arbeitsprogramm verlief außerordentlich erfolgreich. Fotos der Mondoberfläche aus einer Höhe von ungefähr 100 km zeigten Ausschnitte von etwa 100 km^2 mit einer hundertmal stärkeren Detailauflösung, als sie die besten Fotografien irdischer Observatorien aufweisen.
Am 21. Dez. 1966 wurde – zur Ergänzung der mit »L. 9« begonnenen Untersuchungen – »L. 13« auf eine Parkbahn gebracht und landete nach einer Bahnkorrektur und Lagestabilisierung am 24. Dez. 1966 weich im Gebiet des Meeres der Stürme in der Nähe des Kraters Seleucus (8° 52' n. B. und 62° 0,3' w. L.), etwa 350 km nördlich der Position von »L. 9«. Die Sonde lieferte weitere Nahaufnahmen der Mondoberfläche und stellte fest, daß deren Festigkeit bis etwa 30 cm Tiefe derjenigen des Erdbodens entspricht, während die Bodendichte geringer ist. Weiter registrierte sie die in der kosmischen Strahlung enthaltenen geladenen Korpuskeln und ermittelte eine Reflexionsfähigkeit der Mondoberfläche für kosmische Strahlen in Höhe von etwa 25%. Die hierzu erforderlichen Instrumente waren auf 2 zusätzlichen, ausklappbaren Armen angebracht, während »L. 13« sonst in Aufbau und Funktion »L. 9« entsprach.
Das Mondsatelliten-Programm wurde zunächst mit dem am 7. April 1968 gestarte-

ten »L. 14« fortgesetzt, der am 10. April in eine Mondumlaufbahn zwischen 160 und 870 km Höhe gelangte. Der Satellit diente vornehmlich Untersuchungen des Mondgravitationsfelds sowie der Präzisierung der Mondmasse. Außerdem wurden die Bedingungen des Funkverkehrs Erde–Mondsatellit–Erde weiter studiert und Messungen solarer Partikelstrahlung vorgenommen
Mit dem am 13. Juli 1969 gestarteten und am 17. Juli in eine Mondumlaufbahn gebrachten »L. 15« (technische Daten und Einzelheiten wurden nicht bekannt) wurde die Lösung neuer Probleme der Mondflugtechnik in Angriff genommen. Die gegenüber früheren Mondflügen wesentlich längere Flugzeit (rund 102 h) hing mit der Wahl einer für optimal großen Nutzmasseanteil antriebsenergetisch bes. günstigen Übergangsbahn zusammen. »L. 15« konnte als erster sowjetischer Mondsatellit Manöver zur Änderung seiner Umlaufbahn ausführen (18. und 19. Juli), womit wichtige Voraussetzungen für Landungen aus einer Mondumlaufbahn erprobt werden konnten. Die Bahnhöhe betrug dabei zuletzt für das Periselenum 16 km, für das Aposelenum 110 km, mit einem Neigungswinkel der Bahn von 127°. Nach insgesamt 52 Umläufen wurde ein Bremstriebwerk eingeschaltet, und der Raumflugkörper ging zur Mondoberfläche nieder, die er im vorgesehenen Gebiet erreichte. Die Arbeit von »L. 15« war 4 min nach Zündung des Triebwerks beendet.

Mondsatellit »Luna 12«: 1 Druckbehälter für Lageregelungssystem, 2 Kamerasystem, 3 Radiator des Temperaturregelsystems, 4 Radiometer, 5 Instrumentenbehälter, 6 chemische Batterien, 7 Astronavigationssystem, 8 Antenne, 9 Elektronik des Astronavigationssystems, 10 Lageregelungsdüse, 11 Bahnkorrekturtriebwerk

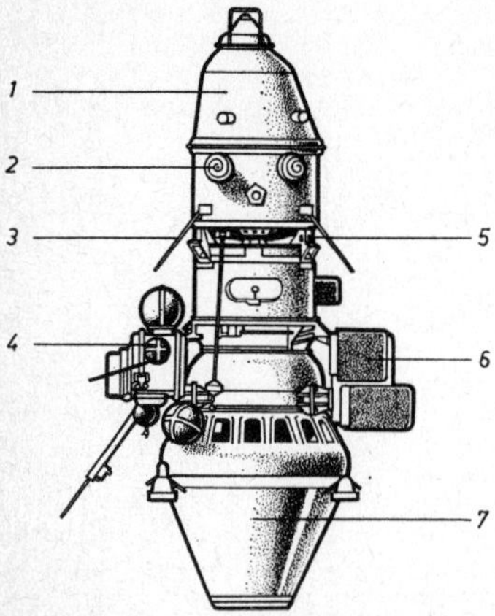

Mondsatellit »Luna 10«: 1 Meßgerätebehälter (Mondsatellit), 2 Abstrahler des Temperaturregelsystems, 3 Antennen, 4 Meßwertübertragungsanlage, 5 Trennvorrichtung, 6 Astronavigationsgeräte, 7 Bremstriebwerk

Im Mittelpunkt des Unternehmens »L. 16« stand erstmalig in der Geschichte der Mondflüge die Aufgabe, mit Hilfe eines unbemannten fernsteuerbar-halbautomatischen Lande- und Rückkehrgeräts Material der Mondoberfläche zur Erde zu bringen. Der Start des Mondflugsystems erfolgte am 12. Sept. 1970 vom Kosmodrom Baikonur, wobei eine gegenüber allen früheren sowjetischen Mondflugexperimenten wesentlich schubstärkere Trägerrakete (Kategorie »Proton«-Trägerrakete) verwendet wurde. Nach dem Überflug auf einer energetisch günstigen Übergangsbahn wurde die Mondsonde am 17. Sept. zunächst in eine kreisförmige Mondumlaufbahn mit 110 km Höhe gebracht. Durch nachfolgende Bahnmanöver (18. und 19. Sept.) gelangte der Raumflugkörper in eine elliptische Satellitenbahn zwischen 106 und 15 km Höhe über der Mondoberfläche (Umlaufzeit 1 h 54 min; Bahnneigung zum Mondäquator 71°).
Aus dieser Bahn heraus wurde auf ein Kommando von der Bodenleitzentrale der Abstieg zur Mondoberfläche durchgeführt.

Letzterer geschah in 2 steuerungstechnischen Abschnitten. In der ersten Etappe wurde nach dem kurzzeitigen Zünden des Hauptlandetriebwerks die Ausgangsbahn für den Abstieg eingeschlagen. In einer Höhe von 600 m über der Mondoberfläche wurde das Abstiegstriebwerk erneut gezündet und das weitere Absinken bis auf 20 m Höhe mit einer Präzisionsbremssteuerung fortgesetzt. Anschließend wurde das Haupttriebwerk endgültig abgeschaltet, und kleinere Hilfstriebwerke übernahmen die Bremsung bis in 2 m Höhe, wo auch sie stillgesetzt wurden. Nach kurzem freien Fall setzte danach das Gerät mit einem Federbeingestell weich auf der Mondoberfläche auf.

Die Landung erfolgte am 20. Sept. um 6^h 18^m MEZ, und zwar erstmalig auf der Nachtseite des Monds, der Landepunkt lag im Gebiet des Mare Foecunditatis (Meer der Fruchtbarkeit) auf 0° 41' s. Br. und 56° 18' ö. L. Es war die erste Landung einer sowjetischen Mondsonde nach dem »Surveyor«-Prinzip. Das niedergegangene »L.-16«-System bestand aus einem Landeteil und einem Rückkehrgerät. Nach der Landung hatte das System eine Masse von 1880 kg. Die Baukomponenten der Landestufe waren freiliegend in einer Gitterstruktur angeordnet, dazu gehörten ein wiederzünd- und regelbares Flüssigkeitstriebwerk, Treibstoffbehälter, 2 kleinere Steuertriebwerke, Gerätezellen, mehrere Antennen und das Federbeingestell. Die Stromversorgung erfolgte durch elektrochemische Speicher (Akkumulatoren). Die Geräteausrüstung umfaßte neben den Einrichtungen für die Flugführung (Kreiselplattform, optische Sensoren, Elektronik-Funkanlagen, Programmschaltwerk, Radar, Höhen- und Geschwindigkeitsmesser) ein Temperaturregelsystem, Telefotometer zur Übermittlung von Betriebsinformationen über die Bohrstelle sowie wissenschaftliche Geräte zur Temperatur- und Strahlungsmessung während des Flugs und auf der Mondoberfläche. Die Abschaltung der beiden Hilfstriebwerke in unmittelbarer Nähe der Mondoberfläche erfolgte durch einen Gammastrahlungshöhenmesser.

Die Landestufe trug weiterhin das Gerät zur Entnahme der Bodenprobe. Es bestand aus einem elektrisch betriebenen Bohrsystem und einem horizontal und vertikal schwenkbaren Ausleger, an dem das Bohrgerät befestigt war. Der Bohrer (etwa 4 cm Dicke) war als hohler Bohrmeißel ausgebildet und konnte sowohl lockeres als auch basalt- und granithartes Material bis zu einer Tiefe von 35 cm entnehmen. Die Rückstartstufe befand sich auf dem Landeteil aufgesetzt und umfaßte ein Flüssigkeitstriebwerk mit kugelförmigen Treibstoffbehältern, von denen der mittlere eine zylindrische Gerätezelle trug, auf der sich – von Spannbändern und einem Sprengschloß gehalten – die Rückkehrkapsel befand. Auf der Außenfläche der Gerätezelle waren 4 Antennen installiert. Die Gerätezelle enthielt Flugführungseinrichtungen, Funkanlagen, ein Programmschaltwerk und chemische Stromquellen.

Bei der Rückkehrkapsel handelte es sich um eine Stahlkugel von etwa 80 cm Durchmesser, die mit einer Hitzeschutzschicht versehen war. Neben Brems- und Hauptfallschirm, Peilsender, Antennen und chemischen Stromquellen befand sich in der Rückkehrkapsel ein mit einem hermetischen Verschluß versehener zylindrischer Behälter, in dem die Mondprobe untergebracht werden konnte. Die Bohranlage führte die einzelnen Arbeitsgänge auf Funkkommandos von der Erde hin automatisch aus und blieb dann jeweils vor jedem neuen Schritt ebenfalls automatisch stehen, so daß über Fernmessungen und Kontrollgeräte in der Leitzentrale jederzeit Klarheit über den augenblicklichen Arbeitszustand der Anlage und den Programmablauf bestand. Der etwa 5 · · · 6 m weit reichende Ausleger ermöglichte die Probenentnahme aus einem Gebiet, das nicht von den Triebwerksstrahlen der Lan-

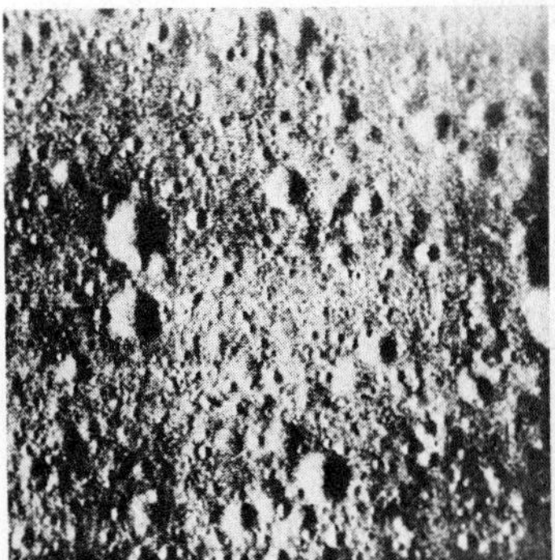

Aufnahme der Mondoberfläche durch »Luna 12« aus etwa 250 km Höhe, Gegend südöstlich des Kraters Aristarch; der größte Krater hat einen Durchmesser von etwa 600 m

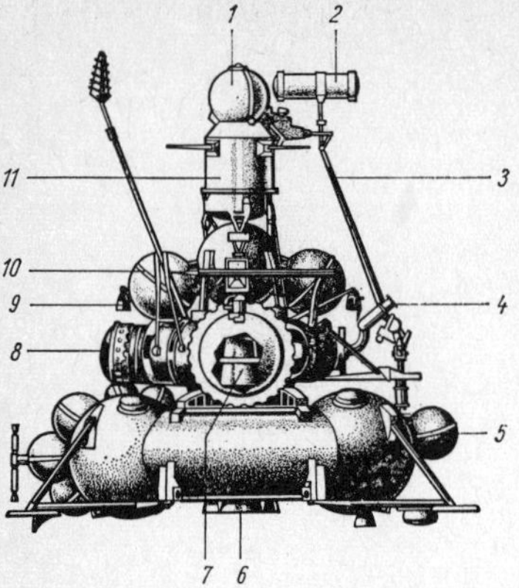

Aufbauschema von »Luna 16«: 1 Rückkehrkapsel, 2 Bohrgerät, 3 Gestänge für Bohrgerät, 4 Telefotometer, 5 Treibstoffbehälter für Landestufe, 6 Triebwerk der Landestufe, 7 Triebwerk der Rückstartstufe, 8 Gerätesektion der Landestufe, 9 Lageregelungsdüsen der Rückstartstufe, 10 Treibstoffbehälter der Rückstartstufe, 11 Gerätesektion der Rückstartstufe

detriebwerke beeinflußt war. Nach Beendigung der Bohrung wurde der Bohrer samt Mondmaterial in der Rückkehrkapsel untergebracht und die Aufnahmeöffnung hermetisch verschlossen.

Der Rückstart geschah am 21. Sept. ($8^h 43^m$ MEZ), wobei das Landeteil als Startgestell benutzt wurde. Die Rückflugvariante stellte den erstmalig unternommenen Versuch dar, einen Körper von der Mondoberfläche direkt in eine Übergangsbahn zur Erde zu bringen. Diese Aufgabe wurde mit so hervorragender Präzision gelöst, daß keine weitere Bahnkorrektur notwendig wurde. Die Injektionsgeschwindigkeit für die Rückkehrbahn betrug 2708 m/s. Vor dem Eintritt in die (ballistische) Eintauchbahn wurde die Rückkehrkapsel von dem übrigen System getrennt. Der max. Andruck bei der aerodynamischen Bremsung in der Erdatmosphäre betrug 350 *g*, wobei die Lage der Kapsel durch einen inneren Stabilisator so geregelt wurde, daß sie mit der verstärkten Hitzeschutzschicht voranflog. In 14,5 km Höhe öffnete sich der Bremsfallschirm und in 11 km Höhe der Hauptfallschirm. Am 24. Sept. ($6^h 26^m$ MEZ) ging die Rückkehrkapsel 80 km südöstlich der Stadt Dsheskasgan (Kasachstan) nieder und wurde kurz darauf geborgen.

Bald danach begannen auch die ersten Untersuchungen des Mondmaterials in einem Institut der Akademie der Wissenschaften der UdSSR. Der Behälter mit der Mondprobe wurde in eine große Kammer aus Edelstahl gebracht, die erst mit einem sterilisierenden Gas und nach dessen Absaugen mit Helium (chemisch reaktionsträge) gefüllt wurde. Mit Hilfe von Manipulatoren wurde von außen der mit einer dünnen Schicht Mondstaub überzogene Bohrer dem Behälter entnommen und dessen Inhalt in eine Stahlrinne gebracht. Das auch in den unteren Bereichen nicht hartfeste Mondmaterial zeigte sich in der obersten Schicht als feiner schuppenartiger Staub, der an trockene Schwarzerde erinnert und bei Beleuchtung stahlgrau bis grünlich schimmert, während die Substanz der tieferen Schichten zahlreiche kleine, reflektierende Kristalle enthält. An der weiteren Untersuchung werden verschiedene, speziell darauf vorbereitete Institute beteiligt. Die Gesamtmenge des mit dem »L. 16«-Unternehmen zur Erde gelangten Materials der Mondoberfläche betrug rund 100 g.

Das am 10. Nov. 1970 gestartete Mondfluggerät »L. 17« gehörte zu der gleichen mit »L. 16« neu eingeleiteten Flugserie zur Erprobung von Einsatzmöglichkeiten stationärer oder mobiler unbemannter Forschungsmittel auf der Mondoberfläche. Das Mondflugsystem bestand aus der standardisierten Landestufe (analog »L. 16«), mit einem als Nutzmasse (756 kg)

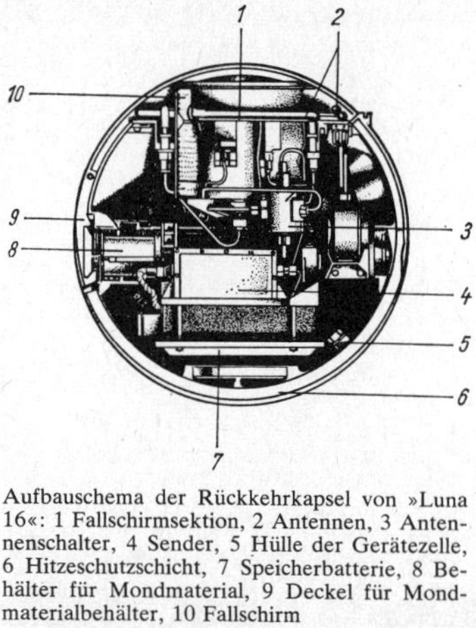

Aufbauschema der Rückkehrkapsel von »Luna 16«: 1 Fallschirmsektion, 2 Antennen, 3 Antennenschalter, 4 Sender, 5 Hülle der Gerätezelle, 6 Hitzeschutzschicht, 7 Speicherbatterie, 8 Behälter für Mondmaterial, 9 Deckel für Mondmaterialbehälter, 10 Fallschirm

aufgesetzten fernsteuerbaren, halbautomatischen Mondfahrzeug (→ »Lunochod«). Nach einem weitgehend mit dem seines Vorgängers übereinstimmenden Flugablauf, bei dem am 12. und am 14. Nov. Kurskorrekturen eingeschaltet wurden, gelangte der Raumflugkörper am 15. Nov. zunächst in eine kreisförmige Mondumlaufbahn in rund 85 km Höhe, die am 16. Nov. nach einem weiteren Bahnmanöver in eine elliptische Bahn mit einem Tiefstpunkt bei 19 km überging. Am 17. Nov. gelangte dann die Landestufe um 7^h 28^m (MEZ) mit dem Mondfahrzeug im Gebiet des Mare Imbrium auf die Mondoberfläche. Nach Überprüfung durch die Bodenzentrale wurde das Mondmobil ferngesteuert über eine heruntergeklappte Rampe auf den Mondboden gefahren. Über eine Rückstartmöglichkeit verfügte das System »L. 17« nicht.

Die am 2. Sept. 1971 gestartete Mondsonde »L.18« gelangte am 7. Sept. in eine Mondumlaufbahn. Ziel des Unternehmens war die weitere Erforschung des Monds und des mondnahen Raums. Nach 54 Umkreisungen zerschellte die Sonde am 11. September 1971 beim Versuch einer weichen Landung im Gebiet des Mare Foecunditatis. »L. 19« wurde am 28. 9. 1971 gestartet.

Mit der weichen Landung von »L. 20« am 21. 2. 1972 (gestartet am 14. 2. 1972) gelang es zum ersten Mal, die unbemannte Station in einer gebirgigen Gegend des Mondes, nordöstlich des Mare Foecunditatis, aufsetzen zu lassen. Von ihrem Standort hatte »L. 20« zunächst mit einem fotoelektrischen Gerät Bilder der Mondoberfläche zur Erde gefunkt. An Hand dieser Aufnahmen wurde dann die Stelle festgelegt, von der Gesteinsproben entnommen wurden. Am 23. 2. 1972 begann der Rückflug der Raumsonde, die am 25. 2. in der Schneewüste von Kasachstan weich landete. Erste Untersuchungen haben ergeben, daß die mitgebrachten Bodenproben drei Milliarden Jahre alt sein sollen.

»Lunar Orbiter« [engl., Mondumkreiser, Mondsatellit]: unbemannte Mondsatelliten (USA), mit denen Landeplätze für das »Apollo«-Programm (→ »Apollo«) erkundet wurden. Weiterhin wurden mit den »L. O.« Mondfotografien von speziellem wissenschaftlichem Interesse (Mondrückseite, Polarregionen des Monds) und Angaben über das Schwerefeld des Monds, über ionisierende Strahlung und Mikrometeoriten im mondnahen Raum sowie über die Radioaktivität und den Mineralgehalt der Mondoberfläche gewonnen. Die Mondsatelliten hatten eine Masse von etwa 380 bis 390 kg und bestanden aus einer dreistöckigen Gitterkonstruktion. An deren unterster und größter Montagefläche

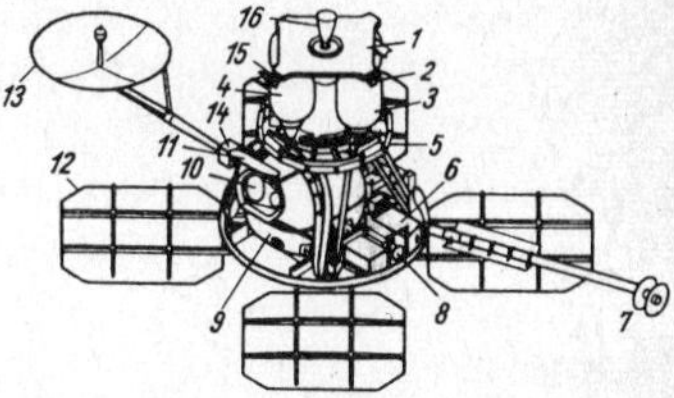

Aufbauschema des Mondsatelliten »Lunar Orbiter«: 1 Wärmeschild, 2 Sonnensensor, 3 Oxydatortank, 4 Brennstofftank, 5 Mikrometeoritendetektor, 6 Flugprogrammiergerät, 7 ungerichtete Antenne, 8 Sternsensor, 9 Fotoanlage, 10 Kameraobjektive, 11 Wärmeschutzklappe, 12 Solarzellenausleger, 13 Richtantenne, 14 Antennenantrieb, 15 Druckgasdüse(n) zur Lagesteuerung, 16 Korrekturtriebwerk

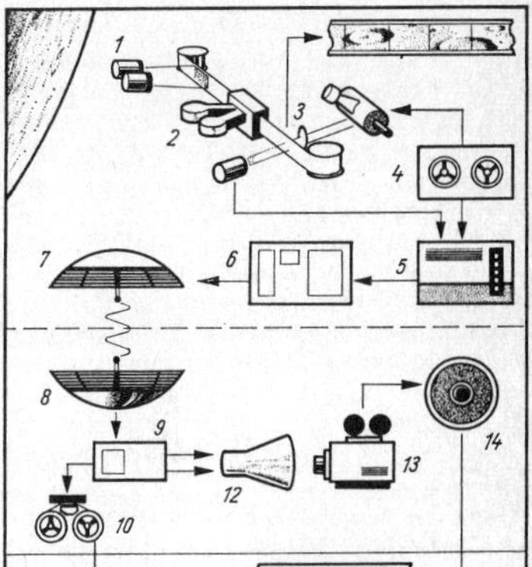

Bildübertragungsverfahren der »Lunar Orbiter«: 1 Kameraobjektive, 2 Filmbearbeitung, 3 Abtaststrahl mit Fotoelektronenverstärker, 4 Synchronisation, 5 Bildverstärker, 6 Sender, 7 Bordantenne, 8 Bodenantenne, 9 Empfänger, 10 Bandaufnahme, 11 Magnetbandzentrale, 12 Bildröhre, 13 Kamera, 14 Filmbearbeitung, 15 35-mm-Streifen, 16 Bildkombination, 17 Mondfoto (24 cm × 24 cm)

Schrägaufnahme in das Innere des Mondkraters Kopernikus, aus 45 km Höhe und 240 km Entfernung durch »Lunar Orbiter 2« mit Teleoptik gewonnen; die Bergrücken im Kratergrund (Zentralberge des Kraters) haben eine Höhe von rund 300 m

befanden sich außen 4 annähernd quadratische Solarzellenausleger und 2 hochempfindliche Antennen, innen das zweilinsige Kamera- und das Bildübertragungssystem, die optischen Sensoren, die Trägheitsnavigationsanlage, der Flugprogrammgeber und Strahlungsmeßgeräte. Darüber waren der Druckgasbehälter (Stickstoff) des Lageregelungssystems und die Treibstofftanks für das in der obersten Montagefläche eingebaute, mehrfach wiederzündbare Bahnkorrekturtriebwerk untergebracht. Letzteres arbeitete mit Aerozine 50 und Stickstofftetroxid und lieferte einen Schub von etwa 45 kp. Die Raumflugkörper waren 1,68 m hoch und hatten einen Durchmesser von 1,52 m. Mit ausgeklappten Antennen betrug die Spannweite 5,61 m, die der Solarzellenausleger 3,96 m.
Die Lagestabilisierung der Mondsatelliten geschah um alle 3 Achsen durch Stickstoff-Druckgasdüsen, die für 2 Achsen mittels eines Sonnensensors gesteuert wurden, während zur Steuerung in der dritten Achse ein auf den Stern Canopus ausgerichteter Sensor diente. Nach dem Einflug in die Mondumlaufbahn bewirkte das Lageregelungssystem, daß die Kamera ständig senkrecht auf die Mondoberfläche ausgerichtet war. Ein besonderer Nachführungsmechanismus sorgte dafür, daß während der Aufnahmen keine Bewegungsunschärfe entstand. »L. O. 1« wurde am 10. Aug. 1966 mit einer »Atlas-Agena-D« gestartet. Nach einer Bahnkorrektur (11. Aug.) gelang am 14. Aug. der Einflug in eine Mondsatellitenbahn zwischen 203 und 1850 km Höhe über der Mondoberfläche. Die Umlaufzeit betrug 3 h 37 min 35 s und die Bahnneigung gegen den Mondäquator 12,14° Erst beim 26. Umlauf (18. Aug.) begann »L. O. 1« mit den Aufnahmen, die dann bis zum 21. Aug. zur Erde übertragen wurden. An diesem Tage wurde eine weitere Bahnkorrektur vorgenommen und dadurch die Periselenumshöhe auf 58 km verringert. Die weiteren Aufnahmen zeigten jedoch eine unerwartet schlechte Qualität, da offenbar das Kameranachführungssystem Störungen aufwies. Die Aufnahmen wurden am 30. Aug. beendet. »L. O. 2« wurde am 7. Nov. 1966 gestartet und gelangte trotz anfänglicher Schwierigkeiten mit dem Canopus-Sensor in die vorgesehene Mondumlaufbahn. Seine anfängliche Bahnhöhe betrug im Periselenum 213 und im Aposelenum 1855 km. Nach einer Änderung der Umlaufbahn (15. Nov.) ergaben sich 38,9 und 1859 km (Neigung gegen den Mondäquator 11,8°, Umlaufzeit 3 h 28 min 30 s). Aus dieser Bahn gelangen 211 Aufnahmen der Mondoberfläche von ausgezeichneter Qualität mit Tele- und Weitwinkeloptik, wobei vor allem einige Schrägaufnahmen an wissenschaftlicher Aussagekraft alle früheren Mondbilder weit übertrafen. Durch Ausfall des Bildsenders (6. Dez.)

konnten die letzten 6 Aufnahmen nicht mehr übertragen werden. Mit dem am 4. Febr. 1967 gestarteten »L. O. 3« wurde das Programm dieser Serie fortgesetzt. Aus einer Mondumlaufbahn zwischen 45 und 1850 km Höhe konnten wegen Störung im Filmtransportsystem nur 136 Bilder vollständig und 46 teilweise übertragen werden. Um einen größeren Bereich der Mondoberfläche erfassen zu können, war für »L. O. 3« eine Bahnneigung von 21° gewählt worden. »L. O. 4« wurde am 4. Mai 1967 gestartet und erreichte eine Mondumlaufbahn zwischen 2600 und 6175 km Höhe. Da mit den Aufnahmen ein möglichst großer Teil der Mondoberfläche erfaßt werden sollte, wurde »L. O. 4« in eine Bahn mit 85,8° Neigung gegen den Mondäquator gebracht. Insgesamt konnten 326 Bilder gewonnen werden, die 99 % der Vorderseite und 75 % der Rückseite des Monds zeigen. Mit dem am 2. Aug. 1967 gestarteten »L. O. 5« wurde diese Serie abgeschlossen. Er umkreiste nach Bahnänderungen den Mond zwischen 96,4 und 1510 km Höhe (Bahnneigung 85°) und lieferte insgesamt 424 Aufnahmen vornehmlich von 36 ausgewählten Gebieten. Im Verlauf von etwas mehr als einem Jahr konnten im Rahmen des »L. O.«-Programms (insgesamt 6034 Mondumläufe) rund 99 % der Mondoberfläche aufgenommen und die Fotos zu entspr. Kartenmaterial verarbeitet werden. Mit Hilfe der Aufnahmen wurden 8 mögliche → »Apollo«-Landeplätze ausgewählt. Aus der Bahnverfolgung der Mondsatelliten wurden interessante Informationen über das Schwerefeld des Monds (→ Mascon) abgeleitet.

Weitwinkelaufnahme der Mondoberfläche um den Krater Kepler (Bildmitte) durch »Lunar Orbiter 3«

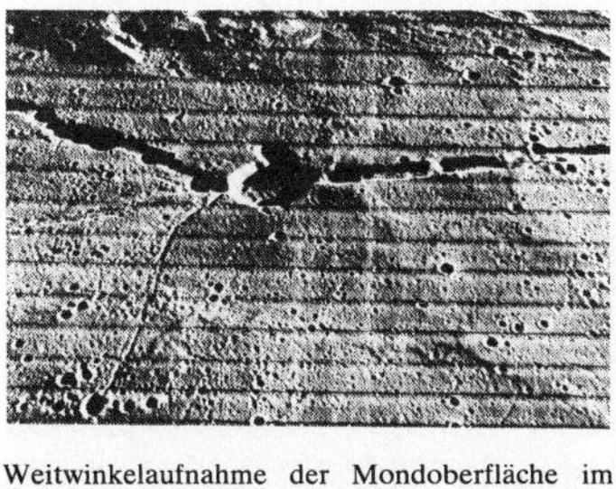

Weitwinkelaufnahme der Mondoberfläche im Gebiet des Kraters Hyginus und der nach ihm benannten grabenbruchartigen Rille (»Lunar Orbiter 3«)

Lunar Roving Vehicle [Abk. **LRV**]: elektrisch angetriebenes, vierrädriges Mondfahrzeug (USA), das als Zusatzausrüstung für »Apollo«-Landemissionen entwickelt und erstmalig für das Unternehmen »Apollo 15« vorgesehen wurde. Das mit Luftreifen (0,9 kp/cm^2) versehene Fahrzeug (220 kg Eigenmasse) ist 3 m lang und 1,8 m breit; es bietet den beiden Landeastronauten Sitzplätze und kann insgesamt 450 kg Nutzlast befördern. Mit seiner Hilfe wird den »Apollo«-Astronauten ein Bewegungs- und Erkundungsraum von einigen Dutzend Kilometern Ausdehnung erschlossen und damit die Effektivität bemannter Landemissionen weiter erhöht.

»Lunik« [russ. Kunstwort von lat. luna = Mond]: unbemannte Raumflugkörper (UdSSR), die 1959 als erste Serie für gezielte Mondflüge eingesetzt wurden. Die Bezeichnung »L.« entstand sehr bald nach dem Start des ersten Raumflugkörpers dieser Reihe in Anlehnung an den russischen Begriff »Sputnik« für künstliche Erdsatelliten und verdrängte seine ursprüngliche russ. Bezeichnung »Metschta« (»Traum«).

Aufbau und Ausrüstung der beiden ersten Raumflugkörper waren weitgehend ähnlich, während der dritte aufgrund seiner speziellen Aufgabenstellung eine Sonderkonstruktion darstellte. Der Gerätebehälter der zuerst gestarteten Mondsonden war kugelförmig (Durchmesser etwa 1 m) und bestand aus einer Aluminium-Magnesium-Legierung. Auf seiner Oberfläche befanden sich die Empfangselemente verschiedener Meßgeräte sowie 4 Stabantennen und ein stabförmiger Ausleger, der an seinem Ende ein empfindliches Magnetometer trug. Mit den Meßgeräten sollte die Dichte des interplanetaren Gases be-

Mondsonde »Lunik 1«

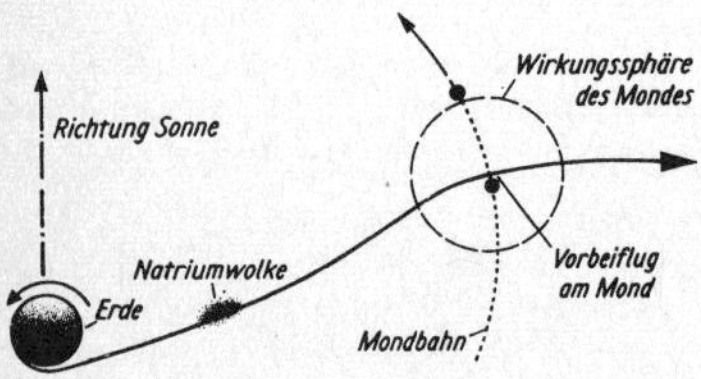

Flugbahn der Mondsonde »Lunik 1«

stimmt, die Strahlung im Raum Erde–Mond und das Magnetfeld von Erde und Mond untersucht werden. Der hermetisch geschlossene Behälter hatte eine Gasfüllung, mit deren Hilfe die notwendige Betriebstemperatur für die elektronische und Funkausrüstung aufrechterhalten werden konnte. Die Energieversorgung geschah durch Batterien. »L. 1« startete am 2. Jan. 1959. Er hatte eine Masse von 361,3 kg, während die annähernd in der gleichen Bahn fliegende letzte Antriebsstufe rund 1110 kg Masse aufwies, von denen allerdings noch ein gewisser Anteil auf zusätzliche wissenschaftliche und funktechnische Ausrüstungen entfiel, die während des Flugs in der letzten Stufe verblieben. Zur optischen Markierung einer Position in der Übergangsbahn wurde von der letzten Stufe in etwa 113 000 km Entfernung von der Erde eine Natriumdampfwolke ausgestoßen. Die verwendete Natriummenge betrug 1 kg und ergab eine Leuchtwolke, die als »künstlicher Komet« von verschiedenen sowjetischen Beobachtungsstationen fotografiert werden konnte. Der Raumflugkörper näherte sich nach 34 Flugstunden dem Mond bis auf etwa 5000 bis 6000 km Entfernung. Nach einer Bahnablenkung im Schwerefeld des Monds bog er in eine Sonnenumlaufbahn ein. Die letzten Funksignale konnten noch aus einer Entfernung von rund 600 000 km empfangen werden. Die übertragenen Strahlungsmeßwerte lieferten wesentliche Beiträge zur Analyse der Strahlungsgürtel der Erde. Am 12. Sept. 1959 wurde »L. 2« gestartet. Seine Masse betrug 390,2 kg und die der letzten Raketenstufe, in der sich wiederum eine Ergänzungsausrüstung befand, rund 1121 kg.

Da mit diesem Unternehmen erstmalig versucht werden sollte, den Gerätebehälter auf dem Mond auftreffen zu lassen, hatte man nach den Erfahrungen des ersten »L.«-Starts das Lenksystem der letzten Antriebsstufe verbessert. Wie beim vorangegangenen Versuch wurde wieder eine Natriumwolke gebildet (130 000 km Entfernung). Die beabsichtigte »harte Landung« wurde ein voller Erfolg, denn nach rund 36stündigem Flug schlug das Gerät im Gebiet des Kraters Autolycus auf der Mondoberfläche auf. Die Entfernung des Landepunkts von der Mondmitte betrug etwa 800 km. Die Meßgeräte lieferten während des Flugs wertvolle Angaben über das Erdmagnetfeld und die kosmische Teilchenstrahlung sowie bei Annäherung an den Mond den Nachweis, daß dieser offenbar kein oder nur ein außerordentlich schwaches Magnetfeld hat. Außerdem zeigte sich, daß es keine Zunahme der Gasdichte in unmittelbarer Nähe der Mondoberfläche gibt, die im Sinne einer, wenn auch nur sehr dünnen, »Mondatmosphäre« gedeutet werden könnte.

Etwa zum Zeitpunkt des Aufschlags des Gerätebehälters beobachteten ungarische Astronomen im Bereich des Kraters Autolycus einen sich ausdehnenden dunkleren Fleck, den sie als Staubwolke ansehen zu können glaubten. Mit dieser ersten »harten Landung« schuf die Sowjetunion den ersten Höhepunkt in der Erforschung des Monds mit Raumflugmitteln. Einen noch sensationelleren Erfolg erzielte sie mit dem nächsten Gerät dieser Serie. Der am 4. Okt. 1959 gestartete Raumflugkörper »L.

3« hatte ein außerordentlich vielseitiges Meßprogramm im Raum Erde–Mond zu erfüllen; der Schwerpunkt bestand in dem Versuch, erstmalig fotografische Aufnahmen von der Rückseite des Monds zu gewinnen. Sein Aufbau und seine Ausrüstung unterschieden sich daher auch weitgehend von denen seiner Vorgänger. Der Meßgerätebehälter bestand aus einem dünnwandigen, hermetisch abgeschlossenen zylindrischen Mittelteil mit sphärischen Böden. Sein max. Durchmesser betrug 1,20 m, seine Länge 1,30 m (ohne Antennen) und seine Masse 278,5 kg. Die letzte Antriebsstufe hatte eine Masse von 1274,5 kg, von denen 156,5 kg auf eine zusätzliche wissenschaftliche Ausrüstung entfielen. Die Ausrüstung des eigentlichen Raumflugkörpers bestand aus funktechnischen Anlagen einschließlich der Einrichtungen für die Bildfunkübertragung der Mondfotografien, verschiedenen Meßgeräten, einem Orientierungs- und Lagesteuerungssystem für die Ausrichtung bei den Mondaufnahmen, elektronischen Anlagen für die Programmsteuerung der Bordgeräte, einem Temperaturregelungssystem sowie Energiequellen (Batterien und Solarzellen). Der eine sphärische Boden enthielt ein rundes Fenster mit Deckel, hinter dem sich die Fotooptiken befanden. Der Deckel öffnete sich automatisch vor Beginn der Aufnahmen. Außerdem enthielt dieser Boden kleine Fenster für die Fotozellen des Lageregelungssystems. Der ohne zusätzliche Bahnkorrektur erreichte Bahnverlauf war eine Meisterleistung der sowjetischen Raumflugtechnik. Als primäre Flugbahn wurde eine langgestreckte Ellipse gewählt, deren Apogäum mit rund 450 000 km Entfernung noch über die Mondbahn hinausreichte. Ihr präzise eingehaltener Verlauf führte den Raumflugkörper dabei bis auf etwa 7400 km an die Südhalbkugel des Monds heran. Dessen Gravitation ergab eine Änderung des Bahnverlaufs, die zu einer Ellipse führte, deren zweite Hälfte über den Nordhimmel und nicht wie bei dem ursprünglichen Verlauf über den Südhimmel zur Erde zurückführte. Dieser Kunstgriff wurde angewendet, um das Gerät in eine für sowjetische Bodenstationen günstige Position bei der Bildübertragung zu bringen. Die endgültige Bahn des Raumflugkörpers erhielt damit ein Apogäum von rund 470 000 km und ein Perigäum von 47 500 km. Die Umlaufzeit betrug anfänglich rund 15 d. Nachdem »L. 3« am 6. Okt. seinen geringsten Abstand von der Mondoberfläche erreicht hatte, hinterflog er programmgemäß die von der Erde aus unsichtbare Mondhälfte. In einer Entfernung von etwa 60 000 km

Mondsonde »Lunik 3«

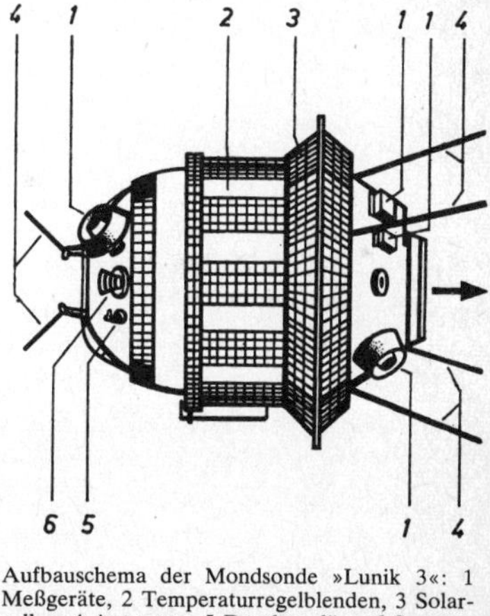

Aufbauschema der Mondsonde »Lunik 3«: 1 Meßgeräte, 2 Temperaturregelblenden, 3 Solarzellen, 4 Antennen, 5 Druckgasdüse, 6 Sonnensensor

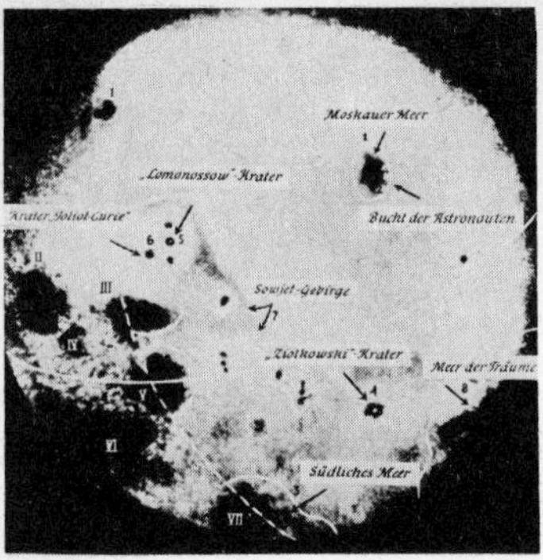

Übersichtsanalyse zu den ersten durch »Lunik 3« gewonnenen Mondrückseitenaufnahmen. Volllinie = Mondäquator; Strichlinie = Grenze der Sichtbarkeit von der Erde aus, rechts davon die Mondrückseite. I »Humboldt«-Meer, II Meer der Krisen, III Randmeer, IV Meer der Wellen, V »Smith«-Meer, VI Meer der Fruchtbarkeit, VII Südliches Meer

jenseits des Monds richtete das Lageregelungssystem mit Hilfe der Sonnen- und Mondsensoren das Kamerafenster auf den Mond aus. Das Aufnahmegerät hatte 2 Kameraobjektive mit 200 und 500 mm Brennweite, von denen gleichzeitig Bilder in verschiedenen Maßstäben auf einem 35-mm-Spezialfilm gemacht wurden. Bei den Aufnahmen wurde die Belichtungszeit automatisch verändert, um einen entspr. Erprobungsspielraum zu erhalten. Im Verlauf von etwa 40 min wurden einige hundert Aufnahmen gemacht. Der belichtete Film wurde anschließend in einer automatischen Anlage entwickelt und fixiert, wobei man besondere Schutzmaßnahmen gegen Schleierbildung durch kosmische Strahlung getroffen hatte. Nachdem der Raumflugkörper annähernd seine größte Entfernung von der Erde erreicht hatte, wurden schließlich die Bildnegative unter Verwendung einer Bildabtaströhre mit hohem Auflösungsvermögen zur Erde übertragen. Um die erste Bildfunkübertragung zu überprüfen, schaltete man die Übertragungsanlage noch ein zweites Mal ein, als der Raumflugkörper sich der Erde wieder bis auf etwa 47 000 km genähert hatte. Die erhaltenen Aufnahmen der Mondrückseite wurden von verschiedenen sowjetischen Instituten ausgewertet und von der Akademie der Wissenschaften der UdSSR zu einem in aller Welt beachteten Atlas zusammengestellt. Es zeigte sich, daß die Struktur der Mondrückseite im wesentlichen den Verhältnissen der sichtbaren Hälfte entspricht. Für zahlreiche der neuentdeckten Oberflächendetails machten die sowjetischen Wissenschaftler vom Recht auf Namensgebung durch den Entdecker Gebrauch.

»Lunochod« [russ. svw. Mondgeher]: unbemannte Bodenfahrzeuge mit Eigenantrieb (UdSSR), die als mobile Erkundungs- und Forschungsgeräte auf der Mondoberfläche eingesetzt werden. Das erste Gerät dieser Serie (»L. 1«) wurde am 17. Nov. 1970 um $7^h\ 28^m$ (MEZ) durch das Mondflugsystem »Luna 17« im Gebiet des Mare Imbrium auf die Mondoberfläche gebracht. Das von einer Leitzentrale auf der Erde ferngesteuerte Fahrzeug verließ die Landestufe von »Luna 17« über eine heruntergeklappte Abrollrampe.

Die Fahrzeugführung und -steuerung wurde von einer fünfköpfigen Mannschaft (Kommandant, Fahrer, Navigator, Be-

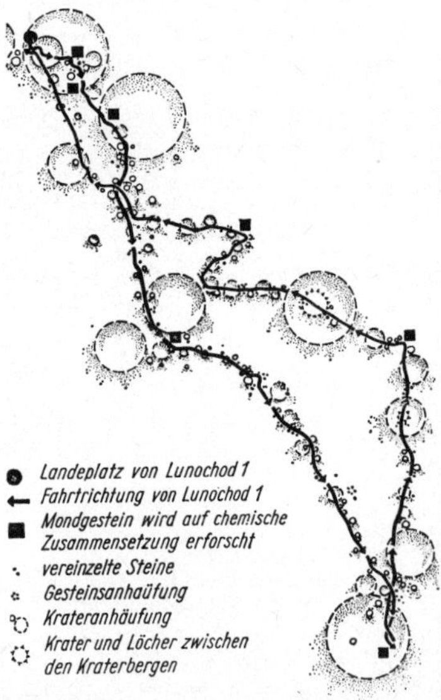

Karte des Weges von »Lunochod 1«

triebsingenieur, Funker) ausgeübt. Das Fahrzeug hat eine Masse von 756 kg und besteht aus einem Spezialfahrwerk und einem aufgesetzten Gerätebehälter, seine Gesamthöhe beträgt 1,54 m. Das Fahrwerk besteht aus acht Rädern mit Einzelaufhängung und Federung sowie elektrischem Einzelantrieb. Die Radantriebe können bei Havarien einzeln gelöst werden, so daß das Fahrzeug auch bei Ausfall von mehreren Rädern auf einer Seite manövrierfähig bleibt. Die Lenkung erfolgt durch unterschiedliche Geschwindigkeitsregelung der Radantriebe. Die Spurweite des Fahrwerks beträgt 1,60 m, seine Gesamtlänge 2,216 m. Bei der Erprobung verschiedener Fahrwerktypen auf der Erde wurde mit mehreren simulierten Mondbodentypen gearbeitet, ebenso mit Kraftausgleichssystemen zur Simulation der geringeren Mondoberflächenschwere. Die Räder (Durchmesser 0,51 m) besitzen keine festen Laufflächen, sondern relativ breite »Reifen« aus einer gewölbten Metallnetzkonstruktion mit aufgesetzten Titanrippen. Ein weiteres, kleineres und schmaleres Rad läuft an einem besonderen Ausleger hinten am Chassis nach und dient der Streckenmessung sowie zur Untersuchung der Festigkeit des Mondbodens. Der hermetisch abgeschlossene Gerätebehälter hat die Form eines abgestumpften Kegels und besteht aus Magnesiumlegierungen. Seine obere Abschlußfläche bildet den Strahlungskühler des Temperaturregelsystems und kann gegebenenfalls (Mondnacht) mit einem aufklappbaren Spezialdeckel (Durchmesser 2,15) verschlossen werden, der an seiner Innenfläche die Solarzellen des Bordenergieversorgungssystems trägt. In dem zur besseren Temperaturregelung gasgefüllten Behälter herrscht eine mittlere Arbeitstemperatur von 16 °C und ein Druck von 1000 mb. An der Vorderseite des Gerätebehälters befinden sich 2 Fernsehkameras – auch als Telefotometer bezeichnet –, die vornehmlich der visuellen Fahrzeugführung dienen, aber auch wissenschaftliche Informationen liefern. Die neuentwickelten und offenbar nach dem erstmalig bei »Mariner 4« angewandten Bildübertragungsverfahren arbeitenden

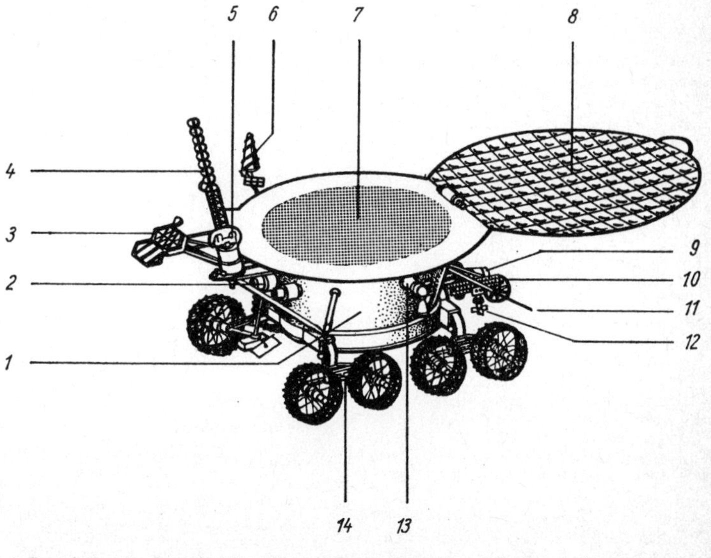

Aufbauschema von »Lunochod 1«: 1 hermetischer Gerätebehälter, 2 Optiken der Fernsehkameras, 3 Laserreflektor, 4 Richtantenne, 5 Schwenkmechanismus für Richtantenne, 6 Antenne mittlerer Richtwirkung, 7 Abstrahlungsfläche für Temperaturregelsystem, 8 Deckel mit Solarzellen, 9 Isotopenbatterie, 10 Rad für Streckenmessungen, 11 Stabantenne, 12 Bohrschaufel für Bodenfestigkeitsuntersuchungen, 13 Telefotometer für Panoramabilder, 14 Tandemaufhängung der Räder

Kameras (1,3 kg, 2,5 W) liefern 6000 Zeilen pro Bild und 500 Bildpunkte pro Zeile. Für wissenschaftliche Zwecke (Panoramaaufnahmen) sind an beiden Seiten des Gerätebehälters jeweils 2 weitere Kameras installiert. Zum Führungssystem gehören fernerhin Bodenfühler und Neigungsmesser an den Rädern sowie eine Kreiselanlage im Behälter. Navigiert wurde unter anderem nach astronomischen Bezugspunkten und Schattenwurfmessungen. Für Kommandoempfang und Meßwertübertragung besitzt das Fahrzeug eine schwenkbare (Wendel-)Richtantenne und eine Spiral-Kegelantenne. Die wissenschaftliche Ausrüstung besteht aus einem neben dem Meßrad angebrachten Penetrometer zur Untersuchung der Bodenbeschaffenheit, einem Röntgenfluoreszenzspektrometer für chemische Analysen des Mondbodens, Halbleiter-Detektoren und Zählrohren zur Untersuchung der solaren Protonen- und Alphastrahlung sowie der primären kosmischen Strahlung; einem Zenit-Röntgenteleskop zur Untersuchung der stellaren Röntgenstrahlung und schließlich einem in Frankreich gebauten Laserreflektor – nach gleichem Prinzip und aus gleichem Material wie der Laserreflektor des EASEP (→ ALSEP) von »Apollo 11« – für genaueste Ortungen des Mondes. »L. 1« überdauerte bis Juni 1971 die Mondnächte störungsfrei und blieb mit allen Systemen voll funktionsfähig. Während der jeweiligen Mondtage lieferten seine Anlagen und Geräte zahlreiche wissenschaftliche und betriebstechnische Angaben. Mitte Oktober 1971 stellte das erste Mondmobil seine Arbeit ein. Bis dahin legte es 10 540 m in verschiedenen Fahrtrichtungen zurück.

M

»MA . . .«: Abk. für → »**M**ercury-**A**tlas«.

Machzahl, *Machsche Zahl,* Abk. **M** [nach dem Physiker *Ernst Mach,* 1838–1916]: Kennzahl, die das Verhältnis der Geschwindigkeit einer Rakete, eines Flugzeugs oder Raumflugkörpers zur Schallgeschwindigkeit im umgebenden Medium angibt.

magnetische Stabilisierung: für die Fluglageregelung von kleinen Raumflugkörpern (Meßsatelliten) angewandtes Verfahren, bei dem sich der Raumflugkörper mit Hilfe von 2 Magnetspulen ständig in Richtung der magnetischen Feldlinien der Erde einstellt. Er dreht sich dabei während einer Erdumkreisung zweimal um seine Querachse.

magnetogasdynamisches, magnetohydrodynamisches Triebwerk → Plasmaantriebe.

Magnetosphäre: Bereich des erdnahen Weltraums, in dem die physikalischen Erscheinungen und Vorgänge überwiegend von den Kräften des geomagnetischen Felds bestimmt werden. Er erstreckt sich, nach seiner umfassendsten Definition, von 150 km über der Erdoberfläche 10 bis 15 Erdradien weit in den Raum hinaus. Die Entdeckung der M. und ihrer Besonderheiten ging aus der Entdeckung sowie den weiteren Untersuchungen der Strahlungsgürtel hervor. Als *Strahlungsgürtel* werden dabei die mit Hilfe der ersten sowjetischen und US-amerikanischen Meßsatelliten (»Sputnik« und »Explorer«) aufgefundenen Gebiete stark konzentrierter Ladungsteilchen (Protonen, Elektronen) bezeichnet, die sich mehr oder weniger ring- bzw. ringschalenförmig symmetrisch zum erdmagnetischen Äquator ausbreiten. Sie werden nach dem amerikanischen Wissenschaftler *James van Allen,* der als erster eine umfassende Interpretation der Meßergebnisse und damit die Grobstruktur der Strahlungsgürtel angab, oft auch als *Van-Allen-Gürtel* bezeichnet.

Die Bewegung der Protonen und Elektronen in den Strahlungsgürteln, von denen die energiereichsten eine Geschwindigkeit bis zu etwa 170 000 km/s erreichen, besteht aus mehreren Komponenten. Erstens bewegen sie sich mit Radien von einigen 100 m in Spiralen um die geomagnetischen Kraftlinien. Zweitens pendeln sie zwischen Nord- und Südhalbkugel in sichelförmigen Röhren hin und her, wobei die Achsen der an den Umkehrpunkten spitz zulaufenden Röhren der Krümmung der Magnetfeldlinien folgen. Drittens driften sie im Laufe von Minuten bis zu etwa einer Stunde quer zum Magnetfeld um die Erde herum. Wegen der geringen Volumendichte der Teilchen ($0{,}1/cm^3$) ist die Wahrscheinlichkeit eines Zusammenstoßes sehr gering, so daß Tage und Monate vergehen können, ehe sie – bevorzugt an den Umkehrpunkten – aus dem Magnetkäfig herausgelangen. Dagegen ist ihre Flußdichte – wegen der hohen Geschwindigkeit – ziemlich hoch (je nach Teilchenart und Energie 10^3 bis $10^8/cm^2 \cdot s$). Die energiereichen Protonen konzentrieren sich hauptsächlich im Höhenbereich zwischen 700 und 30 000 km, mit einem Maximum des Teilchenflusses in etwa 12 000 km Höhe. Die Elektronen verteilen sich auf das Gebiet zwischen 700 und 45 000 km, mit 2 Max. bei 2500 und zwischen 25 000 bis 35 000 km. Die unteren Bereiche der Strahlungsgürtel sind zeitlich recht stabil, die oberen zeigen dagegen teilweise erhebliche Veränderungen der Flußdichte und der Lage der Maxima, wobei offensichtlich die Änderungen des → Sonnenwinds die ausschlaggebende

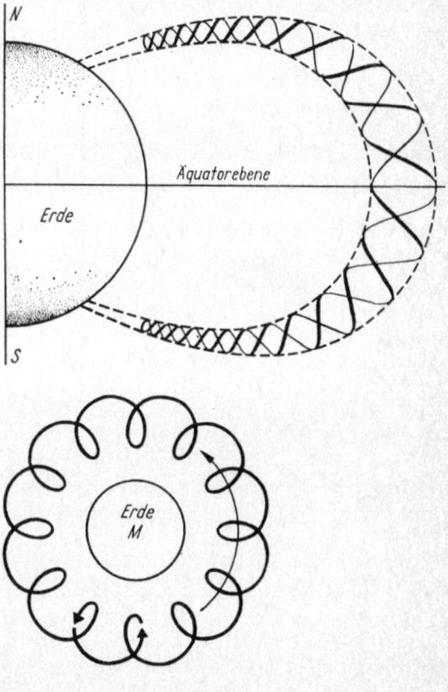

Schema der Teilchenbewegungen in den Strahlungsgürteln; unten: Drift in der Äquatorebene

Rolle spielen. Die Herkunft der Teilchen in den Strahlungsgürteln ist noch nicht endgültig geklärt. Der weitaus größte Anteil (etwa 98 %) stammt offenbar aus dem Sonnenwind, dessen Partikel durch Inhomogenitäten des äußeren Grenzbereichs der M. bei gleichzeitiger Beschleunigung in die Strahlungsgürtel eindringen. Der übrige Teil entsteht wahrscheinlich beim Zerfall von Neutronen, die von der kosmischen Strahlung in der Hochatmosphäre erzeugt und in den Bereich der M. rückgestreut werden.

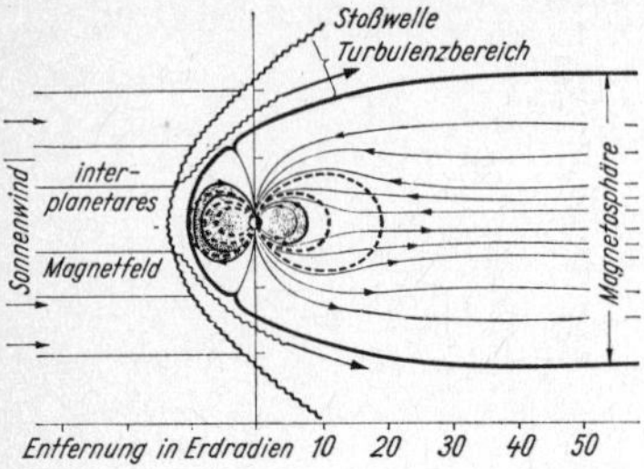

Schematischer Querschnitt durch die Magnetosphäre

Für bemannte Raumflugkörper stellen die Strahlungsgürtel insofern ein ernstes Hindernis dar, als bei längerem Aufenthalt, vor allem im Bereich des inneren Strahlungsgürtels (z. B. bemannte Außenstation) und nicht ausreichendem Strahlungsschutz lebensgefährliche Strahlungsdosen auftreten. In den äußeren Bereichen wäre die Strahlungsgefährdung nicht so groß, da sich die dort anzutreffenden Strahlungsteilchen durch verhältnismäßig geringen Aufwand von einer Raumkabine fernhalten lassen. Bei Abflügen aus erdnahen Parkbahnen zum Mond oder den Planeten ist infolge der relativ kurzen Zeit des Durchflugs durch die Gürtel auch bei geringem Strahlungsschutz eine nennenswerte Gefährdung kaum gegeben.

Die Form der gesamten M. wird ebenfalls durch die Wechselwirkungen zwischen Erdmagnetfeld und Sonnenwind bestimmt. Wenn der anströmende Sonnenwind auf der Tagseite der Erde ein Gebiet erreicht, in dem die magnetische Energie des Erdfelds der kinetischen Energie des Sonnenwinds etwa gleich ist, so werden seine Partikel – unter Bildung einer Stoßfront – abgebremst und fließen seitlich am Raum des Magnetfelds vorbei. Hinter der Stoßfront folgt in Richtung auf die Erde ein Gebiet mit unregelmäßigen Magnetfeldern und Bewegungen (Turbulenzzone), das ab etwa 10 Erdradien ziemlich scharf in das geordnete Erdfeld übergeht. Diese Grenze der M. nennt man auch *Magnetopause*. Auf der Tagseite der Erde wird die M. durch den Druck des Sonnenwinds etwas zusammengedrückt, auf der Nachtseite zu einem weit über die Mondbahn hinausreichenden Schweif auseinandergezogen. Das erdmagnetische Feld hat nur bis etwa 4 Erdradien Abstand reinen Dipolcharakter; in größerer Entfernung ist es durch den Einfluß des Sonnenwinds im oben genannten Sinne verzerrt. Auf der Tagseite bilden sich in der Meridianebene 2 magnetisch neutrale Linien sowie auf der Nachtseite ein neutrales Gebiet, in denen möglicherweise die Teilchen des Sonnenwinds in die Hochatmosphäre gelangen – vor allem, wenn die Intensität des Sonnenwinds ansteigt – und dort Polarlichterscheinungen auslösen können.

»Majak« [russ., Leuchtturm]: in sowjetischen Raumflugkörpern verwendeter Peilsendertyp; außerdem auch in »Interkosmos 2« (→ »Interkosmos«) eingesetzt.

Mare [lat., Meer]: 1. Oberflächenformation des → Monds. – 2. ausgedehnte Dunkelfläche auf dem → Mars.

»Mariner« [engl.]: unbemannte Raumsonden (USA), die speziell zur Planetenerkundung eingesetzt werden. Mit Beziehung auf den jeweiligen Zielplaneten sind auch die Untergruppenbezeichnungen »M.-Venus« und »M.-Mars« üblich ge-

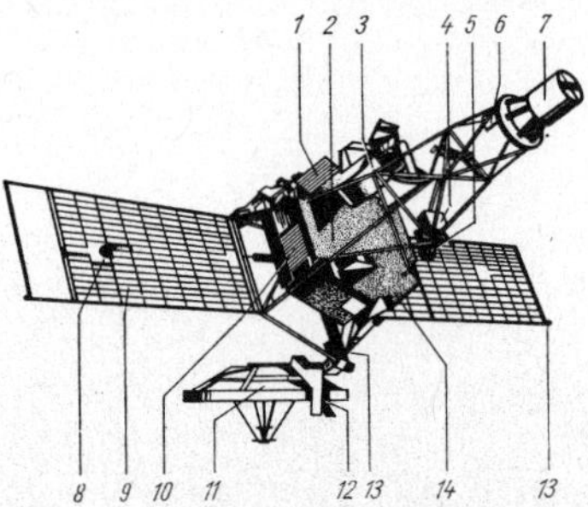

Venussonde »Mariner 2«: 1 Temperaturregelgerät, 2 Gerätezelle, 3 Radiometer, 4 Teilchendetektor, 5 Ionenzähler, 6 Magnetometer, 7 Rundstrahlantenne, 8 Kommandoempfangsantenne, 9 Solarzellen, 10 Temperaturregelblende, 11 Richtstrahlantenne, 12 Erdsensor, 13 Sonnensensor, 14 Mikrometeoritendetektor

worden. Der erste erfolgreiche Start gelang am 27. Aug. 1962 mit »M. 2« und war auf die Venus angesetzt. Ziel des Unternehmens war ein möglichst naher Vorbeiflug am Planeten, wobei verschiedene Untersuchungen zur Planetenphysik gemacht werden sollten.
Als Trägersystem wurde die Rakete »Atlas-Agena-B« eingesetzt. Nach Eintritt in die interplanetare Übergangsbahn wurde ein Bahnkorrekturmanöver durchgeführt, wodurch die Planetensonde auf eine Bahn gelangte, die sie nach einer Flugzeit von 109 d (14. Dez. 1962) in einem Abstand von 34 745 km an der Venus in der vorgesehenen Weise vorbeiführte. Die Funkverbindung konnte 129 d lang aufrechterhalten werden, wobei 11 Mill. Meßwerte bis über eine Entfernung von max. 86 Mill. km übertragen wurden. 2 beim Aufstieg an das Hauptgerüst (Rohrkonstruktion) angelegte Solarzellenausleger wurden in der Bahn ausgeklappt (Spannweite 0,5 m). Die Höhe des Gesamtgeräts betrug im Flug 3,62 m, sein Basisdurchmesser 1,52 m und seine Masse 202 kg. Von letzterer entfielen nur 18,6 kg auf die wissenschaftliche Ausrüstung, während der übrige Massenaufwand für Hauptstruktur, Energieversorgung, Funk- und Datenübertragungsanlagen, Steuerungs- und Regelungsausrüstung sowie Lageregelungs- und Bahnkorrektursystem und sonstige Ausrüstungen aufgebracht werden mußte. Als Lagereferenzsysteme dienten eine Kreiselplattform und mehrere Erd- und Sonnensensoren. Die Lageregelung geschah durch 10 Gasdüsen, die ebenso wie die Meßinstrumente und Antennen am Rahmen der Hauptstruktur befestigt waren. Als Arbeitsmedium für die Gasdüsen diente unter 210 kp/cm^2 gespeichertes Stickstoffgas. Das Bahnkorrekturtriebwerk arbeitete mit Hydrazin als Einstoffsystem und Stickstofftetroxid als Zündmittel; es war in der über dem Grundrahmen befindlichen Gerätezelle untergebracht. Zur Temperaturregelung für bes. empfindliche Elektronikteile waren über dieser Gerätezelle ein Wärmeschild (gegen Sonneneinstrahlung) und an einer Seitenwand der Zelle Temperaturregelblenden eingesetzt. Die wissenschaftlichen Instrumente und Geräte waren entweder in der Hauptstruktur oder in der Gerätezelle untergebracht.
Die übermittelten Meßergebnisse waren sehr aufschlußreich. So konnten u. a. solare Protonenströme im interplanetaren Raum aufgefunden und als »Sonnenwind« interpretiert werden. Das Magnetfeld der Venus hatte im Abstand des Vorbeiflugs höchstens 5 bis 10 % der Stärke des Erdmagnetfelds in der gleichen Entfernung. Der CO_2-Gehalt der Venusatmosphäre lag unter der Empfindlichkeit der Detektoren von »M. 2«. Die Abschätzung der Oberflächentemperatur der Venus aus den Infrarot- und Mikrowellenradiometer-Messungen ergab Werte um 450 °C. Die Temperatur an der Wolkengrenze ist auf der Sonnen- und auf der Schattenseite gleich groß, mit Ausnahme eines kühlen Flecks auf der südlichen Hemisphäre.
Der erste erfolgreiche Start einer »M.«-Marssonde gelang am 28. Nov. 1964 mit »M. 4«. Es war ebenfalls ein möglichst naher Vorbeiflug am Planeten geplant, wobei neben Messungen und Untersuchungen im interplanetaren Raum und im Nahbereich des Planeten erstmalig auch Fotos der Marsoberfläche gemacht und zur Erde übertragen werden sollten. Außerdem wollte man weitere Erfahrungen bei der Auslegung von Raumflugkörpern für langdauernde Raumflüge gewinnen. Die Flugdauer bis zur Datenübertragung aus Marsnähe betrug etwa 8,5 Monate, und die meisten der 138 000 Bauteile der Plane-

Venussonde »Mariner 2« mit angeklappten Solarzellenauslegern und ohne Verkleidung

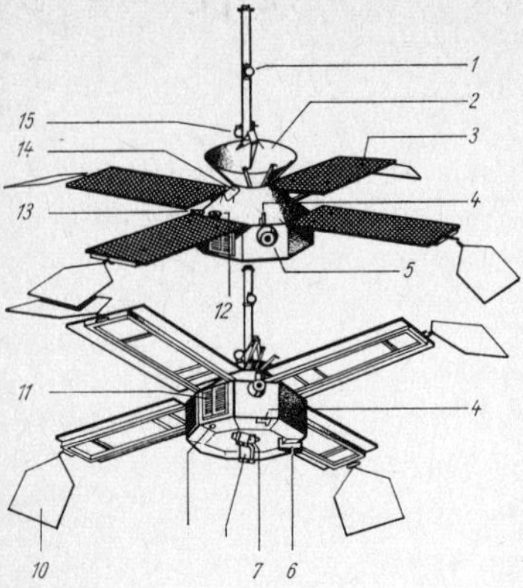

Marssonde »Mariner 4«: 1 Magnetometer, 2 Richtantenne, 3 Solarzellenausleger, 4 Sonnensensor, 5 Korrekturtriebwerk, 6 Canopus-Sensor, 7 Fernsehkamera, 8 Planetensensor, 9 Meßgerät für kosmische Strahlung, 10 Lageregelungsflächen für solaren Strahlungsdruck, 11 Temperaturregelblenden, 12 Plasmasonde, 13 Strahlungsmeßgerät, 14 Mikrometeoritendetektor, 15 Ionenmeßkammer

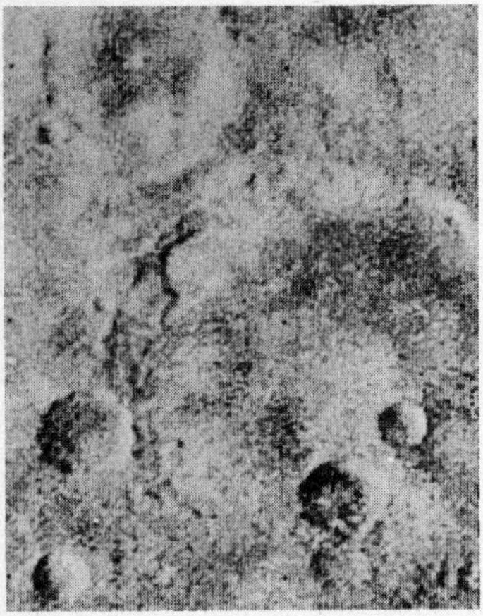

Aufnahme der Marsoberfläche im Gebiet von »Atlantis« zwischen »Mare Sirenum« und »Mare Cimmerium« mit Kraterformationen verschiedener Größe, gewonnen durch »Mariner 4« aus 12500 km Entfernung

tensonde mußten somit auch noch nach dieser Zeit exakt funktionstüchtig sein. Besondere Anforderungen wurden an das Funkübertragungssystem gestellt, da die Bildsendungen anfänglich 216 bis 220 Mill. km Entfernung zu überbrücken hatten. Als Trägerrakete wurde erstmalig die »Atlas-Agena-D«-Rakete eingesetzt. Der Eintritt in die interplanetare Übergangsbahn geschah wie bei allen Raumsondenstarts über eine Parkbahn. Nach einer am 5. Dez. 1964 vorgenommenen Kurskorrektur erreichte »M. 4« am 15. Juli 1965 den Mars. Während der Annäherung von 13300 auf 9825 km konnten dabei in 24 min 21 Aufnahmen der Marsoberfläche gemacht werden. Ihre Übertragung, die für jedes Bild 8,5 h dauerte, verlief erfolgreich und lieferte teilweise sensationelle Informationen über die Beschaffenheit der Marsoberfläche. So konnte vor allem das Vorhandensein von großen kraterähnlichen Strukturen nachgewiesen werden, wie sie in ähnlicher Form auf dem Mond anzutreffen sind.

Auch die übrigen übermittelten Meßwerte waren aufschlußreich. Einmal zeigte sich, daß der Mars offenbar kein oder nur ein sehr schwaches Magnetfeld hat, und zum anderen konnte in seiner Atmosphäre kein Sauerstoff nachgewiesen werden. Es ergab sich eine Zusammensetzung der Marsatmosphäre aus 72 % Stickstoff, 18 % Kohlendioxid, 8 % Argon und ein kleiner noch unaufgeklärter Restanteil.

Der Aufbau von »M. 4« (Masse 262 kg) hatte gegenüber »M. 2« beträchtliche Änderungen erfahren. Die Hauptstruktur wurde von einem achteckigen Rahmen (Magnesiumlegierung) gebildet, in den 7 Kammern in flacher Schachtelform für die elektronische Ausrüstung eingesetzt waren. Eine achte Kammer war für das Kurskorrekturtriebwerk vorgesehen. Über diesem Geräteblock befand sich ein Aufbau, der verschiedene Meßgeräte und das Antennensystem trug. Um eine ausreichende Energieversorgung zu erreichen, war »M. 4« mit 4 Solarzellenauslegern (6,5 m^2 Sammelfläche) versehen; am Ende jedes Auslegers befand sich eine beweglich gelagerte Fläche, mit deren Hilfe der Strahlungsdruck der Sonne zusätzlich zur Lageregelung ausgenutzt wurde. An der Unterseite des Geräteblocks waren die Fernsehkameras, ein Strahlungsmeßgerät und verschiedene Sensoren des Lagereferenzsystems angebracht. Erstmalig wurde auch ein spezieller Sternsensor eingesetzt, dessen Leitobjekt der Stern Canopus war. Dieser Canopus-Sensor bereitete in der Anfangsphase des Flugs einige Schwierigkeiten bei der Ausrichtung der Sonde. Der Zentral-

körper hatte einen Durchmesser von 1,27 m, mit ausgeklappten Solarzellenflächen 6,90 m Spannweite und 2,90 m Gesamthöhe. Das Kurskorrekturtriebwerk arbeitete ähnlich wie das von »M. 2« mit Hydrazin als Einstoffsystem. Es lieferte einen Schub von 23 kp und hatte eine max. Brennzeit von 100 s sowie eine min. von 50 ms. Neuartig waren Strahlruder an der Düsenmündung des Triebwerks für die Lagesteuerung während des Korrekturmanövers. Das Lagesteuerungssystem war sonst im Prinzip der Anlage von »M. 2« ähnlich. Zur Temperaturregelung im Geräteblock waren 6 der 8 Einbaumoduln mit Temperaturregelblenden versehen, und außerdem trug der innere Kern der Hauptstruktur eine mehrschichtige Wärmedämmung (Wärmeschilder).
Zur wissenschaftlichen Ausrüstung, die insgesamt 27,2 kg ausmachte, gehörten neben der Fernsehaufnahmeeinrichtung eine Sonde zur Untersuchung des Sonnenwinds, eine Ionisationskammer zur Untersuchung der galaktischen Teilchenstrahlung, Detektoren zum Auffinden geladener Partikel im Marsnahbereich (»Strahlungsgürtel«), ein Magnetometer und ein Mikrometeoritendetektor. Vom Starttag bis zum 1. Okt. 1965 wurden 13 Mill. technische und 23 Mill. wissenschaftliche Daten von »M. 4« übertragen. Nachdem die Datenübermittlung abgeschaltet worden war, wurde Anfang Jan. 1966 versuchsweise erneut Funkverbindung über eine Entfernung von 349 Mill. km aufgenommen.
»M. 5« wurde am 14. Juni 1967 wieder in Richtung Venus gestartet und passierte am 19. Okt. 1967 den Planeten programmgemäß in einem Abstand von 3968 km. Der Raumflugkörper (245 kg) war die umgebaute Version eines Reservegeräts für »M. 4«. Die Änderungen bezogen sich hauptsächlich auf die Energieversorgung (Solarzellenausleger mit 4 m² statt 6,5 m² Fläche; zusätzlich Silber-Zink-Batterien für Flugphasen, in denen die Solarzellen nicht auf die Sonne gerichtet waren) und auf die wissenschaftliche Ausrüstung (u. a. wurde auf die Kamera verzichtet). Außerdem wurde ein Wärmeschild (gegen die Sonnenstrahlung) am Zentralkörper angebracht.
Das Unternehmen lieferte zahlreiche wertvolle Ergebnisse: Stärke des Venusmagnetfelds max. 1/300 der Stärke des Erdmagnetfelds, kein Strahlungsgürtel; Durchschnittstemperatur der Venuswolken – 43 °C; Temperatur der Hochatmosphäre (320 km Höhe) – 94 °C, Oberflächentemperatur (extrapoliert) 267 °C; CO_2-Gehalt 72 bis 85 % (wenn Restgas Stickstoff). Durch die hohe Ortungsgenauigkeit (± 6 m!) konnte die Genauigkeit der → AE bis auf ± 1,5 km verbessert werden. Weiterhin konnte die Masse der Venus mit 0,815 003 ± 0,000 018 Erdmassen neu bestimmt und festgestellt werden, daß die Abweichung von der Kugelgestalt bei der Venus 50mal geringer ist als bei der Erde. Die Entfernung zur Erde betrug im Augenblick des Vorbeiflugs rund 340 Mill. km.
Die Mars-Erkundungen wurden mit dem

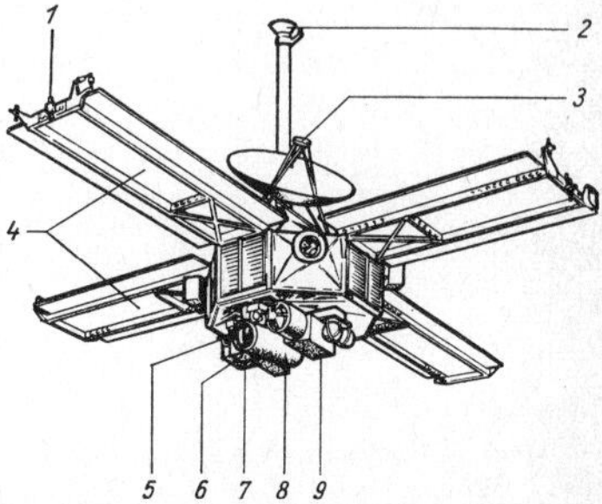

Marssonde »Mariner 6«: 1 Gasdüsen für Lageregelung, 2 schwach gerichtete Antenne, 3 Richtantenne, 4 Solarzellenausleger, 5 Weitwinkelkamera, 6 UV-Spektrometer, 7 Infrarot-Radiometer, 8 Teleobjektivkamera, 9 Infrarot-Spektrometer

Aufnahme der Marsoberfläche (»Mariner 6«) aus 3400 km Entfernung; der große Krater am oberen Bildrand hat einen Durchmesser von etwa 13 km, der kleine eingeschlossene Krater hat eine Ausdehnung von etwa 3,5 km

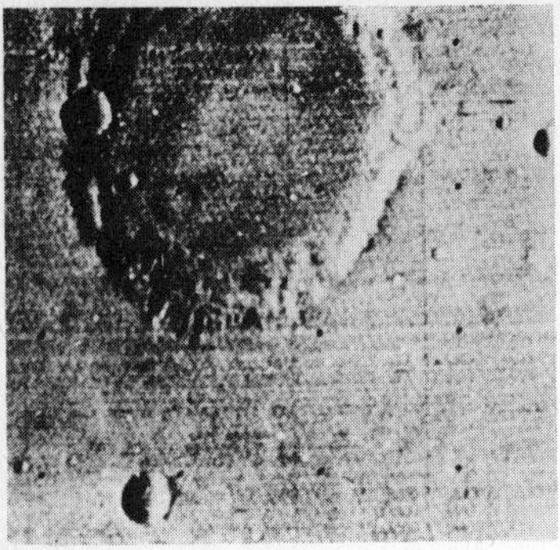

Aufnahme der Marsoberfläche (»Mariner 6«) aus 3400 km Entfernung; der große Krater mit Stufenwall hat einen Durchmesser von etwa 38 km

Zwillingseinsatz von »M. 6« (24. Febr. 1969) und »M. 7« (27. März 1969) fortgesetzt. Ihre Bauweise und ihre Grundausrüstung entsprachen denen von »M. 4«, jedoch wurde zusätzlich auf der unteren Fläche des Hauptkörpers eine drehbare Plattform installiert, die verschiedene Sensoren, 2 der 4 Meßgeräte und 2 Fernsehkameras trug. Weiterhin wurde eine umfangreichere Navigations- und Datenübertragungsausrüstung eingebaut. Dadurch erhöhte sich die Gesamtmasse auf 413 kg, so daß zum Start jeweils eine »Atlas-Centaur«-Rakete (Startmasse 146 t) eingesezt werden mußte. Die Datenübertragungskapazität wurde auf 270 bit/s (»M. 4« 66 bit/s) gesteigert, hauptsächlich durch Erhöhung der Sendeleistung von 10 auf 20 W (Wanderfeldröhre). Von beiden Sonden wurden insgesamt 200 Aufnahmen übertragen, die i. allg. das Bild der kraterbedeckten Marsoberfläche bestätigten, wenn auch noch viele Details ungeklärt blieben. Weiterhin wurde ein hoher Kohlendioxidgehalt der Marsatmosphäre festgestellt und die weiße Substanz der Marspolkappen als »einige Zoll« starke Schicht von Kohlendioxidschnee identifiziert.
Im Bereich des Marsäquators wurden Temperaturen zwischen 13 °C und – 53 °C gemessen, im Gebiet des Südpols – 123 °C. Nach einem Fehlstart mit »M. 8« wurde »M.9« am 30. Mai 1971 zu einer Marsflugmission gestartet, bei der der Raumflugkörper in eine Marsumlaufbahn einflog. Er erreichte am 13. November 1971 den Mars, schwenkte in eine 65° gegen den Äquator geneigte Umlaufbahn. Marsnächster Punkt 1200 km, marsfernster 16 800 km. Hauptaufgabe ist die fotografische Kartierung von etwa 70 % der Marsoberfläche mit einem Auflösungsvermögen bis zu 90 m. »M. 9« soll 5000 Aufnahmen zur Erde übertragen. – Nach Beendigung der Forschungsaufgaben wird »M. 9« den Mars noch etwa 17 Jahre umkreisen.

Mars: erdnächster der äußeren Planeten des → Sonnensystems; sein Äquatordurchmesser beträgt nur 6770 km, der Poldurchmesser ist um 35 km kleiner; er rotiert in 24 h 37 min um seine Achse, die 25°02' gegen die Senkrechte auf seiner Bahnebene geneigt ist; seine Masse beträgt nur 0,107 Erdmassen (Dichte 3,95 g/cm³). M. gehört zur Gruppe der erdähnlichen Planeten, hat aber – wegen seiner geringen Anziehungskraft – eine nur sehr dünne Atmosphäre (Dichte an der Oberfläche wahrscheinlich etwa 20 mb, im Unterschied zu 1000 mb der Erde), in der ausgedehnte Trübungen beobachtet werden und über deren Zusammensetzung noch keine klaren Vorstellungen bestehen (auf jeden Fall enthält sie sehr wenig Sauerstoff). Es gibt auf dem M. keine offenen Wasserflächen, dafür aber Polkappen, die als relativ dünner Reif- oder Schneebelag gedeutet werden. M. hat, wie Untersuchungen mit Raumflugkörpern (→ »Mariner«) gezeigt haben, offenbar kein merkliches Magnetfeld und damit auch keine Strahlungsgürtel. Die bei Fernrohrbeobachtungen als »Marskanäle« angesprochenen Gebilde gaben früher verschiedentlich zu mehr oder weniger überspannten Fehlbeurtei-

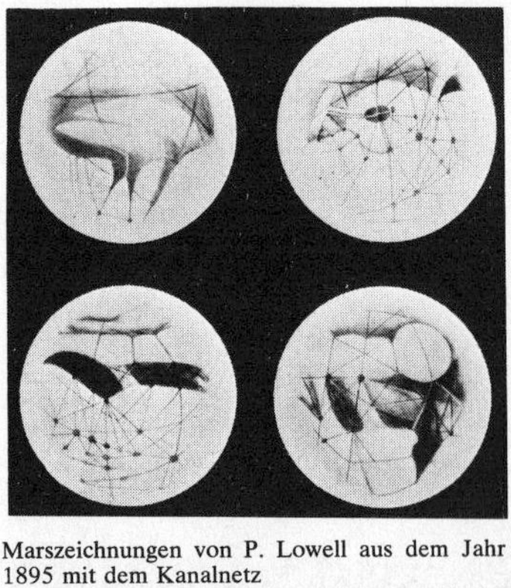

Marszeichnungen von P. Lowell aus dem Jahr 1895 mit dem Kanalnetz

lungen (Marsmenschen) Anlaß, gehen jedoch offensichtlich auf natürliche, tektonische Ursachen zurück. Über die Oberflächenbeschaffenheit des M. wurden mit Hilfe von Raumflugkörpern aufschlußreiche und teilweise völlig überraschende Informationen erhalten (→ »Mariner«). M. hat 2 Monde, die wegen ihrer Kleinheit und bahnmechanischen Besonderheiten etwas außergewöhnliche Objekte darstellen.

»Mars 1«: erste Planetensonde (UdSSR), deren Bahn in den Nahbereich des Mars führte. Der Abflug geschah am 1. Nov. 1962 unter Einschaltung einer Parkbahn. Die sehr umfassend ausgerüstete Planetensonde hatte eine Masse von 893,5 kg, eine Gesamtlänge von 3,3 m und eine Breite (mit ausgeklappten Solarzellenaus-

Marssonde »Mars 1« mit Auslegern in Arbeitsstellung

legern) von 4,0 m. Der Durchmesser der aus mehreren Teilen aufgebauten zylindrischen Gerätezelle betrug 1,1 m. Der vordere Teil der Gerätezelle enthielt die Instrumente und Ausrüstungen, mit denen erst in Marsnähe Untersuchungen angestellt werden sollten. In dem hinteren Teil waren die Meßgeräte für Untersuchungen im interplanetaren Raum, Steuerungs- und Regelungseinrichtungen sowie die Funkanlagen untergebracht. Am hinteren Ende der Zelle befand sich die Halterung für das Bahnkorrekturtriebwerk. Die Lagekorrektur des Raumflugkörpers geschah unter Einschaltung von Sonnen- und Sternsensoren durch Druckgasdüsen. Zur Temperaturregelung in der Gerätezelle wurde eine Anlage verwendet, deren Strahlungskühler am äußeren Ende der Solarzellenausleger angebracht waren. Funkgeräte dienten sowohl der Meßwertübertragung als auch dem bordseitigen Kommandoempfang. Bis zum 21. März 1963 bestand eine einwandfreie Funkverbindung mit der Planetensonde (106 Mill. km Entfernung), und bis zu diesem Zeitpunkt gewann man eine Vielzahl von wertvollen Meßergebnissen aus dem interplanetaren Raum. So konnte schon beim Abflug die Struktur der Geokorona untersucht werden; später wurden solare Korpuskularströme registriert und verschiedene Komponenten der kosmischen Teilchenstrahlung analysiert. Messungen der Mikrometeoritenhäufigkeit bestätigten die Hypothese, daß die Erde offenbar von einer kosmischen Staubwolke umgeben ist; später zeigte die

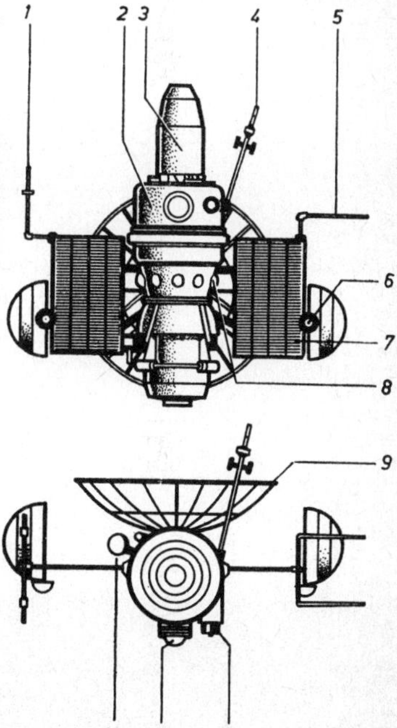

Aufbauschema der Marssonde »Mars 1«: 1 Stabantenne, 2 Gerätezelle, 3 Korrekturtriebwerk, 4 Magnetometer, 5 Stabantenne, 6 Sonnensensor, 7 Solarzellenausleger, 8 Druckgasbehälter, 9 Parabolantenne, 10 Lageindikator, 11 Sternsensor, 12 Spektrometer

Registrierung, daß die Sonde einen bis dahin unbekannten Meteoritenstrom durchquerte. Während des ganzen Zeitraums wurden wertvolle Meßwerte über das interplanetare Magnetfeld erhalten. Aufgrund einer Störung gelang es nach dem 21. März 1963 nicht mehr, mit dem Raumflugkörper Funkkontakt aufzunehmen. Als Zeitpunkt der größten Annäherung zwischen Sonde und Mars wurde der 11. Juni 1963 errechnet. Die Serie der sowjetischen Marssonden wurde mit den Starts von »M.2« (19. Mai 1971) und »M.3« (28. Mai 1971) fortgesetzt, deren Gesamtmasse jeweils 4650 kg beträgt. Durch »M. 3« wurde am 2. Dez. 1971 ein Geräteteil auf der südlichen Halbkugel des Planeten an einem Fallschirm abgesetzt. Damit war zum ersten Mal eine weiche Landung auf dem Mars gelungen. Bis 5. Dez. funktionierte eine Funkbrücke von der Marsoberfläche zur Erde.

Marschtriebwerk: Bezeichnung für ein Triebwerk, das bei einem von mehreren Antriebseinheiten bestrittenen Schubprogramm bezüglich der Brennzeit den überwiegenden Beitrag liefert; oft ein Triebwerk, das mit mehreren anderen in der Startstufe zusammengefaßt ist, mit diesen beim Start gezündet wird, aber über deren wesentlich kürzere Brennzeit hinaus in Betrieb ist. Es handelt sich in diesen Fällen um eine besondere Variante des → Stufenprinzips. Bei Raketenwaffen werden gelegentlich in denjenigen Fällen (Boden-Luft- und Luft-Luft-Raketen), in denen kurzzeitig brennende Starttriebwerke hoher Schubbeschleunigung mit wesentlich länger arbeitenden Antriebseinheiten geringer Schubbeschleunigung verbunden sind, letztere ebenfalls als M. bezeichnet. Deren Zündung geschieht dann jedoch meist erst unmittelbar vor oder nach Brennschluß der Starttriebwerke. Dabei können die M. u. U. auch luftatmende Triebwerke sein, wie bei der britischen Boden-Luft-Lenkwaffe »Bloodhound« (Staustrahltriebwerke).

Marshall Space Flight Center [engl., Marshall-Raumfahrtzentrum, nach dem amerik. General und Politiker *George* Catlett *Marshall,* 1880–1959], Abk. **MSFC:** bedeutendstes Forschungs- und Erprobungszentrum der NASA (USA). Das MSFC entstand aus der »Development Operations Division« der US-Army Ballistic Missile Agency (Entwicklungsstelle der Abteilung für ballistische Raketen der US-Army) mit dem Sitz in Huntsville Alabama) und ist als einziges Raumfahrtzentrum der USA in der Lage, die Entwurfs-, Entwicklungs- und Erprobungsarbeiten aller, auch der größten Raketen, selbst durchzuführen. Die Umwandlung des ursprünglich rein militärisch ausgerichteten Versuchszentrums in einen Bestandteil der NASA wurde am 1. Juli 1960 vollzogen. Insgesamt 4500 Wissenschaftler und Anlagen im Werte von 100 Mill. Dollar gingen damit in den Bereich der US-amerikanischen Raumfahrtforschung über. Als Direktor des MSFC wurde → *v. Braun* eingesetzt. Ebenso wie er selbst gehörten auch alle anfangs eingesetzten Hauptabteilungsleiter des MSFC früher der ehemaligen Entwicklungsgruppe der deutschen Heeresversuchsanstalt Peenemünde an. Die Hauptaufgabe des MSFC ist die Entwicklung großer, hochleistungsfähiger Trägerraketen für Raumfahrtzwecke. Bisheriges Kernstück dieser Entwicklung ist das »Saturn«-Programm. Daneben obliegen dem MSFC die Überwachung des »Atlas-Agena-B«-, des »Thor-Agena-B«- und des »Atlas-Centaur«-Programms.

Marssonde → Planetensonde; → »Mariner«, → »Mars«, → »Sonde«.

Mascon [Abk. für engl. **mass-con**centration]: lokale, ungleichförmige Massenkonzentration im Mondinnern, auf die aus Anomalien des Mondgravitationsfelds geschlossen wird. Sie wurden vornehmlich durch die Bahnverfolgung der → »Lunar-Orbiter«-Mondsatelliten aufgefunden bzw. präzisiert. Es zeigte sich, daß diese

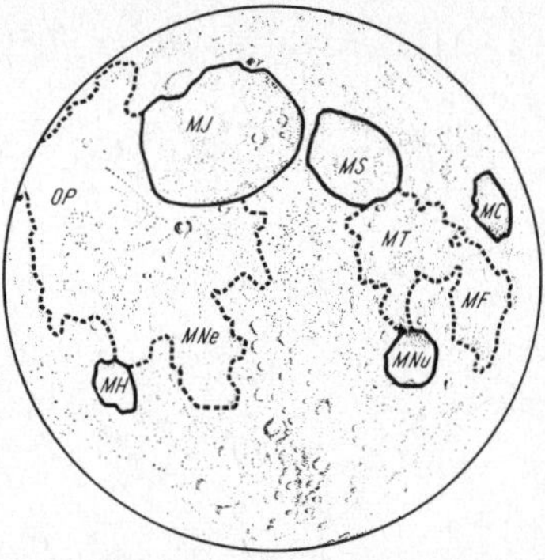

Karte der Mond-Mare mit Massenkonzentrationen (volle Umrißlinien): OP = Oceanus Procellarum, MH = Mare Humorum, MI = Mare Imbrium, MNu = Mare Nubium, MS = Mare Serenitatis, MT = Mare Tranquillitatis, MNc = Mare Nectaris, MF = Mare Foecunditatis, MC = Mare Crisium

beim Überfliegen der regelmäßig (annähernd zirkular) geformten Mondmare (»Mare Imbrium«, »Mare Serenitatis«, »Mare Crisium«, »Mare Nectaris«, »Mare Humorum«) um einen geringfügigen Betrag (200 mm/s^2) beschleunigt wurden, was auf entspr. Massenkonzentrationen (große Massen bes. dichten Materials) unterhalb dieser Gebilde schließen läßt. Dieser Befund wird verschiedentlich als Bestätigung der Hypothese aufgefaßt, daß die Entstehung zahlreicher Mondformationen auf den Einschlag meteoritischer Körper zurückgeht. Die M. unter den genannten Maria sollen danach die Reste ehemaliger Riesenmeteoriten darstellen. Diese Deutung ist jedoch noch umstritten.

Massenverhältnis → Raketengrundgleichung.

»Matra«: frz. Feststoffkampfraketen. Die »M. R. 511« ist eine einstufige Luft-Luft-Rakete von 3,09 m Länge und 180 kg Startmasse (davon 21 kg Gefechtskopf). Ihre Reichweite wird mit 8 km angegeben. Die »M. R. 422« ist eine zweistufige Boden-Luft-Rakete zum Einsatz gegen 8 bis 18 km hoch fliegende Unterschallflugkörper. Ihre Länge beträgt 9,33 m, ihre Startmasse 1,6 t, von denen 953 kg auf die Startstufe entfallen. Das Starttriebwerk liefert einen Schub von 26 Mp und das länger brennende Marschtriebwerk einen Schub von 1,6 Mp. Der Start geschieht von einer fahrbaren Lafette. Die 50-kg-Sprengladung ist um das Marschtriebwerk herum angeordnet und mit Stahlkugeln durchsetzt. Beide Raketentypen haben einen Radarzielsuchkopf als Geber für eine halbaktive Kommandolenkung.

McDivitt, *James*: US-amerikanischer Astronaut, geb. 10. Juni 1929 Chicago, startete am 3. Juni 1965 mit → *White* in der Raumkapsel → »Gemini 4« zu einem 4tägigen Raumflug und nahm vom 3. bis 13. März 1969 gemeinsam mit → *Scott* und → *Schweickart* in → »Apollo 9« an einem Raumflug zur erstmaligen Erprobung der »Apollo«-Mondfähre im Erdumlauf teil. – M. arbeitete zunächst als Schlosser, wurde nach 1951 bei den Luftstreitkräften als Pilot ausgebildet und begann danach ein Ingenieurstudium, das er 1959 mit der Diplomprüfung beendete. 1962 trat er in die amerikanische Astronautengruppe ein.

Mehrfach-elliptischer Bahnübergang → Übergangsbahn.

Mehrfach-Satellitenstart, engl. *Multiple Satellite Start*: Verfahren, bei dem mehrere (meist kleine) Spezialsatelliten gleichzeitig von einer einzelnen Trägerrakete in mehr oder weniger unterschiedliche Umlaufbahnen gebracht werden.

Mehrkörperproblem → Himmelsmechanik.

Mehrstufenrakete: Rakete, deren Antriebssystem nach dem → Stufenprinzip ausgelegt ist. Alle bisher und gegenwärtig für Raumflugzwecke eingesetzten Trägerraketen waren bzw. sind M.

»Mercury« [engl., Merkur]: Teilprogramm der US-amerikanischen Raumfahrtforschung, mit dem erste Erfahrungen beim Einsatz bemannter Raumflugkörper gesammelt werden sollten. Die dazu entwikkelten »M.«-Raumkapseln waren für einen

»Redstone«-Rakete mit »Mercury«-Raumkapsel; im Hintergrund der Montageturm, rechts Hebegerüst mit Zubringerkabine (»Kirschenpflükker«)

Astronauten und max. knapp 2d Flugdauer ausgelegt. Das Versuchsprogramm umfaßte zunächst ballistische Testflüge mit unbemannten Raumkapseln unter Verwendung der Feststoffrakete »Little Joe« und der Mittelstrecken-Flüssigkeitsrakete → »Redstone« (»M.-Redstone«, »MR-Nr.«). Vor den Flügen auf Satellitenbahnen, für die als Trägersystem die »Atlas«-Rakete (»M.-Atlas«, »MA-Nr.«) eingesetzt wurde, führte man noch 2 ballistische Testflüge mit bemannten, von einer »Redstone«-Rakete getragenen Kapseln durch.

Der Flug von → *Grissom* endete dabei beinahe mit einer Katastrophe, da die Raumkapsel nach der Landung im Atlantik versank und der Astronaut nur mit Mühe gerettet werden konnte.

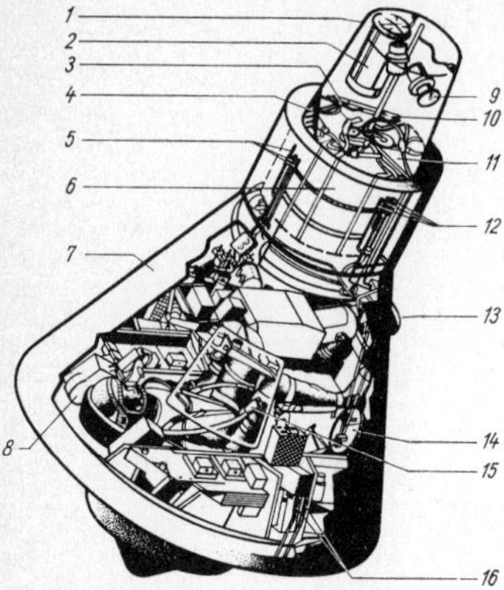

Aufbauschema der älteren (vom Text etwas abweichenden) Version der »Mercury«-Raumkapseln: 1 Antennenkonus, 2 Zugfallschirm für Hauptfallschirm, 3 Antenne, 4 Rauchpatrone, 5, 12 u. 16 Druckgasdüsen, 6 Fallschirmbehälter, 7 hermetische Kabine, 8 Kamera, 9 Horizontsucher, 10 Blitzlichtpatrone, 11 Hauptfallschirm, 13 Periskop-Ausblick, 14 Fenster, 15 Handsteuerung

Die raumflugtechnischen und raumfahrtmedizinischen Grundforderungen führten, in Verbindung mit der für diese Zwecke sehr beschränkten Nutzmassekapazität der »Atlas«-Rakete, zu einer Minimalauslegung der »M.«-Raumkapsel, die ein nicht unbeträchtliches Risiko für alle im Rahmen des »M.«-Programms eingesetzten Astronauten ergab. Da die »M.«-Raumkapsel im Laufe ihrer Einsätze mehrfach kleinen Abänderungen und Verbesserungen unterlag, soll hier als hinreichend typisches Beispiel die beim Versuch »MA-6« verwendete Ausführung »Friendship 7« beschrieben werden.

Die Raumkapsel bestand aus einem konischen Hauptteil mit flachgewölbtem Boden, der die hermetische Druckkabine für den Astronauten umschloß und in einen kleineren zylindrischen Teil auslief, auf dem nochmals ein etwas kleineres, leicht konisches Bauteil saß. Der zylindrische Teil barg hauptsächlich den Landungsfallschirm (Hauptschirm von 20 m Durchmesser, Einsatzhöhe 3000 m), während der konische Aufsatz eine Doppelkegelantenne für die Sende- und Empfangsanlagen und außerdem den kleinen Hilfsfallschirm enthielt, mit dem die Kapsel vor dem Öffnen des Hauptschirms stabilisiert wurde. In der *Druckkabine* befand sich die gepolsterte Konturenliege für den Raumfahrer, das Gerätesystem zur Überwachung der Lebensbedingungen in der Kabine sowie der Hauptteil der Instrumentierung und der Funkanlage. Über dem Kopf des Astronauten war in der Druckkabine (von »MR-4« und »MA-6«) ein Fenster mit einem Gesichtsfeld von etwa 30 bis 33° eingelassen, das aus mehreren, 7 und 3,5 mm dicken Quarzglasschichten bestand. Unmittelbar neben diesem Fenster befand sich die Einstiegluke. Die gesamte Zelle (einschl. des zylindrischen Teils) hatte eine Höhe von 2,7 m und einen Durchmesser an der Basis von 1,8 m. Die hitzebeständige Außenhaut war aus sich überlappenden Segmenten dünner Bleche hergestellt, die zur Erhöhung ihrer Festigkeit gerippt waren. Als Werkstoff wurde eine Nickellegierung verwendet, die sich bei der Herstellung von Schaufeln für Strahltriebwerke bewährt hatte. Die Druckkabine wurde von 2 konzentrischen Schalen und 2 Druckschotten aus Titanblech gebildet, das für die Schalen nur 0,252 mm dick war, so

Flüge bemannter Raumkapseln vom Typ »Mercury«

Kapselbezeichnung	Name	Astronaut	Starttag
»MR-3«	»Freedom 7«	Shepard	5. 5. 1961
»MR-4«	»Liberty Bell 7«	Grissom	21. 7. 1961
»MA-6«	»Friendship 7«	Glenn	20. 2. 1962
»MA-7«	»Aurora 7«	Carpenter	24. 5. 1962
»MA-8«	»Sigma 7«	Schirra	3. 10. 1962
»MA-9«	»Faith 7«	Cooper	15. 5. 1963

Die »7« in den Namen der Kapseln deutet auf die Anzahl der Astronauten in der

daß es durch U-förmige Stringer ausgesteift werden mußte. Zwischen Druckkabine und Außenhaut wurde zur Wärmedämmung noch eine Füllung aus Keramikfasern untergebracht. Das hintere Druckschott trug die Konturenliege. Zwischen Kapselboden und Wärmeschild war ein Balg aus flexiblem Werkstoff angebracht, der während des Flugs zusammengefaltet blieb, sich jedoch beim Eintritt in die dichteren Schichten der Erdatmosphäre über kleine Öffnungen mit Luft füllte und den Aufprall der Kapsel beim Wassern dämpfte (»*Landekissen*«). Für die ballistischen »M.-Redstone«-Flüge hatte man den Wärmeschild noch aus reinem Beryllium hergestellt; die relativ geringe Wiedereintrittsgeschwindigkeit ließ hierbei die Anwendung des Prinzips der Wärmesenke zu (→ Kühlverfahren). Da beim Wiedereintritt von Raumflugkörpern aus einer Satellitenbahn in die Erdatmosphäre aber eine wesentlich höhere Aufheizung entsteht, mußte man in die »MA«-Kapseln einen Wärmeschild einbauen, der auf der stärker wirkenden Schmelzkühlung beruhte. Als Werkstoff verwendete man in diesen Fällen einen glasfaserverstärkten Plast. Da die Temperaturbelastung für die übrige Außenhaut der Kapsel nur etwa 5 bis 10 % der am Wärmeschild auftretenden ausmachte, reichte dort die schon beschriebene Doppelwandkonstruktion aus. Lediglich am zylindrischen Teil wurden dickere Beryllium-Segmente verwendet.

Um den Astronauten bei einem Fehlstart retten zu können, trug die Kapsel auf dem zylindrischen Teil ein fast 5 m hohes Gerüst mit einer Feststoffrakete von 23,4 Mp Schub. Diese Rettungsrakete konnte im Falle der Gefahr die von der Trägerrakete abgesprengte Kapsel so weit emportragen, daß anschließend eine sichere Fallschirmlandung gewährleistet war. Die Zündung wurde automatisch ausgelöst, konnte aber im äußersten Notfall auch vom Raumfahrer selbst durch einen Handhebel in Gang gesetzt werden. Bei normalem Startverlauf geschah die Abtrennung des für den Freiflug überflüssigen Gerüsts, 153 s nach Abheben der Trägerrakete von der Startplattform, durch eine kleine Feststoffrakete mit 360 kp Schub. 3 ähnliche Feststoffraketen mit je 180 kp Schub sorgten später für die Abtrennung der Kapsel von der Trägerrakete. Diese Trennraketen befanden sich, für das Rückführungsmanöver mit den 3 Feststoffbremsraketen von je 450 kp Schub zu einer Baugruppe zusammengefaßt, in der Mitte des Wärmeschilds. Dieser Raketensatz war abwerfbar und wurde bis zum Bremsmanöver durch 3 Metallbänder festgehalten. Im Hinblick auf die entscheidende Bedeutung der Fluglageregelung für das gesamte Flugprogramm und speziell für das Rückführungsmanöver wurden insgesamt 4 Hauptsysteme zur Kontrolle und Steuerung eingesetzt. Je 2 dieser Regelungssysteme wirkten auf ein Gasdüsensystem ein, das von dem anderen unabhängig war. Von den Regelungsanlagen für das Gasdüsen-Schubsystem war eine manuell (mittels Steuerknüppels) zu betätigen, die andere voll- bzw. halbautomatisch. Die Art des Regelungssystems wählte der Astronaut jeweils in Anpassung an die gegebene Situation selbst. Die Funkausrüstung umfaßte Anlagen für Sprechfunk, Radar-Bahnvermessung, Meßwertübertragung und Kommandoempfang. Die Sprechfunkverbindung geschah über Dezimeter- und Kurzwellen; im Notfall konnte auch auf Telegrafieverkehr übergegangen werden. Die Signale wurden während des ganzen Flugs kontinuierlich abgestrahlt und gelangten nach Empfang in der jeweils erreichbaren Bodenstation sofort mit Hilfe einer elektronischen Rechenanlage zur Auswertung, so daß während des ganzen Unternehmens laufend exakte Bahndaten vorlagen. Das Meßwertübertragungssystem lieferte Angaben von insgesamt 90

Flugdauer	Umläufe	Perigäumshöhe km	Apogäumshöhe km	Bahnneigung
15 min	ballistisch	184 km Gipfelhöhe		—
15 min	ballistisch	189,9 km Gipfelhöhe		—
4h 56min	3	157	257	32°30'
4h 56min	3	155	254	32°30'
9h 11min	6	161	285	33°30'
34h 21min	23	161	267	31°30'

»Mercury«-Ausbildungsgruppe hin.

»Mercury«-Raumkapsel auf einer »Atlas«-Rakete

Gebern. Diese Meßwerte verteilten sich auf 8 Biofunktionen des Raumfahrers, 10 Daten über die Verhältnisse in der Kabine, 6 Beschleunigungswerte, 16 Funktionsdaten zum Flugablauf, 27 Werte vom Lageregelungssystem, 10 Betriebsdaten vom Bordnetz sowie 10 Temperatur- und 3 Zeitmeßwerte. Die Funkkommandoanlage umfaßte 2 Gerätesysteme. Das erste war unmittelbar mit verschiedenen Kontroll- und Steuerungsgeräten der Kapsel verbunden. Es sollte für den Fall einer eventuell eintretenden Reaktionsunfähigkeit des Astronauten den sofortigen Abbruch des Unternehmens sowie die Rückführung der Kapsel durch Signale einer Bodenstation möglich machen. Zur Erhöhung der Sicherheit wurden 2 gleichartige Anlagen in die Kapsel eingesetzt. Die zweite Funkkommandoanlage war ausschl. für das Rückführungsmanöver vorgesehen. Sie umfaßte neben einer Sende- und Empfangsanlage 2 reine Signalgebereinheiten, die das Auffinden der auf dem Meer niedergegangenen Kapsel erleichtern sollten. Die Klimaanlage befand sich unter der Konturenliege und hatte neben einem einfachen Kabinenkreislauf (ohne Regeneration) einen separaten Hauptkreislauf im Raumanzug des Astronauten zu versorgen. Energieversorgung (elektrische Batterien) und Kühlsystem (Wasserkreislauf mit Druckgasförderung und Wärmeübertrager) arbeiteten simultan für Kabine und Anzug. Als Atemluft wurde dem Astronauten reiner Sauerstoff unter vermindertem Druck (etwa 0,33 kp/cm² zugeführt, der in 2 kugelförmigen Stahlbehältern unter 500 kp/cm² Druck gespeichert war. Die Betriebsdaten der Atmosphäre in Druckanzug und Kabine wurden automatisch gemessen und geregelt, konnten im Notfall aber auch manuell eingestellt werden. Um den notwendigen Druckausgleich mit der dichteren Luft bereits vor dem Öffnen der Druckkabine zu erzielen, wurde beim Abstieg in 6000 m Höhe automatisch ein Schnorchelventil geöffnet, durch das die atmosphärische Luft eintreten konnte. Da Flugdauer und Umfang der Betriebsfunktion relativ gering waren, konnten Silber-Zink-Batterien als Bordenergieversorgung eingesetzt werden. Zur medizinischen Kontrolle des Raumfahrers wurden mittels Biosensoren Atmungsfrequenz und -stärke, Körpertemperatur und Blutdruck gemessen sowie ein Elektrokardiogramm aufgezeichnet. Zur Ergänzung dieser Meßwertregistrierung dienten Filmaufnahmen, die mit einer fest eingebauten 16-mm-Kamera vom Gesicht und der oberen Körperhälfte des Astronauten gemacht wurden. Die Aufnahmegeschwindigkeit betrug allerdings nur 5 Bilder je Minute. Eine besondere wissenschaftliche Ausrüstung hatte »Friendship 7« nicht; die außerordentlich begrenzte Nutzmassekapazität der »M.«-Raumkapseln ließ diese auch bei späteren Unternehmungen nicht zu. Zur Ausrüstung der Kapsel gehörte noch ein Behälter mit Rettungsmitteln für den Fall einer Notlandung. Die Masse von »Friendship 7« betrug beim Start 1930 kg, von denen nach Abtrennen des Gerüsts mit den Rettungsraketen noch 1355 kg in die Umlaufbahn gelangten.

Merkur: sonnennächster Planet des → Sonnensystems; sein Durchmesser beträgt 4840 km; seine Rotationsdauer ist wahrscheinlich ebenso lang wie seine Umlaufzeit um die Sonne (gebundene Rotation, er wendet daher stets die gleiche Seite der Sonne zu); seine Masse beträgt nur 0,053 Erdmassen (Dichte 5,3 g/cm³). M. gehört zu den erdähnlichen Planeten, hat aber – wegen seiner geringen Anziehungskraft und der intensiven Sonneneinstrahlung (Oberflächentemperatur auf der Sonnenseite etwa 350 °C, auf der Nachtseite etwa −200 °C) – bestenfalls eine nur äußerst dünne Atmosphäre (an der Oberfläche etwa 3/1000 der Dichte der Erdatmosphäre). Seine geringe Albedo (0,06) läßt auf eine ähnliche Oberflächenbeschaffenheit wie beim Erdmond schließen. M. selbst hat keinen Mond.

Meßkopf → Raketenmeßkopf.

Meßplattform → Trägheitsnavigation.

Meßwertübertragung, *Telemetrie*: Funkübermittlung von Meßwerten aus einer Rakete oder einem Raumflugkörper an Bodenstationen. Die Gesamtanlage wird oft auch als *telemetrisches System* bezeichnet und umfaßt im einfachsten Fall neben den *Meßwertgebern* (wissenschaftliche und technische Geräte) ein elektronisches System zur Umwandlung der elektrischen Meßwerte in nach einem bestimmten Programm geordnete Codeimpulse für den *Meßwertsender*. Für besondere Zwecke kann ein *Meßwertspeicher* (meist Magnetbandspeicher) eingeschaltet werden, der die Meßwerte zunächst speichert und erst auf ein Funkkommando der Bodenstation oder auf Veranlassung eines Programmschaltgeräts zur Übertragung an den Sender abgibt (*Speichertelemetrie* im Unterschied zur sofortigen *Echtzeittelemetrie*). In der Bodenstation werden die übertragenen Meßwerte durch eine elektronische Anlage

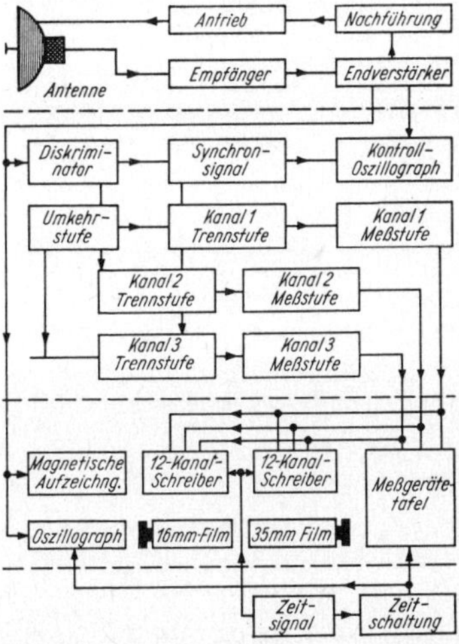

Blockschaltbild einer Bodenstation zur Meßwertübertragung

entschlüsselt und an Registriergeräte bzw. Datenverarbeitungsanlagen weitergegeben.

Mestscherski, *Iwan Wsewolodowitsch*: russisch-sowjetischer Wissenschaftler, geb. 10. Aug. 1859, gest. 7. Jan. 1935; arbeitete auf dem Gebiet der Mechanik (ab 1902 Professor am Petersburger bzw. später Leningrader Polytechnischen Institut) und lieferte dabei grundlegende Beiträge zur Theorie der Bewegung eines Punkts mit veränderlicher Masse. In diesen 1897 und 1904 veröffentlichten Arbeiten sind die Grundgleichungen der Raketendynamik enthalten.

»Meteor«: zweistufige meteorologische Höhenrakete (Volksrepublik Polen), deren erste Version ab Mitte 1965 erprobt wurde und dabei eine Höhe von 32 km erreichte. Die Rakete hat in beiden Stufen Feststoffantrieb, eine Länge von 2,5 m und eine Startmasse von 32 kg. Die verbesserte Version »M. 3« (Startmasse 65 kg) erreicht Höhen um 55 km.

»Meteor«: Wettersatelliten (UdSSR), die als endgültige und wahrscheinlich gegenüber ihren Vorgängern in der → »Kosmos«-Serie verbesserte Version im Rahmen des Systems »Meteor« zum Einsatz kommen. Die Satelliten haben einen zylinderförmigen Hauptkörper (2 m Länge, 80 cm Durchmesser) und 2 große Solarzellenausleger (Spannweite etwa 7 m), die um eine Mittelachse beweglich sind und während des Umlaufs ständig automatisch auf die Sonne ausgerichtet werden. Die Längsachse des Hauptkörpers wird durch eine kombinierte Drallrad-Gasdüsen-Stabilisierung laufend so ausgerichtet gehalten, daß die am unteren Ende des Hauptkörpers eingebauten 2 Fernsehkameras die Erdoberfläche erfassen können. Die Aufnahmen überdecken einen etwa 1000 km breiten Streifen, wobei sich die einzelnen Bilder geringfügig überlappen. Eine im Infrarot arbeitende Fernsehkamera liefert entspr. Bilder auch für die Nachtseite der Erde. Weiterhin gehören verschiedene Infrarot-Strahlungsmeßgeräte zur Ausrüstung der Satelliten, aus deren Messungen Temperaturprofile der unteren Atmosphärenschichten abgeleitet werden können. Der erste Satellit dieser Einsatzserie (»M. 1«) gelangte am 27. März 1969 in eine Umlaufbahn zwischen 644 und 713 km Höhe (Bahnneigung 81,2°). »M. 2« folgte am 6. Okt. 1969 (630/690 km, 81,2°). Die von diesen Satelliten im Infrarotbereich gelieferten Messungen werden vom Zentralen Wetterdienst der Sowjetunion unter Verwendung von Computern ausgewertet, so daß schon nach wenigen Minuten Temperatur- und Wasserdampfgehaltkarten des gesamten für die Wettervorhersage interessierenden Territoriums verfügbar sind. »M. 3« wurde am 17. März 1970 gestartet (555/643 km), »M. 4« folgte schon am 28. April 1970 (637/736 km) und »M. 5« am 23. Juni 1970 (863/906 km). Zum Ausbau des Systems und zur Erweiterung der Kontinuität gelangte »M. 6« am 15. Okt. 1970 in eine wiederum etwas niedrigere Bahn (633/674 km), ebenso wie »M. 7« (629/655 km) am 20. Januar 1971.

Meteoritengefahr: Gefahr einer Beschädigung oder gar Zerstörung von Raumflugkörpern durch die im interplanetaren Raum vorhandenen kosmischen Kleinkörper *(Meteoriten)*. Deren große Relativgeschwindigkeit (etwa 10 bis 70 km/s) ergibt eine hohe Auftreffenergie, so daß schon Meteoriten von einigen Gramm zu einer ernsten Gefahr für Raumflugkörper werden können. Die M. wurde jedoch ursprünglich für wesentlich größer gehalten, als sie nach den Untersuchungen mit Satelliten und Raumsonden vermutlich ist. Die *normale* Verteilungsdichte im Weltraum ist nämlich um so kleiner, je größer die Meteoriten sind, d. h., die Wahrscheinlichkeit eines gefährlichen Treffers durch einen großen Meteoriten ist auch bei längeren Flügen außerordentlich gering. In den *Meteoritenströmen* kann die Verteilungsdichte allerdings recht hohe Werte erreichen, so daß eine Passage der bekannten Ströme vermieden werden sollte. Da es jedoch auch noch unbekannte Ströme gibt, die von der Erde bei ihrer Bewegung um die Sonne nicht erfaßt und damit erst bei ihrem Einschuß in die Hochatmosphäre (Sternschnuppen, Meteore) erkennbar werden, bleibt ein gewisses Risiko bestehen. Die am häufigsten auftretenden *Mikrometeoriten* (Durchmesser → 0,1 mm, Masse → 0,002 mg) werden schon durch eine einschichtige Wandkonstruktion unschädlich gemacht, beeinträchtigen aber bei häufigem Auftreffen die Oberflächenbeschaffenheit von ungeschützten optischen Einrichtungen und Solarzellen u. U. beträchtlich. Gegen Teilchen bis zu einigen 100 Milligramm Masse bietet eine Doppelwandkonstruktion hinreichend Schutz.

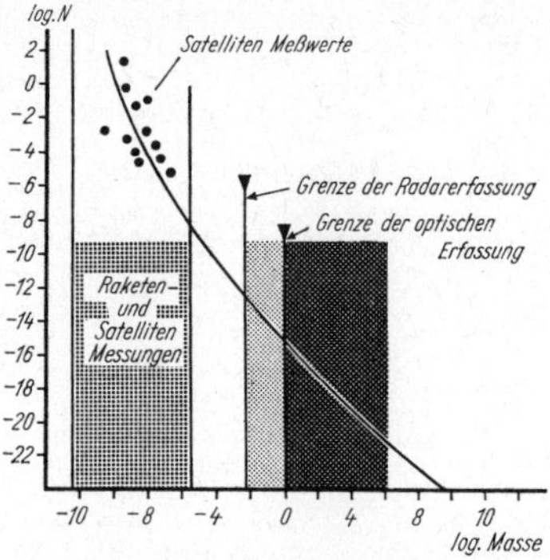

Meteoritenhäufigkeit $\left(\log N = \frac{\text{Zahl}}{m^2 \cdot s}\right)$ in Abhängigkeit von der Meteoritenmasse (in Gramm)

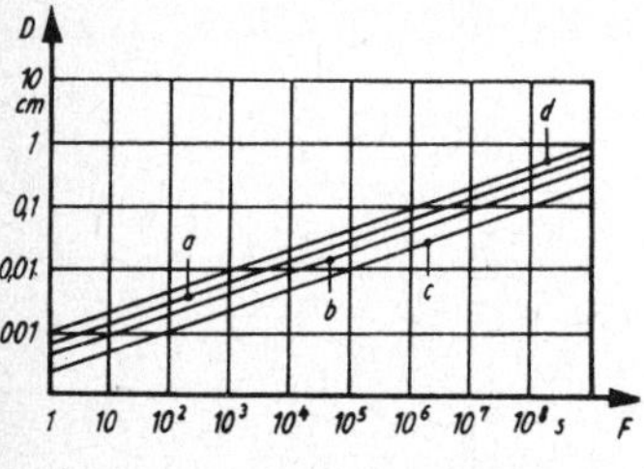

Berechnete Plattendicke (D) für Meteoritenschutz mit 99 % Sicherheit in Abhängigkeit von der Flugdauer (F); a) nach *Whipple* (Doppelwand), b) *Watson-Bjork* (Einfachwand), c) *Watson* (Doppelwand), d) *Whipple-Bjork* (Einfachwand); Werkstoff: Aluminium; Meteorit: mittlere Dichte 2,7 g/cm^3, mittlere Geschwindigkeit 30 km/s

meteorologische Rakete → Höhenrakete.

»Metroc« [Abk. für engl. **Met**eorological **Roc**ket = meteorologische Rakete]: einstufige Höhenforschungsrakete (USA). Die M. ist eine einfache und billige Feststoffrakete von 1,35 m Länge und rund 0,1 m Durchmesser. Sie hat eine Startmasse von nur 8 kg und kann bei 60 kp Schub eine Nutzmasse von 1,4 kg bis in 32 km Höhe tragen. Sie wird vornehmlich für Untersuchungen der Atmosphäre eingesetzt. Die Bergung der Instrumentenkapsel (für Messungen von Druck, Temperatur und Windrichtung) geschieht mit Hilfe eines Fallschirms. Die Vorteile gegenüber der herkömmlichen Forschungsmethode für diesen Höhenbereich (Ballone) werden in der kurzen Aufstiegszeit sowie in der geringen Beeinflußbarkeit der Bahn durch Windströmungen gesehen.

»Metschta« → »Lunik«.

»Me 163« → Walter-Triebwerke.

MHD-Triebwerk → Plasmaantriebe.

»MIDAS« [Abk. für engl. **Mi**ssile **D**efense **A**larm **S**ystem = Frühwarnsystem zur Abwehr weitreichender Raketen- und Lenkwaffen]: militärische Satelliten (USA), die der Ortung startender Fernraketen oder -flugkörper bzw. von Triebwerksprüfständen dienten. Zu diesem Zweck waren sie mit hochempfindlichen Infrarotdetektoren ausgerüstet, die vor allem auf die heißen Antriebsstrahlen arbeitender Raketentriebwerke ansprechen und verschiedene Bereiche des Infrarotspektrums erfassen. Allerdings bereitet die Aussonderung anderer intensiv infrarotstrahlender (Stör-) Objekte erhebliche Schwierigkeiten. Ähnlich wie bei den »Discoverer« blieben auch bei den »M.«-Satelliten die Nutzmasseteile mit der letzten Stufe der Trägerrakete (»Atlas-Agena-A« und »Agena-B«) verbunden. Sie waren zylindrisch mit kegelförmigem Nasenkonus gestaltet. »M. 2«, der erste erfolgreich gestartete Satellit (24. Mai 1960), hatte eine Masse von 1590 kg und mit Stufenteil eine Länge von 6,71 m (Durchmesser 1,52 m). Für die beiden nächsten Satelliten (12. Juli und 20. Okt. 1961) betrug die jeweilige Masse etwa ebensoviel, die Gesamtlänge durch die »Agena-B«-Stufe jedoch 9,14 m. Die mittlere Bahnhöhe konnte dadurch von etwa 500 auf rund 3500 km gesteigert werden. Nach diesen 3 Starts wurden Erprobung und Entwicklung der »M.«-Satelliten eingestellt, da sich das Detektionsverfahren als unbrauchbar erwies. Mit »M. 4« wurde noch ein zusätzliches Experiment *(»West-Ford«)* versucht. Dabei sollte ein Paket haarfeiner Kupfernadeln ausgestoßen werden, die sich dann über den ganzen Bahnumfang verteilen und als Funkwellenreflektoren dienen sollten. Der Versuch mißlang jedoch und konnte erst bei einem späteren Start eines militärischen Satelliten (»Anonymus«, 9. Mai 1963) mit Erfolg durchgeführt werden. Die »M.«-Entwicklung wurde unter der Bezeichnung → »ICBM Alarm« fortgesetzt.

Mikrometeoriten → Meteoritengefahr.

»MILAN« [Abk. für frz. **Mi**ssile d'**I**nfanterie **L**éger **An**tichar]: Panzerabwehrrakete, die von Frankreich und der BRD gemeinsam als Infanteriewaffe entwickelt wurde. Der mit einem hochexplosiven Hohlladungssprengkopf (etwa 10 kg, Durchmesser 10,3 cm) ausgerüstete Flugkörper (etwa 6,5 kg, Länge 0,75 m) hat ein Doppelschub-Feststofftriebwerk für Startbeschleunigung (750 g!) und Marschantrieb und wird aus einem Rohr (Länge 1,20 m, Durchmesser 13 cm) gestartet; die max. Reichweite liegt bei 2000 m. Die Lenkung erfolgt über einen abrollenden Draht halbautomatisch unter Zielverfolgung durch den mit Visieroptik und Lenkhilfsgeräten ausgerüsteten Lenkschützen. Als Lenkorgan dient ein Strahlruder, und 4 nach dem Verlassen des Startrohrs ausklappende Pfeilflügel dienen der Flugstabilisierung.

»Minitrack«: Bezeichnung für eines der ersten funktechnischen Verfahren (USA) zur Satellitenortung und -bahnbestimmung.

»Minuteman« [engl., Freiwilliger (vor und während des amerikanischen Unabhängigkeitskriegs), der sich »binnen einer Minute« zum Einsatz stellte; bezogen auf die schnelle Einsatzbereitschaft der Rakete]: dreistufige Feststoff-Interkontinentalrakete (USA), die als Kampfkopf eine Sprengladung trägt. Sie kann aus unterirdischen Silos und von Eisenbahnwaggons aus gestartet werden. Die ersten beiden Versionen des Typs »M. 1«, die seit 1961 einsatzbereit sind, haben eine Länge von 15,90 bzw. 16,80 m, einen max. Durchmesser von 1,8 m (Startstufe) und eine Startmasse von rund 30 t. Die Startstufe erzeugt einen Schub von 77 Mp, die Zweitstufe 25 Mp und die dritte Stufe 16 Mp. Alle 3 Triebwerke haben je 4 schwenkbare Düsen. Die autonome Führung der Rakete geschieht durch Trägheitsnavigation. Der Typ »M. 2« (ab 1965) hat 18 m Länge (Startmasse 32 t) sowie eine verbesserte Treffgenauigkeit und ein besseres Verhältnis Startmasse/Nutzmasse.

Mischantrieb: kombiniertes Antriebsverfahren für Kriegsflugzeuge (vornehmlich Abfangjäger), bei dem neben einem luftatmenden Hauptantrieb ein Raketentrieb-

Flüssigkeitstriebwerk »Double Scorpion« (Großbritannien), in einen Flugzeugrumpf als Starthilfstriebwerk eingebaut

werk zum *zeitweiligen* Einsatz kommt. Der Raketenzusatzantrieb bietet die Möglichkeit, sowohl die Steigzeit des Flugzeugs bis zur Einsatzhöhe zu verkürzen als auch in der Einsatzhöhe die Spitzengeschwindigkeit für die Kampfaufgabe wesentlich zu steigern. Zur Vereinfachung der Treibstoffversorgung und damit des ganzen Antriebssystems wird meist als Brennstoff für das Raketentriebwerk der für den luftatmenden Antrieb benötigte Kraftstoff verwendet. I.w.S. ist auch die für → Raumtransporter vorgesehene Kombination eines Luftstrahl- und eines Raketentriebwerks als *ständiger* Hauptantrieb ein M., insbes. wenn beide Antriebsarten in *einem* Triebwerk (Turboraketentriebwerk Luftzumischung für Raketentriebwerk) vereinigt werden.

Mischköpfe → Einspritzkopf.

Mischungsverhältnis: Kennziffer, die angibt, in welchem Verhältnis Oxydator und Brennstoff der Brennkammer eines Flüssigkeitstriebwerks zugeführt werden.

Mischungszone: Bereich im Brennkammerkopf eines Flüssigkeitstriebwerks, in dem die Vorgänge zur → Gemischbildung ablaufen. Die M. grenzt an die → Flammenfront. Um das Brennkammervolumen möglichst rationell für den eigentlichen Verbrennungsablauf ausnutzen zu können, soll die M. in jedem Fall so klein gehalten werden, wie es für eine ausreichende Gemischbildung gerade noch zu vertreten ist.

Missionsprofil → Flugprogramm.

Mitchell, *Edgar*: US-amerikanischer Astronaut, geb. 17. Sept. 1930 Hereford (Texas), nahm mit → *Shepard* und → *Roosa* vom 31. Jan. bis 7. Febr. 1971 in »Apollo 14« als Pilot der Landefähre am dritten erfolgreichen Mondlandeunternehmen teil und führte mit *Shepard* 2 Ausstiege mit über 9 h Gesamtdauer aus. – M. schloß 1952 zunächst ein Studium der Betriebswirtschaft ab, trat danach bei der Marine ein, wo er Fliegeroffizier wurde und 1958 Aufgaben im Arbeitsbereich für Forschungsprojekte übernahm. 1961 beendete er ein Studium als Flugingenieur und promovierte 1964 als Doktor der Naturwissenschaften mit einer Arbeit aus der Raumfahrttechnik. Im April 1966 kam er in die Astronautengruppe der NASA.

Mittelstreckenrakete → Kampfrakete.

»MOL« [Abk. für engl. **M**anned **O**rbiting **L**aboratory = bemanntes Laboratorium in Erdumlaufbahn]: von den US-Luftstreitkräften 1965 begonnenes Programm zur Untersuchung der militärischen Möglichkeiten von bemannten Raumstationen. Das »MOL« sollte aus einem Laboratoriumsteil und einer Rückkehrkapsel vom (modifizierten) Typ »Gemini B« bestehen. Seine Gesamtlänge sollte 16,46 m, seine Masse 11 340 kg betragen, von denen 2720 kg auf die Rückkehrkapsel entfielen. Als Flugdauer waren für die zweiköpfige Besatzung bis zu 30 d vorgesehen, wobei die Umlaufbahn etwa 600 bis 650 km hoch liegen sollte. Als Trägerrakete sollte die »Titan 3 C« eingesetzt werden. Der erste Probeflug einer unbemannten »Gemini-B«-Kapsel fand im Nov. 1966 statt. Aus verschiedenen Gründen (geringe Effektivität der »M.«-Konzeption gegenüber fortgeschrittenen unbemannten militärischen Aufklärungssatelliten; Kostenersparnis) wurde das Programm im Juni 1969 eingestellt.

»Molnija« [russ., Blitz]: aktive Nachrichtensatelliten (UdSSR), mit denen u. a. erstmalig die Übertragung von Farbfernsehsendungen erprobt wurde. Die hermetisch abgeschlossene Gerätezelle der Satelliten ist zylindrisch, mit kegelförmigen Verlängerungen an den Endflächen. Am Ende des einen Kegelsatzes befinden sich das Bahnkorrekturtriebwerk sowie mehrere Druckgasdüsen mit Druckgasbehältern für das System der Fluglageregelung. Der andere Kegelteil trägt die optischen Sensoren für die Lageregelung des Satelliten nach Sonne und Erde. Der zylindrische Gehäuseteil ist von den Strahlungsflächen des Temperaturregelungssystems umgeben; er trägt außerdem einen zylinderförmigen Kühler und eine Heizplatte in Gestalt eines senkrecht zur Satellitenlängsachse angeordneten flachen Rings. In diesem Ring befindet sich ein Teil der Sonnenenergieanlage. Die 6 Solarzellenausleger können um ein Scharnier gegeneinander bewegt werden. Während des Aufstiegs sind diese Ausleger zusammengeklappt an den Satellitenkörper angelegt. Sie nehmen ihre Arbeitsstellung erst nach Eintritt in die Umlaufbahn ein. Am Satellitengehäuse sind ferner – einander radial gegenüber – 2 ebenfalls ausklappbare Parabolantennen angebracht, von denen stets nur eine in Betrieb ist, während die andere als Reserve dient. Wenn die Reserveantenne in Betrieb genommen werden soll, wird der Satellit um 180° um seine Längsachse gedreht. Beide Antennen tragen in Verlängerung ihrer Achse jeweils einen Erdsensor zur Steuerung des Antriebs, der die eingeschaltete Antenne während des Betriebs auf die Bodenstation ausgerichtet hält. Die Richtcharakteristik der Antenne

Nachrichtensatellit »Molnija 1«

ist sehr schmal, so daß man an der Erdoberfläche mit verhältnismäßig kleinen Empfangsantennen auskommt. In der gasgefüllten Gerätezelle befinden sich die Funkausrüstung und verschiedene Meßgeräte, die entweder der Betriebsüberwachung dienen oder für spezielle Strahlungsuntersuchungen benötigt werden. Außerdem enthält die Gerätezelle die Geräte zur Programm- und Kommandosteuerung des ganzen Systems. Druck und Temperatur des Füllgases werden durch ein automatisches Regelungssystem auf den erforderlichen Werten gehalten. Ein Teil der Funkausrüstung dient der Meßwert- und Kommandoübertragung sowie der Bestimmung der Bahnelemente des Satelliten. Kernstück der Satellitenausrüstung bilden die Relaisanlagen zur Übertragung von Farbfernsehsendungen, Ferngesprächen, Fernschreib- sowie Bild- und gewöhnlichen Telegrafiesignalen. Es stehen zu diesem Zweck ein Fernsehkanal oder mehrere Fernmeldekanäle zur Verfügung. Als Grundlage der Farbfernseheinrichtungen dienen die Standards des französischen SECAM-Systems, über dessen gemeinsame Weiterentwicklung und Einführung ein Abkommen zwischen der UdSSR und Frankreich geschlossen wurde. Der erste Satellit dieser Serie (»M. 1A«) wurde am 23. April 1965 gestartet. Um den Satelliten möglichst lange im Bereich der »Funksichtbarkeit« (quasioptische Sicht) zweier in großer Entfernung voneinander auf dem Territorium der Sowjetunion gelegener Bodenstationen zu haben, ohne eine in diesem Fall ungünstige Synchronbahn benutzen zu müssen, brachte man ihn wie auch alle seine Nachfolger in eine sehr elliptische Umlaufbahn, deren Apogäum über der Nordhalbkugel und deren Umlaufzeit bei etwa 12 h liegt. Nach Eintritt in die Umlaufbahn ergaben sich als Anfangswerte für die Höhe des über der Südhalbkugel liegenden Perigäums 497 km, für die Apogäumshöhe 39380 km und für die Umlaufzeit 11 h 48 min (Bahnneigung 65°). Die Verlegung des Perigäums über die Südhalbkugel wurde dadurch erreicht, daß man die letzte Stufe der Trägerrakete zunächst auf eine weniger elliptische erdnahe Parkbahn brachte. Erst beim Überfliegen der Südhalbkugel wurde der Antrieb der Stufe erneut gezündet, wodurch der anschließend abgetrennte Satellit eine hinreichende Beschleunigung für den Eintritt in die Bahn mit dem sehr hohen Apogäum erhielt. Da die anfänglich erreichten Bahndaten nicht den optimalen Bedingungen entsprachen, wurde mit Hilfe des Satellitentriebwerks am 2. Mai 1965 eine Bahnkorrektur ausgeführt. Diese Korrektur geschah im Bereich des Perigäums und ergab die gewünschten verbesserten Werte mit 548 km Perigäumshöhe, 39957 km Apogäumshöhe und 12 h Umlaufzeit. Die auf die langgestreckte Bahn des Satelliten von Erde, Sonne und Mond ausgeübten Bahnstörungen machten weitere periodische Korrekturen notwendig. – »M. 1B« wurde am 4. Okt. 1965 in die vorgesehene Umlaufbahn gebracht, deren

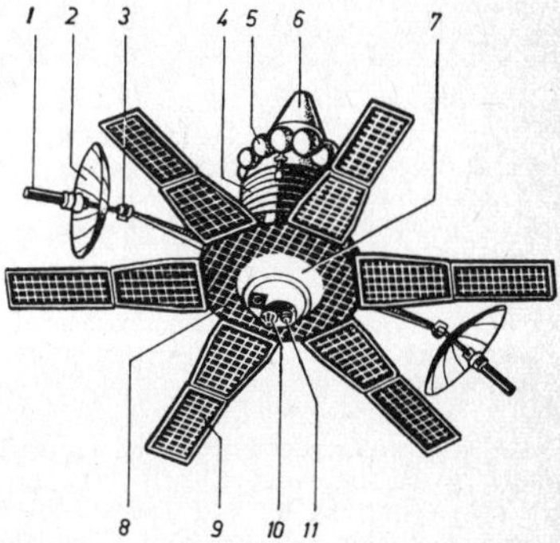

Aufbauschema von »Molnija 1«: 1 Erdsensor zur Antennenorientierung, 2 Richtantenne, 3 Antennenantrieb, 4 Kühler des Temperaturregelsystems, 5 Druckgasbehälter, 6 Bahnkorrekturtriebwerk, 7 hermetische Gerätezelle, 8 Heizplatte, 9 Solarzellenausleger, 10 Sonnensensor, 11 Lageorientierungssensor

Lage zu den Erdhemisphären der von »M. 1A« entsprach. Der Satellit war in seinem Aufbau und seiner Funktion mit seinem Vorgänger weitgehend identisch. Als Besonderheit seines Programms wurde die Prüfung der Möglichkeiten zur Einrichtung eines Nachrichtensystems unter gleichzeitiger Benutzung mehrerer Satelliten angegeben. Weiterhin wurden mit ihm Farbfernsehübertragungen zwischen Moskau und Paris am 30. Nov. 1965 erfolgreich erprobt. Am 25. April 1966 wurde »M. 1C« in die vorgesehene Umlaufbahn gebracht. Wie seine Vorgänger war er vornehmlich

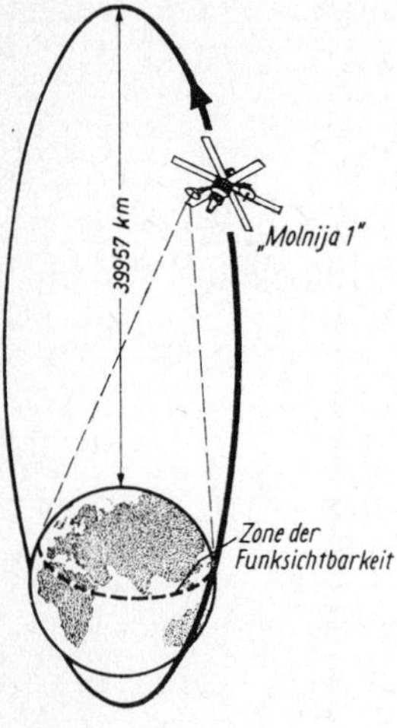

Lage der Umlaufbahn (schematisch) der »Molnija-1«-Satelliten

mit Anlagen für Fernseh- und Funkbildübertragungen sowie für Telefonie- und Telegrafieverkehr ausgerüstet. Außerdem enthielt er Fernsehkameras, die mit Wechselobjektiven und Farbfiltern ausgerüstet waren und als zusätzliches Programm am 18. und 30. Mai 1966 erstmalig aufschlußreiche Erdbilder in verschiedenen Maßstäben und unterschiedlichen Spektralbereichen aus Höhen zwischen etwa 30000 und 40000 km lieferten. Als vierter Satellit dieser Reihe wurde »M. 1D« am 20. Okt. 1966 gestartet. Er erreichte die vorgesehene Umlaufbahn und ermöglichte u. a. die Fernsehübertragung der Feierlichkeiten zum 49. Jahrestag der Großen Sozialistischen Oktoberrevolution in Moskau nach den Fernostgebieten der UdSSR.

Das »M.-1«-Programm wurde mit weiteren Starts systematisch ausgebaut, wobei ab »M. 1F« (3. Okt. 1967) die Bodenstationen des → »Orbita«-Netzes eingeschaltet wurden und seit dem Einsatz von »M. 1H« (21. April 1968) die Sendungen des Zentralen Moskauer Fernsehens täglich über das gesamte Territorium der Sowjetunion verbreitet werden. Für den laufenden Betrieb des »Orbita«-Nachrichtennetzes wurden bis zum 25. Dez. 1970 (»M. 1S«) insgesamt 17 Satelliten eingesetzt.

Mond: natürlicher Trabant der Erde, um die er sich in einer mittleren Entfernung von 384400 km (Perigäum 363300 km, Apogäum 405500 km) mit einer mittleren Geschwindigkeit von 1,1 km/s in 27,32166 d (siderischer Monat) herumbewegt. Er zeigt dabei wechselnde Lichtgestalten *(M.phasen)* mit einer Periode von 29,53059 d (synodischer Monat). Der M. hat eine gebundene Rotation, er wendet daher der Erde immer die gleiche Hälfte zu. Sein Durchmesser beträgt 3476 km (0,27 Erddurchmesser), seine Masse nur 1/81,3 der Erdmasse (Dichte 3,34 g/cm^3) und die Schwerkraft an seiner Oberfläche nur 16,5 % der Schwerkraft an der Erdoberfläche. Der M. hat – aufgrund seiner geringen Anziehungskraft – im eigentlichen Sinn keine Atmosphäre; lediglich eine sehr dünne Hülle von Elektronen konnte bei hochempfindlichen radioastronomischen Untersuchungen nachgewiesen werden. Die Temperatur auf seiner Oberfläche liegt zwischen +120 °C (Tagseite) und −150 °C (Nachtseite). Die → Albedo der M.oberfläche ist sehr gering und beträgt – je nach den örtlichen Gegebenheiten – zwischen 0,04 und 0,14.

Die von der *Selenographie* (Beschreibung und Kartographie des M.s) zunächst auf der Vorderseite des M.s mit Hilfe von Fernrohrbeobachtungen erfaßten Oberflächenstrukturen sind sehr vielgestaltig: dunkle, ausgedehnte *»Mare«* (relativ ebene Flächen, ohne oder mit nur wenigen kraterförmigen Gebilden); *M.krater* – unterschieden nach Wallebenen, Ringgebirgen, Kratern und Kratergruben; einzelne Gebirgszüge (z. B. M.-Alpen, M.-Apenninen) und vereinzelte Bergstöcke; rillenförmige und talartige Gebilde; helle Strahlensysteme, die von einzelnen Kratern ausgehen (z. B. Tycho, Kopernikus); zahlreiche verschiedenartige Kleinformen (»Dome«, Rippen u. a.). Über die in der *Selenologie* (oft unpassend als *M.geologie* bezeichnet) untersuchte physikalisch-chemische (mineralogische) Beschaffenheit der M.ober-

Mond

- ○ amerik. Landungen
- • bemannt
- ▵ geplant
- □ sowjet. Landungen

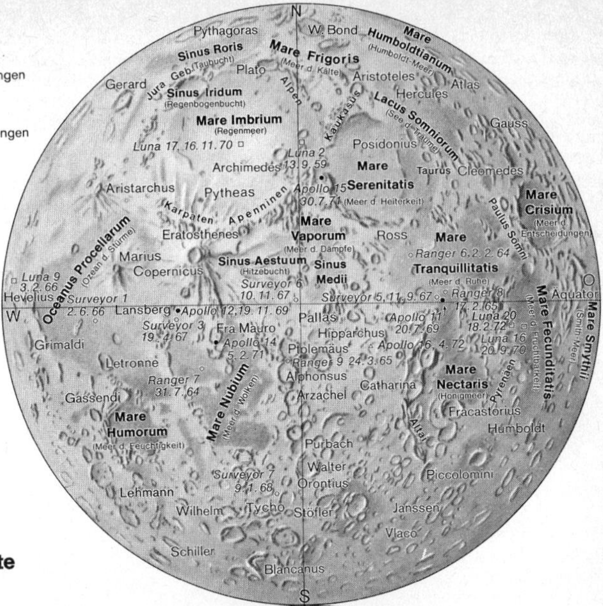

Vorderseite

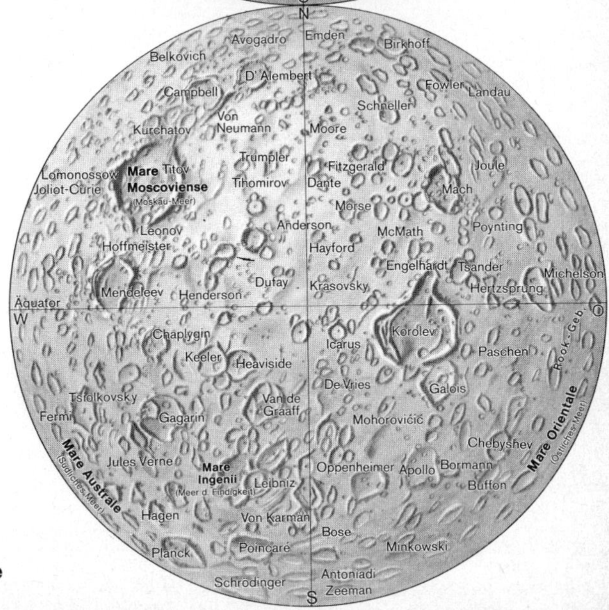

Rückseite

Mond zur Zeit des Letzten Viertels

fläche, den Aufbau und die Entstehungsmechanismen ihrer Grob- und Feinstrukturen sowie der tieferen Schichten war und ist mit Hilfe der erdgebundenen M.forschung ebensowenig ein klares Bild zu gewinnen, wie über die gesamte Entstehungs- und Entwicklungsgeschichte des M.s selbst. Aus diesem Grunde gehen über diese Fragen und Probleme die Ansichten auch noch weit auseinander. Erst eine gründliche Erforschung des M.s mit Hilfe der Raumfahrttechnik wird darin entscheidende Fortschritte bringen können. Diese Aufgabenstellung – einschl. ihrer bedeutsamen Konsequenzen für die Kosmologie der Erde und des Planetensystems – sowie die relative Nähe des M.s machen ihn zu einem bevorzugten Forschungsziel der Raumfahrt. Den ersten Eindruck über die Beschaffenheit der M.rückseite, die i. w. S. eine Übereinstimmung der Strukturen mit denen der Vorderseite zeigt, gaben die mit → »Lunik 3« gewonnenen Aufnahmen. Danach lieferten die Meßergebnisse weiterer unbemannter M.sonden und M.satelliten (→ »Luna«, → »Sonde«, → »Surveyor«, → »Lunar Orbiter«) sowie die Landungen bemannter Raumfahrzeuge (→ »Apollo«) – einschl. der Überführung von Mondmaterial zur Erde – reichhaltige und wertvolle Beiträge zur Erforschung des M.s.

Kraterreiches Gebiet in der Nähe des Mondsüdpols

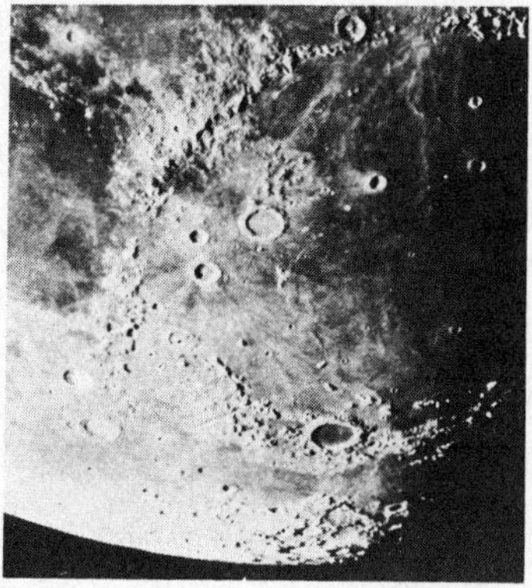

Gebiet des Mare Imbrium in der Nähe des Mondnordpols

Mondboot, Mondfähre → »Apollo«.

Mondlandemanöver: Raumflugmanöver, bei dem ein Raumfluggerät in einer → weichen Landung die Mondoberfläche erreicht, wozu seine beträchtliche Annäherungsgeschwindigkeit an den Mond (einige Kilometer je Sekunde) entspr. verringert werden muß. Da der Mond keine Atmosphäre hat, entfallen hierfür alle aerodynamisch wirkenden Landehilfsmittel (Bremsklappen, Fallschirme, Tragflächen), d. h., ein M. ist nur mit Hilfe von bremsend wirkenden Schubkräften bei vertikalem Sinken möglich. An die Exaktheit der Schub- und Fluglageregelung werden dabei zwangsläufig höchste Anforderungen gestellt. Hierzu müssen vor allem die Abflugbahnelemente mit großer Genauigkeit bekannt sein; sie werden von einem im Raumflugkörper befindlichen Ortungs- und Referenzsystem geliefert und laufend kontrolliert. Aus diesen Werten wird dann mit Hilfe eines Rechengeräts ein Landebahnprogramm berechnet, und daraus werden schließlich die Schub- und Lageregelungskommandos abgeleitet. Nach diesem Programm wird der den Mond anfliegende Raumkörper so gedreht, daß sein Landetriebwerk in die für den Bremsschubverlauf notwendige Position kommt. Nach der Zündung des Triebwerks geschieht die Schubvektorregelung nach dem Landeprogramm entweder automatisch oder bei bemannten Raumflugkörpern in der letzten Phase auch manuell durch die Raumfahrer. Bei der unmittelbaren Annäherung an die Mondoberfläche wird ein Landeradar in das Kontrollsystem eingeschaltet. Hat sich die Annäherungsgeschwindigkeit des Landegeräts dicht über der Mondoberfläche bis auf einen vorgegebenen Wert verringert, kann das Triebwerk stillgesetzt werden. Die letzten Meter werden dann vom Landegerät im freien Fall zurückgelegt, wobei kaum Schwierigkeiten auftreten, da die geringe Mondgravitation nur eine kleine Fallwucht ergibt, die durch Teleskop-Federbeine (Landegestell) aufgefangen werden kann.

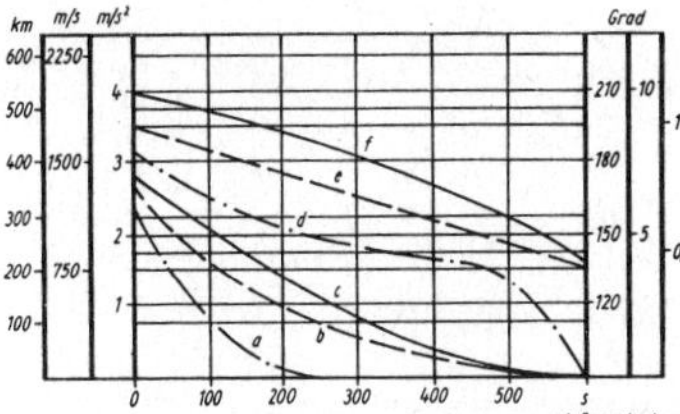

Beispiel eines Mondlandeprogramms (graphisches Schema) mit den wichtigsten Parametern als Funktion der Zeit; v. l.: Entfernung zum Landepunkt (a), Geschwindigkeit, bezogen auf den Landepunkt (b), Beschleunigung (c), Richtung des Schubvektors (d), Führungswinkel (e), Schubregelverhältnis (f); Ausgangsbedingungen: Höhe der Ausgangsbahn 30 km, Abstand zum Landepunkt bei Beginn 320 km; spez. Impuls des Antriebssystems 3000 m/s

Mondlander svw. Mondfähre, → »Apollo«.

Mondlandesimulator: Fluggerät, mit dem Raumfahrer auf der Erde die manuelle Steuerung der Landetriebwerke für eine weiche Mondlandung trainieren können (vgl. Mondlandemanöver). Er entspricht im Prinzip senkrechtstartenden Flugzeugen und ist demzufolge mit einem senkrecht gestellten Luftstrahltriebwerk sowie Druckgasdüsen zur Fluglageregelung und einem Landegestell mit Teleskop-Federbeinen ausgerüstet. Beim Simulationstraining ist das Gerät mit Sicherheitsseilen in einem Krangerüst gefesselt bzw. fliegt

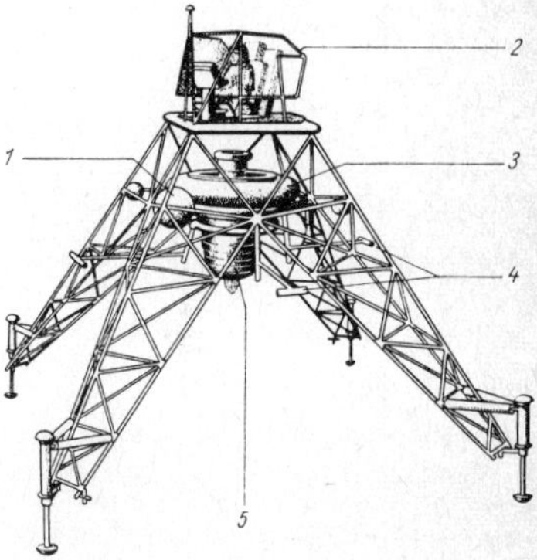

Mondlandesimulator im Luftstrahltriebwerk: 1 Druckgasbehälter, 2 Pilotensitz, 3 Treibstoffbehälter, 4 Druckgasdüsen, 5 Triebwerk

bei entspr. Fortbildung des Piloten frei. In der endgültigen Vorbereitungsphase eines Mondlandungsflugs wird als M. zweckmäßig ein Gerät verwendet, das weitgehend dem Mondlandegerät entspricht und an Stelle des Luftstrahltriebwerks ein Raketentriebwerk aufweist.

Mondrendezvous → »Apollo«.

Mondrückseitenfoto → »Lunik«, »Sonde«, »Lunar Orbiter«.

Mondsatellit: Raumflugkörper, der sich auf einer geschlossenen Umlaufbahn um den Mond bewegt. Mit Hilfe der in M.en eingebauten Foto- und Fernsehkameras lassen sich umfassende topographische Aufnahmen der Mondoberfläche einschl. einer Verteilungsanalyse ihrer Feinstruktur erhalten. Weiterhin ermöglicht die Bahnverfolgung eines M.en Aussagen über Form und innere Struktur des Mondkörpers (→ Mascon). Mit Meßgeräten können im mondnahen Raum die Intensität und Verteilungsdichte der kosmischen Strahlung sowie der meteoritischen Materie bestimmt und Untersuchungen über die Eigenstrahlung des Monds (Temperaturverlauf unter der Oberfläche) und sein Magnetfeld angestellt werden. Der erste M. wurde von der UdSSR am 3. April 1966 (→ »Luna 10«) in seine Umlaufbahn gebracht. Unbemannte M.en werden auch als Funkrelaisbrücken und Navigationshilfen für Mondexpeditionen Bedeutung erlangen.

Mondsonde: unbemannter Raumflugkörper, der Meßgeräte und bzw. oder Beobachtungsapparaturen in die Nähe des Monds oder auf seine Oberfläche bringt, die der Erforschung der Beschaffenheit dieses Himmelskörpers dienen, und der die Meßergebnisse bzw. Aufnahmen auf dem Funkweg zur Erde übermittelt oder mit einem Rückführungsteil direkt zur Erde bringt. Die erste erfolgreiche M. war der sowjetische Raumflugkörper → »Lunik 1« (gestartet am 2. Jan. 1959). → »Luna«, »Lunar Orbiter«, »Ranger«, »Sonde«, »Surveyor«.

Mondstation: Komplex baulicher und technischer Anlagen, die in Zukunft auf dem Mond geschaffen werden sollen, um einer größeren Anzahl von Raumfahrern (Techniker und Wissenschaftler) einen längeren Aufenthalt zu ermöglichen. Eine derartige M. hätte große Bedeutung als Stützpunkt zur Erforschung des Monds, als außerirdische wissenschaftliche Beobachtungsstation (für Meteorologie, Astronomie, Astrophysik und Strahlungsforschung) sowie als Basis für interplanetare Raumflüge. Die Anzahl der technischen Entwürfe zu M.en ist so umfangreich, daß in diesem Buch nicht darauf eingegangen werden kann. Hinzu kommt, daß die tatsächliche Lösung noch weitgehend von umfassenderen Kenntnissen über die Beschaffenheit der Mondoberfläche abhängig sein wird, als sie heute schon verfügbar sind. Allgemein läßt sich sagen, daß die Aufenthalts- und Arbeitsräume einer M. zum Schutz gegen Strahlungen und Meteoriten mit großer Wahrscheinlichkeit unter die Mondoberfläche verlegt werden dürften. Das System der Räume, zu dem auch technische Werkstätten und Lagerräume gehören werden, wird hermetisch abgeschlossen und von der Oberfläche her nur über Luftschleusen zugänglich sein. Probleme wird vor allem die Klimaversorgung aufwerfen, während für die Energieversorgung durch die reichlich vorhandene Sonnenstrahlung (Sonnenkraftwerk mit Sammelspiegel) kaum besondere Schwierigkeiten entstehen werden. Für den Anfang der Forschungstätigkeit auf dem Mond wird man sich zunächst mit einer bescheidenen Behelfsanlage, die den Raumfahrern nur einen eng befristeten Aufenthalt auf dem Mond ermöglicht, zufriedengeben müssen.

Monergol *n* → Treibstoff (II).

Monomethylhydrazin → Treibstoff (II 2 b δ).

Montageturm: meist gerüstähnliche Konstruktion, die bei der Aufrüstung und Startvorbereitung von Großraketen deren wichtige Teile dem technischen Personal zugänglich macht. Der M. ist dazu u. a. mit Arbeitsplattformen und Lastenaufzügen ausgerüstet. Nach Abschluß der Startvorbereitungen wird der M. entweder auf einer Schienenbahn von der Rakete weggefahren oder in eine mehr oder weniger geneigte Position zurückgelegt. Der M. ist nicht mit dem → Startturm zu verwechseln.

Montageturm mit mehreren Arbeitsbühnen (teilweise ausgeschwenkt) während des Aufbaus einer Mehrstufenrakete (»Vanguard«, USA)

MosGIRD → GIRD.

»MR . . .«: Abk. für »Mercury-Redstone« (→ »Mercury«).

»MR 1«: einstufige Höhenrakete (UdSSR) mit Flüssigkeitstriebwerk, die als meteorologische Standardrakete in einem der Forschungsprogramme zum Internationalen Geophysikalischen Jahr 1957/58 und in den nachfolgenden Jahren eingesetzt wurde. Die Rakete hatte eine Startmasse von 725 kg und konnte eine Nutzlast von 45 kg in 100 km Höhe tragen.

Multiple Satellite Start → Mehrfach-Satellitenstart.

Mündungsdruck: Druck der Verbrennungsgase in der Ebene der Düsenmündungsfläche einer Raketenbrennkammer.

Mündungsfläche: Fläche, die von der Mündung einer → Entspannungsdüse umschlossen wird.

Mylar: Thermoplast auf Polyesterbasis (USA), der durch Wärme härtbar ist und als der festeste der bekanntgewordenen nichtverstärkten Plaste bei Zimmertemperatur eine Zugfestigkeit von 1400 kp/cm^2 und bei –185 °C sogar von 2100 kp/cm^2 erreicht. Dieses sehr zähe Material wird in der Raketentechnik überwiegend als sehr dünne Folie für alle Arten von Membranen in Treibstofftanks und pneumatischen Geräten verwendet. Wegen seiner günstigen thermoplastischen Eigenschaften wurde »M.« u. a. auch als Hüllenwerkstoff für die Ballonsatelliten »Echo« eingesetzt.

»M 2-F 2«-Gleiter: bemanntes aerodynamisches Fluggerät (USA) zur Freifluguntersuchung günstiger Flugkörperformen für die Rückführung nach dem Prinzip des → Raumgleiters. Ziel der Entwicklung dieses von der NASA in Auftrag gegebenen Flugkörpers ist ein im Hyper- und Unterschallbereich manövrierfähiger bemannter Gleiter, der kontrollierte Landungen an vorgegebenen Plätzen durchführen kann. Der »M 2-F 2« wurde für Versuche im Unterschallbereich entwickelt. Der Flugkörper ist flügellos, hat einen bootsähnlichen Rumpf aus einem Aluminiumrohrgerüst mit Holzverkleidung und ein Dreiradfahrwerk; die Gesamtmasse beträgt etwa 400 kg. Bei den ersten Versuchen wurde die »Fliegende Badewanne« von einer »C-47« auf etwa 3000 m Höhe geschleppt und ging dann ohne eigenen Antrieb mit einer Anfangsgeschwindigkeit von 220 km/h sowie mit einer Sinkgeschwindigkeit von 20 m/s nieder. Durch Vergrößerung des Anstellwinkels (12°) wurde die Sinkgeschwindigkeit im letzten Teil des Fluges wesentlich verringert.

Die Landegeschwindigkeit lag zwischen 140 und 150 km/h. Für besondere Untersuchungen bei der Landung kann der Gleiter mit einem kleinen Feststofftriebwerk ausgerüstet und mit dessen Hilfe das Auftriebsverhältnis auf etwa den doppelten Wert gebracht werden.

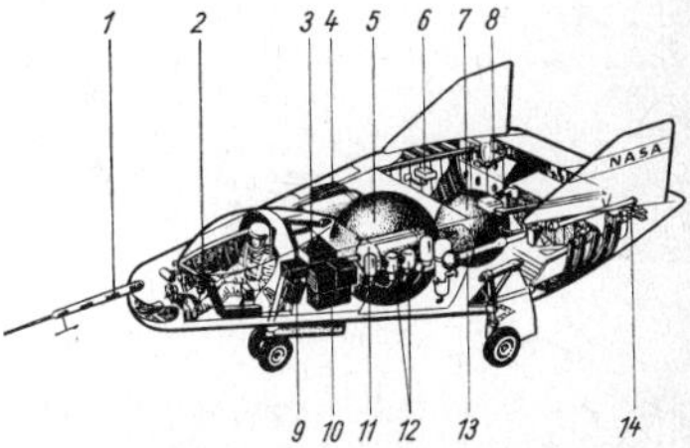

»M 2-F 2«-Gleiter: 1 Ausleger für Staudruckmesser, 2 Instrumentenkonsole, 3 Instrumentenabteil, 4 Zusatzbatterien, 5 vorderer Ballasttank, 6 Elektrikanschluß zum Trägerflugzeug, 7 hinterer Ballasttank, 8 Stellvorrichtung für Auftriebsklappen, 9 elektronische Geräte, 10 Hauptbatterien, 11 Druckluftbehälter für Cockpitbelüftung, 12 Hydraulikpumpen, 13 Ablaß für Ballastflüssigkeit, 14 Ruderstellvorrichtung

Diese Feststoffrakete hat eine Masse von 110 kg und liefert 10,5 s lang einen Schub von 90 kp. Gleitflüge mit dem bemannten Gerät begannen 1966.

N

NACA: Abk. für **N**ational **A**dvisory **C**ommittee for **A**eronautics, → National Aeronautics and Space Administration.

Nachrichtensatellit, *Fernmeldesatellit:* unbemannter künstlicher Erdsatellit, der allgemein der Funkübertragung von Informationen zwischen Bodenstationen dient. In diesem Sinne zählen auch die Fernsehsatelliten zu den N.en, da sie Informationen in Bildform übertragen. In der Praxis werden Telegrafie-, Telefonie-, Bildfunk- bzw. Fernsehinformationen häufig parallel über den gleichen N.en verbreitet. Nach der Art des Weiterleitungsverfahrens unterscheidet man passive und aktive N.en. Bei *passiven N.en* findet nur eine Reflexion der dem Satelliten über eine Richtantenne zugestrahlten Funksignale in Richtung auf die Empfangsstation statt (z. B. Ballonsatelliten vom Typ »Echo«). Bei den *aktiven N.en* befindet sich im Satelliten eine stromversorgte Empfangs- und Wiedergabeapparatur (daher auch *Relaissatelliten* genannt) mit entspr. Antennenanlagen und gelegentlicher Zwischenspeicherung der Informationen. Zu dieser Gruppe zählen u. a. die N.en vom Typ → »Molnija 1« (UdSSR) und → »Intelsat«.

NASA: Abk. für **N**ational **A**eronautics and **S**pace **A**dministration.

Nasenkegel, *Nasenkonus:* aerodynamische Verkleidung, mit der der Nutzmasseteil einer Trägerrakete während des Aufstiegs vor allem gegen unerwünschte Temperatureinwirkungen geschützt wird. Der N. wird nach Erreichen der Freiflugbahn entweder automatisch abgestoßen oder abgesprengt.

National Aeronautics and Space Administration [engl.], Abk. **NASA:** Nationale Luft- und Raumfahrtbehörde der USA, am 1. Okt. 1958 als Nachfolgerin des *National Advisory Committee for Aeronautics* (Nationales Luftfahrtberatungskomitee, Abk. *NACA*) gegr.; Hauptquartier Washington. Ihr Aufgabenbereich umfaßt die Ausdehnung der Forschungen vom Luftraum auf den Weltraum, die Verbesserung von Luft- und Raumfahrtgeräten in bezug auf Leistung, Sicherheit und Einsatzmöglichkeiten, Entwicklung neuer, fortgeschrittener Typen von Trägersystemen und von unbemannten und bemannten Raumflugkörpern sowie auf weite Sicht die Nutzbarmachung neuer wissenschaftlicher Erkenntnisse und technischer Errungenschaften für allgemeine Bedürfnisse. I. allg. wird die Tätigkeit der NASA offiziell als ausschl. zivilen Interessen dienend bezeichnet. Tatsächlich besteht jedoch in verschiedenen Bereichen ihrer Entwicklungen eine enge Verbindung zu militärischen Forschungsprogrammen (z. B. beim »Gemini«-Programm). Zur Durchführung ihrer Entwicklungsarbeiten stehen der NASA verschiedene nach modernsten Gesichtspunkten ausgestattete Forschungsinstitute und Raumflugstartplätze zur Verfügung. Die größten dieser Anlagen befinden sich im *Kennedy Space Flight Center* [Kennedy-Raumflugzentrum] auf Cape Kennedy (Halbinsel Florida). Die Aufgaben verteilen sich im einzelnen wie folgt:

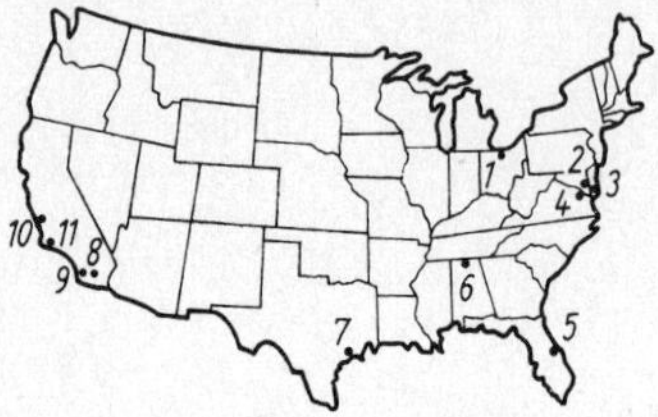

Verteilung der wichtigsten NASA-Zentren und -Startplätze: 1 Lewis Research Center, 2 Goddard Space Flight Center, 3 Wallops Island Station, 4 NASA-Hauptquartier (Washington), 5 Kennedy Space Flight Center, 6 Marshall Space Flight Center, 7 Manned Spacecraft Center, 8 Flight Research Center, 9 Jet Propulsion Laboratory, 10 Pacific Launch Operation Office auf der Vandenberg Air Force Base, Pacific Missile Range, 11 Startbasis Point Arguello, gemeinsam mit der US-Army und der US-Navy

- *Ames Research Center,* Moffett Field (Calif.):
  Grundlagenforschung, Überschallflugtechnik, Entwicklung von Raumsonden und Satelliten mit wissenschaftlichen Aufgaben
- *Electronic Research Center,* Cambridge (Mass.):
  Elektronik und verwandte Gebiete, Entwicklungen zur Steuerung und Kontrolle von Flugkörpern, Nachrichtentechnik, Datenverarbeitung, elektronische Bauelemente, Mikrowellenforschung u. a.
- *Flight Research Center,* Edwards (Calif.):
  Flüge mit bemannten Flugkörpern innerhalb und außerhalb der Atmosphäre, X-15-Programm (inzwischen abge-

schlossen), Überschall-Verkehr und Paragleiter, Flugverhalten von Raumflugkörpern, Raumfahrtbiologie
- *Goddard Space Flight Center,* Greenbelt (Md.):
wissenschaftliche Nachrichten- und Wettersatelliten sowie Forschungssatelliten (»Relay«, »Syncom«, »TIROS«, »Nimbus«, »Explorer«, »OGO« u. a.), Zentrale der erdumspannenden Netze zur Bahnverfolgung und Nachrichtenübermittlung für bemannte und unbemannte Satelliten
- *Jet Propulsion Laboratory,* Pasadena (Calif.):
Mond- und Planetensonden (»Ranger«, »Surveyor«, »Lunar Orbiter«, »Mariner«), Bahnverfolgung und Kontrolle über große Entfernungen
- *John F. Kennedy Space Flight Center,* Cape Kennedy (Flo.):
Startanlagen für bemannte Raumflugkörper (»Mercury«, »Gemini«, »Apollo«), Montagekomplex für »Saturn-Apollo«
- *Langley Research Center,* Hampton (Va.):
theoretische und experimentelle Flugmechanik, Werkstoffe, Raumflugtechnik, Instrumentierung, Feststofftriebwerke, Staustrahltriebwerke
- *Lewis Research Center,* Cleveland (O.):
Antriebssysteme aller Art (einschl. elektrischer Triebwerke), Werkstoffe für extreme Temperaturen, »Agena«- und »Centaur«-Triebwerke
- *Manned Spacecraft Center,* Houston (T.):
Planung, Entwicklung und Erprobung von bemannten Raumfahrzeugen und zugehörigen Einrichtungen, Auswahl und Training der Astronauten, Kontrollzentrum für Unternehmen mit bemannten Raumflugkörpern
- *George C. Marshall Space Flight Center,* Huntsville (Ala.):
Entwicklung spezieller großer Trägerraketen (»Saturn«) für »Apollo« und »Apollo Application Program«, Rendezvoustechnik, Zukunftsprojekte
- *Wallops Island Station* (Va.):
Startanlagen für verschiedene Projekte einschl. der in anderen Ländern konzipierten und gebauten Raumflugkörper (Meßsatelliten, Raumsonden).

Nationalkomitee für Geodäsie und Geophysik → Committee on Space Research.

»NATO«: von der NATO in Auftrag gegebene militärische Nachrichtensatelliten, die von den USA gebaut und mit US-amerikanischen Trägerraketen in geostationäre Umlaufbahnen gebracht werden. Angaben über Größe und Ausrüstung der Satelliten werden nicht gemacht. »NATO 1« wurde am 20. März 1970 gestartet. Synchronbahn und Standort über dem Atlantik wurden am 1. April erreicht, anschließend erfolgte der Testbetrieb. Während der erste Satellit dieser Serie bei etwa 18° w. L. steht, sollte der vornehmlich als Aushilfssatellit für »NATO 1« gedachte »NATO 2« (3. Febr. 1971) eine Position bei etwa 26° w. L. einnehmen, die offenbar jedoch nicht stabil erreicht wurde. Der spinstabilisierte, zylinderförmige und seinem Vorgänger zweifellos weitgehend ähnliche Satellit (Durchmesser 1,37 m, Höhe mit Antenne 1,60 m) hatte nach Brennschluß des Feststoff-Apogäumstriebwerks eine Masse von 124 kg, die Zylindermantelfläche ist mit rund 7200 Solarzellen besetzt, 2 Nickel-Cadmium-Speicherbatterien dienen der Stromversorgung im Erdschatten, der Funkverkehr erfolgt über eine mechanisch entdrallte Antenne.

Natriumleuchtwolke: von den sowjetischen Raumsonden »Lunik 1« und »Lunik 2« künstlich erzeugte Wolken, mit deren Hilfe eine optische Erfassung einzelner Bahnpositionen der Raumflugkörper auch in großem Abstand von der Erde (> 100 000 km) möglich wurde. An Bord der letzten Stufe des Trägersystems der jeweiligen Raumsonde befand sich eine Vorrichtung, die etwa 1 kg Natrium zu gegebener Zeit verdampfte und in den Raum abblies. Der Natriumdampf leuchtete unter Einwirkung der solaren Wellenstrahlung so intensiv und in einer Ausdehnung von rund 100 km auf, daß photographische Positionsbeobachtungen möglich wurden.

Natriumnitrat, Natriumperchlorat → Treibstoff (I 2).

Navigationssatellit: unbemannter künstlicher Erdsatellit, der während seines Umlaufs als Ortungsmarke für die See- und Luftnavigation dient. Die Ortung durch das See- oder Luftfahrzeug geschieht meist über Funkpeilsignale, die von den Satelliten abgestrahlt werden. Außerdem werden vom Satelliten noch Kennungszeichen und die Parameter seiner derzeitigen Umlaufbahn an die aufnehmende Station übertragen. Diese Werte erhält er bei jedem Umlauf von einer Bodenleitzentrale, an der seine Bahn laufend verfolgt und berechnet wird, zugestrahlt und speichert sie für einen Umlauf. Aus diesen Bahndaten und gemessenen Satellitenorten kann an der aufnehmenden Station deren eigene Position mit sehr großer Genauigkeit bestimmt werden. Gegenwärtig kommen N.en vornehmlich für militärische Zwecke (Führung von U-Booten, Fernraketen und -flugkörpern) zum Einsatz.

Nebel, *Rudolf:* Techniker, geb. 21. März 1894 Weißenburg (Bayern); machte sich bes. um die praktische Raketenentwicklung in Deutschland verdient. Nach einer Betätigung als Flugzeugkonstrukteur und Flieger wandte er sich nach 1920 der Technik des Rückstoßantriebs zu. 1929 arbeitete er mit → *Oberth* an einer Propagandarakete für den Film »Frau im Mond«, die allerdings nicht fertiggestellt wurde. Am 23. Juli 1930 führte er in der Chemisch-Technischen Reichsanstalt in Berlin sein erstes Raketentriebwerk vor. Es arbeitete mit Flüssigsauerstoff und Benzin und lieferte einen Schub von 7,5 kp (Brenndauer 51 s). Am 27. Sept. 1930 gründete er mit *Riedel* den → Raketenflugplatz Berlin und meldete sein Raketentriebwerk zum Patent an. Nach erfolgreicher Arbeit auf dem Raketenflugplatz wurde ihm nach 1934 durch Einflußnahme des Heereswaffenamts jede weitere praktische Versuchsarbeit unmöglich gemacht.

Nenndruckhöhe → Schub.

Neptun: ein Planet des → Sonnensystems; sein Äquatordurchmesser beträgt 44 600 km, der Poldurchmesser ist etwa 900 km kleiner; er hat eine Rotationsdauer von 15 h 40 min; seine Masse beträgt 17,23 Erdmassen (Dichte 2,27 g/cm³). N. zählt zu den jupiterähnlichen Planeten (→ Jupiter); seine hohe Albedo (0,54) geht auf eine dichte Wolken-Atmosphäre zurück, in der vor allem Methan und Wasserstoff nachgewiesen wurden. Bisher konnten bei N. 2 Monde (Triton, Nereide) aufgefunden werden.

»NERVA« [Abk. für engl. **N**uclear **E**ngine for **R**ocket **V**ehicle **A**pplication]: thermonukleares Raketentriebwerk (USA), das im Rahmen des »ROVER«-Projekts für eine Trägerraketenoberstufe entwickelt werden soll. Vorversuche werden seit 1959/60 mit den Spezialreaktoren der »*Kiwi*«- und der »*Phoebus*«-Serie gemacht, in denen die Verwendung von Wasserstoff als Stützmasse erprobt wird. Entgegen den ursprünglichen Erwartungen verläuft diese Entwicklung jedoch nur sehr langsam. Im März 1969 wurden die ersten Versuche mit einem »N.«-Testtyp auf einem Senkrechtprüfstand mit teilweiser Raumsimulation vorgenommen (200 MW Reaktorleistung).

Nickachse → Raketenachsen.

»Nike«: zwei- und dreistufige Boden-Luft-Raketen (USA) zur Flugzeug-, Flugkörper- und Raketenabwehr. Die zweistufige »*N.-Hercules*« (Feststofftriebwerke) hat eine Länge von 12,45 m (Durchmesser der Startstufe 0,75 m) und eine Startmasse von 4,5 t. Die Startstufe ist mit 4 Heckflossen (Spannweite 2,60 m) ausgerüstet, während die Zweitstufe 4 von der Spitze zum

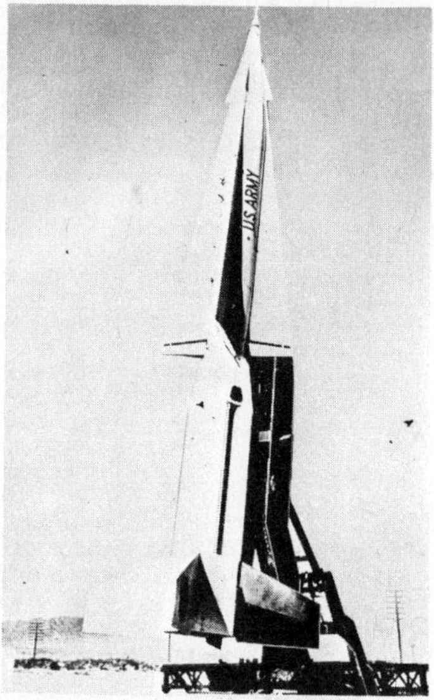

»Nike-Hercules« auf der Startlafette

Heck durchgehende Delta-Leitflächen aufweist. Die Lenkung geschieht durch Funkkommando und Leitstrahl. Die Reichweite beträgt etwa 120 km und die Gipfelhöhe 25 km. Der größere und leistungsstärkere Typ »*N.-Zeus*«, früher auch »*N.-X*«, hat 3 Feststoffstufen und ist speziell für die Raketenabwehr (Antirakete) über große Entfernung bestimmt. Er hat eine Länge von etwa 15 m (Durchmesser der Startstufe 1 m) und eine Startmasse von > 10 t. Das Starttriebwerk liefert 205 Mp Schub. Die Raketenzelle besteht aus Aluminium und ist mit einem hochwarmfesten Plastüberzug versehen. Die neuere Version »DM 15 × 2« ist zweistufig und hat eine auf 650 km erhöhte Reichweite. Die Lenkung der »N.-Zeus« geschieht über Funkkommando, die letzte Stufe ist mit einem Radarzielsuchkopf ausgerüstet und trägt eine Kernsprengladung. Heute gilt die Bezeichnung »Nike X« für ein Raketen-Abwehrsystem, das aus einer Kombination von »N.-Zeus« (Langstrecken-Abwehr) und → »Sprint« (Kurzstrecken-Abwehr) besteht. – Außer als Kampfraketen werden »N.« auch als Komponenten von Höhenforschungsraketen eingesetzt, so z. B. »N.-Deacon«, »N.-Cajun«, »N.-Apache«, »Honest John-N.-Dart« u. a.

Nikolajew, *Andrijan Grigorjewitsch:* sowjetischer Kosmonaut, geb. 5. Sept. 1929 Schorschely (Tschuwaschische Autonome Republik), führte vom 11. bis 14. Aug. 1962 in → »Wostok 3« einen Raumflug aus (64 Umläufe), der mit dem des Kosmonauten → *Popowitsch* (»Wostok 4«) den ersten Doppelflug ergab. Vom 1. bis 19. Juni 1970 nahm er mit → *Sewastjanow* in »Sojus 9« am bisher längsten Raumflug (17 d, 16 h) teil. – N. besuchte zunächst eine medizinische Lehranstalt, um Arzt zu werden, legte dann aber (1947) die Prüfung als Forstmeister ab. 1950/54 wurde er als Jagdflieger ausgebildet und war 1955/60 in den Luftstreitkräften eingesetzt. 1963 übernahm er von *Gagarin* die Funktion des Kommandeurs der sowjetischen Kosmonautengruppe. Im gleichen Jahr heiratete N. die erste Kosmonautin der Erde, → *Tereschkowa.*

»Nimbus«: meteorologische Beobachtungssatelliten (USA). Die Fluglage der Satelliten wird mit Druckgasdüsen so geregelt, daß die eingebauten Kameras u. a. Geräte ständig auf die Erdoberfläche ausgerichtet sind. Da die »N.«-Satelliten quasipolare Umlaufbahnen (80° Bahnneigung, rückläufige Bewegung) haben, können sie jedes Gebiet der Erde täglich zweimal mit ihren Beobachtungsgeräten erfassen. Sie umkreisen die Erde im Normfall in einer mittleren Bahnhöhe von etwa 1000 km.

Während in der Ausrüstung der Satelliten teilweise auf bewährte und verbesserte »TIROS«-Komponenten (Kamerasysteme, Datenspeicherung und -abstrahlung, Kontrolle) zurückgegriffen wurde, weicht ihr Aufbau ziemlich von dem ihrer Vorgänger ab. In der Standardausführung haben die »N.«-Satelliten eine Höhe von etwa 3 m und einen Durchmesser von etwa 1,5 m. Ihre Masse schwankt je nach Ausrüstung zwischen etwa 375 und 575 kg. Die Satelliten haben einen unteren, hutschachtelförmigen Geräteteil, der die Meßgeräte enthält, und einen oberen, ähnlich geformten Gerätebehälter kleineren Durchmessers, in dem die Kontroll- und Übertragungsanlagen untergebracht sind. Die Solarzellenausleger sind an einer Achse befestigt, die durch den Kontrollgeräteteil

Testmodell der »Nimbus«-Satelliten

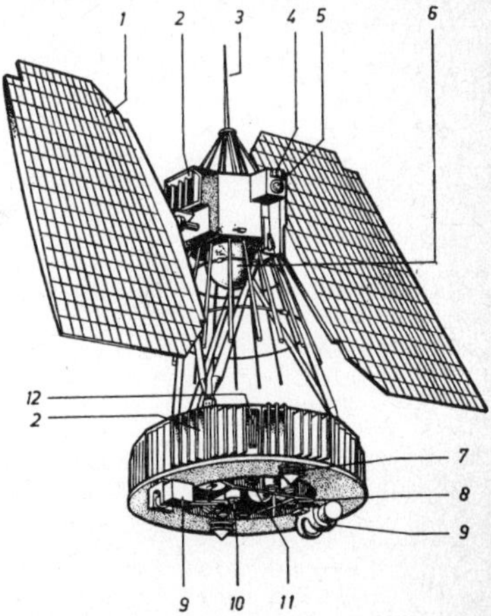

Schematischer Aufbau der ersten Wettersatelliten »Nimbus«: 1 Solarzellenausleger, 2 Temperaturregelblenden, 3 Kommandoempfangsantenne, 4 Sonnensensor, 5 Horizontabtaster, 6 Druckgasbehälter, 7 S-Band-Antenne, 8 Fernsehbildspeicher, 9 Infrarot-Radiometer, 10 Fernsehkameras, 11 APT-Kamera, 12 Antenne

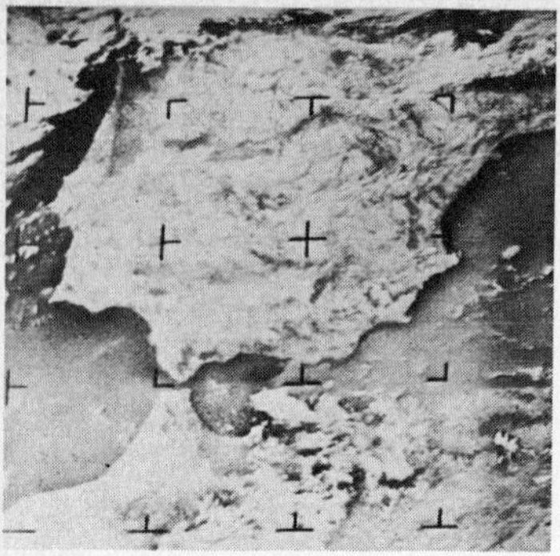

»Nimbus«-Aufnahme der Iberischen Halbinsel

geht. Der Meßgeräteteil ist so weitgehend standardisiert, daß in späteren Versionen der Satelliten die Meßgeräte leicht gegen verbesserte oder neue Geräte ausgetauscht werden können, ohne jeweils das Gesamtsystem des Satelliten umkonstruieren zu müssen. Neben Fernsehkameras und verschiedenen Strahlungsmeßgeräten ist für die »N.«-Satelliten eine flexible Ausrüstung vorgesehen.

Der erste Satellit dieser Serie, »N. 1« (376 kg), wurde am 28. Aug. 1964 von der Pacific Missile Range (Vandenberg) aus mit einer »Thor-Agena-B«-Rakete in eine – durch einen Fehler im Antriebssystem elliptische – Umlaufbahn zwischen 400 und 925 km Höhe gebracht (Bahnneigung 81°). Der Satellit war mit 3 AVCS-Kameras (*AVCS* = Abk. für Advanced Vidicon Camera System) ausgerüstet, die 3 nebeneinanderliegende Photos von der Erdoberfläche (zusammen 5850 × 940 km) lieferten, wobei die Bildqualität gegenüber den »TIROS«-Aufnahmen noch gesteigert werden konnte (Auflösungsvermögen 1000 m je Linie des Fernsehbilds). Als Übertragungssystem wurde das schon bei »TIROS«-Satelliten erprobte → APT-System verwendet. Außerdem war »N. 1« mit einem Infrarot-Radiometer für Nachtaufnahmen ausgerüstet. Bis zum 23. Sept. 1964 lieferte der Satellit 27000 Wetterphotos hoher Qualität, dann stellte er unerwartet seinen Betrieb ein, da offenbar durch einen Fehler in der Nachführung der beiden Solarzellenausleger die Energieversorgung ausfiel. Am 15. Mai 1966 gelangte »N. 2« in eine Umlaufbahn zwischen 1095 und 1180 km Höhe (Bahnneigung 100,1°). Seine Masse betrug 414 kg, wobei die Grundfiguration und auch die Ausrüstung weitgehend (AVCS-Kameras, APT-System) der von »N. 1« entsprachen. Als Neuerung lieferte der in allen Punkten einwandfrei arbeitende Satellit über das APT-System nachts vom Infrarot-Radiometer aufgenommene Erdbilder.

Nach einem Fehlstart am 18. Mai 1968 (»N. B«) wurde »N. 3« (»N. B 2«) zusammen mit »EGRS 12« am 14. April 1969 in eine 1100 km hohe polare Umlaufbahn gebracht. Der Satellit ist mit 576 kg das bisher massereichste Objekt dieser Serie. Für die Bordenergieversorgung sind zusätzlich 2 kleine Radionuklidbatterien vom Typ »SNAP-19« eingebaut; außer den Kameras gehören zahlreiche neue Sensoren zur Ausrüstung des Satelliten, mit denen ein dreidimensionales Bild der Erdatmosphäre bezüglich Temperatur, Feuchtigkeit und Ozonverteilung gewonnen werden soll. Zu den Meßgeräten gehören: Infrarot-Radiometer-Kamera mit 1,6 km Auflösungsvermögen, ein Infrarot-Interferometer-Spektrometer zur vertikalen Temperatur- und Wasserdampfmessung, ein Infrarot-Radiometer zur Messung des Wärmehaushalts der Erde, ein Infrarot-Spektrometer zur Temperaturmessung in der Atmosphäre. Weiterhin wurde der Satellit mit einem funktechnischen Versuchssystem ausgerüstet, mit dem die Ortung von Wetterballons, Wetter- und ozeanographischen Bojen, Flugzeugen sowie von mit Sendern ausgerüsteten Tieren aus einer Satellitenbahn erprobt werden soll.

Am 8. April 1970 wurde »N. 4« in eine Umlaufbahn zwischen 1095 und 1100 km Höhe gebracht, die polar verläuft und rückläufig ist. Der Satellit ist in Aufbau und Ausrüstung mit »N. 3« identisch.

Nuklearantrieb: Antrieb einer Trägerrakete oder eines Raumfahrzeugs, bei dem ein oder mehrere → Kernenergietriebwerke eingesetzt werden.

numerische Exzentrizität → Bahnelemente.

Nutzanwendungssatellit: künstlicher Erdsatellit, dessen Einsatz auf gezielte Nutzanwendungen für unmittelbar wichtige oder interessierende irdische Belange ausgerichtet ist. Zu dieser sehr umfassenden Kategorie zählen die schon seit längerem eingesetzten Nachrichten-, Wetter-, Navigations- und geodätischen Satelliten. Darüber hinaus zeichnet sich eine zunehmende Bedeutung von Satelliten zu Lehr- bzw. Schulungszwecken (engl. Education Satellites) in entwicklungsschwachen Ländern sowie für Satelliten zur allg. und speziellen

Erderkundung ab. Letztere betrifft vor allem kartographische und geologische Erschließungsarbeiten, Suche nach Bodenschätzen (Erzlagerstätten, Erdöl, großräumige Grundwasserführung), land- und forstwirtschaftliche Analysen bzw. Kontrollen (Ernteabschätzungen, Schädlingsbefall, Verkarstung) sowie ozeanographische (Meeresströmungen, Fischfangplätze, Treibeisgrenze) und glaziologische Studien (Gletscherentwicklung, Schmelzhochwasser).

Nutzmasse, *Nutzlast:* der Masseanteil einer Rakete oder eines Trägersystems, der nach Abzug aller Teilmassen für Primärantrieb, Steuerung und dazugehörende Hilfseinrichtungen von der Startmasse übrig bleibt und damit den für das Programm des Unternehmens bzw. der Rakete verfügbaren Massenanteil darstellt. Mit Primärantrieb ist dabei der Antriebsaufwand gemeint, der für das Erreichen der jeweiligen Ausgangsbahn (Satellitenbahn, lunare oder interplanetare Übergangsbahn) benötigt wird. Der in diese Ausgangsbahn gebrachte Raumflugkörper kann dabei selbst noch ein eigenes, u. U. sogar umfangreicheres Antriebssystem für spätere Flugoperationen aufweisen, das dann einen Bestandteil der N. des Trägersystems darstellt. Die N. einer Rakete oder eines Trägersystems wird meist als einheitlicher technischer Komplex ausgelegt (z. B. Raketenmeßkopf, Meßsatellit, Raumsonde, Raumfahrzeug) und auf diesen insgesamt die Bezeichnung N. angewendet. Als *N.-kapazität* bezeichnet man die von Auslegung und Antrieb abhängige max. mögliche N. einer Rakete oder eines Trägersystems; sie wird daher auch durch das → Grundverhältnis charakterisiert.

Nutzmassefaktor: raketentechnische Entwurfsgröße; gebildet aus dem Verhältnis der Nutzmasse zur Startmasse. Der N. ist somit der Kehrwert vom → Grundverhältnis.

O

»OAO« [Abk. für engl. **O**rbiting **A**stronomical **O**bservatory]: astronomischer Beobachtungs- und Meßsatellit (USA). Die wissenschaftliche Ausrüstung besteht in der Hauptsache aus optischen Geräten. Mit einer aus Spiegelteleskopen und ultraviolett-empfindlichen Fernsehbildröhren bestehenden Anordnung sollen die Unterlagen für einen Katalog der Sternhelligkeiten im Bereich von 300 bis 110 nm geschaffen werden. Ein anderes Experiment sieht eine Bestimmung der stellaren Energieverteilung im Bereich von 300 bis 80 nm sowie Intensitätsmessungen der Emissionslinien diffuser Nebel im gleichen Spektralbereich vor. Weiterhin umfaßt das Programm Emissionsmessungen im Bereich von 400 bis 91,2 nm an ausgewählten Sternen, galaktischen und extragalaktischen Nebeln; als Optiken werden Spiegelteleskope mit bis zu 90 cm Durchmesser eingesetzt.

Der Satellit besteht aus 2 Hauptteilen; zur raumflugtechnischen Einheit gehören dabei die Satellitenzelle, das Steuerungs- und Lageregelungssystem, die Bordenergieversorgung und das Temperaturregelungssystem. Zur wissenschaftlichen Ausrüstung zählen außer den obengenannten Geräten noch datenverarbeitende Anlagen sowie Geräte zur funktechnischen Meßwertübertragung. Das »OAO« hat eine Gesamtlänge von 5,5 m, wovon 2,9 m auf die oktagonale Zelle entfallen, deren Durchmesser 2,1 m beträgt. Die Masse des Satelliten liegt je nach Ausrüstung zwischen 1,6 und 2,0 t. Die Bordenergieversorgung geschieht ausschl. durch Solarzellen und Nikkel-Kadmium-Speicherbatterien.

Die 58 000 Siliziumzellen befinden sich auf beiden Seiten von 4 Auslegern, die um 33,75° gegen die Längsachse des Raumfluggeräts geneigt sind. Das nach Abtrennung von der Trägerstufe in Tätigkeit tretende Lageregelungssystem besteht aus Stern- und Sonnensensoren, Steuerkreiseln, einem Fernsehsender und Magnetometern. Ein System von Gasstrahldüsen, Grob- und Feinschwungrädern und verschiedene Magnetspulen sorgen für die genaue Ausrichtung des »OAO« im Raum. Die Funkausrüstung für Bahnverfolgung, Meßwert- und Kommandoübertragung besteht aus 4 getrennten Einheiten. Die Kommandoübermittlung geschieht durch programmierte Befehle, die von den zen-

Endmontage von »OAO 2« in einem staubfreien Raum

tralen Stationen des Goddard Space Flight Center zusammengestellt und über bes. ausgerüstete → »Minitrack«-Stationen dem Satelliten zugestrahlt werden. Eine Speicheranlage an Bord des Satelliten nimmt die Meßwerte jeweils für diejenigen Zeiträume auf, in denen er sich außerhalb des Empfangbereichs der Bodenstationen bewegt. Als Trägerraketen dienen die »Atlas-Agena-B« sowie die »Atlas-Centaur«, die die »OAO«-Satelliten in Umlaufbahnen zwischen 700 und 800 km Höhe bringen können.
Mit erheblicher Verspätung gegenüber dem für Ende 1963 vorgesehenen ersten Start wurde »OAO 1« (1755 kg) am 8. April 1966 in die geplante Umlaufbahn gebracht. Durch eine nicht behebbare Störung im Energieversorgungssystem erreichte der Satellit jedoch nicht seine Funktionsbereitschaft. Am 7. Dez. 1968 gelangte »OAO 2« in eine Umlaufbahn zwischen 770 und 780 km Höhe (Bahnneigung 35°). Der Satellit ist mit 1993 kg der bisher massereichste automatisierte Forschungssatellit der USA und machte den Einsatz der leistungsstärkeren »Atlas-Centaur«-Rakete erforderlich. 450 kg entfallen auf die optischen Geräte und ihre Hilfseinrichtungen; von den 11 Teleskopen gehören 7 zu Photometeranordnungen für verschiedene kurzwellige Spektralbereiche, und 4 sind 20-cm-Teleskop-Fernsehkamerasysteme für spezielle UV-Untersuchungen.

Oberstufe → Stufenprinzip.

Oberth, *Hermann:* Wissenschaftler, geb. 25. Juni 1894 Hermannstadt (Siebenbürgen), wurde durch seine frühen und grundlegenden Arbeiten zur Raketen- und Raumflugtechnik zu einem der Begründer der modernen Raumfahrt. O. studierte zunächst bis 1914 Medizin, nach dem ersten Weltkrieg Mathematik und Physik und beschäftigte sich dabei mit grundlegenden Untersuchungen zur Raketen- und Raumflugtechnik. Eine nach Abschluß seines Studiums in Göttingen vorgelegte Dissertation über die Ergebnisse seiner Arbeiten wurde jedoch nicht angenommen, da man sie vom wissenschaftlichen Standpunkt aus als allzu phantastisch ansah, obwohl sie auf exakter Grundlage eine Fülle weitreichender Konzeptionen enthielt. Sein Material veröffentlichte er dann 1923 unter dem Titel ›Die Rakete zu den Planetenräumen‹ und schaffte mit diesem Buch eines der Standardwerke aus der Anfangszeit der Raumfahrtentwicklung. Danach arbeitete O. als Lehrer für Mathematik und Physik in Siebenbürgen, daneben aber weiter an Problemen der Raketentechnik und Raumfahrt und unterhielt Verbindungen zu anderen Raumfahrtinteressenten in Deutschland. Er trat dem 1927 gegr. »Verein für Raumschiffahrt« bei und wirkte als Berater für den 1928 uraufgeführten Film ›Frau im Mond‹ mit. Daraus ergab sich eine engere Zusammenarbeit mit → *Nebel,* dem späteren Begründer des »Raketenflugplatzes Berlin«, und einer kleinen Arbeitsgruppe. 1929 erschien sein Hauptwerk ›Wege zur Raumschiffahrt‹, für das er mit dem REP-Hirsch-Preis der Französischen Astronomischen Gesellschaft ausgezeichnet wurde. Nach der Vorführung eines nach seinen Ideen entwickelten Versuchstriebwerks in der Chemisch-Technischen Reichsanstalt in Berlin (Juni 1930) ging er wieder in seine Heimat zurück. 1938 erhielt er einen raketentechnischen Studienauftrag an der Technischen Hochschule Dresden zur Arbeit an Raketenwaffen in der → Heeresversuchsanstalt Peenemünde, wo er bis 1943 tätig war. Bis zum Kriegsende arbeitete er dann an einer Boden-Luft-Feststoffrakete bei einer Sprengstoffirma. Nach dem Kriege fand er in Westdeutschland hauptsächlich Beschäftigung als Berater und Gutachter für verschiedene westeuropäische Interessenten aus Militärkreisen. Von 1950/53 nahm er ein Angebot der italienischen Kriegsmarine zur Fortsetzung seiner Entwicklungsarbeiten an Feststoffraketen an. 1954 ging er vorübergehend nach den USA an das Entwicklungszentrum Huntsville, kehrte jedoch bald wieder in die BRD zurück. Eine amerikanische Hochschule verlieh ihm 1961 als erste die Würde eines Ehrendoktors. Die damalige »Gesellschaft für Weltraumforschung«, Stuttgart, deren Ehrenpräsident O. 1949 wurde, stiftete 1950 die *»Hermann-Oberth-Medaille«* als Auszeichnung für Verdienste auf dem Gebiet der Raumfahrtentwicklung.

Ofen: in der älteren Raketenfachsprache gelegentlich verwendeter, heute aber antiquierter Ausdruck für Brennkammer.

»OFO« [Abk. für engl. **O**rbiting **F**rog **O**tolith]: Forschungssatelliten (USA) für spezielle bioastronautische Experimente, bei denen die Anpassungsfähigkeit des Otolithensystems von Ochsenfröschen an Dauerschwerelosigkeit untersucht werden soll. Diese Versuchstiere wurden gewählt, weil ihr Otolithensystem dem des Menschen sehr ähnlich ist. Sie werden in einem Behälter untergebracht, der durch Funkkommando in Rotation versetzt werden kann, um so wechselweise Schwerelosigkeit und dosierten Fliehkraftandruck wirken lassen zu können. Die von den Otolithensystemen der Versuchstiere im Satelliten gelieferten Meßwerte werden telemetrisch zur Erde übertragen und dort mit Daten von Ochsenfröschen im Laboratorium verglichen. Der erste Satellit dieser Serie, »OFO 1« (133 kg), wurde am 9. November 1970 mit einer »Scout«-Rakete in eine Bahn zwischen 304 und 518 km Höhe gebracht. Er hat die Form eines oktagonalen Zylinders (1,19 m Länge, 0,76 cm Durchmesser). Die Otolithensysteme der beiden mitfliegenden Ochsenfrösche zeigten nach dreitägigem Erdumlauf in ihren Reaktionen Übereinstimmung mit denen der Erdversuchstiere, daher konnte angenommen werden, daß sie nach dieser Zeit ihr volles Orientierungsvermögen wiedergefunden hatten. Allerdings verstarben sie dann unerwartet nach 6 d im Erdumlauf.

»OGO« [Abk. für engl. **O**rbiting **G**eophysical **O**bservatory]: standardisierter Satellitentyp für geophysikalische Untersuchungen (USA). Mit Hilfe der »OGO«-Satelliten sollen in einem komplexen Untersuchungsprogramm Vorgänge auf der Sonne in Verbindung mit physikalischen Phänomenen im interplanetaren Raum, im Übergangsbereich zur Erdatmosphäre bzw. Ionosphäre und innerhalb der Lufthülle beobachtet und in ihren wechselseitigen Beziehungen erforscht werden. Die Untersuchungen betreffen im einzelnen Ströme schneller und langsamer solarer Protonen (→ Sonnenwind), Ultraviolett- und Röntgenstrahlung der Sonne, Partikelstrahlung aus dem intergalaktischen Raum, langwellige radiofrequente Strahlung galaktischer Objekte, Zodiakallichtmaterie, Meteoritenhäufigkeit in Erdnähe, Magnetfeldstärken im interplanetaren Raum und in der Magnetosphäre der Erde, Intensität und Art der Strahlungspartikel in der Magnetosphäre (Van-Allen-Strahlungsgürtel), elektronische Auslotung der Ionosphäre und Analyse der Struktur der Hochatmosphäre. Das Prinzip der Standardisierung in Aufbau und Ausrüstung der »OGO«-Satelliten führt zu einer weitgehenden Rationalisierung des Aufwands und zu großen Vereinfachungen bei der Auswertung. So kann ein einzelner Satellit dieses Typs Aufgaben übernehmen, für die zuvor eine ganze Serie von »Explorer«-Satelliten erforderlich war. Der Standardform nach ist der »OGO«-Satellit ein quaderförmiger Gerätekasten, der 2 mit Solarzellen besetzte Ausleger, mehrere Antennen und 2 bis zu 8 m lange Auslegerarme trägt, an denen sich verschiedene Meßgeräte befinden. Künftige »OGO«-Satelliten sollen bis zu 50 Meß-

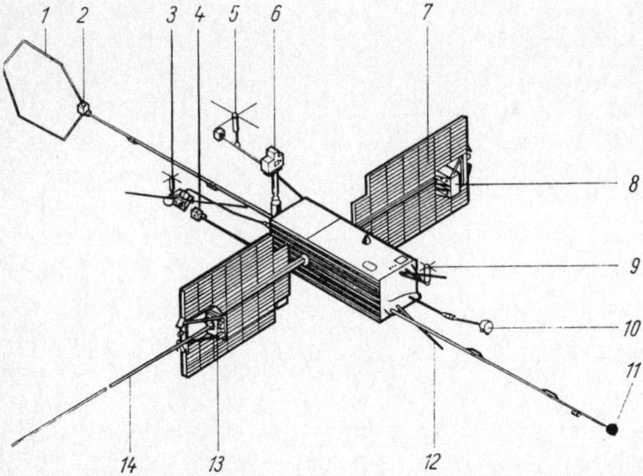

Aufbauschema eines »OGO«-Satelliten: 1 entfaltbare Antennenschleife, 2 Magnetometer, 3 400-MHz-Antenne, 4 Meßgeräte, 5 136/148,9-MHz-Antenne, 6 Meßgeräte für Experimente in der Bahnebene, 7 Solarzellenausleger, 8 Meßgeräte für Sonnenforschung, 9 Experimentalantenne, 10 Meßgeräte, 11 Magnetometer, 12 Lageregelungsdüse, 13 Sonnenforschungsinstrumente, 14 ausfahrbare Antenne (20 m) für radioastronomische Untersuchungen

vorrichtungen aufnehmen können, wobei die Standardisierung der Geräte und Instrumente praktisch bis zur letzten Minute vor dem Einsatz gewisse Veränderungen in den Schwerpunktaufgaben des Versuchs zuläßt. Über ein Funkkommandosystem lassen sich normalerweise 254 Operationen an Bord des Satelliten steuern. Die »OGO«-Satelliten werden mit einem miniaturisierten System für Datensammlung und -übermittlung ausgerüstet, das bei einer Eingabegeschwindigkeit von 1000 bis 4000 bit/s und einer Wiedergabegeschwindigkeit von 64000 bis 128000 bit/s insgesamt 43,2 Mill. Nachrichteneinheiten (bits) zu speichern vermag.
Der erste Satellit dieses Typs, »OGO 1«, wurde am 4. Sept. 1964 mit einer »Atlas-Agena«-Rakete von Cape Kennedy aus gestartet. Er erreichte wie vorgesehen eine sehr exzentrische Ellipsenbahn zwischen 282 km und 148200 km Höhe (Bahnneigung 31,2°). Die Masse des Satelliten betrug 487 kg, von denen 86 kg auf die wissenschaftlichen Instrumente entfielen. Der Zentralkörper von »OGO 1« war 1,70 m lang; die Länge der beiden anderen Kanten war gleich und betrug 82,5 cm. Mit den ausgeklappten Solarzellenträgern hatte der Satellit eine Spannweite von rund 6 m. Auf diesen Auslegern befanden sich neben den 32000 Solarzellen, die über Nickel-Kadmium-Speicherbatterien den Energiebedarf der Anlagen (etwa 300 W) deckten, noch Instrumente für die Sonnenbeobachtung. 2 je 6,6 m und 4 je 1,8 m lange ausfahrbare Stangen trugen diejenigen Meßinstrumente, welche störempfindlich gegenüber den elektrischen und elektronischen Bauteilen des Hauptkörpers waren. Die Antennen und die Druckgasdüsen für das Lagekontrollsystem befanden sich ebenfalls an ausfahrbaren Stangen. Die Temperaturregelung im Hauptkörper geschah mit Jalousien, die durch Thermoelemente gesteuert wurden und die Strahlungsbilanz an der Satellitenoberfläche veränderten. Das Lageregelungssystem des Satelliten arbeitete mit Infrarot-Horizontsuchern, Sonnensensoren, Argon-Druckgasdüsen und Trägheitsrädern. Im Normalfall war der Satellit erdstabilisiert, so daß stets die gleiche Seite zur Erde zeigte. Mechanische Vorrichtungen sorgten dafür, daß die Solarzellenausleger und die mit ihnen verbundenen Instrumente auf die Sonne ausgerichtet blieben. Bei »OGO 1« konnten nach dem Einfliegen in die Umlaufbahn 2 Instrumentenausleger nicht ausgefahren werden, von denen der eine einen Horizontsucher zur Ausrichtung auf die Erde trug. Dadurch behielt der Satellit eine Rotation mit 5 U/min bei, und von den 20 Meßinstrumenten konnten nur 14 ihre Daten übermitteln.
»OGO 2« (506 kg) wurde am 14. Okt. 1965 gestartet und erreichte eine Umlaufbahn zwischen 421 und 1511 km Höhe (Bahnneigung 87,38°). Einen Tag nach dem Start traten Störungen im Stabilisierungssystem auf, die zunächst zu einem Abschalten der Meßgeräte zwangen. Am 24. Okt. fiel der Satellit völlig aus. Nachdem die Infrarotsensoren seines Lageregelungssystems einen Tag nach dem Start unerwartet auf kalte Wolken in tropischen Regionen ansprachen und dadurch das Lageregelungssystem gestört wurde, erschöpften sich dessen Druckgasvorräte innerhalb von 10d. Trotz der danach einsetzenden Rotation des Satelliten konnten noch zahlreiche brauchbare Meßwerte gewonnen werden. Am 3. Juni 1966 wurde »OGO 3« (515 kg) in eine stark exzentrische Umlaufbahn zwischen 270 und 122000 km Höhe gebracht (Umlaufzeit 48 h 37 min). Bis zum 10. Juni konnten von den 21 Meßgeräten 20 eingeschaltet und in Betrieb genommen werden. Die ausgefahrenen Meßgeräteträger gaben dem Satelliten eine Spannweite von rund 15 m. Die Datenübertragungsanlage konnte bis 64000 bit/s liefern; der verbesserte Meßwertspeicher nahm bis zu 86 Mill. bit auf. Dadurch ließen sich die in 12 h aufgenommenen Meßwerte innerhalb von 11,5 min übertragen. »OGO 4« (562 kg) gelangte am 28. Juli 1967 in eine Umlaufbahn zwischen 412 und 907 km Höhe (Bahnneigung 86°). Die Dreiachsen-Lagestabilisierung arbeitete bei diesem Satelliten hinreichend genau, so daß alle 20 wissenschaftlichen Gerätekomplexe (124 kg Ausrüstung) eingesetzt werden konnten. Am 4. März 1968 wurde »OGO 5« (612 kg) in eine wiederum sehr exzentrische Umlaufbahn zwischen 291 und 146900 km Höhe gebracht. Der Satellit hat u. a. 2 Antennenausleger von je 90 m Länge und trägt 24 Meßanordnungen (154 kg Ausrüstung). 2 der Meßanordnungen wurden von britischen, je eine von niederländischen und französischen Wissenschaftlern beigetragen. Der letzte Satellit dieser Reihe, »OGO 6« (536 kg), wurde am 5. Juni 1969 in eine nahezu polare Bahn zwischen 384 und 1093 km Höhe gebracht. Er dient der Erforschung der Einwirkung der Sonnenstrahlung auf die äußere Atmosphäre und das Erdmagnetfeld.

operative Raketenwaffen → Kampfrakete.
Optimierung → Auslegung.
optisches Fenster → Erdatmosphäre.
»OR«: erste Versuchsraketentriebwerke, die 1930/31 von → *Zander* in der Sowjetunion gebaut wurden. Als Treibstoffkomponenten wurden bei »OR-1« Benzin und atmosphärische Luft (Druckluft) verwendet; der erzielte Schub betrug 5 kp. Das Muster »OR-2« arbeitete mit Flüssigsauerstoff und Benzin; dabei wurde die Brennkammer mit gasförmigem Sauerstoff und die Düse mit Wasser gekühlt; der Schub betrug 50 kp. Die erste Erprobung führte zur Zerstörung des Triebwerks (18. März 1932). *Zanders* Schüler konstruierten das Triebwerk – unter der Bezeichnung »02« – um, wobei statt Benzin Äthylalkohol eingesetzt wurde, um die Brennkammertemperatur herabzusetzen und damit die Kühlung zu erleichtern.
Orbit: ursprünglich im Englischen für *Planetenbahn,* jetzt dort auch allgemein für *Umlaufbahn* von Raumflugkörpern um Erde, Mond, Sonne und Planeten bzw. oft auch für den *Umlauf* selbst verwendete Bezeichnung.
»Orbita«: Netz von 24 Bodenstationen, das in der Sowjetunion zur Verbreitung der von den → »Molnija-1«-Nachrichtensatelliten übertragenen zentralen Moskauer Fernsehsendungen in alle Unionsrepubliken von 1967 an eingerichtet und in Betrieb genommen wurde. Die »O.«-Stationen arbeiten mit einem standardisierten Antennensystem (Parabolreflektor).
Orbital...: Ableitung vom russ. orbita = ursprünglich allgemein für Bahn, jetzt mehr im Sinne von *Umlaufbahn* bzw. *Umlauf,* oder abgeleitet von [engl.] → Orbit.
Orbitalrakete → Globalraketen.
Orbitalsektion: ausschl. für die annähernd kugelförmige Systemkomponente der → »Sojus«-Raumschiffe gebrauchte Bezeichnung.
Orbitalstation svw. Raumstation.
Orbital Workshop [engl., »Werkstatt in der Umlaufbahn«]: seit mehreren Jahren bearbeitetes Projekt (USA), das als Bestandteil des → Apollo Application Program die Einrichtung einer Raumstation in einer etwa 500 km hohen Umlaufbahn zum Ziel hat. Als Hauptkomponente des Systems soll eine »S-4B«-Stufe (→ »Saturn«-Raketen) verwendet werden, die zuvor als Bestandteil einer »Saturn-1B«-Rakete in die Umlaufbahn gebracht wird und dabei ihren Treibstoff weitestgehend verbraucht. In der Umlaufbahn soll der speziell präparierte und von Treibstoffresten entlüftete große Wasserstofftank der »S-4B« als Weltraumlaboratorium dienen, der Sauerstofftank jedoch zunächst nicht benutzt werden. Um den Innenausbau des über eine Schleusenluke in der Stufenspitze zugänglichen Wasserstoffbehälters in der Umlaufbahn möglichst zu vereinfachen und den dafür eingesetzten Astronauten zu erleichtern, soll die Ausrüstung – soweit sie die Berührung mit Flüssigwasserstoff verträgt – schon auf der Erde eingebaut werden. Als Meteoritenschutz sind eine zusätzliche dünne Außenwandung sowie Schottenwände im Innern vorgesehen. Die Schleusenluke der »S-4 B« will man mit einer speziellen Schleuseneinheit verbinden, die über mehrere Kopplungsadapter für »Apollo«-Kommando-Servicemoduln

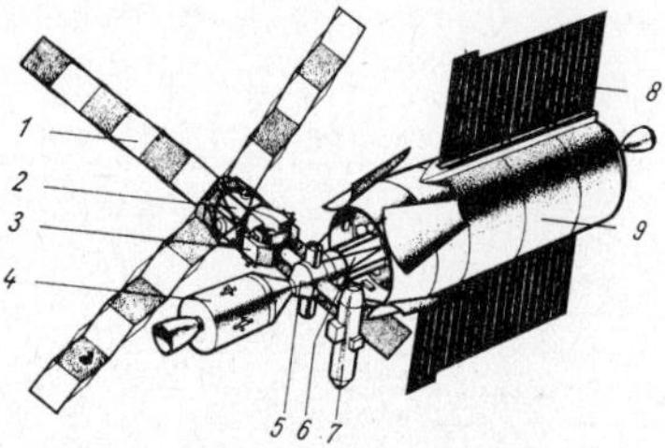

Aufbauschema der »Orbital Workshop«: 1 entfaltbare Solarzellenausleger des »Apollo Telescope Mount«, 2 Modul mit Geräten für Lageregelung und Flugkontrolle sowie Teleskop-Einrichtungen, 3 Lunar Modul, 4 Serviceeinheit mit Kommandokapsel, 5 Mehrfach-Kopplungsadapter, 6 Schleusenmodul für »Workshop«, 7 betriebstechnische Einheit, 8 Solarzellenflächen, 9 »Workshop«-Modul

bzw. abgewandelte »LM«-Einheiten verfügt. Letztere sollen der Zubringertechnik bzw. als zusätzliche Laboratoriumskomponenten der Raumstation dienen (→ Apollo Telescope Mount).
Orientierungssystem svw. Lagereferenzsystem (→ Fluglageregelung); der Begriff wird häufig fälschlich für die Druckgasdüsen oder Hilfstriebwerke zur Fluglageregelung verwendet.
»Orion«: Projekt eines nuklearen Pulsantriebs für Raumfahrzeuge (USA). Dieses lange Zeit geheimgehaltene Projekt beruht auf dem Gedanken, durch fortlaufende Explosionen kleiner Kernsprengladungen ein Raumfahrzeug im Pulsbetrieb zu beschleunigen. Die stoßartigen Schubwirkungen sollen über eine schwere Schubplatte und ein Dämpfungssystem mit Federbeinen kontinuierlich auf den Kabi-

nenteil des Raumfahrzeugs übertragen werden, so daß sich dort eine konstante effektive Beschleunigung ergibt. Obwohl der Ausnutzungsgrad der freiwerdenden Energie sehr gering ist, hält man einen vergleichbaren spezifischen Impuls von 18000 bis 25000 m/s für möglich. Theoretisch könnte man beispielsweise mit dem nuklearen Pulsantrieb bei interplanetaren Flügen bis zu 40 % der aus einer Erdumlaufbahn gestarteten Abflugmasse als Nutzmasse auf die Marsoberfläche bringen. Über die Aussichten zur praktischen Verwirklichung dieses Gedankens wurde jedoch bisher nichts Näheres bekannt.

»ORM«: Serie von sowjetischen Flüssigkeitsraketentriebwerken, die für Versuchszwecke 1930/38 (»ORM-1« bis »ORM-102«) im → Gasdynamischen Laboratorium entwickelt und erprobt wurden. Das einfach mit »ORM« (1931) bezeichnete Muster war ein Einstofftriebwerk (Toluol- und Benzinlösung in Stickstofftetroxid) mit elektropyrotechnischer Zündung (6 kp Schub) und wurde für Untersuchungen zur gefahrlosen Arbeit mit Einstoffsystemen verwendet. »ORM-1« (1930/31) war das erste Zweistofftriebwerk dieser Serie (Stickstofftetroxid und Toluol bzw. Flüssigsauerstoff und Benzin); mit den letztgenannten Komponenten entwickelte es einen Schub von 20 kp. Die Brennkammer war mit Kupfer ausgekleidet und hatte Wasserkühlung. Die 6 Einspritz-Strahlzerstäuber waren mit Rückschlagventilen und Filtern ausgestattet. Das Triebwerk konnte kurzzeitig wiedergezündet werden. »ORM-52« war das stärkste sowjetische Flüssigkeitstriebwerk der dreißiger Jahre. Es wurde 1933 erprobt, lieferte einen Schub von 250 bis 300 kp (Treibstoffkombination Salpetersäure-Kerosin) und war als Antrieb für die Fla-Raketen »RLA-1« und »RLA-2« sowie für einen Seetorpedo bestimmt. Das 1936 in Erprobung gegangene »ORM-65« (Salpetersäure-Kerosin) war das betriebstechnisch vollkommenste Triebwerk seiner Zeit. Der Schub war von 50 bis 175 kp regelbar (spezifischer Impuls 2150 m/s), die Zündung konnte manuell oder automatisch geschehen, wobei ein elektro-pyrotechnisches Zündsystem verwendet wurde, das eine Wiederzündung (bis zu 50mal!) des Triebwerks ermöglichte. Mit einer Modifikation des »ORM-65« waren das Raketensegelflugzeug »RP-318-1«, mit dem *W. P. Fjodorow* 1940 die ersten Versuchsflüge durchführte, sowie die Flügelrakete »212« (beide konstruiert von → *Koroljow*) ausgerüstet (2 Flugerprobungen 1939).

»ORS« → »ERS«.

Ortung: Messung von Ort und Geschwindigkeit eines Raumflugkörpers. Die O. bildet eines der wichtigsten Grundelemente der → Raumflugnavigation, da sie die Bezugsdaten für das Steuerprogramm (→ Flugprogramm) zu liefern hat. Zu einer *vollständigen O.* gehört die Bestimmung aller 6 O.sdaten (3 Ortskoordinaten, 3 Geschwindigkeitskomponenten). Werden weniger als diese 6 O.sdaten ausgewertet, so bezeichnet man dies als *unvollständige O.* Bei Bewegungen in einer Freiflugbahn lassen sich, wenn eine hinreichend genaue Kenntnis der wirkenden Kräfte (Gravitation der Himmelskörper) vorliegt, Ort und Geschwindigkeit eines Raumflugkörpers auf längere Zeit vorausberechnen. Dieser *unechten O.* steht die auf Messungen beruhende *echte O.* gegenüber. Für diese ist ein besonderes *O.ssystem* erforderlich, das aus *O.smeßgebern* und einer Rechenanlage zur Auswertung der Meßdaten besteht. Für eine echte O. benötigt man i. allg.:

1. eine vorgegebene Information über das gewählte Bezugssystem;
2. die kontinuierlich oder zu bestimmten Zeiten anfallenden Meßdaten der O.smeßgeber;
3. Kenntnis des Zusammenhangs zwischen den Meßdaten und den gesuchten O.sdaten;
4. Verfahren zur Ermittlung der O.sdaten aus den Meßdaten. Zur Verbesserung des funktionellen Ablaufs werden O.s meßgeber und Auswertungsanlagen häufig als Geräteeinheit ausgebildet.

Man unterscheidet O.ssysteme, deren Meßgeber sich an Bord des Raumflugkörpers befinden *(Eigen-O.)*, und solche, bei denen die Meßgeber an anderen Stellen liegen *(Fremd-O.)*. Kombinationen beider Verfahren sind relativ selten und werden als *Verbund-O.* bezeichnet. Die Meßgeber können ihre Informationen auf 3 verschiedenen Wegen erhalten:

1. ohne Kontakt und Informationsaustausch mit der Umwelt;
2. durch Informationsaustausch zwischen Raumflugkörper und separaten Meßstationen;
3. durch Reaktionen auf physikalische Eigenschaften des Raumes im Nahbereich des Raumflugkörpers.

Als Meßverfahren für den ersten Weg kommt ausschl. die Ausnutzung des Trägheitsprinzips in Betracht. Es läßt sich jedoch nur dann anwenden, wenn nicht-gra-

vitatorische Kräfte auf den Raumflugkörper einwirken, d. h. bei Bewegungen in Antriebsbahnen, zu denen selbstverständlich auch der bei Bahnkorrekturen (→ Raumflugnavigation) zurückgelegte Weg gezählt werden muß. Zur Anpassung der Meßwerte an das gewählte Inertialbezugssystem müssen die zusätzlich wirksamen gravitatorischen Beschleunigungen berücksichtigt werden. Diese können für jeden Bahnpunkt im voraus berechnet werden und gehen als systemspezifische Informationen in die O. ein. Es handelt sich also um eine Eigen-O., die als *Inertial-O.* bezeichnet wird. Die auf diesem Prinzip beruhenden technischen Verfahren der Raumflugnavigation werden allgemein unter der Gruppenbezeichnung → Trägheitsnavigation zusammengefaßt.
Für den zweiten Weg lassen sich im Vakuum des Weltraums nur elektromagnetische Wellen als Informationsträger verwenden. Als Sammelbegriff für die auf diesem Wege möglichen Verfahren wird daher gelegentlich auch die Bezeichnung *elektromagnetische O.* angeführt. Als wichtigste systemspezifische Information ist die Kenntnis der Ausbreitungsverhältnisse für die benutzten Wellen zwischen Sender und Empfänger anzusehen. Je nach den verwendeten Frequenzen unterscheidet man *optische* und *Funk-O.* Bei der optischen O. kann entweder ein Fremd-O. unter Einschaltung von Beobachtungsstationen außerhalb des Raumflugkörpers durchgeführt oder durch Gestirnspeilungen im Raumflugkörper selbst eine Eigen-O. aufgebaut werden, die als *Gestirns-* oder *Astro-O.* bezeichnet wird. Die Verfahren der Raumflugnavigation unter alleiniger Anwendung der Astro-O. faßt man unter dem Begriff →Astronavigation zusammen. Ein besonderes Anwendungsprinzip der elektromagnetischen O. stellt die O. bei der → Zielsuchlenkung von Raketenwaffen dar. Dabei werden die elektromagnetischen Wellen sozusagen selbst als »Meßgeber« eingesetzt.
Man unterscheidet a) eine *aktive O.*, bei der die elektromagnetische Welle in der Rakete erzeugt und das reflektierte Signal auch dort gemessen und ausgewertet wird (aktive Radar-Zielsuchlenkung); b) eine *halbaktive O.*, wobei die elektromagnetische Welle von einem außerhalb der Rakete liegenden Ort abgestrahlt und nur das reflektierte Signal in der Rakete zur O. ausgenutzt wird (halbaktive Radar-Zielsuchlenkung); c) eine *passive O.*, die lediglich eine vom Ziel selbst ausgehende elektromagnetische Strahlung (z. B. Infrarot) zur Orientierung auf das Ziel verwendet (Infrarot-Zielsuchlenkung).
Der dritte Weg, auf dem die Meßwertgeber eines O.ssystems ihre Informationen erhalten können, setzt, wie schon angedeutet, eine Wirkung zeitlich und örtlich veränderlicher Felder in der Umgebung des Raumflugkörpers voraus, die allerdings in ihrer Struktur und ihrem Verhalten im voraus bekannt sein müssen. Als wichtigstes Beispiel sei das Magnetfeld der Erde genannt. Informationstragende elektromagnetische Felder sind bei diesem Prinzip ausgenommen. Die entspr. Verfahren stehen jedoch erst am Anfang ihrer Entwicklung und werden allgemein als *Feld-O.* bezeichnet.
Zur Anwendung der verschiedenen O.sprinzipien für Raumfahrtzwecke läßt sich noch sagen, daß die optische Eigen-O. (Astronavigation) zweifellos das wichtigste Verfahren bei allen interplanetaren Flügen werden wird. Eine optische Fremd-O. wäre über große Entfernung nur dann möglich, wenn das Raumfahrzeug mit entspr. Laser-Signalgebern ausgerüstet würde. Für die O. von Erdsatelliten und sich im Raum Erde – Mond bewegender Raumflugkörper kommen vor allem die Funkverfahren in Betracht. Daneben wird in diesem Bereich bei Korrekturmanövern auch die Inertial-O. angewendet. Eine Steigerung der Genauigkeit der Funk-O. bei interplanetaren Flügen ließe sich dadurch erreichen, daß unbemannte Raumflugkörper als automatische *Funkbaken* in Planetoidenbahnen gebracht würden. Ein derartiges, wahrscheinlich sehr genaues O.ssystem könnte auf der Basis von halbaktivem Radar sowie Interferometer- und Dopplermessungen arbeiten und u. U. sogar die Bedeutung der Astro-O. einschränken. Aktiven Radar-O.ssystemen im Funkwellen- oder optischen Bereich (Laser) wird hauptsächlich der Einsatz bei Lande- und Rendezvousmanövern vorbehalten bleiben. Die Navigationsanlage eines interplanetaren Raumfahrzeugs wird stets auf mehreren, den jeweiligen Teilaufgaben angepaßten O.sverfahren beruhen. Zur Grundausrüstung werden meistens gehören: Geräte für die Inertial- und Astro-O., Bordradar (aktiv oder halbaktiv) sowie Sender und Empfänger für verschiedene Funkfrequenzen.

»OSCAR« [Abk. für engl. **O**rbiting **S**atellite **C**arrying **A**mateur **R**adio]: Kleinsatelliten (USA), die zusammen mit militärischen Satelliten als »Huckepack«-Satelli-

ten gestartet wurden und der Bahnverfolgung durch Funkamateure dienten. Der Satellit »OSCAR 1« wurde von amerikanischen Funkamateuren gebaut und am 12. Dez. 1961 zusammen mit »Discoverer 36« in eine Umlaufbahn zwischen 234 und 414 km Höhe gebracht. Er hatte eine Masse von nur 4,5 kg und verfügte über einen batteriegespeisten Miniatursender, der auf der Frequenz 145 MHz (2-Meter-Band) die Morsezeichen »H« und »I« abstrahlte. Der zur Temperaturregelung goldplattierte Satellitenkörper hatte Kastenform und die Abmessungen 15×6×6 cm. Die Funkamateure lieferten Aufzeichnungen über Durchgangszeiten, Signalstärke und -dauer, Doppler-Messungen sowie Azimut und Höhenwinkel, die von der »*Projekt OSCAR Association*« in Sunnyvale (Calif.) ausgewertet wurden. Das Ziel dieser Arbeiten waren Analysen der Ausbreitungsbedingungen von Funkwellen der Frequenz 145 MHz, Messungen des Doppler-Effekts zur Bahnbestimmung sowie Messungen der Satelliteninnentemperatur durch Bestimmung der je Zeiteinheit abgestrahlten Signale. Das Nachfolgemuster »OSCAR 2« wurde am 1. Juni 1962 in eine Umlaufbahn zwischen 207 und 386 km Höhe gebracht; der wiederum batteriegespeiste Sender arbeitete auf der Frequenz 144, 993 MHz. Der Satellit »OSCAR 3« gelangte bei einem militärischen Mehrfach-Satellitenstart am 9. März 1965 in seine Umlaufbahn (900/945 km) und »OSCAR 4« am 21. Dez. 1965, ebenfalls zusammen mit einem anderen Satelliten, in eine Umlaufbahn mit 162 km Perigäums- und 33 550 km Apogäumshöhe.
Ein weiterer Satellit dieser Serie (»OSCAR 5«) gelangte am 23. Jan. 1970 als Huckepack-Satellit beim Start des Wettersatelliten »ITOS 1« in eine separate Umlaufbahn zwischen 1434 und 1481 km (101,96 ° Bahnneigung). »OSCAR 6« (18 kg) wurde am 27. Aug. 1970 gestartet (955/1221 km, Bahnneigung 90,02 °).

»OSO« [Abk. für engl. **O**rbiting **S**olar **O**bservatory = Sonnenobservatorium auf Erdumlaufbahn]: unbemannte Sonnenbeobachtungssatelliten (USA). Sie bestehen aus 2 Hauptteilen, einer flachen schachtelförmigen Gerätezelle (1,12 m Durchmesser) mit 9 Seitenflächen und einem ebenfalls flachen, halbkreisförmigen Aufsatz, dessen Ebene senkrecht zur Hauptebene des Unterteils steht (Gesamthöhe beider Teile: 0,93 m). An dem Unterteil befinden sich 3 Ausleger, die kugelförmige Druckgasbehälter und je 2 in entgegengesetzte Richtungen wirkende Druckgasdüsen tragen. Außerdem ragen aus seinem unteren Boden 2 Stabantennen. Der Aufsatz ist um die Mittelachse des Unterteils drehbar gelagert. In einer über der Drehachse befindlichen Aussparung des Aufsatzes sind die starr mit ihm verbundenen Sonnenbeobachtungsinstrumente als kastenförmiger Block eingesetzt. Der Unterteil ist drallstabilisiert und rotiert nach der Abtrennung von der Trägerrakete (»Thor-Delta«) mit etwa 120 U/min; mit Hilfe der Druckgasdüsen wird die Rotationsfrequenz dann in der Bahn auf 30 U/min herabgesetzt und laufend nachgeregelt. Der Aufsatz nimmt an dieser Rotation nicht teil, er wird vielmehr mit Hilfe der Sonnenbeobachtungsinstrumente und besonderer Druckgas-(Lagekontroll-)Düsen in Richtung auf die Sonne raumfest stabilisiert. Auf der dann der Sonne zugewandten Fläche ist er mit 1860 Solarzellen besetzt. Bei dem am 7. März 1962 gestarteten »OSO 1« (Masse 199,8 kg, davon 78,7 kg für Meßinstrumente) konnte der Meßgerätekomplex nach diesem Verfahren mit einer Genauigkeit von 1 Bogenminute auf das Zentrum der Sonnenscheibe ausgerichtet werden. Bei späteren Geräten soll die Genauigkeit der Ausrichtung auf 5 Bogensekunden gesteigert werden. »OSO 1« war für 13 verschiedene Untersuchungen der Sonnenstrahlung instrumentiert, vor allem für Messungen im UV-, Röntgen- und Gammastrahlungsbereich. Daneben waren

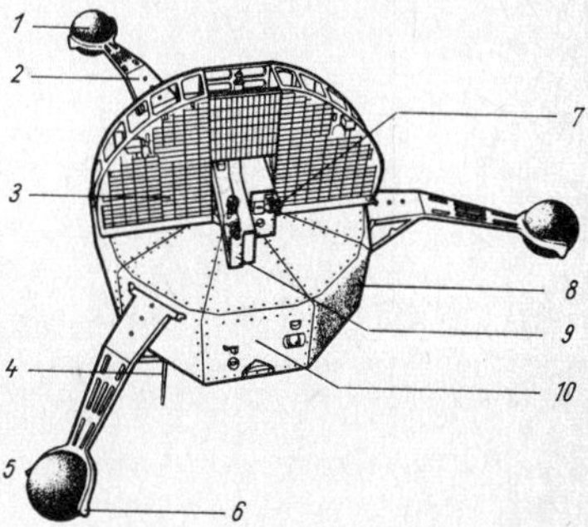

Schematischer Aufbau der »OSO«-Satelliten: 1 Druckgasbehälter für Drallstabilisierungsdüsen, 2 Ausleger für Drallstabilisierungssystem, 3 Solarzellenfläche, 4 Antenne, 5 Drallbeschleunigungsdüse, 6 Drallverminderungsdüse, 7 optische Geräte für Sonnenuntersuchungen, 8 Batteriesektor, 9 Instrumente für Sonnenforschung, 10 Elektroniksektor

Sonnenforschungssatellit »OSO«

noch Neutronenzähler und Meßgeräte zur Untersuchung der Teilchendichte im unteren Teil des inneren Strahlungsgürtels sowie zum Temperaturverhalten verschiedener präparierter Teile des Satelliten installiert. Der Satellit erreichte eine nahezu kreisförmige Umlaufbahn zwischen 557 und 577 km Höhe. Durch Versagen des Lageregelungssystems brach die bis dahin einwandfreie Meßwertübertragung am 22. Mai 1962 ab, setzte aber unerwarteterweise am 24. Juni 1962, allerdings unregelmäßig und in gestörter Form, wieder ein. »OSO 2« wurde am 3. Febr. 1965 gestartet (»Thor-Delta«) und erreichte eine Umlaufbahn zwischen 549 und 630 km Höhe. Der Satellit hatte eine Gesamtmasse von 248 kg und lieferte nach einigen anfänglichen Störungen an den Meßgeräten bis Ende November, als die Datenübertragung nach 50%iger Überschreitung der Funktionsdauer abgeschaltet wurde, etwa 2,2 Mill. Meßwertsignale je Umlauf. »OSO 3« gelangte am 8. März 1967 in eine Bahn zwischen 541 und 570 km Höhe. Von seinen 248 kg entfielen 114 kg auf die wissenschaftliche Ausrüstung; alle Geräte für 9 Experimente konnten normal in Betrieb genommen werden. »OSO 4« (272 kg) wurde am 18. Okt. 1967 in eine Umlaufbahn zwischen 542 und 578 km Höhe gebracht. Seine Hauptaufgabe war die Überwachung der Sonne im Hinblick auf das für 1969 erwartete Sonnenfleckenmaximum. Von den 9 Meßeinrichtungen (107 kg) stammten 2 aus Großbritannien; ein von der Erde aus gesteuertes UV-Spektrometer lieferte u. a. ständig Verteilungsbilder (Spektrogramme) der UV-Emissionen über die gesamte Sonnenscheibe. »OSO 5« gelangte am 22. Jan. 1968 in eine Bahn zwischen 554 und 568 km Höhe; er entsprach wie der am 9. Aug. 1969 gestartete »OSO 6« (Bahnhöhe 491/553 km) in Aufbau und Funktion seinen Vorgängern.

»Osumi«: erster japanischer Meßsatellit, der am 11. Febr. 1970 mit einer japanischen Trägerrakete vom Typ »Lambda 4-S-5« vom Versuchsgelände Uchinoura in eine Umlaufbahn zwischen 350 und 5100 km Höhe gebracht wurde. Der Satellit hatte einen Durchmesser von 1 m und eine Masse von 38 kg. Seine Betriebszeit war auf 30 h programmiert, er stellte jedoch schon nach 6 Umläufen seine Funkübertragung ein.

»OV«-Satelliten [Abk. für engl. **O**rbiting **V**ehicle]: seit 1965 gestartete unbemannte militärische Forschungssatelliten (USA). Die Serie umfaßt mehrere Untergruppen, die unterschiedlichen Aufgaben dienen. Die Satelliten der Gruppe »OV 1« sind 1,38 m lang und haben Zylinderform mit 0,68 m Durchmesser (Masse etwa 135 kg). Sie weisen ein eigenes Triebwerk auf und lösen sich im Gipfelpunkt der ballistischen Flugbahn ihrer »Atlas«-Trägerraketen. Die Ausrüstung besteht u. a. aus Protonenspektrometer, Mikrometeoritendetektoren, Infrarotradiometern, Magnetometern, Sonnensensoren und Ionendichte-Meßinstrumenten. Die »OV 2«-Satelliten haben etwa 200 kg Masse und werden mit der »Titan 3 C« bei Mehrfachsatellitenstarts in Umlauf versetzt. Sie haben Würfelform und sind mit 4 Solarzellenauslegern ausgestattet. Die Satelliten der Gruppe »OV 3« sind achteckige Körper mit einem Durchmesser von 0,73 m und einer Masse von etwa 75 kg. Als Trägerrakete dient die »Scout«. Technische Daten zu den »OV 4«- und »OV 5«-Satelliten sind nicht bekannt.

Oxydator → Treibstoff.

P

Paddlewheel-Satellit [engl., Schaufelrad] → »Explorer«.

»Pageos« [Abk. für engl. **Pa**ssive **Geo**detic **S**atellite = passiver geodätischer Satellit]: Ballonsatelliten (USA), die bei einem Durchmesser von rund 33 m weitgehende Ähnlichkeit mit den Relaissatelliten vom Typ → »Echo« haben, jedoch in Verbindung mit einem System von Bodenkameras ausschl. der Erdvermessung dienen. Ihre Umlaufbahn ist annähernd polar und liegt in etwa 4000 km Höhe. »P. 1« gelangte mit einer »Thor-Agena«-Rakete am 24. Juni 1966 auf eine Umlaufbahn in 4200 km Höhe.

Panzerabwehrrakete → Kampfrakete.

Parabelflug: Flugmanöver, bei dem in Flugzeugen kurzzeitig der Zustand der Schwerelosigkeit mit großer Annäherung oder absolut erreicht werden kann. Das Prinzip besteht darin, das Flugzeug eine Vertikalkurve durchfliegen zu lassen, auf der sich im Idealfall Fliehkraft und Erdanziehung gänzlich kompensieren, so daß für das Flugzeug und seine Insassen der Schwereandruck aufgehoben wird. Im Nahbereich der Erdoberfläche kann diese Kurve als Wurfparabel dargestellt werden, obwohl sie eigentlich ein Ellipsenabschnitt ist. Die Ausführung des Flugmanövers besteht darin, daß der Flugzeugführer zunächst mit seiner Maschine soviel Fahrt wie möglich aufnimmt (leichter Sturzflug), dann in den Steigflug übergeht und nach Abschalten des Antriebs das Flugzeug auf der anschließenden Parabelfreiflugbahn sich selbst überläßt. Nach dem Durchfliegen dieser Wurfkurve muß die herabstürzende Maschine selbstverständlich wieder abgefangen werden. In der Praxis steht allerdings der Luftwiderstand diesem einfachen Ablauf entgegen. Aus diesem Grunde muß der Antrieb des Flugzeugs bis zu einem gewissen Grade erhalten bleiben, um dem Flugzeugführer die Möglichkeit zu geben, durch Regelung des Triebwerkschubs die störenden Luftkräfte zu kompensieren. Dauer und Grad der Annäherung an die totale Schwerelosigkeit werden somit davon bestimmt, wie weitgehend dieser Ausgleich gelingt, und sind damit nicht zuletzt von dem Können des Flugzeugführers abhängig. Durch möglichst hoch und schnell fliegende Maschinen sucht man diesen Effekt max. zu begünstigen. I. allg. liegt die auf diesem Wege erzielbare Dauer für angenäherte bis totale Schwerelosigkeit etwa bei 60 bis 120 s. Die Durchführung von Parabelflügen hat vor allem für die Raumfahrtphysiologie große Bedeutung erlangt. Mit ihrer Hilfe kann man einmal erste Verträglichkeitstests hinsichtlich der Schwerelosigkeit für die Auswahl von Raumfahrern durchführen und zum andern diese ständig trainieren sowie entspr. Untersuchungsmethoden erproben. Allerdings liefern die dabei gesammelten Erfahrungen kein verbindliches Bild über die Auswirkungen länger anhaltender Schwerelosigkeit.

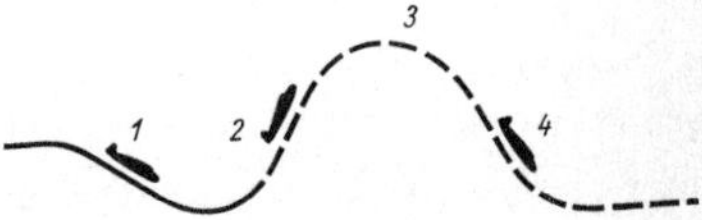

Parabelflug für kurzzeitige Schwerelosigkeitstests: 1 Geschwindigkeitssteigerung im leichten Sturzflug, 2 Einflug in die Wurfparabel, 3 Parabelscheitel, 4 Abfangen; 2 bis 4 Bereich des schwerelosen Flugs

Paraboldüse → Entspannungsdüse.

Paragleiter → Rogallo-Flügel.

»PARESEV« [Abk. für engl. **Pa**raglider **Rese**arch **V**ehicle]: Fluggerät (USA) zur Untersuchung von faltbaren, fallschirmartigen Gleitflügeln (→ *Rogallo-Flügel*, Fallschirmflügel) auf ihre Eignung als Landehilfe für die Rückführung von Raumkapseln und der Startstufen großer Trägerraketen. Das erste Versuchsmodell des P. war ein antriebsloses Schleppgerät, das von einem Kraftfahrzeug in die Luft gezogen und dann in geringer Höhe zum Gleitflug freigegeben wird. Es bestand aus einem einfachen Rahmengestell mit Pilotensitz und Fahrwerk. Das Instrumentenbrett umfaßte Geräte zur Kontrolle von Höhe, Geschwindigkeit und Flügelwirkung hinsichtlich Stampfen und Rollen. Der Gleitflügel hatte Dreiecksform und wurde durch eine feste Konstruktion über dem Rahmengestell ausgespannt. Bei späteren Versuchen wurden Flugzeuge als Schlepphilfen verwendet.

Parkbahn: Satellitenbahn, auf der ein Raumflugkörper umläuft, der entweder ganz oder zu einem Teil durch einen weiteren Antriebsvorgang wieder aus dieser Bahn herausgeführt und in eine Freiflugbahn zum Mond oder in den interplanetaren Raum gebracht werden soll. Erstens kann durch die Bewegung des Raumflugkörpers in einer entspr. ausgewählten P. ein zusätzlicher Einfluß auf die Benutzung einer energetisch günstigen lunaren oder interplanetaren Übergangsbahn gewonnen werden, wodurch es u. a. ermöglicht wird, die aus der geographischen Lage des Trägerstartplatzes (z. B. ungünstige Position zur Mondbahnebene im Bereich der zulässigen Startzeittoleranz) resultierenden Nachteile (zu hoher Energieaufwand und damit Einschränkung der Nutzmasse bei Direktflug zum Mond, d. h. ohne P.) in gewissem Grade zu vermeiden. Zweitens läßt sich durch eine P. eine wesentliche Verbesserung der Genauigkeit erreichen, mit der der Raumflugkörper in seine lunare oder interplanetare Übergangsbahn und damit zum Zielanflug gebracht werden kann. Drittens bietet die Einschaltung einer P. die Möglichkeit, eine letzte umfassende Überprüfung der Bordsysteme durchzuführen. Die Verweilzeit eines Raumflugkörpers in einer P. kann sehr verschieden sein. Sie wird im wesentlichen von der Zeitdauer bestimmt, die dazu nötig ist, die richtige Ausgangsposition für den Abflug zu erreichen. In den meisten Fällen genügt dafür schon ein mehr oder weniger großer Teil des ersten Umlaufs. – Die erste erfolgreiche Anwendung des Prinzips der P. gelang sowjetischen Raumfahrtwissenschaftlern (Start der ersten Venussonde am 12. Febr. 1961). Seither wurde dieses Verfahren auch bei zahlreichen anderen sowjetischen und US-amerikanischen Raumflugunternehmungen erfolgreich angewendet.

PAS: Abk. für **P**erigäum-**A**pogäum-**S**ystem.

Pazajew, *Wiktor:* sowjetischer Kosmonaut, geb. 19. Juni 1933 Aktjubinsk (Kasachstan), gest. (verunglückt bei der Rückkehr von »Sojus 11«) 30. Juni 1971, startete am 6. Juni 1971 als Testingenieur mit → *Dobrowolski* und → *Wolkow* in »Sojus 11« zu einem 24tägigen Raumflug, bei dem durch Kopplung des Raumfahrzeugs mit dem unbemannten Raumstationsmodul »Salut« und nachfolgendem Überstieg der Kosmonauten sowie Inbetriebnahme der diesbezüglichen technischen und wissenschaftlichen »Salut«-Installationen die erste operative wissenschaftliche → Raumstation vom Typ »Salut-Sojus« geschaffen wurde. – P. arbeitete zunächst als Ingenieur in einem Konstruktionsbüro. Nach seiner Aufnahme in die Kosmonautengruppe nahm er an verschiedenen Spezialausbildungen teil.

Peenemünde → Heeresversuchsanstalt Peenemünde.

»Pegasus«: Meßsatelliten (USA), die speziell der Untersuchung der Verteilungsdichte von Meteoriten im erdnahen Raum dienten. Sie wurden im Rahmen des »Saturn«-Erprobungsprogramms und von Voruntersuchungen für »Apollo« mit »Saturn-1-Raketen« gestartet und blieben in der Umlaufbahn mit der jeweiligen »S-4«-Stufe verbunden. Eine zentrale Gitterkonstruktion trug 2 Meßflächen, die beim Aufstieg zusammengelegt waren und erst in der Umlaufbahn entfaltet wurden (Spannweite 29 m, Breite 7,4 m, Auffangfläche 214 m^2). Ober- und Unterseite der Flächen waren als elektrischer Kondensator ausgebildet. Beim Aufschlag eines Meteoriten entstand eine Entladung, die regi-

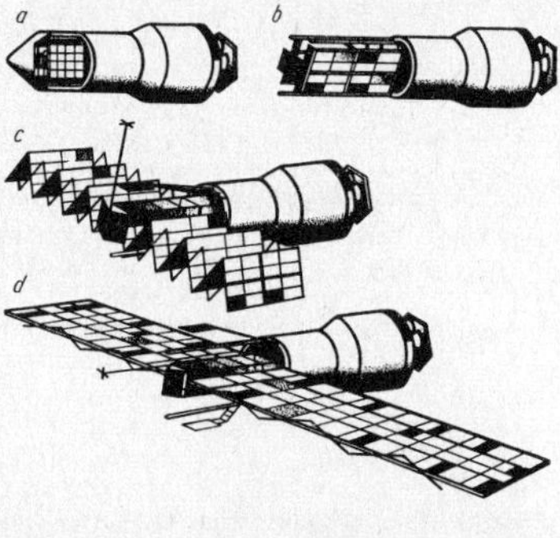

Schema der Meßflächenentfaltung bei »Pegasus«-Satelliten: a letzte Antriebsstufe mit Satellit unter Schutzkegel, b Schutzkegel abgetrennt, c Beginn der Entfaltung, d Satellit in Arbeitskonfiguration

striert wurde, wobei auch Einschlagstelle und Auftreffrichtung bestimmt werden konnten. Zur Energieversorgung des Meßwertsenders waren an der zentralen Gitterkonstruktion mehrere Solarzellenflächen befestigt.

»P. 1« wurde am 16. Febr. 1965 gestartet. Er hatte eine Masse von 1,45 t (Gesamtumlaufmasse mit Trägerendstufe, Resttreibstoffen, Lenkabteil und Adapter 10,8t) und erreichte eine Umlaufbahn zwischen 688 und 712 km Höhe. Er arbeitete zufriedenstellend und lieferte über 3a lang eine große Zahl wertvoller Informationen.

Am 25. Mai 1965 wurde »P. 2« gestartet, dessen technische Daten im wesentlichen denen seines Vorgängers glichen. Als Verbesserung war jedoch eine Möglichkeit zur Abschaltung fehlerhafter Kondensatorzellen gegeben. Der Satellit durchlief eine

Bahn zwischen 500 und 750 km Höhe und meldete in den ersten 4 Wochen 53 Meteoritentreffer.
»P. 3« gelangte am 30. Juli 1965 in eine Umlaufbahn zwischen 516 und 534 km Höhe. Aufbau und Ausrüstung entsprachen weitgehend denen seiner Vorgänger. Mitte 1968 wurden die Meßwertübertragungsanlagen aller 3 Satelliten durch Funkbefehl von der Erde her außer Betrieb gesetzt, da sie ihre ursprünglich angenommene aktive Lebensdauer (18 Monate) weit überschritten hatten und genügend Meßwerte vorlagen. Die Messungen hatten ergeben, daß die Konstruktionskriterien, die für den Mikrometeoritenschutz der »Apollo«-Raumfahrzeuge zugrunde gelegt worden waren, ausreichten.
»Peole«: Forschungssatellit (Frankreich), der am 12. Dez. 1970 mit einer »Diamant«-Rakete vom Raumfahrtzentrum Guayana aus in eine Umlaufbahn zwischen 514 und 746 km Höhe (Bahnneigung 15 °) gebracht wurde. Der Satellit dient vornehmlich der Erprobung von Ausrüstungen für Geodäsie-Experimente; neben UHF-Geräten kommen dabei auch Laserortungsverfahren zur Anwendung.
Perigäum (Erdnähe), **Perigäumshöhe** → Apsiden.
Perigäum-Apogäum-System, Abk. **PAS**: zusätzliches Antriebssystem, mit dem ein Satellit aus einer erdnahen Umlaufbahn in eine → Synchronbahn gebracht werden kann. Es besteht aus 2 Feststofftriebwerken, die so mit dem zwischen ihnen angeordneten Satelliten verbunden sind, daß ihre Düsenmündungen in entgegengesetzte Richtungen weisen. Das eine Triebwerk bringt das System mit einem entspr. Antriebsimpuls *(Perigäumsimpuls)* aus der niedrigen Umlaufbahn in eine elliptische Übergangsbahn, deren Apogäum in der Höhe der Synchronbahn liegt. Das zweite Triebwerk erteilt dem Satelliten den Impuls *(Apogäumsimpuls)* zum Einflug in die kreisförmige Synchronbahn.
Perigäumslänge → Bahnelemente.
Perihel: Sonnennähe, → Apsiden.
Perihellänge → Bahnelemente.
Peripunkt: dem Gravitationszentrum am nächsten liegender Punkt einer Umlaufbahn; bei Erdsatelliten das Perigäum, bei Raumsonden das Perihel. → Apopunkt.
Periselenum: mondnächster Punkt einer Mondsatellitenbahn; vielfach auch, sprachlich ungenau, als *Perilun* bzw. *Perilunum* bezeichnet.
»Pershing«: zweistufige Feststoffrakete (USA), die als Boden-Boden-Rakete für taktisch-operative Aufgaben vorgesehen ist. Die Rakete hat bei einer Länge von etwa 10,5 m (Durchmesser etwa 1 m) eine Startmasse von etwa 4,6 t. Sie wird als Kernsprengladungsträger von schweren Kettenfahrzeugen aus eingesetzt und hat eine Reichweite von etwa 700 km.

»Pershing« kurz nach dem Start

Petropawlowski, *Boris Sergejewitsch:* sowjetischer Techniker, geb. 1898, gest. 1933, war als Artillerieingenieur und Konstrukteur an der Entwicklung von Raketengeschossen auf der Grundlage rauchloser langbrennender Festtreibstoffe beteiligt (u. a. der »Katjuscha«-Raketengeschosse). Er arbeitete ab 1929 im → Gasdynamischen Laboratorium und war 1930/32 dessen Leiter.

Petrow, *Boris Nikolajewitsch:* sowjetischer Wissenschaftler, geb. 1913, Spezialist auf dem Gebiet der automatischen Steuerung. P. schloß 1939 sein Studium im Fach Elektroapparatebau am Moskauer Institut für Energetik ab, danach arbeitete er an der Automatisierung von Meß- und Produktionsprozessen. 1945 verteidigte er seine Dissertation zur Theorie automatischer Registriersysteme (Professur 1948). 1953 wurde P. korrespondierendes und 1960 Vollmitglied der Akademie der Wissenschaften der UdSSR, 1963 Akademiesekretär der Sektion Mechanik der Steuerungsprozesse und Mitglied des Präsidiums der Akademie. Seine auch im Bereich der Raketen- und Raumfahrttechnik wirksamen bedeutendsten Arbeiten betreffen das Gebiet der automatischen Steuerung und Regelung, die Theorie der Regelung zusammengesetzter Systeme und die Ausarbeitung der Grundlagen des Aufbaus verschiedener Typen automatischer Anlagen. P. ist Abteilungsleiter im Institut für Automatik und Telemechanik (technische Kybernetik) und Professor am Moskauer Luftfahrtinstitut S. Ordshonikidse.

»Phoebus«: Reaktor-Versuchssystem, das im Rahmen des → »NERVA«-Programms bis zum Prototyp eines flugfähigen Kernenergietriebwerks entwickelt werden soll. Der als Verbesserung des »Kiwi-B«-Versuchsreaktors bezeichnete »P. 1« führte am 25. Juli 1965 einen erfolgreichen Prüflauf von 13 min mit 1000 MW Leistung aus. »P. 1 B« wurde als Triebwerksprototyp ausgelegt und mit 1500 MW Leistung und 35 Mp Schub (Wasserstoff als Stützmasse) erfolgreich erprobt. Das daraus entwickelte erste Flugtriebwerk »NERVA 2« (110 Mp Schub) soll bis 1971 einsatzreif sein. Die damit ausgerüstetete »ROVER«-Oberstufe soll die Nutzmassekapazität der »Saturn-5«-Trägerrakete verdoppeln können.

Photonenantrieb: vorläufig hypothetisches Antriebsverfahren, bei dem der Impuls eines gebündelten Photonenstrahls zur Schuberzeugung benutzt werden soll. Stark vereinfacht gesehen, entspricht auch das Lichtbündel eines Scheinwerfers einem Photonenantriebsstrahl. Ein hinreichend großer Schubeffekt würde sich allerdings nur bei sehr intensiver Photonenstrahlung ergeben, wie sie von Strahlungsquellen mit ≧ 30000 °K Temperatur ausgeht. Das Strahlungsmaximum eines solchen Photonenstrahlers geht mit steigender Temperatur in das Gebiet der weichen Röntgenstrahlung über. Die Bündelung des Photonenstrahls durch metallische Reflexion würde dann unmöglich. Über andere Verfahrensmöglichkeiten besteht heute jedoch noch wenig Klarheit. Da für die Verwirklichung eines P. somit wegen dieser u. a. ungewöhnlicher physikalisch-technischer Bedingungen (u. a. Energiebedarf von etwa 3000 MW/kp) gegenwärtig kaum brauchbare Lösungsvorschläge gemacht werden können, läßt sich auch über damit verbundene Raumflugprojekte derzeit kein abschließendes Urteil fällen. Einer der bedeutendsten Forscher auf diesem Gebiet war → *Sänger.*

Photonensegel → Sonnensegel.

Piggyback-Satellit → Huckepack-Satellit.

PILOT [Abk. für engl. **Pi**loted **Lo**wspeed **T**est]: Programm (USA) zur Entwicklung und Erprobung von bemannten Flugkörpern (»SV-5P«, → »X-24A«), mit denen die Probleme von aerodynamisch flug- und manövrierfähigen Rückkehrkörpern aus Erdumlaufbahnen (→ Raumgleiter) im Bereich von 30 km Höhe bis zur Landung und von Mach 2 bis zur Landegeschwindigkeit untersucht werden. Das P.-Programm bildet die dritte Phase des → START-Programms.

»Pioneer«: Raumsonden (USA), die in einer ersten Serie bis 1960 zur Erforschung des interlunaren und interplanetaren Raums eingesetzt wurden. Am erfolgreichsten war »P. 5«, der am 11. März 1960 gestartet wurde und eine Bahn erreichte, die ihn bis in die Nähe der Venusbahn brachte. Die Gerätezelle der Raumsonde (43 kg) war annähernd kugelförmig (Durchmesser 0,66 m) und enthielt verschiedene Zählrohre für Teilchenstrahlungen, einen Mikrometeoritenzähler, ein Magnetometer, eine Photozelle als Lageindikator, Funkanlagen zur Meßwertübertragung und zum Kommandoempfang sowie verschiedene Steuergeräte. Die Stromversorgung der Raumsonde geschah durch Solarzellen auf 4 paddelförmigen Auslegern, die außen an der Gerätezelle befestigt waren und das ganze Gerät den »Schaufelrad«-Satelliten der »Explorer«-Serie sehr ähnlich machten. Die beiden Sender übertrugen Meßwerte bis aus einer Entfernung von 36,3 Mill. km.

1965 wurde eine neue Serie von »P.«-Raumsonden eingeleitet, die zusammen mit »IMP«-Satelliten und »Mariner«-Raumsonden gleichzeitige Messungen in weit voneinander entfernten Gegenden des Weltraums durchführen. Die neuen »P.«-Raumsonden nehmen bis zu 7 verschiedene Messungen über das interplanetare

Magnetfeld, das interplanetare Sonnenplasma, die kosmische Strahlung, die Radiowellenausbreitung und den interplanetaren Staub vor. Die Gerätezelle ist ein rotationsstabilisierter Zylinder von 94 cm Durchmesser und 93 cm Länge, dessen Außenwandung mit Solarzellen zur Energieversorgung besetzt ist. Aus der Zylinderwandung ragen 3 Stabilisierungsstangen heraus, von denen eine ein Magnetometer trägt. Auf einer der Bodenflächen des Zylinders befindet sich ein stabförmiger Ausleger, auf dem eine Richtantenne befestigt ist. Die Temperaturregelung in der Gerätezelle geschieht durch Temperaturregelblenden. Ein Lagesteuerungssystem mit Druckgasdüsen und Sonnensensoren richtet die Längsachse der Raumsonde nach der Ebene der Ekliptik aus. »P. 6« wurde am 16. Dez. 1965 gestartet; er hatte eine Masse von 63,5 kg, von denen 15,9 kg auf die wissenschaftliche Ausrüstung entfielen; seine Bahn liegt im Raum zwischen Erde und Venus. »P. 7« folgte am 17. Aug. 1966, wobei die Bahn diesmal in den Raum Erde–Mars gelegt wurde, ebenso wie bei »P. 8« (13. Dez. 1967). Der mit verschiedenen neuen Instrumenten ausgestattete »P. 9« (8. Nov. 1968) wurde auf die am weitesten ins innere Sonnensystem führende Bahn aller bisherigen »P.«-Sonden gebracht (Perihel 113 Mill. km = 0,76 AE).

Die Jupiter-Sonde »P. 10« (Gewicht 260 kg) wurde am 3. März 1972 von Cape Kennedy aus mit einer »Atlas-Centaur«-Trägerrakete gestartet. Ende Dez. 1973 soll sich »P. 10« beim Vorbeiflug dem Planeten Jupiter bis auf 140000 km nähern und dabei wichtige Aufnahmen zur Erde funken. In ca. 11 Jahren soll die Sonde die Bahn des äußeren Planeten Pluto kreuzen und dann das Sonnensystem für immer verlassen.

Planet [svw. Wandelstern]: im reflektierten Sonnenlicht leuchtender, großer Himmelskörper des → Sonnensystems.

Planetensonde: unbemannter Raumflugkörper, der Meß- bzw. Beobachtungsapparaturen zur Erforschung der Beschaffenheit eines Planeten in dessen Nähe oder auf seine Oberfläche bringt und die Meßergebnisse auf dem Funkwege zur Erde übermittelt. Je nachdem, welcher Planet als Flugziel gewählt wird, spricht man von *Venus-*, *Marssonden* u. ä. Die erste Venussonde wurde von der UdSSR am 4. Febr. 1961 gestartet (→ »Venus«), die erste Marssonde ebenfalls von der UdSSR am 1. Nov. 1962 (→ »Mars 2«). → »Mariner«, »Sonde«.

Planetensystem: i. e. S. die Gesamtheit der Planeten; i. w. S. svw. → Sonnensystem.

Planetoid, *Asteroid, Kleiner Planet:* kleiner planetenartiger Himmelskörper des → Sonnensystems. Die P.en bilden eine sehr zahlreiche Familie (etwa 4000 bisher entdeckt, davon rund 1700 mit genau bestimmter Bahn; Gesamtzahl auf 40000 bis 50000 geschätzt), die in der Mehrzahl auf Bahnen zwischen den Planeten Mars und Jupiter um die Sonne laufen *(Planetoidengürtel)*. Die sehr wenigen großen P.en haben einige hundert Kilometer Durchmesser, die übrigen gehen in der Größe offenbar bis zu den Dimensionen meteoritischer Körper herunter, wobei die Anzahl mit abnehmender Größe zunimmt.

Planetoidensonde: unbemannter Raumflugkörper, der beim Flug durch den Planetoidengürtel (→ Planetoid), beim Vorbeiflug an einem oder mehreren großen Planetoiden oder bei einer Landung auf einem großen Planetoiden zukünftig zur Erforschung dieser Himmelskörper eingesetzt werden soll.

Plasmaantriebe: Untergruppe der → elektrischen Raumfahrtantriebe, für deren Arbeitsprinzip 2 Effekte der Elektrodynamik von maßgeblicher Bedeutung sind, die sich aus dem Zusammenhang zwischen Stromdichte und elektrischer Feldstärke bzw. Magnetfeldstärke ergeben. So kann ein leitfähiges Gas durch Joulesche Wärme so weit aufgeheizt werden, daß Ionisation der Gasmoleküle oder -atome eintritt und ein Hochtemperaturplasma entsteht. Weiterhin läßt sich ein leitfähiges Gas (Plasma) durch die Lorentz-Kraft auf extrem hohe Geschwindigkeit beschleunigen. Unter Ausnutzung des zuerst genannten Effekts

Vakuumkammer zur Untersuchung von Plasmaantrieben

kann die bei chemischen Reaktionen erzielbare Aufheizung (Enthalpie) eines Arbeitsmediums ganz wesentlich überboten werden. Triebwerke, bei denen die chemische Verbrennungsreaktion lediglich nach diesem Prinzip durch eine elektrische Aufheizung ersetzt wird, bezeichnet man als *elektrothermische P.* Die Umsetzung der thermischen Energie des Arbeitsgases in kinetische Energie des Antriebsstrahls geschieht auch hierbei durch Entspannung in einer Ausströmdüse. Für die mit der Lorentz-Kraft als Beschleuniger arbeitenden Antriebe ist eine derartige spezielle Entspannungsdüse prinzipiell nicht erforderlich. Als Bezeichnung für Antriebe dieses Typs sind neben der Version *MHD-(magnetohydrodynamische) P.* gegenwärtig vor allem die Begriffe *elektromagnetische* oder besser noch *magnetogasdynamische P.* in Gebrauch. Neben den theoretischen und experimentellen Untersuchungen an reinen elektrothermischen oder magnetogasdynamischen Antrieben wurden auch schon verschiedene Kombinationslösungen aus beiden Verfahren entwickelt. Allen P. ist gemeinsam, daß sie im Unterschied zu den → elektrostatischen Triebwerken keine Probleme hinsichtlich einer Ladungsneutralisation aufwerfen, da ein Plasma in seiner Gesamtheit stets als elektrisch neutrales Arbeitsmedium in Erscheinung tritt.

1) *Elektrothermische P.:* Die Aufheizung eines Gases durch Joulesche Wärme geschieht im einfachsten Fall mittels eines Lichtbogens oder einer Funkenentladung. Der Lichtbogen wird bisher in der Praxis bevorzugt, da sich damit eine kontinuierliche heiße Gasströmung erzeugen läßt. Die nach diesem Prinzip arbeitenden Triebwerke werden daher auch als *Lichtbogentriebwerke* (engl. *arc jets)* bezeichnet. Abgesehen von dem Aufwand für die primäre Energiequelle ist der Aufbau eines elektrothermischen Triebwerks sehr einfach. Ähnlich wie bei chemischen Antrieben wird das Arbeitsmedium über Pumpe und Regler in eine Brennkammer geleitet. Eine in der Brennkammerachse liegende stabförmige Elektrode (Kathode) sorgt, in Verbindung mit dem als zweite Elektrode (Anode) wirkenden Düsenhalseinsatz, für den Aufbau des Lichtbogens. Das im Brennkammerkopf zugeführte Arbeitsmedium tritt durch diesen Lichtbogen hindurch und wird dabei entspr. aufgeheizt. Da sich chemische und elektrothermische Antriebe in thermodynamischer Hinsicht stark ähnlich sind, gilt für letztere ebenfalls, daß Ausströmgeschwindigkeit und spezifischer Impuls um so größer werden, je höher die je durchgesetzter Masseneinheit erzielbare Enthalpie ist. Somit ergeben auch hier wieder Arbeitsmedien mit möglichst niedrigem Molekulargewicht den höchsten spezifischen Impuls, d. h., reiner Wasserstoff steht auch hier an erster Stelle. Mit diesem als Arbeitsmittel und einer Aufheizungstemperatur bis etwa 10000°C kann bei Entspannung ins Vakuum theo-

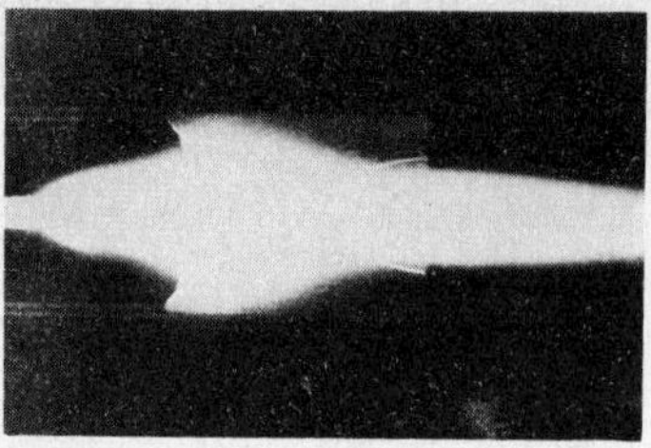

Geschnittenes elektrothermisches Triebwerk in Funktion

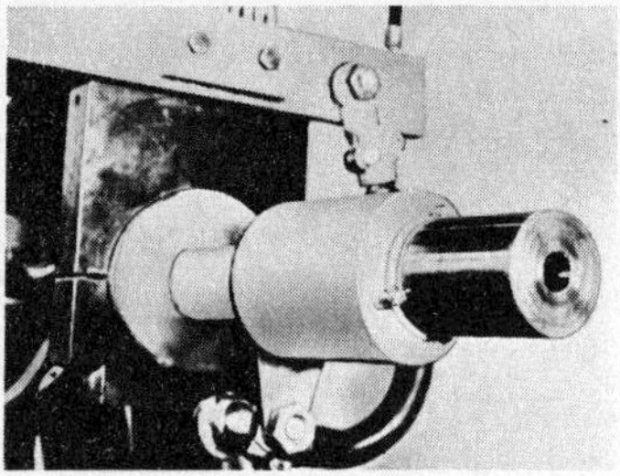

Düsenteil eines elektrothermischen Triebwerks

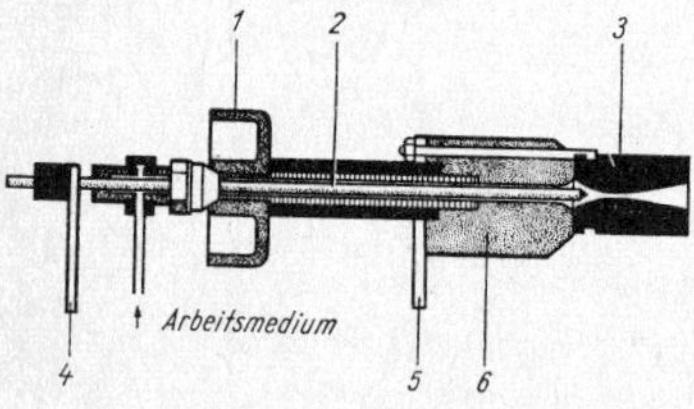

Aufbauschema eines elektrothermischen Plasmatriebwerks mit Strahlungskühlung: 1 Aufhängung, 2 Kathode, 3 Anoden-Düsenteil, 4 Kathoden-Anschluß, 5 Anoden-Anschluß, 6 Bornitrid-Isolierkörper

retisch eine Ausströmgeschwindigkeit (spezifischer Impuls) bis zu 30000 m/s erreicht werden. Doch auch wasserstoffreiche Verbindungen, wie Lithiumhydrid, Ammoniak oder sogar Wasser, sowie die in ihrer chemischen Aktivität gegenüber den Elektrodenmaterialien weniger wirksamen Elemente Stickstoff und Argon kommen in Betracht. Bei den Gasen mit hohem mittlerem Molekulargewicht muß man allerdings mit einem Absinken der max. Ausströmgeschwindigkeit auf etwa 10000 bis 15000 m/s rechnen. Für die Auswahl des Arbeitsmediums spielt außerdem, vor allem für Raumflugunternehmen mit langer Reisezeit, der Gesichtspunkt unbeschadeter Lagerfähigkeit eine wesentliche Rolle. Wasserstoff und Helium bieten einige Schwierigkeiten bei der Aufbewahrung in flüssigem Zustand, der betriebstechnischen Handhabung sowie in bezug auf die Strahlungseinflüsse im Weltraum.

Der Betrieb von elektrothermischen P. wirft noch andere Probleme auf. So werden Wirkungsgrad und Einsatzmöglichkeit für Dauerbetrieb sehr stark durch Wärmeübergang, Rückgang der Jouleschen Aufheizung bei extremer Arbeitstemperatur und Energieverluste infolge Elektrodenerosion in der Düsenströmung begrenzt. Auch die zuverlässige Zündung derartiger Triebwerke unter Weltraumbedingungen, die im Prinzip durch direkten Elektrodenkontakt, aber auch durch eine Hochfrequenzgasentladung und Brückendrähte geschehen kann, macht Schwierigkeiten. Zum Vermindern der Elektrodenerosion und zum Stabilisieren des Lichtbogens setzt man verschiedentlich äußere Magnetfelder ein. Bes. schwierig ist die Kühlung von Brennkammer und Düse, da die Arbeitstemperatur in jedem Fall beträchtlich über derjenigen chemischer Reaktionen liegt. Die dafür brauchbare und technisch sehr wenig aufwendige Strahlungskühlung (→ Kühlverfahren) erreicht ihren besten Wirkungsgrad bei möglichst hoher Oberflächentemperatur der abstrahlenden Triebwerksteile, woraus sich die Forderung nach Verwendung höchstwarmfester Werkstoffe ergibt. In Versuchstriebwerken benutzt man daher für Kathode und Anodendüsenkörper Wolfram, als Isolationsmaterial zwischen beiden Elektroden Bornitrid. Düsenkörper und Isolator strahlen dann im Betrieb die Wärme bei einer Oberflächentemperatur von 1700 °C ab. Die Regenerativkühlung, in diesem Fall ausschl. mit geschlossenem Kühlmittelkreislauf und äußerem Wärmeabstrahler, hätte zwar den Vorzug einer großen Wirkung, jedoch den Nachteil erhöhten Massenaufwands und größerer Kompliziertheit. Auch Verfahren mit Schwitzkühlung (→ Kühlverfahren) werden diskutiert.

2) *Magnetogasdynamische P.:* Es gibt mehrere Wege, ein Plasma durch die Lorentz-Kraft zu beschleunigen. Die Hauptgruppen möglicher Triebwerkstypen unterscheiden sich darin, ob ein intermittierender oder kontinuierlicher Betrieb angestrebt wird, sowie im Falle des intermittierenden Betriebs, ob die Anlage mit oder ohne Elektroden arbeitet. Letzteres ist gleichbedeutend mit der Frage, ob die Plasmaerzeugung durch Hochfrequenzgasentladung oder durch Induktion im Hochfrequenzfeld geschieht. Für den intermittierenden Betrieb mit Elektroden sind verschiedene Typen von Plasmabeschleunigern entwickelt worden. Im einfachsten Fall bringt man eine Kondensatorkette über 2 Metallschienen zur Entladung. Das bei der Entladung erzeugte Plasmoid wird von dem durch den Entladungsstrom aufgebauten Magnetfeld beschleunigt und ausgestoßen. Als Anlagen mit wesentlich höherer Wirkung sind die *hydromagnetischen Stoßrohre* anzusehen.

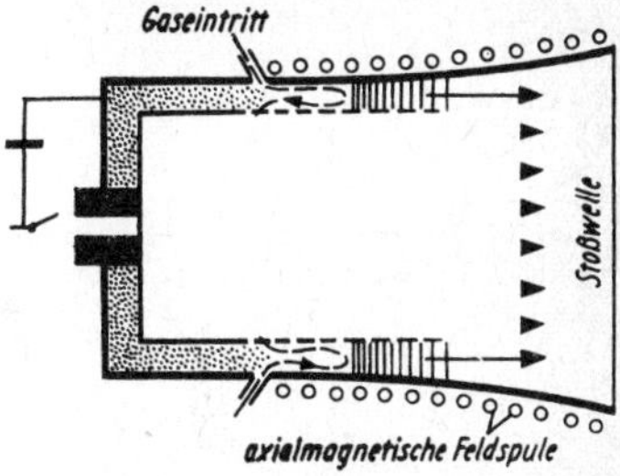

Ringstoßrohr (schematisch)

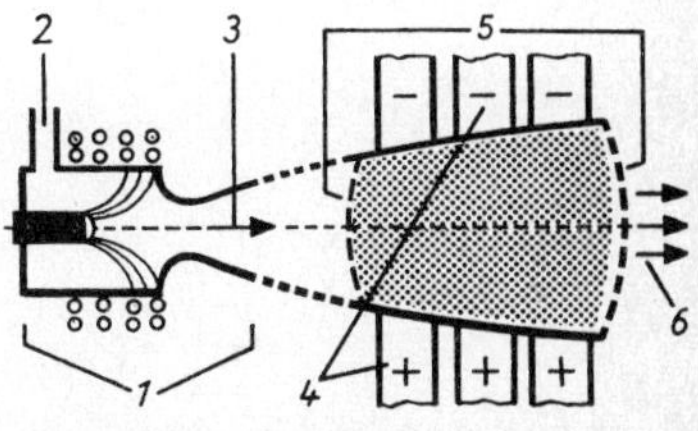

Kombiniertes elektrothermisch-elektromagnetisches Triebwerk: 1 Plasmagenerator, 2 Treibstoffeintritt, 3 Plasmaströmung, 4 Elektroden, 5 Magnetfeld, 6 Plasmaaustritt

Beim *Ringstoßrohr* strömt das Arbeitsmedium in eine ringförmige Kammer, deren Wände als Elektroden dienen. Während der anschließenden Hochspannungsentladung wird in einer äußeren axialmagnetischen Feldspule ein Magnetfeld erzeugt, das die Elektronen des Entladungsplasmas auf Kreisbahnen zwingt. Durch Stoß ionisieren diese Elektronen das Arbeitsmedium dann weiter sehr gleichmäßig. Außerdem erzeugt das Magnetfeld eine Stoßfront, die dem Plasma eine sehr hohe Beschleunigung erteilt. Die gemessene Austrittsgeschwindigkeit liegt zwischen 100000 und 200000 m/s. Neben dem Ringstoßrohr lassen sich aber auch *Stoßrohre mit T-Form* bzw. solche mit konischem Anfangsteil und einer zentralen sowie einer ringförmigen Elektrode als brauchbare Plasmabeschleuniger einsetzen. Das zuletzt angeführte Stoßrohr hat dabei noch den Vorzug, daß das heiße Plasma durch das vom Strom in der Gasentladung hervorgerufene Magnetfeld von den Beschleunigerwänden abgelöst und zur Rohrachse hin zusammengedrängt wird *(Pincheffekt)*. Plasmabeschleuniger mit Elektroden haben den Nachteil, daß die unvermeidliche Elektrodenerosion das Plasma verunreinigt und damit in seinen spezifischen Eigenschaften ungünstig beeinflußt. Mit der Entwicklung elektrodenloser Stoßrohre konnte dieser Effekt ausgeschaltet werden. Dabei liegt um den konischen Anfangsteil des Stoßrohrs ein System von Feldspulen, deren magnetische Feldenergie durch elektromagnetische Induktion auf das Arbeitsgas übertragen wird. Neben Erzeugung und Einschluß des Plasmas ergibt das fortschreitende Magnetfeld zugleich die beschleunigende magnetische Stoßfront. Bei anderen Varianten elektrodenloser Stoßrohre wird entweder der Pincheffekt als Beschleunigungsmechanismus ausgenutzt oder die Gasaufheizung durch Hochfrequenzstrahlung erzielt. Ganz allgemein ergibt sich in allen Anlagen eine sehr günstige Ausströmgeschwindigkeit (meist > 100000 m/s), doch liegt der erzielte Wirkungsgrad noch in keinem Fall über 10 %.

Plasmabeschleuniger eines kontinuierlichen elektromagnetischen Triebwerks

Als bes. aussichtsreich kann eine Methode angesehen werden, die zu einem kontinuierlich arbeitenden Plasmaantrieb führt. Es handelt sich dabei um die kontinuierliche Nachbeschleunigung eines Plasmastrahls in gekreuzten elektrischen und magnetischen Feldern. Dieses Verfahren stellt praktisch die Umkehrung des Prinzips der magnetogasdynamischen Generatoren dar. Als wirkungsvoller Plasmaerzeuger kann ein elektrothermisches Triebwerk dienen, dessen magnetisch in Rotation versetzter Plasmastrahl mit einer Geschwindigkeit bis zu etwa 15000 m/s in den elektromagnetischen Nachbeschleuniger eintritt. In diesem wird die elektrische Leitfähigkeit des Plasmas dazu ausgenutzt, in Strömungsrichtung, unter Einfluß des senkrecht zum elektrischen Feld verlaufenden Magnetfelds, eine Lorentz-Kraft zu erzeugen, die das Plasma schließlich bis auf etwa 40000 m/s beschleunigen soll. Der magnetogasdynamische Beschleuniger übernimmt damit sozusagen, analog den Verhältnissen bei Luftstrahltriebwerken, die Funktion eines »Nachbrenners«.

Pleumeur Bodou: in Frankreich gelegene Bodenrelaisstation für Funk- und Fernsehübertragungen zwischen Europa und den USA mittels Nachrichtensatelliten.

Pluto: sonnenfernster Planet des → Sonnensystems; seine große Entfernung von der Sonne (39,5 AE im Mittel) und damit auch von der Erde macht ihn zu einem sehr schwierigen Beobachtungsobjekt, so daß die Bestimmung seiner physischen Daten noch sehr unsicher ist (Durchmesser zwischen 0,5 und 1,1 Erddurchmesser; Masse 0,9 Erdmassen; mittlere Dichte 4 g/cm^3, wenn 1,1 Erddurchmesser richtig ist). P. dürfte jedoch auf jeden Fall zu den erdähnlichen Planeten zählen.

Polarbahn: Satellitenbahn, deren Bahnebene um genau oder annähernd 90° gegen die Ebene des Erdäquators geneigt ist. Die auf P.en umlaufenden Satelliten werden häufig auch als *Pol-* oder *90°-Satelliten* bezeichnet. Eine P. ist bes. vorteilhaft für alle Satelliten, die zur Beobachtung der Erdoberfläche oder des Wettergeschehens dienen sollen. Das Zusammenwirken von Satellitenumlauf und Erdrotation macht es möglich, die gesamte Erdoberfläche einschließlich der Polargebiete mit einer erdnahen P. innerhalb von 24 h nahezu lückenlos in angenäherter Draufsicht zu erfassen, die sowohl für wissenschaftliche als auch militärische Überwachungsaufgaben weitaus am zweckmäßigsten ist. Den ersten Satelliten mit angenäherter P. brachten die USA 1959 in ihrem vorwiegend militärisch orientierten → »Discoverer«-Programm in Umlauf. Als Startplatz diente die speziell für diese Zwecke ausgebaute Vandenberg-Air-Force-Base. Auch in ihrem weiteren klassifizierten bzw. geheimen militärischen Satellitenprogramm bevorzugten die USA vorwiegend P.en.

»Polaris« [svw. Polarstern]: zweistufige Feststoffrakete (USA), die als Mittelstreckenrakete von getauchten U-Booten aus gestartet werden kann. Der verbesserte Typ »A-2« hat bei 1,37 m Durchmesser eine Gesamtlänge von 9,6 m und eine Startmasse von 13,6 t. Dadurch konnten Treibstoffmasse und Brenndauer der ersten Stufe gegenüber der früheren »A-1«-Version gesteigert werden. Außerdem erhielt die zweite Stufe ein leistungsfähigeres Triebwerk. Diese 1962/63 in die Ausrüstung der US-amerikanischen Atom-U-Boote übernommene Version hatte eine Reichweite von etwa 2800 km. Ab 1964 ging dann der Typ »A-3« in Serie, der bei gleichen Abmessungen wie die »A-2« durch verschiedene Verbesserungen eine Reichweite von etwa 4600 km aufweist. Zu diesen Verbesserungen zählen Abänderung der Kopfform, Verringerung der Lenkausrüstung, Bau der Zelle aus glasfaserverstärktem Plast anstatt aus Stahlblech, schwenkbare Düsen bei der ersten Stufe und gasdynamische Schubvektorsteuerung bei der zweiten Stufe. Alle Typen werden nach dem gleichen Verfahren gestartet, wobei mittels Druckluft die Rakete zunächst über die Meeresoberfläche geschleudert und erst dann die erste Stufe gezündet wird. Als Kampfladung tragen alle »P.«-Raketen ausschl. eine Kernsprengladung. Vgl. »Poseidon«.

»Poljot« [russ., Flug]: unbemannte Satelliten (UdSSR), die vornehmlich zur Erprobung von Systemen und Anlagen gestartet wurden, mit deren Hilfe Raumflugkörper größere Bahnänderungen vornehmen können, wie sie in der Rendezvoustechnik erforderlich sind. Die »P.«-Satelliten, über deren Aufbau im einzelnen keine Angaben gemacht wurden, waren mit verschiedenen Antriebseinheiten ausgerüstet. Die Bahnänderungen geschahen auf Kommando von der Erde aus, wobei Lagereferenzsysteme eine Kontrolle der räumlichen Lage der Raumflugkörper vor und während jedes Manövers ermöglichten. Bei »P. 1« (Start 1. Nov. 1963) wurde die Perigäumshöhe von 339 auf 343 km und die Apogäumshöhe von 592 auf 1437 km geändert; ebenso änderte man die Bahnneigung (Endbahn: 58,92°). Für »P. 2« (Start 12. April 1964) betrugen die Änderungen 242 auf 310 km und 485 auf 500 km, während die Bahnneigung von 59,86° auf 58,06° gebracht wurde.

Unterwasserstart einer »Polaris A-2«

Polybutadien, Polyurethane → Treibstoff (I 2).

»Poodle« [engl.]: in Entwicklung befindliches Radioisotopentriebwerk (USA), das mit der Aufheizung von Wasserstoff durch die beim Zerfall von Polonium-210 frei werdende Wärme arbeitet. Der spezifische Impuls soll etwa 7000 bis 8000 m/s betragen und der Schub 0,12 kp bei einer Baulänge des Triebwerks von 34 cm und einem Durchmesser von 7,6 cm. Triebwerke dieser Art könnten für die Bahnstabilisierung von Raumstationen und für das Erreichen hoher Umlaufbahnen durch Dauerantrieb Bedeutung erlangen.

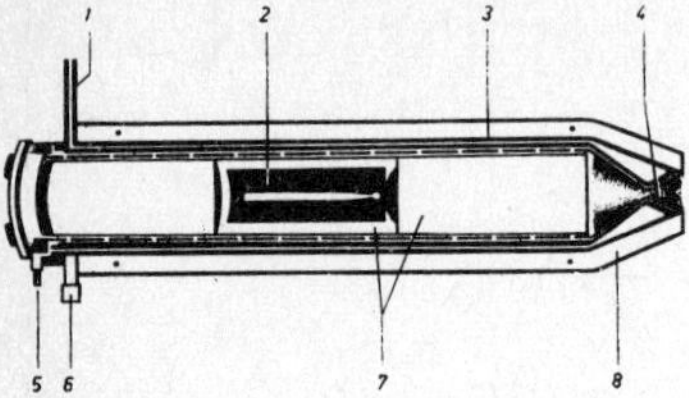

Aufbauschema eines »Poodle«-Triebwerks: 1 Kühlmittelzuführung, 2 Radioisotopenbrennstoff, 3 Kühlmantel, 4 Entspannungsdüse, 5 Stützmassezuführung, 6 Druckreglerventil, 7 Brennstoffkapseln, 8 Isolation

Popowitsch, *Pawel Romanowitsch:* sowjetischer Kosmonaut, geb. 5. Okt. 1930 Usin (Gebiet Kiew), führte vom 12. bis 14. Aug. 1962 in → »Wostok 4« einen Raumflug aus (48 Umläufe), der mit dem des Kosmonauten → *Nikolajew* (»Wostok 3«) den ersten Doppelflug ergab. – P. schloß 1951 ein Studium am Industrietechnikum von Magnitogorsk als Bautechniker ab und war dann Militärflieger.

»Poseidon«: zweistufige Feststoffrakete (USA), ursprünglich auch »Polaris B-3« genannt, die als Mittelstreckenrakete von getauchten U-Booten gestartet werden kann und das leistungsfähigere Nachfolgemuster der → »Polaris«-Rakete darstellt. Sie ist länger als diese (10,2 m) und hat einen größeren Durchmesser (1,80 m), kann aber aus den gleichen Schächten gestartet werden (Reichweite etwa 4600 km). Die Rakete hat eine doppelt so große Treffgenauigkeit wie die »Polaris A-3« und kann Mehrfach-Kampfköpfe tragen.

Postrakete: um 1930 aufgekommene Bezeichnung für kleine Raketen, mit deren Hilfe Postsendungen leichter an sonst schwer zugängliche Orte (im Gebirge, auf Inseln) gebracht werden sollten. Die ersten offiziellen Versuche mit Feststoff-P. wurden von dem Österreicher *Schmiedl* durchgeführt. Der erste Zielflug mit Briefpostbeförderung fand dabei am 2. Febr. 1931 statt, ein weiterer am 9. Sept. 1931. 1935 startete *Schmiedl* auch P. mit Flüssigkeitstriebwerk. Außer ihm bemühten sich auch die deutschen Techniker *Püllenberg* und *Zucker* um die Einführung der P. Letzterer verwendete ausschl. Feststoffraketen und erzielte am 31. Aug. 1933 bei mehreren Starts im Harz eine Reichweite von etwa 4000 m. Hierbei wurden auch die ersten Raketen-Briefmarken verwendet. Versuche mit P. wurden erst 1959 wieder von der damaligen Deutschen Raketengesellschaft im Wattengebiet von Cuxhaven aufgenommen. Amtliche Verwendung als Postbeförderungsmittel haben P. jedoch bisher nicht gefunden.

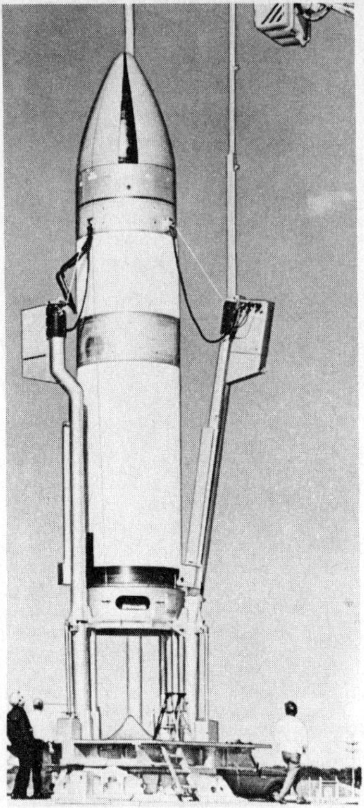

»Poseidon« im Startgestell bei einem Bodentest

Prallzerstäuber → Einspritzorgane.

Präzession → Frühlingspunkt.

PRIME [Abk. für engl. **P**recision **R**ecovery **I**ncluding **M**aneuvering **E**ntry]: Programm (USA) zur Entwicklung und Erprobung unbemannter Flugkörper, mit

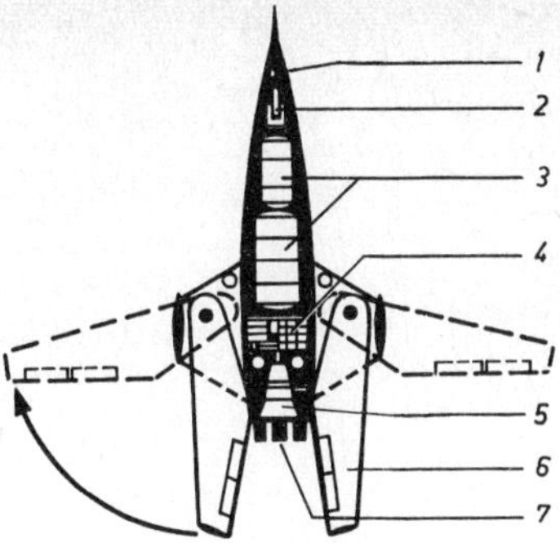

Püllenberg-Postrakete mit schwenkbaren Flügeln: 1 Steueranlage, 2 Bugrad (eingezogen), 3 Treibstoffbehälter, 4 Laderaum, 5 Triebwerk, 6 Tragflügel, 7 Strahlruder

denen die Probleme von aerodynamisch flug- und manövrierfähigen Rückkehrkörpern aus Erdumlaufbahnen untersucht werden (→ Raumgleiter). Die Geräte (»SV-5D«) wurden mit den kombinierten Eigenschaften von manövrierfähigen Raumfahrzeugen und → Auftriebskörpern ausgelegt und bei Rückführungen aus Erdumlaufbahnen (»Atlas-SLV-3«-Trägerrakete) – mit Hyperschalleintauchgeschwindigkeit bis zu Mach 2 (Höhe 30 km) herab – erprobt. Ihre Länge betrug 2,1 m, ihre Spannweite 1,20 m und ihre Masse 405 kg. Das als zweite Phase des → START-Programms geltende P.-Programm wurde inzwischen abgeschlossen.

Programmanlage: Gerätekomplex, der im Falle der Führung einer Rakete oder eines Raumflugkörpers durch eine Programmsteuerung (→ Steuerung) das vor dem Start aufgestellte Steuerprogramm (→ Flugprogramm) speichert bzw. verarbeitet und an die Einrichtungen zur Lenkung und Fluglageregelung weitergibt. Kernstück der P. ist ein *Programmgeber,* der meist als Magnetspeicher ausgelegt ist. Die P. kann sich an Bord des Flugkörpers befinden (Selbststeuerung) oder in einer Bodenleitstation (Fernsteuerung). Meist sieht man die Möglichkeit vor, das in der Anlage gespeicherte Programm durch nachträglich eingegebene Korrekturkommandos den Erfordernissen des Bahnprogramms (→ Flugprogramm) besser anzupassen.

Programmwinkel: Neigungswinkel der Raketenlängsachse gegen die Horizontale während des Flugs in der Antriebsbahn. Er setzt sich zusammen aus dem Winkel der Bahntangente im jeweiligen Raketenort gegen die Horizontale und dem in diesem Bahnpunkt vorliegenden *Anstellwinkel* der Raketenlängsachse gegen die Bahntangente. Der zeitliche Verlauf der Änderungen des P. wird durch das *Lenkprogramm* (Teil des Steuerprogramms, der sich auf die reine Lenkung bezieht) festgelegt.

»Projekt OSCAR Association« → »OSCAR«.

»Proton«: unbemannte Forschungssatelliten (UdSSR), die sich durch besondere Größe auszeichnen und die vornehmlich für Spezialuntersuchungen zur Physik der kosmischen Teilchenstrahlungen eingesetzt werden.

»P. 1« wurde am 16. Juli 1965 in eine Umlaufbahn gebracht, die bei einer Neigung von 63,5 ° eine Apogäumshöhe von 627 km und eine Perigäumshöhe von 190 km hatte. Die Gesamtmasse der auf die Bahn gebrachten Nutzlast betrug 12,2 t. Es war dies die bis zu diesem Zeitpunkt größte absolute Nutzmasse, die von einer einzelnen Trägerrakete in eine erdnahe Umlaufbahn gebracht worden war (→ »Proton«-Trägerrakete).

Der Satellit »P. 1« bestand aus einer hermetischen zylindrischen Gerätezelle mit konvexer Bodenfläche, die von einem ringförmigen Mantel umgeben war. Über die genauen Dimensionen wurden keine Angaben gemacht. Im hinteren und mittleren Teil der Zelle waren wissenschaftliche Geräte, das Lagereferenzsystem, die elektronische und Funkausrüstung sowie Fernmeßgeräte und Steuerungsanlagen untergebracht. Ein Ring um den Vorderteil der Gerätezelle trug die Halterungen für 4 Solarzellenausleger und eine Druckgasdüse des Lagesteuerungssystems sowie 2 Stabantennen. An der hinteren Bodenfläche waren weitere Druckgasdüsen, Druckgasbehälter und eine Steuerungsanlage sowie verschiedene Antennen für Meßwertübertragung und Funkkommandoempfang angeordnet. Zwischen der Gerätezelle und dem umgebenden ringförmigen Mantel befanden sich Behälter mit chemischen Energiequellen. Alle Bordfunktionen konnten sowohl über bordseitige Programmgeber als auch über Funkkommandos von der Erde aus gesteuert werden. Die bei der Größe des Satelliten außerordentlich wichtige Temperaturregelung geschah über einen Kühlkreislauf, dessen Strahlungs-Wärmeübertrager an der hinteren Bodenfläche ausgefahren wurde. Zur Aufrechterhaltung der günstigsten Funktions-

bedingungen im Satelliten wurde ihm nach Abtrennen von der Trägerrakete eine langsame Eigenrotation gegeben, wobei das Lagereferenzsystem eine ständige Kontrolle der Einfallsrichtung der kosmischen Strahlungen und die Lageregelungseinrichtungen eine Einflußnahme auf das Rotationsverhalten ermöglichten.
Das wissenschaftliche Programm von »P. 1« bezog sich in der Hauptsache auf die kosmische Strahlung extrem hoher Energie. Dazu gehörte die Untersuchung des Energiespektrums und der Zusammensetzung der kosmischen Primärstrahlung im Energiebereich bis zu 100 Bill. eV und der Wechselwirkungen zwischen kosmischen Teilchen mit Energien bis zu 1 Bill. eV.

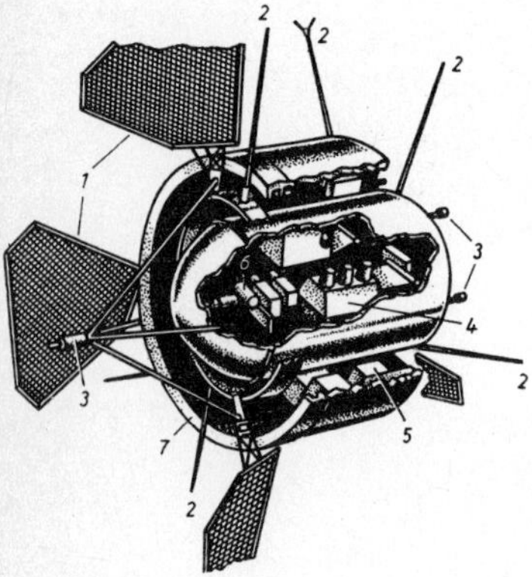

Aufbauschema von »Proton 1«: Solarzellenausleger, 2 Antennen, 3 Lageregelungsdüsen, 4 Ionisationskalorimeter, 5 Batterien, 6 Gerät zur Untersuchung hochenergetischer Elektronen, 7 Außenmantel

Außerdem umfaßte das Programm Untersuchungen der solaren Teilchenstrahlung und der von ihr ausgehenden biologischen Strahlungsgefahr, des Energiespektrums und der absoluten Intensität der Elektronenstrahlung galaktischer Herkunft sowie der galaktischen Gammastrahlung mit Energien von > 50 Mill. eV. Der Hauptteil der Masse des Satelliten entfiel auf die Meßapparatur zur Untersuchung der Teilchenstrahlung extrem hoher Energie. Kernstück dieses Meßkomplexes war ein als Ionisationskalorimeter bezeichnetes Gerät. Diese Anlage bestand aus 2 Blöcken mit einer großen Anzahl übereinander angeordneter Stahlplatten und Zwischenschichten aus Lumineszenzplasten sowie aus einem Graphit- und einem Polyäthylenblock, die sich jeweils über einem der Stahl-Plast-Blöcke befanden, sowie verschiedenen Zählrohren und Lumineszenzzählern. Die zu untersuchenden Strahlungsteilchen traten durch den Graphit- bzw. den Polyäthylenblock in die Anlage ein und wurden in ihren Zerfalls- und Wechselwirkungsprozessen mit den darunter liegenden Stahl-Plast-Blöcken registriert und analysiert.
»P. 2« wurde am 2. Nov. 1965 in eine Umlaufbahn gebracht, die in der Perigäumshöhe nur um 1 km und in der Apogäumshöhe nur um 10 km von den Bahnwerten seines Vorgängers abwich. Mit diesem Satelliten wurden die von »P. 1« gelieferten Angaben überprüft und erweitert. Zur Ergänzung der mit den beiden ersten »P.«-Satelliten gewonnenen Informationen wurde am 6. Juli 1966 »P. 3« gestartet. Er erreichte eine Umlaufbahn zwischen 190 und 360 km Höhe (Bahnneigung 63 °). »P. 4«, der am 16. Nov. 1968 in eine Bahn zwischen 225 und 495 km Höhe gelangte (Bahnneigung 51,5 °), übertraf seine Vorgänger hinsichtlich der Masse (17 t, von denen 12,5 t auf die Meßinstrumente entfielen). Zu seinen wissenschaftlichen Aufgaben gehörten: Messungen des Energiespektrums der kosmischen Strahlung im Bereich bis zu 10^{15} eV sowie ihrer chemischen Zusammensetzung bis zu 10^{14} eV und Untersuchungen über die Kollisionswahrscheinlichkeit der primären kosmischen Partikel mit Atomkernen im Energiebereich bis 10^{12} eV sowie über die Dynamik der Zusammenstöße. Weitere Experimente galten der Suche nach den vermuteten Partikeln mit Bruchteilen einer Elementarladung *(»Quarks«)*.

»Proton«-Trägerrakete: Mehrstufenrakete (UdSSR), mit der die Satelliten vom Typ → »Proton« in erdnahe Umlaufbahnen gebracht wurden und deren Antriebsleistung 60 Mill. PS beträgt; weitere technische Daten verlauteten bisher nicht. Die Rakete soll mit neu entwickelten, leistungsstarken Triebwerken ausgerüstet sein, die mit hohem Brennkammerdruck arbeiten, ein großes Entspannungsverhältnis, geringe Abmessungen und eine niedrige spezifische Antriebsmasse haben.

Prüfstand → Raketenprüfstand.

Pumpenförderung → Treibstofffördersystem.

Q

Querschnittsbelastung: Kennwert, der für das aerodynamische Verhalten einer Rakete oder eines Raumflugkörpers von wesentlicher Bedeutung ist. Die Q. ergibt sich als Quotient aus der Masse der Rakete oder des Raumflugkörpers und ihrer oder seiner senkrecht zur Flugrichtung stehenden Querschnittsfläche. Eine höhere Q. bedeutet für Raketen eine größere Reichweite, für in der Hochatmosphäre umlaufende Raumflugkörper (Meßsatelliten, bemannte Raumflugkörper) eine längere Lebensdauer.

R

Radiator: Strahlungskühler in der Temperatur- bzw. Klimaregelungsanlage eines Raumflugkörpers bzw. Raumfahrzeugs.
Radiofenster → Erdatmosphäre.
Radioisotopenbatterie → Bordenergieversorgung.
Radioisotopensegel: gelegentlich vorgeschlagenes Antriebsverfahren für Raumflugkörper, bei dem der Rückstoßeffekt ausgenutzt werden soll, den die von Radioisotopen ausgesandten Strahlungsteilchen erzeugen. Das Radioisotop müßte dazu auf einer einseitig strahlungsundurchlässigen Fläche (Segel) aufgebracht werden. Um überhaupt einen merklichen Schubeffekt zu erzielen, müßte die Segelfläche allerdings sehr groß sein. Dennoch bliebe die erzielte Schubbeschleunigung extrem klein, so daß sich R. bestenfalls einmal als Dauerantrieb für unbemannte Massentransporter auf interlunaren oder interplanetaren Übergangsbahnen eignen könnten.
Radionuklid-Batterien → Bordenergieversorgung.
»RAE« → »Explorer«.
Raisting: Bodenrelaisstation, die als Erdefunkstelle für Funk- und Fernsehübertragungen zwischen Europa und den USA mittels Nachrichtensatelliten in der für diese Zwecke funktechnisch günstig gelegenen »Raistinger Wanne« am Ammersee (Oberbayern) von der Postbehörde 1964 eingerichtet wurde. Hauptgerät ist eine mit einer Genauigkeit von 2/100 ° auf den jeweiligen Satelliten einricht- und nachführbare Antennenanlage, die nach dem Cassegrain-Prinzip mit einem Parabolspiegel von 25 m Durchmesser arbeitet und in einem druckluftgestützten Radome (48 m Durchmesser) untergebracht ist. Die Station arbeitet in Europa im Wechselbetrieb mit den Erdefunkstellen → Goonhilly und → Pleumeur Bodou.
Rakete: Flugkörper, der durch ein → Raketentriebwerk angetrieben wird, von der Erdoberfläche eigenstartfähig ist und zum Transport von Nutzmassen für wissenschaftliche Zwecke *(Forschungs-R., Höhen-R.,* Raumfahrt-*Träger-R.)* oder Kampfladungen (→ *Kampf-R.*) eingesetzt werden kann. Nach den jeweiligen Besonderheiten des Raketentriebwerks unterscheidet man gegenwärtig hauptsächlich *Feststoff-R.* und *Flüssigkeits-R.* Für elektrische Triebwerke ist der zugehörige R.nbegriff nicht exakt zu definieren, da ihr Anwendungsprinzip (Einsatz erst im freien Weltraum) besser die Formulierung »Raumflugkörper mit elektrischem Antrieb« rechtfertigt. Die Entwicklung von *Kernenergie-R.* befindet sich zur Zeit noch im Versuchsstadium, während *Photonen-R.* heute noch als vollkommen hypothetisch gelten müssen.
Im allg. besteht eine R. aus der R.nzelle, den Behältern für Treibstoff oder Stützmasse, dem Triebwerk mit Triebwerkszubehör (Pumpen, Leitungen u. a.), den Steuerungs- und Lenkeinrichtungen und dem Nutzmasseteil. In einzelnen Fällen befinden sich am Heck der R.nzelle aerodynamische Stabilisierungsflossen; bei verschiedenen militärischen R. (Panzerabwehr-, Luftabwehr-R.) versieht man die Stabilisierungsflossen oft noch mit Luftrudern für die aerodynamische Lenkung oder bringt zusätzlich im ganzen drehbare Lenkflossen an. Für den Bau einer R. ist vor allem die Vermeidung unnötigen Massenaufwands für Teile, die nicht unmittelbar an der Vortriebserzeugung beteiligt sind (Zellenkonstruktion, Behälter, Pumpen, Leitungen, Regelungseinrichtungen, Steuerungsausrüstung), ein entscheidender Faktor. Zur Steigerung des Nutzmasseanteils an der Startmasse versucht man daher, immer weitere Verbesserungen durch extreme Leichtbauweise, neue Werkstoffe sowie System- und Komponentenvereinfachung zu erreichen.
Geschichtliche Erwähnung fanden R. erstmalig im 13. Jh., wobei die Bezeichnung R. selbst offenbar erst im 14. Jh. aus einem Wort italienischen Ursprungs, »rocchetta« (svw. Spindel oder Röhrchen), entstanden ist. Die italienische Herkunft dieser Bezeichnung hängt wahrscheinlich damit zusammen, daß die erste Erwähnung der R. in Europa in einer Schrift des Italieners *Muratori* 1379 erfolgte. Es ist anzunehmen, daß die frei aufsteigende R. zuerst in China, und zwar als Kriegsmittel, verwendet wurde. Diese Entwicklung begann vermutlich um 1200 herum aus den schon länger in China gebräuchlichen Brandpfeilen, deren aus festen Substanzen bestehende Brandsätze mehr oder weniger zufällig in den ersten Schießpulvertreibsatz übergegangen sein dürften. In einer chinesischen Chronik wurden schließlich erstmalig diese »Lanzen des stürmenden Feuers« erwähnt, die bei der Belagerung der Stadt Oien King (1232) eine Rolle spielten. Eine Beschrei-

bung von einfachen Pulverstabraketen als »Pfeile von China« in einem Buch des Arabers *Hassan al Rammah* (1285) über Kriegstechnik läßt ebenfalls China als Ursprungsland der *Pulver-R.* vermuten. Die Kunde von dieser Erfindung breitete sich über Indien, Vorderasien bis nach Europa aus, und in vielen Schriften aus dem 15., 16. und 17. Jh. findet man die R. immer wieder als Kriegsmittel erwähnt. Einige asiatische und vorderasiatische Fürsten bauten ständige *R.nkorps* innerhalb ihrer Truppen auf. Die Fortschritte in den Leistungen der Pulver-R. waren jedoch nur gering. Die Reichweite lag zwischen hundert und etwa tausend Metern und die Masse bei einigen Kilogramm. In der Schlacht um Seringapatam (1799) lernte der Engländer Sir *William Congreve* (1772 bis 1828) die Wirkung der indischen Kampf-R. einschätzen. Ab 1804 entwikkelte er selbst in England Pulver-R. für Kriegszwecke, mit deren Hilfe 1807 Kopenhagen von See her in Brand geschossen wurde und die man auch in der Völkerschlacht bei Leipzig 1813 einsetzte. Die Arbeiten *Congreves* führten dazu, daß auch in anderen europäischen Ländern die *R.nartillerie* eingeführt wurde.

Schon wesentlich früher hatte in Rußland eine selbständige Entwicklung von Pulver-R. begonnen. Um 1615 gab *O. Michailow* eine erste Darstellung russischer R. Nachdem man die militärische Bedeutung von R. erkannt hatte, wurde 1680 unter der persönlichen Mitwirkung von *Peter I.* die erste spezielle R.n-Lehranstalt aufgebaut und dort u. a. eine Signal-R. geschaffen, die eine Gipfelhöhe von 1000 m erreichte und wegen ihrer vorzüglichen Eigenschaften noch bis ins 19. Jh. hinein zum Einsatz gelangte. Eine breitere Einführung der *Artillerie-R.* in die russische Armee geschah erst unter *A. D. Sasjadko* um 1820. Ihren höchsten Entwicklungsstand erreichte die russische R.nartillerie im vorigen Jh. dann unter *K. I. Konstantinow.* Unter seiner Leitung wurden Herstellungstechnologie und Leistung der Pulver-R. erheblich verbessert, so daß sie z. B. eine Reichweite bis zu 4000 m erzielten. Die Fortschritte in der Geschützentwicklung hinsichtlich Reichweite und Treffgenauigkeit ließen dann in der 2. Hälfte des 19. Jh. die Bedeutung der R.nartillerie entschieden zurückgehen. Lediglich im Seenotrettungsdienst fanden in verschiedenen Ländern auch fernerhin R. Verwendung. Der Gedanke, eine R. zum Transport einer Leine zu einem havarierten Schiff zu verwenden, geht auf Anregungen und Versuche des Franzosen *Treugouse* (1807) zurück. Erst mehr als 20 Jahre später setzte sich die *Seenotrettungs-R.* allgemein durch. Der entscheidende Anstoß zur Wiederbelebung der Arbeit an R. ging um die Jahrhundertwende von der Idee der Raumfahrt aus. Nach ersten, noch weitgehend spekulativen Gedanken (→ *Kibaltschitsch* 1875, → *Ganswindt* 1881) waren es vor allem die streng wissenschaftlichen Bemühungen → *Ziolkowskis,* die u. a. auch der R.ntechnik ihr neues Gesicht gaben. Er und nach ihm zahlreiche andere R.nforscher verschiedener Länder (z. B. → *Esnault-Peltérie,* → *Goddard,* → *Oberth,* → *Winkler)* erarbeiteten die ersten exakten Grundlagen, die in der weiteren Entwicklung zum epochalen Aufschwung der Bedeutung der R. für Raumfahrt und Militärtechnik führten. Anfangs traten dabei die Feststoff-R. in ihrer Bedeutung hinter den Flüssigkeits-R. zurück, da flüssige Treibstoffe in ihrer Leistung wesentlich überlegen und vor allem für Groß-R. in der Handhabung zuverlässiger waren als Feststoffe. Bes. intensive Entwicklungsarbeiten wurden in der UdSSR (→ Gasdynamisches Laboratorium; → GIRD) betrieben. In Deutschland (→ Raketenflugplatz Berlin) führte später die Entwicklung an der Heeresversuchsanstalt Peenemünde zur ersten großen Flüssigkeits-R. (→ »A 4«), die als Terrorwaffe eingesetzt wurde.

Nach dem zweiten Weltkrieg nahmen sich neben der UdSSR auch zahlreiche andere Länder (USA, Großbritannien, Frankreich, Schweden u. a.) der Weiterentwicklung von Raketenwaffen an, wobei sich auch verbesserte Feststoff-R. eine zunehmende, zunächst spezialisierte Bedeutung (z. B. als Artillerie-R., Boden-Luft-R., Panzerabwehr-R.) sicherten. Die Entwicklungsarbeit an R. schritt bes. in den wirtschaftlich stärksten Ländern (UdSSR, USA) stürmisch voran, und zwar aufgrund ständiger Fortschritte auf grundlegenden und zum Teil neu entstandenen technischen Sektoren (z. B. Werkstoffe, Leichtbauweise, Systemtechnologie, Elektronik, Kleinstbauweise, Datenverarbeitung) sowie vor allem durch Aufwenden großer ökonomischer und personeller Mittel. Dabei wurde auch das → Stufenprinzip in die Praxis des Großraketenbaus eingeführt; etwa ab 1950 entstanden die ersten großen Mehrstufen-R. *(Träger-R.),* deren Antriebs- und Nutzmassekapazität erstmalig reale Möglichkeiten für die wissenschaftliche Raumfahrt eröffneten.

Mit einer mehrstufigen Flüssigkeits-R. wurde am 4. Okt. 1957 von der UdSSR der erste künstliche Körper in eine Umlaufbahn um die Erde gebracht (→ »Sputnik«). In zahllosen weiteren Raumflugexperimenten dokumentierten die R. seither ihre elementare Bedeutung für die Ziele der Raumfahrtforschung; daneben wurden sie zu einem der wesentlichsten Faktoren in der modernen Militärtechnik (→ Interkontinentalrakete, → Globalrakete). Der stürmische Fortschritt im Bau von großen R. – in den letzten Jahren auch von Feststoff-R. – führte schließlich zu den heutigen Trägergiganten, die mit einer Bauhöhe von 100 m und einer Startmasse von einigen 1000 t die Spitzenleistungen des gesamten technisch-wissenschaftlichen Fortschritts benötigen. → Raumfahrt (Geschichte).

Raketenachsen: Körperachsen einer Rakete oder eines Raumflugkörpers, die durch deren Massemittelpunkt gehen und deren Einzeldefinitionen i. allg. aus ihrer Lagebeziehung zur Flugbahnebene abgeleitet werden. Die in der Bahnebene liegende und meist gleichzeitig mehr oder weniger genau in Flugrichtung weisende Achse, die außerdem bei Raketen stets der Mittel- oder Hauptachse entspricht, wird als *Rollachse* bezeichnet. Senkrecht zur Rollachse und zur Bahnebene verläuft die

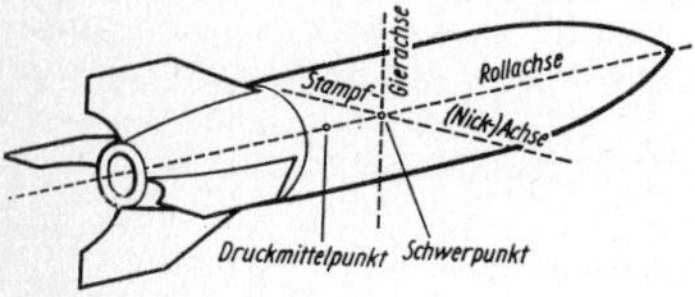

Raketenachsen

Stampf- oder *Nickachse*, und senkrecht zur Ebene von Roll- und Stampfachse ist die *Gierachse* orientiert. Bes. bei Raumflugkörpern kann durch nachfolgende Lagekorrekturmanöver die Beziehung zur Orientierung in der ursprünglichen Flugbahn verlorengehen; dennoch werden die jeweiligen Ausgangsdefinitionen der Körperachsen beibehalten.

Raketenantrieb → Rückstoßantrieb.

Raketenartillerie → Rakete.

Raketenauto: einer der Ende der zwanziger Jahre unternommenen Versuche, Bodenfahrzeuge mit Feststoffraketen anzutreiben. Diese Unternehmen gingen auf Ideen von → *Valier* zurück und sollten über das Raketenflugzeug zum Raumschiff führen. Mit 2 Pulverraketen von *Sander*, die zusammen etwa 100 kp Schub abgaben, setzte sich am 12. März 1928 das erste dieser Fahrzeuge, mit dem Rennfahrer *Kurt Volkhart* am Steuer, in Bewegung. Der ge-

Kurt Volkhart am Steuer seines Raketenautos, mit dem er auf der Berliner Avus eine Geschwindigkeit von 88 km/h erreichte

ringe Schub reichte jedoch nur für eine Beschleunigung auf etwa 4 bis 5 km/h. Im Heck des Spezialraketenwagens »Opel Rak 1« kamen dann 12 Sander-Raketen zum Einsatz; die Geschwindigkeit konnte damit auf etwa 100 km/h gesteigert werden (11. April 1928 auf der Versuchsrennstrecke der Opel-Werke in Rüsselsheim). Mit einem zweiten Wagen »Opel Rak 2« (24 Sander-Raketen), den *v. Opel* selbst steuerte, konnten am 23. Mai 1928 auf der Berliner Rennstrecke Avus sogar kurzzeitig etwa 230 km/h erreicht werden. Die praktische Bedeutung der Versuche war jedoch kaum nennenswert.

Raketenflugplatz Berlin (-Reinickendorf): am 27. Sept. 1930 von → *Nebel* und *Riedel* für praktische Raketenversuche der Mitglieder des »Vereins für Raumschiffahrt« erworbenes Versuchsgelände. Bis 1933 wurden hier zahlreiche Prüfstand- und Freiflugversuche durchgeführt, an denen u. a. auch → *Oberth* und → *v. Braun* beteiligt waren. Am 14. Mai 1931 flog das erste fertiggestellte Versuchsgerät etwa 60 m hoch; im Laufe des Jahres konnten dann mit anderen, verbesserten Geräten schon Steighöhen bis 1500 m erreicht werden. Mit der durch die zunehmende Militarisierung der deutschen Raketenforschung für die Kriegsrüstung erzwungenen Liquidation des »Vereins für Raumschiffahrt« wurde nach 1933 auch die Arbeit auf dem R. durch Einflußnahme des Heereswaffenamts unterbunden. Nachdem 1932 *v.*

Braun in die Dienste des Heereswaffenamts (Versuchsstelle Kummersdorf) getreten war, folgten ihm später auch andere Mitarbeiter *Nebels*. Während jede weitere private Raketenentwicklung von staatlicher Seite konsequent verboten wurde, formierte sich unter der Schirmherrschaft des Heereswaffenamts die personelle Keimzelle der → Heeresversuchsanstalt Peenemünde.

Raketenflugzeug: Flugzeug, dessen Antrieb ausschl. durch ein Raketentriebwerk bzw. mehrere Raketentriebwerke bewirkt wird. Das R. wurde schon von → *Valier* als mögliche Übergangsstufe für bemannte Raumflugkörper angesehen. Auf seine Anregungen hin erfolgten Ende der zwanziger Jahre die ersten Versuche mit Segelflugmodellen und Segelflugzeugen, die für die An- bzw. Unterbringung von Feststoffraketen umgebaut wurden. Mit einem Segelflugzeug vom Enten-Typ führte *Stamer* 1928 in der Rhön dann auch den ersten Raketenflug durch. Die Maschine wurde allerdings noch mit Gummiseil gestartet; sie legte eine größte Entfernung von etwa 1500 m zurück, davon mehr als 2 Drittel im Gleitflug. Am 30. Sept. 1929 gelang *v. Opel* auf dem Flugplatz Frankfurt a. M. mit einem Raketensegelflugzeug der erste Flug mit Eigenstart.

Nach einer längeren Pause machten dann R. erst wieder 1939/40 von sich reden, wobei die Umstellung auf Flüssigkeitstriebwerke den inzwischen erkennbaren allgemeinen Entwicklungstendenzen in der Raketentechnik entsprach. Auch die Konstruktion der R. wurde von nun an zielstrebiger den speziellen Bedingungen angepaßt. Der erste Eigenstart mit anschließendem kurzzeitigem Kraftflug, eines im genannten Sinne »echten« R., geschah am 20. Juni 1939 mit einer »He 176« unter *Warsitz* in Peenemünde (→ Walter-Triebwerke). 1940 flog zum erstenmal in der Sowjetunion ein Segelflugzeug mit einem im Heck eingebauten Flüssigkeitstriebwerk von *Duschkin* unter der Führung von *Fjodorow* (→ »RP-318«). Die Maschine wurde dazu im Motorschlepp auf eine Höhe von 2000 m gebracht und dort ausgeklinkt. 1941 entstand in Deutschland der Prototyp des ab 1943 in Serie gebauten Raketenabfangjägers »Me 163 B«, mit dem erstmalig die Geschwindigkeit von 1000 km/h überschritten werden konnte (→ Walter-Triebwerke). In der Sowjetunion führte *Bachtschiwandschi* am 15. Mai 1942 den ersten Versuchsflug mit der → »B 1« durch. Über Weiterentwicklungen von R. für militärische Einsatzzwecke sind nach dem zweiten Weltkrieg keine speziellen Daten mehr bekannt geworden. Gegenwärtig finden R. vor allem als Forschungsgeräte für Probleme der Höchstgeschwindigkeitsaerodynamik Verwendung, wobei die Ergebnisse der Untersuchungen eine Brücke zur Flugmechanik der → Raumtransporter schlagen.

Raketengleiter svw. Raumgleiter.

Raketengrundgleichung: erstmals von →*Ziolkowski* (1903) angegebene Gleichung zur Berechnung der idealen Endgeschwindigkeit einer Rakete. Für einstufigen Antrieb, vollständigen Verbrauch der Treibstoffe und Bewegung der Rakete im kräftefreien Raum ergibt sie sich in ihrer einfachsten Form zu:

$$v_i = c \cdot \ln (M_1/M_0),$$

worin v_i für die ideale Endgeschwindigkeit steht, c für die Ausströmgeschwindigkeit des Arbeitsmediums (Verbrennungsgase bei chemischen Antrieben; Teilchenstrom bei elektrischen Antrieben), M_1 für die *Anfangs-* oder *Startmasse* der Rakete und M_0 für deren *Leermasse*. Die Nutzmasse der Rakete geht dabei mit in deren Leermasse ein. Die R. zeigt sowohl die Bedeutung der Ausströmgeschwindigkeit als auch des *Massenverhältnisses* (M_1/M_0), das damit zum wesentlichsten Faktor für den Bau von Raumfahrtträgerraketen wird. Trotz extremer Leichtbauweise läßt sich mit einstufigen Raketen kein ökonomisch annehmbares → Grundverhältnis für astronautische Geschwindigkeiten erreichen, da das Massenverhältnis aus technologischen Gründen kaum über 20 bis 30 (Feststoffantrieb) bzw. 10 bis 15 (Flüssigkeitsantrieb) gesteigert werden kann und die Ausströmgeschwindigkeit mit 2500 bis 3000 m/s (Feststoff) bzw. 3000 bis 3500 m/s (Flüssigtreibstoff) nicht hoch genug ist. Zur Überwindung dieser Schwierigkeit wurde schon von *Ziolkowski* das → Stufenprinzip vorgeschlagen. In diesem Fall lautet die R. dann:

$$v_i = c \cdot \ln R_{ges},$$

wobei c wieder die vereinfachend für alle Stufen als gleich angenommene Ausströmgeschwindigkeit bedeutet und R_{ges} das Gesamtverhältnis, das sich aus den Stufenmassenverhältnissen R_1, R_2, ..., R_n) berechnet nach: $R_{ges} = R_1 \cdot R_2, \ldots, R_n$.

Raketenmeßkopf: Meßgerätebehälter, der sich an der Spitze von Höhenraketen befindet und in der Regel den gesamten Nutzmasseteil der Rakete umschließt. Er

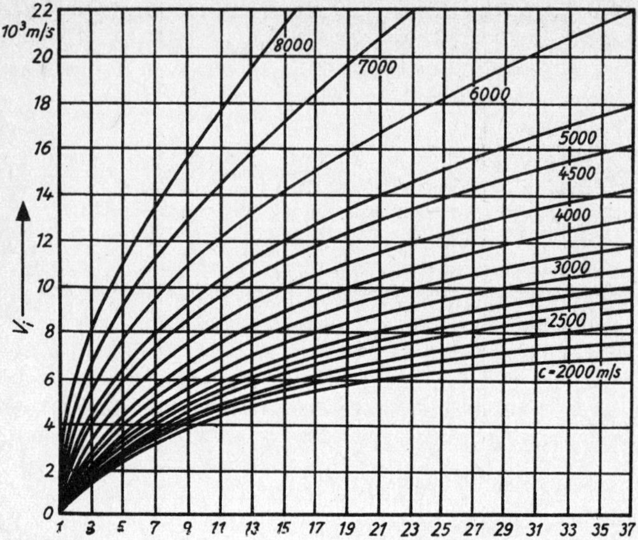

Zusammenhang zwischen Massenverhältnis *R*, Ausströmgeschwindigkeit *c* und idealer Endgeschwindigkeit v_i

wird meist schon während des ballistischen Aufstiegs, zumindest aber beim Abstieg von der Rakete getrennt und heute allgemein am Fallschirm zur Erdoberfläche zurückgeführt. Die beim Auf- und Abstieg anfallenden Meßwerte werden von einem Meßwertsender an die Bodenstation übertragen oder im R. automatisch registriert bzw. gespeichert und nach der Landung den geborgenen Aufzeichnungen entnommen (→ Meßwertübertragung). Soweit ihre Nutzmassekapazität dazu ausreicht, können Höhenraketen zusätzlich zum R. auch noch mit → Containern ausgerüstet werden.

Meßköpfe sowjetischer Höhenraketen (vorn »A 1«, hinten »A 3«)

Raketenmotor → Raketentriebwerk.

Raketenprüfstand: Sammelbezeichnung für Anlagen zur Erprobung von Triebwerksteilen, ganzen Triebwerken und Triebwerksbündeln (die beiden letzteren auch nach dem Einbau in die fertige Rakete oder Stufe; *statische Erprobung*). Die Prüfstandversuche bilden den Mittelpunkt der Raketenentwicklung. Sie liefern die notwendigen Informationen über das Betriebsverhalten des Triebwerks oder der Rakete sowie die Meßwerte zum Vergleich mit der geforderten Antriebsleistung. Der meßtechnische Aufwand ist meist sehr beträchtlich, da neben Standardmessungen (z. B. Schub, Treibstoffdurchsatz, Förder- und Einspritzdruck) zur Kontrolle des Betriebsverhaltens oft an einigen hundert Punkten des Prüfobjekts Meßdaten, beispielsweise über Temperatur, Druck, Schwingung, abgenommen werden müssen.

Die Einrichtung eines R. richtet sich nach den jeweiligen speziellen Aufgaben. Mit zunehmender Größe der zu testenden Triebwerke steigen die Sicherheitsforde-

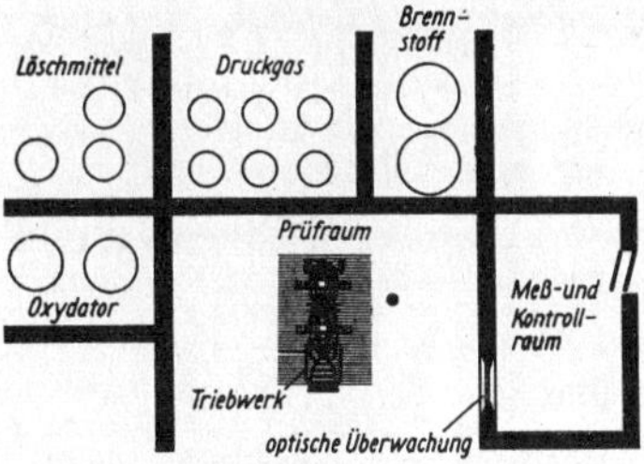

Kleiner Horizontalprüfstand

rungen beträchtlich, da Triebwerksexplosionen verheerende Auswirkungen haben können. Neben der Überwachung des Betriebsverhaltens des zu prüfenden Objekts durch automatische Registrier- und Anzeigegeräte wird heute allgemein von einer umfangreichen Sichtkontrolle durch Fernseheinrichtungen Gebrauch gemacht, zumal der stark geschützte Kontrollbunker für Großtriebwerksprüfstände von letzteren meist weit entfernt angelegt ist. In einem R. für kleine Triebwerke ordnet man dagegen Kontrollraum und Prüfraum meist nebeneinander in einem betonierten flachen Gebäude an, dessen Dachkon-

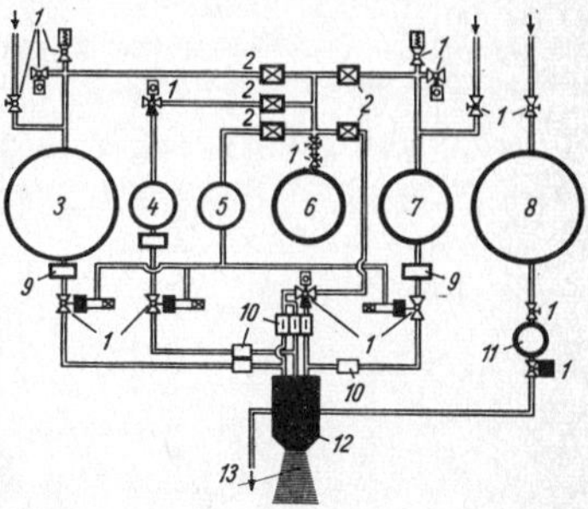

Betriebsschema eines kleinen Raketenprüfstands: 1 Ventile, 2 Druckregler, 3 Brennstofftank, 4 Zündstofftank, 5 Druckgastank (6 kp/cm^2), 6 Druckgastank, (150 kp/cm^2), 7 Oxydatortank, 8 Kühlwassertank, 9 Filter, 10 Rückschlagventile, 11 Pumpe, 12 Brennkammer, 13 Kühlwasserabfluß

Raketentriebwerks-Prüfstände in der Mohave-Wüste (California)

struktion für den Fall einer Triebwerksexplosion möglichst leicht gehalten ist. Das Triebwerk wird dabei horizontal auf einem Prüfbock montiert, so daß der Gasstrahl an der einen offenen Seite des Prüfraums ins Freie treten kann. Die Treibstoffe werden in einem ebenfalls gesicherten Nebenraum des Prüfstands untergebracht. Zur Sichtkontrolle sind häufig bei derartigen *Horizontalprüfständen* schmale, durch Panzerglas geschützte Beobachtungsfenster zwischen Kontroll- und Prüfraum vorhanden. Die Erprobung großer Triebwerke oder Triebwerkssysteme geschieht ausnahmslos auf *Vertikalprüfständen.* Dabei werden die Triebwerke mit den Düsenöffnungen nach unten in einem großen turmähnlichen Gerüst angebracht, so daß ihr Gasstrahl dort frei nach unten austreten kann (→ Ablenkschacht). Mitunter sind die Halterun-

Großer Vertikalprüfstand für Triebwerke und Triebwerksbündel mit 700 bis 1000 Mp Schub

gen des Triebwerks so gestaltet, daß es auch geschwenkt werden kann. Die Treibstoffbehälter sind verschiedentlich ebenfalls auf dem Gerüst untergebracht.

Raketenschlitten: Gleitschienenfahrzeug, das durch ein oder mehrere Raketentriebwerke beschleunigt wird, in man-

Unbemanntes Raketen-Schienenfahrzeug von Opel-Sander bei einer Versuchsfahrt auf der Bahnstrecke Burgwedel-Celle (1928)

chen Fällen bis auf mehrfache Schallgeschwindigkeit. Erste Vorläufer waren die von → *Valier* und *Opel* in den zwanziger Jahren eingesetzten *Raketenschienenwagen.* Die gegenwärtig verwendeten Schienenstrecken sind teilweise > 10 km lang; an ihre Festigkeit und Ausrichtung werden allergrößte Anforderungen gestellt. Die Schlitten werden im Endstück der Bahn durch aerodynamische Bremsklappen und durch Bremsschirme abgebremst. Unbemannte Überschall-R. dienen vornehmlich zur Untersuchung der aerodynamischen Eigenschaften von Bauteilen oder Modellen von Hochgeschwindigkeitsflugkörpern, ihrer Festigkeit und Funktionstüchtigkeit bei hoher Beschleunigung und hohem Bremsandruck sowie zur Erprobung von Rettungseinrichtungen (Schleudersitze) für bemannte Überschallflugkörper. Die Bremsstöße erzeugt man nach Brennschluß der Triebwerke dadurch, daß spezielle, am Schlitten angebrachte Bremsflächen in ein Wasserbecken getaucht werden, über das die Schienenstrecke hinwegführt.

Mit bemannten R., die jedoch unterhalb der Schallgeschwindigkeit bleiben, werden außerdem die Auswirkungen von sehr hohen Bremsstößen (-andrücken) und Luftstößen auf den menschlichen Organismus untersucht, wie sie beim Notausstieg aus Hochgeschwindigkeitsflugkörpern auftreten können. Die ersten Versuche dieser Art, bei denen man bis rund 1000 km/h Geschwindigkeit erreichte, wurden 1954 aus den USA bekannt. Der amerikanische Luft- und Raumfahrtmediziner *Stapp* war dabei für Sekundenbruchteile einem max. Bremsandruck von 35 bis 40 *g* ausgesetzt, wobei er während des ganzen Versuchs ohne Windschutz frei im Luftstrom saß.

Der *Dezelerator,* wie dieser Spezialschlitten genannt wurde, hatte 9 Feststofftriebwerke mit insgesamt 18 Mp Schub, die eine max. Startbeschleunigung von 7 *g* ergaben. Auf einer Strecke von etwas mehr als 200 m und innerhalb von 1,5 s wurde der Schlitten dann beim Überfahren des Bremswasserbeckens wieder zum Stehen gebracht.

Raketensonde → Höhenrakete.

Raketenstartplatz, *Raumfahrtstartgelände* (russ. *Kosmodrom*): Komplex der technischen Anlagen und Gebäude, die zur Vorbereitung und Durchführung von Raketenstarts für Forschungszwecke – bzw. von Raumflugunternehmen – erforderlich sind. Ein R. für große Versuchsreihen oder Programme umfaßt i. allg. folgende Teilbereiche:

1) *Montage* und *Ausrüstung* der Raketensysteme einschl. des Aufsetzens des jeweiligen Raumflugkörpers bzw. Raumfahrzeugs. Die einzelnen Komponenten (Stufen u. a.) der Rakete können dabei von an anderen Orten gelegenen Fertigungsstätten (auf dem Schienen-, Luft- oder Wasserweg) zugeliefert werden, so daß sie auf dem R. nur noch zusammengebaut und für die weiteren Startvorbereitungen überprüft zu werden brauchen. Die jeweiligen Raumflugkörper werden meist ebenfalls von einer entfernt liegenden Entwicklungs- und Fertigungsstätte angeliefert. Bei kleinen bis mittelgroßen Trägerraketen

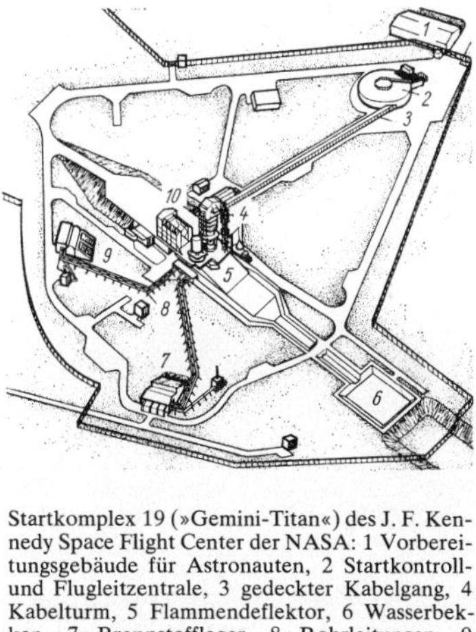

Startkomplex 19 (»Gemini-Titan«) des J. F. Kennedy Space Flight Center der NASA: 1 Vorbereitungsgebäude für Astronauten, 2 Startkontroll- und Flugleitzentrale, 3 gedeckter Kabelgang, 4 Kabelturm, 5 Flammendeflektor, 6 Wasserbekken, 7 Brennstofflager, 8 Rohrleitungen, 9 Oxydatorlager, 10 Montagetürme

Startfertige »Sojus«-Trägerrakete (UdSSR) beim Schienentransport zur Startrampe

können Gesamtfertigung und Zusammenbau auch in entspr. Gebäudekomplexen auf dem R. selbst erfolgen. Danach werden die vollständigen Raketen in horizontaler Lage (z. B. »Wostok«-, »Woschod«- und »Sojus«-Trägerrakete) mit dem aufgesetzten Raumflugkörper bzw. Raumfahrzeug auf Spezialschienenfahrzeugen zur Startrampe transportiert. Im anderen Fall geschieht die Montage der Rakete unmittelbar auf der Startrampe bzw. -plattform, wobei → Montagetürme mit entspr. Hebe- u. a. Vorrichtungen eingesetzt werden. Bei sehr großen Trägersystemen (z. B. → »Saturn«-Raketen) wird der sehr zeitaufwendige Zusammenbau in einem speziellen großen Montagegebäude vorgenommen. Die auf einer ortsbeweglichen Plattform fertig montierte Rakete – mit aufgesetztem Raumfahrzeug – wird dann in vertikaler Stellung mit einem entspr. tragfähigen Spezialfahrzeug (Raupenschlepperkonstruktion) zur mehrere Kilometer entfernten Startrampe transportiert. Der Montage- und Ausrüstungsbereich ist mit vielfältigen Einrichtungen für laufende Arbeits- und Systemüberprüfungen ausgestattet.

2) *Starteinrichtungen* zur unmittelbaren Vorbereitung und Durchführung des Raketenstarts. Mittelpunkt dieser in einem entspr. Sicherheitsabstand zu anderen Einrichtungen des R. gelegenen Anlagen bildet die → Startrampe mit der ortsfesten oder beweglichen (z. B. bei »Saturn 5«) Startplattform. Auf der Rampe bzw. Plattform steht – je nach der Technik der Raketenmontage – der Montageturm, der in dieser Phase den Arbeiten zur unmittelbaren Startvorbereitung und gleichzeitig als

Eine »Saturn 5« (USA), mit »Apollo«-Raumkapsel und Rettungsrakete an der Spitze, wird samt ihrem Montageturm auf einem Raupenfahrwerk zur Startrampe gefahren

Träger für die Betankungszuleitungen und Kabelverbindungen zur Rakete dient. Andernfalls befinden sich dort nur ein einfacher Wartungsturm mit Arbeitsbühnen sowie getrennte Betankungs- und Kabelmaste. Bei mittel- bis sehr großen Flüssigkeits-Trägerraketen erfolgt die Betankung aus entfernter gelegenen Vorratsbehältern erst auf der Startrampe. Für kleine bis mittelgroße Raketen können die Treibstoffe auch mit Tankwagen an die Betankungsanlage der Startplattform herangebracht werden. Eine Betankung *vor* dem Transport der Rakete zum Startplatz ist nur bei robust konstruierten kleinen bis mittelgroßen Raketen möglich, die mit nichthypergolen Treibstoffen arbeiten. Die konstruktiven Besonderheiten jedes Raketentyps machen es erforderlich, daß jeweils ein speziell angepaßter Startkomplex eingerichtet werden muß. Alle Vorbereitungsarbeiten auf der Startrampe werden ebenfalls bis in jede Einzelheit laufend mit Hilfe verschiedener Einrichtungen überwacht. Dabei liegt das Ablaufschema der Startvorbereitungen zeitlich genau fest. Die Kontrolle dieses Zeitplans (→ Countdown) wird bis zur Sicherung der endgültigen Funktionsbereitschaft aller Systeme der startfertigen Rakete – einschl. ihrer Nutzlast – von der Leitzentrale des jeweiligen Startkomplexes ausgeübt und geht in das ebenfalls von dort überwachte Start- und Flugleitprogramm über.

3) *Startkontroll-* und *Flugleitzentrale* zur Überwachung der Startvorbereitungen, des Startzeitplans, der Startoperationen sowie des Flugablaufs der Rakete. Die Überwachung und die Leitung der anschließenden Raumflugmission kann einem speziellen *Flugkontrollzentrum* übergeben werden, das mitunter auch außerhalb des R.es liegt. Die Kontrolldaten über die Systemfunktionen der Rakete werden bis zu deren Abheben von der Startplattform über Kabelverbindungen der Flugleitzentrale übermittelt. Nach dem Lösen der → Abreißkabel geht die Übermittlung der Kontrollwerte für die Antriebsfunktionen sowie für den mit Bordsystemen (→ Trägheitsnavigation) ermittelten Bahnverlauf mit funktechnischen Verfahren vor sich. Die → Bahnvermessung der aufsteigenden Rakete kann dabei durch optische bzw. funktechnische Verfahren von Bodenstationen aus ergänzt werden. Die

Montage einer großen Flüssigkeitsrakete (»Saturn 1«, USA) auf der Startplattform (vorn Zweit-, hinten Erststufe)

Zurückklappbarer Montageturm auf der Startrampe einer »Titan-2«-Rakete

Flugkontrollzentrale des Manned Spacecraft Center der NASA in Houston (Texas)

Antennensystem einer Bodenstation (UdSSR) für Verbindungen mit Raumflugkörpern über sehr große Entfernungen

Kontroll- und Führungsoperationen in der Leitzentrale während des Startablaufs und des Aufstiegs der Rakete werden – unter Einspeisung aller dazu notwendigen Kontrolldaten – von einem weitgehend automatisierten → Leitsystem abgewickelt. Das spezielle Flugkontrollzentrum für eine anschließende Raumfahrtmission steht über ein globales Netz von funktechnischen Bodenstationen – wenn erforderlich, unter Einsatz von Spezialschiffen – ständig mit dem Raumfahrzeug in Verbindung (Datenübermittlung Bord–Boden, Kommandoübertragung Boden–Bord, laufende Bahnvermessung, Nachrichtenverbindung mit den Raumfahrern u. a.) und hält so den gesamten Missionsablauf bis zum Abschluß des Unternehmens unter Kontrolle.

Raketentechnik: Oberbegriff für alle technischen Arbeitsgebiete, die für Berechnung (Auslegung), Konstruktion und Bau von Raketen notwendig sind. I. w. S. werden auch Treibstoffchemie sowie Steuerungs- und Lenktechnik, soweit sie speziell für Raketen angewandt werden, zur R. gerechnet, ebenso Einrichtung und Handhabung von Anlagen zur Prüfung von Raketentriebwerken und Raketen sowie von Startanlagen. Hauptgrundlage der R. ist die *Antriebstechnik,* in der man sich mit der Entwicklung und Herstellung der → Raketentriebwerke beschäftigt.

Raketenträger: Überwasserkriegsschiff (z.B. Raketenkreuzer, -boot), Unterwasserfahrzeug (Raketen-Unterseeboot), Kraftfahrzeug (Lastkraftwagen, Selbstfahrlafette, Panzer), Flugzeug o. a., das an Stelle von konventioneller artilleristischer Bewaffnung mit → Kampfraketen ausgerüstet ist.

Raketentreibstoffe → Treibstoffe.

Raketentriebwerk: Antriebsvorrichtung, die nach dem Prinzip des → Rückstoßantriebs auf sich selbst und den mit ihr ausgerüsteten Körper eine beschleunigende Kraft (Schubkraft, Schub) ausübt. Im Unterschied zu Motoren entfällt beim R. jede Kraftübertragung auf sekundäre, den Bewegungsvorgang auslösende Hilfsmittel (Räder, Luft- bzw. Schiffsschrauben o. a.). Die gelegentlich anzutreffende Bezeichnung *Raketenmotor* ist daher nicht zweckmäßig. Die Vortriebswirkung wird beim R. durch den Antriebsstrahl erzeugt, wobei im kräftefreien Raum nach dem Impulssatz die Größe der wirkenden Kraft (Schub) dem Produkt aus Massendurchsatz und Geschwindigkeit der Masseteilchen des Antriebsstrahls proportional ist (→ Schub). Der Schub wirkt entgegengesetzt zur Richtung des austretenden Massestroms. Im Unterschied zu den Luftstrahltriebwerken, die einen Teil des → Arbeitsmediums (atmosphärische Luft zur Verbrennung des Kraftstoffs) der Umgebung entnehmen, wird bei einem R. die gesamte im Antriebsstrahl zur Wirkung kommende Masse ebenso wie die Energie zu deren Beschleunigung im Antriebssystem selbst mitgeführt bzw. erzeugt. Daher ist das R. in seiner Funktion von der Umgebung unabhängig (*autogenes Strahltriebwerk)* und auch für die Antriebserzeugung im Weltraum geeignet. Die Verfahren zum Erzeugen des Antriebsstrahls können sehr verschieden sein; in der modernen Raketentechnik unterscheidet man → chemische (thermochemische) Raketentriebwerke, → Kernenergietriebwerke, → elektrische Raumfahrtantriebe und den vorläufig noch hypothetischen → Photonenantrieb.

Raketentruppe: Landstreitkräfte, deren Hauptbewaffnung aus → Kampfraketen besteht. R. bilden in zunehmendem Maße den Schwerpunkt moderner Streitkräfte. Über die zahlenmäßig stärksten, am vielseitigsten einsetzbaren und am besten ausgerüsteten R.n verfügt die UdSSR.

Raketenwaffe: Waffentyp, der von einem oder mehreren Raketentriebwerken in das Ziel getragen wird; → Kampfrakete.

Raketenwerfer: taktische Raketenwaffe, die ungelenkte Artillerieraketen meist im Salvenfeuer mittels mehrerer, auf einer gemeinsamen Lafette zusammengefaßter Leitkufen, -schienen oder -rohre startet. Diese Lafetten sind einfach und leicht und können daher auch auf Lastkraftwagen, Lkw-Anhängern, Panzern, Kettenfahrzeugen o. a. montiert werden. Berühmte-

Raketenwerfer in Feuerstellung

stes historisches Beispiel für R. sind die sowjetischen → »Katjuschas« des zweiten Weltkriegs. Große Beweglichkeit und hohe Feuerdichte machen die R. zu einem außerordentlich wirksamen modernen Kampfmittel. Sie werden gelegentlich auch unzutreffend als *Geschoßwerfer* oder *Salvengeschütz* bezeichnet.

Raketenwerkstoffe: Sammelbegriff für vielfach erst speziell zur Verwendung im Raketen-, Raketentriebwerks- und Raumflugkörperbau entwickelte Werkstoffe, die wegen ihrer hochwertigen Eigenschaften zunehmend auch auf anderen Gebieten der Technik Anwendung finden. Die Anforderungen sind im einzelnen sehr unterschiedlich und führen daher zu einer sehr großen Werkstoffauswahl, so daß hier nur Beispiele angeführt werden können.
Neben dem allgemeinen Streben nach Leichtbauweise (Bleche als Ausgangsmaterial, → Sandwichbauweise im Struktur- und Zellenbau) bei größter Festigkeit betreffen die Anforderungen im wesentlichen gute Eigenschaften bei tiefer Temperatur (z. B. bei Werkstoffen für Treibstoffbehälter, Leitungen, Pumpen für kryogene Treibstoffe) und bei hoher bis höchster Temperatur (Werkstoffe für Raketentriebwerke, Rückkehrgeräte). Als *Tieftemperaturwerkstoffe* sind vor allem aushärtbare Aluminiumlegierungen und kaltverfestigter austenitischer Stahl von Bedeutung. Für hohe und höchste Temperaturbelastungen *(Hochwarmfestigkeit)* dagegen haben Aluminium- ebenso wie Magnesiumlegierungen keine große Bedeutung mehr, sondern Beryllium (als Strukturwerkstoff bis um 600 °C Temperatur) und Titanlegierungen (bis etwa 650 °C). Plaste mit Glasfaser- oder Asbestverstärkung *(Verbundwerkstoffe)* lassen sich wegen ihrer geringen Dauerstandfestigkeit (infolge ihrer geringen Wärmeleitfähigkeit verändert sich ihre Oberflächenstruktur relativ schnell) bei hoher Temperatur nur für kurzzeitigen Betrieb verwenden; dafür ist ihre Bedeutung als Werkstoff für Ablationskühleinrichtungen (→ Kühlverfahren) um so größer. Dennoch kommt Verbundwerkstoffen als Strukturwerkstoffe zunehmende Bedeutung zu, wie sich an den in jüngster Zeit vor allem mit Borfaser-Verbundwerkstoffen erzielten Fortschritten abzeichnet. Die bisherigen Versuche an Epoxydharz- bzw. Aluminium - Borfaser - Verbundwerkstoffen haben gezeigt, daß sich mit diesen eine etwa dreimal so hohe Festigkeit und Steifigkeit als mit den Matrixwerkstoffen (Epoxydharz, Aluminium), ohne Borfaserverstärkung erzielen läßt, so daß Strukturen hergestellt werden können, die 40 bis 60 % leichter sind. Die bisher hauptsächlich verwendeten Struktur- und Triebwerksbaustoffe sind verschiedene Gruppen von Stählen sowie hochwarmfeste Nickel- und Kobaltlegierungen (*Superlegierungen*).
Für Sonderzwecke (z. B. Düsenhalsauskleidungen) finden auch Metalloxide, wie Magnesium- oder Aluminiumoxid, Verwendung. Ihre Verarbeitung verursacht jedoch, wegen der notwendigen Sintertechnik, bei großen Teilen beträchtliche Schwierigkeiten. Al_2O_3 behält bis etwa 1300 °C ausreichende Festigkeit. Für noch höhere Temperatur eignen sich Niob (Schmelzpunkt 2468 °C), Molybdän (2622 °C), Tantal (2996 °C) und Wolfram (3410 °C) sowie deren Legierungen. Mit

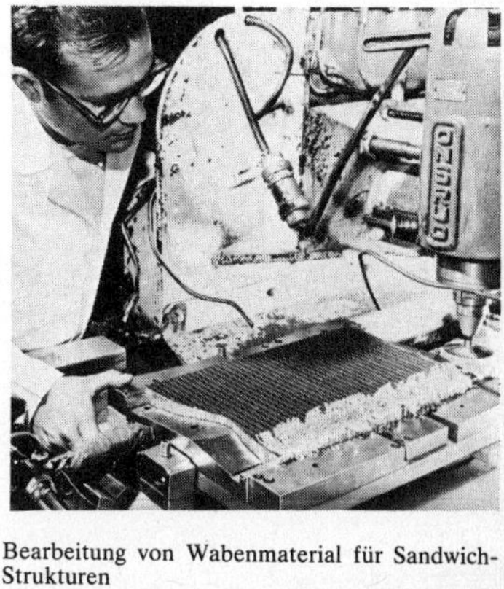

Bearbeitung von Wabenmaterial für Sandwich-Strukturen

spezialbehandelten Wolfram-Düsenhalsauskleidungen konnten schon Versuche bis zu 60 s Dauer bei 4000 °C gefahren werden. Größte Schwierigkeit bereitet jedoch bei allen genannten Metallen der Schutz gegen Oxydation bei höherer Temperatur; man versucht, ihn durch Legieren und Überzüge aus Sinterkeramik zu erreichen. Mit einem in jüngster Zeit entwickelten polykristallinen Zirkonoxid-Keramiküberzug (»Zirkolit«-Werkstoff) konnte eine völlige Dauerstandfestigkeit für 260 h bei 2500 °C erreicht werden. Von etwa 1500 °C an ist Graphit vielen anderen hochwarmfesten Werkstoffen überlegen. Seine Festigkeit nimmt bis 2500 °C noch zu, wobei sein Ausdehnungskoeffizient niedrig und seine Temperaturstoßfestigkeit gut ist. Die oberhalb 600 °C normalerweise einsetzende Oxydation läßt sich durch einen Überzug vermeiden. Graphit ist daher für Raketentriebwerke (Düsenhalsauskleidung), Wärmeschilde u. ä. Anwendungen sehr geeignet.

»Ranger« [engl., Spürhund]: Raumflugkörper (USA), die als unbemannte Meß- und Fotosonden in der ersten Etappe des umfassend angelegten Mondforschungsprogramms der NASA eingesetzt wurden. Sie waren unmittelbare Vorläufer der → »Surveyor«-Mondsonden und dienten als Aufklärer für alle Mondlandungsversuche. Bei ihrem Bau fand erstmals die Modultechnik Anwendung, d. h., mit dem gleichen Grundsystem konnten durch entspr. Ergänzungsausrüstungen verschiedene Aufgaben durchgeführt werden.

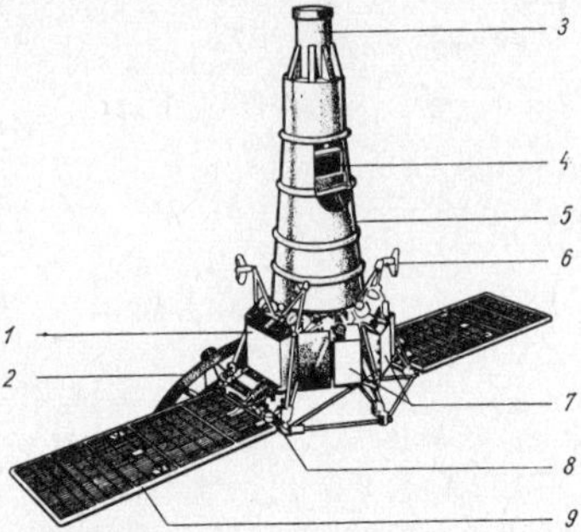

Aufbauschema einer »Ranger«-Mondsonde der Block-3-Serie:
1 Elektronik des Lageregelungssystems, 2 Richtantenne, 3 Rundstrahlantenne, 4 Kamerafenster, 5 Gehäuse mit Untersystemen für Bildübertragung, 6 Halterung der (angeklappten) Solarzellenausleger (9), 7 Batterien, 8 Druckgasbehälter für Lageregelungssystem

Mondsonde »Ranger 1« in der Endmontage, im Hintergrund der Verkleidungsnasenkegel

Das Grundsystem der »R.«-Raumsonden bestand aus einem Rohrrahmen mit sechseckiger Basis und rechteckigen Seitenflächen. Dieser Rahmen war durch Aluminiumprofile versteift, die gleichzeitig als Halterung für die Instrumente und Ausrüstung dienten. Der Basisdurchmesser des Rahmens betrug 1,52 m. Zur Ausrüstung des Grundsystems gehörten die Energieversorgung, die Sendeanlage, das Lageregelungssystem und ein kleines Triebwerk zur Änderung des Geschwindigkeitsvektors. Das Triebwerk arbeitete mit Stickstofftetroxid/Hydrazin und lieferte einen Schub von 22,7 kp. Als Hauptenergiequellen der »R.«-Geräte wurden Solarzellen verwendet, die auf 2 Auslegern angeordnet waren und bei einer Gesamtfläche von 1,85 m^2 eine Leistung von 180 W abgaben. Diese Silizium-Fotozellen wurden zum Schutz gegen UV-Strahlung und zur Erhöhung des Emissionsvermögens mit einer entspr. Schutzschicht versehen. Da während des Einflugs in die Übergangsbahn und beim Landemanöver die Solarzellen (wegen der fehlenden Ausrichtung auf die Sonne) keinen Strom lieferten, wurde die Energieversorgung dann von Silber-Zink-Batterien übernommen. Als Referenzgeber des Lageregelungssystems dienten 3 Kreisel, die durch Bodenkommandos verstellt werden konnten. Außerdem hatten 2 Sonnensensoren und 1 Erdsensor den gleichen Zweck. Nach Abtrennen des »R.«-Geräts von der letzten Stufe des Trägersystems (»Atlas-Agena«) wurde auf ein Kommando der Bodenstation die Längsachse des Raumflugkörpers auf die Sonne ausgerichtet, wodurch die vorher ausgeklappten Solarzellenausleger ihre Funktionsstellung erhielten. Die Korrekturimpulse zur Ausrichtung und Stabilisierung des Raumflugkörpers wurden durch 10 Druckgasdüsen bewirkt, die mit Stickstoff arbeiteten, der unter einem Druck von 200 kp/cm^2 in einem Kugelbehälter von 20 cm Durchmesser gespeichert war. Die Temperatur in den Gerätezellen der »R.«-Sonden wurde auf passivem Wege geregelt, und zwar durch eine äußere Beschichtung mit einem dünnen Goldbelag, weißer Farbe oder poliertem Aluminiumblech. Durch dieses Verfahren wird die durch Sonnenstrahlung zugeführte Wärmemenge auf der »Schattenseite« des Geräts wieder abgestrahlt; es setzt allerdings ein lagestabilisiertes Gerät voraus.

Die Starts von »R. 1« (306 kg) am 23. Aug. 1961 und »R. 2« (18. Nov. 1961) waren Fehlschläge (Versagen der »Agena-B«-Stufe). Ebenso wurden die Unternehmen mit »R. 3« (26. Jan. 1962), «R. 4« (23. April 1962) und »R. 5« (18. Okt. 1962) durch unterschiedliche technische Mängel Mißerfolge. Diese 3 als »Block-2«-Sonden bezeichneten Geräte (332 kg) sollten jeweils eine kleine kugelförmige Instrumentenkapsel (25,5 kg; 0,3 m Durchmesser) auf die Mondoberfläche bringen, deren Aufprall durch ein Feststofftriebwerk (2310 kp Schub) und zusätzlich durch eine Balsaholzhülle (Durchmesser 0,6 m) gedämpft werden sollte.

Die Zusatzausrüstung der nachfolgenden »Block-3«-Geräte des »R.«-Programms bestand im wesentlichen aus einem Fernsehübertragungssystem, zu dem insgesamt 6 Kameras gehörten. 2 Kameras waren mit Weitwinkelobjektiven ausgerüstet (»F«-Kameras) und sollten während der Annäherung an den Mond bis zum Aufprall Übersichtsaufnahmen liefern, während die restlichen 4 (»P«-Kameras) mit kleinerem Gesichtsfeld für höhere Detailauflösung vorgesehen waren. Für die Bildübertragung wurden Vidicon-Röhren verwendet, die einen Durchmesser von 2,5 cm und eine Länge von 12 cm hatten. Die Kameras waren in einer Baugruppe zusammengefaßt, deren Mittelachse um 38° gegen die Längsachse des Raumflugkörpers geneigt war. Ihre Gesamtmasse betrug 26,7 kg. Die Masse der einzelnen Raumfluggeräte war unterschiedlich und lag etwa zwischen 360 und 390 kg.

Die letzte Stufe der Trägerraketen (»Atlas-Agena-B«) wurde nach Abtrennung der Sonde durch kleine Antriebsimpulse so geleitet, daß sie nicht auf die Mondoberfläche gelangen konnte, sondern jeweils in eine Sonnenumlaufbahn einbog. Auch der erste Einsatz eines Block-3-Geräts (»R 6«) endete mit einem Mißerfolg.

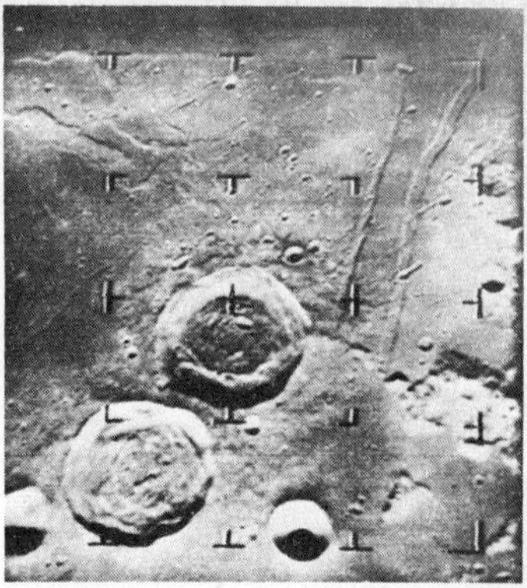

Mondaufnahme durch »Ranger 8« aus 243 km Höhe (2 min 15 s vor dem Aufschlag); die beiden großen kesselförmigen Formationen sind die Mondkrater Sabine und Ritter

Mondaufnahme durch »Ranger 9« aus 1240 km Höhe (9 min 18 s vor dem Aufschlag); am oberen Bildrand die Wallebene Ptolemäus, links (angeschnitten) Ringgebirge Alphonsus

Obwohl vom Start (30. Jan. 1964) bis zum Anflug auf das vorgesehene Zielgebiet alles programmgemäß verlief, konnten keine Bilder empfangen werden. Der Raumflugkörper zerschellte am 2. Febr. auf der Mondoberfläche etwa 50 km südlich des Kraters Ross im Mare Tranquillitatis.
Der erste volle Erfolg im »R.«-Programm gelang schließlich mit dem am 28. Juli 1964 gestarteteten »R. 7«. Dieser Raumflugkörper hatte noch einmal eine Reihe von Abänderungen und Verbesserungen erfahren, die aus den vorangegangenen Mißerfolgen abgeleitet worden waren. Er kam damit auf eine Gesamtmasse von 390 kg. Alle Flugmanöver verliefen programmgemäß. Das Zielgebiet lag im Mare Nubium, etwas südöstlich des Kraters Guericke. 17 min vor der berechneten Aufschlagzeit wurden die Kameras eingeschaltet (Entfernung von der Mondoberfläche etwa 2100 km). Bis zum Zeitpunkt des Aufschlags gelang es, 4316 Bilder von ausgezeichneter Qualität zu empfangen. Die Aufnahmen zeigten noch Kratergruben von rund 90 cm Durchmesser und etwa 30 cm Tiefe. Die genauen Koordinaten des Aufschlagpunkts waren 10,7° südlicher selenographischer Breite und 20,7° westlicher selenographischer Länge. Die Aufschlaggeschwindigkeit betrug 2608 m/s. Ebenso erfolgreich war das Experiment mit »R. 8«, der am 17. Febr. 1965 gestartet wurde und nach rund 65 h Flugzeit den Mond erreichte. Diesmal wurden die Kameras schon 23 min vor dem Aufprall eingeschaltet, wodurch man über 7000 Aufnahmen erhielt, und zwar von noch besserer Qualität als diejenigen von »R. 7«. Der Aufschlagpunkt lag im Mare Tranquillitatis (2,59° n. Br. und 22,7° ö. L.) nur 29 km von dem vorgesehenen Zielpunkt entfernt. Der am 21. März 1965 gestartete »R. 9« wurde vor allem in raumflugtechnischer Hinsicht zu einem großen Erfolg. Das Flugprogramm sah vor, die Raumsonde direkt in dem Krater Alphonsus auftreffen zu lassen, um eventuell Fragen klären zu können, die mit früher von der Erde aus beobachteten Gasausbrüchen im Zentralgebiet des Kraters zusammenhängen. Dieses Vorhaben gelang mit einer Zielabweichung von nur 6,5 km. Man erhielt insgesamt 5800 Bilder, die in ihrer Schärfe noch besser waren als diejenigen von »R. 8«, da man eine zusätzliche Stabilisierung der Kameras in der Fluggeräteachse vorgesehen hatte. Bemerkenswert war an diesem Unternehmen, daß zum erstenmal eine Direktübertragung der Mondaufnahmen über das öffentliche Fernsehnetz vorgenommen wurde. Mit diesem Experiment fand das »R.«-Programm seinen Abschluß.

Rasumow, *Wladimir Wassiljewitsch:* sowjetischer Wissenschaftler, geb. 1890, gest. 1967; er leistete bedeutende Beiträge zur Entwicklung der Raketentechnik. Nach Abschluß der Marineingenieurschule in Kronstadt arbeitete er anfangs in der Schiffbauindustrie, wurde 1931 Vorsitzender der → LenGIRD, 1933 Leiter des Konstruktionsbüros für den Bau eines Ganzmetall-Luftschiffs und arbeitete ab 1956 in einem Institut der Zivilen Luftflotte der UdSSR.

Raumantriebe → Raumfahrtantriebe.

Raumanzug: hermetisch abgeschlossener Schutzanzug für Raumfahrer; gelegentlich auch noch unter der antiquierten und aus der älteren Tauchertechnik kommenden Bezeichnung *Skaphander* erwähnt. Der R. hat verschiedenen Anforderungen zu genügen:
1) muß sein hermetischer Abschluß unter allen Bedingungen gewährleistet sein, also auch dann, wenn der Raumfahrer Arbeit verrichtet,
2) muß er weitgehend temperatur- und strahlungsisoliert sein, um gefährliche physikalische Umweltbedingungen beim Raumflug vom Menschen fernzuhalten,
3) muß er an ein Klimaversorgungsgerät angeschlossen sein,
4) muß er dem Raumfahrer die Nahrungsaufnahme ermöglichen und
5) muß er mit einem → Assanierungssystem versehen sein, damit der Raumfahrer

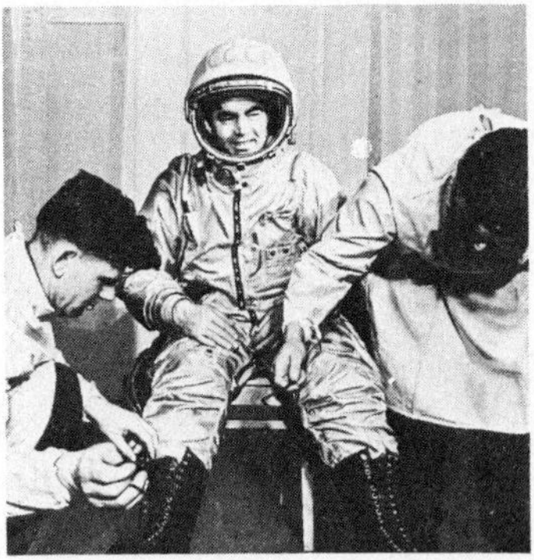

Anlegen eines »Wostok«-Raumanzugs (Nikolajew)

Raumanzug und Klimakoffer der »Mercury«-Astronauten (Schirra)

auch bei längerem Tragen seine natürlichen Bedürfnisse verrichten kann. Letzteres tritt mit voranschreitender Entwicklung der Raumfahrttechnik in seiner Bedeutung zurück, da die Vervollkommnung der Raumkabinen bzw. Raumfahrzeuge ein dauerndes Tragen des R. nicht mehr erforderlich macht. Der R. spielt dann nur noch die Rolle eines Sicherungssystems bei ernsten Zwischenfällen (Beschädigung der Kabine) und wird vornehmlich beim Verlassen der Kabine unter Weltraumbedingungen verwendet.
Ein R. besteht i. allg. aus dem eigentlichen Anzugsteil, separaten Handschuhen und dem Helm mit hermetisch schließendem Front-»Visier«. Die Möglichkeit, den R. nach Belieben an- und ausziehen zu können, setzt voraus, daß sowohl die zum Verschluß des Anzugsteil benötigten 2 bis 3 Spezialreißverschlüsse als auch die Ringverschlüsse zwischen Anzug und Helm bzw. Handschuhen vakuumdicht schließen.
Der Anzug selbst besteht meist aus mehreren Schichten verschiedenen Materials, die ihm eine gewisse Flexibilität geben und zugleich eine temperatur- und strahlungsisolierende Wirkung haben. In den Anzug eingearbeitet sind meist noch Anschlüsse für die Leitungen der Meßfühler, die am Körper des Raumfahrers zur Kontrolle seiner biologischen Funktionen angebracht sind, sowie für das Sprechfunksystem. Wird der R. nur innerhalb der Kabine benutzt, so ist seine Klimaversorgung meist über besondere Leitungen an das Klimasystem der Kabine angeschlossen. Beim Aussteigen in den Weltraum bleibt der R. des Raumfahrers nur im Sonderfall über eine Leitung mit der Klimaanlage des Raumschiffs verbunden. Meist ist er mit einem eigenen Klimasystem (Klimatornister) ausgerüstet, dessen begrenzter Atemluftvorrat allerdings zwangsläufig die Aufenthaltsdauer des Raumfahrers außerhalb seines Raumschiffs beschränkt. Der R. für den Aufenthalt im Weltraum muß

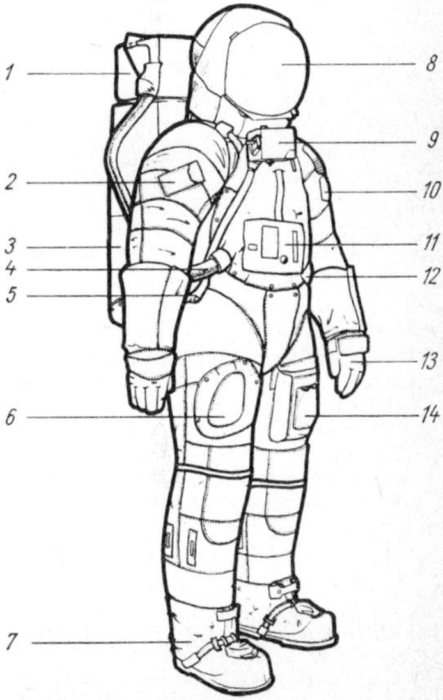

Außenansicht des »Apollo«-Raumanzugs (schematisch): 1 Sauerstoff-Regenerator, 2 Tasche für Sonnenbrille, 3 Behälter für Sauerstoff und Kühlsystem, 4 Sauerstoff-Schlauch, 5 LM-Anschlußschlaufe, 6 biomedizinischer Verschluß (Urinabfluß, Injektion), 7 Mondstiefel, 8 Filtervisier, 9 Kontrollgerät, 10 Taschenlampe, 11 Anzeige- und Regelungsgeräte, 12 Kabel und Schlauch für Sprechfunk, Ventilation und Wasserkühlung (verdeckt), 13 Handschuhe, 14 Tasche

auch in anderer Hinsicht besonderen Bedingungen genügen. Seine Beweglichkeit darf durch den Innendruck des Atemgases nicht allzu stark eingeschränkt werden. Bei einem Druck von 1 kp/cm², wie ihn der Mensch unter Normalbedingungen gewöhnt ist, würde dies jedoch der Fall sein; der R. bläht sich dann zu einem praktisch unbeweglichen Ballonkörper auf, zumindest soweit es seine Struktur zuläßt. Aus diesem Grunde verwendet man ein Helium-Sauerstoff-Gemisch oder reinen Sauerstoff als Atemgas, da diese auch bei vermindertem Druck für den Menschen längere Zeit atembar sind. So läßt sich reiner Sauerstoff bis zu einem Druck von 0,25 kp/cm² herab ohne Schwierigkeiten verwenden. Weiterhin muß die Oberfläche des R. bes. strahlungsabweisend sein. Man versieht sie daher mit einem möglichst hochreflektierenden Belag.

Auch die Sichtscheibe des Schutzhelms muß der intensiven Sonnenstrahlung angepaßt sein; sie wird deshalb aus stark absorbierendem Material gefertigt oder mit einem Spezialvisier versehen. Die erste praktische Erprobung eines speziellen R. für den Aufenthalt außerhalb eines Raumschiffs (»Woschod 2«) wurde beim Ausstiegmanöver des sowjetischen Kosmonauten *Leonow* durchgeführt. Als Atemluft wurde dem Raumfahrer reiner Sauerstoff zugeführt (0,4 kp/cm²). Die Klimaanlage selbst befand sich in einem Klimatornister, den *Leonow* auf dem Rücken trug. Ein Sicherungskabel, in dem zugleich die elektrischen Leitungen der Bordsprechverbindung und der Meßfühler verliefen, verband den Kosmonauten während der gesamten Freiflugdauer (etwa 10 min) mit dem Raumschiff. Trotz des Atemgasdrucks blieb *Leonows* R. so weit beweglich, daß der Kosmonaut auch leichte Arbeiten (Demontage der außen am Raumschiff angebrachten Filmkamera) während seines freien Flugs im Raum durchführen konnte. Eine ähnliche Erprobung führte dann als erster US-amerikanischer Astronaut *White* durch; er hielt sich etwa 20 min außerhalb der Kapsel (»Gemini 4«) auf und erhielt dabei seine Atemluft (ebenfalls reiner Sauerstoff mit 0,25 kp/cm²) über eine Verbindungsleitung von der Klimaanlage in der Raumkapsel (reiner Sauerstoff mit 0,33 kp/cm²). Bei den weiteren »Gemini«-Flügen wurden Raumanzüge bei Ausstiegsmanövern bis zu 125 min erprobt und laufend verbessert, ebenso bei den Ausstiegen von *Chrunow* und *Jelissejew* (→ »Sojus«). Die ersten Spezialanzüge für den Aufenthalt auf der Oberfläche eines fremden Himmelskörpers wurden von *Armstrong* und *Aldrin* (→ »Apollo«) auf dem Mond getragen.

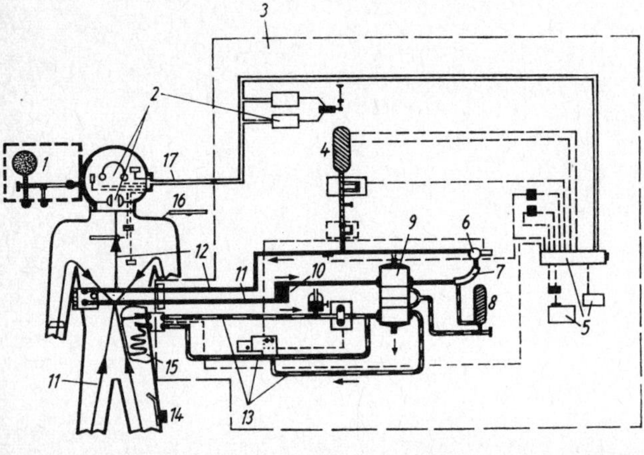

Schema der Funktionssysteme des autonomen »Apollo«-Raumanzugs: 1 Not-Sauerstoffversorgung, 2 Funksprechanlage, 3 Tornistergerät, 4 Sauerstoffvorrat, 5 Batterien und elektrische Ausrüstung, 6 Ventilator, 7 Wasserabscheider, 8 Wassersammelbehälter, 9 Luftreiniger, 10 Verunreinigungskontrolle, 11 Luftabführung, 12 Frischluftzuführung, 13 Rückkühlkreislauf, 14 Urinsammler, 15 Anzugkühlkreislauf, 16 Ablaßventil, 17 Elektrokabel

Raumfahrertraining: umfassendes Ausbildungsprogramm, das der Vorbereitung von Raumfahrern auf die physischen und psychischen Belastungen eines Raumflugs sowie auf ihre speziellen Tätigkeiten im Raumschiff dient. Der Aufnahme in eine Ausbildungsgruppe geht jeweils eine sorgfältige Prüfung des Aspiranten nach körperlicher und charakterlicher Eignung, geistigen Fähigkeiten und gegebenenfalls flugtechnischen Erfahrungen voraus. In der Anfangsphase der Raumfahrerauswahl wurde vornehmlich auf bewährte Militärflieger zurückgegriffen. Aspiranten mit besonderen und einschlägigen technisch-wissenschaftlichen Kenntnissen wurden dabei allgemein bevorzugt. Das Trainingsprogramm kann im wesentlichen in 5 Hauptgebiete eingeteilt werden:

1) theoretischer Unterricht mit Einweisung in die speziellen Erfordernisse des jeweiligen Einsatzprogramms,
2) Ausbildung an Modellausführungen des für den Einsatz vorgesehenen Raumflugkörpertyps,
3) Körperübungen an statischen Spezialgeräten,
4) Körperübungen an dynamischen Spezialgeräten,
5) Leistungstraining.

Zu den Hauptfächern der *theoretischen Ausbildung* gehören Astronomie, Astrophysik, Geophysik, Meteorologie, Navigation, Funktechnik, Raumfahrtmedizin, theoretische und technische Mechanik, Bahnmechanik. Außerdem müssen sich die angehenden Raumfahrer mit allen Einzelheiten der modernen Raketen- und Raumflugtechnik – Antrieb, Werkstoffe, Elektronik, Energieversorgung, Systemtechnik – vertraut machen. Die Aneignung eines derart umfassenden Wissens ist wichtig für die Sicherheit, mit der der Raumfahrer seine gestellten Aufgaben während des Flugs meistert.

Dem besseren Verständnis des Raumfluggeräts und der Trägerraketen dienen eingehende Erläuterungen dieser Systeme durch Fachleute aus dem Entwicklungsbereich zu Beginn der *praktischen Ausbildung*. Danach werden die Raumfahrer an naturgetreuen Modellen mit den Instrumenten und deren Bedienung im jeweiligen Raumfahrzeug vertraut gemacht, wobei im wesentlichen Navigation und Bedienen der Handsteuerung bei Flugmanövern (Rendezvous, Bahnkorrektur, Mond-Bremslandung u. a.) im Vordergrund stehen. Die Modellkabinen sind meist gleich als Raumflugsimulatoren gestaltet, so daß der Raumfahrer schon vor dem Start weitgehend mit den beim Flug auftretenden Bedingungen vertraut gemacht wird und die Kontrolle seiner Reaktionsfähigkeit von einem Kontrollraum möglich ist. Die Modelle werden zu diesem Zweck gegebenenfalls kardanisch und weitgehend reibungsfrei gelagert. Mit Hilfe einer Analog-Rechenanlage ist der Ausbilder in der Lage, Kursabweichungen von der Bahn, instabile Lage des Raumschiffs sowie alle u. U. innerhalb des Flugpro-

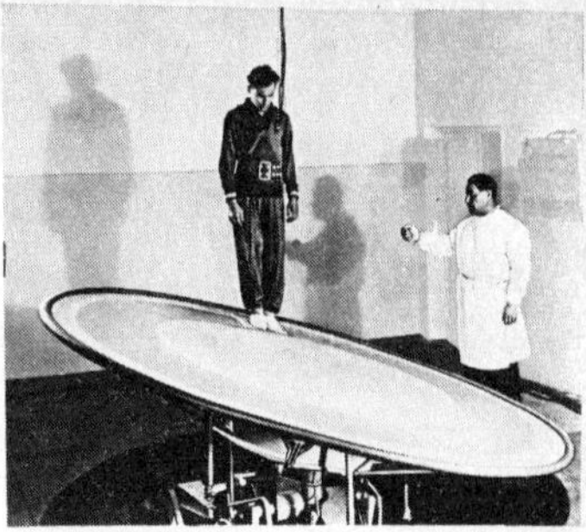

Gleichgewichtsprüfung auf der Taumelscheibe (Titow)

45 m hoher Katapultturm für Beschleunigungstest bis 19 *g* (USA)

gramms auftretenden Fehler – einschl. eines Versagens der Trägerrakete – der Wirklichkeit entspr. zu simulieren.
Aufgabe des trainierenden Raumfahrers ist es, plötzlichen Unstimmigkeiten durch manuelle Eingriffe sofort zu begegnen oder länger vorbereitete Manöver zu steuern. Diese Ausbildung am naturgetreuen Kabinenmodell führt darüber hinaus häufig

Drehbelastungstraining im Stand-Rhönrad (Tereschkowa)

Sowjetischer Kosmonaut beim Zentrifugentest im Original-Katapultsitz der »Wostok«-Raumflugkörper

dazu, daß wichtige Verbesserungen in der Anordnung der Instrumente vorgenommen werden.
Zur Ausbildung im *statischen Versuchsprogramm* gehören hauptsächlich Tests in Unterdruck-, Hitze- und Kältekammern sowie in schalldichten und gelegentlich auch echofreien → Isolationskammern *(Surdokammer)*. In der Unterdruckkammer wird, wie im speziellen Flugzeugführertraining, die Anpassungsfähigkeit des Raumfahrers an Höhenbedingungen geprüft, die bei Zwischenfällen im Rückkehrvorgang von Bedeutung sein kann. Die Versuche in Hitze- und Kältekammern, bei denen der Raumfahrer mit einem temperaturgeregelten Schutzanzug bekleidet ist, dienen der Untersuchung seiner physiologischen Belastbarkeit unter extremen äußeren Temperaturbedingungen, wie sie ebenfalls bei bestimmten Zwischenfällen (z. B. Aufheizung im Kabineninnern bei ungünstigem Wiedereintrittswinkel) auftreten können. Alle statischen Versuche dienen gleichzeitig der Ermittlung der technischen Erfordernisse zum Verringern der bei einem Raumflug auftretenden Belastungen.
Das *dynamische Trainingsprogramm* umfaßt vornehmlich Übungen zur Kontrolle und Anpassung der Gleichgewichts- und Orientierungsorgane der Raumfahrer, Beschleunigungsproben und kurzzeitige Schwerelosigkeitssimulation. Die Gleichgewichts- und Orientierungsproben beginnen mit einfachen Übungen auf besonderen Drehstühlen, Pendel- und Überschlagschaukeln sowie Schlinger- (Taumel-) Plattformen. Die Reaktionen der Versuchsperson werden dabei über Meßwertgeber synchron registriert. Den Abschluß dieser Ausbildung bilden dann Versuche im → Dreiachsrotor, bei denen durch die Drehung der Versuchskabine um alle 3 Achsen gleichzeitig mehr oder weniger schnelle Lageänderungen der Raumkabine simuliert werden können, wie sie u. U. beim Versagen einer Lageregelungsdüse oder der Trägerraketensteuerung während des Flugs auftreten können. Dieses Versuchsprogramm kann dabei auch für den Raumfahrer die Aufgabe umfassen, durch Handsteuerung die Drehbewegungen zu beenden und die Lage des Raumschiffs zu stabilisieren. Zur Vorbereitung der Raumfahrer auf den bei Start und Rückkehr zu erwartenden Beschleunigungsandruck dienen Versuche mit großen Zentrifugen. Der durch die Zentrifugenrotation entstehende Fliehkraftandruck simuliert die An-

druckkraft der linearen Beschleunigung oder Verzögerung. Anfänglich wurden nur einfache Konturensessel für die Versuchsperson am Arm der Zentrifuge befestigt; gegenwärtig werden ganze Modellkabinen mit zusätzlichen Simulationsmöglichkeiten (Druck und Zusammensetzung der Kabinenatmosphäre) verwendet. Bei einigen Versuchen wurde die Kabine so gedreht, daß sich die Beschleunigung innerhalb einer Sekunde von + 10 *g* auf − 10 *g* änderte. Zur Vorbereitung auf den Zustand der Schwerelosigkeit lassen sich →Parabelflüge durchführen, mit denen allerdings nur für höchstens etwa 1 bis 2 min Schwerelosigkeitsbedingungen erreicht werden können. Dennoch spielen derartige Versuche eine wesentliche Rolle im R. Man setzt dazu möglichst geräumige Flugzeuge ein, um gegebenenfalls auch Teile (z. B. Ausstiegsschleusen) von Raumflugkörpern in das Testprogramm mit einbeziehen zu können.

Schwerelosigkeitstest beim Parabelflug in einem Versuchsflugzeug (UdSSR)

Daneben werden zunehmend Übungen in das R. aufgenommen, bei denen die bedingte Schwerelosigkeitssimulation (Schweredämpfung) eines Unterwasseraufenthalts ausgenutzt wird. Die Raumfahrer können sich dabei in hermetischen, temperaturgeschützten und klimaversorgten Anzügen raumfahrtmedizinisch überwacht bis zu mehreren Tagen in Spezialbassins oder -tanks unter Wasser aufhalten.

Zum allgemeinen *Leistungstraining* der Raumfahrer gehören neben sportlicher Durchbildung gelegentlich auch Fallschirmabsprünge, die weitgehend den Einsatzbedingungen und besonderen Situationen angepaßt werden. Dazu zählen außer Absprüngen über Land auch solche über Wasser, um den Raumfahrer in der Handhabung seines für diesen Fall vorgesehenen Rettungs- und Signalgeräts (z. B. Schlauchboot, Funkeinrichtung, Versorgungsmittel) zu üben.

Raumfahrt, *Astronautik, Kosmonautik* [russ.]: umfassender Begriff für alle Bestrebungen, durch Einsatz von technischen Hilfsmitteln dem Menschen andere Himmelskörper direkt erreichbar zu machen. Als antiquierte und daher heute nicht mehr verwendete gleichsinnige Begriffe sind *Weltraumschiffahrt* bzw. *Raumschiffahrt* anzusehen. Alle wissenschaftlichen und technischen Forschungen und Entwicklungen zur Verwirklichung der R. werden unter dem Begriff *Raumfahrtforschung* zusammengefaßt. Der gelegentlich in diesem Zusammenhang verwendete Begriff *Weltraumforschung* darf nicht als Synonym für R. oder R.forschung benutzt werden, da er ausschl. auf das kooperative Anliegen aller Disziplinen zur Erforschung des Kosmos, also vor allem der Astronomie und der Astrophysik – aber durchaus auch der Geophysik – anzuwenden ist. Die wissenschaftliche R. stellt nur den jüngsten und modernsten Hilfsapparat der Weltraumforschung dar. Als Teildisziplinen der R.forschung treten praktisch fast alle modernen naturwissenschaftlichen und technischen Arbeitsgebiete in Erscheinung.

Der Vorgang der Bewegung von künstlichen Körpern im Weltraum wird in der allgemeinen Betrachtung als *Raumflug* bezeichnet. Die dabei zum Einsatz kommenden Geräte nennt man demzufolge *Raumflugkörper.* Diese eindeutige Begriffsbildung geht auf die Analogie zwischen der antriebslosen Bewegung in einer astronautischen Freiflugbahn und dem *Flug* ballistischer Körper zurück. Die Bezeichnung Raumflugkörper ist daher im allgemeinen Sinne auch für bemannte Geräte gültig. Für letztere wird darüber hinaus der Begriff *Raumfahrzeug* verwendet, wenn ihre Auslegung sowie ihr Funktions- und Einsatzprogramm im wesentlichen durch charakteristische Zielsetzungen der R. bestimmt sind, d. h., als Raumfahrzeuge können nur solche Raumflugkörper oder deren unbemannte Versuchstypen angesprochen werden, die der unmittelbaren Vorbereitung oder Durchführung von Flügen des Menschen zum Mond oder den Planeten dienen und deshalb für Flugmissionen langer Dauer und Bewältigung komplizierter Flugmanöver im Raum ausgelegt sind sowie eine mehrköpfige Besatzung haben. In diesem strengen Sinne stellten die bemannten Raumflugkörper vom »Wostok«-, »Mercury«-, »Woschod«- und

»Gemini«-Typ noch keine »echten« Raumfahrzeuge dar. Die für die Raumflugkörper vom »Wostok«- und »Woschod«-Typ aufgekommene Bezeichnung »*Raumschiff*« lehnt sich mehr an ältere allgemeine Vorstellungen an und ist nur hinsichtlich einiger ihrer speziellen Funktionseigenschaften und wegen eines gewissen Prototypcharakters bedingt gerechtfertigt.

Alle praktischen Bemühungen um die R. und R.forschung laufen in der *Raumflug-* bzw. *R.technik* zusammen, deren wichtigste Elemente *Antriebstechnik* (→ Raumfahrtantriebe) und → *Raumflugnavigation* sind. Daneben spielen auch die allgemein im Bereich der Weltraumforschung anfallenden Erkenntnisse über die Verhältnisse im Weltraum und die Eigenschaften der Himmelskörper eine wesentliche Rolle bei der Planung und Durchführung von Raumflugunternehmen. Die Bereitstellung der notwendigen technischen Mittel und die Erarbeitung der wissenschaftlichen Grundlagen für die Ziele der R. sind mit einem so beträchtlichen Aufwand verbunden, daß es im Prinzip nur großen und wirtschaftlich hochentwickelten Ländern oder kooperierenden Gemeinschaften möglich wird, an dieser Entwicklung auf die Dauer mit Erfolg beteiligt zu sein. Die von der Raumflugtechnik und ihren praktischen Anwendungen ausgehenden wirtschaftlichen und wissenschaftlichen Entwicklungsimpulse bieten dafür jedoch einen so hohen ideellen und materiellen Gegenwert, daß der große Aufwand zunehmend seine Rechtfertigung erfährt. Für die Entwicklung der menschlichen Gesellschaft wird dabei allerdings von ausschlaggebender Bedeutung sein, in welchen Proportionen und in welcher Beziehung zum weltanschaulichen Gedankengut die Raumfahrtbestrebungen vorangetrieben werden.

Die *Geschichte der R.* begann praktisch erst in den letzten Jahrzehnten des 19. Jh., als die russischen Wissenschaftler → *Kibaltschitsch* und → *Ziolkowski* sowie der deutsche Erfinder → *Ganswindt* zum ersten Mal auf hinreichend ernst zu nehmender technisch-wissenschaftlicher Grundlage die Möglichkeiten des Flugs zu anderen Himmelskörpern zu prüfen und zu beschreiben anfingen; alle noch älteren Darstellungen zur Erreichbarkeit fremder Gestirne gehören zur mythologisch-utopischen Vorgeschichte des R.gedankens. Die genannten Wissenschaftler gingen als erste von der Erkenntnis aus, daß nur das Rückstoßprinzip als Antriebsverfahren für Raumflüge in Frage kommen könnte. Während aber *Kibaltschitsch* und *Ganswindt*, ersterer aufgrund seines tragischen Lebensschicksals und letzterer aus Mangel an ernsthafter wissenschaftlicher Konsequenz, nur zu einer ersten Erkenntnis des Grundprinzips und einigen Detaillösungen kamen, vermochte *Ziolkowski* in entbehrungsreicher und mühevoller Kleinarbeit schon zahllose wichtige Teilprobleme mit grundlegenden Ergebnissen und Einsichten zum Abschluß zu bringen. Seine Arbeiten wurden jedoch außerhalb des zaristischen Rußlands kaum bekannt, und so bemühten sich dann, unabhängig von seinen bedeutenden Erkenntnissen, Wissenschaftler und Techniker anderer Länder in den ersten Jahrzehnten des 20. Jh. ebenfalls um die Grundlagen der R. *(v. → Hoefft, → Goddard, → Esnault-Peltérie, → Oberth)*. Dabei stand zunächst vornehmlich das Antriebsproblem im Mittelpunkt des Interesses der Praktiker. Deren Arbeiten bildeten schließlich die Grundlage der modernen → Raketentechnik.

Daneben beschäftigte man sich aber auch schon von Anfang an mit der Bearbeitung von Spezialproblemen der Raumflugtechnik (Bahnmechanik, Lenkung und Steuerung, Beschaffenheit der Raumflugkörper, Rendezvousprinzip und Außenstation). Nach ersten Versuchen mit konventionellen Pulverraketen *(Goddard, → Valier, v. Opel)* kam man dann allgemein in den Jahren von 1920 bis 1930 sehr bald zur Entwicklung der wesentlich leistungsfähigeren und damit vorerst aussichtsreicheren Raketentriebwerke mit flüssigen Treibstoffen. In der jungen Sowjetunion erfuhren die Arbeiten und das Wirken *Ziolkowskis* in dieser Zeit zum erstenmal zunehmende Beachtung und Förderung. Unter seiner maßgeblichen Anregung begannen → *Zander, → Rynin, → Kondratjuk* und die Arbeitsgruppen der → GIRD den Grundstein für die sowjetische R.forschung zu legen. Ihre erfolgreichen Arbeiten wurden hauptsächlich im Bereich des → Gasdynamischen Laboratoriums fortgesetzt von → *Tichonrawow, J. A. Pobedonoszew, Walentin Petrowitsch Gluschko* (geb. 1908) und → *Koroljow*.

Eine ähnliche Entwicklung vollzog sich auch in Deutschland, vor allem unter dem Einfluß der Arbeiten von *Oberth*. So trat → *Winkler*, außer durch die Gründung des »Vereins für Raumschiffahrt« (1927), mit ersten Versuchsarbeiten zu kleinen Flüssigkeitsraketen in Erscheinung. Auf dem

1930 gegr. »Raketenflugplatz Berlin« schufen → *Nebel, Riedel, Oberth* und später auch → *v. Braun* die Grundlagen einer Raketenentwicklung, die zwar ursprünglich den Zielen der R. gewidmet sein sollte, in den Jahren unmittelbar vor und während des zweiten Weltkriegs jedoch ausschl. den Interessen der Kriegsrüstung der deutschen Wehrmacht diente.

In den USA gab es in der Zeit vor dem zweiten Weltkrieg, mit Ausnahme der in der Öffentlichkeit weitgehend unbeachtet gebliebenen raketentechnischen Arbeiten *Goddards,* kaum nennenswerte Bestrebungen, die dem Aufkommen oder der Förderung des R.gedankens hätten förderlich sein können. Zu wirklich entscheidenden und umfassenden Bemühungen, Raketen im Sinne des R.gedankens als Hilfsmittel der Höhen- und Weltraumforschung einzusetzen, kam es allgemein erst nach Beendigung des zweiten Weltkriegs. Einen wesentlichen Einfluß übte dabei die fortschreitende Entwicklung auf dem Gebiet der Raketentechnik aus. Vor allem in der UdSSR setzte unmittelbar nach 1945 eine außerordentlich intensive Forschungs- und Entwicklungsarbeit ein. In den USA wandte man sich nur sehr zögernd dem Aufgabengebiet einer friedlichen Anwendung der Raketentechnik zu. Während man in der UdSSR schon auf breitester Basis Programme zur Verwirklichung der wissenschaftlichen R. entwikkelte und von 1948 ab die ersten Vorversuche mit immer leistungsfähigeren einstufigen Höhenraketen (→ »A«-Höhenraketen) durchführte, gab es in den USA nur geringe Fortschritte mit weit weniger leistungsfähigen Höhenraketen (→ »WAC Corporal«, → »Viking«, → »Aerobee«). In Vorbereitung zum Internationalen Geophysikalischen Jahr 1957/58 gaben dann beide Länder die Absicht bekannt, in diesem Zeitraum u. a. auch künstliche Erdsatelliten als Meßgeräteträger für Forschungszwecke starten zu wollen.

Nach gründlicher Vorbereitung setzte schließlich die UdSSR am 4. Okt. 1957 mit dem Start ihres »Sputnik 1« den entscheidenden Meilenstein in der Geschichte der R. Dieser erste künstliche Satellit der Erde eröffnete das Zeitalter der wissenschaftlichen R.praxis. Das offizielle US-amerikanische Satellitenprojekt »Vanguard« erwies sich dagegen praktisch als Fehlschlag. Der dann am 1. Febr. 1958 mit einem anderen Trägersystem (»Jupiter C«) in eine Umlaufbahn gebrachte erste Meßsatellit der USA, »Explorer 1«, vermochte ebensowenig wie seine unmittelbaren Nachfolger dem mit »Sputnik 2« (Nov. 1957) und später mit »Sputnik 3« (Mai 1958) erweiterten Vorsprung der sowjetischen Satellitentechnik ein Äquivalent entgegenzusetzen.

Das weitere Programm der sowjetischen R.forschung wurde gekennzeichnet durch erfolgreiche Raumflugexperimente zum Mond und in den interplanetaren Raum (»Lunik«-Serie, 1959), Starts von Raumsonden zur Venus (»Venus 1«, 1961) und zum Mars (»Mars 1«, 1962) sowie durch die Erprobung von Prototypen für die nachfolgende erste Generation bemannter Raumflugkörper (»Raumschiff«-Serie, 1960/61) und führte schließlich am 12. April 1961, mit dem Start von »Wostok 1« *(Gagarin),* zu einem neuen Höhepunkt der R.entwicklung. Das »Wostok«-Programm gipfelte in 2 Doppelflügen, deren zweiter zugleich den ersten Einsatz einer Frau *(Tereschkowa)* brachte. Daneben lief am 16. März 1962 eine neue Serie mit Meß- und Erprobungssatelliten (»Kosmos«-Serie) an, die bis Mitte 1970 insgesamt über 350 erfolgreiche Unternehmungen erbrachte. Eine Erweiterung erfuhr dieses Programm noch durch Raumflugkörper anderer Gruppen (»Elektron«, »Poljot«, »Sonde«).

Die Bemühungen der USA erstreckten sich anfänglich lediglich auf eine gewisse Erweiterung des Einsatzprogramms von kleinen Meßsatelliten (»Explorer«-Serie) sowie auf erste Starts von meteorologischen (»TIROS«) und verschiedenen Nachrichtensatelliten (»Echo«, »Telstar«). Der Schwerpunkt des US-amerikanischen Satellitenprogramms lag jedoch zunächst im Bereich militärischer Interessen (»Discoverer«, »SAMOS«, »MIDAS«, später Geheimsatelliten bzw. »Anonymus«). Daneben wurden 1962 die ersten kanadischen (»Alouette«) und britischen Satelliten (»Ariel«) mit US-amerikanischen Trägerraketen gestartet. Nach verschiedenen Vorversuchen im Rahmen des »Mercury«-Programms gelang am 20. Febr. 1962 schließlich auch der erste US-amerikanische bemannte Raumflug (»MA-6«). Die Reihe der »Mercury«-Einsätze fand am 15. Mai 1963 ihren Abschluß mit dem Flug von »MA-9« (rund 34 h Flugdauer). Von den weiteren wissenschaftlichen Unternehmungen der USA mit unbemannten Raumflugkörpern waren die bedeutendsten die »Explorer«-, »TIROS«-, »OSO«- und »OGO«-Serien sowie die Versuche mit Planeten- und Mondsonden (»Mariner«, »Ranger«). Daneben gelangen auch weitere Experimente mit verbesserten Typen von Nachrichtensatelliten (»Relay«, »Syncom«, »Early Bird«), und das sehr vielschichtige Programm militärischer Satelliten wurde ständig weiter ausgebaut. Der Entwicklungsvorsprung der Sowjetunion auf dem Gebiet der bemannten Raumflugkörper fand am 12. Okt. 1964 erneut Ausdruck in dem Start des ersten 3-Mann-Raumflugkörpers vom Typ »Woschod«, mit dessen Flug die Übergangsphase zu echten Raumfahrzeugen eingeleitet wurde. Am 18. März 1965 setzte die Sowjetunion dieses Programm mit dem Start von »Woschod 2« fort. Während dieses Unternehmens verließ der Kosmonaut *Leonow* über eine Luftschleuse die Kabine des Raumflugkörpers und hielt sich als erster Mensch frei fliegend 10 min im Weltraum auf.

Im Rahmen ihres Entwicklungsprogramms brachten die USA ihren ersten 2-Mann-Raumflugkörper vom Typ »Gemini« am 23. März 1965 in eine Umlaufbahn (»Gemini 3«). Beim Unternehmen »Gemini 4« (3. Juni 1965) verließ der Astronaut *White* zu einem 20-min-Freiflug die Kabine, während die nachfolgenden Flüge mit »Gemini 5« und »Gemini 7« mit 8 bzw. 14d Flugdauer vor allem raumfahrtmedizinischen Langzeituntersuchungen dienten. Während des Flugs von »Gemini 7« wurde am 15. Dez. 1965 »Gemini 6« gestartet und noch am gleichen Tage von beiden Raumkapseln das erste erfolgreiche Rendezvousmanöver durchgeführt (Annäherung bis auf 0,30 m). 1966 führte man dann bereits routinemäßig Kopplungsmanöver mit »Agena«-Zielsatelliten durch (»Gemini 8« bis »Gemini 12«). Etwa im gleichen Zeitraum wurde das Satellitenprogramm der USA um verschiedene neue Serien (»ESSA«, »ATS«, »Bios«, »Intelsat«) erweitert und alte Serien wurden fortgesetzt bzw. ausgebaut (»Explorer-IMP« u. a.). Im Juli 1965 lieferte die Planetensonde »Mariner 4« (USA) die ersten Nahaufnahmen der Marsoberfläche. 1964/65 gelangten darüber hinaus auch Meßsatelliten aus Italien (»San Marco«) und Frankreich (»FR-1«) mit Hilfe US-amerikanischer Trägerraketen in Erdumlaufbahnen. Im Nov. 1965 wurde Frankreich mit dem Start der ersten selbständig entwickelten und gefertigten Trägerrakete-Satellit-Kombination (»Diamant«-»A 1«) zur dritten R.nation.

Das sowjetische R.forschungsprogramm konzentrierte sich in dieser Zeit vornehmlich auf die Lösung des sehr schwierigen Problems einer weichen Landung auf dem Mond, die mit »Luna 9« am 3. Febr. 1966 dann zum ersten Mal und 4 Monate später auch mit »Surveyor 1« (USA) gelang. Mit »Luna 10« bis »Luna 12« sowie »Lunar Orbiter« (1 und 2, USA) wurden 1966 ferner die ersten künstlichen Mondsatelliten geschaffen. 1965/66 kamen auch die ersten sowjetischen Nachrichtensatelliten (»Molnija 1«) und die ersten der massereichsten unbemannten Forschungssatelliten (»Proton«) zum Einsatz. Im Okt. 1967 gelangen mit der sowjetischen Planetensonde »Venus 4« die ersten Direktmessungen in der Atmosphäre eines anderen Planeten. Ebenfalls im Okt. 1967 und im April 1968 führten sowjetische Raumflugkörper der »Kosmos«-Serie die ersten automatischen Kopplungsmanöver in Erdumlaufbahnen aus. Im Sept. und Nov. 1968 wurden von der Sowjetunion mit der erstmaligen Rückführung von Raumflugkörpern aus Mondflugbahnen (»Sonde 5« und »Sonde 6«) neue Verfahren der Mondflugtechnik erprobt.

Die Bemühungen der USA, im Rahmen des »Apollo«-Programms amerikanische Astronauten als erste Menschen auf den Mond zu bringen, führten innerhalb der Vorerprobungen im Dez. 1968 zur ersten mehrfachen Umkreisung des Monds durch »Apollo 8« *(Borman, Lovell, Anders)*, was mit raumflugtechnischen Erweiterungen im Mai 1969 durch »Apollo 10« *(Stafford, Young, Cernan)* wiederholt wurde. Als absoluter Höhepunkt der bisherigen R.entwicklung gelang schließlich mit »Apollo 11« (*Armstrong, Aldrin, Collins)* am 20. Juli 1969 die erste Landung eines bemannten Raumfahrzeugs auf dem Mond, wobei *Armstrong* und *Aldrin* am 21. Juli als erste Menschen die Oberfläche des Erdtrabanten betraten. Nach einer geglückten Wiederholung des Unternehmens mit »Apollo 12« (Nov. 1969) entging die Besatzung von »Apollo 13« (April 1970) bei einer Havarie ihres Raumfahrzeugs nur knapp einer Katastrophe. Das sowjetische Entwicklungsprogramm für bemannte Raumflugkörper sah seit längerem die konsequente Verfolgung des auf lange Sicht wesentlich wichtigeren Ziels vor, im erdnahen Raum die ersten experimentellen und praktisch einsetzbaren Raumstationen zu schaffen. Mit speziell für derartige Erprobungen entwickelten »Sojus«-Raumfahrzeugen, der zweiten Generation von bemannten sowjetischen Raumflugkörpern, gelang im Jan. 1969 die erste Kopplung zweier bemannter Raumfahrzeuge (»Sojus 4« und »Sojus 5«, *Schatalow, Wolynow, Chrunow, Jelissejew)* zur ersten experimentellen Raumstation der Erde, wobei *Chrunow* und *Jelissejew* außerdem den ersten gleichzeitigen Ausstieg zweier Raumfahrer ausführten. Umfangreiche ergänzende Erprobungen wurden im Rahmen dieses weitgespannten Programms im Okt. 1969 beim erstmalig gleichzeitigen Einsatz von 3 Raumfahrzeugen (»Sojus 6« bis »Sojus 8«) vorgenommen, u. a. die ersten Schweißversuche unter Weltraumbedingungen.

Raumfahrtantriebe: Sammelbegriff für alle Antriebsverfahren, mit deren Hilfe Raumflugkörper und Raumfahrzeuge in eine astronautische Freiflugbahn gebracht oder

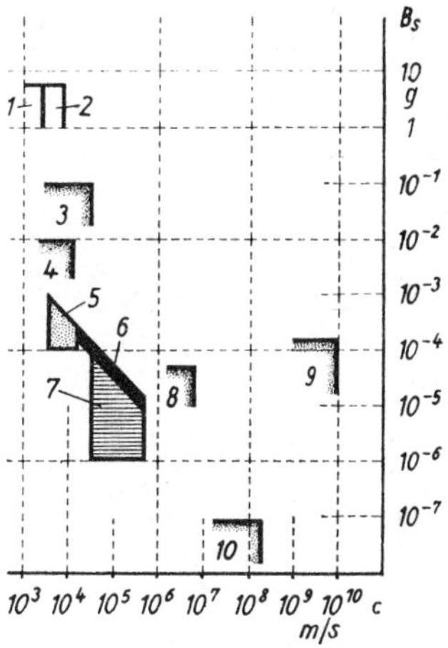

Hauptgruppen der Raumfahrtantriebe nach Grenzwerten bezüglich Schubbeschleunigung *(B_s)* und Ausströmgeschwindigkeit *(d):* 1 chemische Antriebe, 2 Hochdruck-Kernenergieantrieb, 3 Thermonuklearantrieb, 4 Niederdruck-Kernenergieantrieb, 5 Elektrothermischer Antrieb, 6 Ionenantrieb, 7 Elektromagnetischer Antrieb, 8 Radioisotopensegel, 9 Sonnensegel, 10 Photonenantrieb (nach Au)

im Freiflug zusätzlich beschleunigt werden können. Neben der großen Gruppe der → Raketentriebwerke, die in der Praxis bisher als einzige zur Anwendung kamen, gibt es noch die manchmal als *Raumantriebe* bezeichneten Verfahren, bei denen entweder die Antriebsenergie unmittelbar dem freien Weltraum entnommen wird (Strahlungsdruck, → Sonnen- oder Photonensegel) oder das Funktionsprinzip erst im freien Raum zur Wirkung kommen kann (→ Radioisotopensegel, elektrische R.) bzw. sogar beides der Fall ist (elektrische R. mit Sonnenenergieanlagen). Die Möglichkeit zum Nutzmassetransport ab *Erdoberfläche* bieten lediglich die chemischen Raketentriebwerke und Hochdruck-Kernenergie-Triebwerke aufgrund ihrer hohen Schubbeschleunigung. Alle anderen Verfahren ergeben trotz teilweise sehr hoher Ausströmgeschwindigkeit (spezifischer Impuls) nur eine so niedrige Schubbeschleunigung, daß sie nicht in der Lage sind, einen Raumflugkörper von der Erdoberfläche in eine Freiflugbahn zu bringen. Man muß eine Trägerrakete mit chemischen oder Kernenergietriebwerken »vorschalten«, um auf einer damit erreichten Freiflugbahn die zum Teil wesentlich vorteilhafteren anderen Verfahren zum Dauerantrieb einsetzen zu können.

Raumfahrtmedizin: Arbeitsbereich der medizinischen Wissenschaften, der sich speziell mit den Auswirkungen von Raumflugbedingungen auf den menschlichen Organismus *(Raumfahrtphysiologie, Raumfahrtbiologie)* befaßt und Methoden zum Verhindern ihrer negativen Rückwirkungen erarbeitet; zu letzteren gehört auch die Aufstellung von Bedingungen und

Belastungsprüfungen in Raumanzügen gehören mit zu den raumfahrtmedizinischen Untersuchungen

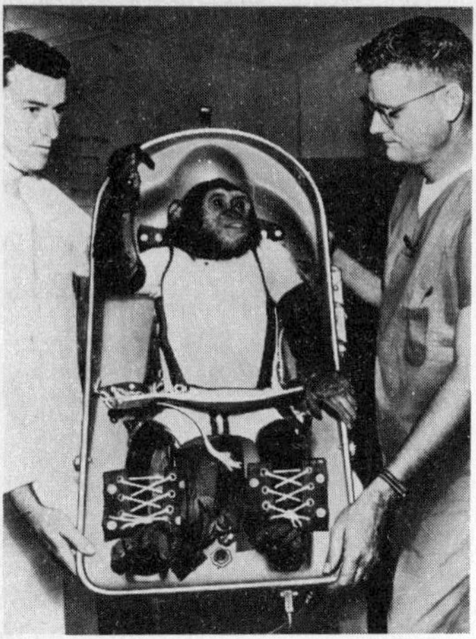

Vorbereitung eines Schimpansen für den Flug in einer »Mercury«-Raumkapsel (USA)

Tests zur Auswahl der Raumfahrer sowie von Programmen für das Raumfahrertraining. In die allgemeinen und vorbereitenden Untersuchungen können auch Tierversuche eingeschlossen sein. Einige Grundlagen der R. (z. B. Verhalten bei Beschleunigungsbelastungen; hermetischer Abschluß und Atemluftversorgung; Orientierungs- und Reaktionskoordination) konnten aus der Luftfahrtmedizin (Hochgeschwindigkeits- und Höhenflüge) übernommen werden. Die meisten physiologischen und psychologischen Arbeitsgebiete der R. sind jedoch weitgehend autonom und teilweise absolut neuartig (z. B.

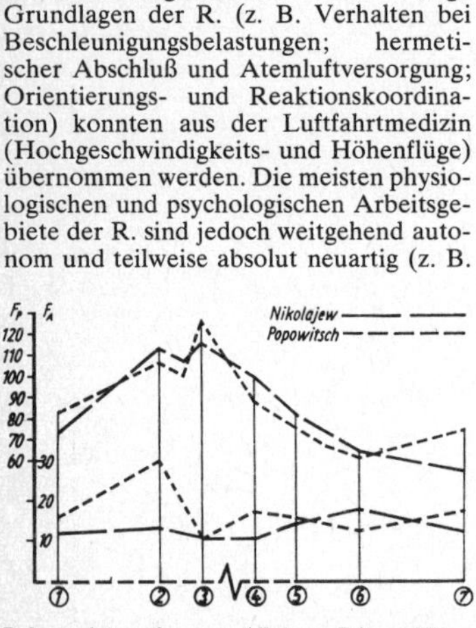

Puls- und Atemfrequenz (F_P bzw. F_A) von Nikolajew und Popowitsch als Beispiel für physiologische Reaktionen bei einem Raumflug: 1 4 h vor dem Start, 2 5 min vor dem Start, 3 Aufstiegsbelastung, 4 Eintritt in die Umlaufbahn, 5 10 h nach dem Start, 6 25 h nach dem Start, 7 50 h nach dem Start

Lärm- und Vibrationseinflüsse, Strahlungsbelastungen; lang dauernder isolierter Aufenthalt in engbegrenztem Raum; Schwerelosigkeit). Von allen Problemen der R. bieten zur Zeit die Strahlungsgefährdung und der Einfluß der Schwerelosigkeit bei länger dauernden und weitreichenden Raumflügen die größten Schwierigkeiten. Die R. wird in Anlehnung an den englischen Sprachgebrauch oft auch als *Bioastronautik* bezeichnet.

Raumfahrtstartgelände → Raketenstartplatz.

Raumfahrzeug → Raumfahrt.

Raumflug, Raumflugkörper → Raumfahrt.

Raumflugnavigation, *Raumfahrzeugführung:* Gesamtheit aller Maßnahmen, die der Aufgabe dienen, einen Raumflugkörper von einer bestimmten Ausgangsposition (z. B. Startort auf der Erdoberfläche) an ein vorgegebenes Ziel (z. B. Mond) bzw. im einfachsten Fall in eine vorgegebene astronautische Freiflugbahn zu bringen. Die Durchführung dieser Aufgaben obliegt einem *Flugführungssystem,* dessen Gesamtfunktion i. allg. mehrere Teilbereiche umfaßt. Dazu gehören die Aufstellung des → Flugprogramms, die → Ortung, die → Fluglageregelung und die → Lenkung. Die beiden zuletzt genannten Funktionsgruppen werden auch unter dem übergeordneten Begriff der Steuerung zusammengefaßt. Das Zusammenwirken dieser Teilkomplexe geschieht i. allg. etwa in folgendem Ablauf: 1. Berechnung der Standardbahn (→ Flugprogramm) unter Berücksichtigung aller technischen (Auslegung von Trägersystem und Raumflugkörper), wissenschaftlichen (äußere Kräfte) und sonstigen Einflußgrößen (z. B. ob bemannter oder unbemannter Flugkörper, Kosten); 2. Ortung in der Antriebs- und Freiflugbahn; 3. Vergleiche der Soll- und Istwerte für Position und Geschwindigkeit; 4. Ableitung der Kommandowerte für die Bahnkorrektur; 5. Fluglageregelung zur Vorbereitung der Lenkeingriffe; 6. Betätigen der Stellglieder für die Lenkorgane unter Einfluß der Lenkkommandos. Die Lenkeingriffe zum Einhalten der gewünschten Bahnform können beim Aufstieg ab Erdoberfläche kontinuierlich oder in der Freiflugbahn nach bestimmten Abschnitten vorgenommen werden; im letztgenannten Fall bezeichnet man sie als *Bahnkorrektur.* Die Lenkung von Trägerraketen in der Aufstiegsbahn geschieht meist unter Einschaltung eines vorgegebenen *Lenkprogramms.* Für Korrekturen in der Freiflugbahn wird in der Regel das

Steuerprogramm (→ Flugprogramm) erst nach Auswertung der Ortungsdaten des letzten Freiflugbahnabschnitts abgeleitet. Selbstverständlich ist auch für die Lenkung in der Aufstiegsbahn die laufende Ortung des Trägersystems eine unerläßliche Voraussetzung. Es gibt in der praktischen R. zahlreiche Untergruppen, die sich vor allem durch das Ortungsverfahren unterscheiden und zu den Hauptgruppen → Trägheitsnavigation, → Funknavigation und → Astronavigation zusammenfassen lassen. Die Bewältigung der außerordentlich komplexen Aufgabenstellungen in der R. wird nur möglich durch den Einsatz schnellreagierender Ortungs- und Meßsysteme sowie elektronischer Datenverarbeitungs- und Rechenanlagen. In bemannten Raumfahrzeugen wird die Beteiligung des Menschen an der Flugführung im wesentlichen auf den Einsatz spezieller Ortungsverfahren (z. B. Gestirnspeilungen) sowie auf den – allerdings schwerwiegenden – Teilbereich der allgemeinen Kontrolle und Programmbeeinflussung konzentriert. Die technischen Hilfsmittel für die R., die je nach Aufgabenstellung und technischen Voraussetzungen auf Bodenstationen, Zwischenträger und den Raumflugkörper selbst verteilt sein können, nehmen einen nicht unbeträchtlichen Teil des Aufwands für Raumflugunternehmen in Anspruch. An sie werden hinsichtlich ihrer Funktionseigenschaften und Zuverlässigkeit ganz ungewöhnlich hohe Anforderungen gestellt. Die von der dazu notwendigen Grundlagenforschung und Geräteentwicklung ganz allgemein auf Wissenschaft und Technik ausstrahlenden Impulse machen diese Entwicklungen allerdings zunehmend zu einem der wesentlichsten Faktoren modernen industriellen Fortschritts (z. B. Automatisierung, Nachrichtenwesen, Datenverarbeitungs- und Rechenanlagen).

Raumflugsimulator, *Simulator:* Trainings- und Untersuchungsgerät für Raumfahrer; meist eine genaue oder zumindest weitgehende Nachbildung des jeweiligen Fluggeräts, mit dem alle im Normal- oder Notfall vorkommenden Flugoperationen und sonstigen Funktionseingriffe sowie Zwischenfälle u. a. instrumentell vorab geübt werden können (z. B. → Dreiachsenlagesimulator). → Raumfahrertraining, Weltraumsimulationskammer.

Raumflugtechnik → Raumfahrt.

Raumforschung: ähnlich unklarer Begriff wie → Kosmosforschung, verlangt wie dieser Ersatz durch klare Differenzierung nach *Weltraumforschung* und *Raumfahrtforschung* (→ Raumfahrt).

Raumgleiter: bemannter Raumflugkörper, der in der Erdatmosphäre vom Hyperschall- bis zum normalen Fluggeschwindigkeitsbereich aerodynamisch flugfähig ist und dadurch als Rückkehrgerät (→ Rückkehrproblem) die Vorteile weitreichender Lenkungsmöglichkeit und annähernd normaler Pistenlandungen bietet. Alle damit verbundenen flugmechanischen und -technischen Forderungen mit dem gleichen Gerät hinreichend zu erfüllen, bietet jedoch große Schwierigkeiten, so daß trotz intensiver Entwicklungsarbeiten noch keine praktische Erprobung eines R. bekannt geworden ist. Da der R. nicht eigenstartfähig ist, muß er zunächst mit einer Trägerrakete in seine Bahn gebracht werden. Aus dieser Anfangsbahn heraus kann er dann, da er mit einem eigenen, hochleistungsfähigen Antriebssystem ausgerüstet ist, für verschiedene Flugmissionen eingesetzt werden. In der Hauptsache gehören dazu der Einsatz als Fracht- oder Personenbeförderungsmittel über große Entfernungen auf der Erde und die Verwendung als Zubringerflugkörper für bemannte Raumstationen. Im zuletzt genannten Bereich überschneiden sich seine Aufgaben mit denen des → Raumtransporters bzw. kann der R. als Teil einer Raumtransporterkonzeption angesehen werden. Vorstudien zur Entwicklung von R. werden vor allem mit Raketenforschungsflugzeugen und → Auftriebskörpern gemacht.

Raumkabine: der Teil eines bemannten Raumflugkörpers, in dem die Raumfahrer durch hermetischen Abschluß von der Umwelt (daher auch *hermetische Kabine* genannt), bei gleichzeitiger Klima-, Nahrungs- und Energieversorgung, vor schädlichen äußeren Einflüssen des Raumaufenthalts geschützt sind.

Raumkörper: verschiedentlich für *Raumflugkörper* bzw. *Raumfahrzeug* (→ Raumfahrt) gebrauchter unklarer Begriff, wobei meist noch eine völlig falsche Auffassung der Begriffe »Raumflugkörper« bzw. »Raumfahrzeug« vertreten wird, indem diese dann auf das jeweilige System »Trägerrakete plus Raumflugkörper bzw. Raumfahrzeug« (letztere hier im korrekten Sinne gebraucht) bezogen werden.

Raumschiff, Raumschiffahrt → Raumfahrt.

»Raumschiff«-Satellit: unbemannte Raumflugkörper (UdSSR), die als Prototypen der später verwendeten bemannten »Wostok«-Raumflugkörper in einer Er-

Katapult-Tierkabine eines »Raumschiff«-Satelliten

probungsserie zum Einsatz kamen. In ihrer Grundauslegung entsprachen sie offenbar schon weitgehend der »Wostok«-Konzeption, wiesen aber durch Varianten in der System- und Komponentenerprobung gewisse Unterschiede auf, die bes. in der zwischen 4540 und 4700 kg differierenden Nutzmasse zum Ausdruck kamen. Hauptziel dieser 5 Starts umfassenden Testserie war offensichtlich die Erprobung des Rückführungsverfahrens. Der erste Start (»Raumschiff 1«) geschah am 15. Mai 1960. Durch eine Störung des Lageregelungssystems gelangte der Kabinenteil nach Einschalten der Bremstriebwerke nicht in die vorgesehene Abstiegsbahn, sondern auf eine im Apogäum höher liegende elliptische Umlaufbahn, in der er bis zum 17. Juli 1960 verblieb und dann in der Erdatmosphäre verglühte. Mit »Raumschiff 2« (19. Aug. 1960) gelang zum er-

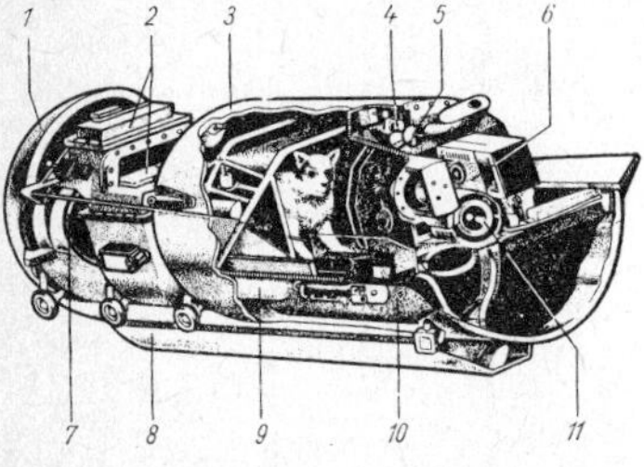

Katapultbehälter mit Tierkabine eines »Raumschiff«-Satelliten: 1 Behälterkopf, 2 Meßgeräte, 3 Tierkabine, 4 Mikrophon, 5 Ventil, 6 Fernsehkamera, 7 Batterien, 8 Katapultrahmen, 9 Sauerstoff-Druckbehälter, 10 Fütterungsautomat, 11 Klimaanlage

stenmal die Rückführung von Lebewesen aus einer Umlaufbahn. In dem Kabinenteil des Raumflugkörpers befanden sich eine spezielle Tierkabine mit den Hündinnen »Bjelka« und »Strjelka« sowie zahlreiche kleinere Versuchstiere und pflanzliche Organismen. Die Tierkabine wurde in etwa 8 km Höhe aus der großen Kabine herauskatapultiert und landete ebenso sicher am Fallschirm wie letztere. Der Versuch zur Rückführung des »Raumschiffs 3« (Start 1. Dez. 1960) mißglückte durch einen Fehler beim Bremsmanöver, so daß die Kabine mit den beiden Hunden »Ptscholka« und »Muschka« in eine zu steile Abstiegsbahn gelangte und in der Erdatmosphäre verglühte. Die im »Raumschiff 4« (9. März 1961) bzw. »Raumschiff 5« (25. März 1961) befindliche Tierkabine mit den Hunden »Tschernuschka« bzw. »Swjosdotschka« sowie die große Kabine mit anderen Versuchstieren konnte jeweils nach einem Umlauf sicher zur Erde zurückgeführt und die Vorbereitung für den Einsatz des ersten bemannten Raumflugkörpers damit als abgeschlossen angesehen werden, der bald danach am 12. April 1961 (*Gagarin* in »Wostok 1«) erfolgte.

Raumsonde: i. e. S. unbemannter Raumflugkörper, der mit Meßgeräten zur Erforschung der Erscheinungen im interplanetaren Raum auf eine Sonnenumlaufbahn gebracht wird. I. w. S. zählen auch Planetensonden zu den R., zumindest soweit sie während des Flugs in der Übergangsbahn entspr. Untersuchungen ausführen.

raumstabil nennt man → Freiflugbahnen, deren Lage relativ zum System der Fixsterne unveränderlich bleibt. Diese Definition gilt im Idealfall allerdings nur für Freiflugbahnen, auf denen keinerlei Störkräfte wirken. Sieht man von den stets vorhandenen Bahnstörungen ab, so kann man die Umlaufbahnen künstlicher Erdsatelliten als r. ansehen, was im Zusammenhang mit der Erdrotation zu dem ständigen Wechsel der Sichtbarkeitsverhältnisse für Satelliten führt. Am deutlichsten läßt sich das Zusammenwirken von Erdrotation und r.em Umlauf aus der jeweiligen → Bahnabwicklung erkennen. Aufgrund der in Wirklichkeit ständig einwirkenden Störkräfte kann man jedoch bei genauer Betrachtung immer nur in erster Näherung von r.en Bahnen sprechen.

Als r. bezeichnet man weiterhin die räumliche Ausrichtung eines Raumflugkörpers, wenn diese längere Zeit relativ zu den Fixsternkonstellationen unverändert bleibt. Für einen Raumflugkörper, der in bezug auf seine 3 Hauptachsen ohne jegliche Eigendrehung auf eine Freiflugbahn gebracht wird, ist das Verbleiben in einer r.en Lage im Prinzip der Normalfall. Diese Tatsache führte beispielsweise bei den Wettersatelliten dazu, daß die in deren Boden eingebauten Aufnahmeobjektive jeweils nur während eines kleinen Teils jedes Umlaufs voll auf die Erdoberfläche ausgerichtet waren. Die Folge war ein verhältnismäßig geringer Ausnutzungsgrad der Kameras. Die dauernde Ausrichtung einer bestimmten Achse eines umlaufenden Satelliten auf die Erdoberfläche macht somit eine zusätzliche Anlage für die Lageänderung erforderlich. Man spricht in diesen Fällen von einer *erdfesten* Orientierung des Raumflugkörpers.

Raumstation, *Weltraumstation, Orbitalstation:* bemannter Raumflugkörper, der in einer weitgehend stabilen Satellitenbahn um die Erde läuft und seiner Auslegung und Ausrüstung nach einer vielköpfigen Besatzung für Monate bzw. Jahre (unter Voraussetzung einer Ablösungsmöglichkeit) einen Raumaufenthalt ermöglicht. Derartige bemannte Großsatelliten wurden unter der klassischen Bezeichnung »Außenstation« schon von den Pionieren der Raumfahrt (z. B. *Ziolkowski, Oberth, Noordung)* konzipiert. Die Vorschläge für Form und Größe der R.en gehen seither in viele Dutzende und machen ihre detaillierte Darlegung an dieser Stelle praktisch unmöglich.

Bestandteil aller umfassender angelegten Projekte ist die Konzeption des Aufbaus der jeweiligen Station aus einzelnen Systemkomponenten oder Strukturmoduln in der Umlaufbahn, da sich ein derartiges großes Objekt – möglicherweise schon wegen seiner Masse, vor allem aber wegen seiner speziellen Form – entweder gar nicht oder nur unter beträchtlichen technologischen Schwierigkeiten bzw. sehr großem Aufwand mit einer einzelnen Trägerrakete in seine Bahn bringen ließe. Dabei braucht man noch nicht einmal an so komplizierte Stationsformen – radförmige Gebilde mit Wohn- und Arbeitsräumen im »Reifen« (Durchmesser von 30 m und mehr, Masse von 100 t und darüber) – zu denken wie in den klassischen (»Außenstationen«), aber auch verschiedenen modernen Konzeptionen. Auch andere Stationsformen, bei denen das Prinzip der Aufhebung der Schwerelosigkeit in bestimmten Stationsbereichen durch Fliehkraftandruck – wie im »Reifen« der rotierenden radförmigen Station – angewendet werden soll, lassen bei ihrer darauf abgestellten Struktur (z. B. Hantel- oder Kreuzform mit Kabinenräumen an den Enden der Verbindungsachsen) keine andere Möglichkeit als den Aufbau aus Einzelteilen in der Umlaufbahn.

Die Entwicklung der Rendezvoustechnik zum Zusammenbau der Stationskomponenten in der Umlaufbahn sowie für den Besatzungswechsel bildet so die wichtigste Grundlage der Betriebstechnik von R.en. Über die Einzelheiten der Montagetechnik in der Umlaufbahn werden erst die weiteren Erfahrungen und Fortschritte entscheiden, d. h. über die Bevorzugung von automatischem oder von Raumpiloten geführtem Zubringerverkehr, über die anzuwendende Verbindungstechnik (Steck- und Verriegelungskopplung, Kleben, Schrauben, Schweißen), über die Notwendigkeit der Beteiligung des Menschen bei Montagearbeiten im freien Raum oder den ausschl. Einsatz von hochentwickelten,

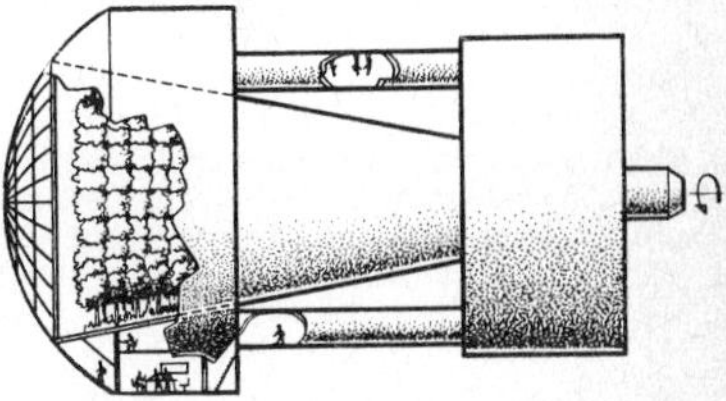

Ziolkowskis schematischer Entwurf einer Raumstation mit »Orangerie«

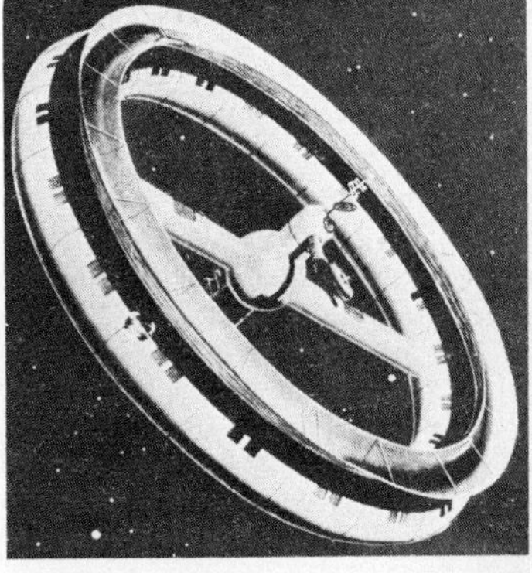

Ringförmige Raumstation nach einem älteren Entwurf von W. v. Braun

Zeichnerische Vorstellung des Aufbaus einer experimentellen Raumstation aus einheitlichen Moduln

ferngesteuerten Weltraummanipulatoren. Raumfahrttechnisch am einfachsten und damit ökonomischsten wird es zweifellos sein, die Baueinheiten einer Station von vornherein optimal groß zu machen,um bei deren Aufbau mit möglichst wenigen Zubringerflügen auszukommen.
Der Einsatz extrem großer Trägersysteme (z. B. »Saturn 5«) wäre somit auch hierbei durchaus von Vorteil. Deren auf der Erde als Stationseinheiten vorgefertigte und innen entspr. ausgebaute Nutzmassekörper könnten dann sogar einzeln als vollwertige R. dienen. Bes. ökonomisch wäre die Verwendung von leergefahrenen Zweit- oder Drittstufen der Trägerrakete als Hauptkomponente für eine dann weiter auszubauende R. (→ Orbital-Workshop). Bei nur mittelgroßen Trägersystemen setzt auch schon der Bau einer Experimentalstation die Kopplung von 2 oder mehr Raumfahrzeugen bzw. Spezialeinheiten voraus. Für den routinemäßigen Zubringerverkehr (Besatzungsablösung, Versorgung u. a.) sind Trägersysteme und Zubringerraumfahrzeuge mittlerer Auslegung dagegen i. allg. ökonomischer als große. In diesem Bereich werden künftig → Raumtransporter und → Raumgleiter zu entscheidender Bedeutung gelangen. Für R.en mit monate- oder jahrelanger Betriebszeit – wobei allerdings der Einsatz jedes Besatzungsmitglieds kaum 3 oder 4 Wochen überschreiten dürfte – ist eine Bahnhöhe zwischen 500 und 800 km am vorteilhaftesten, und zwar aufgrund a) der in der Hochatmosphäre geringeren Bahnstörungen als in niedrigeren Bahnen, b) des Verbleibs unterhalb der Strahlungsgürtel (→ Magnetosphäre), c) der besseren Beobachtungsmöglichkeit der Erde, d) des ökonomischeren Lasttransports als bei höheren Bahnen. Die verbleibende Strahlungsgefährdung (solare Ausbrüche) läßt sich durch Abschirmung und Medikamentengabe sehr gering halten. Der für mehrwöchigen Raumaufenthalt sicher notwendige Schwereersatz durch Fliehkraftandruck läßt sich durch Rotieren der Station bzw. einzelner ihrer Komponenten erreichen; in nicht rotierenden Stationen könnte in einem bestimmten Zeitintervall mit einer eingebauten Kleinzentrifuge ein medizinisch kontrolliertes Andruck-Ausgleichstraining absolviert werden.
Die Bedeutung von R.en für die weiteren Fortschritte der Raumfahrt und vor allem für die Weltraumforschung ist sehr groß. So haben sie gegenüber allen erdgebundenen Einrichtungen beträchtliche Vorzüge als extraterrestrische wissenschaftliche Beobachtungs- und Forschungsstationen (z. B. für Astronomie, Astrophysik, Meteorologie, Geophysik, Physik, Chemie, Werkstoff- und Fertigungstechnik, Biophysik u. v. a.) und außerdem als Stützpunkte zur Vorbereitung von Mond- und Planetenflügen sowie zum Zusammenbau der dafür vorgesehenen, extrem großen Raumflugeinheiten. Die ersten Vorarbeiten und Erprobungen zur Schaffung von R.en führte die Sowjetunion ab 1968 mit Raumflugkörpern vom Typ → »Sojus« durch.

Raumtransporter: Raumfahrtträgersystem, dessen einzelne Stufen durch zerstörungsfreie Rückführung zur Erde mehrfach verwendet werden können und das speziell dem Nutzmassetransport zwischen Erdoberfläche und Satellitenbahnen dient. Gegenüber den bisher verwendeten Trägersystemen, deren Stufen verlorengehen, hätte das Prinzip des R. große ökonomi-

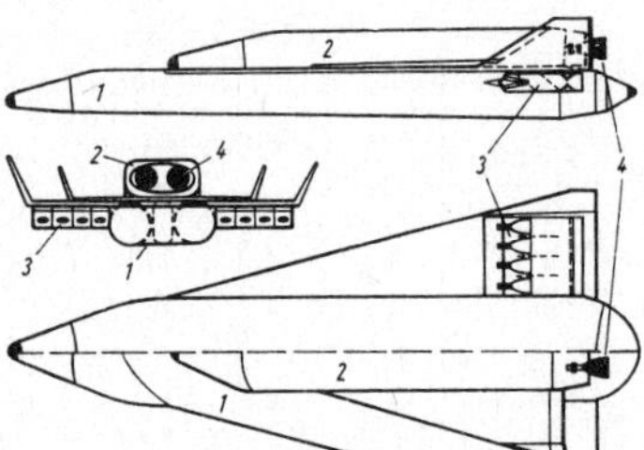

Projektvorschlag eines zweistufigen Raumtransporters: 1 Startstufe, 2 Oberstufe, 3 Antrieb der Startstufe, 4 Antrieb der Oberstufe

sche Vorteile, ist aber bis jetzt nicht praxisreif. Als Nutzmasse kommen wahrscheinlich weniger ganze Bauteile von großen Raumflugeinheiten (→ Raumstation, Mond- und Planetenflugsystem) in Frage, die im Rendezvousverfahren in einer Satellitenbahn zusammengesetzt werden sollen, als vielmehr einzelne Ausrüstungs- und Versorgungseinheiten bzw. Raumschiffbesatzungen im Zubringer- oder Ablöseverkehr. Daher muß der eigentliche Nutzmasseteil als wiederverwendbares Rückkehrgerät gebaut werden. Grundlage der meist zwei- oder dreistufigen R.-Konzeptionen bildet die Auslegung der einzelnen Stufen als aerodynamische Hochgeschwindigkeitsflugkörper, die nach Erfüllung ihrer Antriebs- bzw. Übergabefunktion durch mitfliegende Piloten wieder zur Erdoberfläche auf eine entspr. Landepiste, möglichst zum Startort, zurückgebracht werden. Als günstigstes Entwurfsprinzip bietet sich eine Parallel- oder Huckepack-Kopplung zumindest der ersten beiden Stufen an, wobei – neben dem Senkrechtstart – diese Grundkonstruktion auch einen Horizontalstart nach Art schwerer Trägerflugzeuge möglich erscheinen läßt. Wie eingehende Untersuchungen gezeigt haben, können dabei auch luftatmende Triebwerke (Turboraketentriebwerke, Staustrahltriebwerke, Raketentriebwerke mit Luftzumischung) in der Startstufe zum Einsatz kommen, während die oberen Stufen selbstverständlich reine Raketentriebwerke haben müssen. Die Verwendung luftatmender Triebwerke in der Erststufe macht allerdings einen flachen Bahnverlauf in der ersten Antriebsphase erforderlich. Der Start kann durch besondere Starthilfen (z. B. Heißwassertriebwerke) unterstützt werden, die auf der Startpiste verbleiben (Katapultschlitten) und den R. mit Unterstützung durch die Erststufentriebwerke auf etwa 200 m/s beschleunigen. Das Antriebsprogramm eines derartigen R. läßt erkennen, daß die Beschleunigungsbelastung kaum 2 bis 3 *g* überschreitet, und damit auch für weniger trainierte Menschen erträglich bleibt. Die Entwürfe verschiedener R. haben gezeigt, daß mit einer Startmasse von 180 t etwa 3 t reiner Nutzmasse in eine erdnahe Satellitenbahn gebracht werden können.

»RD-(1-3)«-Raketentriebwerke: Gruppe von Flüssigkeitstriebwerken (UdSSR), die 1934/36 als Zusatzantrieb für Flugzeuge in einem Sonderkonstruktionsbüro des → Gasdynamischen Laboratoriums entwikkelt und erprobt wurden. Die Triebwerke arbeiteten mit Salpetersäure und Kerosin, hatten Pumpenförderung und waren unbegrenzt oft (chemisch) wieder zündbar. Der Schub konnte geregelt werden und betrug am Boden 300 bis 900 kp. Flugerprobungen von »RD-1«-Triebwerken geschahen u. a. mit Flugzeugen vom Typ »Jak 3«, »Su 6« und »Su 7«.

»RD-107«-Raketentriebwerk: Flüssigkeitstriebwerk (UdSSR), das 1954/57 am → Gasdynamischen Laboratorium entwikkelt und aufgrund des für diesen Zeitraum schon ungewöhnlich hohen spezifischen Impulses (etwa 3200 m/s) sowie wegen seiner großen Zuverlässigkeit über ein Jahrzehnt als Standardantriebssystem für die Trägerraketen unbemannter und bemannter Raumflugkörper verwendet wurde (u. a. in der ersten Stufe der → »Wostok«-Trägerrakete). Es arbeitet mit Flüssigsauerstoff als Oxydator und einem nicht näher bezeichneten Kohlenwasserstoff als Brennstoff. Die Triebwerkseinheit besteht aus 4 starr verbundenen Brennkammern, die von einem Turbopumpenaggregat versorgt werden und einen Schub von zusammen 100 Mp liefern; weiterhin gehören dazu 2 schwenkbare Hilfstriebwerke (je 1 Mp Schub) für die Lenkung, 2 über ein Getriebe von der Turbine mitangetriebene Hilfspumpen (zur Förderung von Wasserstoffperoxid für den Gasgenerator der Turbopumpe) sowie von Flüssigstickstoff für die Überdruckerzeugung in den Treibstoffbehältern, ein Wärmeübertrager zur Verdampfung des Stickstoffs durch das Turbinenabgas, eine automatische Pyrozündeinrichtung sowie die entspr. Regelungsgeräte. Der Brennkammerdruck beträgt 60 kp/cm^2 und das Entspannungsverhältnis 150. Das ähnlich ausgelegte Triebwerk »RD-108« – u. a. in der ersten und zweiten Antriebsstufe im Mittelblock der »Wostok«-Trägerrakete eingesetzt – unterscheidet sich vom »RD-107« vornehmlich durch 4 Lenktriebwerke und ein geändertes Regelungssystem.

»RD-119«-Raketentriebwerk: Flüssigkeitstriebwerk (UdSSR), das 1958/62 am → Gasdynamischen Laboratorium als Oberstufen-Hochleistungstriebwerk entwickelt wurde und seither u. a. in der zweiten Stufe der »Kosmos«-Trägerrakete zum Einsatz kommt. Als Treibstoffkombination werden Flüssigsauerstoff und asymmetrisches Dimethylhydrazin verwendet; der spezifische Impuls von etwa 3500 m/s ist der höchste, der mit Flüssigsauerstoff und Brennstoff hohen Siedepunkts erreicht wurde. Das Triebwerkssystem besteht aus einer Brennkammer mit Turbopumpenaggregat, dessen Einstoff-Gasgenerator mit katalytisch zersetztem asymmetrischem Dimethylhydrazin arbeitet, einer automatischen Pyrozündeinrichtung, einem System unbeweglicher Lenkdüsen mit gasdynamischer Schubvektorsteuerung sowie den entspr. Regelungsgeräten. Beim Bau wird zum großen Teil Titan verwendet. Der (regelbare) Vakuumschub beträgt max. 11 Mp, der Brennkammerdruck 80 kp/cm^2 und das Entspannungsverhältnis 1350 (!).

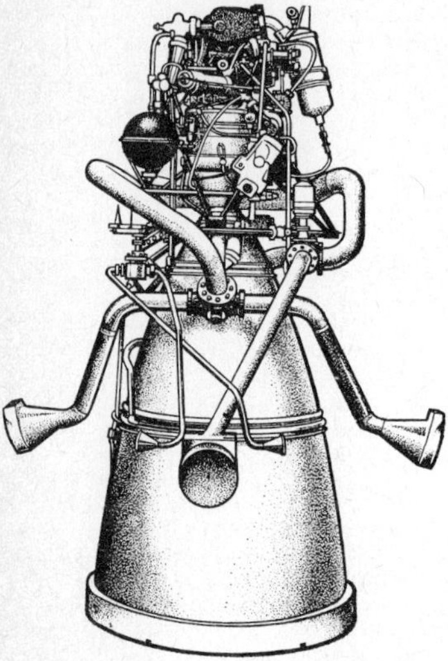

Hochdruck-Raketentriebwerk »RD-119«

Reaktionsprinzip → Rückstoßantrieb.
reaktiver Antrieb svw. Rückstoßantrieb.
»Redeye« [engl., Rotauge]: Boden-Luft-Rakete (USA), die als Einmann-Waffe nach Art von Panzerabwehrraketen aus einem Rohr von der Schulter aus gestartet wird. Sie hat zweistufigen Feststoffantrieb, 12,7 kg Masse, 1,20 m Länge, 6,8 cm Durchmesser und trägt einen hochexplosiven Kampfkopf mit Infrarot-Zielsucheinrichtung, nach der die Rakete ihren Namen trägt.
»Redstone« einstufige Flüssigkeitsrakete (USA), die bis 1962 für verschiedene Zwecke zum Einsatz kam. Ursprünglich war sie als taktische Boden-Boden-Rakete (auch Sonderbezeichnung *»Jupiter A«)* vorgesehen. In dieser Version hatte sie eine Länge von 19,2 m (Durchmesser 1,77 m) und eine Startmasse von 27,65 t. Das mit Flüssigsauerstoff und Alkohol arbeitende Triebwerk lieferte einen Schub von 35,4 Mp. 1958 wurde die »R.« als Startstufe für die erste »Explorer«-Trägerrakete (→ »Juno«) eingesetzt, da das offizielle US-amerikanische Satelliten-Programm (»Vanguard«) zahlreiche Entwicklungsmängel aufwies. 1960/61 verwendete man die »R.« dann in einer verbesserten Version für ballistische Testflüge mit → »Mercury«-Raumkapseln. Für diese *»Mercury-R.«*-Version (»MR«) wurde die Raketenzelle von 21 m auf 25,3 m verlängert und die Treibstoffmenge um 2270 kg vergrößert, so daß die Brenndauer um 20 s auf 140 s gesteigert werden konnte; ihre Startmasse betrug 30 t.
»Red Top«: einstufige Luft-Luft-Rakete (Großbritannien) mit Feststoffantrieb (3,44 m Länge, 21,9 cm Durchmesser, Infrarotzielsuchkopf); ihre Flugleistungen sollen über denen der → »Firestreak« liegen.
Redundanz: in der Raketen- und Raumflugtechnik Mehrfachausführung von Geräten und Anlagen bzw. ihrer Komponenten, die die Zuverlässigkeit eines technischen Systems wesentlich erhöht, da bei Ausfall einer Komponente deren Funktion unmittelbar von einem Parallelsystem übernommen werden kann. Die (bis zu 7fache) R. ist heute bei der Geräteausrüstung von Raketen und Raumflugkörpern allgemein üblich und hat entscheidend zur Erhöhung der Betriebssicherheit bzw. zur Minderung des Risikos beim Einsatz von Raumfahrzeugen beigetragen. Die Fortschritte in der Miniaturisierung der Bauelemente bildeten dazu die entscheidende Voraussetzung.
Regenerativkühlung → Kühlverfahren.
Relaissatellit → Nachrichtensatellit.
»Relay« [engl., Relais]: aktive Nachrichtensatelliten (USA), die zur Erprobung verschiedener Empfangsmethoden, Antennenanlagen und Betriebseinrichtungen sowie zur Untersuchung des Einflusses der kosmischen Korpuskularstrahlung auf elektronische Bauelemente von Nachrichtensatelliten eingesetzt wurden. Die »R.«-Satelliten hatten 78 kg Masse, einen größten Durchmesser von 74 cm und waren drallstabilisiert; zur Stromversorgung war der Mantel des Satellitenkörpers mit Solarzellen besetzt. Die Übertragungsausrüstung bestand aus einer Antenne, je 2 Kommandoempfängern und -entschlüßlern, 2 Meßwertsendern, einer Komman-

doüberwachungseinheit sowie einem Meßwertverschlüßler. »R. 1« wurde am 13. Dez. 1963 gestartet und erreichte eine Umlaufbahn zwischen 1318 und 7420 km. Nach einem anfänglichen Versagen der Energieversorgungsanlage nahm der Satellit am 31. Dez. 1963 seinen Sendebetrieb auf und ermöglichte die erste über das Versuchsstadium (→ »Telstar«) hinausgehende Fernsehübertragung zwischen den USA und Europa (9. Jan. 1964). »R. 2« wurde im Jan. 1964 gestartet; er schuf Te-

Nachrichtensatellit »Relay 2« in der Überprüfung

lefonverbindungen auf 600 Kanälen zwischen den USA und Europa und übertrug im Okt. 1964 einen Teil der Bildberichterstattung von den Olympischen Spielen in Tokio.

Rendezvous: Raumflugmanöver, bei dem 2 oder mehr mit verschiedenen Trägerraketen gestartete Raumflugkörper während ihrer Bewegung in einer Freiflugbahn so weit zusammengeführt werden, daß entweder ihre Vereinigung zu einer großen Raumflugeinheit oder zumindest ein Masseaustausch zwischen ihnen (Personen, Ausrüstung o. a.) möglich wird. Je nach Art der vorgesehenen R.bahn, deren einfachster Fall eine relativ erdnahe Satellitenbahn ist, können die Trägerraketen entweder parallel oder in einer durch die Bahnmechanik vorgegebenen Reihenfolge gestartet werden.

Die Bedeutung von R. für die Entwicklung der Raumflugtechnik wurde schon von den Pionieren der Raumfahrt erkannt *(Ziolkowski, Zander, Noordung, Oberth).* Da ihnen die Begrenzung der Nutzmassekapazität von Trägerraketen durch Leistungsgrenzen der chemischen Treibstoffe und durch die mit zunehmender Raketengröße steigenden technischen Schwierigkeiten durchaus klar waren, sahen sie im R.verfahren den zweckmäßigsten Weg zur Schaffung großer bemannter Raumflugkörper für Flüge zum Mond und den Planeten. Diese Ansicht hat heute noch volle Gültigkeit. Die großen Raumfahrtsysteme sollen zunächst auf einer Satelliten-R.bahn zusammengesetzt, ausgerüstet und bemannt werden, um anschließend durch eine besondere Antriebsperiode in die entspr. Übergangsbahn zum Mond oder Zielplaneten zu gelangen.

Ebenso ist ein R. nötig, wenn eine bemannte Mond- oder Planetenflugeinheit nicht in ihrer Gesamtheit auf dem Zielobjekt landen soll, sondern nur ein kleines bemanntes Landegerät. Dieses Landegerät oder ein Teil von ihm(mit der Besatzung) muß dann nach Beendigung seiner Einsatzmission mit dem auf einer Umlaufbahn um das Zielobjekt verbliebenen Hauptteil ein R.manöver *(Mond-* oder *Planeten-R.)* durchführen, dessen erfolgreicher Verlauf ein Höchstmaß an raumflugtechnischer Perfektion verlangt. Daneben stellt das R.verfahren für den Aufbau großer bemannter Dauersatelliten (→ Raumstation) das entscheidende Hilfsmittel dar, zumal auch der Austausch von Besatzungen und Ausrüstungen R. notwendig machen wird.

Voraussetzung für die Durchführbarkeit von R. ist neben entspr. Leistungsfähigkeit und Betriebssicherheit der Trägerraketen eine exakte Startvorbereitungstechnik, die eine minuten- oder möglichst sekundengenaue Einhaltung vorgegebener Startzeiten ermöglicht. Diese Forderung zu erfüllen, ist bes. bei sehr großen Flüssigkeitsraketen nicht leicht, da deren Startvorbereitung eine Vielzahl von komplizierten Einzeloperationen umfaßt. Die Erfüllung eines derartig zeitgebundenen Startfolgeprogramms gelang erstmalig bei den beiden Doppelflügen mit »Wostok«-Raumflugkörpern (1962/63), später auch im Rahmen des »Gemini«-Programms (1965/66) und weiter perfektioniert beim Dreiergruppenflug von »Sojus«-Raumfahrzeugen (1969). Grobschematisch zeigt sich der

Ablauf eines R.unternehmens wie folgt: nach dem Start der ersten Komponente werden zunächst durch Bodenbeobachtungsstationen dessen genaue Bahndaten ermittelt. Liegen diese vor, so kann der Zweitstart erfolgen, wobei das Bahn- und Antriebsprogramm des zweiten Trägersystems so eingerichtet und eingehalten werden sollte, daß die Umlaufbahn des zweiten Nutzmassekörpers der des ersten so nahe wie möglich kommt. Gleichzeitig muß versucht werden, die beiden Raumflugkörper etwa in den gleichen Raum innerhalb ihrer anfänglichen Umlaufbahnen zu bringen. Unter ständiger Kontrolle aller Bahndaten beider Komponenten werden dann zweckmäßigerweise nur für einen von beiden Korrekturmanöver errechnet, die ihn in die unmittelbare Nähe und praktisch in die gleiche Bahn des anderen bringen. Die Steuerung dieser Korrekturmanöver, die selbstverständlich ein hinreichendes Antriebsvermögen der Hilfsantriebe des betr. Raumflugkörpers voraussetzen, kann automatisch (erstmalig mit »Kosmos 186« und »Kosmos 188«) durch Bord- oder Bodenrechenanlagen oder aber auch durch eine mitfliegende Besatzung mittels Handsteuerung geschehen (bei »Gemini«; »Apollo«; »Sojus«). Zur Kontrolle und richtigen Dosierung ihrer Steuereingriffe werden die Raumfahrer allerdings durch zahlreiche elektronische Meß- und Rechenanlagen unterstützt.

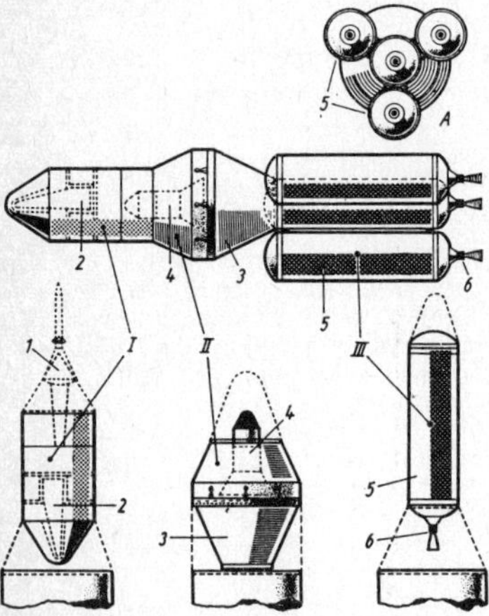

Aufbauschema eines bemannten Marsfluggeräts, das im Rendezvousverfahren in einer erdnahen Umlaufbahn zusammengesetzt werden müßte: I Kommandoeinheit mit Startrettungskapselteil (1) und Rückkehrgleiter (2); II Mars-Abflugstufe mit Erdabflug-Adapter (3) und Mars-Exkursionseinheit (4); III 4 Antriebseinheiten mit Treibstoffbehältern (5) und Triebwerk (6); A Ansicht des Raumfahrzeugs von unten

Für die unmittelbare Zusammenführung der beiden Raumflugkörper gibt es im Prinzip 2 Verfahren. Das eine sieht das Zusammenkoppeln der beiden Körper unter Verbleib der Raumfahrer in ihrer Kabine vor, wie bei allen bisherigen *Kopplungs-* (engl. *Docking-*) R. (»Gemini«; »Apollo«; »Sojus«). Dabei wird die *Annäherungssteuerung* bis zur Verriegelung der Koppelteile beider Raumflugkörper vor allem durch Radar- und Infrarotleitsysteme unterstützt. Das zweite Verfahren sieht für das R. die Mitwirkung frei im Raum schwebender Raumfahrer vor. Diese verlassen dazu den Führungsflugkörper, nach vorheriger handgesteuerter Annäherung an das andere Gerät bis auf wenige Dutzend Meter oder darunter, über eine entspr. Druckschleuse und stellen eine Kabel- o. a. flexible mechanische Verbindung zwischen beiden Raumflugkörpern her. Die Verkürzung dieser Verbindung führt schließlich zu einer unmittelbaren Kopplung beider Körper. Eine wesentliche Rolle in der weiteren Entwicklung der R.technik werden sicher auch → Raumtransporter spielen.

Rettungsrakete: Feststofftriebwerk oder Bündel von Feststofftriebwerken, das auf der Kommandokabine eines Raumfahrzeugs aufgesetzt ist und der Besatzung während der Startphase bei Versagen des Antriebs der Trägerrakete ein Entkommen aus dem Bereich der explodierenden oder abstürzenden Trägerrakete möglich machen soll, daher oft auch als *Fluchtrakete* bezeichnet. Der Rettungsvorgang wird durch automatisches Absprengen des Kabinenteils von der Trägerrakete eingeleitet, dem die Zündung der R. parallel läuft. Die R. muß kurzzeitig einen sehr hohen Schub liefern, um den Kabinenteil schnellstens aus der Gefahrenzone zu befördern. Letzterer kehrt dann am Fallschirm zur Erdoberfläche zurück. Die R. kann an einem Gerüst befestigt sein (»Mercury«, »Apollo«) oder mehrere R. sind ringförmig um einen Aufsatz auf dem Raumflugkörper verteilt (»Sojus«).

Ringdüse, Ringhalsdüse → Entspannungsdüse.

»RL-10«-Raketentriebwerk: mit Flüssigsauerstoff und -wasserstoff arbeitendes Triebwerk für das → »Centaur«-Oberstu-

Rettungsraketenaufsatz einer »Sojus«-Trägerrakete (UdSSR)

fengerät (USA). Brennkammer und Düse sind aus in Längsrichtung verlaufenden und miteinander verschweißten Röhrchen aufgebaut, die der Kühlmittelführung dienen. Als Kühlmittel wird der Flüssigwasserstoff verwendet, der im Kühlmantel verdampft und nach dem Austritt aus dem Kühlsystem zunächst die Turbine des Treibstofffördersystems antreibt, ehe er in die Brennkammer geführt wird. Er selbst wird durch eine zweistufige Radialpumpe gefördert, die er dabei gleichzeitig schmiert. Die einstufige Sauerstoffpumpe ist durch ein Getriebe mit der Welle der Wasserstoffpumpe gekoppelt. Der Brennkammerdruck beträgt 20,5 kp/cm^2 und wird durch ein Überströmventil vor der Gasturbine geregelt. Bei einem Entspannungsverhältnis von 1:40 und einem spezifischen Impuls von etwa 4200 m/s liefert das Triebwerk einen Vakuumschub von 6,8 Mp.

Rockoon: Verfahren, das gelegentlich zur Steigerung der Gipfelhöhe von kleinen Höhenforschungsraketen angewendet wird. Man läßt dabei die Rakete [engl. **rock**et] zunächst durch einen großen Höhenballon [engl. ball**oon**] in etwa 20 bis 30 km Höhe emportragen und startet sie von dort aus über Funkkommando.

Rogallo-Flügel, *Paragleiter* [von engl. parachute = Fallschirm]: von *Francis M. Rogallo* (Mitarbeiter der NASA) entwickelter Gleitfallschirm aus einem dreiholmigen, zusammenlegbaren Tragegerüst und 2 zwischen den Holmen aufwölbbaren flexiblen Flächen, der verschiedentlich als Landehilfsmittel für die Rückführung von Raumflugkörpern oder Raketenmeßköpfen zur Erdoberfläche erprobt wird. Sein Vorteil gegenüber dem reinen Trag- und Sinkfallschirm wird in der Möglichkeit einer gewissen Zielanfluglenkung und in der sehr niedrigen Sinkgeschwindigkeit bei Bodenannäherung gesehen. → PARESEV.

Testgleiter mit Rogallo-Flügel

Röhrenbrenner → Treibsatz.

»Roland«: Boden-Luft-Rakete, die von Frankreich und der BRD gemeinsam als Waffenschutz von gepanzerten Kampffahrzeugen gegen Tieffliegerangriffe entwickelt wurde. Der aus einem Rohr zu startende Flugkörper hat Feststoffantrieb, eine Länge von etwa 2,4 m (Durchmesser etwa 15 cm), eine Masse von etwa 75 kg und eine Reichweite von etwa 6 bis 7 km (Zielauffassung mit Radar- und Infrarotsystem im Trägerfahrzeug, Funkkommandolenkung).

Rollachse → Raketenachsen.

Roosa, *Stuart:* US-amerikanischer Astronaut, geb. 16. Aug. 1933 Durango (Col.), nahm mit → *Shepard* und → *Mitchell* vom 31. Jan. bis 7. Febr. 1971 in »Apollo 14« als Pilot der Kommandoeinheit am dritten erfolgreichen Mondlandeunternehmen teil. – R. begann seine Laufbahn als Testpilot und Ingenieuroffizier der US-Luftwaffe. Seine akademische Ausbildung beendete er an der Universität Colorado. Nach Beendigung eines Speziallehrgangs für Forschungsgeräte der Luft- und Raumfahrt kam er 1966 zur Astronautengruppe der NASA.

»ROSEAU« [Abk. für frz. **R**adio **O**bservation par **S**atellite **E**xcentrique à **Au**tomatisme **U**nique]: Forschungssatellit, der nach einem Beschluß auf einer sowjetisch-französischen Konferenz (vom 14. bis zum 21. Febr. 1968 in Moskau) von Frankreich gebaut und 1971 mit einer sowjetischen Trägerrakete in eine stark exzentrische Umlaufbahn (Apogäum etwa 100000 km) gebracht werden sollte. Der Satellit wird eine Masse von etwa 300 kg haben, von denen 70 kg auf die wissenschaftliche Ausrüstung entfallen. Es sind 4 Experimente vorgesehen, von denen zwei 100 bzw. 400 m lange Antennen erfordern (Untersuchungen des solaren Plasmas sowie der Radiostrahlung von Sonne, Erde und Jupiter); außerdem sollen Magnetfeld- und Strahlungsuntersuchungen ausgeführt werden.

Rotationskammer → Dreiachsrotor.

Rotationstest: an Raumfahrern im → Dreiachsrotor durchgeführte Untersuchungen.

»ROVER« → »NERVA«.

»RP-318«: erstes bemanntes Gleitflugzeug mit Raketenantrieb der Sowjetunion, das 1936/40 nach einem Entwurf von → *Koroljow* entwickelt wurde. Das Flugzeug war ein Mitteldecker mit überlangen Tragflächen; das Flüssigkeitstriebwerk befand sich im Heck unter dem Leitwerk, und die Treibstoffbehälter waren hinter der Pilotenkabine untergebracht. Die Länge der Maschine betrug 7,9 m, die Spannweite 17 m, die Startmasse 657 kg und der Treibstoffvorrat (Salpetersäure/Kerosin) 75 kg. 1936/38 wurden Bodenerprobungen mit dem Triebwerk »ORM-65« (→ »ORM«) durchgeführt. Für die weiteren Erprobungen und die Flüge wurde das Triebwerk »RDA-1-150« eingesetzt. Den ersten Flug mit gezündetem Triebwerk führte *W. P. Fedorow* am 28. Febr. 1940 aus. Die Flugerprobungen lieferten wertvolles Material für die nachfolgende Entwicklung strahlgetriebener Flugzeuge.

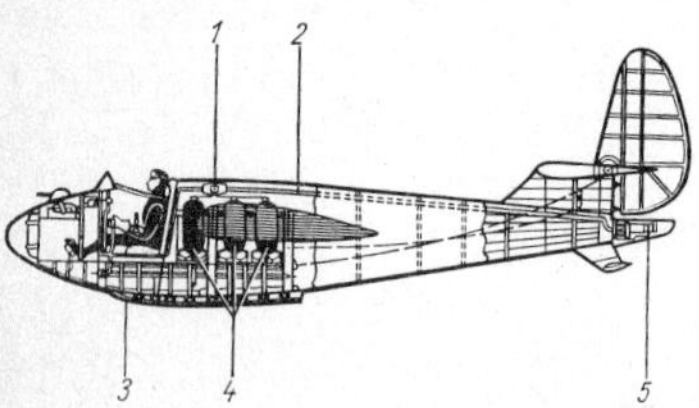

Raketen-Gleitflugzeug »RP-318«: 1 Regler, 2 Treibstoffleitung, 3 Gleitkufe, 4 Treibstoffbehälter, 5 Triebwerk

»Rubis« [frz., Rubin]: zweistufige Feststoffrakete (Frankreich), die aus einer »Agate«-Rakete als Erststufe und der Drittstufe des Satellitenträgers »Diamant« als Zweitstufe besteht. Ihre Länge beträgt 9,61 m (Durchmesser 0,81 und 0,66 m), ihre Startmasse 3470 kg, der Startschub 19 Mp. Im Einsatz als Höhenrakete können mit 35 kg Nutzmasse bis 2400 km, mit 150 kg bis 1000 km und mit 450 kg bis 200 km Höhe erreicht werden.

Rückführungstechnik → Rückkehrproblem.

Rückkehrbahn: allgemein die Raumflugbahn oder der Bahnabschnitt, auf dem ein Raumflugkörper zur Erdoberfläche zurückgeführt wird. Sieht das Flugprogramm bei Rückkehr von einer weitreichenden Raumflugmission (z. B. Mondflug) einen Direktanflug der Erdoberfläche, d. h. ohne Zwischenschaltung einer Übergangssatellitenbahn, vor, so bildet die R. den unmittelbar in die Erdatmosphäre hineinführenden letzten Abschnitt der Anflugbahn. Auf der dann auch als *Eintauchbahn* bezeichneten R. dürfen die aerodynamischen und mechanischen Belastungen des Raumflugkörpers ein gewisses Maß nicht überschreiten. Der *Eintauch-* bzw. *Eintrittskorridor* in die Erdatmosphäre muß daher genau festgelegt und eingehalten werden.

Rückkehrproblem: alle Aufgaben, die mit der sicheren Rückführung eines Raumflugkörpers (Rückkehrgerät) zur Erdoberfläche zusammenhängen. Die Lösung des R. ist Gegenstand der *Rückführungstechnik.* Letztere umfaßt i. allg. Kontrollen der Bahndaten zum Vorbereiten der Rückführung, Einleiten eines Bremsmanövers oder Flugregelung zum Direkteintauchen in die Erdatmosphäre (Variante, die bei Rückkehr aus großer Erdentfernung angewandt werden kann) und Maßnahmen für den Abstieg des Raumflugkörpers durch die dichteren Schichten der Atmosphäre bis zum Aufsetzen auf die Erdoberfläche. Die letzte Phase der Rückführung wird wesentlich von den ballistischen bzw. aerodynamischen Eigenschaften des Raumflugkörpers *(ballistische* bzw. *aerodynamische Rückführung)* sowie eventuellen, aerodynamisch wirksamen Brems- und Landehilfsmitteln (Bremsflächen, *Fallschirmber-*

gung mit Brems- und Trag- oder Gleitfallschirmen bzw. -flügeln) beeinflußt. Eine hochentwickelte aerodynamische Rückführung kann zur erheblichen Verminderung der mechanischen Eintauchbelastung sowie in gewissem Maße zur Fluglenkung beitragen. Bei der Rückführung muß in jedem Fall ein sicherer Schutz des Raumflugkörpers gegen Zerstörung durch die aerodynamische Aufheizung gewährleistet sein.

Das R. wurde für Satelliten-Raumflugkörper erstmalig von der UdSSR im Rahmen der »Raumschiff«-Serie gelöst. Als neue Variante für die letzte Phase der Fallschirmrückführung bemannter Raumflugkörper wurden erstmalig bei den sowjetischen »Woschod«-Raumflugkörpern zusätzlich Feststoff-Bremstriebwerke eingesetzt, die eine weiche Landung ermöglichen. Die ersten ballistischen und aerodynamischen Rückführungen von unbemannten Raumflugkörpern aus Rückkehrbahnen vom Mond gelangen ebenfalls erstmalig bei sowjetischen Unternehmen (→ »Sonde«).

Rückstoßantrieb: Antriebsverfahren, bei dem durch gerichteten Ab- oder Ausstoß von Masseteilchen eines abgeschlossenen Systems nach dem *Reaktionsprinzip* (Prinzip der Gleichheit von Wirkung und Gegenwirkung) ein Rückstoßeffekt erzeugt wird, der die für den Antrieb benötigte Kraft (Schub) liefert. Ein kontinuierlicher R. ergibt sich durch fortlaufenden Ausstoß eines Stroms von Masseteilchen. Diesen Massestrom bezeichnet man dann als *Antriebsstrahl* und den Antrieb demzufolge als *Strahlantrieb*. Die bekanntesten Formen des Strahlantriebs sind der Luftstrahlantrieb bei Flugzeugen und der *Raketenantrieb* bei Raketen.

Rukawischnikow, *Nikolai:* sowjetischer Kosmonaut, geb. 1932 Tomsk (Sibirien), startete am 23. April 1971 als Versuchsingenieur mit → *Schatalow* und → *Jelissejew* in »Sojus 10« zu einem Raumflug, bei dem neue Verfahren der Rendezvousflugführung und Kopplung mit dem unbemannten Raumstationsmodul »Salut« erprobt wurden. – R. schloß 1957 sein Studium am Moskauer Ingenieurphysikalischen Institut erfolgreich ab und arbeitete danach in einem Konstruktionsbüro. Im Januar 1967 wurde er in die Kosmonautengruppe aufgenommen und wurde dort zu einem hochqualifizierten Testingenieur für Raumstationssysteme.

Rynin, *Nikolai Alexejewitsch:* sowjetischer Wissenschaftler, geb. 1877, gest. 1942, der auf dem Gebiet der Luftfahrt und der darstellenden Geometrie arbeitete und als Autor einer Reihe von Arbeiten über den Rückstoßantrieb den interplanetaren Flug und die Bezwingung der Stratosphäre Bedeutung erlangte. 1917 veröffentlichte er die Monographie ›Theorie der Luftfahrt‹. 1920 gründete R. eine Fakultät für Luftfahrt am Leningrader Institut für Verkehrsingenieure und wurde dort 1921 Professor. Er beschäftigte sich experimentell mit dem Problem des Einflusses von Andruckbelastungen auf den lebenden Organismus. 1928 wurde er zum Organisator und Vorsitzenden der Sektion Raumfahrt am Leningrader Institut für Verkehrsingenieure. Ab 1931 arbeitete er in der LenGIRD (→ GIRD) mit. 1928/32 veröffentlichte er sein Hauptwerk ›Interplanetarer Verkehr‹, die erste (9bändige) Enzyklopädie zur Geschichte und Theorie des Rückstoßantriebs und der Raumfahrt, die zu einer der bedeutendsten Veröffentlichungen der Raumfahrtfrühzeit wurde.

S

Salpetersäure → Treibstoff (II 2 a ß).

»Salut«: Raumstationsmodul (UdSSR), das am 19. April 1971 unbemannt in eine Umlaufbahn zwischen 200 und 22 km Höhe (Bahnneigung 51,6°) gebracht wurde. Der »S.«-Raumflugkörper hat eine Länge von 20 m und – mit angekoppeltem »Sojus«-Raumfahrzeug – eine Masse von etwas über 25 000 kg. An dem einen Ende des »S.«-Moduls befindet sich der kegelförmige Kopplungsadapter, der in ein kürzeres zylindrisches Teil von 2 m Durchmesser übergeht, das als Schleusentunnel genutzt werden kann und außerdem verschiedene technische und wissenschaftliche Einrichtungen enthält. Eine Luke führt in die sog. Arbeitssektion, die aus aneinander anschließenden Zylindern von 3 m und 4 m Durchmesser besteht. In dieser hermetischen Abteilung befinden sich die Arbeitsplätze (ingesamt 5) für die Besatzung mit betriebstechnischen Einrichtungen und Kontrollanlagen sowie wissenschaftlichen Anlagen und Geräten. An den sphärischen Boden der Arbeitssektion schließt ein wiederum kegelförmiger Bauteil an, in dem die Treibstoffbehälter für das Bahnkorrektursystem untergebracht sind. Den Abschluß bildet eine zylindrische Komponente mit dem Bahnkorrekturtriebwerk. Das Gesamtvolumen des Moduls beträgt rund 100 m^3. Die Energieversorgung erfolgt durch Solarzellen, deren ausklappbare Flächen außen am Durchstiegstunnel und am Triebwerkszylinder angebracht sind. Während des bemannten Stationsbetriebs dient die Orbitalsektion der angekoppelten »Sojus«-Raumfahrzeuge für die Besatzung als Erholungs- und Schlafraum. Die übrigen Anlagen des »Sojus«-Geräts werden während dieser Betriebsphase »konserviert«.

Im Zusammenwirken mit dem am 23. April 1971 gestarteten Raumfahrzeug »Sojus 10« diente »S.« zunächst als Zielsatellit zur Erprobung neuer Verfahren der Rendezvousflugführung und Kopplung. Nach dem Kopplungsmanöver blieben die beiden Raumflugkörper für 5 h und 30 min verbunden, wobei jedoch kein Besatzungsüberstieg von »Sojus 10« nach »S.« erfolgte. Im Anschluß an die Überprüfung der Bordsysteme von »S.« durch die »Sojus«-Besatzung – über die Kopplungsverbindung zwischen beiden Raumflugkörpern – und nach Rückkehr der Kosmonauten zur Erde blieb »S.« weiter im Erdumlauf mit einer veränderten Bahnhöhe zwischen 240 und 250 km. Am 6. Juni 1971 startete »Sojus 11« zu weiteren raumfahrttechnischen Experimenten mit »S.«, wobei am 7. Juni zunächst erneut eine Kopplung und anschließend der Überstieg der Besatzung (→ *Dobrowolski*, → *Wolkow*, → *Pazajew*) nach »S.« erfolgte. Mit diesem Vorgang und der nachfolgenden Inbetriebnahme der für den Flug mit Besatzung vorgesehenen betriebstechnischen Anlagen und wissenschaftlichen Ausrüstungen wurde das gekoppelte System »Salut-Sojus« zur ersten operativen wissenschaftlichen Raumstation der Erde. Das Programm dieses Unternehmens sah in erster Linie betriebstechnische Überprüfungen der Stationssysteme sowie umfassende raumfahrtbiologische bzw. -medizinische Untersuchungen vor. Außerdem wurden raumfahrttechnische Neuerungen sowie Verfahren und Geräte für geowissenschaftliche Erderkundungen erprobt. Dem zuletzt genannten Punkt schenkt dabei die sowjetische Raumfahrtforschung im Hinblick auf unmittelbare und möglichst baldige ökonomische Nutzanwendungen der Raumflugtechnik besondere Aufmerksamkeit.

»SAMOS« [Abk. für engl. **S**urveillance **a**nd **M**issile **O**bservation **S**ystem = Überwachungs- und Beobachtungssystem für Raketen und Lenkwaffen]: militärische Satelliten (USA), die zur Frühwarnung vor Interkontinentalraketen dienen sollten. Es gelang nur ein Start (»SAMOS 2«, 31. Jan. 1961) in dieser Serie, die Ende 1961 offenbar in das allgemeine Programm US-amerikanischer Geheimsatelliten überging (→ »Discoverer«). Der Satellit »SAMOS 2« war ein mit der letzten Trägerstufe (»Agena B«) fest verbundener Zylinder mit Nasenkonus. Seine Nutzmasse betrug etwa 900 kg, die Gesamtlänge mit Stufenteil 6,71 m (Durchmesser 1,52 m). Die Bahn des Satelliten war angenähert polar und verlief zwischen 485 und 560 km Höhe über der Erdoberfläche.

Sandwichbauweise: Leichtbauweise für Zellen und Strukturen von Raketen und Raumflugkörpern; man verwendet hierbei sog. *Verbundplatten* aus 2 dünnen Blechen als Deckschichten zur Aufnahme von Längskräften und zur Formgebung sowie einem dazwischenliegenden, meist honigwabenähnlichen Metallblechgitter *(Honigwaben-Sandwich)* zur Versteifung.

Verbundplatten können als ebene oder räumlich gekrümmte (schalenförmige) Bauteile hergestellt werden, zeichnen sich durch gute Anpassung an den Kräfteverlauf, hohe Formsteifigkeit und Konturtreue, gleichmäßige Spannungsverteilung sowie Festigkeit gegen Ausbeulen und Ausknicken aus.

Sänger, *Eugen:* Techniker, geb. 22. Sept. 1905 Preßnitz, gest. 10. Febr. 1964 West-Berlin, wurde vor allem durch seine frühen und außerordentlich erfolgreichen praktischen Entwicklungsarbeiten auf dem Gebiet der Raketentechnik und deren systematische Weiterführung bis in die modernsten Bereiche sowie durch seine weitgespannten und tiefschürfenden Beiträge zum Raumfahrtgedanken zu einem der größten Pioniere der Raketen- und Raumflugtechnik. Er promovierte 1929 nach dem Studium an den Technischen Hochschulen in Graz und Wien mit einer Arbeit aus der Flugzeugtechnik.

Schon während seines Studiums hatte er nebenher mit Untersuchungen über verschiedene Raketentreibstoffe (Flüssigsauerstoff, Wasserstoffperoxid, Salpetersäure, Kohlenwasserstoffe), über Düsenströmungen mit chemischen Reaktionen, Anwendung gasdynamischer und gaskinetischer Rechenverfahren auf die Raketenflugtechnik, plankonvexe Flügelprofile für hohe Überschallgeschwindigkeit sowie über Flugleistungen von Raketenfernflugzeugen mit kurzer Antriebsperiode begonnen. Er legte die Ergebnisse dieser Untersuchungen in seinem 1933 erschienenen Werk ›Raketenflugtechnik‹ dar, das viele Jahre die wertvollste Publikation auf diesem Gebiet war. Er erhärtete seine theoretischen Arbeiten durch eingehende Prüfstandversuche an der Technischen Hochschule in Wien, wo er bis 1935 tätig war. 1936 ging S. an das Deutsche Institut für Luftfahrtforschung in Berlin-Adlershof, später an andere Institute in Braunschweig-Völkenrode sowie Trauen und Ainring.

In Trauen baute er selbständig ein Institut für raketentechnische Grundlagenforschung auf, an dem auch seine spätere Frau *Irene Bredt* tätig war. Zu seinen Entwicklungsarbeiten gehörten u. a. Triebwerksentwürfe mit Hochdruckbrennkammern bis zu 100 kp/cm^2 Brennkammerdruck und 100 Mp Schub, Verfahren und Anlagen zur Pumpenförderung bis 150 kp/cm^2 Förderdruck, ferner die Prüfung von Aluminium-Gasöl-Dispersionen als Raketenbrennstoffe und von Flüssigozon-Flüssigsauerstoff-Gemisch als Oxydator sowie von Werkstoffen auf ihre Eignung für Raketenbrennkammern.

Von 1942 bis zum Ende des zweiten Weltkriegs war S. im Dienst der Kriegsrüstung Leiter der Triebwerksabteilung der Deutschen Forschungsanstalt für Segelflug in Ainring. Dort setzte er vor allem seine Untersuchungen zum Überschallflug fort und entwickelte die Konzeption eines nach dem Raumgleiterprinzip einsetzbaren Raketenfernbombers, die unter dem Titel ›Über einen Raketenantrieb für Fernbomber‹ als Geheimbericht für die zuständigen Instanzen der deutschen Luftkriegführung abgefaßt wurde. In weiteren Untersuchungen befaßte sich S. mit antriebstechnischen und flugmechanischen Problemen des Staustrahlantriebs. Auch an diesen Arbeiten war *Irene Bredt* als Mathematikerin wesentlich beteiligt. Von 1946 bis 1954 war S. als Forschungsingenieur in Frankreich tätig. 1954 übernahm er den Aufbau und die Leitung des Forschungsinstituts für Physik der Strahlantriebe (FPS) in Stuttgart. Für seine großen Verdienste um Raketentechnik und Raumfahrt wurden ihm in dieser Zeit zahlreiche Ehrungen zuteil. So wurde er 1951 auf dem Gründungskongreß der Internationalen Astronautischen Föderation (IAF) zu deren erstem Präsidenten sowie 1956 zum Vorsitzenden der Deutschen Gesellschaft für Raketentechnik und Raumfahrt, Stuttgart, gewählt, und 1957 berief man ihn als Honorarprofessor an die Technische Hochschule in Stuttgart. Neben seiner praktischen Tätigkeit auf verschiedenen Gebieten der Raketentechnik beschäftigte er sich u. a. auch mit den theoretischen Grundlagen der relativistischen Raumflugmechanik und des Photonenstrahlantriebs sowie mit philosophischen Betrachtungen zum Sinn und Ziel der Raumfahrt. 1963 erhielt er eine Berufung an die Technische Universität in West-Berlin, wo er bis zu seinem Tod tätig war.

»San Marco«: italienische Meßsatelliten, die mit US-amerikanischen Trägerraketen in Umlaufbahnen gebracht werden, wobei für die gesamte Versuchsdurchführung ausschl. italienische Fachkräfte zum Einsatz kommen. Der Satellit »S. M. 1« wurde am 15. Dez. 1964 von Wallops Island (USA) aus mit einer »Scout«-Rakete gestartet. Der Satellit war kugelförmig und hatte eine Masse von 114 kg; sein Durchmesser betrug 0,66 m. Seine Umlaufbahn lag zwischen 205 und 816 km Höhe. Im Mittelpunkt des Untersuchungsprogramms standen Luftdichtemessungen, die aufgrund der besonderen Konstruktion des Satelliten erstmalig direkt ausgeführt werden konnten. Die Hauptmasse seiner Ausrüstung war eng um seinen Mittelpunkt konzentriert und mit 3 elastischen Armen an der Außenhülle befestigt. Selbst der sehr geringe Luftwiderstand in der Hochatmosphäre bewirkt noch eine Verformung der Aufhängung durch Trägheitskräfte, die durch Dehnungsmeßstreifen ermittelt wird. »S. M. 2« (129 kg) wurde am 26. April 1967 mit einer »Scout«-Rakete von einer italienischen schwimmenden Plattform aus gestartet (Bahn zwischen 219 und 749 km), die vor der ostafrikanischen Küste verankert war.

»Saphir« [frz., Saphir]: zweistufige Forschungsrakete (Frankreich), die aus einer »Emeraude«-Rakete als Erststufe und einer »Topaze« als Zweitstufe besteht und u. a. Vorversuchen für den dreistufigen Satellitenträger »Diamant« diente. Ihre Länge beträgt 17,93 m und ihre Startmasse 17700 kg. Beim Einsatz als Höhenrakete kann mit einer Nutzmasse bis zu 300 kg eine Höhe von 2000 km erreicht werden.

»Saphir«-Rakete im Montageturm

»SAS« [Abk. für engl. **S**mall **A**stronomy **S**atellite]: innerhalb der »Explorer«-Serie (USA) für astronomische Spezialuntersuchungen verwendete Meßsatelliten. Mit »SAS 1« (»Explorer 42«), der am 12. Dez. 1970 von einer schwimmenden »San-Marco«-Plattform aus vor der afrikanischen Küste mit einer »Scout«-Rakete in eine Bahn zwischen 531 und 572 km Höhe (Bahnneigung 3°) gebracht wurde, sollen galaktische und extragalaktische Röntgenstrahlungsquellen untersucht werden.

Saturn: zweitgrößter Planet des → Sonnensystems; sein Äquatordurchmesser beträgt 120800 km, der Poldurchmesser ist um 11600 km kleiner; die starke Abplattung ist auf die schnelle Rotation (10 h 14 min) des Planeten zurückzuführen; seine Masse beträgt 95,2 Erdmassen, die mittlere Dichte von 0,69 g/cm³ ist die kleinste aller Planeten. S. zählt zu den jupiterähnlichen Planeten (→ Jupiter), seine hohe Albedo (0,42) geht auf eine dichte Wolkenatmosphäre zurück, in der vornehmlich Methan und Ammoniak nachgewiesen wurden. S. ist von einem im Planetensystem einzigartigen Ringsystem (Außendurchmesser 276000 km) umgeben. Es besteht aus einer Vielzahl kleiner, das Sonnenlicht reflektierender Körper, die den Planeten als winzige Monde in einer schmalen Ebene umkreisen. Daneben hat S. noch 10 echte Monde, von denen der größte (Titan) den Planeten Merkur an Größe noch übertrifft.

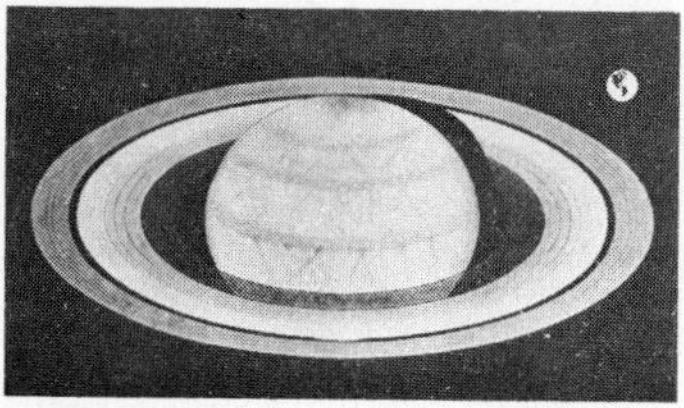

Größenvergleich zwischen Saturn und Erde

»Saturn«: Serie von Großraketen (USA), die bei der NASA (Marshall Space Flight Center) als hochleistungsfähige Raumfahrtträger speziell für das Mondflugprogramm → »Apollo« entwickelt wurden. Das Entwicklungsprogramm umfaßte anfänglich (1957) 5 verschiedene Raketentypen und Abwandlungen, von denen jedoch lediglich 3 (»Saturn 1«, »Saturn 1 B«, »Saturn 5«) gebaut wurden. Der Typ »Saturn 1« war nur als Vorerprobungsmuster gedacht; in 10 erfolgreich verlaufenen Versuchsstarts (bis 1965) stellte er die Zuverlässigkeit des Grundsystems unter Beweis. Dabei wurden 3 Mikrometeoritensatelliten (→ »Pegasus«) in Umlaufbahnen gebracht. »*Saturn 1*« kam in 2 Varianten zum Einsatz, und zwar für die Flugversuche »SA-1« bis »SA-4« ohne funktionsfähige Zweitstufe (»Block 1«) und für die Flugversuche »SA-5« bis »SA-10« mit funktionsfähiger Zweitstufe (»Block 2«). Die Block-1-Ausführung ermöglichte wegen ihres einstufigen Antriebs lediglich ballistische Flüge. Sie hatte einschl. der Oberstufenattrappen eine Gesamthöhe von 49,4 m; die Startmasse betrug etwa 490 t, von denen 370 t auf die Treibstoffe (Flüssigsauerstoff/Kerosin) entfielen. Die Oberstufenattrappen enthielten rund 90 t Wasserballast, der in Gipfelhöhe der Bahn (105 bzw. 168 km) durch Sprengung freigegeben wurde. Die Version »Block 2« hatte eine Gesamthöhe (ohne Nutzlast) von 38,45 m und einen max. Durchmesser von 6,55 m; die Startmasse (ohne Nutzlast) betrug rund 535 t. Ihre Nutzmassekapazität belief sich für eine 500-km-Kreisbahn auf etwa 8 t und für die Fluchtgeschwindigkeit auf rund 2,2 t. Zum Unterschied von »Block 1« war die »Block-2«-Ausführung mit Heckstabilisierungsflossen ausgestattet. Die Erststufe (»S-1«) hatte eine Länge von 24,8 m (24,4 m bei »Block 2«), einen Durchmesser von 6,55 m und eine Leermasse von etwa 45 t (»Block 2« etwa 54 t). Die Treibstoffmasse betrug 341 t (»Block 2« 386 t). Als Antrieb dienten 8 → »H-1«-Raketentriebwerke (etwa 680 Mp), von denen sich 4 im Zentrum des Schubgerüsts befanden. Sie waren starr eingebaut und dabei mit ihren Schubachsen etwas gegen die Hauptachse der Rakete nach innen geneigt. Die 4 anderen Triebwerke waren schwenkbar am Außenkranz des Schubgerüsts gelagert und ermöglichten so eine ausreichend sichere Lagesteuerung und Lenkung der Rakete ohne zusätzliche Hilfstriebwerke. Im Triebwerkssystem waren an kritischen Stellen Meßfühler eingebaut, die bei jeder Unregelmäßigkeit sofort das jeweilige Triebwerk abschalten konnten. Das Abschalten eines Triebwerks bedeutet keine Gefährdung des Flugauftrags, da das entstehende Moment von den restlichen Triebwerken ausgeglichen und der augenblickliche Antriebsverlust durch Umleitung der Treibstoffe und Verlängerung der Brennzeit in den anderen Triebwerken kompensiert wird. Das Tanksystem der »S-1«-Stufe bestand aus einem Zentraltank und 8 um diesen herum angeordneten Tanks, von denen 4, ebenso wie der Zentraltank, für den Oxydator bestimmt waren. Die 4 restlichen Tanks nahmen den Brennstoff auf. Auslegung und Konstruktion der Tanks entsprachen denjenigen der »Jupiter«- bzw. »Redstone«-Rakete. Unten waren die Tanks durch das Schubgerüst und oben durch einen verstrebten Trägerkranz, die sog. »Spinne«, verbunden. Die einzelnen Sauerstoff- bzw. Kerosinbehälter waren untereinander durch Verteilerleitungen verbunden, so daß der Treibstoff in allen Tanks gleichmäßig verbraucht wurde. Zum Schutz des Tankwerks gegen rückströmende brennstoffreiche Turbinenabgase und gefährliche Wärmestrahlung des Antriebsstrahls befand sich im Heckteil, etwa in der Halsebene der Triebwerke, ein durchgehender goldplattierter Wärmeschild. Die Startstufe hatte insgesamt 1700 elektrische und elektronische Bauteile, die durch 85 km Kabel verbunden waren. Der Treibstoffdurchfluß wurde über 320 Ventile und Regelorgane gesteuert. Die Herstellung der Stufenteile dauerte etwa 27 Wochen, die Endmontage 17 Wochen.

Die Entwicklung der »Saturn-1«-Zweitstufe (»S-4«) begann 1960, als in der NASA der Beschluß gefaßt wurde, alle »S.«-Oberstufen mit der Kombination Flüssigwasserstoff/Flüssigsauerstoff zu betreiben. 1961 wurde der erste Entwurf ab-

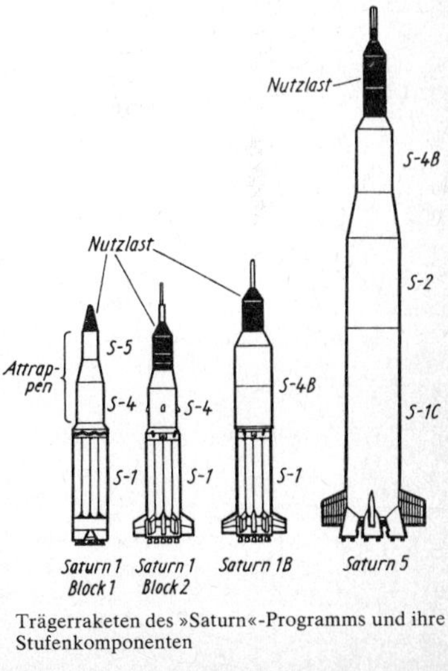

Trägerraketen des »Saturn«-Programms und ihre Stufenkomponenten

geändert und das Antriebssystem von 4 »LR-119«-Triebwerken (Vakuumschub jeweils 8 Mp) auf 6 → »RL-10A-3«-Triebwerke mit je 6,8 Mp Vakuumschub umgestellt. Durch diese Entscheidung wurde der Einsatz einer weiteren Stufe (»S-5«) für den Transport von größeren Nutzmassen in Erdumlaufbahnen hinfällig. Die »S-4«-Stufe hatte eine Länge von 12,5 m, einen Durchmesser von 5,6 m und eine Leermasse von 6,1 t. Die Treibstoffmasse betrug 45,36 t. Die besonderen Entwicklungsprobleme lagen einmal in der Verwendung der kryogenen Treibstoffkomponenten Flüssigwasserstoff und Flüssigsauerstoff und zum anderen in der Konstruktion der mit 5,6 m Durchmesser bisher größten in frei fliegenden Geräten verwendeten Treibstoffbehälter in den USA. Der ellipsoidförmige Sauerstofftank schloß unmittelbar an den ausgewölbten Boden des Wasserstofftanks an. Die Behälter bestanden aus Aluminiumblech, in das innen ein Waffelmuster eingefräst war; es erhöhte nicht nur die Steifigkeit, so daß die Tanks selbsttragend waren, sondern

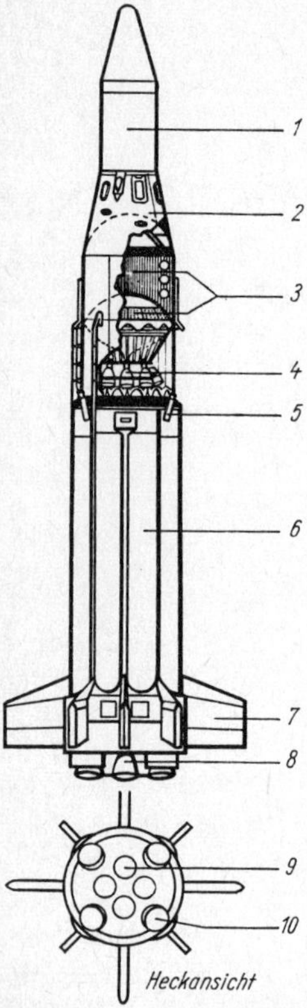

»Saturn 1« (Block 2), unten Heckansicht: 1 Nutzmasse, 2 Stufenadapter, 3 Treibstofftanks, 4 Triebwerke der zweiten Stufe, 5 Trennraketen, 6 Treibstoffbehälter, 7 Stabilisierungsflächen, 8 Triebwerke der ersten Stufe, 9 innere Triebwerke (4), 10 äußere Triebwerke (4)

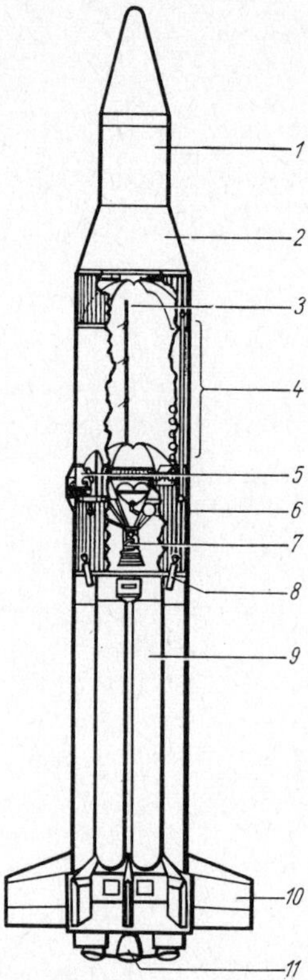

»Saturn 1 B«: 1 Nutzmasse, 2 Stufenadapter, 3 Belüftungsleitung, 4 Treibstoffbehälter, 5 Lageregelungssystem, 6 Stufenadapter, 7 Triebwerk der zweiten Stufe, 8 Trennraketen, 9 Treibstoffbehälter, 10 Stabilisierungsflossen, 11 Triebwerke der ersten Stufe

»S-4 B«-Stufe auf einem Transportfahrzeug

diente vor allem zum Dämpfen der Flüssigkeitsschwingungen. Die 6 Triebwerke standen über ein konisches Aluminiumschubgerüst mit der unteren Schalenhälfte des Sauerstofftanks in Verbindung. Sie waren ringförmig angeordnet, und ihre Schubachsen bildeten in der Normalstellung mit der Längsachse der Stufe einen Winkel von 6°. Zur Fluglageregelung und Lenkung konnten sie um ± 8° ausgelenkt werden. Die Abtrennung der »S-4«-Stufe von der Startstufe geschah unter Verwendung von Hilfsraketen, die den »S-1«-Teil abbremsten. Während der Stufentrennung und vor dem Zünden der Triebwerke der Oberstufe erteilten 4 kleine zusätzliche

»S-2«-Stufe auf einem Transportfahrzeug

Triebwerke dem »S-4«-Gerät eine geringe Beschleunigung, damit die Treibstoffe gegen die Behälterböden gedrückt wurden und eine einwandfreie Treibstoffzuführung zu den Triebwerken gewährleistet war.
Die für das »Apollo«-Erprobungsprogramm und weitere Einsatzaufgaben (→ Apollo Applications Program) verwendete bzw. vorgesehene *»Saturn 1 B«* (auch »Uprated Saturn 1«) setzt sich aus einer verbesserten »S-1B«-Startstufe und der Zweitstufe »S-4 B« zusammen. Der Aufbau der »S-1 B«-Stufe entspricht im wesentlichen derjenigen von »Saturn 1«, »Block 2«. Sie soll neben einem durch vergrößerten Treibstoffdurchsatz (3140 kg/s statt 2650 kg/s) erhöhten Startschub (744 Mp) eine um 9 t geringere Leermasse haben, und zwar durch Verwendung leichterer Werkstoffe in einigen Baugruppen. Die Gesamthöhe der Trägerrakete (ohne Nutzlast) beträgt 44 m, ihr größter Durchmesser 6,55m . Die Startmasse beläuft sich

»Saturn 5« (mit »Apollo 4«) auf dem Raupenschlepper-Transportfahrzeug unterwegs zur Startrampe

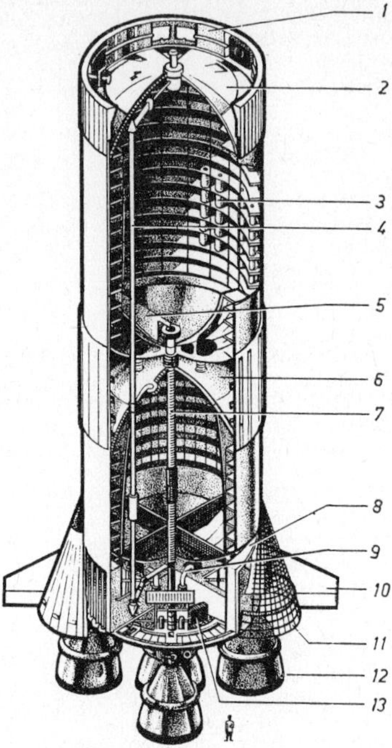

»S-1 C«-Startstufe der »Saturn 5«: 1 Instrumentenring, 2 Oxydatortank, 3 Druckgasbehälter, 4 Verdampfungsleitung (Oxydator), 5 Dämpfungsfläche, 6 Brennstofftank, 7 Oxydatorleitung, 8 Schubgerüst, 9 Brennstoffleitung, 10 Heckflossen, 11 Triebwerksverkleidung, 12 F-1-Triebwerk, 13 Geräte

auf etwa 590 t (mit Nutzlast), von denen 386 t auf die Treibstoffe entfallen. Für eine erdnahe Umlaufbahn ergibt sich eine Nutzlast von rund 18 t.
Die »S-4 B«-Zweitstufe geht im wesentlichen auf den Entwurf der »S-4« zurück. Ihre Länge beträgt 17,7 m, ihr Durchmesser 6,55 m, die Leermasse etwa 10,5 t und die Treibstoffmasse etwa 104,5 t. Für den Antrieb wird auch hier wieder die Treibstoffkombination Flüssigwasserstoff/Flüssigsauerstoff verwendet, gegenüber der »S-4« jedoch nur noch mit einem einzelnen

Triebwerk vom Typ »J-2« (Vakuumschub 90,8 Mp, Brennzeit etwa 500 s). Zur Steuerung ist dieses Triebwerk kardanisch aufgehängt. Außerdem sind kleine Feststofftriebwerke zur Lageregelung während der antriebslosen Flugphase und ein automatisches Brennschlußkontrollsystem wirksam. Die Instrumentenausrüstung der »Saturn 1 B« befindet sich in einem besonderen ringförmigen (Höhe 1 m, Durchmesser 6,55 m) Abteil oberhalb der zweiten Stufe. Sie umfaßt das Lenk- und Kontrollsystem, 6 Bahnvermessungs- und 4 Meßwertübertragungssysteme. Das Kontrollsystem zur Steuerung der kardanisch aufgehängten Triebwerke besteht aus einer kreiselstabilisierten Plattform, einem Analog- bzw. Digitalrechner und einer Hydraulikanlage.

»*Saturn 5*« bildet das Kernstück des »S.«-Programms. Sie ist dreistufig ausgelegt und als Einsatzträgerrakete für → »Apollo« und nachfolgende Projekte entwickelt worden. Die Gesamthöhe der »Saturn 5« (ohne Nutzlast) beträgt 85,7 m, ihr größter Durchmesser (mit Triebwerksverkleidungen) etwa 13 m. Die Spannweite ihrer 4 Heckstabilisierungsflossen beläuft sich auf etwa 18 m. Die Startmasse der Rakete beträgt (mit Nutzlast) 2890 t, von denen etwa 2526 t auf die Treibstoffe und 2350 kg auf die Geräteausrüstung entfallen. Als Nutzmasse für eine 500-km-Kreisbahn werden 120 t und für die Fluchtgeschwindigkeit 45 t angegeben. Für die Montage der Rakete wurde auf Merrit Island bei Cape Kennedy ein eigener Montage- und Prüfgebäudekomplex errichtet. Die Haupthalle der Anlage ist 160 m hoch (Grundfläche 180×210 m) und ermöglicht das gleichzeitige Arbeiten an 4 Raketen. Die jeweilige Montageplattform wird, nach Abschluß der Montagearbeiten, mit dem darauf befindlichen 132 m hohen Montageturm und der bis auf die Betankung startfertigen, etwa 112 m hohen Rakete auf einem Raupenschlepperunterbau mit etwa 3 bis 5 km/h zu dem rund 6 km entfernten Startkomplex 39 des Kennedy Space Flight Center gefahren. Die Montageplattform dient gleichzeitig als Startrampe. – Die mit »S-1 C« bezeichnete Startstufe der »Saturn 5« hat eine Länge von 42 m und einen Zellendurchmesser von 10 m (Leermasse 135 t). Die Zellenkonstruktion besteht aus einer wärmebehandelten Aluminiumlegierung; die Treibstoffbehälter sind durch Stringer und Spanten verstärkt (Treibstoffmasse 2000 t) und mit Bodeneinsätzen zum Dämpfen von Treibstoffschwingungen versehen. Als Treibstoffe werden Flüssigsauerstoff und Kerosin (»RP-1«) verwendet. Das Antriebssystem besteht aus 5 gebündelten → »F-1«-Raketentriebwerken, so daß der Startschub etwa 3500 Mp beträgt (Gesamtdurchsatz etwa 13 500 kg/s). Die Stufentrennung geschieht mit Hilfe von 8 Feststoffbremsraketen, die einen Schub von je 36,25 Mp (Brennzeit 0,75 s) erzeugen. Die Zweitstufe »S-2« hat bei ebenfalls 10 m Durchmesser eine Länge von 25 m (Leermasse 36 t). Diese Stufe weist konventionelle Bauweise mit Aluminiumstruktur auf (Treibstoffmasse

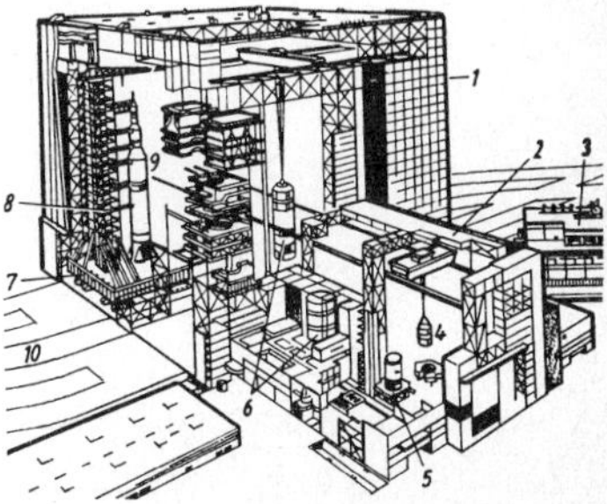

»Saturn-5«-Montagekomplex: 1 große Montagehalle (160 m hoch), 2 Montagehalle für Oberstufen und Nutzlast, 3 Startleitzentrale, 4 »Apollo«-Raumfahrzeug, 5 »S-4 B«-Stufe, 6 »S-2«-Stufe, 7 Transportfahrzeug, 8 Montageturm und Kabelmast, 9 »Saturn 5«, 10 Rollweg für Transportfahrzeug

»Saturn 5« auf dem Transportfahrzeug vor dem Montagegebäude (links unten Startleitzentrale)

422 t), hat jedoch eine besondere Mehrschichtdämmung an den Tankaußenwänden. Als Treibstoffe kommen Flüssigsauerstoff und Flüssigwasserstoff zum Einsatz, mit denen das aus 5 gebündelten → »J-2«-Raketentriebwerken bestehende Antriebssystem gespeist wird. Als Vakuumschub ergeben sich damit etwa 465 Mp, bei einer nominalen Brennzeit von etwa 400 s. Die dritte Stufe »S-4B« und das Instrumentenabteil entsprechen denen bei der schon beschriebenen »Saturn-1-B«-Rakete; lediglich der Adapter hat beim Einsatz in der »Saturn 5« einen größeren Basisdurchmesser.

Sauerstoffträger → Treibstoff.

Schatalow, *Wladimir:* sowjetischer Kosmonaut, geb. 8. Dez. 1927 Petropawlowsk (Nordkasachstan), führte vom 14. bis 17. Jan. 1969 in »Sojus 4« einen Raumflug aus, bei dem er die erstmalige Kopplung (mit »Sojus 5«, 16. Jan. 1969) zweier bemannter Raumfahrzeuge steuerte, und nahm vom 13. bis 18. Okt. 1969 als Kommandant mit → *Jelissejew* in »Sojus 8« am ersten Dreiergruppenflug (mit »Sojus 6« und »Sojus 7«) teil. Am 23. April 1971 startete S. mit *Jelissejew* und → *Rukawischnikow* als Kommandant von »Sojus 10« zu seinem dritten Raumflug, bei dem neue Verfahren der Rendezvousflugführung und Kopplung mit dem unbemannten Raumstationsmodul »Salut« erprobt wurden. – S. schloß 1949 den Besuch einer Militärfliegerschule ab und absolvierte bis zu seinem Eintritt in die Kosmonautengruppe (1963) etwa 2000 Flugstunden auf verschiedenen Flugzeugtypen.

Schaufelrad-Satellit → »Explorer«.

Schichtplattengenerator → Bordenergieversorgung.

Schirra, *Walter:* US-amerikanischer Astronaut, geb. 12. März 1923 Hackensack (New Jersey), führte am 3. Okt. 1962 als dritter Amerikaner in einer → »Mercury«-Raumkapsel (»Sigma 7«) einen etwa neunstündigen Raumflug aus (6 Umläufe), bildete zusammen mit → *Stafford* die Besatzung der Raumkapsel → »Gemini 6« (16 Umläufe, erstes Rendezvous) und nahm mit → *Eisele* und → *Cunningham* in »Apollo 7« am ersten Erprobungsflug einer bemannten »Apollo«-Kommandoeinheit teil. – Vor seiner Ausbildung als Raumfahrer war S. Luftfahrtingenieur, diente bei den Luftstreitkräften und betätigte sich später als Luftsicherheitsoffizier und Testpilot.

Schlankheitsverhältnis, *Schlankheitsgrad:* Kennwert für die äußere Form einer Rakete, der Quotient aus Raketenlänge und größtem Durchmesser. Sein Einfluß auf das aerodynamische Verhalten der Rakete ist beträchtlich, da es mit der → Querschnittsbelastung eng zusammenhängt.

Schleierkühlung, Schmelzkühlung → Kühlverfahren.

Schonin, *Georgi:* sowjetischer Kosmonaut, geb. 1935 Rowenki (Ukraine), nahm vom 11. bis 16. Okt. 1969 als Kommandant mit → *Kubassow* in »Sojus 6« am ersten Dreiergruppenflug (mit »Sojus 7« und »Sojus 8«) teil. – S. trat 1950 in die Fliegerschule in Odessa ein; danach diente er bei den Luftstreitkräften.

Schub: Antriebskraft, die von einem Raketentriebwerk durch Ausstoß von Verbrennungsgasen oder einer anderen Strahlmasse erzeugt wird. Die Größe dieser Kraft (S) läßt sich in allgemeinster Form berechnen nach der *S.gleichung:*

$$S = \dot{m} \cdot c\ (p_M - p_A)\ F_M$$

$\dot{m}$ bedeutet darin den Treibstoffdurchsatz, c die Ausströmgeschwindigkeit, p_M den Druck des Arbeitsgases in der Düsenmündung, p_A den Außendruck (Umgebungsdruck) und F_M die Düsenmündungsfläche. Der *Druckterm* $(p_M - p_A)\ F_M$ bringt zum Ausdruck, daß das Arbeitsgas durch einen Außendruck, wie er beim Start einer Rakete an der Erdoberfläche zwangsläufig vorliegt, leistungsmindernd in seiner Expansion behindert wird. Der S. einer aufsteigenden Rakete wird somit mit zunehmender Höhe größer. Für den leeren Raum wird $p_A = O$, und man erhält den *Vakuum-S.*, der entspr. höher liegt als der *Boden-S.* Wird die Entspannungsdüse des Triebwerks so dimensioniert, daß im lufterfüllten Raum der Mündungsdruck gleich dem Druck des umgebenden Mediums wird (Düse mit optimaler Entspannung), dann entfällt der Druckterm, und es ergibt sich der *Nenn-S.*, der daher stets nur für einen einzigen Außendruck genau definiert ist. Ist der Mündungsdruck dabei gleich dem Bodenluftdruck, so wird der Nenn-S. in diesem Fall als *Mündungs-S.* bezeichnet. Legt man dagegen die Düse so aus, daß der Nenn-S. erst in einer gewissen Höhe erreicht wird, wie es in der Praxis zur Optimierung des *S.verlaufs* meist geschieht, so spricht man von der entspr. *Nenndruckhöhe.* Als *S.aufbau* bezeichnet man den Vorgang, der in einem Raketentriebwerk nach der Zündung einsetzt und die S.entwicklung bis zum Sollwert umfaßt. Der S.aufbau nimmt bes. bei sehr großen Flüssigkeitstriebwerken eine gewisse Zeit (meist etwa 5 bis 10 s) in Anspruch, da der große Treibstoffdurchsatz beim Zünden eine sofortige volle Ausbildung der Verbrennung verhindert. Daher ist es beim Start von Großraketen, vor allem wenn ihre Startstufe mehrere gebündelte Triebwerke umfaßt, unbedingt erforderlich, die Rakete so lange durch Halterungen an die Startplattform zu fesseln, bis der S.aufbau der Startstufe abgeschlossen ist. Die *S.beschleunigung* ist der Beschleunigungswert, der sich aus dem Verhältnis vom S. zum Gewicht einer Rakete ergibt. Für den Fall des Starts der Rakete von der Erdoberfläche stellt die S.beschleunigung in der allerersten Flugphase (Abheben) die *Startbeschleunigung* dar und läßt sich aus dem Verhältnis vom S. zum Startgewicht ermitteln *(S.verhältnis)*. Die S.beschleunigung nimmt im weiteren Verlauf des Fluges laufend zu, weil die Masse der Rakete und die Erdgravitation ständig abnehmen.

Schubdiagramm svw. Schub-Zeit-Diagramm, → Abbrand.

Schubgerüst: Konstruktionsteil einer Flüssigkeitsrakete, der die vom Triebwerk oder Triebwerkssystem erzeugten Schubkräfte aufnimmt und auf die Gesamtkonstruktion überträgt. Bei kleinen Triebwerkseinheiten ist das S. meist mit der einfachen Triebwerkshalterung identisch; für große Raketen (z. B. »Saturn) bildet man wegen der recht beträchtlichen Schubkräfte das S. als besonderes Bauteil aus.

Schubgleichung → Schub.

Schubprogramm: Festlegung für den zeitlichen Ablauf der Schubentwicklung eines Raketensystems in Abhängigkeit von den Antriebserfordernissen für ein bestimmtes Flugprogramm und von seinen speziellen antriebstechnischen Eigenarten (z. B. Stufenteilung). Aufstellung und Kontrolle der Einhaltung des S. bilden wichtige Voraussetzungen für alle Raumflugmissionen und ihre Antriebsabschnitte.

Schubregelung →Schubvektorsteuerung.

Schubumkehr: Verfahren zur Geschwindigkeitsregelung bei Feststofftriebwerken vor Erreichen des Brennschlußzeitpunkts. Dazu ist das Triebwerk an seinem Ende mit Ableitungen zu Zusatzdüsen ausgerüstet, deren Ausströmöffnungen entgegengesetzt zur Hauptdüse gerichtet sind. Die Zuleitungen zu diesen *S.düsen (Umkehrdüsen)* sind durch Membranen verschlossen, die gesprengt werden, wenn der Zeitpunkt der S. gekommen ist.

Schubvektor: Bezugsgröße, bestimmt durch Stärke und Richtung der wirksamen Schubkraft eines Raketentriebwerks.

Schubvektorsteuerung: Veränderung der Richtung, seltener der Größe *und* Richtung des → Schubvektors eines Raketentriebwerks zum Stabilisieren und Lenken einer Rakete oder eines Raumflugkörpers. Als technische Hilfsmittel zur S. werden → Strahlruder, schwenkbare Triebwerke (→ Kardanaufhängung) bzw. Düsen oder -mündungsringe angewandt. Bei Feststofftriebwerken wird neuerdings auch eine *gasdynamische S.* gewählt, beispielsweise durch Sekundäreinspritzung von Stickstofftetroxid an 4 um 90° gegeneinander versetzten Stellen kurz hinter dem Düsen-

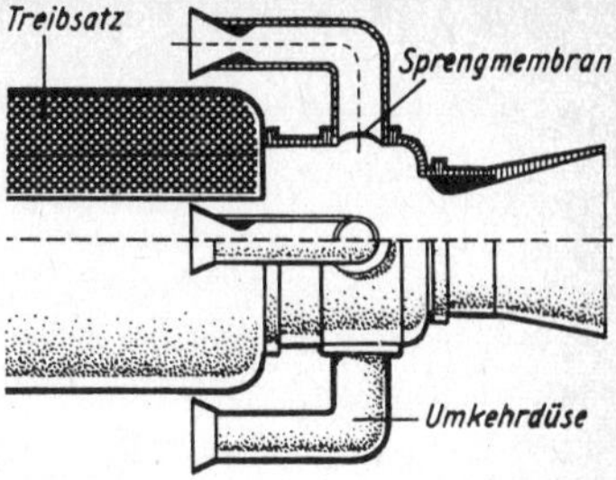

Feststofftriebwerk mit Umkehrdüsen

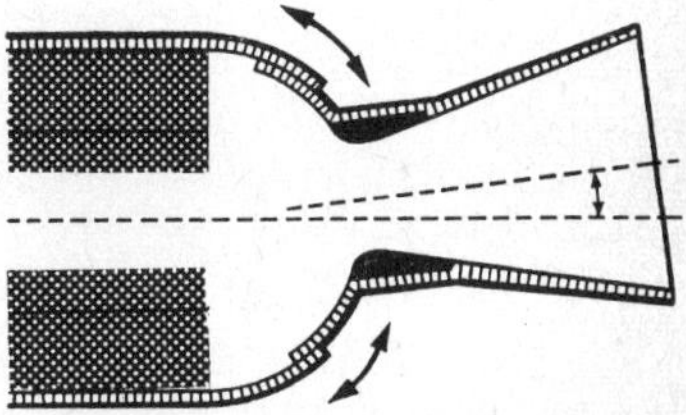

Schubvektorsteuerung durch schwenkbar gelagerten Düsenteil

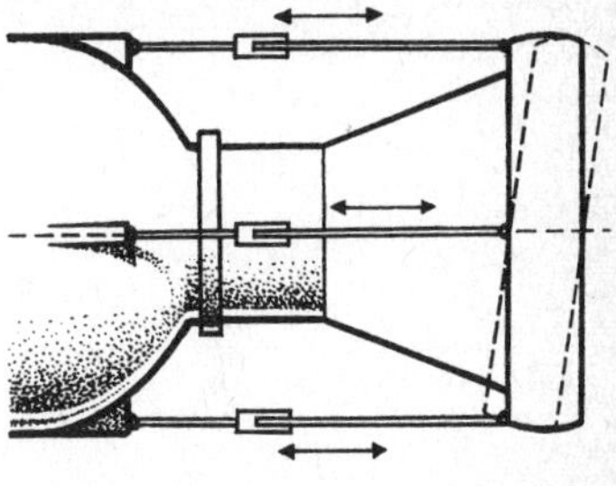

Beweglicher Mündungsring zur Schubvektorsteuerung

hals. Wird nur die *Größe* des Schubvektors verändert, z. B. durch Veränderung des Treibstoffdurchsatzes oder des Düsenhalsquerschnitts, so spricht man von *Schubregelung*. Sie geschieht nach dem Schub- bzw. Lenkprogramm.

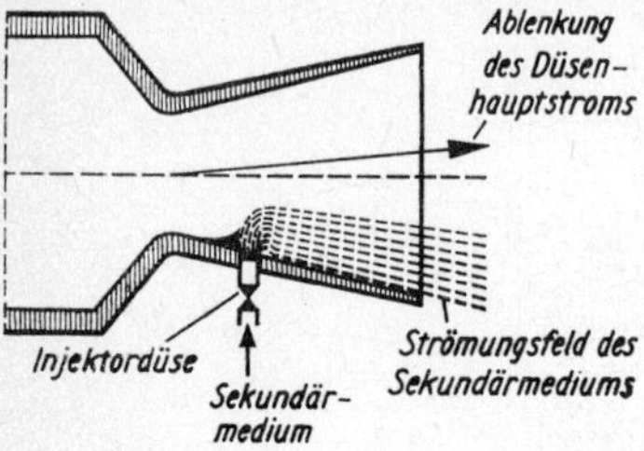

Schema einer gasdynamischen Schubvektorsteuerung

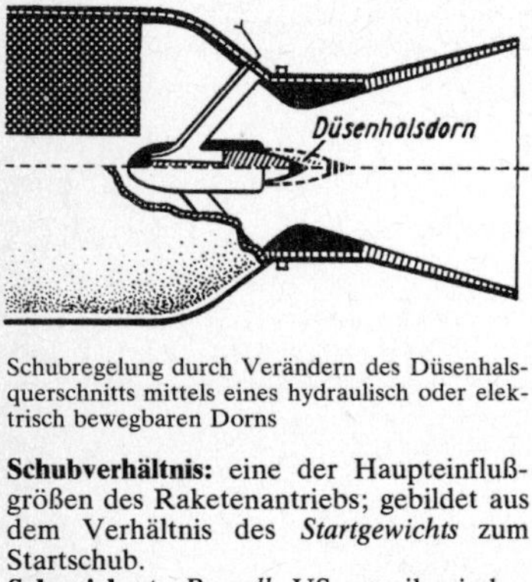

Schubregelung durch Verändern des Düsenhalsquerschnitts mittels eines hydraulisch oder elektrisch bewegbaren Dorns

Schubverhältnis: eine der Haupteinflußgrößen des Raketenantriebs; gebildet aus dem Verhältnis des *Startgewichts* zum Startschub.

Schweickart, *Russell:* US-amerikanischer Astronaut, geb. 25. Okt. 1935 Neptune (N. J.), nahm vom 3. bis 13. März 1969 gemeinsam mit → *McDivitt* und → *Scott* in »Apollo 9« an einem Raumflug teil, bei dem das Mondlandemanöver im Erdumlauf simuliert wurde. – S. studierte an der Technischen Universität Massachusetts, wo er 1956 und 1963 akademische Grade (Flugzeugbau, Aeronautik, Astronautik) erwarb; eine fliegerische Ausbildung erhielt er während seiner Militärdienstzeit; bis zu seiner Aufnahme in die Astronautengruppe (1963) arbeitete er in einem Institut auf den Gebieten Hochatmosphäre und angewandte Astronomie.

Schwerelosigkeit: physikalischer Zustand, bei dem für einen Körper oder ein geschlossenes System von Körpern (z. B. bemanntes Raumfluggerät) durch antriebslose Bewegung in einem Gravitationsfeld jede Andruck- und damit Schwerewirkung aufgehoben ist. Bei Raumflügen tritt somit S. während jedes antriebslosen Flugs (Antriebsunterbrechungen in der Aufstiegsbahn; Freiflugbahn; Freiflugbahnabschnitte) ein. Da S. auf der Erde nicht für längere Dauer erzeugt werden kann (vgl. Parabelflug), waren ihre physiologischen Auswirkungen auf Raumfahrer anfänglich weitgehend unbekannt. Der Flug der Hündin »Laika« in dem sowjetischen Satelliten »Sputnik 2« erbrachte erstmalig den wichtigen Nachweis, daß auch ein höher entwickelter Organismus den Zustand der S. längere Zeit ertragen kann. Die aus den bisherigen Unternehmen mit bemannten Raumflugkörpern abgeleiteten Erfahrungen bestätigten i. allg. diesen Befund bis zu einer Freiflugdauer von rund 18 d (»Sojus 9«). Ob vor allem bei wesentlich längerer Freiflugzeit nicht doch nachhaltige schädliche Folgen für den menschlichen Organismus auftreten können, ist über diese Erfahrungen hinaus noch ungewiß. Sollte dies der Fall sein, wird man in den bemannten Raumflugkörpern eine dauernde oder zeitweilige *Schwerkraftsimulation* anwenden müssen. Eine Dauersimulation läßt sich entweder durch Rotation des Raumflugkörpers erzielen (Fliehkraftandruck) oder mit geringerer Andruckwirkung durch Dauerantrieb mit elektrischen Triebwerken. Ein zeitweiliger Schwerkraftausgleich läßt sich in nichtrotierenden Raumflugkörpern mit einer eingebauten Zentrifuge erreichen, die von den Raumfahrern in bestimmten Abständen aufgesucht werden kann. Außer den medizinischen Auswirkungen muß auch der Einfluß der S. auf das Funktionsverhalten technischer Anlagen (z. B. Klima- und Kühlkreisläufe) berücksichtigt werden. Besondere Probleme ergeben sich für die → Wiederzündung von Flüssigkeitstriebwerken am Ende eines Freiflugabschnitts.

Schwerkraftgradienten-Stabilisierung: Verfahren zur Stabilisierung der Fluglage eines Satelliten in der Umlaufbahn, wobei eine ständige Ausrichtung der Satelliten-Längsachse in die Lotrichtung des Erdgravitationsfelds angestrebt wird. Das Verfahren beruht auf dem physikalischen Effekt, daß der Satellit durch seine räumliche Ausdehnung in der Erdumlaufbahn gegenüber dem Erdschwerefeld wie ein Lot-Pendel reagiert. Dieser Effekt kann durch eine konstruktive Betonung der

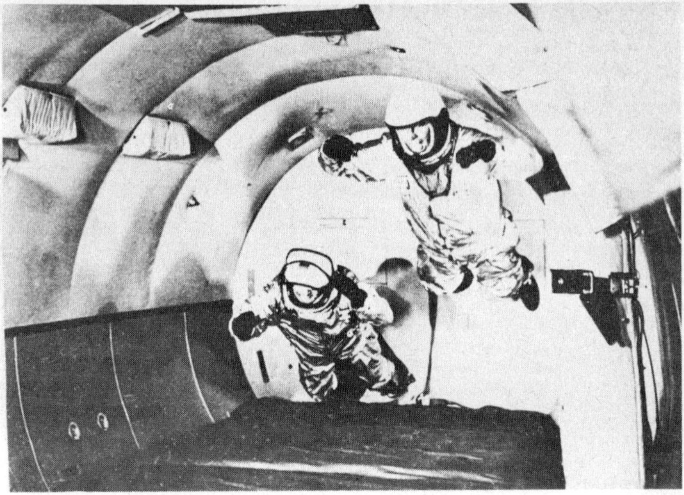

Schwerelosigkeitssimulation beim Parabelflug

Längsachse noch zweckentspr. betont werden. Das Hauptproblem besteht darin, die durch das Zusammenwirken der an sich → raumstabilen Lage des Satelliten und dem Richteffekt der Gradientenkräfte des Schwerefelds entstehenden reibungsfreien Pendelschwingungen des Satelliten zu dämpfen. Man verwendet dazu lange, stabförmige Ausleger mit kleinen Massekörpern an ihrem Ende, die über Federmechanismen mit dem Satelliten verbunden sind, oder auch verschiedene elektrische Dämpfungsverfahren.

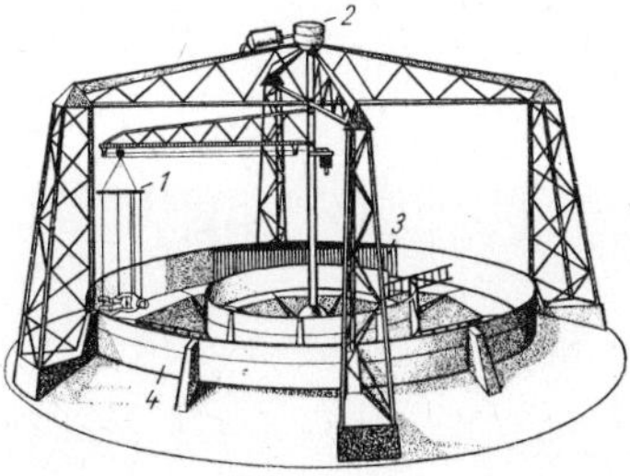

Anlage zur Untersuchung der Effekte, die bei vermindertem Schwerkraftandruck (z. B. auf der Mondoberfläche) auftreten: 1 Halterung der Versuchsperson, 2 Drehmechanismus, 3 Laufwand mit »Boden«-Einbau, 4 gekrümmte Laufwand

Schwitzkühlung → Kühlverfahren.

»SCORE« [Abk. für engl. **S**ignal **C**ommunications **O**rbit **R**elay **E**xperiment = Signalübertragungsversuch aus einer Umlaufbahn]: Satellitenexperiment (USA), bei dem am 18. Dez. 1958 nach Abtrennen der Startzusatztriebwerke eine »Atlas«-Rakete in eine Umlaufbahn gebracht wurde, in der eine Anlage für militärische Funkübermittlungsversuche installiert war (Apogäumshöhe 1487 km, Perigäumshöhe 190 km). Die Gesamtmasse des umlaufenden Körpers betrug 3972 kg, die Nutzmasse jedoch nur 68,1 kg.

Scott, *David R.*: US-amerikanischer Astronaut, geb. 1933 San Antonio (Texas), führte als Kopilot mit → *Armstrong* in der Raumkapsel »Gemini 8« am 16. März 1966 einen Raumflug mit Kopplungsrendezvous aus und nahm vom 3. bis 13. März 1969 mit → *McDivitt* und → *Schweickart* in »Apollo 9« an einem Raumflug teil, bei dem das Mondlandemanöver im Erdumlauf simuliert wurde. Vom 26. Juli bis 7. Aug. 1971 nahm er mit → *Worden* und → *Irwin* in »Apollo 15« als Kommandant am vierten erfolgreichen Mondlandeunternehmen teil und führte mit *Irwin* unter

Verwendung des → Lunar Roving Vehicle 3 Exkursionen mit fast 24 h Gesamtdauer aus. Nach Abbruch eines Universitätsstudiums trat S. in die Militärakademie West Point ein, die er 1954 mit einem wissenschaftlichen Grad verließ. Er erwarb danach am Massachusetts Intitute of Technology ein Ingenieurdiplom für Luft- und Raumfahrzeugbau und arbeitete schließlich als Testpilot für neuartige Luft- und Raumfahrtgeräte an der Edwards Air Force Base (Cal.). 1963 kam er zur Astronautengruppe der NASA und spezialisierte sich dort auf die Entwicklung und Verbesserung von Steuerungs- und Navigationssystemen.

»Scout« [engl., Pfadfinder]: vierstufige Feststoffrakete (USA), die als relativ einfacher und billiger Satellitenträger für Nutzmassen zwischen 100 und 200 kg entwickelt wurde. Ihre Startmasse beträgt 18 t und ihre Höhe 22 m. Das Startstufentriebwerk (»Algol II«) der gegenwärtig eingesetzten Version »S. A« ist 10 m lang (Durchmesser 1 m) und liefert einen Schub von 50 Mp. Als Lenkorgane kommen Strahl- und Luftruder zur Anwendung. Das Zweitstufentriebwerk (»Castor II«) hat 6,6 m Länge und 1 m Durchmesser. Es erzielt einen Schub von 27,5 Mp und ist zur Lenkung mit 2 Wasserstoffperoxid-Triebwerken von zusammen max. 280 kp Schub ausgerüstet. Außerdem sind noch 4 Hilfstriebwerke mit je 9 kp Schub für die Rollstabilisierung vorhanden. Die dritte Stufe (»Antares II«) hat eine Länge von 3,3 m (Durchmesser 0,80 m) und ergibt einen Schub von 9,5 Mp. Auch sie weist zur Lenkung in der Antriebsphase 2 Wasserstoffperoxid-Triebwerke (mit je 20 kp Schub) sowie 2 1-kp-Düsen zur Rollstabilisierung auf. In der antriebslosen Flugphase bis zur Zündung der vierten Stufe ist sie durch 2 weitere 1-kp-Düsen voll lenkbar. Die Viertstufe (»Altair II«) hat 2 m Länge und 0,45 m Durchmesser sowie einen Schub von 2,58 Mp. Diese Stufe und die Nutzmasse werden mit 160 U/min durch 3 kleine, tangential angeordnete Feststofftriebwerke drallstabilisiert. – Militärischen Versuchszwecken dient die abgeänderte Version »*Blue S.*« (»SLV-1 A«), deren Vorläufer »*Blue S. jr.*« bei einer Länge von 12 m eine Startmasse von 6,5 t hatte und mit einem kugelförmigen Vierstufentriebwerk von 0,40 m Durchmesser ausgerüstet war. Eine verbesserte NASA-Version der »S.« erhielt neue Triebwerke in der 2. und 4. Stufe und wird als »SEV« (Abk. für engl. *S*cout *E*volution *V*ehicle = Weiterentwicklung der »S.«-Trägerrakete) bezeichnet.

»Seacat« [engl., Seekatze]: einstufige Feststoffrakete (Großbritannien), die als Boden-Luft-Rakete, und zwar von Schiffen aus gegen Tiefflieger, bestimmt ist. Ihre

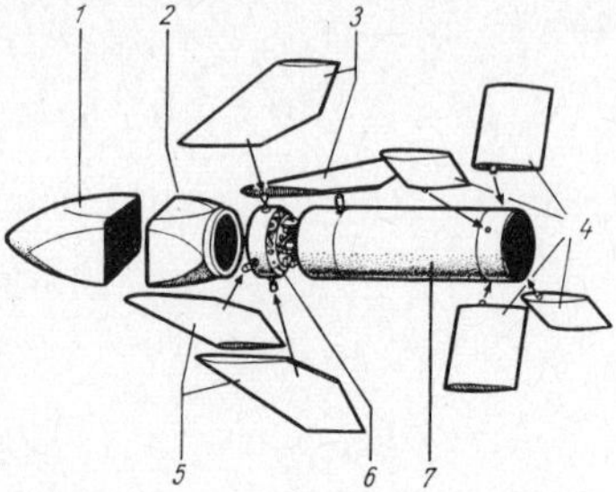

Baukomponenten der »Seacat«: 1 Gefechtskopf, 2 Elektronik, 3 u. 5 Lenkflächen, 4 Heckflossen (fest), 6 Steuerantrieb für Lenkflächen, 7 Triebwerk

Länge beträgt 1,47 m, die Spannweite ihrer 4 gepfeilten Lenkflossen 0,65 m; die 4 rechteckigen Heckflossen sind starr befestigt. Die Startmasse wird mit 180 kg angegeben und die Reichweite mit etwa 6 km. Der Einsatz geschieht von einer Vierlingsstartlafette aus.

»Seacat«-Vierlingslafette auf einem Kriegsschiff (Großbritannien)

»Seaslug« [engl., Seegurke]: mit einem Marsch- und 4 Starttriebwerken (sämtlich Feststoff) ausgerüstete Boden-Luft-Rakete (Großbritannien), die speziell für den

Einsatz von Schiffen aus bestimmt ist. Sie hat (mit den Starttriebwerken) eine Länge von 5,95 m und 0,41 m Durchmesser; die Spannweite der 4 rechteckigen Stabilisierungsflossen (etwa in Rumpfmitte) beträgt 1,6 m. Die Lenkung (aktive Radar-Zielsuchlenkung) geschieht mit Hilfe von 4 ebenfalls rechteckigen, kleineren Lenkflossen am Heck der Rakete. Die 4 Starttriebwerke sind kranzförmig um den Raketenkopf herum angeordnet und werden nach ihrem Brennschluß abgetrennt. Der Start geschieht von einer Mehrfachlafette aus. Als Reichweite werden etwa 30 bis 40 km angegeben, als Gipfelhöhe etwa 20 bis 22 km.

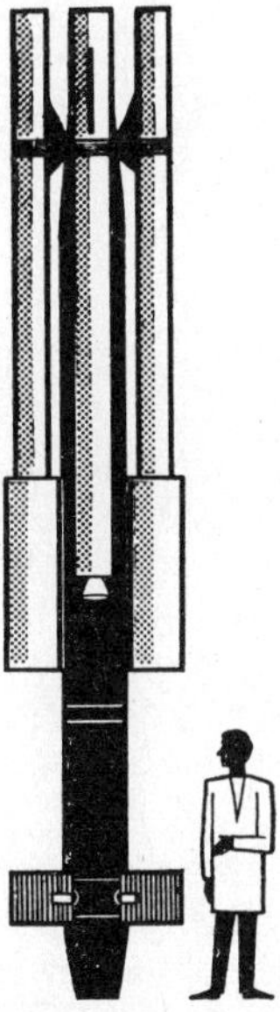

»Seaslug«-Grobstruktur

»SECOR« [Abk. für engl. **Se**quential **Col**lation of **R**ange]: geodätische Satelliten (auch Zweitbezeichnung → »EGRS«) der US-Luftwaffe, die mit Radar-Transpondern (Radar-Antwortgeräte) ausgerüstet sind und zur Radiotriangulation der Erdoberfläche verwendet werden. Mit ihrer Hilfe sollen sich Positionsdifferenzen bis herunter zu 1600 m mit einer Genauigkeit von 30 m bestimmen lassen. Die Satelliten haben Quaderform mit Seitenlängen von 31, 25,5 und 15,5 cm. »S. 1« wurde am 11. Jan. 1964 zusammen mit 3 weiteren Satelliten unter Verwendung einer »TAT«-Rakete gestartet. Bis zum 14. April 1969 gelangten insgesamt 13 »S.«- bzw. »EGRS«-Satelliten in Umlaufbahnen, davon die Mehrzahl ebenfalls gemeinsam mit anderen Satelliten.

Sedow, *Leonid Iwanowitsch:* Wissenschaftler, geb. 14. Nov. 1907 Rostow, führender Vertreter der sowjetischen Raumfahrtforschung. Er widmete sich zunächst dem Studium der nichtkompressiblen Flüssigkeiten. 1937 verteidigte er seine Dissertation ›Die Theorie ebener Strömungen in idealen Flüssigkeiten‹. Im gleichen Jahr erhielt er Professur und Lehrstuhl für Hydrodynamik an der Universität Moskau. Während der Kriegsjahre 1941/45 arbeitete er mit einem Kollektiv an Rüstungsaufgaben für die sowjetische Kriegsmarine. Seine weiteren wissenschaftlichen Arbeiten waren Problemen der Aerodynamik sowie dem Verhalten zähflüssiger und kompressibler Flüssigkeiten gewidmet. Er verwendete dabei die Erkenntnisse, die er bei seinen Untersuchungen über die Natur des Aufpralls, des Gleitens und des Rikoschettierens (wiederholter Aufschlag) gewonnen hatte. In seiner 1945 erschienenen Arbeit ›Die komprimierbare Flüssigkeit und ihr Verhalten bei einigen unbestimmbaren Bewegungen‹ veröffentlichte er wichtige Erkenntnisse, die er aus Untersuchungen der Gasdynamik abgeleitet hatte. Nicht weniger bedeutungsvoll sind seine Arbeiten über die Theorie der Explosion, deren umfassende mathematische Lösung und rechnerische Darstellung ihm zu verdanken sind. Hauptergebnisse seiner Untersuchungen waren die Feststellung der Geschwindigkeitsfelder sowie die Bestimmung des Druckverlaufs in der Druckwelle. Seine Theorie wurde durch Beobachtung der Druckwellen bestätigt, die eine der sowjetischen Atombomben auslöste. Für diese Leistung wurde er 1946 mit der Tschaplygin-Medaille ausgezeichnet. 1947 übertrug man ihm eine Professur am Zentralinstitut für Flugmotorenbau. In seinen Arbeiten beschäftigte er sich danach vornehmlich mit Problemen der Gasdynamik. Dabei wandte er sich bes. Fragen der Raumfahrtforschung zu, die er um zahlreiche neue Problemstellungen und Erkenntnisse bereicherte. 1946 wurde er korrespondierendes und 1953 ordentliches Mitglied der Akademie der Wissenschaften der UdSSR. Für seine bedeutenden wissenschaftlichen Arbeiten wurde er 1952 mit dem Staatspreis und 1954 mit dem Lomonossowpreis ausgezeichnet. Daneben fanden seine überragenden organisatorischen Fähigkeiten ihre Würdigung durch Verleihung des Leninordens u. a. Unter seiner Leitung trat schließlich die 1954 gegr. »Kommission für Interplanetare Verbindungen« der Akademie der Wissenschaften der UdSSR 1957 als stimmberechtigtes Mitglied der Internationalen Astronautischen Föderation (IAF) bei. In Anerkennung der glänzenden Erfolge der sowjetischen Raumfahrtforschung wurde S. 1959 zum Präsidenten der IAF gewählt.

Segmentbauweise → chemisches Raketentriebwerk.

Selbstlenkung → Lenkung.

Selbstzündung: Eigenschaft mancher chemischer Treibstoffkombinationen, daß deren Zündreaktion sofort beim Zusammentreffen in der Brennkammer einsetzt. → Hypergol.

Selenographie, Selenologie → Mond.

selenozentrische Bahn: Raumflugbahn, für die der Mond das beherrschende Gravitationszentrum ist (z. B. Mondsatellitenbahn).

Sensor: allgemein Fühler oder Sucher, der in Raumflugkörpern für verschiedene meßtechnische Zwecke eingesetzt werden kann: speziell 1) optischer Sucher, der als Teil des Lageregelungssystem zur Orientierung eines Raumflugkörpers nach der Sonne *(Sonnen-S.)*, der Erde *(Erd-S., Horizontsucher)*, einem Stern (z. B. Canopus; *Stern-S.)* oder einem anderen Himmelskörper dient; 2) Meßfühler, mit dessen Hilfe die biologischen Funktionen und Reaktionen eines im Raumflugkörper befindlichen Lebewesens registriert werden können *(Bio-S.)*.

»Sergeant«: einstufige Feststoffrakete (USA), die als gelenkte Kampfrakete für taktisch-operative Einsätze bestimmt ist. Sie hat eine Länge von 10,3 m (Durchmesser 0,78 m) und eine Startmasse von 4,6 t (Brenndauer 30 s). Der Gefechtskopf (Kernsprengladung) kann über eine Entfernung von 120 km transportiert werden.

»SERT« [Abk. für engl. **S**pace **E**lectric **R**ocket **T**est]: Versuchsprogramm, mit dem erstmals seitens der USA elektrische Raumfahrtantriebe im Freiflug erprobt wurden. »SERT 1« war mit 2 verschiedenen Typen von Ionentriebwerken ausgerüstet, von denen das eine mit ionisiertem Quecksilberdampf arbeitete, während in dem anderen der Ionenstrahl durch Kontaktionisierung von Zäsiumdampf erzeugt wurde. Als Betriebsdaten für das zuerst genannte Triebwerk wurden angegeben: Masse 4,2 kg, spezifischer Impuls 50000 m/s, Eingangsleistung 1,4 kW, elektrischer Wirkungsgrad 50 %, Treibstoffausnutzungsgrad 80 %, Schub 2,9 p, Stromstärke im Ionenstrahl 280 mA, Stromdichte 6,9 mA/cm^2. Daten für das zweite Triebwerk: Masse 6,35 kg, spezifischer Impuls 90000 m/s, Eingangsleistung 0,61 kW, elektrischer Wirkungsgrad 51 %, Treibstoffausnutzungsgrad 96 %, Schub 0,73 p. Stromstärke 59 mA, Stromdichte 3,5 mA/cm^2. »SERT 1« hatte eine Gesamtmasse von 170 kg und wurde am 20.

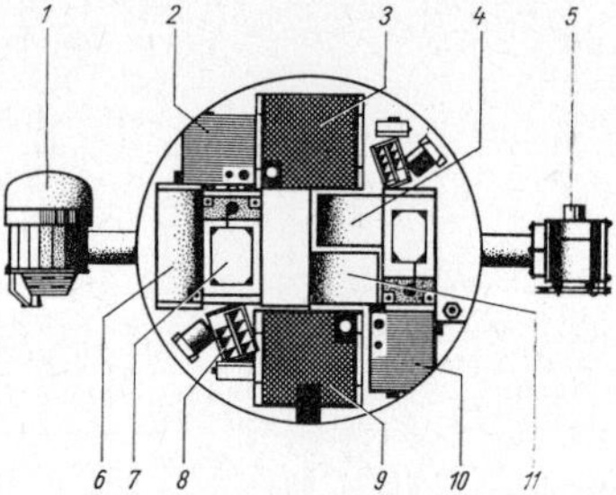

Schnitt durch das Versuchsgerät »SERT 1«: 1 Triebwerk mit Kontaktionisation, 2 Energieregler, 3 Hauptbatterie, 4 Signalgeber, 5 Triebwerk mit Stoßionisation, 6 Hilfsbatterie, 7 Spannungswandler, 8 Fernmeßsystem, 9 Hauptbatterie, 10 Energieregler, 11 Programmgerät

Juli 1964 durch eine »Scout«-Rakete auf eine ballistische Freiflugbahn gebracht. Die Flugweite von etwa 300 km (Flughöhe 4000 km) brachte eine für die Erprobung nutzbare Betriebszeit von rund 50 min. Das für die Erprobung in einer Umlaufbahn vorgesehene Gerät »SERT 2« wurde

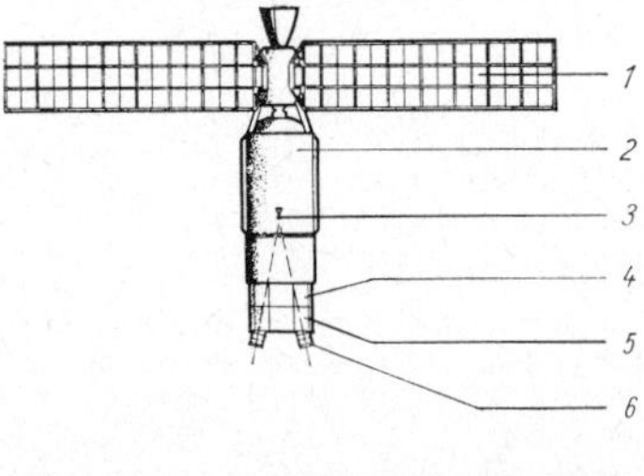

Aufbauschema von »SERT 2«: 1 Solarzellenfläche, 2 »Agena«-Raumflugkörper, 3 Massenzentrum, 4 Versorgungseinheit, 5 Stützring, 6 Ionentriebwerk

am 4. Febr. 1970 getestet und hat 2 Quecksilber-Ionentriebwerke von je 2,8 p Schub (erwartete Beschleunigung etwa $4 \cdot 10^{-6}$ g, mögliche Lebensdauer über 10000 h). Es blieb in der Bahn (995/1025 km) mit der »Agena«-Oberstufe des Trägersystems verbunden. Weitere Daten zum Satellitenexperiment »SERT 2« geben die Länge des Raumflugkörpers mit 7,6 m, seinen Durchmesser mit 1,52 m und seine Masse mit 2000 kg an. Die beiden Solarzellenausleger (je 5,7 m Länge, 1,5 m Breite) mit insgesamt 33200 Einzelelementen und 1,5 kW Gesamtleistung stellen die größte derartige Energieversorgungsanlage dar, die bisher von den USA im Raum erprobt wurde.

Mit der vorgesehenen Langzeiterprobung sollte untersucht werden, ob die Ionenstrahlen Störungen des Funkverkehrs zwischen Satellit und Bodenstation verursachen, ob elektrische Systeme des Raumflugkörpers gestört werden und ob die Solarzellenleistung beeinträchtigt wird. Die Ionentriebwerke sollen nacheinander (jeweils etwa 6 Monate lang, mit einer Sonnenbestrahlungspause von 3 Monaten) erprobt werden, wobei die Funktion jedes Triebwerks die Bahn um etwa 100 km erhöhen soll.

»SEV« → »Scout«.

Sewastjanow, *Witali:* sowjetischer Kosmonaut, geb. 8. Juli 1935 Krassnouralsk (Gebiet Swerdlowsk), nahm von 1. bis 19. Juli 1970 als Bordingenieur mit → *Nikolajew* in »Sojus 9« am bis dahin längsten Flug (17 d, 16 h und 59 min) eines bemannten Raumfahrzeugs teil. – S. absolvierte die Moskauer Hochschule für Flugzeugbau und war danach in einem Konstruktionsbüro tätig. An der Moskauer Hochschule erlangte er den Grad eines Kanditaten der technischen Wissenschaften.

Shepard, *Alan:* US-amerikanischer Astronaut, geb. 18. Nov. 1923 East Derry (N. H.), führte am 5. Mai 1961 als erster Raumfahrer der USA einen 15 min dauernden ballistischen Flug in einer → »Mercury«-Kapsel aus. Vom 31. Jan. bis 7. Febr. 1971 nahm er mit → *Mitchell* und → *Roosa* in »Apollo 14« als Kommandant am dritten erfolgreichen Mondlandeunternehmen teil und führte mit *Mitchell* 2 Ausstiege mit über 9 h Gesamtdauer aus. – S. besuchte die Marineakademie, war danach als Testpilot tätig und kam nach dem Besuch des Marine-Colleges 1959 zur Astronautengruppe.

»Sidewinder«: einstufige Feststoffrakete (USA), die als gelenkte Luft-Luft-Rakete unter den Tragflächen oder an den Rumpfseiten von Flugzeugen mitgeführt wird. Sie hat eine Länge von 2,8 m (Durchmesser 0,11 m), von denen 1,9 m auf das Feststofftriebwerk entfallen. Ihre Startmasse beträgt 70 kg und ihre Gefechtsladung (hochexplosiver Sprengstoff) 2,25 kg. Sie ist mit Heckflossen und Leitflächen sowie mit einem halbaktiven Radar- (»S.«-Version »9C«) bzw. einem Infrarot-Zielsuchsystem (»S.«-Version »9D«) ausgerüstet. Die Reichweite beträgt 10 bis 11 km.

»Sigma 7« → »Mercury«.

Simulator → Raumflugsimulator.

»Skylark« [engl., svw. Himmelslerche]: einstufige Höhenforschungsrakete (Großbritannien), die mit einer Nutzmasse zwischen 68 und 78 kg bis 160 km Gipfelhöhe erreichen kann. Die Rakete hat eine Länge von 7,5 m und einen Durchmesser von 0,45 m. Ihre Startmasse wird mit etwa 1000 kg angegeben. Als Antrieb dient ein Feststofftriebwerk, das bei 30 s Brennzeit einen Schub von 5,2 Mp entwickelt. Sie erreicht eine max. Geschwindigkeit von 1600 m/s.

»Skynet«: militärische Nachrichtensatelliten (Großbritannien), die aufgrund eines Abkommens zwischen Großbritannien und den USA von einer amerikanischen Firma entwickelt und gebaut sowie mit amerikanischen Trägerraketen in geostationäre Umlaufbahnen gebracht werden. »S. 1« (129,3 kg) wurde am 22. Nov. 1969 von Cape Kennedy aus gestartet. Der Satellit (Höhe 81 cm, Durchmesser 1,37 m) gelangte in die Synchronbahn und entspricht in seinem Äußeren den »Intelsat«-Satelliten. Der Versuch mit »S. 2« (19. Aug. 1970) mißlang durch Versagen des Apogäumstriebwerks.

»SNAP« [Abk. für engl. **S**ystems for **N**uclear **A**uxiliary **P**ower]: Hilfsstromaggregate auf Kernenergiebasis (USA), die u. a. auch der → Bordenergieversorgung in Raumflugkörpern dienen. Das Entwicklungsziel sah Anlagen für eine mindestens 1 a lang gleichbleibende Energieabgabe bei wartungsfreiem Betrieb vor. Ihr entscheidender Vorteil gegenüber Sonnenenergieanlagen besteht in ihrer Unempfindlichkeit gegen kosmische Strahlungen und Mikrometeoriten und darin, daß sie auch im Abschattungsbereich von Himmelskörpern arbeiten. Den »SNAP«-Generatoren liegen 2 verschiedene Funktionsprinzipien zugrunde. Bei der einen Gruppe wird als Primärenergiequelle ein Kleinreaktor verwendet, der mit angereichertem Uran-235 in Zirkonhydrid arbeitet. Die entstehende Wärme wird auf einen Kreislauf mit flüssigem Natrium übertragen und von diesem auf einen Abstrahler, der mit thermoelektrischen oder thermionischen Wandlern besetzt ist. Die zweite Gruppe der »SNAP«-Generatoren hat Radionuklidbatterien (→ Bordenergieversorgung) als Primärenergiequelle. Die unmittelbare Erzeugung von Elektroenergie geschieht durch thermoelektrische oder thermionische Wandler.

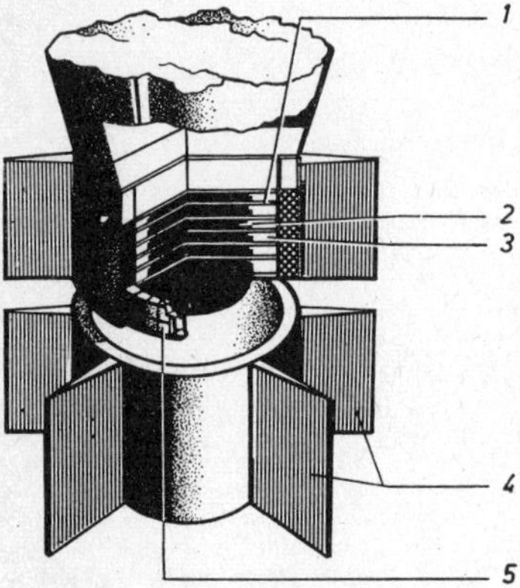

Aufbauschema von »SNAP 10 A«: 1 Berylliumplatten zur Wärmeübertragung, 2 Kernbrennstoff, 3 Reflektor, 4 Wärmeabstrahler, 5 thermoelektrischer Wandler

Der Typ »SNAP 9A« war der erste Generator, der in einem Raumflugkörper praktisch eingesetzt wurde (→ »Transit«). Diese Anlage arbeitete mit Plutonium-238 als Wärmequelle. In ihrer endgültigen Auslegung (25 W) hatte sie eine Masse von 12,3 kg, eine Höhe von 0,24 m und einen Durchmesser von 0,51 m (einschl. der Flossen zur Wärmeabstrahlung). Mit »SNAP 13« wurden erstmalig thermionische Wandler in einer Curium-242-Batterie erprobt, die bei 4 kg Masse eine Leistung von 25 W erbrachten. Der Generator »SNAP 19«, der als Energieanlage für Raumfluggeräte vom Typ »IMP« (→ »Explorer«) dient, besteht aus 2 modifizierten »SNAP 9 A«, deren Gesamtleistung mit 40 W angegeben wird, wobei sich mit einem Spannungsstabilisator eine Gesamtmasse von 20 kg ergibt. Als weiterer Isotopengenerator wurde »SNAP 27« für das Mond-Experimenten-Paket → »ALSEP« entwickelt. Er ist der bisher leistungsfähigste Typ dieser Reihe (max. 75 W, Gesamtmasse 18 kg). Das Gerät arbeitet mit Plutonium-238 und > 400 Thermoelementen. Der Generatorkörper ist 46 cm lang (Durchmesser 15 cm) und hat 8 Kühlflächen von 13 cm Breite; Gehäuse und Kühlflächen sind ganz aus Beryllium gefertigt. Zur ersten Raumflugerprobung eines »SNAP«-Generators vom Reaktortyp mit thermionischen Wandlern wurde am 3. April 1965 »SNAP 10 A« mit einer »Atlas-Agena«-Rakete in eine Satellitenbahn zwischen 1130 und 1155 km Höhe gebracht (»Snapshot«). Während des zweiten Umlaufs wurde der Reaktor aktiviert und lieferte 630 W (45 W mehr als erwartet). Der Generator als Ganzes hatte eine Einbaumasse von 440 kg, von denen je 113 kg auf den Reaktor und auf die Abschirmung entfielen; die Leistungsmasse betrug also 0,70 bzw. 0,52 kg/W (ohne Abschirmung). Die Gesamtanlage hatte die Form eines Kegels (Höhe 3 m, Basisdurchmesser 1,5 m), in dessen Spitze sich der Reaktor befand. Die 3000 thermionischen Wandler waren außen auf dem kegelförmigen Mantel angeordnet. Während des 18. Umlaufs wurde ein Ionentriebwerk (Schub 1 p) in

Vorbereitung des »SNAP-10 A«-Systems zum »Snapshot«-Experiment

Betrieb gesetzt, dessen Funktion jedoch die Meßwertübertragung stark störte. Aus nicht geklärten Gründen stellte der Reaktor schon am 16. Mai 1965 seinen Betrieb ein; man hatte mit einer Mindestfunktionsdauer von etwa 3 Monaten gerechnet.
»Snapshot«: Satellitenstart (USA), bei dem am 3. April 1965 zum erstenmal ein funktionsfähiger Kernreaktor als Satellit in eine Erdumlaufbahn gebracht wurde; → SNAP.

möglich, außerdem eine Flugzeit bis 30 d, und der Rückkehrteil wird aerodynamisch gelenkt zur Erde zurückgebracht. Letzteres ergibt u. a. eine Verminderung des Bremsandrucks auf etwa 3 bis 4 *g*. Nach der aerodynamischen Bremsung wird ein Fallschirmsystem als Rückführungshilfe eingesetzt, das in der letzten Phase – unmittelbar vor dem Aufsetzen – durch spezielle Feststoff-Bremstriebwerke unterstützt wird.

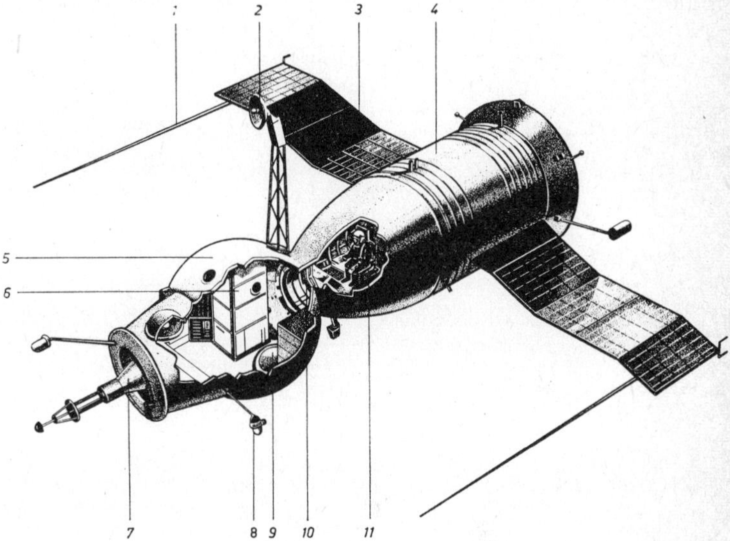

Aufbauschema des »Sojus«-Raumfahrzeugs: 1 Antenne für Boden-Bord-Verbindung, 2 Rendezvous-Radar, 3 entfaltbare Solarzellenflächen, 4 Geräte-(Service-)sektion, 5 Orbitalsektion, 6 Geräte- und Ausrüstungseinbau, 7 Kopplungsvorrichtung, 8 Rendezvous-Führungshilfsgerät, 9 Ausstiegsluke, 10 Verbindungsluke, 11 Rückkehrkapsel mit Pilotenraum

»Sojus« [russ., Union]: bemannte Raumfahrzeuge, die als Nachfolger von → »Wostok« und → »Woschod« die zweite Generation bemannter Raumflugkörper der Sowjetunion darstellen und in einem umfassenden Erprobungs- und Forschungsprogramm – speziell zum Aufbau von Raumstationen – in Erdumlaufbahnen eingesetzt werden. Der bestimmende Unterschied zu den o. g. älteren Typen bemannter Raumflugkörper besteht in der vollen Manövrierfähigkeit der »S.«-Raumfahrzeuge. So sind mit ihnen Bahnänderungsmanöver bis in 1300 km Höhe

Die »S«-Raumfahrzeuge (Gesamtlänge etwa 13 m, größter Durchmesser etwa 3 m, Masse rund 6800 kg) bestehen aus 3 Komponenten (in der Reihenfolge ihrer Anordnung):
1) *Orbitalsektion*, eine annähernd kugelförmige Einheit, die mit der daran anschließenden Kommandokabine über einen Durchstieg mit hermetischer Luke verbunden ist. Sie hat außerdem eine besondere Ausstiegsluke sowie 4 Sichtfenster und kann außen auf ihrer Vorderseite einen Kopplungsadapter tragen. Diese Sektion ist außerordentlich universell als

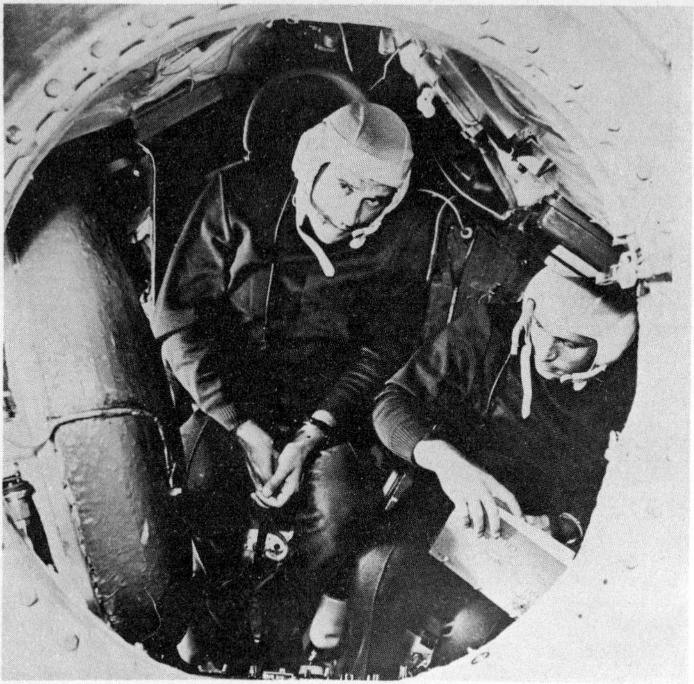

Blick aus der Orbitalsektion durch die Verbindungsluke in die Kommandokabine eines »Sojus«-Raumfahrzeugs (Filiptschenko und Gorbatko)

Schlafkabine (mit besonderen Liegen), als Gymnastikraum, als wissenschaftlicher Arbeitsraum (mit entspr. variabler Geräteausrüstung), als Laboratorium für Experimente im Weltraumvakuum sowie als Ausstiegsschleuse zu verwenden.

2) *Kommandokabine,* eine in der äußeren Form sowie in der Gesamtkonstruktion als aerodynamischer Rückkehrkörper ausgebildete Einheit. Sie ist für 3 Mann ausgelegt und enthält, neben den Konturensitzen für die Besatzung, vor allem die Anlagen, Anzeigearmaturen und Hilfsgeräte für die Flugführung (Navigation u. a.), zu denen u. a. 2 Knüppelsteuerungen für Fluglage- und Bahnänderungsmanöver zählen. Außerdem sind Nahrungsmittel in dieser Sektion untergebracht. Sie weist 2 Bullaugen für visuelle Beobachtungen sowie ein weiteres mit einem optischen Orientierungsvisier auf. Kommandokabine und Orbitalsektion (die zusammen den Raumfahrern 9 m^3 Raum bieten) sind so konstruiert, daß während der gesamten Flugmission Raumanzüge nicht getragen zu werden brauchen. Letztere werden daher nur für bestimmte Zwecke (Ausstiege u. a.) mitgeführt. Als Kabinenatmosphäre wird Luft normaler Zusammensetzung mit 760 mm Hg Druck (160 mm Hg Sauerstoffpartialdruck) bei 18 bis 20° C und etwa 40 % Feuchtigkeit verwendet.

3) *Geräte-(Service-)sektion,* eine zylindrische Einheit, die an der Basisfläche der Kommandokabine angesetzt ist. Sie umfaßt die Bordenergieversorgung, die Klimaanlage sowie 2 Haupttriebwerke von je 400 kp Schub (mit Treibstoffvorräten), die für große Bahnkorrekturen und als Bremstriebwerke für den Abstieg eingesetzt werden. Außerdem sind noch verschiedene kleine Lageregelungstriebwerke vorhanden. Zum System der Bordenergieversorgung gehören 2 Solarzellenausleger (14 m^2

Gesamtfläche), die erst in der Umlaufbahn entfaltet werden.
Der erste Einsatz eines »S.«-Raumfahrzeugs erfolgte am 23. April 1967. An Bord befand sich der als früherer Kommandant von »Woschod 1« schon flugerfahrene Kosmonaut → *Komarow*. Nachdem das eigentliche Versuchsprogramm (185 bis 211 km Bahnhöhe) abgeschlossen war, stürzte »S. 1« am 24. April in der Rückkehrphase durch Versagen des Landefallschirms aus etwa 7 km Höhe ab, wobei *Komarow* den Tod fand. »S. 2« wurde als unbemanntes Gerät am 25. Okt. 1968 gestartet. Am 26. Okt. folgte »S. 3« mit → *Beregowoi*. Letzterer führte noch während des ersten Umlaufs ein automatisch gesteuertes Annäherungsrendezvous an »S. 2« aus (205 bis 225 km Bahnhöhe) und wiederholte später Annäherungsmanöver mit der Handsteuerung. »S. 2« wurde am 28. Okt. zurückgeführt, während »S. 3« nach einem umfangreichen Erprobungsprogramm am 20. Okt. zur Erde zurückkehrte. Am 14. Jan. 1969 wurde »S. 4« mit → *Schatalow* in eine Umlaufbahn zwischen 207 und 237 km Höhe gebracht, und am 15. Jan. folgte »S. 5« mit → *Wolynow*, → *Chrunow* und → *Jelissejew* (Bahnhöhe 200 bis 230 km). Nach einem Bahnänderungsmanöver von »S. 5« (211 bis 253 km als neue Bahn), übernahm *Schatalow* mit »S. 4« die aktive Rolle bei dem anschließenden Annäherungsrendezvous, das beim 34. Umlauf von »S. 4« und 18. Umlauf von »S. 5« mit dem ersten Kopplungsmanöver zweier bemannter Raumfahrzeuge abgeschlossen wurde. Die Kopplung erfolgte über Adapter, mit denen die Orbitalsektionen ausgestattet waren, und unter Führungshilfe von optischen und Radargeräten. Zur optischen Ausrüstung zählten auch außen angebrachte Fernsehkameras, die dem Führungspiloten die Annäherung auf einen Bildschirm in der Kommandokabine übertrugen. Die Verbindung zwischen den Raumfahrzeugen bestand etwa 4 h, wobei das gekoppelte System als erste experimentelle Raumstation angesprochen werden konnte. Innerhalb dieser Zeit führten *Chrunow* und *Jelissejew* gemeinsam einen etwa einstündigen Ausstieg und dabei verschiedene Außenbordarbeiten aus, nachdem sie in der Orbitalsektion von »S. 5« Raumanzüge angelegt hatten, die mit einem neuen autonomen Klimagerät ausgerüstet waren. Anschließend stiegen die beiden Kosmonauten über die ebenfalls als Schleuse entlüftete Orbitalsektion von »S. 4« in dieses Raumfahrzeug über und kehrten mit

Trägerrakete mit »Sojus 5« auf dem Weg zur Startrampe

Vorbereitung eines »Sojus«-Raumfahrzeugs auf der Startrampe

Schatalow am 17. Jan. in der Nähe von Karaganda zur Erdoberfläche zurück. *Wolynow* folgte mit »S. 5« einen Tag später. Der Start von »S. 6« (11. Okt. 1969) mit → *Schonin* und → *Kubassow* leitete die bis dahin umfangreichsten Raumflugoperationen und Raumfahrterprobungen in Erdumlaufbahnen ein. Mit jeweils eintägigem Abstand folgten »S. 7« mit → *Filiptschenko,* → *Gorbatko* und → *Wolkow* sowie »S. 8« mit *Schatalow* und *Jelissejew,* die damit ihren zweiten Raumflug absolvierten. Die innerhalb von 48 h exakt abgewickelte dreifache Startfolge sowie das anschließend in den Umlaufbahnen (anfängliche Bahnhöhen: »S. 6« 186/223 km, »S. 7« 207/226 km, »S. 8« 205/223 km) durchgeführte Erprobungsprogramm mit 3 Raumfahrzeugen gleichzeitig zeigten, daß die sowjetische Raumfahrtforschung bei der Schaffung von Raumstationen ein systematisches und in großem Maßstab angelegtes Programm verfolgt. Zu den wichtigsten Experimenten zählte dabei die Erprobung autonomer Flugführungssysteme (Navigation u. a.) bis zur Durchführung von Annäherungsrendezvous zwischen mehreren Raumfahrzeugen. Die Nachrichtenverbindungen wurden während des Unternehmens u. a. auch unter Einschaltung von »Molnija-1«-Satelliten abgewickelt. Weiterhin führten die Besatzungen der Raumfahrzeuge – zu denen 4 wissenschaftliche Spezialisten gehörten – umfangreiche wissenschaftliche Arbeiten durch, und zwar sowohl erdbezogene (meteorologische, glaziologische, ozeanographische, geographische u. a.) Erkundungen als auch astronomische und astrophysikalische Forschungsaufgaben.

Besondere Bedeutung hatte ein in »S. 6« durchgeführtes Experiment, bei dem in der entlüfteten Orbitalsektion mit einer speziellen Schweißapparatur (»Vulkan«) erstmalig unter Weltraumbedingungen Schweißversuche (Elektronenstrahl-, Plasma- und Lichtbogenschweißen) vorgenommen wurden. *Kubassow,* der sich – durch einen Raumanzug geschützt – in der entlüfteten Orbitalsektion befand, überwachte die von *Schonin* aus der hermetischen Kommandokabine ferngesteuerten automatischen Schweißversuche und führte danach auch Handschweißungen aus. Die Raumfahrzeuge kehrten mit aerodynamisch gelenktem Abstieg in der Startreihenfolge vom 16. Okt. an in eintägigem Abstand zur Erde (Gebiet Karaganda) zurück.

Der Einsatz von »S. 9« (1. Juni 1970) mit → *Nikolajew* (zweiter Raumflug) und → *Sewastjanow* erfolgte vornehmlich zum Zweck raumfahrtmedizinischer Langzeituntersuchungen, wobei auch raumflugtechnische Erprobungen weiter entwickelter autonomer Navigationsmittel eingeschlossen waren. Nach Einflug in die zwischen 207 und 220 km Höhe liegende Umlaufbahn, deren Parameter geändert wurden, standen für die beiden Raumfahrer medizinisch-biologische Untersuchungen an der Spitze ihres wissenschaftlichen Arbeitsprogramms. Sie maßen mehrmals am Tage gegenseitig Blutdruck, Puls und Atemfrequenz, untersuchten die Sehfähigkeit und prüften die Schmerzempfindlichkeit sowie dynamische Reaktionen als Indikatoren für Gesundheitszustand und Arbeitsfähigkeit. Letztere blieb dank der regelmäßigen Körperübungen in der Orbitalsektion bis zum letzten Tage bemerkenswert hoch. Außerdem spielten die beiden Kosmonauten – zur Prüfung des Verhaltens der logisch-kombinatorischen Denktätigkeit – mit der Bodenzentrale eine Partie Schach. Weiterhin führten sie täglich visuelle und photographische Erdbeobachtungen für geowissenschaftliche Zwecke aus; prüften neue, hochempfindliche Gerätesysteme für astronavigatorische Verfahren und berechneten aerodynami-

sche und gravitatorische Bahnstörungen mit Bordmitteln. Nach einer Flugdauer von 17 d, 16 h und 59 min fand dieses bis dahin längste Unternehmen mit einem bemannten Raumflugkörper seinen routinemäßigen Abschluß mit der aerodynamisch gesteuerten Rückführung der Kommandokapsel im vorgesehenen Gebiet der UdSSR.
Mit dem am 23. April 1971 gestarteten Raumfahrzeug »S. 10« – Kommandant → *Schatalow,* Bordingenieur → *Jelissejew,* Versuchsingenieur → *Rukawischnikow* – wurden weitere Erprobungen zum Aufbau permanenter Raumstationen vorgenommen. Nach Einflug in die zwischen 208 und 246 km hoch liegende Ausgangsbahn (51,6° Neigung) diente das am 19. April gestartete unbemannte Raumstationsmodul → »Salut« als Zielsatellit für neue Verfahren der Rendezvousflugführung und der Kopplung. Im einzelnen wurden 4 Aufgabenkomplexe genannt: 1. gemeinsame Experimente mit »Salut«; 2. Überprüfung der verbesserten Bordsysteme des »S.«-Raumfahrzeugs; 3. Erprobung von neuen Systemen der automatischen und Handsteuerung; 4. raumfahrtmedizinische und -biologische Untersuchungen. »S. 10« kehrte nach Abschluß des Versuchsprogramms am 25. April 1971 im vorgesehenen Zielgebiet auf das Territorium der UdSSR zurück. Das nachfolgende Unternehmen setzt mit dem Start von »S. 11« am 6. Juni 1971 – Kommandant → *Dobrowolski,* Bordingenieur → *Wolkow,* Testingenieur → *Pazajew* – die raumfahrttechnischen Experimente mit dem unbemannten Raumstationsmodul »Salut« fort. Nach der Kopplung beider Raumfluggeräte am 7. Juni – Bahnhöhe zwischen 212 und 249 km (Bahnneigung 51,6° – stiegen die 3 Kosmonauten in die Arbeitssektion von »Salut« um und machten mit der Inbetriebnahme der für den Flug mit Besatzung in »Salut« vorgesehenen technischen und wissenschaftlichen Einrichtungen das gekoppelte System »Salut-Sojus 11« zur ersten wissenschaftlichen → Raumstation der Erde. Die Orbitalsektion von »S. 11« diente im weiteren als Aufenthalts- und Schlafraum für die Stationsbesatzung, die nicht benötigten Systeme von »S. 11« wurden während dieser Betriebsphase »konserviert«. Nach Erfüllung eines umfangreichen Erprobungs- und Forschungsprogramms – bei einer Rekordflugdauer von rund 24 d – kehrte »S. 11« am 30. Juni 1971 zur Erde zurück. Durch plötzlichen Druckabfall in der Kabine fanden die 3 Kosmonauten während der Rückkehrphase den Tod.

»Solarad«, »Solrad« → »Greb«.

Solarbatterien, Solarzellen → Bordenergieversorgung.

solare Fluchtgeschwindigkeit → Bahngeschwindigkeit.

Sollbahn → Flugbahnprogramm.

»Sonde«: unbemannte Raumflugkörper (UdSSR), die sowohl für Untersuchungen des interplanetaren Raums bzw. des Monds als auch zu raumflugtechnischen Erprobungen in diesen Bereichen eingesetzt werden. Als Hauptaufgabe der am 2. April 1964 gestarteten »S. 1« wurde die Untersuchung des interplanetaren Raums genannt, über ihren Aufbau und ihre Maße jedoch keine Angabe gemacht. Nach dem Abflug der »S. 1« aus einer Parkbahn wurden zweimal Bahnkorrekturen auf Funkkommandos von der Erde aus durchgeführt, und zwar die zweite Korrektur über eine Entfernung von rund 13 Mill. km. Die Anlagen und Geräte von »S. 1« arbeiteten programmgemäß.
Das zweite Raumfluggerät dieser Reihe wurde am 30. Nov. 1964 gestartet und sollte den Nahbereich des Mars erreichen. Auf der interplanetaren Übergangsbahn waren darüber hinaus verschiedene Untersuchungen des interplanetaren Raums und Erprobungen von Systemen für interplanetare Flüge vorgesehen. Über Aufbau, Masse sowie Ausrüstung der »S. 2« wurden ebenfalls keine Angaben gemacht. Obwohl die Energieversorgungsanlage schon bald nach Abflug aus der Parkbahn nur die Hälfte der vorgesehenen Energie lieferte, bestand bis Anfang 1965 Funkverbindung mit der Raumsonde. Später ging der Funk-

Eine der durch »Sonde 3« gewonnenen Mondrückseitenaufnahmen

Aufnahme der Erde über dem Mondhorizont, aufgenommen von »Sonde 7«

kontakt verloren, so daß keine Meßwertübertragung aus dem Nahbereich des Mars, der etwa im Juli 1965 erreicht wurde, möglich war. Die Vielseitigkeit des Programms zeigte das Unternehmen »S. 3«. Dieses Gerät, über dessen Aufbau und Masse ebenfalls keine Angaben gemacht wurden, startete am 18. Juli 1965 und erreichte eine interplanetare Flugbahn. Deren Anfangsteil war dabei so gelegt worden, daß »S. 3« am 20. Juli 1965 dem Mond bis auf 11600 km nahekam und dann 68 min lang mit einer automatischen Kamera (Auslösesignal von der Erde aus) die Oberfläche des Monds fotografieren konnte. Am Ende der Aufnahmeperiode, in der insgesamt 25 Fotos gemacht wurden, betrug die Entfernung von der Mondoberfläche rund 10000 km. Die von den Aufnahmen erfaßten Teile der Mondoberfläche schließen am Randgebiet der sichtbaren Mondhalbkugel an und erstrecken sich so weit auf die Rückseite des Monds, daß das von den »Lunik-3«-Aufnahmen noch nicht erfaßte Gebiet zum größten Teil abgebildet wurde. Da die Ausrüstung der »S. 3« offensichtlich neben sonstigen Messungen und Untersuchungen im interplanetaren Raum vor allem der Erprobung der Bildübertragung aus großer Entfernung dienen sollte, wurde damit erst am 29. Juli 1965 aus einer Entfernung von etwa 2,2 Mill. km begonnen. Die Übertragung geschah mit einem 1100-Zeilen-System und lieferte Fotos von ausgezeichneter Qualität. Dieses Material ermöglichte eine Vervollständigung der Übersichtskarte von der Mondrückseite und lieferte wertvolle Informationen über die dort anzutreffende Oberflächenstruktur. Während der Fortsetzung des Flugs wurde die Übermittlung der Mondfotos und Meßwerte wiederholt. »S. 4« (2. März 1968) gelangte in eine interplanetare Flugbahn, technische und Flugdaten wurden nicht bekannt. »S. 5« (14. Sept. 1968) wurde auf eine Mondflugbahn gebracht und diente vornehmlich der Erprobung eines neuen raumflugtechnischen Verfahrens für die Rückführung eines Raumflugkörpers zur Erde nach einem Mondflug. Nach einer Bahnkorrektur am 17. Sept. in 325000 km Erdabstand führte der weitere Bahnverlauf den Raumflugkörper am 18. Sept. hinter dem Mond herum und anschließend wieder zur Erde zurück. Die größte Annäherung an den Mond betrug 1950 km. Beim Rückflug wurde zur Präzisierung des Anflugs auf den Eintrittskorridor eine weitere Bahnkorrektur vorgenommen. Am 21. Sept. trat der zuvor vom raumflugtechnischen Teil getrennte Instrumentenbehälter mit der vollen Rückkehrgeschwindigkeit (etwa 11 km/s) auf einer ballistischen Abstiegsbahn in die Erdatmosphäre ein (10 bis 16 *g* Bremsandruck) und landete am Fallschirm im Indischen Ozean, wo er von einem Bergungsschiff an Bord genommen wurde. Neben Meßgeräten für verschiedene Untersuchungen im interlunaren und lunaren Raum waren für Strahlungsuntersuchungen eine große Anzahl kleiner tierischer und pflanzlicher Organismen im Gerätebehälter mitgeführt worden. Die am 10. Nov. 1968 gestartete »S. 6« absolvierte einen weitgehend ähnlichen Flug wie »S. 5«. Auf dem Hinflug erfolgte eine Bahnkorrektur in 246000 km Erdabstand; die größte Annäherung an den Mond betrug 2420 km. Auf dem Rückflug wurden 2 Korrekturmanöver zur Präzisierung des Anflugs auf den Eintrittskorridor ausgeführt und in Erweiterung der mit dem Vorläufer gesammelten Erfahrungen erstmalig eine aerodynamische Rückführung (→ Rückkehrproblem) mit 2 Eintauchabschnitten praktiziert. Das erste Eintauchen verlief so flach, daß der Raumflugkörper – aufgrund seiner Formgebung und einer entspr. automatischen Fluglageregelung – lediglich um einen gewissen Betrag abgebremst wurde, anschließend die Erdatmosphäre für ein weiteres Bahnstück wieder verließ, dann – wegen der reduzierten Geschwindigkeit – zum zweitenmal in die Atmosphäre eintauchte und dabei in die eigentliche, ebenfalls aerodynamische Abstiegsbahn überging. Durch dieses bemerkenswerte Verfahren konnte einmal der Bremsandruck auf etwa 4 bis 7 *g* reduziert und zugleich der Eintauchweg um etwa 9000 km gestreckt werden, so daß der Landepunkt auf dem Territorium der Sowjetunion lag. Neben Meßinstrumenten und biologischen Objekten hatte »S. 6« eine Luftbildkamera an Bord, die mit einem 400-mm-Objektiv und einem Negativformat von 13 cm × 18 cm arbeitete. Es wurden damit 2 Aufnahmeserien von der Mondrückseite aus 10000 km bzw. 3500 km Entfernung von der Mondoberfläche gemacht, außerdem Aufnahmen der Erde beim Rückflug. Das Auflösungsvermögen der Mondaufnahmen wurde mit 200 m angegeben. Die am 8. Aug. 1969 gestartete »S. 7« hatte ein weitgehend ähnliches Missionsprofil wie »S. 6«. Die größte Annäherung an den Mond wurde am 11. Aug. mit etwa 2000 km erreicht, die Rückkehr zur Erde erfolgte am 14. Aug. 1969. Die fotografische Apparatur an Bord von »S. 7« arbeitete mit Farbfilm. Am 8. Aug. wurde aus etwa 70000 km Erdabstand eine erste Aufnahmeserie mit Bildern der Erde gewonnen. Die zweite, 10 min dauernde Aufnahmeserie lieferte am 11. Aug. aus etwa 10000 km Entfernung zum Mond eine Reihe von Bildern aus dem Gebiet des Mondterminators. Die während der größten Mondannäherung aufgenommene dritte Bildserie erfaßte neben dem Mondoberflächendetail auch die Erde am Horizont des Monds.

Am 21. Okt. 1970 wurde »S. 8« wiederum in Richtung Mond gestartet. Der Flugablauf entsprach weitgehend dem der vorangegangenen »S.«-Experimente, mit einer Mondannäherung (24. Okt.) bis auf 1120 km. In der hinführenden Übergangsbahn wurde eine Bahnkorrektur vorgenommen, der abschließende Anflug auf die Erde erfolgte erstmalig über die Nordhalbkugel. Zu den Erprobungs- und Forschungsaufgaben gehörten fotografische Aufnahmen der Erde (in der Übergangsbahn zum Mond), ferner gleichzeitig und anschließend Fersehbildübertragungen der Erde. Bei der Mondumfliegung wurde der Mond farbig und schwarz-weiß fotografiert, außerdem wurden physikalische Parameter im mondnahen Raum gemessen. Unmittelbar vor und nach der Mondumfliegung konnte die Sonde mit Hilfe eines großen

Aufnahme des Monds, die von »Sonde 7« aus etwa 10000 km Entfernung gewonnen wurde

astronomischen Fernrohrs und angesetztem elektronischem Bildverstärker optisch aus 328 000 km und sogar 348 000 km Entfernung geortet werden. Die Rückkehr erfolgte am 27. Okt. auf einer ballistischen Eintauchbahn, die Kapsel wurde schon kurz darauf im Indischen Ozean von einem sowjetischen Bergungsschiff an Bord genommen.

Sonne: zentraler Himmelskörper des → Sonnensystems, der durch seine überlegene Massenanziehung die Bahnbewegung der übrigen Körper dieses Systems – abgesehen von den Planetenmonden – beherrscht. Der Durchmesser der S. beträgt 1 392 000 km (rund 109 Erddurchmesser), ihre Masse 333 000 Erdmassen und ihre mittlere Dichte 1,41 g/cm³. Die Schwerkraft ist an der S.noberfläche 27,9 mal so

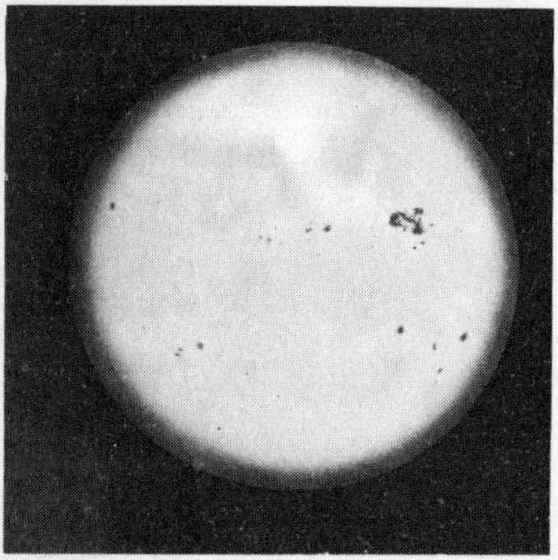

Aufnahme der Sonne im sichtbaren Licht (Astrophysikalisches Observatorium Potsdam)

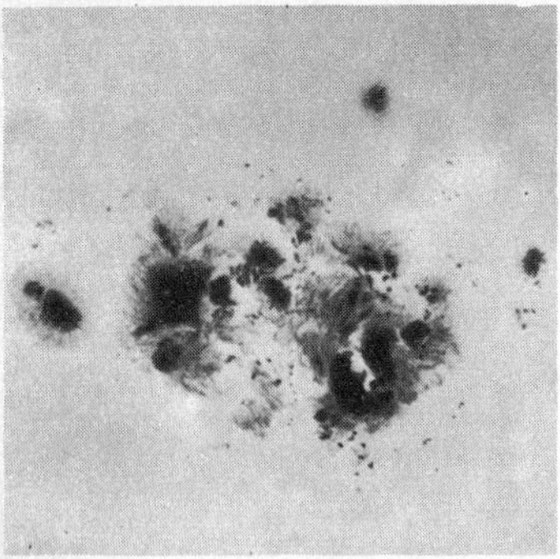

Diese Sonnenfleckengruppe wurde am 17. Mai 1951 im Mount-Wilson-Observatorium in Kalifornien fotografiert

groß wie auf der Oberfläche der Erde. Ihre Rotation verläuft in der gleichen Richtung wie der Umlauf der Planeten und dauert am S.näquator rund 25 d, in den Polarregionen jedoch rund 30 d. Die S. ist eine hochtemperierte Gaskugel und entspricht darin den am Aufbau der großen Sternsysteme (→ Galaxis) beteiligten Fixsternen; sie sendet ständig einen Energiestrom von $3{,}86 \cdot 10^{23}$ kW/s in Form von Strahlung (Wellenstrahlung vom Röntgenbereich bis zur radiofrequenten Strahlung, Partikelstrahlung) in den Raum und erleidet dadurch einen Masseverlust von 4,3 Mrd. kg/s. Die Temperatur der S.noberfläche *(Photosphäre)* beträgt etwa 5000 °K; zum Kerngebiet der S. hin steigt sie auf etwa 12 bis 16 Mrd. °K an, wo außerdem etwa 100 Mrd. kp/cm² Druck und eine Dichte von etwa 100 g/cm³ herrschen. Die von der S.noberfläche abgestrahlte Energie wird in diesem Zentralgebiet durch Kernprozesse frei. In der Photosphäre, in der darüber gelegenen *Chromosphäre* (Dichte 10^{-12} g/cm³, Temperatur bis 100 000 °K sowie in der noch weiter außen befindlichen und weit in den Raum hineinreichenden *S.nkorona* (hochverdünnte ionisierte Gase, 1 Mill. °K) spielen sich die als *S.naktivität* bezeichneten Erscheinungen und Vorgänge ab, von denen die *S.nflecken, Protuberanzen, S.neruptionen* (sporadische heftige *Strahlungsausbrüche*) und die *Korona-Radiostrahlung* die markantesten sind. Die S.naktivität zeigt dabei einen periodischen Rhythmus von 11 bzw. 22 a mittlerer Dauer. Die solaren Strahlungen und der → Sonnenwind wirken in der vielfältigsten Weise auf geophysikalische Erscheinungen (u. a. auf die → Magnetosphäre) ein.

Sonnenaktivität → Sonne.

Sonnenenergieanlage → Bordenergieversorgung.

Sonneneruption, Sonnenfleck, Sonnenkorona → Sonne.

Sonnensegel: Zusatzvorrichtung für interplanetare Raumflugkörper, die den Strahlungsdruck der Sonne als Antriebskraft ausnutzen soll. Die bisherigen Projekte sehen vor, den betr. Raumflugkörper zunächst mit einem konventionellen Antrieb auf eine Sonnenumlaufbahn zu bringen, die nahe der Erdbahn verläuft, und dann eine verhältnismäßig dünne segelartige Fläche großer Spannweite zu entfalten, die jeweils möglichst senkrecht zur Richtung der ankommenden Sonnenstrahlung gestellt wird. Trotz der sehr großen Segelfläche wäre der Antriebseffekt, der bei annähernd kreisförmiger Ausgangsbahn praktisch radial nach außen wirkt, nur verhältnismäßig gering. Dennoch könnte die Dauerantriebswirkung durchaus für die Überbrückung des Raums zum Mars bei großen Nutzmassetransporten ausnutzbar sein. Für Flüge in den Bereich des Jupiter kalischen Erscheinungen im sonnennahen Raum und zugleich der Sonne selbst eingesetzt werden soll. Komplexe Untersuchungen dieser Art sind von großer Bedeutung für das Verständnis der sonnenphysikalischen Vorgänge und ihrer Rückwirkungen

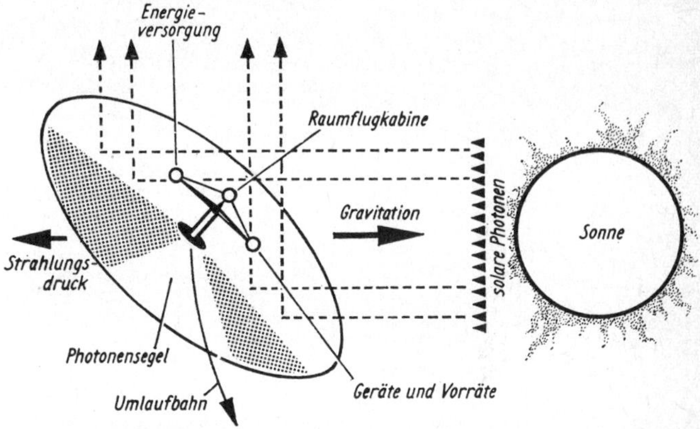

Aufbau und Wirkungsweise
eines Sonnensegels (schematisch)

und darüber hinaus bleibt das S. jedoch ungeeignet, da die Intensitätsabnahme der Sonnenstrahlung seiner Anwendung deutliche Grenzen setzt. Auf Übergangsbahnen zu den inneren Planeten (Venus und Merkur) ist der Antrieb mit S. naturgemäß völlig unmöglich. Bei der Rückkehr aus sonnennahen Bahnen wäre seine Wirksamkeit dafür um so größer.

Sonnensonde: unbemannter Raumflugkörper, der für die Erforschung der physikalischen … auf die Erde. Die mit zunehmender Sonnenannäherung enorm anwachsende Strahlungswirkung wirft für Konstruktion und Ausrüstung einer S. erhebliche technologische Probleme auf (Sicherung der Betriebsfunktionen, Meßwertübertragung u. a.).

Sonnenspiegel → Bordenergieversorgung.

Sonnensystem: die Sonne und alle Himmelskörper, die sie umkreisen, sowie auch der Raum, in dem diese Körper sich bewe-

Parameter des Planetensystems

Planet	Mittlere Entfernung von der Sonne in Mill. km	Umlaufdauer	Mittlere Umlaufgeschwindigkeit in km/s	Durchmesser in tsd. km	Masse (Erde = 1)
Merkur	58	88 d	47,8	4,8	0,056
Venus	108	225 d	35,0	12,3	0,87
Erde	150	1 a	29,8	12,8	1
Mars	228	1 a 322 d	24,1	6,8	0,108
Jupiter	778	11 a 315 d	13,1	142,8	318,4
Saturn	1430	29 a 167 d	9,6	119,7	95,2
Uranus	2880	84 a 7 d	6,8	51	14,6
Neptun	4500	164 a 280 d	5,4	45	17,3
Pluto	5900	247 a 254 d	4,7	6(?)	0,1

gen. Die → Sonne ist aufgrund ihrer überlegenen Masse der Zentralkörper für alle Bewegungen im Raum des S. Weiterhin gehören zum S. 9 *Planeten* – daher statt S. häufig auch *Planetensystem* –, die insgesamt von 32 Monden umkreist werden und einen Raum bis zu 50 AE Abstand von der Sonne einnehmen. Ihre Bahnen sind in der Mehrzahl kreisähnliche Ellipsen, die in der Nähe der → Ekliptik liegen und entgegengesetzt zum Uhrzeigersinn durchlaufen werden (rechtläufig), wenn man von N auf die Ekliptikebene blickt (rechtläufig). Zum S. gehören außerdem die → Planetoiden, das zirkumsolare Kometensystem (Radius etwa 100000 AE) und die interplanetare Materie (Meteoriten, Mikrometeoriten, meteoritischer Staub, Gas- und Strahlungsteilchen).

Sonnenwind: ständiger solarer Partikelstrom vorwiegend aus Protonen, der sich gegenüber anderen, sporadischen solaren Teilchenströmen mit relativ geringer Geschwindigkeit (400 bis 700 km/s) radial von der Sonne fort nach außen durch das Planetensystem bewegt und dabei u. a. auch die Magnetosphäre der Erde maßgeblich beeinflußt. Der S. wurde erst durch Meßsatelliten und Raumsonden entdeckt.

Spadeadam: größtes Raketenversuchszentrum in Großbritannien, 35 km nordwestlich von Carlisle (North-Cumberland): nach den sowjetischen und US-amerikanischen Versuchszentren eine der größten Anlagen der Erde. Das *»S. Rocket Establishment«* wurde ab 1957 für das Erprobungsprogramm der Mittelstreckenrakete »Blue Streak« aufgebaut und eingerichtet. Zu seinen Aufgaben gehören die Triebwerkerprobung, die statischen Versuche an der Raketenzelle mit eingebautem Raketentriebwerk sowie die Erprobung der Hilfsaggregate, z. B. der Förderpumpen. Nach Streichung der »Blue Streak« vom Waffenprogramm wurden zunächst nur Arbeiten von kleinem Umfang in S. weitergeführt. Die Konzeption der »Europa«-Rakete ließ die Bedeutung des britischen Raketenversuchszentrums jedoch wieder steigen, da hierfür die »Blue Streak« als Grundstufe verwendet wird. Der Bereich für Triebwerkerprobungen umfaßt 4 Prüfstände, die in Abständen von 76 m voneinander errichtet wurden. Zur Durchführung der statischen Brennversuche mit dem in die Zelle eingebauten Triebwerk stehen 2 weitere Prüfstände zur Verfügung, die von einem auf einem 90 m langen Betondamm verfahrbaren Montageturm bedient werden. Zur Aufrichtung der Zelle im Montageturm dient jeweils ein besonderer Kran. Die für die Durchführung der Versuche benötigten Treibstoffmengen werden neben den Prüfständen eingebauten Vorratsbehältern entnommen. In größerem Abstand sowohl von den Triebwerkprüfständen als auch von den Prüfständen für Zelle plus Triebwerk befindet sich je ein Betonbunker mit einem Kontroll- und Meßstand, der mit Periskop sowie Fernseh- und Filmaufnahmekameras zur Beobachtung des Versuchsablaufs und zur Aufzeichnung ausgestattet ist. Zur Überprüfung der Triebwerkskomponenten dienen verschiedene kleine Einzelprüfstände, die ebenfalls von einem gemeinsamen Leit- und Kontrollstand aus überwacht werden. Um den hohen Flüssigsauerstoffbedarf des Versuchsbetriebs möglichst ökonomisch befriedigen zu können, wurde eine eigene Sauerstoffabrik auf dem Gelände des Versuchszentrums errichtet. Das für Kühlzwecke benötigte Wasser wird aus einem benachbarten Fluß in 2 je 4,5 Mill. l fassende Vorratsbehälter gepumpt.

Spant *n:* runder Queraussteifungsträger in der Zelle einer Rakete oder eines Raumflugkörpers.

»Sparrow« [engl., Sperling]: einstufige Feststoffrakete (USA), die als gelenkte Luft-Luft-Rakete unter den Tragflächen oder an den Rumpfseiten von Flugzeugen mitgeführt wird. Die gegenwärtige Version »S. 3« weist halbaktive Zielsuchlenkung und bei einer Länge von 3,6 m (Durchmesser 20 cm) eine Startmasse von 205 kg sowie 13 km Reichweite auf; sie ist mit Heckflossen und Leitflächen ausgestattet und trägt eine hochexplosive Sprengladung.

»Sparrowbee« → »Aerobee«.

»Spartan«: dreistufige Feststoffrakete (USA), die als Boden-Luft-Langstreckenrakete im Rahmen des »Nike-X«-Systems (→ »Nike«) der Abwehr von Interkontinentalraketen dienen soll und darin die Nachfolgerin der »Nike-Zeus« darstellt. Ihre Länge beträgt etwa 15 m (Durchmesser 0,90 m), die Startmasse über 11,4 t und die Reichweite 600 bis 800 km. Sie hat sehr hohe Beschleunigung (Geschwindigkeit > Mach 4), Radar-Kommandolenkung, und ihre Oberstufe ist mit Gasdüsen zur Lenkung in sehr großer Höhe bzw. im freien Raum sowie mit einem Nuklearkampfkopf ausgerüstet.

Speichertelemetrie → Meßwertübertragung.

spezifischer Impuls: abgeleitete Größe, die in der Raketentechnik bevorzugt zur Charakterisierung der Leistung eines chemischen Treibstoffs oder ganzer Triebwerke benutzt wird. Nach der grundlegenden Definition ist der s. I. (I_{sp}) gleich dem von der betr. Treibstoffkombination bzw. dem jeweiligen Triebwerk gelieferten Schub *(S)*, bezogen auf den je Sekunde erfolgenden (Treibstoff-)Massendurchsatz *($\dot{m}$)* – daher verwendet man gelegentlich auch die an sich korrektere Bezeichnung *spezifischer Schub* –, d. h.

$$I_{sp} = \frac{S}{\dot{m}}.$$

Da im einfachsten Fall $S = \dot{m} \cdot c$, ergibt sich für den s. I. als Maßeinheit m/s, d. h., man erhält die jeweilige theoretische oder praktische Ausströmgeschwindigkeit (c), die mit dem Treibstoff bzw. dem Triebwerk erreicht werden kann. Dieser Dimensionsbestimmung für I_{sp}, die in dem vorliegenden Lexikon wegen ihrer grundsätzlichen Gültigkeit und Klarheit ausschl. benutzt wird, stehen in der Literatur noch andere gegenüber. Sie gehen in erster Linie von den Belangen der Versuchspraxis aus und führen die Größen Schub und Durchsatz mit den in dem jeweils benutzten Maßsystem üblichen Einheiten ein. So findet man sehr häufig den Schub auf den sekundlichen Gewichtsdurchsatz bezogen und erhält dann (mit $g = 9{,}81$ m/s^2)

$$I_{sp} = \frac{S}{g_0 \cdot \dot{m}} = \frac{\dot{m} \cdot c}{g_0 \cdot \dot{m}}$$

und für den s. I. die Maßeinheit s. Nach der »Tafel der gesetzlichen Einheiten« ist diese Einheitsableitung zulässig. Um von der Einheit s auf den s. I. in m/s zu kommen, braucht man nur mit g zu multiplizieren. Eine ebenfalls von der Praxis der Triebwerkserprobung herkommende Dimensionsfestlegung geht von kp für den Schub und kg/s für den Durchsatz aus, so daß man für den s. I. die Einheit kp · s/kg erhält. Diese an sich zulässige Dimensionsfestlegung ist jedoch, ebenso wie die mit s, wenig vorteilhaft für die Charakterisierung der Leistung chemischer Treibstoffe, da die häufig anfallenden thermodynamischen Leistungsrechnungen stets die Ausströmgeschwindigkeit und damit die Einheit m/s liefern. Durch den Zusammenhang kp = 9,81 N (N = Newton = m · kg · s^{-2}) läßt sich auch hier wieder eine Umrechnung vornehmen. – Da der s. I. im strengen Sinne also gar kein »Impuls« ist, sondern eine Geschwindigkeit, schlagen verschiedene Autoren die zweifellos auch nicht sehr genaue Bezeichnung *»Impulsgeschwindigkeit«* vor. Für Leistungsvergleiche können entweder die theoretischen s. I. von Treibstoffen oder aber, wie es für die Praxis wesentlicher ist, deren Werte in Abhängigkeit von den speziellen Betriebsbedingungen (Mischungsverhältnis, Brennkammerdruck, Entspannungsverhältnis) des jeweiligen Triebwerks betrachtet werden. Entspr. Angaben über diese speziellen Versuchsbedingungen ist bei mitgeteilten Werten für I_{sp} daher stets größte Beachtung zu schenken.

Eine weitere abgeleitete Größe, die für die Auslegung von Raketen oder -stufen besondere Bedeutung hat, ist der *volumenspezifische Impuls I_v* (auch *Impulsdichte* gen.). Er ergibt sich als Produkt aus I_{sp} und der Dichte des Treibstoffs und zeigt, daß Treibstoffkombinationen mit höherer Dichte anderen mit gleichem I_{sp} insofern überlegen sind, als von ihnen bei gleichen Tankvolumen eine größere Masse unterzubringen ist. Die geringe Dichte mancher Treibstoffe bzw. Treibstoffkomponenten (z. B. bes. extrem bei Flüssigwasserstoff mit 0,0695 kg/dm^3) schränkt also die Vorteile eines an sich hohen s. I. wieder etwas ein. Bei der Auslegung von Raketen bzw. ihren Stufen muß somit jeweils ein optimaler Kompromiß zwischen den verschiedenen Einflußgrößen (s. I., Treibstoffdichte, Konstruktionsfaktor, Antriebsforderungen u. a.) gesucht werden.

Spiralbahnübergang → Übergangsbahn.

»Sprint«: zweistufige Antirakete für Kurzstrecken-Abwehr (50 bis 150 km) im »Nike-X«-System (USA), deren besondere Einsatzcharakteristik eine extrem hohe Startbeschleunigung ist. Die Rakete hat Kegelform und bei einem Basisdurchmesser von 1,37 m eine Länge von 8,23 m. Der Start geschieht aus einem Schacht.

»Sputnik« [russ., Begleiter, Trabant, Satellit]: Bezeichnung, die für den ersten künstlichen Satelliten der Erde (UdSSR) eingeführt und auch für seine beiden Nachfolger als Gruppenbezeichnung beibehalten wurde. In Auslegung (Masse), Ausrüstung und Aufgabenstellung waren die einzelnen Raumflugkörper dieser Gruppe sehr unterschiedlich, woraus sich Systematik und Vielseitigkeit erkennen ließen, mit denen die sowjetischen Raumfahrtspezialisten schon von Anfang an ihr Forschungs- und Entwicklungsprogramm betrieben. Der am 4. Okt. 1957 gestartete »S. 1« hatte eine kugelförmige hermetische Gerätezelle von 0,58 m Durchmesser und 83,6 kg Masse, an der außen 4 Stabantennen angebracht waren, von denen 2 je 2,4

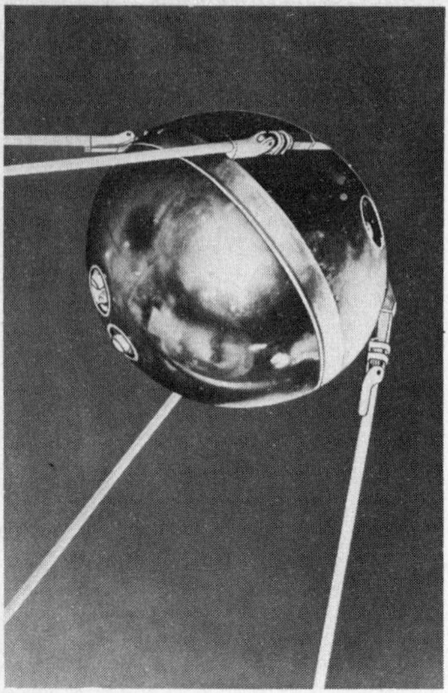

»Sputnik 1«

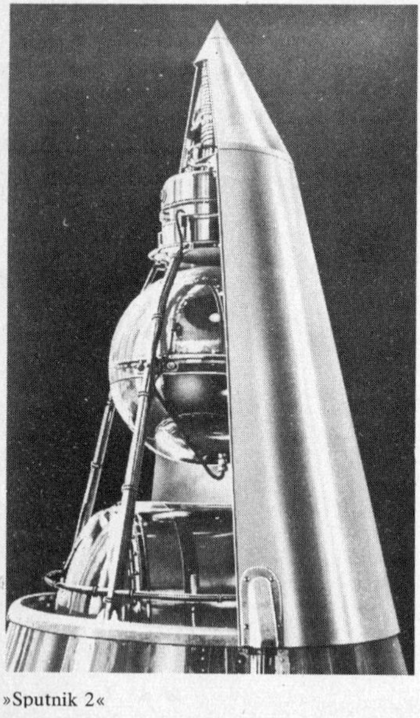

»Sputnik 2«

und die beiden anderen 2,9 m Länge hatten. Die Ausrüstung des Satelliten bestand im wesentlichen aus einer Sendeanlage von 1 W Leistung, die Ortungssignale abstrahlte und die Meßwerte von Innentemperatur und -druck übertrug. Die hermetische Zelle war zum besseren Temperaturausgleich mit Stickstoffgas gefüllt. Die Stromversorgung der Sendeanlage geschah durch elektrochemische Energiequellen. Aus der optischen und funktechnischen Bahnverfolgung des Satelliten konnten erstmalig wertvolle Anhaltspunkte über den Luftdichteverlauf in der Hochatmosphäre gewonnen werden. Daneben ergab die Beobachtung der Funksignalausbreitung bes. günstige Möglichkeiten zur Untersuchung der Struktur der Ionosphäre; der Bahnverlauf zwischen 228 km (Perigäumshöhe) und 947 km (Apogäumshöhe) bot dazu beste Voraussetzungen. Die Funktionsdauer des Satelliten betrug etwas mehr als 3 Wochen, seine Lebensdauer 92 d.

Bei dem am 3. Nov. 1957 gestarteten »S. 2« handelte es sich um einen Nutzmassekörper, der auch auf der Umlaufbahn mit der letzten Stufe der Trägerrakete verbunden blieb und ohne diese letzte Stufe eine Masse von 508,3 kg aufwies. Der Satellitenteil hatte angenähert die Form eines Kegels mit einem Basisdurchmesser von etwa 1,7 m und ging in einem zylindrischen Teil in den Körper der letzten Stufe über. Kernstück der Ausrüstung des Satelliten war eine hermetische Tierkabine, in der die Eskimohündin *»Laika«* als erstes Lebewesen auf eine astronautische Freiflugbahn gebracht wurde. Außerdem befanden sich an der Spitze des Satelliten Meßgeräte zur Untersuchung der solaren UV- und Röntgenstrahlung. Zwischen diesen Geräten und der Tierkabine lag noch ein dem Satelliten »S. 1« ähnlicher kugelförmiger Behälter, in dem wie dort Funk- sowie Temperatur- und Druckmeßgeräte untergebracht waren. Hinter der Kabine folgten Meßgeräte für kosmische Teilchenstrahlung, ein Meßwertsender und elektrochemische Energiequellen. Die Tierkabine wies eine vollständige Klimaanlage und Ernährungseinrichtungen auf, durch die das Tier für etwa eine Woche am Leben erhalten wurde. Nachdem während dieser Zeit erstmalig wertvolles Material über die Lebensfunktion eines höher entwickelten Organismus unter Raumflugbedingungen gesammelt worden war, wurde das Tier schmerzlos getötet. Die Ergebnisse dieses Experiments waren für den Einsatz bemannter Raumflugkörper von fundamentaler Bedeutung. Neben den Unterlagen über die biologischen Funktionen eines tierischen Organismus unter den Bedingungen länger anhaltender Schwerelosigkeit (Puls- und Atemfrequenz, Blutdruck, Bioströme des Herzens) bot dieses Unternehmen auch erstmalig die Möglichkeit, die Funktionen einer Klimaanlage unter Raumflugbedingungen (Beschleunigungsandruck, Schwerelosigkeit, Temperatur- und Strahlungseinflüsse) zu erproben. Die von den sonstigen Meßgeräten gelieferten Informationen waren ebenfalls äußerst wertvoll. So erhielt man erstmals Anhaltspunkte über die genauere Zusammensetzung der Primärkomponente der kosmischen Teilchenstrahlung. Weiterhin lieferten die Messungen von »S. 2« die ersten Andeutungen zur Existenz der später als »Strahlungsgürtel« bezeichneten Erscheinungen.

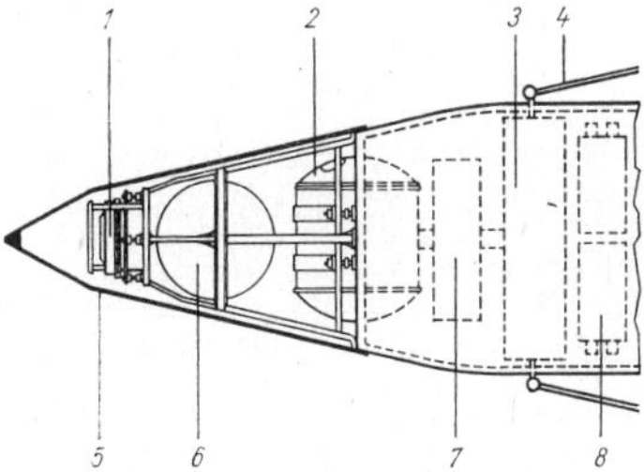

Aufbauschema von »Sputnik 2«: 1 Meßgeräte, 2 Hundekabine, 3 Meßwertsender, 4 Antenne, 5 Schutzkegel, 6 Funkgeräte, 7 Strahlungsmeßgeräte, 8 Batterien

Mit dem am 15. Mai 1958 gestarteten »S. 3« (Anfangsbahnhöhe zwischen 226 und 1881 km) gelangte ein Satellit in seine Bahn, der in seiner Auslegung mehrere Jahre lang unübertroffen bleiben sollte. Er bestand aus einer kegelförmigen hermetischen Gerätezelle mit einem Basisdurchmesser von 1,73 m und einer Länge von 3,57 m und hatte eine Masse von 1327 kg. Dieser umfangreich ausgestattete Meßsatellit, der schon die Funktionen eines ganzen automatischen Raumlaboratoriums erfüllte, lieferte während seiner gesamten Lebensdauer bis zum 6. April 1960 eine große Anzahl wertvoller Meßwerte über Bedingungen und Erscheinungen im erdnahen kosmischen Raum: Zusammensetzung und Dichte der Hochatmosphäre, Ionenkonzentration, Stärke des Erdmagnetfelds, Stärke des elektrostatischen Felds der Erde, elektrostatische Eigenladungen des Satelliten, Intensität solarer Teilchenstrahlungen, Primärkomponente der kosmischen Strahlung, Verteilungsdichte der Mikrometeoriten sowie Betriebsbedingungen im Satelliten und Temperatur an seiner Oberfläche. Zur Ausrüstung gehörten ferner Meßwert- und Ortungssender, ein Programmzeitschaltwerk, ein Temperaturregelungssystem und chemische Energiequellen. Die Stromversorgung wurde nach zehntägiger Funktionsdauer, auf die die Kapazität der chemischen Energiequellen beschränkt war, von einigen kleinen Solarzelleneinheiten übernommen, die sich auf der Oberfläche der Gerätezelle befanden. Das Temperaturregelungssystem arbeitete erstmalig mit Temperaturregelblenden, die den unteren Teil der Gerätezelle umgaben und durch Temperaturfühler gesteuert wurden.

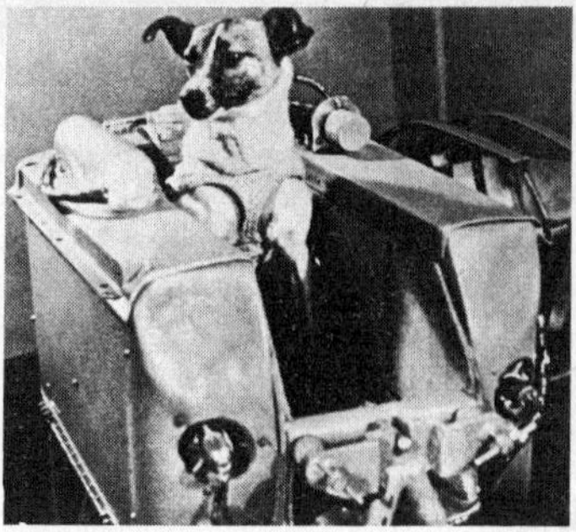

»Laika« in ihrem Spezialbehälter vor dem Start

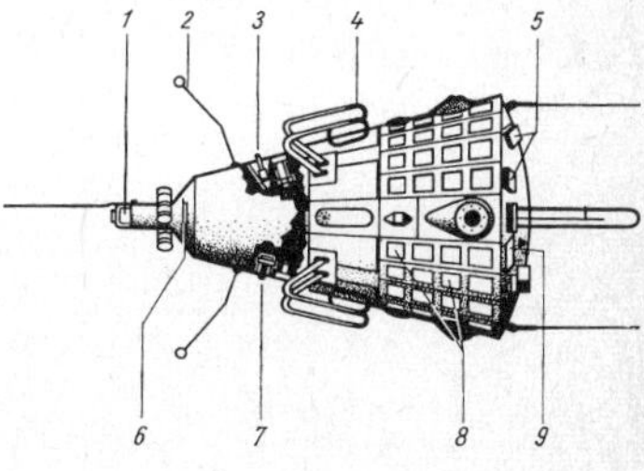

Aufbauschema von »Sputnik 3«: 1 Magnetometer, 2 Ionenfalle, 3 Ionisationsmeßgerät, 4 Antenne, 5 Mikrometeoritendetektoren, 6 und 9 Solarzellen, 7 Magnetfeldindikator, 8 Temperaturregeljalousien

»SR«-Satellit (»SRS«) → »Greb«.
Stabilisierungsflossen → Heckflossen.
Stafford, *Thomas P.:* US-amerikanischer Astronaut, geb. 17. Sept. 1930 Weatherford (Oklahoma), führte als Kopilot mit *Schirra* in der Raumkapsel → »Gemini 6« am 15. Dez. 1965 einen rund 24stündigen Raumflug (mit dem ersten Annäherungsrendezvous) durch, absolvierte als Kommandant von »Gemini 9« mit → *Cernan* vom 3. bis 6. Juni 1966 seinen zweiten Raumflug und nahm vom 18. bis 26. Mai 1969 als Kommandant mit *Cernan* und → *Young* in »Apollo 10« an der zweiten Mondumfliegung teil, bei der er mit *Cernan* erstmalig die »Apollo«-Landeeinheit in einer Mondumlaufbahn erprobte und den Landeablauf simulierte. – Nach einem Ingenieurstudium bei der Marine ging S. zur US-Luftwaffe über und absolvierte dort einen Lehrgang als Testpilot. Später wurde er Dozent und Fluglehrer an einer Testfliegerschule. 1962 kam er zur Astronautengruppe der NASA und wurde dort Spezialist für Geräteausrüstungen und Nachrichtentechnik.
Stampfachse → Raketenachsen.
Standardbahn → Flugprogramm.
START [Abk. für engl. **S**pacecraft **T**echnology and **A**dvanced **R**e-entry **T**est]: Forschungsprogramm (USA) zur Entwicklung bemannter, aerodynamisch lenkbarer und wiederverwendbarer Rückkehrgeräte nach dem Prinzip des → Raumgleiters. Die 3 Programmphasen umfassen → ASSET, → PRIME und → PILOT.
Startbeschleunigung → Schub.
Startfenster: Zeitraum, der im Umfang von einigen Tagen bzw. Wochen oder Monaten Startzeitpunkte für ein Mond- bzw. Planetenflugunternehmen umschließt, zu denen das jeweilige Zielobjekt unter antriebsenergetisch günstigen Bedingungen auf einer Freiflug-(Übergangs-)bahn erreichbar ist. Bei Mondlandungen mit bemannten Geräten spielt dabei die selenographische Lage des vorgesehenen Landeortes insofern noch eine besondere Rolle, als der Sonnenstand zum Zeitpunkt des Mondaufenthalts – d. h., die Beleuchtungsphase des Monds – berücksichtigt werden muß. Ansonsten sind die S. für Mondsondenflüge ein weniger kritischer Faktor, weil die dafür eingesetzten Raumflugkörper oder -systeme heute meist über eine beträchtliche zusätzliche Antriebskapazität für Bahnänderungen am Mond verfügen. Außerdem wiederholen sich für ein bestimmtes Mondmissionsprofil die für die zeitliche Lage des S. entscheidenden Bedingungen (Konstellation und Entfernung Erde–Mond, Lage der Mondbahn relativ zum Standort auf der Erde) mit einem für die Breite des S. zulässigen Toleranzbereich über einige Zeit hinweg in einem etwa 4-wöchigen Rhythmus (Dauer eines Mondumlaufs). Im Falle der Planeten führen die nach den Gesetzmäßigkeiten der Himmelsmechanik ablaufenden individuellen Bahnbewegungen der Zielobjekte und die Eigenbewegung der Erde sowie die interplanetaren Entfernungsmaßstäbe zu beträchtlichen Konstellationsänderungen zwischen diesen Himmelskörpern. Das begrenzte → Antriebsvermögen der Trägerraketen läßt aber – unter Voraussetzung eines für die jeweilige Planetenerkundung erforderlichen und relativ zur Startmasse ökonomischen Nutzmasseanteils – nur Übergangsbahnen zu, die mit einer gewissen antriebsenergetischen Variationsbreite des Trägersystems (Spielraum des Antriebsvermögens in der Größenordnung von einigen Dutzend m/s) erreicht werden können und als Kurvenschar der jeweiligen idealen Hohmann-Bahn (→ Übergangsbahn) nach Form, räumlicher Lage und Antriebsbedarf benachbart sind. Ein Planeten-S. grenzt dann den Zeitraum ab, zu dem der betr. Planet auf einer solchen Schar von Bahnen erreichbar ist. Für Venus liegen die S. beispielsweise in einem mittleren Abstand von etwa 18 Monaten, für Mars folgen sie in Abständen von etwa 23 bis 25 Monaten. Die Breite eines S. ergibt sich in erster Linie aus speziellen himmelsmechanischen Einzelheiten der Konstellationsänderungen Erde–Zielplanet sowie vor allem aus der Variationsbreite des Antriebsvermögens der Trägerrakete und den daraus folgenden bahnmechanischen Toleranzen (z. B. 4 bis 6 Wochen für Venus, 2 bis 3 Monate für Mars).
Startgerüst svw. Startturm.
Starthilfsrakete → Hilfstriebwerke.
Startmasse → Raketengrundgleichung.
Startrampe: Einrichtung eines Raketenstartgeländes, von der große Raketen nach Abschluß der Startvorbereitungen abgelassen werden. Die S. besteht in der Regel aus einem Betonsockel, der mit einem → Ablenkschacht versehen ist und auf dem sich das mehr oder weniger tischähnliche Stahlgerüst (gelegentlich auch direkt als *Starttisch,* sonst *Startplattform* bezeichnet) befindet, auf welcher die Rakete bis zum Abheben ruht. Zur S. gehört ein *Kabelturm* gen. Gerüst, von dem aus bis zum Abheben der Rakete die Kommando- und Kontrollkabel, verschiedentlich auch noch

Treibstoffleitungen zum Be- bzw. Nachtanken (der Verdampfungsverluste), zur Rakete hinüberführen. Im Augenblick des Abhebens klappt der Kabelturm ein Stück zurück, und die Steckverbindungen werden getrennt. Der für die Aufrüstung der Rakete benötigte *Montageturm* kann – sofern er dort ortsfest ist oder mit der Rakete dorthin transportiert wird – i. w. S. ebenfalls zur S. gerechnet werden (→ Raketenstartplatz). Kleine Forschungs-, Höhen- und Kampfraketen starten von einer Lafette oder aus einem → Startturm.

Startsilo: unterirdische Startanlage für Interkontinental-, Global- oder Antiraketen. Die Raketen können sowohl direkt aus dem Schacht des Silos gestartet werden, wobei für eine wirksame Ableitung des Gasstrahls gesorgt werden muß, oder man hebt die startfertige Rakete mit ihrer Startplattform zunächst an die Oberfläche und startet sie von dort. Der geringere Vorbereitungsaufwand und die i. allg. bessere Lagerungsfähigkeit macht Feststoffraketen gerade für Einsätze aus Silos wesentlich geeigneter als Flüssigkeitsraketen. Es sind stets mehrere S. zu einem Einsatzkomplex zusammengefaßt, der außerdem unterirdische Lageräume und Vorbereitungshan-

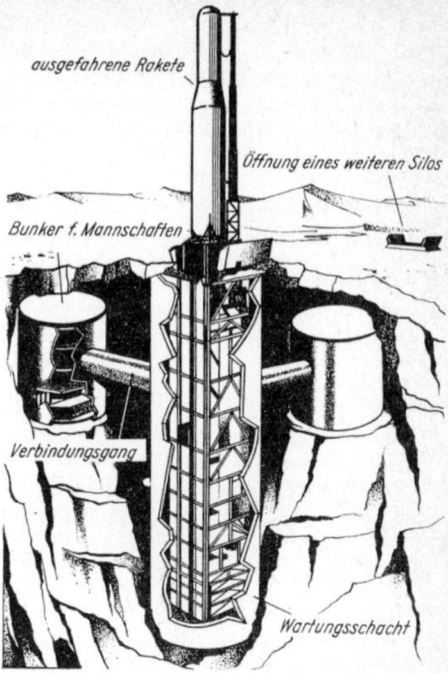

Unterirdischer Startsilo für »Titan«-Raketen

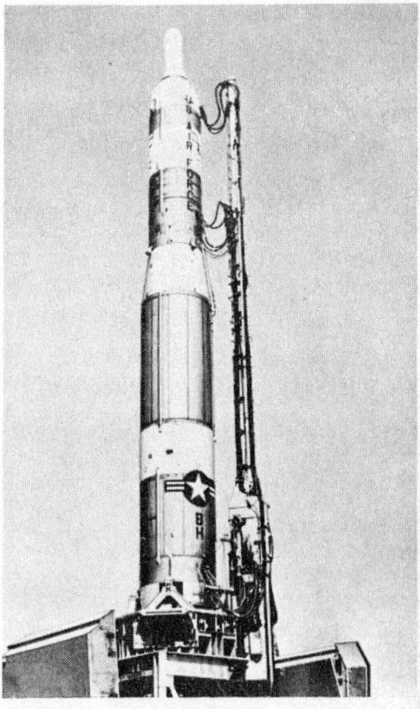

Ausfahren einer »Titan«-Rakete aus dem unterirdischen Silo in Startstellung

gars mit technischen Anlagen zur Aufrüstung und Überprüfung der Raketen sowie ein Verbindungssystem zur Leitzentrale und Mannschaftsräume umfaßt.
Startstufe → Stufenprinzip.
Starttisch → Startrampe.
Startturm: gerüstähnliche Konstruktion, die nur bei kleinen Raketen gelegentlich noch zur Stabilisierung des Aufstiegs auf den ersten Metern nach dem Abheben verwendet wird. Die Rakete wird dabei ganz von dem S. umschlossen und gleitet innerhalb einer Führungsbahn aufwärts. Der S. ist nicht mit dem → Montageturm zu verwechseln.
stationärer Satellit → Synchronbahn.
statische Erprobung → Raketenprüfstand.
Staueffekt, Stautemperatur → aerodynamische Aufheizung.
Stellmotor: elektrischer oder elektrohydraulischer Antrieb zum Betätigen von Lenk- und Lageregelungsorganen in Raketen und Raumflugkörpern. Der S. enthält die notwendigen Steuerimpulse in Form elektrischer Stellsignale von der Steuerungsanlage (z. B. Lenkrechner, Handsteuerung).
Sterninnenbrenner → Treibsatz.
Sternsucher → Sensor.
Steuerprogramm → Flugprogramm.
Steuertriebwerk: Hilfstriebwerk, das zur Lagestabilisierung und -steuerung einer Trägerrakete oder Trägerraketenstufe während des Aufstiegs dient, gelegentlich auch als *Vernier-Triebwerk* bezeichnet. Das S. arbeitet mit heißer Treibstoffreaktion und liefert damit gegenüber Druckgasdüsen eine wesentlich höhere Schubkraft.
Steuerung: Gesamtheit aller Maßnahmen, die das Flugprogramm einer Rakete oder eines Raumflugkörpers beeinflussen. Als Grundlage dient ein *Steuerprogramm,* das entweder vor dem Start fest vorgegeben wird *(Programm-S.)* oder aus dem Vergleich der tatsächlichen Bahn mit einer durch das Bahnprogramm (→ Flugprogramm) vorgegebenen Standardbahn abgeleitet werden muß.
Stickstofftetroxid → Treibstoff (II 2 a γ).
Störungsrechnung → Himmelsmechanik.
Stoßrohr → Plasmaantriebe.
Strahlablösung: Erscheinung, die sich beim Betrieb von Raketentriebwerken mit Laval-Düsen bemerkbar macht, für die ein enger Zusammenhang zwischen Erweiterungsverhältnis und Außendruck besteht. Ist der Außendruck gleich dem Mündungsdruck, so verlassen die Verbrennungsgase die Ausströmdüse als annähernd zylindrischer Strahl. Liegt der Außendruck unter dem Mündungsdruck, so expandiert der Gasstrahl auch außerhalb der Düse weiter, und ein Teil seiner kinetischen Energie geht für den Vortrieb verloren. Ist der Außendruck jedoch größer als der Mündungsdruck, kann sich der Gasstrahl von der Düsenwandung ablösen, da sich mit Annäherung an die Düsenmündung die Strömungsgeschwindigkeit des Gasstrahls durch Reibung an der Düsenwand in einer mehr oder weniger dicken Grenzschicht bis auf Unterschallgeschwindigkeit vermindert. In diesen Bereich dringt die Außenluft ein und hebt den Gasstrahl bis zu einer Tiefe von der Düsenwandung ab, die von der Größe des Außendrucks abhängig ist. Diese Erscheinung erreicht normalerweise in Bodennähe ihre Höchstwerte, einmal, weil der Außendruck dort zwangsläufig am größten ist, und zum anderen, weil die Düsen für einen möglichst niedrigen Mündungsdruck ausgelegt werden, um in großer Höhe einen besseren Strahlverlauf zu erhalten. Da durch die S. ein Teil der Ausströmdüse für die Schuberzeugung ungenutzt bleibt, ist diese Erscheinung in der Startphase einer Trägerrakete u. U. ein stark leistungsmindernder Faktor. Um diesem Effekt zu begegnen, wurden ursprünglich die Ausströmdüsen mit einem Erweiterungsverhältnis für einen Mündungsdruck in etwa 2000 m über NN ausgelegt. Gegenwärtig ist man jedoch meist dazu übergegangen, die klassische Laval-Düse durch eine Düse mit parabelförmiger Kontur zu ersetzen, die für einen großen Bereich veränderlichen Außendrucks eine S. verhindert. → Entspannungsdüse.
Strahlantrieb → Rückstoßantrieb.
Strahldüse svw. Druckgasstrahldüse.
Strahlruder: drehbare Ruder aus hochwarmfestem Werkstoff (Graphit, Wolfram, Beryllium), die bei starr eingebauten Raketentriebwerken als Lenkorgane dienen. Man ordnet jeweils 4 S. um 90° ge-

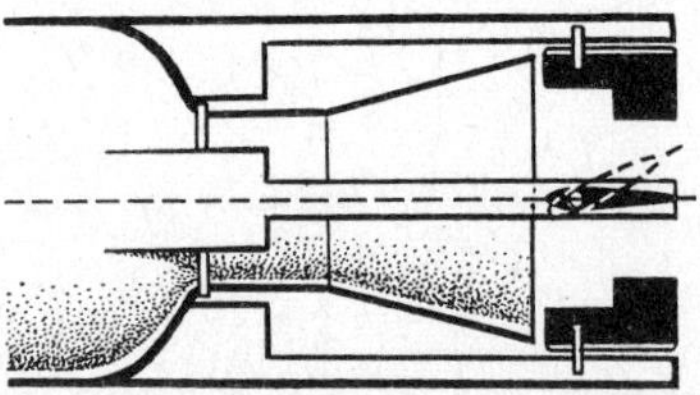

Feststofftriebwerk mit Strahlrudern

geneinander versetzt so vor der Düsenmündung an, daß sie ein Stück in den Antriebsstrahl hineinreichen und beim Bewegen eine Richtungsänderung des Schubvektors und damit eine Lenkwirkung erzielen. Ihre Drehbewegungen werden durch → Stellmotoren oder durch ein elektrohydraulisches System bewirkt, die ihre Arbeitsimpulse von der Steueranlage der Rakete erhalten. In letzter Zeit werden S. nur noch vereinzelt angewendet, da sich bes. für Flüssigkeitsraketen die Lenkung durch Schwenken der Brennkammer bzw. der Einbau von Steuertriebwerken als vorteilhafter erwiesen hat.

Strahlungsabschirmung: technische Maßnahmen, die in Raumflugkörpern zum Schutz der Insassen oder Meßausrüstung vor Teilchen- und harter Wellenstrahlung ergriffen werden müssen. Bemannte Raumflugkörper, die langdauernde bzw. weitreichende Raumflugmissionen durchzuführen haben und dabei der solaren und kosmischen Strahlung ausgesetzt sind, müssen eine Wandung aus strahlungsabschirmendem Material aufweisen, die bei geringer Strahlungsbelastung den ganzen Raumflugkörper, bei intensiven Strahlungsströmen zumindest die wichtigsten Räume umschließt. Gegenüber solaren Strahlungsausbrüchen kann ein wirksamer Schutz erzielt werden, indem man das Raumfahrzeug so dreht, daß andere Systemkomponenten vor die Raumkabine zu liegen kommen. Die Anwendung von künstlichen Magnetfeldern zur S. wurde von sowjetischen Raumfahrtwissenschaftlern bereits untersucht. – Wenn eine Abschirmung für kernenergetische Antriebs- oder Energieerzeugungsanlagen notwendig ist, kommen als Abschirmmittel weitgehend ähnliche Substanzen in Betracht wie bei erdgebundenen Kernenergieanlagen. Sie können die Strahlungsquelle als Hülle umgeben oder sie in Form einer Zwischenwand von den zu schützenden Teilen trennen.

Strahlungsgefährdung → kosmische Strahlung.

Strahlungsgürtel → Magnetosphäre.

Strahlungskühlung → Kühlverfahren.

strategische Raketenwaffen → Kampfrakete.

Stringer: Längsträger als Verbindungselement und als Aussteifung der Zelle einer Rakete oder eines Raumflugkörpers.

Stufe → Stufenprinzip.

Stufenadapter → Adapter.

Stufenmassenverhältnis → Raketengrundgleichung.

Stufenprinzip: Verfahren zur Steigerung des Antriebsvermögens von Raketen, das in seinen Grundgedanken schon in der älteren Pulverraketentechnik festgelegt und von *Ziolkowski, Oberth* u. a. in die moderne Raketentechnik eingeführt wurde. Da der Leistungsfähigkeit chemischer Treibstoffe Grenzen gesetzt sind, würde man bei einstufigem Raketenaufbau durch den unumgänglichen Aufwand an Leermasse (Treibstoffbehälter, Triebwerke u. a.) entweder die für Raumflugzwecke erforderliche hohe Endgeschwindigkeit überhaupt nicht erreichen (→ Raketengrundgleichung) oder man müßte gegebenenfalls ein sehr schlechtes Grundverhältnis in Kauf nehmen. Unter »einstufig« ist dabei zu verstehen, daß der Antrieb in einer einzigen, kontinuierlich verlaufenden Brennperiode arbeitet. Das S. sieht nun eine Teilung des Antriebssystems vor, bei der die ständige Abnahme der Treibstoffmasse von einer stufenweisen Verminderung der Leermasse durch Abwerfen von leeren Treibstoffbehältern oder überflüssig gewordenen Triebwerkseinheiten begleitet wird. Dadurch braucht dann in der Endphase der Antriebsperiode ein großer Teil der Start-Leermasse des Systems nicht mehr mitbeschleunigt zu werden. Auf diesem Wege der *Stufenteilung* läßt sich die Endgeschwindigkeit wesentlich steigern oder aber bei gleicher vorgegebener Endgeschwindigkeit eine wesentlich größere Nutzmasse als bei einstufiger Auslegung befördern. Raketen, deren Antriebssystem nach diesem Prinzip arbeitet, bezeichnet man als *Stufen-* bzw. *Mehrstufenraketen.* Die einfachste Form einer Stufenrakete wird im Prinzip dadurch erhalten, daß man den Nutzmasseteil einer großen und leistungsfähigen einstufigen Rakete durch eine kleine ebenfalls einstufige Rakete entspr. Masse ersetzt. Diese kann ihrerseits wieder eine Rakete noch kleinerer Masse oder aber den eigentlichen Nutzmasseteil des dann zweistufigen *Antriebs-* oder *Trägersystems* befördern. Jede der so beteiligten einzelnen Raketen bildet eine (Antriebs-)Stufe des Gesamtantriebssystems. Beim Start z. B. eines 3stufigen Raketensystems arbeitet nur der Antrieb der untersten, großen *Startstufe (Grundstufe).* Ist deren Brennperiode beendet, wird sie zum Vermindern der Leermasse vom Rest des Systems abgetrennt *(Stufentrennung),* und die zweite Stufe übernimmt nach Zündung ihres Triebwerks den weiteren Antrieb bis zu ihrer Abtrennung. Die letzte (3.) Antriebsstufe *(Endstufe, Oberstufe)* erreicht

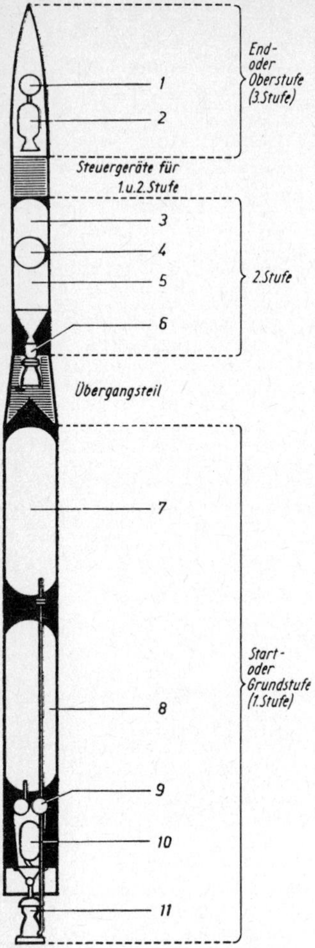

Aufbauschema einer dreistufigen Trägerrakete. Erste Stufe: Flüssigkeitstriebwerk mit Pumpenförderung; zweite Stufe: Flüssigkeitstriebwerk mit Druckgasförderung; dritte Stufe: Feststofftriebwerk. 1 Satellit, 2 Feststofftriebwerk, 3 Oxydatortank, 4 Druckgasbehälter, 5 Brennstofftank, 6 Triebwerk, 7 Oxydatortank, 8 Brennstofftank, 9 Pumpen, 10 Turbinenarbeitsmedium, 11 Triebwerk

dann mit der Nutzmasseeinheit die vorgesehene Endgeschwindigkeit. In der fortgeschrittenen Konstruktionspraxis, wie sie vor allem für die Hochleistungsträgersysteme der Raumflugtechnik angewandt wird, baut man nun ein mehrstufiges System nicht mehr aus bereits verfügbaren Einzelraketen zusammen, sondern legt die einzelnen Stufen, mit ihren Treibstoffbehältern und Antriebseinheiten, als optimierte Untergruppen eines organischen Ganzen aus. Neben dem klassischen Verfahren, die einzelnen Stufen hintereinanderzuschalten, wird bei Großraketen die *Triebwerksbündelung* angewendet, d. h., die Startstufe wird zum Erreichen des notwendigen hohen Startschubs mit mehreren Triebwerkseinheiten ausgerüstet, die beim Start zunächst gemeinsam arbeiten. Wenn nach einer gewissen Betriebszeit ein Teil des Treibstoffs verbraucht ist, werden einige der Triebwerke abgeschaltet und abgeworfen, gelegentlich auch zusammen mit leeren Treibstoffbehältern (z. B. »Wostok«-Trägerraketen). Die restlichen Triebwerke (es kann sich dabei auch nur noch um ein einzelnes Triebwerk handeln) arbeiten kontinuierlich als zweite Stufe weiter.

Stützmasse: Arbeitsmedium von Raketentriebwerken, bei denen eine Fremdaufheizung oder -beschleunigung der Strahlmasse erforderlich ist, wie bei → Kernenergietriebwerken und → elektrischen Raumfahrtantrieben. Die Funktion der S. ist nicht mit der des konventionellen chemischen Treibstoffs zu vergleichen, da sie nur die *Strahlmasse,* nicht aber die *Strahlenergie* liefert. Folgt der Fremdaufheizung (Reaktor, Lichtbogen) eine thermodynamische Energieumsetzung in einer Entspannungsdüse, so sind analog den chemischen Treibstoffen Substanzen vorteilhaft, die ein möglichst niedriges mittleres Molekulargewicht haben (NH_3, H_2O). Bestes Arbeitsmedium ist auch in diesem Fall reiner Wasserstoff. Für eine elektrisch beschleunigte S. eignen sich dagegen Stoffe mit hohem Molekular- und Atomgewicht (z. B. Alkalimetalle, Quecksilber) besser.

Stützmotor → Beschleunigungsintegrator.

Sublimationskühlung → Kühlverfahren.

Subsatellitenpunkt: in der Bahnmechanik künstlicher Erdsatelliten derjenige Punkt der Erdoberfläche, der von der Verbindungslinie Satellit–Erdmassenmittelpunkt durchstoßen wird. Für einen Beobachter im S. befindet sich der betr. künstliche Satellit daher, in Abhängigkeit von der geographischen Breite des Beobachtungsorts, mehr oder weniger genau im Zenit. Durch die Bahnbewegung des Satelliten wandert der S. fortlaufend über die Erdoberfläche (→ Bahnabwicklung). Die Ermittlung der Höhe eines Satelliten über mehreren S.en (durch optische oder funktechnische Bahnvermessung) liefert die Grundlagen zur Bestimmung seiner Bahnelemente.

»Super-Diamant« → »Diamant«.

Superlegierungen → Raketenwerkstoffe.

Surdokammer [lat. surdus = lautlos, still]: in der UdSSR geprägte Bezeichnung für → Isolationskammer.

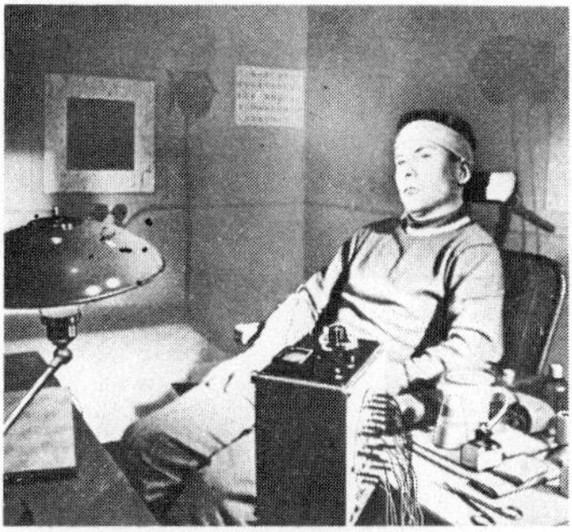

Aufenthalt in der Surdokammer (Popowitsch)

»Surveyor« [engl., Inspektor]: unbemannte Mondsonden (USA), mit denen Meßinstrumente weich auf der Mondoberfläche abgesetzt wurden. Das »S.«-Programm begann 1961; der erste Start sollte im Aug. 1963 stattfinden, verzögerte sich jedoch, vor allem durch Schwierigkeiten mit der Trägerrakete »Atlas-Centaur«, um fast 3 a. Weiterhin mußte wegen einer unvorhergesehenen Leistungsminderung des Trägersystems die wissenschaftliche Instrumentierung von 1130 kg auf etwa 950 bis 1000 kg Gesamtmasse reduziert werden. – Das »S.«-Programm sollte vor allem Aufschluß über mögliche Landeplätze für »Apollo«-Mondlandefähren geben und allgemein wissenschaftliche Daten über die Beschaffenheit der Mondoberfläche liefern, die mit Mondsonden vom Typ »Ranger« und Mondsatelliten nicht zu erhalten waren.

Die Ausrüstung konnte verschiedenen Untersuchungsprogrammen angepaßt werden und bestand im wesentlichen aus Fernsehkameras, Geräten zur Untersuchung der Bodenbelastbarkeit, Apparaturen zur Bodenanalyse sowie Mikrometeoriten-Detektoren. Das Landeverfahren der »S.«-Mondsonden entsprach im Prinzip schon dem der Mondlandefähren. Es sah zunächst ein Verringern der Anfluggeschwindigkeit durch ein Feststofftriebwerk vor, das nach seinem Brennschluß abgetrennt wurde. Der weitere Abstieg geschah unter Abbremsen durch 3 kleine Vernier-Hilfstriebwerke, die mit Stickstofftetroxid/Monomethylhydrazin als Treibstoff (Helium-Druckgasförderung) arbeiteten, im Bereich von 14 bis 47 kp Schub regelbar waren und max. je 100 s Brennzeit hatten; sie sorgten gleichzeitig für die Fluglageregelung des Geräts. Die Triebwerke wurden in einer Höhe von einigen Metern über der Mondoberfläche ausgeschaltet, und die Sonde fiel dann frei auf den Mond herab. Die Landegeschwindigkeit betrug dabei etwa 2 bis 3 m/s; die restliche Fallwucht wurde von einem aus 3 Federbeinen bestehenden Landegestell aufgefangen.

Der am 30. Mai 1966 gestartete »S. 1« (995 kg) wurde erstmalig ohne Einschaltung einer Parkbahn (sog. »direkte Injektion«) mit großer Genauigkeit in seine Übergangsbahn gebracht. Man hatte sich zu diesem Verfahren entschlossen, weil man bei der Wiederzündung der »Centaur«-Stufe in einer Parkbahn Schwierigkeiten befürchtete. 18 h nach dem Start wurde zur Änderung des Landepunkts um

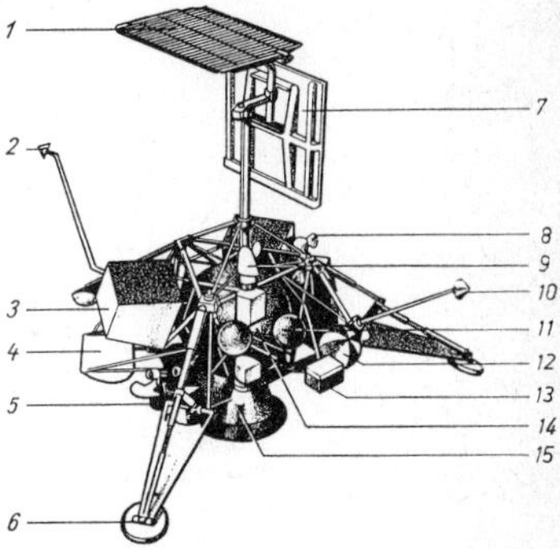

Aufbauschema einer »Surveyor«-Sonde: 1 Solarzellenausleger, 2 ungerichtete Antenne, 3 Instrumentenbehälter, 4 Antenne für Landeradar und Doppler-Messung, 5 Lageregelungstriebwerk, 6 Bein des Landegestells, 7 Planar-Richtantenne, 8 Canopus-Sensor, 9 Kamera, 10 ungerichtete Antenne, 11 Druckgasbehälter für Lageregelung, 12 Druckgasbehälter (Helium), 13 Hilfsbatterie, 14 kugelförmiges Bremstriebwerk, 15 Triebwerksdüse

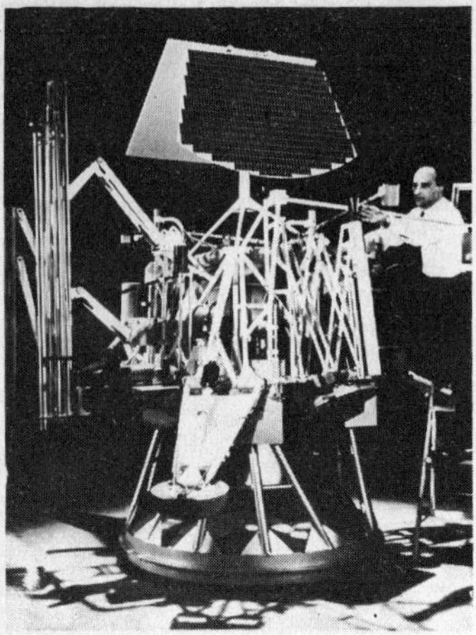

»Surveyor«-Modell mit verschiedenen ausfahrbaren Instrumentengruppen im Versuchslabor

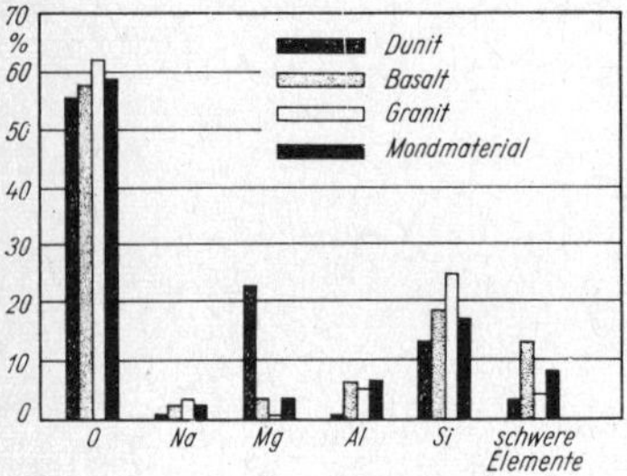

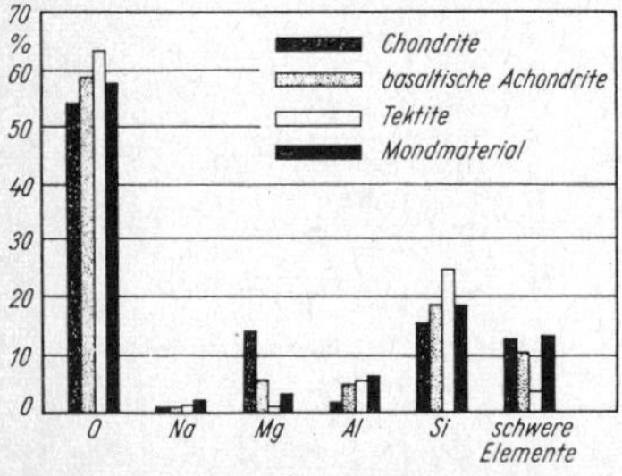

Analyse der mineralogischen Zusammensetzung (in Massen-%) des Mondoberflächenmaterials (»Surveyor 5«) im Vergleich zu irdischen Mineralien

400 km unter Verwendung der Vernier-Triebwerke ein Korrekturmanöver vorgenommen. In einer Höhe von 84 km über der Mondoberfläche wurde das kugelförmige Hauptbremstriebwerk (Masse 625 kg) durch einen Steuerimpuls des Radarhöhenmessers gezündet. Dieses von den »Gemini«-Bremstriebwerken abgeleitete Triebwerk hatte ein Stahlgehäuse von 93 cm Durchmesser und eine versenkte Düse mit einem Entspannungsverhältnis 50 : 1. Der rund 40 s lang wirksame Bremsschub von 4000 kp verminderte die Fluggeschwindigkeit von 2750 auf 159 m/s. Das Gerät landete auf 2,3° südl. selenogr. Br. und 43,3° westl. selenogr. L. Nach Brennschluß der Vernier-Triebwerke hatte »S. 1« noch eine Landemasse von rund 280 kg. Die Höhe des Geräts betrug 3,05 m und sein Durchmesser mit ausgeklappten Landebeinen 4,27 m. An einem zentralen vertikalen Auslegermast der offenen Gitterkonstruktion waren eine Solarzellenfläche und eine Planar-Richtantenne angebracht. Die Energieabgabe der Solarzellen betrug max. etwa 89 W; als Speicher dienten Silber-Zink-Batterien mit zusammen etwa 4800 Wh Kapazität. Die Planar-Richtantenne (Sendeleistung 10 W) ermöglichte eine Übertragung von max. 4400 bit/s, während mit einer zweiten, ungerichteten Antenne 1100 bit/s übertragen werden konnten. Die Datenübermittlung umfaßte 200 technische Meßwerte und die Bildsignale der Fernsehkamera. Zum Schutz gegen die extremen Temperaturverhältnisse an der Mondoberfläche (Schwankungen zwischen +100°C und −140°C) hatte man die empfindlichen elektronischen Geräte in 2 mit Super-Wärmedämmstoff umhüllten Kästen untergebracht, die in ihrem Innern Temperaturbereiche von 4°C bis 50°C bzw. −18°C bis +50°C aufrechterhielten. Die Bilder der vertikal eingebauten und mit einem horizontal um 360° sowie vertikal zwischen +15° und −45° schwenkbaren Spiegel versehenen Kamera (Gesamtmasse des Kamerasystems 27 kg) wurden anfangs über die ungerichtete Antenne mit 200 Bildzeilen und nach Ausrichtung der Planarantenne auf die Erde mit 600 Zeilen übertragen. Die Optik der Kamera ließ sich durch Steuerung von der Erde aus von 1,2 m bis auf »Unendlich« variabel scharf einstellen und zwischen Weitwinkel- und Teleeffekt variieren. In der kleinsten Aufnahmenentfernung konnten Objekte von 1 mm Größe erkennbar gemacht werden, in 500 m Entfernung solche von 1 m

Größe. Bis zum 14. Juni 1966, dem Ende des Mondtags für »S. 1«, wurden insgesamt 10 338 Aufnahmen übermittelt, von denen jeweils 1000 unter Verwendung eines Rot-, Grün- und Blaufilters gemacht wurden. Letztere ermöglichten nach einem komplizierten Verfahren die Herstellung von Farbbildern. Die Aufnahmen zeigten i. allg. in der Umgebung des Landeorts eine flache, von Gesteinstrümmern verschiedener Größe überstreute Ebene, deren Feinstruktur geringe, aber merkliche Unterschiede zum Landegebiet von → »Luna 9« aufwies. Darüber hinaus bestätigte sich der erstmalig durch die sowjetische Mondsonde erhaltene Befund, daß die Mondoberfläche keine allzu dicke Bedeckung durch lockeren Staub aufweist und für Landegeräte hinreichend tragfähig ist. Die Messung des Landestoßes mit Dehnmeßstreifen an den Landebeinen und die Fernsehbilder des Eindrucks der Landebeine im Mondboden ergaben nach ersten Auswertungen eine Oberflächenfestigkeit von 2,5 bis 7 kp/cm^2. Nach Beginn des neuen Mondtags (28. Juli) wurde die Bildübertragung erneut aktiviert, wodurch man weitere 812 Bilder erhielt.

Bei dem am 20. Sept. 1966 gestarteten »S. 2« mißlang die Bahnkorrektur. Der Raumflugkörper geriet in eine nicht wieder zu stabilisierende Taumelbewegung und schlug am 23. Sept. südwestlich des Kraters Kopernikus hart auf der Mondoberfläche auf. »S. 3« wurde am 16. April 1967 gestartet und landete am 19. April an einem Punkt 2,9° s. Br. und 23,3° w. L. im östlichen Gebiet des Oceanus Procellarum (etwa 90 km nordöstlich der Riphäen-Gebirge), wobei er nach dem ersten Aufsetzen 3 kleine »Sprünge« vollführte, da die Vernier-Triebwerke nicht sofort voll abschalteten. Außer mit einer Fernsehkamera (6315 Aufnahmen) war er mit einer kleinen, von der Erde aus fernzusteuernden Baggerschaufel ausgerüstet, mit der es gelang, mehrere schmale Furchen von verschiedener Länge und 5 bis 15 cm Tiefe in der Mondoberfläche zu ziehen. Der Vorgang konnte über die Fernsehkamera beobachtet werden. Das Oberflächenmaterial verhielt sich »ähnlich wie feuchter Sand« (offenbar Vakuum-Kleben von pulverförmigem Material).

Nach einem Mißerfolg mit »S. 4« (13. Juli 1967) landete der zusätzlich mit einem Gerät für Bodenanalysen ausgerüstete »S. 5« (272 kg) am 11. Sept. 1967 im Mare Tranquillitatis (1,45 ° n. Br.; 23,25° ö. L.). Das Analysengerät wurde nach der Landung an einem Kabel auf den Mondboden abgesenkt und arbeitete mit einem Alpha-Strahler (Cu-242) und einem Detektor zur Messung der Protonenrückstreuung. Die Messungen ergaben für das Mondmaterial eine basaltartige Zusammensetzung. Außerdem konnten vom 11. bis 24. Sept. 18 006 Aufnahmen übertragen werden. »S. 6« (Start am 7. Nov. 1967) gelangte am 9. Nov. in Sinus Medii auf die Mondoberfläche, übertrug in den ersten 8 d 14 500 Bilder und nahm 27 h lang nach

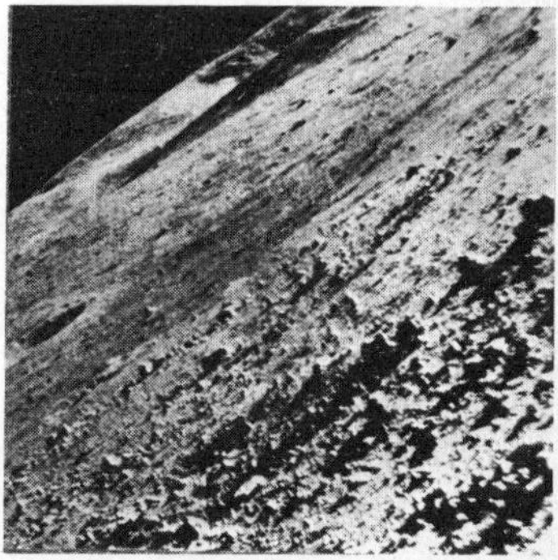

Weitwinkelaufnahme der Mondoberfläche, 30 km nördlich des Kraters Tycho (»Surveyor 7«)

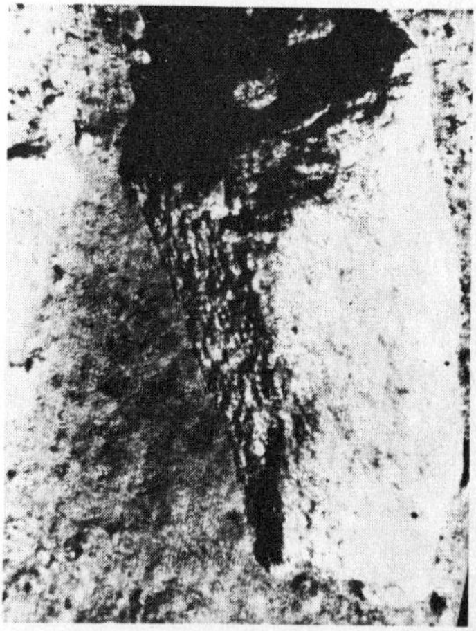

Gesteinsblock auf der Mondoberfläche (etwa 30 cm Länge), aufgenommen durch »Surveyor 7«

dem gleichen Verfahren wie »S. 5« Bodenanalysen vor, die zu weitgehend ähnlichen Ergebnissen führten. Am 17. Nov. wurden die Vernier-Triebwerke von der Erde aus für 8 s eingeschaltet, wodurch sich die Sonde etwa 4 m erhob und etwa 2,5 m versetzt wieder auf dem Mondboden niederging. Aus der neuen Position wurden weitere 15 000 Bilder übertragen, so daß eine sehr genaue stereoskopische Erfassung der Sondenumgebung möglich wurde.
Das Programm wurde mit »S. 7« (7. Jan. 1968) abgeschlossen, dessen Landung in einem Gebiet mit wesentlich rauherer Oberfläche – im Randgebiet des Kraters Tycho – als bei den früheren »S.«-Geräten (Mare-Landungen) vorgesehen war. Sie gelang trotzdem am 9. Jan. 25 km nördlich des Kraterrandes von Tycho (41° s. Br.; 11,4° w. L.). Bis zum 22. Jan. wurden rund 15 000 Bilder übermittelt, darunter erstmalig solche mit Polarisationsfilter. Eine erneute Aktivierung nach der Mondnacht, am 12. Febr. 1968, ließ durch Ausfall eines Teilsystems nur noch eine Übertragung mit geringerer Bildauflösung zu. Daneben wurden in der ersten Aktivitätsperiode Bodenanalysen – die einen bemerkenswert geringeren Eisengehalt ergaben als die »S.-5«- und »S.-6«-Analysen – und damit teilweise kombinierte Schürfungen vorgenommen. Weiterhin wurden mit Hilfe der »S.«-Kamera Lasersignale, die 4 Erdobservatorien mit großen Teleskopen auf die »S.7«-Position abstrahlten, empfangen und damit die Entfernung der Sonde von der Erde auf ±15 cm genau ermittelt.

Swigert, *John:* US-amerikanischer Astronaut, geb. 30. Aug. 1931 Denver (Col.); nahm vom 11. bis 17. April 1970 mit → *Lovell* und → *Haise* in »Apollo 12« an einem vorzeitig wegen Havarie des Raumfahrzeugs abgebrochenen Mondflugunternehmen teil. – S. wurde Ingenieur für Flugzeugbau und Raumfahrtgeräte, war 1957 bis 1966 Testpilot in der Luftfahrtindustrie und kam 1966 in das Astronautenteam der NASA.

Swing-by → Fly-by.

»Symphonie«: Nachrichtensatellit, der als selbständiges Projekt von Frankreich und der BRD entwickelt wird und mit einer evtl. neu zu entwickelnden westeuropäischen Trägerrakete in eine geostationäre Umlaufbahn (15° w. L.) gebracht werden soll. Der Satellit soll mit 3 ausklappbaren Solarzellenauslegern, 1 Parabol- und 2 kleineren Hornantennen (für 1 Fernsehkanal und 132 Fernsprechkanäle) sowie Drallradstabilisierung ausgestattet sein.

Synchronbahn: kreisförmige Umlaufbahn eines künstlichen Erdsatelliten, dessen Umlaufzeit genau oder zumindest nahezu mit der Rotationsdauer der Erde übereinstimmt (23 h 56 min). Der Radius einer derartigen S. beträgt 42 100 km (6,61 Erdradien). Fällt die Ebene der Umlaufbahn angenähert mit der Ebene des Erdäquators zusammen, dann bleibt der Satellit unter Vernachlässigung von Bahnstörungen praktisch immer über dem gleichen Punkt des Äquators *(stationärer Satellit, geostationäre Bahn)*. Liegt jedoch eine gewisse Bahnneigung vor, dann führt der Satellit Pendelbewegungen nach Norden und Süden aus, wobei ein bestimmter Längenkreis für den → Subsatellitenpunkt die Rolle einer Symmetrieachse spielt und die Amplitude der Pendelbewegung um so größer ist, je größer die Bahnneigung gewählt wird. Auf S.en umlaufende Satelliten *(Synchronsatelliten)* sind für die Schaffung weltumspannender Funkrelaissysteme von allergrößter Bedeutung (→ Nachrichtensatellit).

»Syncom« [engl. Kurzwort aus **syn**chronus = synchron und **com**munication = Verbindung]: aktive Nachrichtensatelliten (USA), mit denen Telefon- und Fernsehübertragungen aus → Synchronbahnen erprobt wurden. Um die drallstabilisierten Satelliten aus der stark elliptischen Ausgangsbahn (Perigäumshöhe im Bereich von 250 bis 1200 km, Apogäumshöhe in Synchronbahnhöhe) in die nahezu kreisförmige Synchronbahn zu bringen, waren sie mit einem Apogäumstriebwerk ausgerüstet. Sie hatten Zylinderform (Durch-

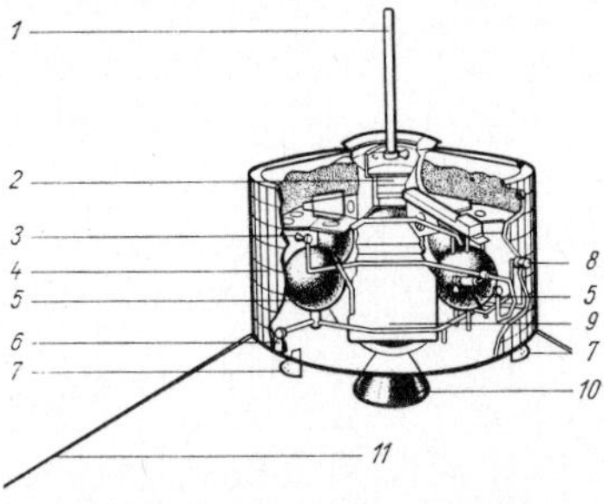

Aufbauschema eines »Syncom«-Satelliten: 1 Koaxialantenne, 2 Antennenelektronik, 3 Druckgasdüse, 4 Solarzellenfläche, 5 Druckgasbehälter, 6 Lageregelungsdüse, 7 Sonnensensor, 8 Beschleunigungsdüse, 9 Elektronikblock, 10 Apogäumstriebwerk, 11 Antennen

»Syncom 1« bei der Abschlußüberprüfung

messer 68 cm, Höhe 38 cm). Die Masse betrug vor der Zündung des Apogäumstriebwerks etwa 68 kg, danach rund 39 kg. Auf der äußeren Wandung befanden sich 3840 Solarzellen, innen waren ein Großteil der Elektronik sowie das Lagekontroll- bzw. Bahnfeinkorrektursystem untergebracht. Im Zentrum saß das Apogäumstriebwerk (Feststoff) mit den übrigen elektronischen Baueinheiten. Die Funkverbindung mit »S. 1« (14. Febr. 1963) ging schon kurz nach der Zündung des Apogäumstriebwerks verloren. Das Unternehmen mit »S. 2« (26. Juli 1963), dem eine Position über 55° w. L. (Atlantik, Brasilien) gegeben wurde (Bahnneigung 33,4°), war erfolgreich und brachte eine dauerhafte, gute Telefonverbindung. Die erste tatsächlich »feste« Position erreichte »S. 3« (19. Aug. 1964), der mit einer »Thor-Delta«-Rakete in eine äquator-parallele Bahn (0,06° Neigung) gebracht wurde. Dazu hatte man das Bahnkorrektursystem verstärkt und den Vorrat an Arbeitsmedien vergrößert. Über diesen Satelliten, der eine Position über dem 180. Längenkreis erhielt, konnten bis zu 2400 Telefongespräche gleichzeitig geführt und Fernsehübertragungen vorgenommen werden. Mit seiner Hilfe wurden u. a. die Fernsehübertragungen der Olympischen Spiele in Tokio nach den USA durchgeführt.

Synenergiekurve: erstmals von *Oberth* (1923) angegebene und daher häufig nach ihm benannte Bahnkurve für den Aufstieg von Raumfahrtträgerraketen, bei der die Summe der Antriebsverluste durch Luftwiderstand und Erdgravitation einen Minimalwert erreicht. Ihre Berechnung ist im Einzelfall recht kompliziert, da neben dem Verlauf von Luftwiderstand und Gravitation in Abhängigkeit von der Höhe noch die Änderung der Beschleunigung während der Antriebszeit, die Stufenteilung der Rakete, deren aerodynamische Kennziffern und die Erdrotation als Hauptfaktoren in die Rechnung eingehen. Im allg. hat die Bahn einen vertikalen Anfangsteil und biegt dann allmählich in angenähert horizontale Richtung um.

T

»TACOMSAT« [Abk. für engl. **Tac**tical **Com**munication **Sat**ellite]: militärischer Nachrichten-Versuchssatellit (USA), der am 9. Febr. 1969 mit einer »Titan 3 C« über dem Pazifik in eine geostationäre Umlaufbahn gebracht wurde. Der Satellit (Masse 725 kg) ist mit seinem Antennenträger etwa 8 m hoch (Durchmesser 2,4 m) und mit einer besonderen Drallradstabilisierung ausgerüstet.

»TACOMSAT« in der Endmontage

»TAD« → »Thor«.
taktische Raketenwaffen → Kampfrakete.
»Tansei«: zweiter japanischer Meßsatellit (63 kg), der am 16. Febr. 1971 mit einer japanischen Trägerrakete vom Typ »Mü 4 S« vom Versuchsgelände Uchinoura in eine Umlaufbahn zwischen 983 und 1103 km Höhe (Bahnneigung 29,6°) gebracht wurde.
»Tartar« [engl., svw. Hitzkopf]: einstufige Feststoffrakete (USA), die als Boden-Luft-Rakete zum Einsatz von Schiffen aus bestimmt ist. Ihre Länge beträgt 4,5 m (Durchmesser etwa 45 cm) und die Startmasse rund 680 kg. Sie ist mit einer halbaktiven Zielsuchlenkung ausgerüstet, trägt einen hochexplosiven Kampfkopf und verfügt über eine Reichweite von etwa 20 km.
»TAT« → »Thor«.
»TD«-Satelliten: Forschungssatelliten, die im Rahmen des → ESRO-Programms von Frankreich, Großbritannien, Schweden und der BRD gemeinsam entwickelt und mit US-amerikanischen »Thor-Delta«-Raketen in Umlaufbahnen gebracht werden sollen. Die zuerst konzipierten Muster »TD 1« und »TD 2« wurden Ende 1968 gestrichen; dafür soll ersatzweise lediglich ein Satellit »TD-1-A« gebaut werden. Dieser wird eine Masse von 466 kg (113 kg Geräte für 7 Experimente), eine quaderförmige Hauptstruktur (2,2 m Höhe, 1 m Kantenlänge) sowie ausklappbare Solarzellenausleger (5 m Spannweite) haben und in einer kreisförmigen Umlaufbahn mit 550 km Höhe Untersuchungen stellarer und solarer Strahlungen dienen. – »TD-1-A« wurde am 12. 3. 1972 vom kalifornischen Versuchsgelände Vandenberg aus gestartet und erreichte die vorgesehene Umlaufbahn. Er umkreist die Erde in 97 Minuten.
Telemetrie → Meßwertübertragung.
»Telstar«: aktive Nachrichtensatelliten, die von einem US-amerikanischen Privatunternehmen zur Erprobung von Fernmelde- und Fernsehverbindungen entwickelt und mit Unterstützung der NASA (»Thor-Delta«-Rakete) gestartet wurden. Der Satellitenkörper hatte Kugelform (Durchmesser 0,88 m). Auf seiner Oberfläche waren 3600 Solarzellen untergebracht. Um den »Äquator« des drallstabilisierten Satelliten zogen sich in ringförmiger Anordnung 2 in Segmente aufgeteilte Antennensysteme, während eine weitere, spiralförmige Antenne an einem seiner »Pole« befestigt war. Die Funkausrüstung der »T.«-Satelliten ermöglichte außer der Übertragung von Schwarzweiß- und Farbfernsehsendungen 600 einseitige oder 60 zweiseitige Sprechverbindungen.
Der erste Satellit dieses Typs wurde am 10. Juli 1962 gestartet. Er hatte eine Masse von 77,2 kg und erreichte eine Bahn mit 957 km Perigäums- und 5700 km Apogäumshöhe. Er funktionierte zunächst zufriedenstellend; durch die Auswirkungen der amerikanischen Kernwaffenexplosion vom 9. Juli 1962 (in 322 km Höhe über der Johnston-Insel) wurde dann jedoch die Funkverbindung gestört. Mit einer Automatik gelang es binnen 6 Wochen, die An-

»Telstar«

lage zu reparieren, und der Satellit nahm seine Funktion wieder auf. Am 21. Febr. 1963 verstummte er schließlich völlig. Mit dem Start von »T. 2« am 7. Mai 1963 wurde das »T.«-Programm zum Abschluß gebracht. Dieser Satellit hatte 79,5 kg Masse, erreichte eine Bahn zwischen 973 und 10 800 km Höhe und arbeitete zufriedenstellend, mußte aber im Aug. 1963 ebenso repariert werden wie »T. 1«.

Temperaturregelung: Verfahren zum Aufrechterhalten der für die Betriebsfunktionen in einem Raumflugkörper notwendigen Temperatur. Für einen Körper im Weltraum werden die Temperaturverhältnisse einmal durch die Wärmeproduktion in seinem Innern und zum anderen durch die Wärmeaufnahme aus der Sonnenstrahlung sowie durch sein eigenes Abstrahlungsvermögen bestimmt. Der Weltraum selbst ist temperaturlos, da es in ihm keine genügend dichte stoffliche Substanz für eine Temperaturdefinition im üblichen Sinne gibt. Für den Strahlungshaushalt in einem Raumflugkörper spielt daher seine Oberflächenbeschaffenheit eine entscheidende Rolle. Ein hochreflektierender Werkstoff verhindert eine zu starke Aufnahme von Wärme aus der Sonnenstrahlung, während ein dunkler diesen Effekt, aber auch die Abgabe der Eigenwärme, unterstützt. Durch entspr. Ausbildung der Außenhülle lassen sich somit die Temperaturverhältnisse in einem Raumflugkörper weitgehend beeinflussen. Ein auf kleine unbemannte Raumfluggeräte beschränktes einfaches Verfahren besteht darin, die Temperaturentwicklung in der jeweiligen Gerätezelle von vornherein so klein wie möglich zu halten und eine zusätzliche Wärmeaufnahme aus der Sonnenstrahlung durch einen hochreflektierenden Außenüberzug zu verhindern. Als Werkstoff hat sich dabei dünne Goldfolie bes. bewährt. Schon bei großen *unbemannten* Raumflugkörpern sind die Verhältnisse wesentlich komplizierter, da in deren Gerätezelle durch den Betrieb umfangreicher elektrischer und elektronischer Anlagen zum Teil eine beträchtliche Wärmemenge erzeugt wird, die unbedingt abgeführt werden muß. Dies kann nur durch Abstrahlen geschehen, wozu die Oberfläche des Raumflugkörpers mit meist segmentierten Flächen aus dunklem Material versehen wird, die durch ein an der Oberfläche hochreflektierendes Jalousie- oder Blendensystem bedeckt oder freigelegt werden können. Diese *Temperaturregelblenden* werden durch Wärmefühler im Innern des Raumflugkörpers gesteuert. Der Wärmetransport von den Geräten zur Zellwand geschieht durch Wärmeleitung und Konvektion in einem Füllgas, das zusätzlich noch von einem Lüfter in Umlauf versetzt werden kann.

Zum erstenmal wurde eine derartige Temperaturregelanlage in dem sowjetischen Meßsatelliten »Sputnik 3« erfolgreich eingesetzt. Sollte die Eigenerzeugung an Wärme sehr hoch sein, so daß eine bes. intensive Abstrahlung erforderlich ist, läßt sich der Abstrahlungseffekt u. a. auch durch entspr. große Strahlungsflächen steigern, die außen am Raumflugkörper angebracht werden.

In *bemannten* Raumflugkörpern geschieht die T. i. allg. durch die → Klimaanlage. Überschüssige Wärme wird dabei durch Einleiten der zirkulierenden Kabinenatmosphäre in eine Kühlanlage mit Flüssigkeitskreislauf abgeleitet. Dessen Wärme wird durch Verdampfen eines Teils der Kühlflüssigkeit in den Weltraum abgeführt oder über einen Radiatorteil, der im Schatten des Raumflugkörpers vor der Sonneneinstrahlung geschützt ist und so als intensiver Strahlungskühler wirkt.

Tereschkowa, *Walentina Wladimirowna:* sowjetische Kosmonautin, geb. 6. März 1937 Maslennikowo bei Jaroslawl (Wolga), führte vom 16. bis 19. Juni 1963 in → »Wostok 6« (Gruppenflug zusammen mit *Bykowski* in »Wostok 5«) als erste Frau der Erde einen Raumflug aus (48

Umläufe) und bewies damit in eindrucksvoller Weise, daß die Belastungen eines Raumflugs auch vom weiblichen Organismus ertragen werden können. Sie war bei ihrem Raumflug fast um die Hälfte länger in der Freiflugbahn als alle bis zu diesem Zeitpunkt gestarteten US-amerikanischen Astronauten zusammen. – Vor ihrer Ausbildung als Raumfahrerin war sie in einem Reifenwerk, in einem Flachsverarbeitungskombinat und – nach 1960 beendetem Studium – als Textiltechnologin tätig. 1959 begann sie im Fliegerklub Jaroslawl mit Fallschirmsport und führte bis zu ihrem Raumflug, zu dem sie sich nach dem Fluge *Gagarins* bewarb, 126 Absprünge unter verschiedensten Bedingungen aus. Seit 1963 ist T. mit dem Kosmonauten *Nikolajew* verheiratet und jetzt unter dem Namen *Nikolajewa-Tereschkowa* bekannt. 1964 wurde das erste Kind des Kosmonautenehepaars geboren.

»Terrier« [engl., Terrier]: zweistufige Feststoffrakete (USA), die als Boden-Luft-Rakete zum Einsatz von Schiffen aus bestimmt ist. Ihre Länge beträgt 8,2 m und ihre Startmasse 1350 kg. Die Reichweite wird mit 16 bis 18 km angegeben; die Lenkung geschieht mittels Radarleitstrahls.

thermochemisches Triebwerk → chemisches Raketentriebwerk.

»Thor«: einstufige Flüssigkeitsrakete (USA), die 1955/59 als militärische Mittelstreckenrakete entwickelt wurde, seitdem aber auch zunehmend als Startstufe für Raumfahrtträgersysteme zum Einsatz kommt. Die ersten Raumfahrtträgervarianten »DSV-3 A« und »DSV-3-B« hatten eine Gesamtlänge von 18,18 m und einen größten Durchmesser von 2,44 m. Die Startmasse betrug 48,6 t, wovon max. 45 t auf die Treibstoffe entfielen. Das in den gegenwärtig eingesetzten Versionen verwendete verbesserte Triebwerk (Flüssigsauerstoff und Kerosin) liefert einen Startschub von 78,12 Mp, der sich im Vakuum auf 88 Mp erhöht. Neben dem schwenkbaren Haupttriebwerk hat die »T.« noch 2 kleine Flüssigkeitstriebwerke (454 kp Schub) für die Lenkung. Das programmgesteuerte Trägheitslenksystem befindet sich, ebenso wie die übrige elektronische Ausrüstung, im oberen Teil der Rakete, unmittelbar über dem konusförmigen Kerosintank. Im Unterschied zu moderneren US-amerikanischen Raketenkonstruktionen bilden die Tankwandungen nicht auch zugleich die Außenhülle der Rakete. Diese wird vielmehr in Halbschalenbauweise unter Verwendung von Stringern und Spanten gefertigt. Die »T.« wurde mit verschiedenen Oberstufen zum Aufbau zwei- und dreistufiger Trägersysteme für militärische und wissenschaftliche Raumflugprogramme verwendet (*»T.-Able«, »T.-Agena«, »T.-Able-Star«, »T.-Delta«*). Neben der »T.-Agena« ist die »T.-Delta« (auch einfach »Delta«) der meist eingesetzte Raumflugträger dieser Reihe, wobei als Standardversion heute die **»TAD«** [Abk. für engl. **T**hrust **A**ugmented **D**elta] gilt, die aus der **»TAT«** [Abk. für engl. **T**hrust **A**ugmented **T**hor = schubverstärkte »Thor«-(Rakete)] hervorging. Letztere wurde erstmalig beim Start von »Syncom 3« eingesetzt; die Schubsteigerung der Startstufe geschieht durch 3 Feststofftriebwerke (4,1 t Masse, 25 Mp Schub), die außen am Heck der »Thor«-Rakete angebracht werden. »TAT« und »TAD« erreichen damit einen Startschub von 153 Mp. Letztere hat in der zweiten Stufe (Flüssigkeitstriebwerk mit Salpeter-

»Thor« auf der Startrampe

säure und unsymmetrischem Dimethylhydrazin) einen Schub von 3600 kp und in der dritten Stufe (Feststofftriebwerk) einen Schub von 2800 kp. Sie ist 29 m lang (Startmasse 68 t) und kann 730 kg Nutzmasse in eine erdnahe Umlaufbahn brin-

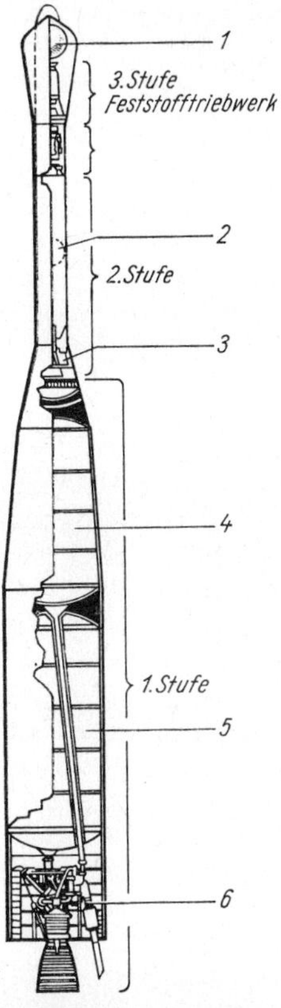

Aufbauschema der »Thor-Delta«-Rakete: 1 Satellit, 2 Druckgasbehälter, 3 Flüssigkeitstriebwerk, 4 Brennstofftank, 5 Oxydatortank, 6 Flüssigkeitstriebwerk

gen. Als weitere Modifikation wurde die »Long-Tank-T.«-Grundstufe eingeführt; durch eine Verlängerung von 17 auf 21,5 m ist ihre Treibstoffkapazität um 45 % höher, so daß sie eine um 20 % größere Nutzmasse aufnehmen kann. Mit der »Delta«-Oberstufe entstand so die »Long-Tank-Delta« (»LT Delta«).

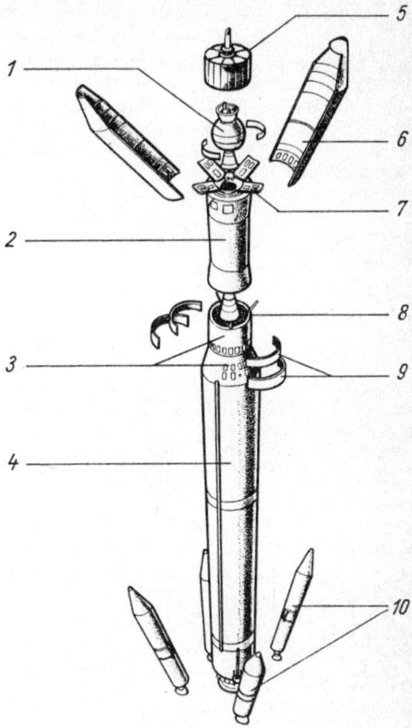

Aufbauschema einer »TAD«-Rakete: 1 Feststofftriebwerk (dritte Stufe), 2 zweite Stufe, 3 Adapter mit Gasaustrittsöffnungen, 4 erste Stufe, 5 Satellit, 6 Abdeck-Konus, 7 Dreh-»Tisch« für Drallstabilisierung, 8 Trennring, 9 Abdeckbänder, 10 angesetzte Feststofftriebwerke

»Thunderbird« [engl., svw. Donnervogel]: mit 4 Feststoffstartraketen (Booster) ausgerüstete Boden-Luft-Feststoffrakete (Großbritannien). Die Starttriebwerke sind kranzförmig um das Haupttriebwerk angeordnet und werden nach Brennschluß abgeworfen. Die Länge der Rakete beträgt 6,3 m und ihre Startmasse → 1800 kg. Die Reichweite wird mit etwa 40 km angegeben, die Lenkung geschieht halbaktiv mit einem Radar-Zielsuchkopf als Kommandogeber.

Tichomirow, *Nikolai Iwanowitsch:* sowjetischer Wissenschaftler, geb. 1860, gest. 1930, Chemieingenieur, Organisator und Leiter des → Gasdynamischen Laboratoriums, entwickelte Raketengeschosse auf der Grundlage rauchloser Pulver.

Tichonrawow, *Michail Klawdijewitsch:*

Heckteil einer durch 3 angesetzte Feststofftriebwerke schubverstärkten »Thor«-Raketen-Erststufe

sowjetischer Techniker, geb. 1900, gehörte zu den führenden Persönlichkeiten der 1931 gegr. → GIRD und schuf mit dieser Arbeitsgruppe die erste sowjetische Flüssigkeitsrakete.

Tierkreis → Ekliptik.

»TIROS« [Abk. für engl. **T**elevision and **I**nfra**r**ed **O**bservation **S**atellite = Fernseh- und Infrarot-Beobachtungssatellit]: die ersten systematisch eingesetzten *Wettersatelliten* (USA, ab 1960), deren eingebaute Fernsehkameras einen fast globalen Überblick über Verteilung, Struktur von Wolken sowie der Bildung von Wolkenformationen und der Entwicklung von Wettersituationen gaben, vor allem über Gebieten, die mit dem sonstigen Wetterbeobachtungsnetz nur schlecht zugänglich sind (Meere, Polargebiete). Die »TIROS«-Einsätze führten darüber hinaus im atlantischen und bes. im karibischen Raum mehrfach zur rechtzeitigen Entdeckung von Sturmzyklonen, so daß für Schiffahrt und Küstengebiete Warnmeldungen herausgegeben werden konnten.

Die Satelliten hatten die Form eines flachen Zylinders mit einem Durchmesser von 1,07 m und einer Höhe von 0,48 m bei den ersten beiden Satelliten bzw. 0,56 m bei allen übrigen. Ihre Masse lag je nach Ausrüstung zwischen 125 und 135 kg. Mit Ausnahme der Grundplatte des Zylinders, auf der in seinem Innern die verschiedenen Anlagen und Geräte montiert wurden, war die gesamte Außenfläche des Satelliten mit Solarzellen besetzt. Aus der Grundplatte ragten die Objektive der Fernsehkameras heraus; außerdem befanden sich auf ihr außen noch die Empfangselemente von zusätzlichen Meßgeräten sowie die Sendeantennen. Die drallstabilisierten Satelliten waren jeweils mit 2 Fernsehkameras ausgerüstet, zu deren Zubehör auch Magnetbandspeichergeräte und Programmgeber gehörten. Zur Orientierung über die jeweilige Aufnahmerichtung wurden Fotozellen als Horizontsucher eingesetzt. Der zu einer Aufnahme gehörende Bahnort wurde durch Bahnvermessung über Signale des Peilsenders erhalten.

Die beiden ersten »TIROS«-Satelliten (Start 1. April und 23. Nov. 1960) waren mit je einer Weitwinkel- und Telefernsehkamera ausgerüstet. Aus den zwischen 630 und 760 km liegenden Bahnhöhen hatten die Weitwinkelkameras ein Auflösungsvermögen, das noch Objekte von 2,5 bis 3 km Ausdehnung erkennen ließ. Die Telekameras konnten bei senkrechter Aufnahmerichtung Gebiete mit einem Durchmesser von 120 km erfassen, bei einem Auflösungsvermögen bis zu 300 m. In dem am 12. Juli 1961 gestarteten »TIROS 3« wurde die Telekamera durch eine zweite Weitwinkelkamera ersetzt, um bei Ausfall einer Kamera Ersatz zu haben. Eine der Kameras fiel auch tatsächlich nach 12 d aus. In den weiteren Satelliten dieser Serie bis »TIROS 7« wurden noch verschiedene Änderungen der Kamera- und Meßausrüstung vorgenommen, die jedoch nicht prinzipieller Art waren. Bei dem am 21. Dez. 1963 gestarteten »TIROS 8« wurde dann als wesentliche Neuerung das → *APT-System* eingeführt. »TIROS 9« (22.

Eine der ersten Wolkenfelderaufnahmen durch »TIROS 1«

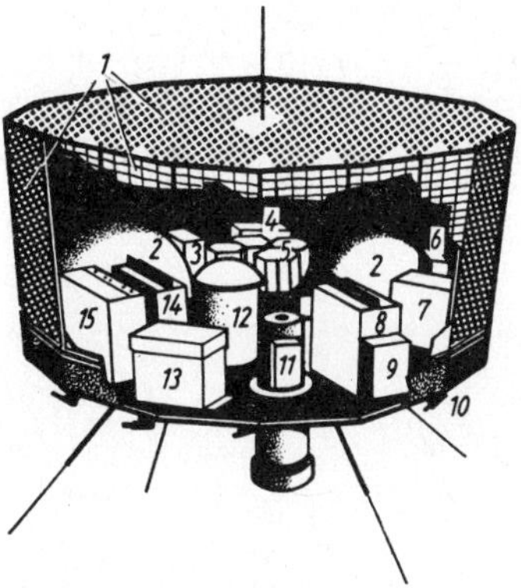

Aufbauschema von »TIROS 1«: 1 Solarzellen, 2 Magnetbandbildspeicher, 3 Steuerschaltkreise, 4 Batterieladeregler, 5 Batterien, 6 Bildspeicherelektronik, 7 Umformer für Magnetbandantrieb, 8 Steuerung für Hilfsgeräte, 9 Spannungsregler, 10 Drallstabilisierungsdüse, 11 Fernsehkamera (Weitwinkel), 12 elektronischer Zeitgeber, 13 Fernsehübertragungsgerät, 14 Steuerelektronik, 15 Kameraelektronik

Jan. 1965; 138,56 kg) gelangte in eine stärker elliptische Bahn (Perigäumshöhe 704 km, Apogäumshöhe 2584 km). Er galt als Versuchssatellit der *TOS-Serie* (*TI*ROS *O*perational *S*atellites), den eigentlichen Einsatztypen von Wettersatelliten (→ »ESSA«). Zur Verbesserung hinsichtlich des überwachten Gesamtareals der Erdoberfläche wurde dabei ein neues Verfahren eingeführt. Die beiden Kameras befanden sich an gegenüberliegenden Punkten des Zylindermantels, und die Rotationsachse des Satelliten wurde senkrecht zur Bahnebene gelegt, so daß der Zylindermantel radähnlich auf der Bahn abrollte. Dadurch waren die beiden Kameras abwechselnd auf die Oberfläche gerichtet (Rotationsfrequenz: 10 U/min). Zusammen mit dem sonnensynchronen Bahnverlauf (ständig angenähert über der Licht-Schatten-Grenze) ergab sich so eine ziemlich lückenlose Beobachtung der gesamten Erdoberfläche. Da »TIROS 9« kein APT-System aufwies, war der Bildempfang wieder nur auf 3 Spezialstationen in den USA beschränkt. Das gleiche galt für den am 2. Juli 1965 gestarteten »TIROS 10«, der auch in den sonstigen tech-

»TIROS 6« nach der Montage auf der dritten Stufe der Trägerrakete

nischen Einzelheiten seinem unmittelbaren Vorgänger entsprach. Seine Bahn konnte jedoch wesentlich besser dem vorgesehenen Programm angepaßt werden (Höhe zwischen 739 und 835 km, Neigung 98 °).

»Titan«: Serie von mehrstufigen Flüssigkeitsgroßraketen (USA), die bisher 3 zu verschiedenen Zwecken eingesetzte Varianten umfaßt. Das Ausgangsmuster »T. 1« diente hauptsächlich zur Vorbereitung der Entwicklung der »T. 2«. Letztere zählt neben »Atlas« und »Minuteman« zu den derzeit einsatzbereiten US-amerikanischen Interkontinentalraketen. Sie wird im Unterschied zu »T. 1« mit lagerfähigen Treibstoffen betrieben und kann aus unterirdischen Silos gestartet werden. Im weiteren Verlauf der Entwicklung wurde »T. 2« auch als Trägerrakete für Raumfahrtzwecke eingesetzt, so z. B. für das »Gemini«-Programm. Die dritte Version »T. 3A« ging aus der »T. 2« durch Hinzufügen einer weiteren Antriebsstufe (Oberstufe) hervor und bildet den Kern des Systems »T. 3C«, bei dem das bisherige Aufbauprinzip durchbrochen ist, indem als Startstufe seitlich an die »3A«-Version 2 große Feststofftriebwerke angesetzt sind. Der Ausgangstyp »T. 1« war zweistufig und wies eine Höhe von 30 m auf (Startmasse 110 t). Die Startstufe hatte 2 Triebwerke mit zusammen 136 Mp Schub, der für die »T. 2« auf rund 200 Mp gesteigert wurde. Außerdem erhielt die Zweitstufe den gleichen Durchmesser wie die Erststufe (3,05 m) und ein neues Triebwerk von 45,4 Mp. Die Startmasse vergrößerte sich auf etwa 150 t, die Höhe der Rakete (mit Nutzmasseteil) ist mit 31,2 m jedoch nur geringfügig größer als die von »T. 1«. Als Treibstoffkombination kommen für beide Stufen Stickstofftetroxid und ein Gemisch aus 50% Hydrazin und 50% unsymmetrischem Dimethylhydrazin zum Einsatz. Bei der »T. 3A« entsprechen die erste und die zweite Stufe im wesentlichen der Einsatzversion der »T. 2«. Man verstärkte lediglich die Zellenkonstruktion (Wanddicke der Tanks der ersten Stufe von 4,5 auf 8,5 mm) und brachte zusätzlich außen einige Stringer an, um die bei der »3 C«-Version auftretenden größeren Belastungen mit erhöhter Sicherheit aufnehmen zu können. Die für die Treibstofförderung notwendige zusätzliche Druckbeaufschlagung der Treibstoffbehälter geschieht durch die Treibstoffe selbst, von denen ein kleiner Teil hinter den Förderpumpen abgezweigt und am Turbinenabgasstutzen verdampft wird. Die Teillängen der beiden Stufen liegen bei 21,3 m (mit Stufenadapter) bzw. etwa 7,5 m. Der Durchmesser der neu hinzugekommenen dritten Stufe beträgt ebenfalls 3,05 m, ihre Länge etwa 4,9 m und ihre Masse etwa 13 t. Diese Stufe, auch »*Transtage*« [engl., svw. Übergangsstufe] genannt, kann nach mehrstündigen antriebslosen Freiflugperioden mehrfach wiedergezündet werden. Damit sind sehr weitgehende Bahnänderungen durchführbar, und die Bahnneigung läßt sich je nach Größe der Nutzmasse bis zu 60° ändern. Als Antrieb der dritten Stufe dienen 2 Triebwerke mit je 3,6 Mp Schub, die unter Verwendung der gleichen Treibstoffe wie die unteren Stufen eine max. Brennzeit von rund 480 s haben. Sie sind kardanisch aufgehängt und können in beiden Ebenen um jeweils 6° ausgelenkt werden. Die Treibstofförderung geschieht durch Stickstoffdruckgas unter Verwendung von Teflon-Membranen in den Treibstoffbehältern.

Zur Lageregelung sind mehrere Vernier-Triebwerke vorhanden, die teilweise auch der Vorbeschleunigung vor dem Zündein-

Start einer strategischen »Titan«-Rakete

»Titan 3C« auf der Startrampe

von jeweils 34 t Masse. Die Segmente sind so voneinander getrennt, daß neben dem Innenabbrand auch noch eine der beiden Endflächen eines Segments mit abbrennt, während die andere durch eine Isolierschicht geschützt ist. Als Treibstoff findet ein Gemisch aus Polybutadien-Akrylsäure-Akrylnitril mit Aluminiumpulverzusatz und Ammoniumperchlorat als Oxydator Verwendung. Die Nominalbrenndauer beträgt 120 s, der Startschub etwa 900 Mp.

Zur gasdynamischen Schubvektorsteuerung wird an 4 Stellen der Düse Stickstofftetroxid eingespritzt, das ebenso wie die

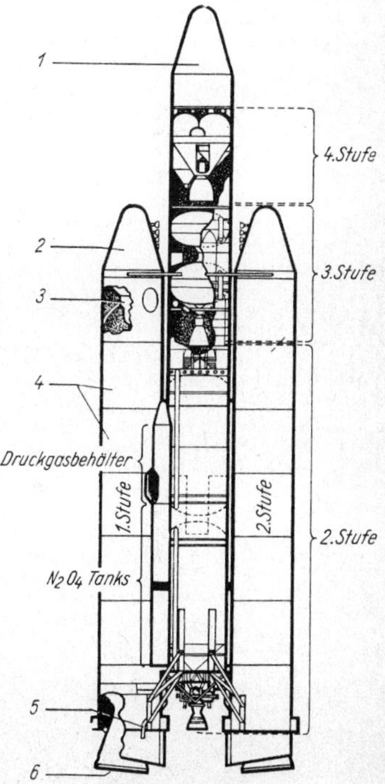

Aufbauschema einer »Titan 3C«: 1 Nutzlast, 2 Nasenverkleidung, 3 Zündanlage, 4 Treibstoffsegmente, 5 N_2O_4-Leitung f. Schubvektorregelung, 6 Ausströmdüse

satz der Haupttriebwerke dienen. Oberhalb der dritten Stufe ist ein zylindrisches Zellenstück als gesonderte Baugruppe vorhanden, in der sich die Lenk- und Steuerelektronik, die Fernmeßanlagen, die Energieversorgung und das Sicherheitssystem befinden. Die Erweiterung der »3A«-Version auf das vierstufige »T. 3C«-System geschah durch 2 große Start-Feststofftriebwerke (größter und leistungsfähigster Typ der USA). Sie haben bei einem Durchmesser von 3,05 m und einer Länge von 25,9 m eine Startmasse von je 200 t. Der Triebwerkskörper besteht aus einem glasfaserumwickelten Stahlgehäuse, an das sich ein mit Graphit ausgekleideter Düsenteil anschließt, dessen Mittelachse um 6° gegen die Längsachse des Triebwerks abgewinkelt ist, damit der Schubvektor annähernd durch den Schwerpunkt des Gesamtsystems geht. Der als Röhrenbrenner ausgebildete Treibsatz besteht aus 5 hintereinander gelagerten Segmenten

Druckgasfördereinrichtung (Stickstoff) in einem seitlich am Triebwerk angebrachten zylindrischen Tank von 1,03 m Durchmesser und 10 m Länge untergebracht ist. Um in Notfällen einen vorzeitigen Brennschluß zu erreichen, sind im Oberteil jedes Triebwerks 4 Abdeckungen eingebaut, deren Absprengen den Abbrand durch Drucksenkung im Triebwerk sofort unterbricht. Oben und unten sind noch je 4 kleine Feststofftriebwerke eingebaut, die den großen Starttriebwerken beim Abtrennen von der zweiten Stufe eine seitliche Beschleunigung geben, um Kollisionen zu unterbinden. Die Triebwerke der zweiten Stufe zünden kurz vor Brennschluß der ersten Stufe. Die Startmasse des »T. 3C«-Systems wird mit etwa 635 t angegeben, seine Nutzmassekapazität für erdnahe Umlaufbahnen zwischen 9000 und etwa 11 500 kg sowie für Fluchtgeschwindigkeit aus Erdnähe mit etwa 2000 kg. Der erste Start einer »T. 3C« geschah am 18. Juni 1965, wobei die als Satellitenattrappe ausgebildete Nutzmasse (9525 kg) eine Umlaufbahn zwischen 162 und 172 km Höhe erreichte. Bei einem weiteren Start am 25. Juni 1965 gelangte eine Nutzmasse von über 12 000 kg in die Umlaufbahn. Ab Okt. 1965 wurde die »T. 3C« hauptsächlich für Mehrfachstarts von vorwiegend militärischen Satelliten eingesetzt.

Titow, *German Stepanowitsch:* sowjetischer Kosmonaut, geb. 11. Sept. 1935 Werchneje Shilino (Altai-Gebiet), führte am 6. Aug. 1961 als zweiter Mensch einen Raumflug in → »Wostok 2« aus (etwa 25 h, 17 Umläufe). Vor Beginn seiner Raumfahrerausbildung (1959) war T. Jagdflieger.

»Topaze« [frz., Topas]: einstufige Feststoffrakete (Frankreich), die als Erprobungsmuster für Mittelstreckenraketen entwickelt wurde und deren Triebwerk darüber hinaus als zweite Stufe für die Satelliten-Trägerrakete »Diamant« dient. Sie hat eine Länge von 7,85 m (Durchmesser 0,80 m), eine Startmasse von 3405 kg und ist mit 4 schwenkbaren Düsen ausgestattet.

Totalimpuls: Zeitintegral über den Schub während der gesamten Brenndauer eines Raketentriebwerks. Ist der Schub dabei konstant, so ergibt sich der T. als Produkt aus Schub und Brenndauer in kp · s. In der älteren Literatur wird der T. häufig auch als *Schubzeitwert* bezeichnet.

»TRAAC« [Abk. für engl. **T**ransit **R**esearch **a**nd **A**ttitude **C**ontrol = Durchgangsuntersuchungen und Lagekontrolle]: Versuchssatellit von 90,8 kg Masse (USA), der zusammen mit dem Navigationssatelliten → »Transit 4B« gestartet (15. 11. 1961) und von diesem dann in der Umlaufbahn getrennt wurde. Der Satellit hatte die Form einer flachen zwölfeckigen Dose, auf der ein zylindrischer Stiel saß; in der Bahn wurde aus diesem Stiel ein pendelartiges System ausgefahren, das Untersuchungen zur → Schwerkraftgradienten-Stabilisierung diente.

Trägersystem → Stufenprinzip.

Trägheitsnavigation: Navigationsverfahren für Trägerraketen sowie weitreichende Boden-Boden- und Luft-Boden-Raketen, bei dem die Eigenortung (→ Ortung) des Flugkörpers über Werte für Geschwindigkeit und zurückgelegte Wegstrecke geschieht, die aus der Wirkung von Trägheitskräften abgeleitet werden. Als Meßwertgeber für die Trägheitskräfte dienen Beschleunigungsmeßgeräte, die nach einem dreiachsigen orthogonalen (rechtwinkligen) Bezugssystem orientiert sind.

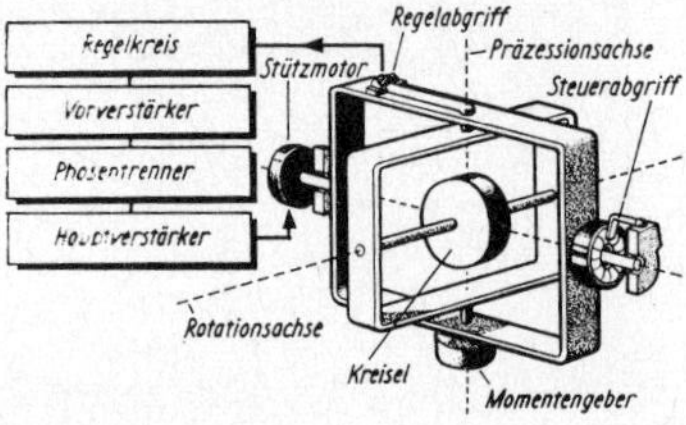

Aufbauschema eines Lagemeßkreisels für eine Kreiselplattform

Die in den 3 senkrecht zueinander stehenden Meßrichtungen auftretenden Beschleunigungen ergeben durch einmalige Integration die Geschwindigkeit, und deren nochmalige Integration ergibt die zurückgelegte Strecke. Der wesentlichste Nachteil der T. besteht somit darin, daß sie nur in den Antriebsphasen eines Flugprogramms (Start und Bahnkorrekturmanöver) verwendet werden kann, da im antriebslosen Freiflug bekanntlich keine Beschleunigungswirkungen auftreten. Für den Fall einer über eine längere Strecke annähernd parallel zur Erdoberfläche geführten Antriebsbahn (Satellitenträger, militärische Fernraketen) muß das *Beschleunigungsmeßsystem* mit einer Richtungskoordinate nach der örtlichen Vertikalen ausgerichtet werden, um so ständig eine Beziehung zum erdfesten geographischen Koordinatensystem zu erhalten. Bei freien Raumflügen wählt man dagegen meist eine raumfeste Orientierung. Die Fesselung der Beschleunigungsmeßgeräte an ein bestimmtes Orientierungsprogramm erreicht man dadurch, daß man sie auf einer *Meßplattform* anordnet, die mit einem stets raumfest orientierten Bezugssystem gekoppelt ist. Dieses Bezugssystem wird durch Kreisel gebildet, deren Trägheitskräfte bekanntlich eine einmal festgelegte Ausrichtung der Kreiselachsen mit großer Genauigkeit festhalten. Die Ausrichtung des Kreiselsystems *(kreiselstabilisierte Plattform, Kreiselplattform)* geschieht vor dem Start der Träger- oder Fernrakete. Bei Fernraketen wird dann die Meßplattform nach einem durch spezielle *Lotrichtungsanzeiger* kontrollierten Programm automatisch so gegen die Kreiselplattform verdreht, daß die gewünschte Orientierung auf die örtliche Vertikale erhalten wird. Dabei muß man den Einfluß verschiedener Faktoren berücksichtigen, beispielsweise die Erdrotation und die Abweichung der scheinbaren von der wahren Vertikalen durch Form und Struktur des Erdkörpers. Die Berücksichtigung dieser Faktoren und die Auswertung der Beschleunigungsmeßwerte geschehen in einem automatischen Rechengerät, das auch Vergleiche mit dem vorgegebenen Flugprogramm anstellt und die notwendigen Lenkkommandos ermittelt.

Für Raumflugträgerraketen und -körper setzt man die Beschleunigungsmesser meist gleich auf die Kreiselplattform, da das Flugprogramm auf ein raumfestes Koordinatensystem abgestimmt wird. Die Kreiselplattform bildet darüber hinaus in allen Fällen ein günstiges Bezugssystem zum Ermitteln der jeweiligen räumlichen Lage des Flugkörpers und ihrer für die → Fluglageregelung notwendigen Veränderungen. Obwohl an sich die Leitgenauigkeit der T. mit zunehmender Dauer des Flugprogramms abnimmt, konnten die modernen Systeme so verbessert werden, daß sie heute die gebräuchlichste Form der Raketen- und Raumflugnavigation bilden. Außerdem läßt sich ihre Genauigkeit durch Kopplung mit der → Astronavigation wesentlich verbessern, was vor allem für langdauernde Raumflugmissionen in Betracht kommt.

Trägheitsrad, *Drallrad:* Hilfsgerät zur Fluglageregelung von Raumflugkörpern, im Prinzip ein rad- oder kreiselförmiger Rotationskörper, dessen Drehachse parallel zu einer der 3 Hauptachsen des Raumflugkörpers gelagert ist und dessen Rotation auch dem Prinzip des konstanten Drehimpulses in geschlossenen Systemen eine gegenläufige Drehbewegung des Raumflugkörpers um die betr. Achse veranlaßt. Zur Lageänderung des Raumflugkörpers um alle 3 Achsen sind auch 3 entspr. ausgerichtete Trägheitsräder erforderlich. Die Größe des Drehimpulses ist dabei abhängig von den Massenträgheitsmomenten des Raumflugkörpers sowie von dem Massenträgheitsmoment und der Rotationsgeschwindigkeit des jeweiligen T.es. Kommt das T. zum Stillstand, endet auch sofort die Drehbewegung des Raumflugkörpers. Trägheitsräder lassen sich somit auch zur Kompensation von unerwünschten Lageänderungskräften verwenden *(Drallstabilisierung)*. Die Steuersignale zu ihrer Betätigung werden automatisch durch ein Lageorientierungsgerät geliefert. Die Lageregelung durch Trägheitsräder ist außerordentlich präzise und findet daher vor allem zur Ausrichtung von Raumflugkörpern für Beobachtungszwecke (z. B. astronomische Satelliten) Anwendung. Ein weiterer wesentlicher Vorteil ist die Unabhängigkeit von einem mitzuführenden Arbeitsmedium, wie es für Lageregelungssysteme durch ein Hilfstriebwerk oder Druckgas erforderlich ist.

»Transit«: militärische Navigationssatelliten (USA). Der erste Satellit dieser Serie (»T. 1B«) gelangte am 13. April 1960 in seine Umlaufbahn (Perigäumshöhe 388 km, Apogäumshöhe 740 km). Er hatte eine kugelförmige Gerätezelle (Durchmesser 0,91 m, Masse 120,3 kg), die einen mit Solarzellen besetzten Ringwulst aufwies. Die nächsten Satelliten (»T. 2A«, 22. Juni 1960; »T. 3B«, 22. Febr. 1961) waren im Aufbau ähnlich, jedoch jeweils noch mit einem zweiten, kleineren militärischen Testsatelliten (»SR 1« bzw. »Lofti 1«) verbunden, der in der Bahn abgetrennt werden sollte. Bei »T. 3B« mißlang diese Trennung. »Lofti 1« enthielt einen Sender für sehr niederfrequente Signale, die auch von getauchten U-Booten empfangen werden konnten. Mit »T. 4A« (29. Juni 1961), dessen Gerätezelle trommelförmig war (Durchmesser 1,09 m; Höhe 0,79 m; Masse 78,75 kg), gelangten noch 2 weitere kleine militärische Satelliten in die Bahn (»Injun 1« und »SR 3«). Letztere hatten Trommel- bzw. Kugelform und eine Masse von 18,14 bzw. 24,75 kg. Auch hierbei mißlang die vorgesehene Trennung. »T. 4B« (15. Nov. 1961) war ähnlich aufgebaut wie sein Vorgänger (»T. 4A«), hatte mit 90,8 kg allerdings eine etwas größere

Masse. Während des Aufstiegs war mit ihm ein zweiter militärischer Satellit (→ »TRAAC«) verbunden, dessen Abtrennung gelang. Für den am 19. Dez. 1962 gestarteten »T. 5A« (Masse 61 kg) sind Form und Abmessungen unbekannt, ebenso für

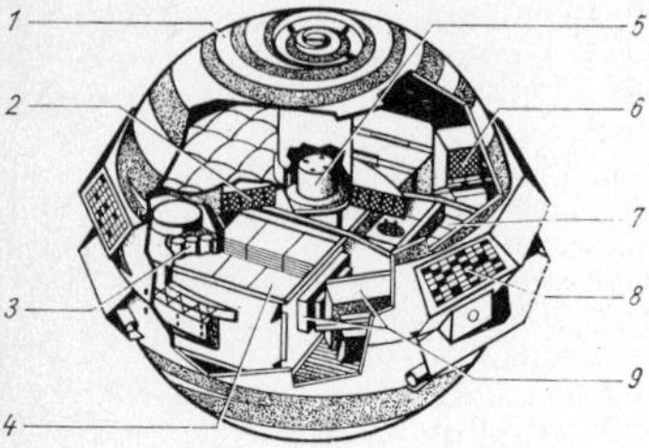

Aufbauschema von »Transit 1 B«: 1 Oberflächenspiralantenne, 2 Antennenanschluß, 3 Ni-Cd-Batterien, 4 u. 7 Ag-Zn-Batterien, 5 Schaltwerk, 6 Infrarotabtaster, 8 Solarzellen, 9 Sender

»T. 5B« (28. Sept. 1963), der mit 2 weiteren militärischen Satelliten (ohne nähere Bezeichnung) in die Bahn gebracht wurde. Die Bahnen der »T.«-Satelliten waren im einzelnen ziemlich unterschiedlich, lagen i. allg. aber etwa zwischen 400 und 1200 km Höhe (Ausnahme »T. 3B«: Perigäumshöhe nur 170 km).

Treibsatz: zu einem Körper geformter fester Treibstoff, an dessen freier Oberfläche der Abbrand vor sich geht und das Arbeitsgas für ein Feststofftriebwerk liefert. Form (freie Oberfläche) und Zusammensetzung des T.es bestimmen den Abbrand- und Schubverlauf im Triebwerk. Einfachste Form ist ein massiver Zylinder, der den ganzen Brennkammerraum bis nahe an den Düsenansatz ausfüllt. Als *Brennfläche* ist nur das freie Zylinderende zugänglich *(Endbrenner, Zigarettenabbrand),* wodurch sich ein neutraler → Abbrand ergibt. Werden mehrere massive stabförmige Treibsätze geringen Durchmessers parallel zueinander in der Brennkammer angeordnet, so erhält man einen regressiven Abbrand, d. h. eine ziemlich ausgeprägte Schubspitze unmittelbar nach Zündung des Triebwerks. Sind aber die einzelnen Sätze röhrenförmig, so ergibt sich ein neutraler Schubverlauf. Soll ein progressiver Abbrand erzielt werden, also eine Zunahme des Schubs während der Brennzeit, so verwendet man fest an der Brennkammerwand anliegende Treibsätze mit zylindrischem Axialkanal *(Röhrenbrenner).* Durch besondere Formgebung des Querschnitts dieses Axialkanals lassen sich ziemlich weitgehende Abwandlungen des Schubverlaufs zwischen neutral und progressiv erreichen *(Sterninnenbrenner).* Zur zusätzlichen Beeinflussung der freien Abbrandfläche versieht man Treibsätze gelegentlich noch auf einigen Flächen mit Isolationsüberzügen, die dort den Abbrand unmöglich machen. Eine weitere Möglichkeit zur Modifikation des Schubverlaufs bieten *kombinierte Treibsätze.* Man bringt dabei 2 Teilsätze mit sehr verschiedenen Verbrennungsraten (→ Abbrand) so in der Brennkammer unter, daß zunächst nur der eine abbrennen kann, während der andere erst bei dessen Ausbrennen durch die vorhandenen Verbrennungsgase gezündet wird. So läßt sich auch in einstufigen Feststoffraketen eine hohe Startbeschleunigung mit einem länger wirkenden Marsch-

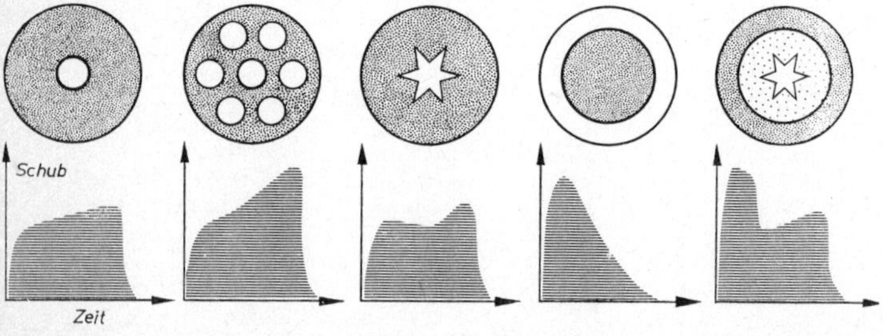

Treibsatzgeometrien und zugehörige Schub-Zeit-Diagramme: a Zylinder-Innenbrenner, b Innenbrenner mit Mehrfach-Zylinderkanälen, c Stern-Innenbrenner, d Zylinder-Außenbrenner, e Zweistufen-Innenbrenner

antrieb verbinden. Kombinierte Treibsätze werden vor allem für Raketenwaffen der Gruppen Boden–Luft, Luft–Luft und Luft–Boden verwendet.

Treibstoff: chemische Substanz, die durch eine Verbrennungs- oder Zerfallsreaktion in der Brennkammer eines Raketentriebwerks das Arbeitsgas zur Ausbildung des Antriebsstrahls liefert. Dabei verlangt das Prinzip des Raketenantriebs (autogener Antrieb), daß ein Verbrennungs-T. neben einer *Brennstoffkomponente* stets auch einen *Oxydator (Sauerstoffträger, Verbrennungsstoff)*, also 2 Komponenten, enthalten muß:

$$\text{Treibstoff} = \text{Brennstoff} + \text{Oxydator}$$

Raketen-T. sind grundsätzlich in allen 3 Aggregatzuständen verwendbar. Der feste und der flüssige Zustand haben vor dem gasförmigen den Vorteil, daß in einem gegebenen T.behältervolumen mehr Masse untergebracht werden kann (Einfluß auf das Massenverhältnis der Rakete, → Raketengrundgleichung). Das allgemeine Klassifizierungsschema sieht daher im wesentlichen eine Aufteilung nach *Fest-T.en* und *Flüssig-T.en* vor. Neuerdings wendet sich das Interesse auch T.en zu, deren Oxydator in flüssigem Zustand zum Einsatz kommt, während der Brennstoff als feste Substanz vorliegt *(Hybrid-T., Lithergol)*. Daneben unterscheidet man noch *Einstoff-, Zweistoff- (Diergole)* und *Dreistoff- (Triergole)*Systeme je nachdem, ob der T. vor der Reaktion aus einer einzigen, chemisch in sich geschlossenen Substanz besteht oder eine Trennung (auch räumlich mit 2 oder 3 Vorratsbehältern) in 2 oder 3 T.komponenten (Oxydator und Brennstoff bzw. Oxydator und 2 verschiedene Brennstoffe) vorliegt. *Triergole* werden auch als *Tribrid-T.* bezeichnet. Antriebstechnisch interessante Einstoffsysteme, manchmal auch als *Monergole* bezeichnet, sind ausschl. Zerfalls-T., die durch einen Katalysator zur Reaktion gebracht werden *(Katergole)*. Die raketentechnisch wichtigsten praktischen Leistungsdaten eines T. sind der →spezifische Impuls (theoretische und praktische Ausströmgeschwindigkeit) und vor allem der volumenspezifische Impuls (→ spezifischer Impuls). Die anschließende Übersicht bezieht sich im wesentlichen auf die gegenwärtig meistverwendeten T. oder T.komponenten.

I. *Fest-T.:* Für die raketentechnisch wichtigsten Feststoffsysteme ergibt sich allgemein eine Einteilung in 2 Gruppen.

1) Die *homogenen T.* sind homogene Mischungen auf Kolloidbasis von Zellulosenitrat und Glyzerintrinitrat, gegebenenfalls

Eigenschaften einiger Sauerstoffträger für Composite-Treibstoffe

Sauerstoffträger	Formel	aktiver Sauerstoff [Gew.-%]	Bildungswärme [kcal/Mol]	Dichte [g/cm³]	Bemerkungen
Lithiumperchlorat	$LiClO_4$	60,2	−100	2,43	hoher O-Gehalt, hygroskopisch, hohe Flammentemperatur
Lithiumnitrat	$LiNO_3$	58	−115	2,38	hygroskopisch, billig
Natriumperchlorat	$NaClO_4$	52,3	− 92,2		hygroskopisch, hohe Flammentemperatur, hohe Brenngeschwindigkeit
Kaliumchlorat	$KClO_4$	46,2	−103,6	2,52	schlechte Brenneigenschaften bei niedrigem Druck, hohe Flammentemperatur, niedrige Brenngeschwindigkeit
Kaliumnitrat	KNO_3	39,6	−117,8	2,10	niedrige Leistung, äußerst billig
Ammoniumperchlorat	NH_4ClO_4	34	− 70	1,95	niedriger Verbrennungsexponent, billig
Ammoniumnitrat	NH_4NO_3	20	− 87,3	1,73	mittlere Leistung, niedrige Flammentemperatur, niedrige Brenngeschwindigkeit

Leistungsdaten einiger Festtreibstoffe
(Brennkammerdruck 70 kp/cm^2, Düsenmündungsdruck 1 kp/cm^2)

Zusammensetzung Gew.-%	Adiab. Verbrennungstemperatur [°K]	Molmasse [kg/Mol]	spez. Impuls [m/s]	Dichte [g/cm^3]
Homogene Treibstoffe				
51,5 % Zellulosenitrat 43 % Glyzerintrinitrat Rest-Zusätze Diäthylphtalat, Kaliumsulfat, Ruß, Wachs	3050	26,4	2450	1,62
66 % Zellulosenitrat 25 % Glyzerintrinitrat 8 % Äthylzentralit 1 % Zusätze	2300	23	2200	1,59
Heterogene Treibstoffe				
80 % NH_4ClO_4 20 % (CH_2)	2050	20,4	2200	
80 % NH_4ClO_4 20 % Polyester $(C_{23}H_{28}O_4)$	2800	25,5	2330	1,73
72 % NH_4ClO_4 18 % $C_{23}H_{28}O_4$ 10 % Aluminium	3290	21,8	2470	
70 bis 78 % $KClO_4$ 30 bis 22 % Asphalt	2400 bis 2100	30	1920 bis 1770	1,75

mit einem Oxydator- bzw. Brennstoffzusatz und einem Stabilisator. Letzterer hat die Aufgabe, die spontane Zerfallsneigung der Nitratanteile zu vermindern. Wird nur Zellulosenitrat verwendet, spricht man von einem *Einbasis-T.* Die bes. energiereichen Doppelbasis-T. können dabei zu > 90 % aus der hornartigen bis plastischen Lösungsmasse bestehen, müssen dann aber durch einen Stabilisator (z. B. Diäthylphenylurethan, Diphenylamin) in ihrer Brisanz wesentlich »verlangsamt« werden. Homogene T. werden vornehmlich in kleinen und mittelgroßen Feststofftriebwerken mit relativ schnellem Abbrand und damit hoher Beschleunigung (Raketenwaffen der Klassen Boden–Luft und Luft–Luft) angewendet.

2) *Zusammengesetzte (heterogene* oder *Composite-) T.* werden durch mechanische Mischung von Brennstoff und Oxydator hergestellt.

Ein bekanntes Beispiel dieser Gruppe ist das gewöhnliche Schwarzpulver. Die modernen Vertreter dieser Gruppe enthalten meist einen Oxydator auf Perchlorat- oder Nitratbasis (z. B. Natrium- oder Ammoniumperchlorat bzw. Natrium- oder Ammoniumnitrat) und als Brennstoff eine Substanz, die neben günstigen Verbrennungseigenschaften auch die Funktion eines möglichst plastischen *Binders* hat. Früher kamen dafür meist *Asphalt-Öl-Gemische* mit einem Zusatz von Naturharz zum Einsatz; heute bevorzugt man *Polybutadiene, Polyurethane* u. a. Polymerisatplaste. Als bes. vorteilhaft haben sich die Polyurethane erwiesen, da ihre mechanischen Eigenschaften zwischen der Härte von Polyamiden und der Elastizität gummiartiger Stoffe variiert werden können. Ihre Ausgangsstoffe sind außerdem flüssig und können bei der Mischung relativ große Mengen Festkörper aufnehmen. Zu letzteren zählen das als Oxydator verwendete Ammoniumperchlorat und vor allem feinverteiltes Aluminium, dessen Zusatz die Verbrennungsenergie und damit den spezifischen Impuls des Gemischs wesentlich erhöht. Die Leistungssteigerung eines Treibstoffsystems durch ein brennbares Zusatzmittel in Form eines Elements mit niedriger Ordnungszahl (außer Aluminium auch Lithium, Beryllium, Bor, Magnesium) gewinnt auch sonst zunehmend an Bedeutung. Die genannten u. a. modernen Arten von heterogenen T.en befinden sich nach dem Mischungsvorgang in zähflüssig gießbarem Zustand, werden in eine bestimmte Form gegossen und ergeben nach dem Aushärten einen zwar einheitlich festen, aber dennoch gummiartig plastischen Körper, den man als → *Treibsatz* bezeichnet. Die Gefahr von Riß- und Lunkerbildung im Treibsatz ist dabei nahezu völlig ausgeschlossen, und auch Transport und Handhabung großer Treibsätze bergen für deren Beschaffenheit kaum noch ein besonderes Risiko. Daher bilden Fest-T. dieser Gruppe die Basis fast der gesamten modernen Feststoff-Großraketentechnik. Früher wurden die Treibsätze entweder durch Handarbeit mit einem »Setzer« zu kompakten Massen »geschlagen« oder mit Hilfe einer leistungsfähigen Presse geformt. Diese primitiven Verfahren führten häufig zu katastrophalen Zwischenfällen bei der Herstellung oder zu Triebwerksexplosionen im Einsatz, da Risse und Lunker leicht plötzliche Selbstzündung hervorriefen bzw. einen stoßartig gesteigerten Abbrandverlauf ergaben.

II. *Flüssig-T.:*

1) Eine gewisse Sonderstellung unter den flüssigen Raketen-T.en nehmen die *Einstoffsysteme (Monergole)* ein, von denen bisher nur Wasserstoffperoxid und Hydrazin größere praktische Bedeutung erhielten. Ihr Einsatz erfordert in jedem Fall die Beteiligung eines Katalysators zum Anregen der Zersetzungsreaktion.

a) Bei *Wasserstoffperoxid* (H_2O_2) in wäßriger Lösung mit etwa 70 bis 80 % Peroxidgehalt kann dazu vor allem Kalziumpermanganat oder auch silberplattierte Gaze verwendet werden. Wegen seiner in hochprozentiger Lösung bes. großen spontanen Zerfallsneigung, die schon durch geringe metallische oder organische Verunreinigungen in Behältern oder Leitungen stark gefördert wird und damit die Handhabung dieses Stoffs außerordentlich gefährlich macht, kommt Wasserstoffperoxid gegenwärtig nur noch vereinzelt zum Einsatz.

b) *Hydrazin* bietet zwar wesentlich bessere Handhabungs- und vor allem Lagerungseigenschaften, so daß es u. a. sehr gut für Bahnkorrekturtriebwerke von Raumsonden (z. B. »Ranger« und »Mariner«) verwendet werden kann, aber es erfordert neben dem Katalysator (Aluminiumoxid) noch einen besonderen Zündstoff (Stickstofftetroxid), wodurch sein Einsatz kompliziertere Operationen und größeren Aufwand erforderlich macht. Der niedrige spezifische Impuls (unter 2000 m/s) von Wasserstoffperoxid und Hydrazin machen sie für Haupttriebwerke von Trägerraketen absolut ungeeignet.

2) Dafür kommen allein *Zweistoffsysteme (Diergole)* in Betracht, deren spezifischer Impuls mindestens 2500 m/s, meist aber 3000 m/s und wesentlich darüber erreicht.

a) Die Gruppe der *Oxydatoren* umfaßt dabei praktisch nur Sauerstoff und Fluor sowie Verbindungen, die einen der beiden Stoffe in hoher Konzentration enthalten. Sauerstoff und Fluor selbst müssen für ihre raketentechnische Verwendung zunächst in den flüssigen Zustand übergeführt werden (*kryogene* T.komponenten).

α) *Flüssigsauerstoff* (O_2) ist der klassische und heute auch noch immer bevorzugt eingesetzte Oxydator. Er ist ungiftig, relativ leicht und billig herzustellen (Luftverflüssigung) und bietet in der Handhabung, abgesehen von der schlechten Lagerungsfähigkeit (Verdampfungsverluste) und eventuellen Eisabscheidungen in Ventilen und Leitungen, heute kaum noch Schwierigkeiten. Die mit Flüssigsauerstoff und verschiedenen Brennstoffen zu erreichenden spezifischen Impulse liegen außerdem relativ hoch (bis etwa 4300 m/s mit Wasserstoff). Ein raketentechnischer Nachteil des Flüssigsauerstoffs ist, daß er mit allen Brennstoffen nur nichthypergole T.kombinationen ergibt und zum Anlassen des Triebwerks somit immer ein besonderes Zündsystem erforderlich wird.

β) Ein weiterer häufig verwendeter Oxydator ist *Salpetersäure* (HNO_3). In reinem Zustand (98 % Konzentration) enthält sie rund 76 % Sauerstoff und ist damit ein vorzüglicher Verbrennungsstoff. Man unterscheidet zwischen »weißrauchender« und »rotrauchender« Salpetersäure, von denen letztere ihr charakteristisches Unterscheidungsmerkmal durch einen Stickstoffdioxidgehalt von 15 bis 20 % erhält. Vorteilhaft sind ihre kostengünstige großtechnische Produktion und ihre hohe Dichte, die in den jeweiligen T.kombinationen zu sehr hohen volumenspezifischen Impulsen führt. Obwohl die dabei erzielten spezifischen Impulse durchschnittlich um 10 % niedriger liegen als bei Verwendung von Flüssigsauerstoff, ergeben die im Mittel um 15 % höheren Impulsdichten antriebsenergetisch merkliche Vorteile. Ein weiterer wesentlicher Vorzug der Salpetersäure ist ihre Hypergolität mit zahlreichen Brennstoffen (z. B. Anilin, Hydrazin). Dem steht jedoch der große Nachteil ihrer beträchtlichen chemischen Aggressivität zu den meisten organischen und metallischen Werkstoffen (Behälter, Leitungen, Dichtungen) gegenüber, die vor allem die Lagerfähigkeit in betankten Raketen wesentlich einschränkt. Außerdem zwingen die giftigen Dämpfe der Säure und ihre gefährlichen Ätzwirkungen auf die menschliche Haut zu ziemlich aufwendigen Vorsichtsmaßnahmen bei der Handhabung.

γ) Als Ersatz für Salpetersäure wird verschiedentlich *Stickstofftetroxid* (N_2O_4) verwendet, da es den gewöhnlichen Behälterstahl nicht angreift und damit zu den lagerfähigen T.en gerechnet werden kann. Es ist ebenfalls großtechnisch und kostengünstig herstellbar, seine Anwendung wird aber dadurch erschwert, daß es nur zwischen −9 °C und 21 °C flüssig ist.

δ) Das schon erwähnte *Wasserstoffperoxid* kann auch als Oxydator in T.kombinationen eingesetzt werden. Seine Leistungen sind denen von Salpetersäure und Stickstofftetroxid angenähert vergleichbar. Wegen seiner gefährlichen spontanen Zerfallsneigung und seinen gegenüber den vorher genannten Oxydatoren beträchtlich höheren Herstellungskosten kommt es jedoch nur noch selten zur Anwendung.

ε) Der aussichtsreichste Oxydator der Zukunft ist sehr wahrscheinlich *Flüssigfluor* (F_2). Es ist außerordentlich reaktionsfähig, läßt sich aber nach neuen Erfahrungen durch Bildung einer gewissermaßen isolierenden Fluoridhaut dennoch relativ leicht in Metallbehältern lagern. Eine großtechnische Herstellung ist in den letzten Jahren möglich geworden, deren Kosten allerdings noch sehr hoch sind. Die raketentechnische Handhabung von Flüssigfluor wurde ebenfalls schon weitgehend durchentwickelt, sein Einsatz wird jedoch wegen der extrem giftigen Verbrennungsgase wahrscheinlich nur in oberen Raketenstufen möglich sein. In der Leistung ist Flüssigfluor, bes. in Kombination mit wasserstoffreichen Brennstoffen, dem Flüssigsauerstoff merklich überlegen. So sind beispielsweise die spezifischen Impulse in Verbindung mit Ammoniak um 16 %, mit Hydrazin um 11 % und mit Wasserstoff um 2,5 % höher. Kohlenwasserstoffe als Brennstoffkomponenten ergeben eine solche Leistungssteigerung i. allg. nicht, da die Verbrennungsprodukte durch Bildung von Tetrafluorkohlenstoff ein zu hohes Molekulargewicht erhalten. Gemische aus Fluor und Sauerstoff sind günstiger (optimale Mischung 70 % Fluor, 30 % Sauerstoff), da sie mit Kohlenwasserstoffen höhere spezifische Impulse liefern als jeder der beiden Oxydatoren allein. Die hohe Dichte von Flüssigfluor ergibt darüber hinaus in allen Kombinationen, von denen jedoch im wesentlichen nur die mit Ammoniak und Hydrazin interessant sind, relativ hohe Impulsdichten. Aus der Reihe der Fluorverbindungen, die als Oxydatoren für raketentechnische Zwecke in Betracht kommen, verdient vor allem Chlortrifluorid (ClF_3) besonderes Interesse. Es hat eine ebenso hohe Reaktionsfähigkeit wie Fluor selbst und bildet ebenfalls bei der Lagerung in Metallbehältern eine isolierende Fluoridhaut. Außerdem ist es nichtkryogen und kann daher dauernd gelagert werden. Die spezifischen Impulse sind im Vergleich zu Flüssigfluor zwar merklich niedriger, durch die höhere Dichte des Chlortrifluorids sind die Impulsdichten beider dagegen fast gleich. Eine großtechnische Produktion ist möglich und mit geringeren Kosten verbunden als bei Flüssigfluor.

b) Die Anzahl der raketentechnisch verwendbaren flüssigen *Brennstoffe* ist an sich sehr groß. Für die Praxis hat sich jedoch nur eine relativ kleine Auswahl als brauchbar erwiesen.

α) Neben den heute kaum noch verwendeten *Alkoholen* ist *Kerosin (Gasöl)* die klassische Brennstoffkomponente in flüssigen Raketen-T.en. Mit Flüssigsauerstoff bildet es heute fast allgemein die T.-grundlage für den Antrieb der Startstufen von Großraketen. Man erhält Kerosin großtechnisch als Erdölfraktion in praktisch beliebiger Menge und zu sehr niedrigen Kosten. Je nach der besonderen Charakteristik des jeweiligen Fraktionsprodukts unterscheidet man verschiedene Sorten von Kerosin, die hier jedoch nicht näher behandelt werden sollen.

β) Neben den Kohlenwasserstoffen gewinnen neuerdings die Wasserstoffverbindungen des Stickstoffs wachsende Bedeutung. So ergeben Ammoniak und Hydrazin bes. mit Flüssigfluor und Fluorverbindungen hohe spezifische Impulse. Sehr nachteilig ist aber bei *Ammoniak,* das großtechnisch kostengünstig zu erzeugen ist, der sehr

Eigenschaften einiger Oxydatoren und Brennstoffe für Flüssigtreibstoffe

Oxydator	Molmasse [kg/Mol]	Schmelzpunkt [°C]	Siedepunkt [°C]	Dichte [g/cm^3]	Bild.-wärme [kcal/Mol]	Bemerkungen
Sauerstoff	32	−218,4	−183	1,14		nicht lagerfähig
Salpetersäure	63	− 41,5	86	1,52	−41,4	giftig, korrosiv
Wasserstoffperoxid	34		150	1,45	−44,8	sehr korrosiv, stoßempfindlich
Stickstofftetroxid	92	− 11	21,2	1,45	− 6,8	sehr giftig, etwas korrosiv
Chlortrifluorid	92,5	− 76,3	11,8		−38,9**	sehr giftig, ** gasförmig
Fluor	38	−219,6	−188,1	1,51	− 3,5	äußerst reaktionsfreudig
Ozon	48	−184	−110	1,57	34**	sehr giftig, stoßempfindlich, ** gasförmig
Brennstoff						
Aerozin	45	8	70	0,9	65,2	giftig
Äthylalkohol	46,1	−114,1	78,3	0,78	−66,6	
Benzol	78,1	5,5	80,1	0,87	19,8	
Hydrazin	32	1,7	113,7	1,01	12,1	giftig, explosiv
Kerosin	140	− 43		0,8	−59	RP-1
Pentaboran	63,2	− 46,8	62	0,6	17,5	bei Kontakt mit Luft zu spontaner Entflammung neigend
UDMH	60,1	− 58	81	0,81	11,3	
Wasserstoff	2,02	−259,1	−252,7	0,08		hohe Leistung, nachteilig wegen niedriger Dichte

niedrig liegende Flüssigkeitsbereich (−78 bis −35,5 °C) und die relativ geringe Dichte.

γ) *Hydrazin* bietet zwar in diesen Punkten wesentlich bessere Voraussetzungen, dafür ist es jedoch relativ teuer, da seine großtechnische Produktion mit einigem Aufwand verknüpft ist. Dennoch muß gerade Hydrazin als sehr aussichtsreicher Brennstoff angesehen werden, weil es mit den meisten Oxydatoren rund 10 % höhere spezifische Impulse und auch höhere Impulsdichten liefert als die Kohlenwasserstoffe und darüber hinaus sehr gut lagerfähig ist.

δ) Auch komplizierte chemische Verbindungen, die in vieler Hinsicht eine Mittelstellung zwischen den Kohlenwasserstoffen und den Wasserstoffverbindungen des Stickstoffs einnehmen, werden häufig als Brennstoffe verwendet. Dazu gehören *Äthylendiamin, Diäthylentriamin* sowie *Monomethylhydrazin* und *unsymmetrisches Dimethylhydrazin (UDMH)*. Es gibt auch Mischungen dieser Verbindungen, z.B. das »*Hydyne*« (60 % unsymmetrisches Dimethylhydrazin +40 % Diäthylentriamin) und Mischungen von Hydrazin mit diesen Stoffen, z. B. »*Aerozine* 50« (50 % Hydrazin + 50 % unsymmetrisches Dimethylhydrazin). Sie ergeben eine höhere Leistung als Kerosin, jedoch eine geringere als Hydrazin. Dafür sind sie leichter und mit geringeren Kosten herzustellen als letzteres.

In energetischer Hinsicht bietet von allen Brennstoffen reiner *Flüssigwasserstoff* die besten Voraussetzungen. Er liefert mit Sauerstoff und Fluor die weitaus höchsten spezifischen Impulse (etwa 4300 bis 4500 m/s). Da Wasserstoff neben Helium das am schwersten zu verflüssigende Gas ist, bereitete die großtechnische Herstellung lange Zeit beträchtliche Schwierigkeiten. Heute ist dieses Problem als umfassend gelöst anzusehen, so daß Flüssigwasserstoff auch in großen Mengen verwendet werden kann. Sein größter Nachteil liegt in der extrem niedrigen Dichte, die damit zu außerordentlich kleinen Impulsdichten der jeweiligen T.kombination führt. Für Startstufen von Großraketen, bei denen die Impulsdichte der verwendeten T.kombination eine beträchtliche Rolle für die Auslegung und im Antriebsvermögen spielt, ist Flüssigwasserstoff daher praktisch ungeeignet. Dafür ergibt sein Einsatz in Oberstufen, deren Antriebswirkungsgrad wegen des abnehmenden Einflusses der Erdgravitation nicht mehr so empfindlich auf die Impulsdichte reagiert, beträchtliche Vorteile (→ *»Saturn«*).

Theoretische Leistungsdaten einiger flüssiger Treibstoffkombinationen

(Brennkammerdruck 70 kp/cm², Mündungsdruck 1 kp/cm², adiabatische Verbrennung, isentropische Entspannung, chemisches Gleichgewicht)

Oxydator	Brennstoff	Mischungsverhältnis [kg_{ox}/kg_{Br}]	mittl. Dichte [g/cm³]	Verbrennungstemperatur [°C]	spez. Impuls [m/s]
O_2	C_2H_5OH	1,43	1,01	2960	2740
O_2	N_2H_4	0,9	1,07	3130	3070
ClF_3	$C_{10}H_{20}$	3,2	1,4	3250	2530
H_2O_2 (95 %)	UDMH	4,54	1,24	2650	2720
H_2O_2 (95 %)	N_2H_4	2,17	1,26	2580	2760
N_2O_4	Aerozin	2,0	2,0	3100	2820
HNO_3	$C_{10}H_{20}$	4,8	1,35	2960	2630
O_2	H_2	4,02	0,28	2700	3830
F_2	N_2H_4	2,3	1,31	4400	3560
F_2	H_2	7,6	0,45	3600	4020
F_2	B_5H_9	4,5		4750	3530

Die unter der Trennlinie aufgeführten Kombinationen gelten als hochenergetisch, die anderen als mittelenergetisch.

III. *Hybrid-* und *Tribrid-T.* stellen eigentlich keine selbständigen Gruppen dar.
Hybrid-T. setzen sich jeweils aus einer der festen und flüssigen Komponenten zusammen, die zuvor schon genannt wurden, wobei als feste Komponente vornehmlich Polymerisatplaste – auch mit Zusatz eines Leichtmetalls und eventuell eines gesonderten Oxydators – verwendet werden. Als flüssige Komponente kommen praktisch dieselben Oxydatoren in Betracht wie bei den Flüssig-T.en.
Bei den *Tribrid-T. (Triergole)* wird entweder in ein *Hybrid*-System zur Leistungssteigerung zusätzlich Wasserstoff oder Hydrazin als zweite Brennstoffkomponente eingespritzt oder es werden die besonders hochenergetischen Verbrennungsreaktionen von Metallen mit niederer Ordnungszahl (Lithium, Beryllium) in Sauerstoff oder Fluor – als Zusatz zu Wasserstoff oder Hydrazin als erster oder Haupt-Brennstoffkomponente – ausgenutzt.

Treibstoffdurchsatz → Durchsatz.

Treibstoffördersystem: Teil der Triebwerkanlage (Triebwerkzubehör) einer Flüssigkeitsrakete, von dem die Treibstoffe aus den Treibstoffbehältern in die Brennkammer befördert werden.
1) Bei der *Druckgasförderung* wird der Treibstoff durch ein Druckgas aus den Behältern in die Treibstoffleitungen getrieben. Da i. allg. ein ziemlich hoher Förderdruck erforderlich ist, müssen die Treibstoffbehälter entspr. stabil bzw. mehr oder weniger dickwandig ausgelegt werden. Für große Raketen würde sich dadurch eine untragbar hohe Leermasse ergeben, so daß man die Druckgasförderung nur bei kleinen Raketen oder einzelnen Endstufen von Großraketen einsetzt. Als Druckgas kommen vor allem Helium und Stickstoff zur

Leistungsdaten einiger Tribrid-Treibstoffkombinationen

Brennstoff	Oxydator	Zusatz-Brennstoff	Anteil des Zusatzes [Gew.-%]	Spez. Impuls [m/s]
Wasserstoff	Sauerstoff	Beryllium	26	4500
Wasserstoff	Sauerstoff	Lithium	29	4000
Wasserstoff	Fluor	Beryllium	15	4100
Hydrazin	Sauerstoff	Beryllium	15	3350
Hydrazin	Fluor	Lithium	25	3700

Verwendung, die wegen ihrer ausgeprägten chemischen Neutralität oder Trägheit unerwünschte Reaktionen mit den zu fördernden Treibstoffen ausschließen. In einigen Sonderfällen leitet man das Druckgas nicht frei in den Treibstoffbehälter, sondern in eine *Verdrängerblase (Verdrängerzuführung)*, deren Ausdehnung im Behälter den Treibstoff austreibt. Eine weitere, allerdings seltener angewandte Möglichkeit besteht in der Ausnutzung des Verdampfungsdrucks einer Treibstoffkomponente (z. B. Flüssigsauerstoff), der u. U. noch durch Zusatzbeheizung im Treibstoffraum gesteigert und geregelt werden kann. In abgewandelter Form wird dieses Verfahren auch zur Unterstützung des Treibstoffabflusses bei Pumpenförderung angewendet. Sofern jedoch mit einem separaten Druckgas gearbeitet wird, speichert man dieses meist unter 200 bis 300 kp/cm^2 in kugelförmigen *Druckgasbehältern*, die zur Masseverringerung aus glasfaserverstärktem Plast hergestellt werden.

2) Die *Pumpenförderung* ist in ihrem Bauaufwand zwar wesentlich umfangreicher als die Druckgasförderung, bietet aber bes. für große Triebwerkseinheiten den Vorteil eines geringeren Gesamtmasseaufwands. Kernstück der Förderanlage ist ein *Turbopumpenaggregat*, das meist unmittelbar an die Brennkammer angebaut wird. Die Turbine erhält ihr Arbeitsgas durch einen Dampf- oder Gasgenerator und wirkt entweder direkt oder über ein *Pumpengetriebe* auf die Antriebsachsen der ein- oder mehrstufig ausgelegten *Treibstoffpumpen*. Bei Hochleistungstriebwerken vermeidet man meist ein besonderes Pumpengetriebe und setzt Turbine und Pumpen auf eine Welle. Sollen ohne Getriebe verschiedene Pumpendrehzahlen erreicht werden, so muß man für jede Pumpe eine separate Turbine vorsehen. Es kommen bis zu siebenstufige Axial- und Radialpumpen zum Einsatz, die (bei Drehzahlen bis zu 2000 U/min) meist mit der jeweils zu fördernden Treibstoffkomponente (auch bei Flüssig-

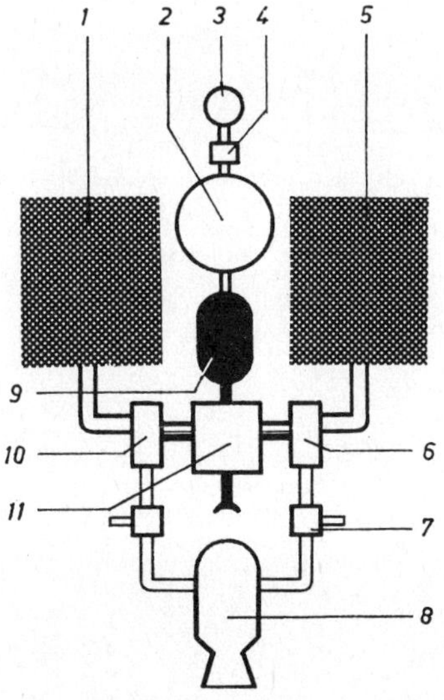

Pumpenförderung unter Verwendung von Wasserstoffperoxid als Arbeitsmedium für den Gasgenerator: 1 Oxydatortank, 2 Wasserstoffperoxidtank, 3 Druckgasbehälter, 4 Ventil, 5 Brennstofftank, 6 Brennstoffpumpe, 7 Ventil, 8 Brennkammer, 9 Gasgenerator, 10 Oxydatorpumpe, 11 Turbine

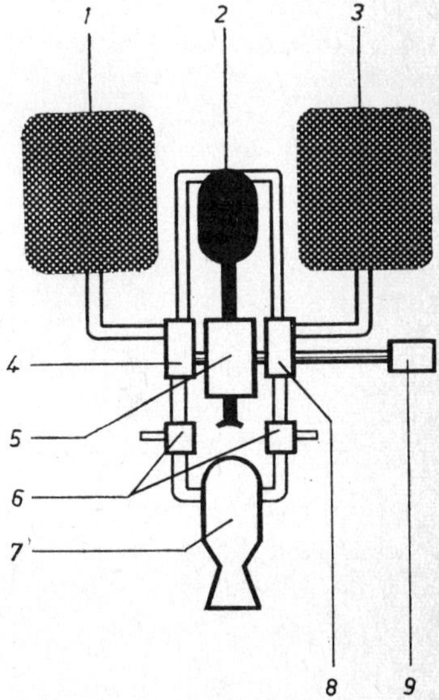

Pumpenförderung unter Verwendung der Haupttreibstoffe im Gasgenerator: 1 Oxydatortank, 2 Gasgenerator, 3 Brennstofftank, 4 Oxydatorpumpe, 5 Turbine, 6 Ventile, 7 Brennkammer, 8 Brennstoffpumpe, 9 Anlasser

wasserstoff!) geschmiert werden. Die Turbinenabgase gelangen durch einen *Turbinenabgasstutzen* in der Nähe der Düsenmündung ins Freie. In modernen Großtriebwerken leitet man das Turbinenabgas mitunter über eine Filmkühlungszuführung (→ Kühlverfahren) in den Düsenteil, um so die nicht unbeträchtliche Abgasmasse (bis zu 50 kg/s) zusätzlich für den Antrieb auszunutzen. Die Regelung von Flüssigkeitstriebwerken mit Pumpenförderung ist relativ leicht, da sie über die Turbinendrehzahl geschieht. Dagegen ist der Anlaßvorgang manchmal recht kompliziert, vor allem, wenn als Arbeitsmedium für die Turbine eine der Treibstoffkomponenten verwendet wird. Er geschieht dann zunächst durch »Anschießen« der Turbine mit einem *Feststoffgasgenerator,* dem schließlich die Zündung des Hauptgasgenerators folgt.

Kleineres Flüssigkeitstriebwerk mit zylindrischer Brennkammer (hinten) und Pumpenfördersystem (vorn)

Treibstoffschwingungen: Bewegungen des Treibstoffs in den Treibstoffbehältern einer Flüssigkeitsrakete, die mit fortschreitendem Treibstoffverbrauch vor allem bei niedriger Schubbeschleunigung und großem Behältervolumen auftreten können. Durch T. kann das Flugverhalten einer Rakete bis zum völligen flugmechanischen Versagen gestört werden.

Treibstoffverhältnis: eine der Haupteinflußgrößen des Raketenantriebs; gebildet aus dem Verhältnis der Treibstoffmasse zur Summe aus Konstruktionsmasse, Treibstoffmasse und Nutzmasse.

Tribridtriebwerk → chemisches Raketentriebwerk

Triebwerksbündelung: Zusammenfassung mehrerer Einzeltriebwerke zu einer Antriebseinheit, deren Schub dann gleich der Summe der Einzelschübe ist. → chemisches Raketentriebwerk, Stufenprinzip.

Triebwerkszubehör → chemisches Raketentriebwerk.

Triergol *n* → Treibstoff (III).

Troposphäre → Erdatmosphäre.

»TRS« → »ERS«.

»TTS« [Abk. für engl. **T**est- and **T**raining-**S**atellite oder **T**racking **T**est **S**atellite]: Satelliten (USA), die speziell zur Erprobung des in den »Apollo«-Raumfahrzeugen verwendeten S-Band-Funksystems und zum Training der Mannschaften der »Apollo«-Bodenempfangsstationen eingesetzt wurden. Die Satelliten (Masse 18 kg) hatten die Form eines Oktahedrons mit 27 cm Seitenlänge. Ihre Ausrüstung bestand aus einem Transponder für Empfang und Sendung der S-Band-Signale (2282,5 MHz) und einer Funkbake zur Bahnvermessung. Die Stromversorgung erfolgte durch Solarzellen, die sich auf den 8 Außenflächen befanden, mit Speicherbatterien. »TTS 1« gelangte am 13. Dez. 1967 in eine Erdumlaufbahn (300 bis 490 km), »TTS 2« am 8. Dez. 1968 (320 bis 800 km). Beide Satelliten wurden zusammen mit »Pioneer«-Raumsonden gestartet (»Thor-Delta«-Raketen).

Turbinenabgasstutzen, Turbopumpenaggregat → Treibstoffördersystem.

U

Übergangsbahn: Bahn, auf der ein Raumflugkörper von einer Umlaufbahn (Ausgangsbahn) in eine andere gebracht wird, wobei sich die Erdbahn nach Ausdehnung, Form und räumlicher Lage von der Ausgangsbahn unterscheidet. Ü.en ergeben sich somit für den Verkehr zwischen der Erdbahn und den Bahnen anderer Himmelskörper (Mond, Planeten) sowie bei Übergängen zwischen verschieden hohen Umlaufbahnen künstlicher Erdsatelliten. Antriebstechnisch sind 2 Verfahren möglich, die sich hinsichtlich ihrer Voraussetzungen und Konsequenzen wesentlich voneinander unterscheiden. Das erste Verfahren beruht auf dem Einsatz eines chemischen oder Kernenergie-Raketentriebwerks, die beide eine zwar sehr hohe, aber nur kurzzeitige Schubbeschleunigung liefern. Als Ü. ergibt sich dann eine → Kepler-Bahn bzw. kann der gesamte Bahnübergang aus Teilen verschiedener Kepler-Bahnen zusammengesetzt werden. Die auf diesem Wege möglichen Varianten werden nachstehend unter 1) bis 3) beschrieben. Nachteilig wirkt sich dabei stets vor allem der große Treibstoffbedarf bei relativ geringem Nutzmasseanteil aus. Das zweite Verfahren sieht den Einsatz eines elektrischen Raumfahrtantriebs vor, der zwar eine sehr kleine Schubbeschleunigung ergibt, dafür aber im Dauerbetrieb eingesetzt werden kann. Allerdings läßt sich dieses Verfahren nur dann anwenden, wenn sich der Übergangskörper schon auf einer → Freiflugbahn (z. B. Erdumlaufbahn) bewegt, da die geringe Schubbeschleunigung einen Start von der Erdoberfläche nicht ermöglicht. Vorteilhaft ist jedoch der im Verhältnis zur transportierbaren Nutzmasse sehr geringe Treibstoffverbrauch. Die sich bei diesem Antriebsprinzip ergebende Ü. wird unter 4) beschrieben.

1) *Hohmann-Bahn:* energetisch günstigste (optimale) Ü. von einer Kreisbahn in eine andere (→ Hohmann), eine Ellipse, die zu den in der gleichen Ebene liegenden Ausgangs- und Endbahnen tangential verläuft *(Berührungsellipse).* Für den Bahnübergang selbst ist bezüglich des Antriebs ein *Doppelimpulsmanöver* (z. B. durch → Perigäum-Apogäum-System) erforderlich. Der erste Antriebsimpuls ergibt die eigentliche Hohmann-Ellipse, während der zweite Impuls zur Anpassung an die gewünschte Kreisendbahn dient; d. h., im Falle einer Endbahn mit größerem Radius als die Ausgangsbahn leistet der erste Impuls die Hubarbeit (Vermehrung der potentiellen Energie), und der zweite Antriebsimpuls ergibt im Apogäum bzw. Aphel der Hohmann-Bahn die notwendige Steigerung der Bahngeschwindigkeit für den Umlauf in der Endbahn (Erhöhung der kinetischen Energie).

2) *Bi-elliptischer Bahnübergang:* Ist das Verhältnis der Radien von Ausgangs- und Endbahn > 1:12 bzw. > 12:1, so läßt sich eine Einsparung von Antriebsenergie durch ein *Dreiimpulsmanöver* erzielen. Dabei geht man zunächst mit dem ersten Impuls über den Radius der Endbahn hinaus. Im Apogäum bzw. Aphel der Ü. wird dann ein zweiter Impuls gegeben, um das Perigäum bzw. Perihel der Übergangsellipse auf den Radius der Endbahn zu bringen. Der dritte Impuls liefert schließlich die Anpassung an die kreisähnliche Endbahn.

3) *Mehrfach-elliptischer Bahnübergang:* Variante des klassischen Hohmann-Übergangs, bei der an die Stelle einer einzelnen Ü. eine ganze Schar von Ellipsen tritt, deren Apogäum bzw. Aphel von Umlauf zu Umlauf bis auf den Radius der Endbahn gesteigert wird. Die schrittweise Vergrößerung der Apogäums- bzw. Aphelentfernung geschieht durch kleinere Impulse, die bei jedem Umlauf im gemeinsamen Perigäum bzw. Perihel der Ellipsenschar gegeben werden. Danach setzt man in gleicher Weise kurze Impulse im Apogäum bzw. Aphel ein, um nun auch das Perigäum bzw. Perihel in die Endbahn zu verlegen. Der Gesamtimpuls ist genauso groß wie beim Doppelimpulsmanöver.

4) *Spiralbahnübergang:* ergibt sich bei einer sehr kleinen, aber kontinuierlich in Bewegungsrichtung wirkenden Schubbeschleunigung, wie sie für elektrische Raumfahrtantriebe charakteristisch ist. Die resultierende Ü. ist eine Spirale, die sich anfangs nur sehr langsam erweitert und schließlich für den Fall eines Übergangs zwischen Satellitenbahnen unmittelbar in die Endbahn übergeht oder bei interplanetarem Übergang nach Erreichen der Fluchtgeschwindigkeit eine Kurve mit ständig wachsender Streckung ergibt, die dadurch nicht mehr mit den klassischen Raumflugkurven (Kegelschnitte) vergleichbar ist. Die Flugzeit zwischen weit auseinanderliegender Ausgangs- und Endbahn im Erdumlauf ist sehr lang, während sich für interplanetare Flugmissionen

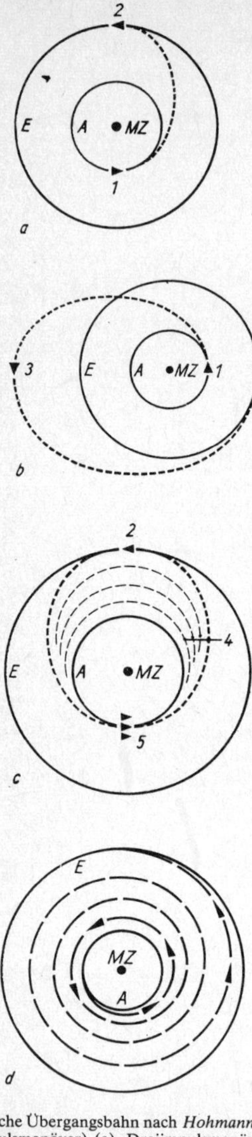

Klassische Übergangsbahn nach *Hohmann* (Doppelimpulsmanöver) (a), Dreiimpulsmanöver (b), Mehrfach-elliptischer Bahnübergang (c), Spiralbahnübergang (d). A Anfangsbahn, MZ Massenzentrum, E Endbahn, 1 Abflugimpuls, 2 Anpassungsimpuls, 3 Impuls zur Anhebung des Perigäums, 4 Ellipsenschar, 5 Perigäumimpulse

schon vom Bereich der Marsbahn an gegenüber der klassischen Flugmechanik (Freiflugbahn) zunehmend beträchtliche Zeitgewinne erzielen lassen. Im erdnahen Raum ist dieses Verfahren daher nur dort sinnvoll, wo die Flugzeit keine wesentliche Rolle spielt, wie beim Lastentransport zum Mond mit unbemannten Raumfahrzeugen oder beim Einfliegen massereicher Relais- oder Forschungssatelliten in → Synchronbahnen. Die zuletzt genannten Raumflugkörper brauchen dann zunächst mit einem chemischen oder Kernenergie-Raketentriebwerk nur auf eine relativ erdnahe Umlaufbahn gebracht zu werden, während der anschließende Transport in die höher liegende Endbahn durch ein elektrisches Antriebssystem besorgt wird.

U-Boot-Rakete → Kampfrakete.

UDMH: Abk. für **u**nsymmetrisches **Dim**ethyl**h**ydrazin; → Treibstoff.

»UK 3« [UK = Abk. für engl. **U**nited **K**ingdom]: erster rein britischer Meßsatellit; seine Vorgänger waren Gemeinschaftsentwicklungen britischer und amerikani-

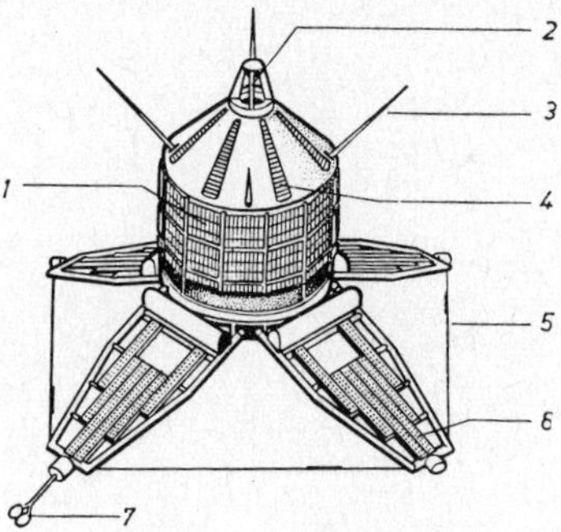

Meßsatellit »UK 3«: 1 Solarzellen, 2 Meßgerät (molekularer Sauerstoff), 3 Antenne (Meßwertübertragung), 4 Temperaturregelblende, 5 Antenne für radioastronomische Untersuchungen, 6 Solarzellen auf Ausleger, 7 Ionisationsmeßgerät

scher Wissenschaftler (→ »Ariel«; die »UK«-Bezeichnung erhielt aber auch »Ariel 3«). Der am 5. Mai 1967 mit einer »Scout«-Rakete (USA) in eine Bahn zwischen 495 und 600 km Höhe gelangte (drallstabilisierte) Satellit hat eine Masse von 90 kg und eine Gesamthöhe von 1,8 m. Er dient Untersuchungen der Hochatmosphäre (Ionosphäre) sowie radioastronomischen und funktechnischen Untersuchungen.

Umkehrdüse → Schubumkehr
Umlaufgeschwindigkeit → Bahngeschwindigkeit.
Umlaufkühlung → Kühlverfahren.
Umlaufmasse → Brennschluß.
Umlaufzeit: Zeitraum, den ein Körper zum einmaligen Durchlaufen einer geschlossenen oder quasigeschlossenen Bahn um ein Gravitationszentrum benötigt. Je nach den Bezugspunkten, die man für Anfang und Ende des Umlaufs wählt, ergeben sich für den gleichen umlaufenden Körper unterschiedliche U.en. Bei künstlichen Erdsatelliten wird als U. meist die Zeit bezeichnet, die zwischen 2 aufeinanderfolgenden Durchgängen des Raumflugkörpers durch den gleichen Breitenkreis (bei gleicher Bewegungsrichtung von Süd nach Nord oder umgekehrt) vergeht.
Umlenkbahn: Teil der Antriebsbahn einer von der Erdoberfläche startenden Rakete, der sich an das mehr oder weniger kurze vertikale Bahnstück anschließt, das mit dem Abheben der Rakete beginnt. Auf der gekrümmten U. wird die Rakete zur vorgesehenen Bewegungsgeschwindigkeit und -richtung im Brennschlußpunkt geführt. Grundlage dieses Führungsvorgangs bildet das Steuerprogramm (→ Flugprogramm).
unsymmetrisches Dimethylhydrazin → Treibstoff.
Uranus: ein Planet des → Sonnensystems; sein Äquatordurchmesser beträgt etwa 47 600 km, der Poldurchmesser ist etwa 2900 km kleiner; er hat eine Rotationsdauer von 10 h 44 min, seine Masse beträgt 14,55 Erdmassen (mittlere Dichte 1,56 g/cm^3). U. zählt zu den jupiterähnlichen Planeten (→ Jupiter), seine hohe Albedo (0,45) geht auf eine dichte Wolken-Atmosphäre zurück, in der vor allem Methan und Wasserstoff nachgewiesen wurden. Eine Besonderheit des Planeten besteht darin, daß seine Rotationsachse fast in der Bahnebene liegt. Bisher konnten bei U. 5 Monde aufgefunden werden.

V

Vakuumkammer svw. Weltraumsimulationskammer.

Valier [sprich Falier], *Max*: Techniker, geb. 9. Febr. 1895 Bozen, gest. 17. Mai 1930 Berlin, nach dem ersten Weltkrieg in Deutschland einer der populärsten Pioniere der Raketentechnik und des Raumfahrtgedankens. V. schloß zunächst eine Ausbildung als Feinmechaniker ab, begann aber ab 1913 in Innsbruck Physik, Mathematik und Astronomie zu studieren. Nach 1919 wandte er sich in Vorträgen und Schriften vor allem der Popularisierung astronomischer Themen zu. Das 1923 erschienene Buch von *Oberth*, ›Die Rakete zu den Planetenräumen‹, regte ihn schließlich an, sich intensiv den Problemen der Raketentechnik und Raumfahrt zu widmen. Seine erste eigene Veröffentlichung zu diesem Themenkreis, ›Der Vorstoß in den Weltenraum‹ (1924), machte ihn schnell bekannt.

Neben seiner auch weiterhin ausgedehnten Tätigkeit als Schriftsteller und in Vorträgen bemühte er sich um ernsthafte wissenschaftliche Arbeit zu Problemen des Raketenantriebs. Im Unterschied zu anderen Raumfahrtpionieren wollte er den Weg in den Weltraum über die Zwischenphasen der Entwicklung raketengetriebener Bodenfahrzeuge und Flugzeuge beschreiten. Zur Durchführung seiner ersten praktischen Arbeiten mit konventionellen Pulverraketen fand V. zeitweilig Unterstützung bei dem Hersteller für Seenotrettungsraketen *Sander* in Wesermünde, dem Großindustriellen *Fritz von Opel* und dem Inhaber einer Gesellschaft für Industriegasverwertung in Berlin-Britz, *Heylandt.* Es kam zu mehr spektakulären als wissenschaftlich ergiebigen Versuchsfahrten mit umgebauten, raketengetriebenen Opel-Kraftwagen (→ Raketenauto). Bei seinen weiteren Versuchen ging V. zu unbemannten Raketenschienenwagen über und erreichte mit diesen Vorläufern moderner schienengebundener Raketenschlitten bis zu 280 km/h Geschwindigkeit. V. führte diese Entwicklung mit der »Pyrotechnischen Fabrik Eisfeld«, Silberhütte, durch. Es kam jedoch zu zahlreichen Fehlschlägen (Entgleisungen, Explosionen), die immer deutlicher zeigten, daß der von V. eingeschlagene Weg zu jener Zeit kaum Aussicht auf wissenschaftlichen Erfolg und Wert bieten würde. Trotzdem setzte V. seine Versuche in dieser Richtung fort. Auf dem Eibsee und dem Starnberger See erreichten seine von Pulverraketen angetriebenen »Valier-Rak-Bob«-Schlitten unbemannt bis zu 380 km/h Höchstgeschwindigkeiten.

Da aber V.s eigentliches Ziel das Raketenflugzeug war, regte er schon 1927 die Ingenieure *Beck* und *Tautenhahn* zu Versuchen mit raketengetriebenen Modellflugzeugen an. 1928 arbeitete er in der gleichen Frage mit dem Flugzeugkonstrukteur *Lippisch* zusammen. Dessen schwanzlose Modellflugzeuge vom Typ »Storch« kamen dabei bis auf 500 km/h Geschwindigkeit. Im gleichen Jahr führte der Pilot *Stamer*, wieder auf Anregung von V., zum ersten Mal einen Flug mit einem Raketenflugzeug aus. Das mit Pulverraketen von *Sander* ausgerüstete Segelflugzeug »Ente« wurde dabei allerdings noch durch Seilzug gestartet. Mit einem von *Hatry* gebauten Spezialflugzeug gelang *v. Opel* am 30. Sept. 1928 auf dem Flugplatz von Frankfurt am Main der erste Raketenflug

Valiers Rückstoß-Versuchswagen bei einer Probefahrt auf der Berliner Avus (22. Dez. 1929)

Versuch mit einem der ersten Flüssigkeitstriebwerke von Valier (Berlin 1930)

ganz aus eigener Kraft, wobei er eine Höchstgeschwindigkeit von 150 km/h erreichte. Ab 1929 ging V. endlich zur Erprobung flüssiger Treibstoffe über, da er erkannt hatte, daß die zu dieser Zeit verfügbaren festen Treibstoffe nur wenig Aussichten auf Leistungssteigerung boten. In Zusammenarbeit mit dem Heylandtschen Industriegaswerk in Berlin entwickelte er ein Triebwerk mit Flüssigsauerstoff als Oxydator und Alkohol als Brennstoff. Daneben benutzte V. zu Vorführungen in der Öffentlichkeit wieder ein Bodenfahrzeug, das allerdings nur durch CO_2-Druckgas angetrieben wurde (Rückstoß-Versuchswagen, 17. April 1930). Bei einem seiner unter primitivsten Voraussetzungen unternommenen Laboratoriumsversuche zur Verbesserung eines neuen Flüssigkeitstriebwerks fand V. durch Explosion der Brennkammer den Tod.

Van-Allen-Gürtel → Magnetosphäre.

Vandenberg Air Force Base: an der Küste von California (USA) gelegenes Raketenstartgelände der US-amerikanischen Luftwaffe, von dem vornehmlich Trägerraketen mit unbemannten militärischen Raumflugkörpern, aber auch solche der NASA gestartet werden.

»Vanguard« [engl., Vorhut]: Meßsatelliten (USA), die im Internationalen Geophysikalischen Jahr 1957/58 als erste US-amerikanische Satelliten gestartet werden sollten. Durch zahlreiche Mängel und Fehler der »V.«-Trägerrakete, die speziell für diesen Zweck entwickelt worden war, ergab es sich jedoch, daß vor dem ersten »V.«- ein »Explorer«-Satellit und bei insgesamt 12 Startversuchen nur 3 »V.«-Satelliten in Umlaufbahnen gelangten. Die Startmasse der 22 m langen dreistufigen Trägerrakete betrug 10,2 t, ihr Startschub 12,5 Mp. »V. 1«, ein Testsatellit von nur 0,16 m Durchmesser und 1,48 kg Masse wurde am 17. März 1958 in eine Umlaufbahn (650/4000 km Bahnhöhe) geschickt. Er war mit 2 Miniatursendern von 10 und 5 mW Sendeleistung ausgerüstet, von denen einer durch Batterie, einer von Solarzellen gespeist wurde. Letzterer blockierte durch Mangel eines Abschaltmechanismus über 6 a lang die Sendefrequenz. Der Satellit »V. 2« (17. Febr. 1959) war ebenfalls kugelförmig (Durchmesser 0,51 m) und hatte auch nur eine Masse von 9,76 kg. Er war mit Infrarotphotozellen ausgerüstet und sollte über einen batteriegespeisten Sender Informationen über Wolkenverteilung und Großwetterlage liefern. Da er nach seiner Abtrennung von der Trägerrakete unkontrollierbare Taumelbewegungen ausführte, blieben die Meßergebnisse von mangelhaftem Wert. »V. 3« (18. Sept. 1959) wurde nicht von der letzten Stufe des Trägersystems getrennt (Gesamtmasse 45,4 kg), um Störungen beim Abtrennvorgang zu vermeiden. Der Satellit selbst hatte eine Masse von 22,76 kg und Aussehen sowie Größe seines Vorgängers. Zusätzlich trug er noch einen kegelförmigen Aufsatz (Höhe 0,66m), an dessen Ende sich ein Magnetometer befand, sowie ein Meßinstrument zur Untersuchung der solaren Röntgenstrahlung. Die Stromversorgung erfolgte durch chemische Energiequellen, die einen Funkempfang nur bis zum 11. Nov. 1959 möglich machten. Die Bahn des

»Vanguard«-Trägerrakete beim Start

Satelliten lag anfänglich zwischen 515 und 3748 km Höhe, was auch angenähert dem Bahnverlauf von »V. 2« (558 und 3325km) entsprach.

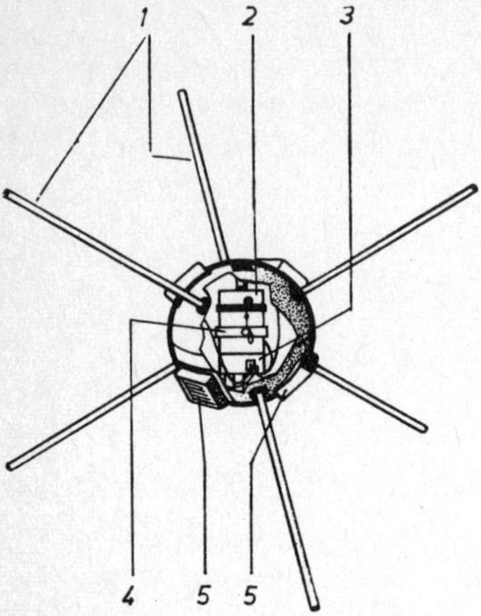

Aufbauschema von »Vanguard 1«: 1 Antennen, 2 batteriegespeister Sender, 3 solarzellengespeister Sender, 4 Batterien, 5 Solarzellen

»Vela-Hotel«, *»Vela«*: militärische Satelliten (USA), die jeweils zu zweit zur Feststellung oberirdischer Kernexplosionen bzw. solcher in großer Höhe und im Weltraum eingesetzt werden. Jeder der Satelliten hat eine Masse von etwa 235 kg, von denen etwa 100 kg auf ein Apogäumstriebwerk entfallen, das den Flugkörper aus der Ausgangsbahn (Perigäumshöhe 370 km, Apogäumshöhe 91 000 km) in eine annähernd 91 000 km hohe Kreisbahn bringt (Bahnneigung 36°). Dabei werden die Apogäumstriebwerke bei 2 verschiedenen Umläufen in der Ausgangsbahn gezündet, so daß die Satelliten in der Kreisbahn um etwa 180° verschobene Positionen einnehmen. Die Hülle der Satelliten (größter Durchmesser 1,5 m) ist aus 20 gleichseitigen Dreiecken zusammengesetzt, auf denen sich die Solarzellen des Energieversorgungssystems befinden. Zu den Meßinstrumenten gehören Röntgen- und Gammastrahlungsdetektoren sowie Neutronenzähler. Außerdem sind Telemetrieanlagen, Sender und Empfänger sowie ein Temperaturregelungssystem vorhanden. Das Überwachungssystem der Satelliten kann noch Kernexplosionen in 300 Mill. km Entfernung registrieren. »V.«-Satellitenpaare gelangten am 16. Okt. 1963, 17. Juli 1964, 10. Juli 1965 und 28. April 1967 in ihre Umlaufbahnen. Die Satelliten »V. 11« und »V. 12« wurden gemeinsam am 8. April 1970 in Bahnen zwischen 111 210 und 112 160 km bzw. 111 500 und 112 210 km Entfernung von der Erdoberfläche gebracht. Masse der Satelliten: je 245 kg.

Venus: erdnächster der inneren Planeten des → Sonnensystems; sein Durchmesser beträgt 12 400 km (keine merkliche Abplattung); die schwer zu bestimmende Rotationsdauer liegt nach neuen Radarmessungen wahrscheinlich bei etwa 247 d, die Rotationsachse steht offenbar annähernd senkrecht auf der Bahnebene; seine Masse beträgt 0,81 Erdmassen (mittlere Dichte 4,95 g/cm^3), die Schwerkraft an der V.oberfläche 86 % der Schwerkraft an der Erdoberfläche. V. gehört zu den erdähnlichen Planeten und hat eine sehr gleichförmige, dichte Wolkenatmosphäre (Albedo 0,61), die eine Bestimmung des Durchmessers, der Rotationsdauer und der Oberflächenbeschaffenheit von der Erde aus sehr erschwert bzw. unmöglich macht. Nachdem schon aus früheren astronomischen bzw. radioastronomischen Untersuchungen auf eine relativ dichte Atmo-

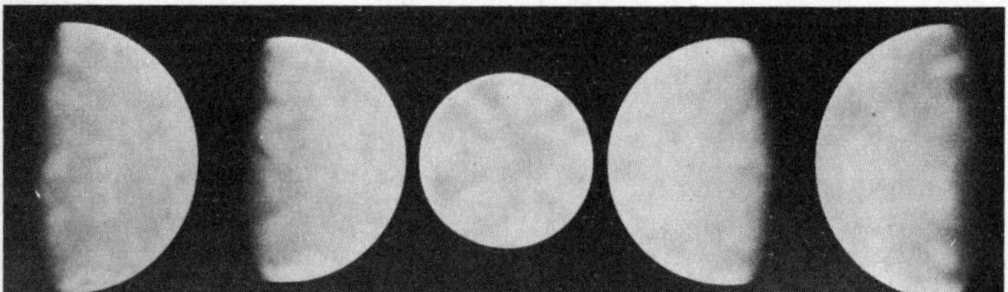

Der Planet Venus in verschiedenen Phasen, nach A. Dollfuß (Pic du Midi)

sphäre mit hohem CO-Gehalt und auf eine sehr hohe Oberflächentemperatur (teilweise bis 500° C) geschlossen worden war, lieferten Raumflugkörper genauere Anhaltspunkte bzw. konkretere Werte hierfür (→ »Mariner«, → »Venus«). Über die Beschaffenheit der V.oberfläche konnte man dagegen bisher keine klare Vorstellung gewinnen. Einen Mond hat V. nicht.

»Venus«: Planetsonden (UdSSR), die speziell der Erforschung des Planeten → Venus dienen. Der erste Start in dieser Serie (»V.1«) geschah am 12. Febr. 1961 unter erstmaliger Einschaltung einer Parkbahn. Die umfangreich ausgerüstete Planetensonde hatte eine Masse von 643,5 kg, eine Gesamtlänge von etwa 2,04 m und eine Breite (mit Solarzellenauslegern und Parabolantenne) von etwa 3 m; die zylindrische Gerätezelle wies einen Durchmesser von 1,05 m auf. Die Energieversorgung des Geräts geschah durch Solarzellen und Speicherbatterien. Der Meßwertübertragung dienten verschiedene Antennen, darunter auch eine stark bündelnde Parabolantenne, die erst nach dem Abflug aus der Parkbahn aufgespannt wurde. Zur Lagekorrektur war der Raumflugkörper mit einem optischen Orientierungssystem (Sonnen- und Sternsensoren) und Druckgasdüsen versehen. Die meßtechnische Ausrüstung umfaßte Geräte zur Untersuchung solarer und kosmischer Teilchenstrahlungen, des interplanetaren Gases, der Mikrometeoritenhäufigkeit und von Magnetfeldern. Bis zum 27. Febr. 1961 bestand eine einwandfreie Funkverbindung mit der Planetensonde (3,8 Mill. km Entfernung) und konnten zahlreiche wertvolle Meßergebnisse aus dem interplanetaren Raum gewonnen werden. Aufgrund einer Störung, für die höchstwahrscheinlich ein extremer Intensitätsanstieg der solaren Teilchenstrahlung verantwortlich war, gelang es danach nicht mehr, mit dem Raumflugkörper Funkkontakt aufzunehmen. Als Zeitpunkt der größten Annäherung zwischen Sonde und Venus wurde der 19./20. Mai 1961 errechnet.

»V.2« und »V.3« wurden in einem erstmalig durchgeführten Planeten-Doppelflugunternehmen eingesetzt. Dabei sollte die zuerst gestartete »V.2« (12. Nov. 1965) einen nahen Vorbeiflug an dem Planeten ausführen, während »V.3« (Start 16. Nov. 1965) einen Eintauch- und Landekörper in die Venusatmosphäre bringen und auf dem Planeten weich landen lassen sollte. Die Sonden (963 und 960 kg) bestanden jeweils aus 2 hermetischen Zellen, einer raumflugtechnischen Sektion und einer Spezialsektion. In der Spezialsektion von »V.2« befanden sich eine Foto- und Fernsehbildübertragungsanlage, ein Zentimeterwellensender, eine Speicherbatterie sowie ein Programmzeitschaltwerk und Meßgeräte.

Die Spezialsektion von »V.3« war ein kugelförmiger Behälter von 90 cm Durchmesser, der als Eintauch- und Landesonde dienen sollte. Er hatte einen hitzebeständigen Oberflächenüberzug und war mit Meßgeräten und Dezimeterwellensendern ausgerüstet. Außerdem enthielt die Eintauchsonde eine Hohlkugel, auf deren Oberfläche die Konturen der Erdkontinente abgebildet waren und die innen eine Medaille mit dem Wappen der UdSSR und einer Darstellung der Bahnen der Planeten Merkur bis Mars enthielt. Das Eintauch- und Landegerät war vor dem Abflug sorgfältig sterilisiert worden und mit einem

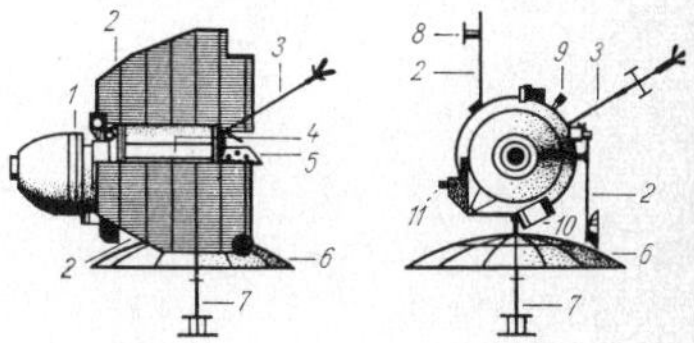

Aufbauschema von »Venus 1«: 1 Meßgerätebehälter, 2 Solarzellenausleger, 3 Stabantenne, 4 Temperaturregelblenden, 5 Temperaturfühler, 6 Parabolantenne, 7 Empfangsdipol, 8 Kreuzstabantenne, 9 Ionenfalle, 10 Erdsensor, 11 Sonnensensor

»Venus 1« mit Auslegern in Arbeitsstellung

Fallschirmsystem für das Niedergehen auf der Venusoberfläche ausgerüstet. Die raumflugtechnischen Sektionen trugen außen Solarzellenausleger, verschiedene Antennen, Strahlungskühler des Temperaturregelsystems, das Bahnkorrekturtriebwerk und Druckgasdüsen für die Fluglageregelung. Im Inneren dieser Einheiten befanden sich Speicherbatterien für die Solarzellen, Sender und Empfänger für Dezimeter- und Zentimeterwellen, Meßwertübertragungseinrichtungen, elektronische Geräte für Bahnkorrektur und Fluglageregelung, elektronische Komponenten des Orientierungssystems sowie 2 Kreiselanlagen. Von diesen Kreiselgeräten diente eines zur Lagestabilisierung des Raumflugkörpers während des Korrekturmanövers, während das zweite als Kreiselintegrator das Flüssigkeitstriebwerk nach Erreichen der vorgesehenen Korrekturgeschwindigkeit abschaltete. Weiterhin enthielten diese Sektionen Vorrichtungen für die Temperaturregelung und ein Programmzeitschaltwerk.

Die Bordsender konnten nacheinander auf eine scharf bündelnde Parabolantenne geschaltet werden, während für den Funkkommandoempfang und die Zweiweg-Doppler-Messungen (Bahnbestimmung) eine Parabolantenne mit geringerer Richtwirkung verwendet wurde, durch die gegebenenfalls auch die Bordmeßwerte übertragen werden konnten. Für die Ausrichtung der Parabolantennen auf die Erde wurden Sonnen- und Erdsensoren verwendet, während für die Fluglageregelung vor dem Korrekturmanöver die Kombination eines Sonnensensors mit einem Sternsensor (Canopus als Leitstern) zum Einsatz kam. Wie die Bahnmessungen zeigten, war für »V.2« eine Kurskorrektur nicht notwendig, da die Bahn für den geplanten nahen Vorbeiflug an der Venus hinreichend genau war. Die Sonde passierte die Venus am 27. Febr. 1966 in einer Entfernung von

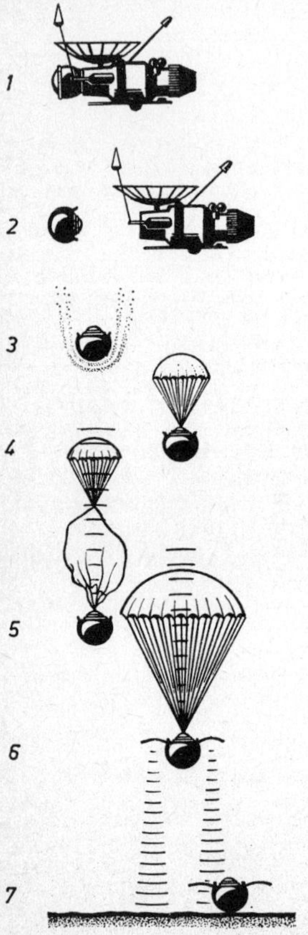

Schema des Niedergehens von »Venus 4« in der Venusatmosphäre: 1 Anflug des vollständigen Systems, 2 Abtrennung der Landekapsel, 3 Eintauchen der Landekapsel, 4 Ausstoß des Bremsfallschirms, 5 Ausziehen des Hauptfallschirms, 6 Ausklappen des Radarhöhenmessers und wissenschaftliche Messungen im Abstieg, 7 Aufsetzen des Landekörpers

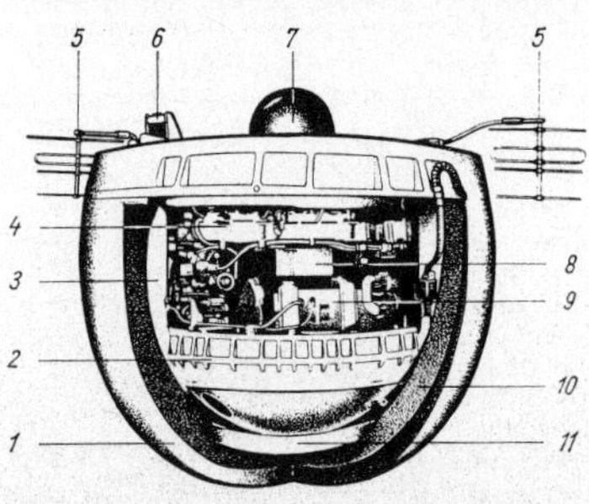

Aufbauschema der Eintauchkapsel von »Venus 4«: 1 äußerer Hitzeschutz, 2 Halterungsrahmen für Geräte, 3 innere Hülle, 4 Wärmeübertrager, 5 Antenne für Doppler-Höhenmessung, 6 Entfaltungsmechanismus für Antenne, 7 Aufsatz mit Antenne für Meßwertübertragung, 8 Steuerungselektronik, 9 Batterie, 10 innere Wärmedämmung, 11 Dämpfungsmaterial

rund 24 000 km. Eine Störung in der Funkverbindung ließ jedoch einen Meßwertempfang während des Anflugs auf den Nahbereich des Planeten nicht mehr zu. Für »V.3« machte sich wegen der notwendigen extrem hohen Genauigkeit des Zielanflugs eine Bahnkorrektur erforderlich. Sie wurde am 26. Dez. 1965 vorgenommen und dabei die geplante Geschwindigkeitsänderung um 19,75m/s mit bemerkenswerter Präzision (19,68 m/s) erreicht. Die weiteren Bahnmessungen und Berechnungen zeigten, daß die Planetensonde am 1. März 1966 ($7^h\ 56^m$ MEZ) auf die Venus gelangte und die Abweichung des tatsächlichen vom berechneten Landepunkt nicht mehr als 450 km betrug. Da eine Funkverbindung mit »V.3« bei ihrer Annäherung an den Planeten nicht zustande kam, konnten keine Meßwerte über den Planeten und seine Atmosphäre erhalten werden.

Von der am 12. Juni 1967 gestarteten »V.4« wurde zum zweiten Mal ein Landekörper auf die Venus gebracht. Nach einer erfolgreichen Bahnkorrektur (29. Juli 1967) erreichte der Raumflugkörper (1106 kg) am 18. Okt. 1967 den Planeten, der abgetrennte kugelförmige Landekörper (383 kg) tauchte mit 11,35 km/s in die Venusatmosphäre ein, ging nach aerodynamischer Abbremsung an einem Spezialfallschirm (Sinkgeschwindigkeit etwa 3 m/s) auf der Nachtseite der Venus in der Nähe des Äquators nieder und übertrug dabei Meßwerte über die Zusammensetzung, den Druck und die Temperatur der Planetenatmosphäre. Die Stromversorgung des Landegeräts war für 100 min ausgelegt, die Meßwertübertragung geschah 96 min lang. Die Messungen zeigten, daß in 26 km Höhe über dem als Venusoberfläche definierten Meßniveau ein Druck von 0,7 kp/cm^2 sowie eine Temperatur von 40 °C ± 10 °C herrschen, während für die definierte Oberfläche 20 kp/cm^2 Druck und 270 °C festgestellt wurden. Die chemischen Analysen – mit 11 Gasanalysatoren für Kohlendioxid, Sauerstoff, Stickstoff und Wasserdampf – ergaben: 80 bis 95 % Kohlendioxid, > 7 % Stickstoff, 0,4 bis 0,8 % molekularer Sauerstoff, zwischen 0,1 und 0,7 % Feuchtigkeit sowie wahrscheinlich geringe Mengen von Argon u. a. Edelgasen. Während des Flugs auf der interplanetaren Übergangsbahn und in der letzten Anflugphase wurde darüber hinaus mit anderen Geräten des Raumflugkörpers festgestellt: die Dichte des neutralen Wasserstoffs im interplanetaren Raum beträgt 1

Oberteil der Eintauchkapsel von »Venus 4« mit spiralförmigen Antennen für Meßwertübertragung

Atom/100 cm^3; atomarer Sauerstoff wurde auch nicht in den höchsten Schichten der Venusatmosphäre nachgewiesen; die dichte Molekularatmosphäre des Planeten geht offenbar ziemlich sprungartig in den interplanetaren Raum über, eine Wasserstoffkorona ist nur schwach ausgebildet; die Venus hat kein bemerkenswertes Magnetfeld (max. 7 Gamma) und demzufolge auch keinen Strahlungsgürtel.

Zur Präzisierung und Ergänzung der mit »V.4« erhaltenen Informationen wurde mit »V.5« (5. Jan. 1969) und »V.6« (10. Jan. 1969) erneut ein Doppelflugunternehmen durchgeführt, bei dem beide Planetensonden (je 1130 kg) je einen Landekörper auf die Venus bringen sollten. Beide Flüge verliefen erfolgreich, und die Landekörper tauchten am 16. Mai (»V.5«) sowie am 17. Mai 1969 (»V.6«) in die Planetenatmosphäre ein. Der Abstieg des Landeteils von »V.5« am Fallschirm – und damit die Meßzeit – dauerte 53 min, bei »V.6« 51 min; beide gingen wiederum auf der Nachtseite des Planeten nieder, und zwar »V.6« etwa 300 km von »V.5« entfernt. Die annähernd kugelförmigen Eintauchkörper hatten etwa 1 m Durchmesser und je 405 kg Masse. Sie bestanden aus 2 hermetisch abgeschlossenen Sektionen. In der Gerätesektion waren die wissenschaftliche Ausrüstung, Baugruppen der Automatik und des Temperaturregelsystems, der Funkhöhenmesser, die Programmschaltanlage, die Sender und Batterien untergebracht. In der Fallschirmsektion befanden sich ein Brems- und ein Hauptfallschirm (beide bis 500 °C temperaturfest). Die Halterungen in der Gerätesektion und die Festigkeit der sonstigen inneren Strukturen wurden für Belastungen bis 450 *g* ausgelegt. Die Stabilität des Landekörpers gegen Außendruck lag bei etwa 30 kp/cm^2. Die Messungen während

der beiden Abstiege – bis zu einem Druckniveau von 27 kp/cm², für das die Funkhöhenmesser bei »V.5« 24 bis 26 km über Grund und bei »V.6« 10 bis 12 km anzeigten – ergaben für die chemische Zusammensetzung: 93 bis 97 % Kohlendioxid, 2 bis 5 % Stickstoff u. a. inerte Gase, max. 0,4 % Sauerstoff, 4 bis 11 mg/l Wasserdampf im 0,6-kp/cm²-Druckniveau. Die Temperatur im 27-kp/cm²-Druckniveau erreichte 320 °C, so daß die Werte für Druck und Temperatur an der Venusoberfläche (bei Extrapolation nach adiabatischem Verlauf) nach »V.5« 140 kp/cm² und 530 °C, nach »V.6« 60 kp/cm² und 400 °C betragen würden. Die Unterschiede ergeben sich aus den differierenden Bezugshöhen für das 27-kp/cm²-Druckniveau. Die Meßwerte von »V.4« entsprachen offenbar einem wesentlich höheren Meßniveau, als nach den ersten Auswertungen angenommen wurde.
Zur Fortsetzung der Untersuchungen wurde am 17. Aug. 1970 »V.7« gestartet. Der Raumflugkörper ist mit 1180 kg das bisher massereichste Gerät dieses Typs. Der Abflug erfolgte aus einer Parkbahn, die Injektionsgeschwindigkeit für die Übergangsbahn wurde durch Wiederzünden der letzten Antriebsstufe des Trägersystems (Brenndauer 244 s) erreicht. Der Raumflugkörper bestand wiederum aus einer raumflugtechnischen Komponente und einem Eintauchkörper. Letzterer war nach den vorangegangenen Erfahrungen auf eine wesentlich höhere Temperatur- und Druckfestigkeit (530 °C bzw. 180 kp/cm²) ausgelegt als seine Vorgänger, um mit funktionsfähigem Gerät tatsächlich bis zur Planetenoberfläche vordringen zu können. Nach 2 Bahnkorrekturen in der Übergangsbahn gelangte »V.7« am 15. Dez. 1970 zur Venus; das Eintauchmanöver gelang, der Landefallschirm (bis 530 °C hitzeresistent) übernahm ab 60 km Höhe (0,7 kp/cm² Außendruck) die weitere Abstiegsführung, und um $6^h34^m10^s$ (MEZ) zeigten die Messungen das Erreichen der Venusoberfläche an. Bei diesem Unternehmen wurden allerdings keine Radarhöhenmesser verwendet und die für Temperatur- und Druckdiagramme notwendigen Höhenangaben aus Doppelfrequenzänderungen des Bordsenders der Eintauchsonde abgeleitet. Der Sender war zu diesem Zweck mit hochstabilen und vor dem Eintauchen mehrfach kontrollierten Frequenzgeneratoren ausgestattet. Im übrigen wurden als einzige Meßwerte Temperaturen übertragen, da der Druckmeßkomplex offensichtlich versagte. Druckwerte wurden dann – unter Annahme adiabatischer Verhältnisse – aus den Temperaturen errechnet, die Eichung der Temperatur- und Druckkurven geschah durch Anschluß an die mit »V.4«, »V.5« und »V.6« bis 20 km Höhe erhaltenen Angaben. Die gemessenen (Temperatur) bzw. errechneten (Druck) Daten für die Venusoberfläche an der Landestelle von »V.7« fand man zu 475 ± 20 °C und 90 ± 15 kp/cm²).

Venussonde → Planentensonde; → »Venus«, »Mariner«.

Verbrennungsrate → Abbrand.

Verbrennungsschwingungen: Störeffekt, der bes. in großen Flüssigkeitstriebwerken auftreten und deren Funktion bis zur Zerstörung beeinflussen kann. V. werden im wesentlichen vom Einspritzvorgang ausgelöst. Als Gegenmaßnahme bringt man strömungsstabilisierende Platten und Rippen an den Einspritzköpfen an. Die V. bildeten vor allem in den Anfängen des Großtriebwerkbaus einen nur sehr schwer zu überwindenden Störfaktor. V. können auch in Feststofftriebwerken durch instabilen Abbrandverlauf auftreten, der u. a. durch ein falsch dimensioniertes Abbrand-Druck-Verhältnis ausgelöst wird.

Verbrennungsstoff svw. Oxydator; → Treibstoff.

Verdampfungsverluste: Treibstoffverluste, die nach dem Auftanken einer Flüssigkeitsrakete mit kryogenen Treibstoffen (Flüssigsauerstoff, -wasserstoff) durch deren unvermeidliche Verdampfung entstehen. Durch Tankisolation u. a. technische Maßnahmen versucht man die V. möglichst klein zu halten, da sie bei langer Startvorbereitung zu empfindlicher Verminderung der Treibstoffvorräte führen. Aus diesem Grund wird das Startvorbereitungsprogramm so angelegt, daß der Zeitraum zwischen Betanken und Start möglichst klein ist. Außerdem sieht man die Möglichkeit eines laufenden Nachtankens der Treibstoffverluste bis kurz vor dem Start vor. Zur Abführung der verdampften Treibstoffe müssen die Treibstoffbehälter selbstverständlich mit Abdampföffnungen versehen sein. Wenn Sauerstoff und Wasserstoff gemeinsam verwendet werden, sind darüber hinaus Vorkehrungen dafür nötig, daß sich die Abdämpfe möglichst nicht mischen (Knallgasbildung!).

Verdrängerzuführung → Treibstofffördersystem.

Verein für Raumschiffahrt: am 5. Juli 1927 unter dem Vorsitz von → *Winkler* in Deutschland gegr. Verein zur Verbreitung des Raumfahrtgedankens und Förderung praktischer Arbeiten auf dem Gebiet der Raketentechnik. Als Vereinsorgan wurde die Zeitschrift ›Die Rakete‹ herausgegeben. Verschiedene Mitglieder *(Winkler, Oberth, Nebel)* führten praktische Raketenversuche durch, denen allerdings nur geringe und unterschiedliche Erfolge beschieden waren. Einige dieser Versuche fanden auf dem von Vereinsmitgliedern gegr. → Raketenflugplatz Berlin-Reinickendorf statt; an ihnen war u. a. auch *v. Braun* als angehender Student beteiligt. Die Tätigkeit des Vereins fand 1933 ihr Ende.

Verfolgungsbahn: Flugbahn, auf der eine gelenkte Kampfrakete einem bewegten Zielobjekt nachgeführt wird. Die Form der V. ist von dem jeweiligen Lenkverfahren und dem Bewegungsverhalten des Ziels abhängig. Die einfachste Form ist die *Hundekurve,* die entsteht, wenn die Rakete entweder ständig in einem dem Zielobjekt (dessen Bewegung als geradlinig angenommen werden soll) nachgeführten Leitstrahl gehalten wird oder bei halbaktiver bzw. aktiver Zielsuchlenkung ständig mit »Blickrichtung« auf das Ziel fliegt. Sie verhält sich dabei ähnlich wie ein Hund, der seitlich aus größerer Entfernung auf seinen in geradliniger Bewegung befindlichen Herrn zuläuft und sich dabei erfahrungsgemäß ständig in der optischen Verbindungslinie Hund – Mensch bewegt. Bei Ausweichbewegungen des Ziels wird die V. einer Kampfrakete selbstverständlich wesentlich komplizierter.

Vernier-Triebwerk → Steuertriebwerk.

»Véronique« [frz., Veronika]: Höhenforschungsrakete (Frankreich), deren erste verbesserte Version »V. NA« 7,3 m lang war und eine Startmasse von 1435 kg hatte; sie erreichte mit einer Nutzmasse von 60 kg eine max. Steighöhe von rund 130 km. Da die Treibstofförderung durch Druckgas (30 kp/cm^2) geschah, mußten die für 40 kp/cm^2 Druck ausgelegten Treibstoffbehälter aus schwachlegiertem Stahl hoher Festigkeit gefertigt werden, was sich sehr nachteilig auf das Masseverhältnis auswirkte (3,7). Die Brennkammer bestand aus nichtrostendem Stahl und hatte eine Düsenhalsauskleidung aus einer Mischung von Elektrodengraphit und feuerfestem Zement. Als weiter verbesserter Typ wurde die »V. AGI« herausgebracht, die bei annähernd gleicher Auslegung wie der Typ »NA« eine Gipfelhöhe von 170 km erreichen kann. Von diesem Gerät wurden zunächst 15 Exemplare im französischen Forschungsprogramm zum Internationalen Geophysikalischen Jahr (frz. *A*nneé *G*éophysicale *I*nternationale = *AGI*) eingesetzt. Gemeinsam mit dem gegenwärtig häufig verwendeten Muster »V. 61 M« (220 km Gipfelhöhe mit 210 kg Nutzlast) wird sie u. a. auch für astronomische Untersuchungen eingesetzt. Die mit Meßgeräten ausgerüstete Raketenspitze wird im Scheitelpunkt der Bahn durch Sprengbolzen abgetrennt und am Fallschirm zur Erdoberfläche zurückgeführt.

»Vertikal«: Höhenraketen, die im Rahmen der »Interkosmos«-Zusammenarbeit der sozialistischen Länder für Zwecke der Weltraumforschung von der Sowjetunion zur Verfügung gestellt und gestartet werden. Die Raketen haben eine Länge von 23 m und einen Durchmesser von 1,66 m. »V.1« gelangte am 28. Nov. 1970 in eine Höhe von über 450 km. Die in Bulgarien, der ČSSR, der DDR, Polen, der UdSSR und Ungarn entwickelten und gebauten Geräte dienten der Untersuchung der weichen solaren Röntgenstrahlung, der solaren Lyman-Alpha-Strahlung, der Strukturparameter der Ionosphäre sowie der meteoritischen Substanz in Höhen ab 90 km. Ein Teil der Ausrüstung befand sich in einem sphärischen Rückführungscontainer. Ähnlichen Aufgaben diente die am 21. Aug. 1971 gestartete »V.2«, deren Nutzlast rund 1300 kg betrug und die eine Gipfelhöhe von 463 km erreichte.

Vertikalaufstieg: Aufstieg einer Rakete, bei dem jede nachträgliche Ablenkung aus der vertikalen Startrichtung entfällt. Der V. wird ausschl. bei Höhenraketen (Raketensonden) angewendet, um auch mit einer kleinen Antriebsleistung eine max. Gipfelhöhe für die Meßgeräte zu erreichen.

Vertikalprüfstand → Raketenprüfstand.

Verwirbelungseffekt: Sammelbezeichnung für alle Vorgänge, die in einer Flüssigkeitsbrennkammer den Hauptbeitrag zur mechanischen Mischung der Treibstoffkomponenten liefern (→ Gemischbildung). Der V. entsteht vor allem durch die Strömungsvorgänge innerhalb der eingespritzten Treibstoffstrahlen und wird durch Verwendung eines Drallzerstäubers (→ Einspritzorgane) noch unterstützt.

Vestibularapparat: Gesamtheit der im Ohr gelegenen Sinnesendzellen, die zusammen mit anderen Nervenbahnen den Gleichgewichtssinn ergeben. Sie reagieren auf Bewegungsänderungen des Körpers, insbes. des Kopfs.

»Vigilant« [engl., wachsam]: Panzerabwehrrakete (Großbritannien) mit Feststofftriebwerk. Die beiden Versionen »V. 891« und »V. 897« unterscheiden sich lediglich im Ausmaß der Kampfköpfe. Beim erstgenannten Typ hat er 2,27 kg Masse und führt zu einer Gesamtlänge des Flugkörpers von 0,9 m, während der zweite Typ mit einem Kampfkopf von 5,44 kg ausgerüstet und 1,07 m lang ist. Am Heck der Rakete befinden sich 4 Stabilisierungsflächen (mit Luftrudern), die bei beiden Typen eine Spannweite von 0,28 m haben. Das gesamte Waffensystem – Rakete, kombinierter Trag- und Start-Behälter, Sicht-Kommandogeber, Kabel und Trokkenbatterie – kann von einem Mann getragen und eingesetzt werden, da es nur rund 20,5 kg Gesamtmasse hat. Die Rakete läßt sich auch von Fahrzeugen sowie von Hubschraubern aus einsetzen. Sie hat Drahtkommandolenkung mit einer max. Reichweite von etwa 1,6 km. Eine am Heck der Rakete befindliche Leuchtpatrone erleichtert dabei die Kursverfolgung. Als Bezugssystem für die Lenkkommandos dient eine Kreiselanlage, die sich zwischen Kampfkopf und Triebwerk befindet.

»Viking« [engl., Wikinger]: einstufige Höhenrakete, die in den USA von 1949 bis 1955 zum Einsatz kam und mit einer 12 Raketen umfassenden Serie das seinerzeit erfolgreichste amerikanische Versuchsprogramm darstellte. Bei ihrer Entwicklung wurden weitgehend die Erfahrungen aus vorangegangenen Versuchsstarts mit nach 1945 in die USA gebrachten deutschen »A. 4«-Raketen berücksichtigt. Die Raketen der ersten Teilserie (»V. 1« bis »V. 7«) hatten eine Länge von 13,8 m und einen Durchmesser von 0,81 m. Ihre Startmasse betrug 5 t, der Schub des mit Flüssigsauerstoff und Äthylalkohol arbeitenden Triebwerks 9,3 Mp. Zur Lenkung bzw. Stabilisierung der Rakete wurde erstmalig in den USA eine kardanische Triebwerkshalterung verwendet. Eine Rakete der ersten Serie erreichte am 11. Mai 1950 mit einer Nutzmasse von 435 kg eine Höhe von

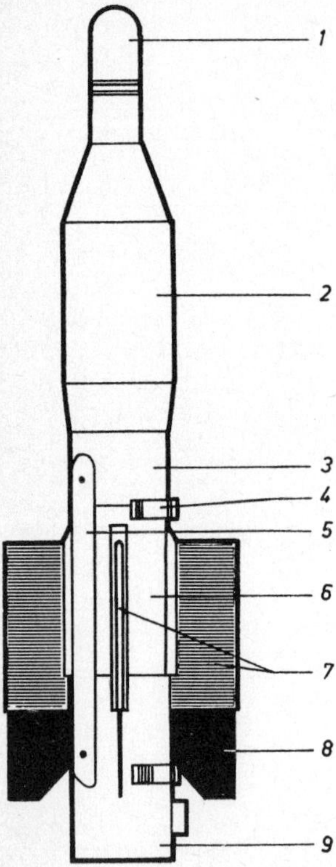

Aufbauschema der »Vigilant«: 1 Zünder, 2 Sprengsatz, 3 Steuerungselektronik, 4 Halterung, 5 Führungsschiene, 6 Triebwerk, 7 Stabilisierungsfläche, 8 Luftruder, 9 Düsenteil

»Viking« auf der Startrampe

167 km. Mit Raketen der verbesserten zweiten Teilserie (Startmasse max. 6,8 t, Startschub 9,6 Mp) gelangen 1952 bis 1955 mehrere Aufstiege bis in Höhen zwischen 200 und 250 km, wobei die Nutzmasse 350 bis 400 kg ausmachte.

»Viking«: Marssonden-Konzeption (USA), die als Ersatz für das ältere »*Voyager*«-Projekt gedacht ist. Die Raumflugkörper sollen aus 2 Komponenten bestehen, von denen eine – die weitgehend den erprobten »Mariner«-Geräten entspricht – nach Einflug in eine (2000 km hohe) Marssatellitenbahn in dieser Bahn verbleiben und u. a. als Funkrelais dienen soll, während die andere abgetrennt wird und zur Marsoberfläche niedergeht, um dort mit Meßgeräten (20 kg) nach Spuren organischen Lebens zu suchen. In der letzten Abstiegsphase soll die 200 bis 300 kg schwere flache Eintauchkapsel durch Triebwerke gebremst werden. Als Gesamtmasse der »V.«-Geräte sind 3200 kg vorgesehen (1800 kg Treibstoff), so daß für den beabsichtigten Zwillingsstart 1973 eine »Saturn 5« eingesetzt werden müßte.

volumenspezifischer Impuls → spezifischer Impuls.

»Voyager« → »Viking«.

»V 2« → »A 4«.

W

»WAC Corporal«: einstufige Flüssigkeitsrakete (USA), deren Projektierung zwar schon 1936 begonnen wurde, die aber erst 1945 als Höhenforschungsrakete zur Erprobung kam. Ihre Länge betrug 4,85 m (Durchmesser 0,30 m) und ihre Startmasse 302 kg (Leermasse 135 kg). Ihr Triebwerk, das mit der Kombination Salpetersäure/Anilin und Druckgasförderung arbeitete, lieferte bei einer Brenndauer von 45 s einen Schub von 680 kp. Mit einer Nutzmasse von 11 kg sollte die Rakete eine Gipfelhöhe von etwa 30 km erreichen. Da sie jedoch mit einer Feststoffstartstufe (23 Mp Schub) kombiniert wurde, konnten Gipfelhöhen bis zu 70 km erzielt werden. Weil die Rakete keine Lenkeinrichtungen aufwies und zur Flugstabilisierung nur mit 3 einfachen Heckflossen ausgestattet war, mußte sie aus einem etwa 30 m hohen Startturm abgelassen werden.

Walter-Triebwerke: Raketentriebwerke, die etwa ab 1936 von den Kieler Walter-Werken (Prof. Dr. *Hellmuth Walter*) für die Kriegsrüstung entwickelt und später in verschiedenen Flugzeug- und Raketentypen der Wehrmacht angewendet wurden. Die Ausgangsmuster der W. waren sogenannte »kalte« Triebwerke, bei denen lediglich die katalytische Zersetzungsreaktion von Wasserstoffperoxid als energie- und strahlmasseerzeugender Prozeß ausgenutzt wurde.

Erste Versuchsmuster gelangten in Flugzeugen als Starthilfen zur Erprobung. Die gesammelten Erfahrungen führten 1938 zum Flüssigkeitstriebwerk »HWK-R/203«, das 600 kp Schub erreichte. Mit ihm wurde das von *Ernst Heinkel* (1888–1958) konstruierte erste eigenstartfähige Raketenflugzeug der Erde, die »He 176«, ausgerüstet. Den ersten Freiflug von 50 s Dauer führte *Warsitz* am 20. Juni 1939 durch. Die Startmasse der Maschine betrug 1500 kg, während ihre Landemasse mit etwa 800 kg angegeben wurde (Landegeschwindigkeit etwa 165 km/h). Die Tragflächen hatten eine Spannweite von 4 m und elliptischen Umriß. Nach einigen Verbesserungen gelang es *Warsitz* bei späteren Versuchen, bis zu 850 km/h Spitzengeschwindigkeit zu erreichen. Eine wesentliche Leistungssteigerung brachte die Umstellung der W. auf »heißen« Betrieb mit Turbopumpenförderung, wobei Wasserstoffperoxid als Oxydator beibehalten und durch ein hauptsächlich aus Methanol und Hydrazinhydrat bestehendes Brennstoffgemisch zu einer hypergolen Treibstoffkombination ergänzt wurde. Es entstand auf diesem Wege ein Triebwerk, das bei 177 kg Masse einen Schub von 1700 kp leistete. Mit diesem Typ und seinen verbesserten Versionen wurde ab 1943 der Abfangjäger »Me 163 B« ausgerüstet. Dieses von *Alexander Lippisch* entworfene und in den Messerschmitt-Werken in Serie gebaute Raketenflugzeug hatte um 25° gepfeilte Tragflächen (Spannweite 9,20 m) und eine Länge von 5,85 m. Ein Höhenleitwerk fehlte; seine Aufgabe wurde von den bes. konstruierten Querrudern übernommen. Ebenso fehlte ein normales Fahrgestell; der Start geschah unter Verwendung eines abwerfbaren Radgestells und die Landung auf einer ausfahrbaren Gleitkufe. Die Startmasse des Flugzeugs betrug 4000 kg und seine Landemasse 1980 kg. Bei einer Brenndauer des Triebwerks von etwa 4,5 min konnte im Steigflug eine Geschwindigkeit von rund 800 km/h erzielt werden (Steigwinkel 40 bis 45°); später erreichte die »Me 163 B« als erstes Flugzeug sogar 1000 km/h. Die max. Steighöhe betrug etwa 15 000 m und die größte Reichweite mit Landegleitflug 100 km. Außer in den genannten u. a. Raketenflugzeugen kamen W. noch in verschiedenen Luft-Boden- und Boden-Luft-Raketen zum Einsatz.

Raketenjagdflugzeug »Me 163 B«

Wärmerohr [engl. Heat-Pipe]: Wärmeübertragungselement, das für Kühlverfahren in der Raumflugtechnik Bedeutung hat, da bei geringem Temperaturabfall große Wärmemengen transportiert werden können und der einfache Aufbau wartungsfreien Betrieb ermöglicht. Das W. ist ein geschlossenes Rohr, dessen Innenwand mit einem Material kapillarer Struktur bedeckt oder mit Längskapillaren überzogen ist. Im Kapillarraum befindet sich das flüssige Wärmetransportmittel (z. B. Natrium). Wird das eine Ende des W.s erhitzt, so verdampft die Flüssigkeit aus dem Kapillarraum, der Dampf strömt durch das Rohr zum anderen (gekühlten) Ende des W.s, wo er unter Abgabe der Verdampfungswärme kondensiert. Das Kondensat fließt durch Kapillarkräfte in den Kapillaren im Gegenstrom zum Verdampfer zurück. Geeignete Parameter des W.s lassen Kapillarkräfte entstehen, die einen Betrieb auch gegen die Schwerkraft ermöglichen. Neben Versuchen zur Verwendung von W.en für die Kühlung von Düsenhalseinsätzen in Raketentriebwerken und Nasenflächen von Eintauchkörpern werden W.e vor allem als Konstruktionselemente für Thermionik-Reaktoren (→ Bordenergieversorgung) untersucht.

Wärmeschild, Wärmesenke → Kühlverfahren.

Wärmeübertragung: Wärmeaustausch zwischen einem wärmeren und einem kühleren Medium oder Material, der in der Raketentechnik bes. für → Kühlverfahren von großer Bedeutung ist. Bei der Regenerativkühlung von Brennkammern und Düsen vollzieht sich die W. in mehreren, leicht zu überblickenden Phasen und bestimmt die Gesamtwärmeabführung von der Brennkammer- bzw. Düseninnenwandung an das Kühlmittel. Die erste Phase umfaßt die Wärmeabgabe des Verbrennungsgases an die innere Brennkammer- bzw. Düsenwand. Die an eine Wandflächeneinheit je Zeiteinheit abgegebene Wärmemenge, der sog. *spezifische Wärmestrom* $\dot{q}$, ergibt sich aus

$$\dot{q} = \alpha_G (T_G \cdot T_W),$$

wobei T_G die Gastemperatur, T_W die Temperatur der Wandfläche und α_G die *W.szahl* darstellen. Die W.szahl ist dem Produkt aus Gasdichte und Strömungsgeschwindigkeit proportional. Im Düsenhals ist ihr Wert und damit auch der des Wärmestroms am größten, weil dort Gasdichte und Strömungsgeschwindigkeit ihre Höchstwerte erreichen. Die zweite W.sphase besteht im *Wärmedurchgang* von der inneren auf die äußere Seite der Wandung. Das dabei auftretende Temperaturgefälle wird im wesentlichen von dem Quotienten aus Dicke und Wärmeleitzahl des Wandmaterials bestimmt, der auch als *Wärmewiderstand* bezeichnet wird. Die dritte Phase umfaßt die W. von der Außenseite der Brennkammer- bzw. Düsenwandung an das (in einem Kühlmantel umlaufende) Kühlmittel, wobei sich der auftretende spezifische Wärmestrom wie bei der ersten Phase ergibt, nur daß in diesem Fall die W.szahl des Kühlmittels einzusetzen ist.

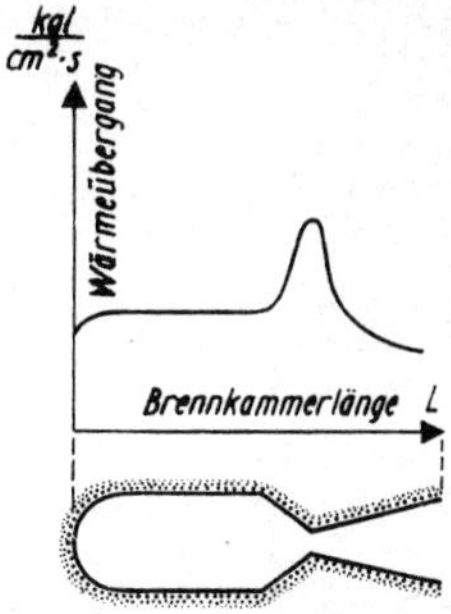

Verlauf des Wärmeübergangs an eine Brennkammerwandung

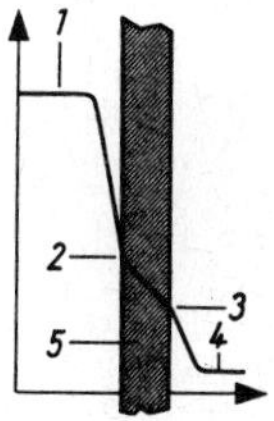

Wärmedurchgang durch eine Brennkammerwand: 1 Temperatur im Flammenkern, 2 Temperatur der inneren und 3 der äußeren Wandgrenzschicht, 4 Temperatur der Kühlflüssigkeit, 5 Brennkammerwand

»Wasserfall«: einstufige Flüssigkeitsrakete, die als Boden-Luft-Rakete während des zweiten Weltkrieges in der → Heeresversuchsanstalt Peenemünde entwickelt wurde. Sie hatte eine Länge von 6 m (Durchmesser 0,70 m), eine Startmasse von 3,6 t und war damit nach dem → »A.4« die größte in Peenemünde geschaffene Rakete. Zur Stabilisierung und Lenkung war sie etwa in der Rumpfmitte mit 4 trapezförmigen Leitflächen und am Heck mit 4 Leitflossen versehen, von denen letztere Luftruder aufwiesen, die mit 4 Strahlrudern gekoppelt waren. Das Triebwerk lieferte für etwa 40 s Brenndauer einen Schub von max. 8 Mp. Es arbeitete mit einer Treibstoffkombination aus Salpetersäure/Schwefelsäure und Divinylisobutylsäureester, die durch Stickstoffdruckgase

(200 kp/cm² Speicherdruck) gefördert wurde und hypergol reagierte. Mit einem Gefechtskopf von 100 kg sollte die Rakete eine Gipfelhöhe von max. 18 km erreichen und eine Reichweite von 25 bis 30 km haben. Bis zum Ende des Kriegs wurden jedoch nur einige Dutzend Versuchsstarts durchgeführt.

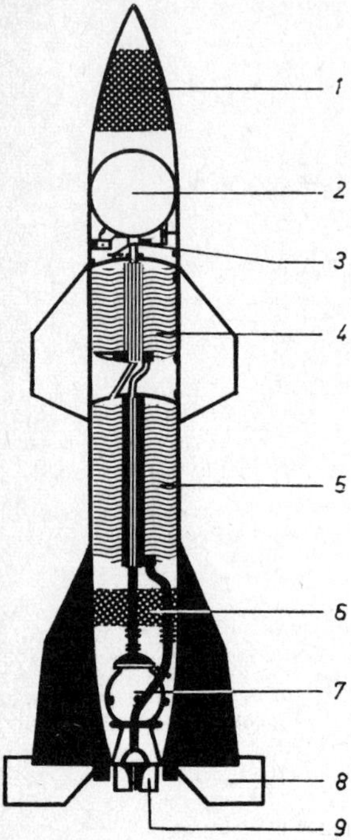

Aufbauschema der »Wasserfall«: 1 Gefechtskopf, 2 Druckgastank, 3 Ventile, 4 Brennstofftank, 5 Oxydatortank, 6 Steuerungsgeräte, 7 Brennkammer, 8 Luftruder, 9 Strahlruder

Wasserseparator: Bestandteil der → Klimaanlage eines bemannten Raumflugkörpers, der der Abscheidung von überschüssiger Feuchtigkeit aus der Kabinenatmosphäre dient.

Wasserstoff, Wasserstoffperoxid → Treibstoff (II 2 b ε bzw. II 1 a).

weiche Landung: durch Triebwerkschub *gebremste* Landung eines Raumflugkörpers auf einem *atmosphärelosen* Himmelskörper (z. B. Mond), bei der der Raumflugkörper unzerstört und damit funktionstüchtig bleibt.

Weltraumfahrt, Weltraumforschung → Raumfahrt.

Weltraumkälte: Begriff, der fälschlich als Kennzeichnung für die Temperaturverhältnisse im freien Weltraum, also außerhalb der Erdatmosphäre, gebraucht wird. Es wird dabei in Verkennung der tatsächlichen Zusammenhänge angenommen, daß der Weltraum eine Temperatur habe, die dem absoluten Nullpunkt der Temperaturskala (etwa −273 °C) nahekommt. Von dieser extrem niedrigen »Außentemperatur« sollen dann die Temperaturverhältnisse im Raumflugkörper wesentlich beeinflußt werden. Es ist jedoch physikalisch falsch, den Temperaturbegriff auf den praktisch leeren Raum selbst anzuwenden. Temperaturen lassen sich nur dort definieren, wo stoffliche Materie vorhanden ist. Im Hinblick auf die Raumfahrt kann sich die Fragestellung somit nur darauf beziehen, welche Temperatur ein Körper annimmt, der sich im freien Raum bewegt. Das Ergebnis wird von dem Verhältnis bestimmt, das sich aus der Aus- und Einstrahlung ergibt, denen der Körper unterliegt. Als entscheidende Faktoren treten dabei Oberflächenbeschaffenheit und Temperaturerzeugung im Innern des Raumflugkörpers sowie die von äußeren Strahlungsquellen (Sonne, Rückstrahlung von einer Planetenoberfläche) empfangene Strahlungsintensität in Erscheinung. Die meist recht beträchtliche Temperaturentwicklung in einem Raumflugkörper (z. B. Umsetzung von Elektroenergie in Wärme beim Betrieb der technischen und wissenschaftlichen Anlagen) läßt in der Praxis eher beachtliche Kühlungsprobleme als die Gefahr eines »Kältetods« auftreten. → Temperaturregelung.

Weltraumrecht: neuer Zweig des modernen Völkerrechts, der die Aufgabe hat, die zwischenstaatlichen Beziehungen bei der Erschließung des Weltraums, einschl. des Monds u. a. Himmelskörper, zu regeln. Der Weltraum unterscheidet sich wesentlich von allen bisher durch die Menschheit erschlossenen Räumen, sowohl durch seine physikalischen Eigenschaften als auch durch die technischen Mittel zu seiner Erschließung; deshalb können nicht die juristischen Normen des Luft- und Seerechts angewendet werden. Da die Raumfahrt aber Menschen im Weltraum aktiv handeln läßt und sich dort die Interessen vieler Staaten überschneiden, müssen die allgemein anerkannten Normen und Prinzipien des modernen Völkerrechts angewandt werden. Wichtigste Basis des W. wurde, wie auch in jedem anderen Zweig des Völkerrechts, der internationale Vertrag. Eine wichtige Rolle für diese Entwicklung spielte die UNO, in der eine ganze Reihe von Resolutionen und Entwürfen zu internationalen Abkommen auf dem Gebiet des W. verfaßt und angenommen wurden. Schon 1959 wurde ein Komitee der UNO für die Behandlung der Probleme einer friedlichen Nutzung des Weltraums geschaffen, zu dem ein wissenschaftlich-technischer und ein juristischer Unterausschuß gehören. Darüber hinaus befassen sich eine ganze Reihe von internationalen Organisationen auf Regierungsebene oder in anderer Form sowie nationale Institutionen mit der Untersuchung und Behandlung völkerrechtlicher Probleme des Weltraums. 1959 wurde eine Kommission der Akademie der Wissenschaften der UdSSR für Rechtsfragen des interplanetaren Raums gebildet. Seither haben die sowjetische Diplomatie und Wissenschaft die führende Rolle bei der Ausarbeitung fortschrittlicher Normen und Prinzipien des W. inne. Gegenwärtig existieren folgende Dokumente, die derartige Normen und Prinzipien zum Inhalt haben: das Moskauer Abkommen von 1963 »Über das Verbot von Kernwaffenversuchen in der Atmosphäre, im Weltraum und unter Wasser«, der Vertrag vom 27. Jan. 1967 »Über die der Tätigkeit von Staaten bei der Erforschung und Nutzung des Weltraums, einschl. des Mondes u. a. Himmelskörper, zugrunde liegenden Prinzipien« (Depositärstaaten: UdSSR, USA, Großbritannien) sowie eine Reihe zweiseitiger und regionaler Regierungsabkommen über die Zusammenarbeit bei der Erschließung des Weltraums und die Durchführung gemeinsamer Forschungsprogramme (z. B. Abkommen UdSSR–Frankreich von 1965).

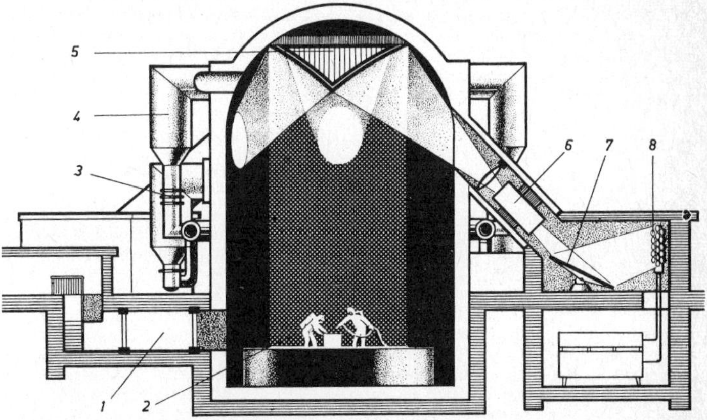

Große Weltraumsimultationskammer für Raumfahrer-Ausbildung: 1 Einstiegsschleuse, 2 Arbeitsbühne in der Kammer, 3 Vakuumpumpen, 4 Ansaugrohr für Pumpen, 5 Reflektor mit Konkavspiegeln, 6 Lichtwurfoptik, 7 ebener Reflektor, 8 Hochleistungs-Lampen

Weltraumsimulationskammer: Einrichtung in Forschungs- und Entwicklungszentren, mit deren Hilfe Komponenten von Raketen und Raumfluggeräten bzw. ganze Raketenstufen und Raumflugkörper (Satelliten, Raumsonden) sowie auch Raumanzüge auf ihr Verhalten unter weltraumäquivalenten Bedingungen (Vakuum, Temperatur, Strahlung, Magnetfeld) untersucht werden können. → Raumflugsimulator.

Weltraumstation → Raumstation.

Werkstoffe → Raketenwerkstoffe.

»West-Ford« → »MIDAS«.

Wettersatellit → »ESSA«, »Kosmos«, »Nimbus«, »TIROS«.

WGLR: Abk. für **W**issenschaftliche **G**esellschaft für **L**uft- und **R**aumfahrt.

White, *Edward*: US-amerikanischer Astronaut, geb. 14. Nov. 1930 San Antonio (Tex.), gest. (verunglückt bei Erprobung einer »Apollo«-Kommandokapsel) 27. Jan. 1967 Cape Kennedy; startete am

3. Juni 1965 mit → *McDivitt* in der Raumkapsel → »Gemini 4« zu einem 4tägigen Raumflug (62 Umläufe) und führte dabei als erster Amerikaner ein Ausstiegsmanöver durch (20 min). – W. absolvierte die Militärakademie in West-Point, diente bei den Luftstreitkräften, studierte dann Luftfahrttechnik und promovierte 1959 in Michigan. Vor dem Eintritt in das amerikanische Astronautenteam war er Testpilot.

Widderpunkt → Frühlingspunkt.

Wiedereintritt [engl. re-entry]: abschließende Phase eines Raumfahrtunternehmens, in der das Raumfluggerät auf einer zur Erde zurückführenden Bahn in die dichteren Schichten der Erdatmosphäre eintritt und anschließend zur Erdoberfläche niedergeht. Der W. ist aufgrund des aerodynamischen Widerstands der Luft in jedem Fall mit am und im Raumfluggerät wirksam werdenden Belastungen (→ aerodynamische Aufheizung, Bremsandruck [→ Andruck]) verbunden. Deren Stärke ist abhängig von der Eintauchgeschwindigkeit und dem Verlauf der Eintauch- und Abstiegsbahn, der seinerseits von den Bahnwerten für den Anflug auf den *Wiedereintrittskorridor* und den aerodynamischen Eigenschaften des Rückkehrkörpers (ballistische oder aerodynamisch gelenkte Abstiegsbahn) bestimmt wird. Der *Wiedereintrittskorridor (Eintrittskorridor)* ist ein schmales, schlauchartiges Gebiet um denjenigen Teil der Rückkehrbahn eines aus großer Entfernung die Erde direkt anfliegenden, antriebslosen Raumflugkörpers, der unmittelbar in die Erdatmosphäre hineinführt. Auf dieser Eintauchbahn wird der Raumflugkörper dann durch den Luftwiderstand abgebremst und geht auf die zunächst im Prinzip ballistische Abstiegsbahn über. Da beim Direktanflug, also ohne Einschaltung einer Satellitenzwischenbahn durch Bremsmanöver, die an sich schon sehr große aerodynamische Aufheizung (6000 bis 8000°C) maßgeblich vom Eintauchwinkel bestimmt wird, gibt der Durchmesser des Wiedereintrittskorridors die zulässige Toleranz für die Einhaltung der günstigsten Rückkehrbahn an. Bei zu steilem Einflug in die Erdatmosphäre besteht für den Rückkehrkörper die Gefahr der Zerstörung durch übermäßige Aufheizung, während er bei zu flachem Anflug auf der Eintauchbahn nicht genug abgebremst und an der Erde vorbeifliegen würde. Für eine Rückkehr aus Mondentfernung hat der Wiedereintrittskorridor am Rande der Hochatmosphäre einen Durchmesser von max. 60 km.

Wiederzündung: Einsatzverfahren für Raketentriebwerke und Antriebssysteme, bei dem diese nach einer ersten Brennperiode zunächst durch Abschalten stillgesetzt und dann nach einer bestimmten Freiflugzeit erneut bzw. auch wiederholt gezündet werden. Das Verfahren wird überall dort angewandt, wo nach dem Einflug in eine Ausgangsfreiflugbahn noch größere Antriebsleistungen notwendig werden (z. B. große Bahnänderungsmanöver in Erdumlaufbahnen, Einschalten einer Parkbahn mit anschließendem Eintritt in eine interlunare oder interplanetare Übergangsbahn) und wo der Aufbau des Antriebssystems zu kompliziert werden würde, wenn man für jedes dieser weiteren Manöver eine kleine selbständige Antriebseinheit vorsehen wollte. Die W. bringt jedoch verschiedene Schwierigkeiten mit sich. Für Feststofftriebwerke, deren Arbeitsweise an sich für eine Unterbrechung und Wiedereinleitung des Abbrands wenig geeignet ist, konnten brauchbare Lösungen erst vor einiger Zeit erreicht werden. Bei Flüssigkeitstriebwerken muß u. a. beachtet werden, daß während der jeweiligen Freiflugperiode Schwerelosigkeit vorliegt. Die flüssigen Treibstoffe sind dann nicht mehr so in den Tanks verteilt, daß sie auf natürlichem Wege in die Abflußöffnungen gelangen können. Man muß vielmehr mittels Vorbeschleunigung durch Druckgasdüsen oder kleine Feststofftriebwerke die Treibstoffe erst wieder vor den Abflußöffnungen sammeln, damit eine W. möglich ist. Auch die Aufbewahrungseigenschaften der jeweiligen Treibstoffe müssen bes. berücksichtigt werden.

Winkler, *Johannes*: Techniker, geb. 25. Mai 1897, gest. 27. Dez. 1947, in der Zeit vor dem zweiten Weltkrieg einer der namhaftesten Vorkämpfer der Raumfahrtbestrebungen in Deutschland. Schon während seines Studiums in Breslau und Leipzig fand W. in der Idee des Weltraumflugs die fesselndste Verbindung der ihn stark anziehenden Gebiete Technik und Astronomie. Jedem öffentlichen »Raketenrummel« abgeneigt, begann W. seine praktischen Arbeiten mit Pulverraketen. Aber schon 1928 entwarf er das erste Gerät für flüssige Treibstoffe. Dem mit sehr großem wissenschaftlichem Ernst an seine Aufgabe herangehenden Forscher wurde sehr bald klar, daß die Antriebsfrage das Zentralproblem der Raumfahrt bildet, und seine Bemühungen richteten sich fast ausschl. auf diesen Problemkreis. Daneben versuchte er auch die Idee der Raumfahrt in der Öffentlichkeit zu fördern. 1927 gab er die Zeitschrift ›Die Rakete‹ heraus, die zum Organ des ebenfalls von W. am 5. Juli 1927 in Breslau gegr. → »Vereins für Raumschiffahrt« wurde. Schon bald nach seiner Gründung traten dem Verein, der damit die erste astronautische Gesellschaft Deutschlands darstellte, zahlreiche bekannte Fachleute *(Oberth, Hohmann, Ley* u. a.) bei. Den Bau seiner ersten Flüssigkeitsrakete begann W., finanziell unterstützt durch den Fabrikanten *Hückel,* 1930. Neben seiner beruflichen Tätigkeit in den Junkers-Flugzeugwerken in Dessau schuf er die »HWR 1« (Hückel-Winkler-Rakete). Als Treibstoffe dienten Flüssigsauerstoff und Methan, die mit Stickstoff-Druckgas gefördert wurden. Das Gerät war etwa 60 cm lang und bestand im wesentlichen aus 3 Aluminiumrohren, die zur Aufnahme von Treibstoff und Druckgas dienten, während die Brennkammer am oberen Ende zwischen ihnen lag (»Kopfantrieb«). Der erste störungsfreie Start gelang am 14. März 1931 auf dem Dessauer Exerzierplatz. Die »HWR 1« erreichte etwa 100 m Höhe und eine Weite von rund 200 m. Dies war der erste Aufstieg einer Flüssigkeitsrakete in Europa. Anschließend verbesserte W. die Konstruktion der »HWR 1« weiter, ohne jedoch eine Steigerung der Flugleistungen zu erzielen.

Da die Verhältnisse in Dessau für seine Versuchsarbeiten allmählich zu beengt wurden, setzte W. sie auf dem → »Raketenflugplatz Berlin(-Reinickendorf)« fort. Dort entwickelte er das Triebwerk für seine »HWR 2«, für das er erstmalig den Begriff »Strahlmotor« prägte. Die neue Rakete war schon 2 m lang und entsprach in ihrer Struktur modernen Konzeptionen. In einem allerdings übertrieben stromlinienförmigen Metallkörper lagen die beiden Treibstofftanks übereinander; Brennkammer und Ausströmdüse befanden sich im Heck, das mit trapezförmigen Leitflossen versehen war. Nach einem wegen eines Leitungsdefekts vorzeitig abgebrochenen Versuch Ende Sept. auf der Frischen Nehrung bei Pillau wurde auch der für den 6. Okt. 1932 angesetzte Start zu einem Mißerfolg. Die Rakete explodierte schon vor dem Abheben auf dem Starttisch. W. zog sich nach diesem Fehlschlag von der praktischen Versuchsarbeit zurück. Kurz vor Kriegsausbruch wurde er an die »Forschungsanstalt für Luftfahrt« nach Braunschweig verpflichtet; über seine dortigen Arbeiten wurde jedoch aus Gründen der militärischen Geheimhaltung nichts mehr bekannt. Nach dem Krieg trat er noch einmal für die Entwicklung einer wissenschaftlichen Raumfahrt ein, ohne jedoch die ersten Erfolge auf diesem Weg miterleben zu können.

Wissenschaftliche Gesellschaft für Luft- und Raumfahrt, Abk. **WGLR:** Vereinigung von Technikern und Wissenschaftlern, die vornehmlich auf den Gebieten der Luftfahrt- und Raumfahrtforschung tätig sind; sie wurde am 3. April 1912 als *Wissenschaftliche Gesellschaft für Flugtechnik e. V.* in Berlin gegr., am 27. Febr. 1914 in *Wissenschaftliche Gesellschaft für Luftfahrt e. V.* umbenannt und ging 1936 in der *Lilienthal-Gesellschaft für Luftfahrtforschung* auf. Am 21. April 1952 wurde sie in Braunschweig als *Wissenschaftliche Gesellschaft für Luftfahrt e. V.* wieder ins Leben gerufen und am 10. Okt. 1962 in *Wissenschaftliche Gesellschaft für Luft- und Raumfahrt e. V.* umbenannt. Am 9. Dez. 1967 ging sie durch Fusion mit der → Deutschen Gesellschaft für Raketentechnik und Raumfahrt in der → Deutschen Gesellschaft für Luft- und Raumfahrt e. V. auf.

Wolkow, *Wladislaw:* sowjetischer Kosmonaut, geb. 1935 Moskau, nahm vom 12. bis 17. Okt. 1969 als Bordingenieur mit → *Filiptschenko* und → *Gorbatko* in »Sojus 7« am ersten Dreiergruppenflug (mit »Sojus 6« und »Sojus 8«) teil. Am 6. Juni 1971 startete er als Bordingenieur mit → *Dobrowolski* und → *Pazajew* in »Sojus 11« zu seinem zweiten Raumflug, bei dem durch Kopplung des Raumfahrzeugs mit dem unbemannten Raumstationsmodul »Salut« und nachfolgendem Überstieg der Kosmonauten sowie Inbetriebnahme der diesbezüglichen technischen und wissenschaftlichen »Salut«-Installationen die erste operative wissenschaftliche → Raumstation vom Typ »Salut-Sojus« geschaffen wurde. Nach einer Rekordflugdauer von rund 24 d fand er bei der Rückkehr zur Erde durch plötzlichen Druckabfall in der Kabine mit den beiden anderen Kosmonauten den Tod. – W. begann 1953 ein Studium am Moskauer Luftfahrtinstitut und arbeitete danach als Ingenieur in einem Konstruktionsbüro.

Wolynow, *Boris:* sowjetischer Kosmonaut, geb. 18. Dez. 1934 Irkutsk, nahm vom 15. bis 18. Jan. 1969 als Kommandant mit → *Jelissejew* und → *Chrunow* in »Sojus 5« an einem Raumflug teil, bei dem die erstmalige Kopplung (mit »Sojus 4«, 16. Jan. 1969) zweier bemannter Raumfahrzeuge erfolgte. – W. schloß 1956 den Besuch einer Militärschule in Wolgograd ab und diente danach bei den Luftstreitkräften; 1968 beendete er ein Studium an der Militärakademie für Luftfahrttechnik in Moskau.

Woomera: britisch-australisches Raketenversuchsgelände am Südostrand der mittelaustralischen Wüstengebiete, dessen Haupttrasse für ballistische Versuchsflüge nach Nordwesten führt. W. ist auch der Startplatz für die Satellitenträgerrakete »Europa 1«.

Worden, *Alfred:* US-amerikanischer Astronaut, geb. 1932 Jackson (Mich.), nahm mit → *Scott* und → *Irwin* vom 26. Juli bis 7. Aug. 1971 in »Apollo 15« als Pilot der Kommandoeinheit am vierten erfolgreichen Mondlandeunternehmen teil, wobei er auf dem Rückflug einen Ausstieg von 30 min Dauer zur Bergung von Filmkassetten im Versorgungsteil ausführte.

»Woschod« [russ., Aufgang (eines Gestirns), sprich: was'chot]: mehrsitzige bemannte Raumflugkörper (UdSSR), die als Nachfolger der »Wostok«-Raumflugkörper zur Erweiterung der Erfahrungen in der Raumfahrtmedizin und zur Erprobung neuer raumflugtechnischer Verfahren eingesetzt wurden.

Die Masse von »W. 1« betrug 5320 kg; über seine Ausrüstung wurden nur Teilangaben gemacht. Das Gerät wies eine sehr geräumige hermetische Kabine auf, in der zum erstenmal 3 Raumfahrer an einem Raumflug teilnahmen (Kommandant → *Komarow,* Wissenschaftler → *Feoktistow* und Bordarzt → *Jegorow*). Sie war technisch so zuverlässig, daß die Raumfahrer erstmalig keinen Raumanzug aus Sicherheitsgründen zu tragen brauchten. Während des Flugs konnte *Jegorow* zum erstenmal unmittelbare medizinische Untersuchungen an sich und den beiden anderen Raumfahrern vornehmen, die – als Ergänzung zu den funktechnisch übertragenen Meßwerten – einen wertvollen Beitrag zur Raumfahrtmedizin lieferten. Neben dem Meßwertübertragungssystem waren noch Funkanlagen für Gegensprechverkehr, Fernsehbildübertragung, Kommandoempfang und Bahnvermessung vorhanden. Zu den weiteren Besonderheiten von »W. 1« zählte die Erprobung von neuen Lageregelungseinheiten, zu denen u. a. elektrische Triebwerke gehörten. Für das Rückkehrmanöver war aus Sicherheitsgründen noch ein zweites Bremstriebwerkssystem vorhanden. In der letzten Phase der Rückführung wurde ein Landeverfahren (Tragfallschirm und kurz vor dem Aufsetzen zündende Feststoff-Bremstriebwerke) angewendet, das den Raumflugkörper nahezu vollendet weich auf der Erdoberfläche aufsetzen ließ und einen Verbleib der Raumfahrer während des Landemanövers in der Kabine ermöglichte.

An Bord von »W. 2« befanden sich nur 2 Kosmonauten, während offenbar an Stelle des Sitzes für den dritten Raumfahrer eine Luftschleuse eingebaut wurde. Nachdem beide Kosmonauten sich in einer einstündigen Übergangszeit an eine reine Sauerstoffatmung angepaßt hatten, verließ → *Leonow* in einem speziellen Raumanzug zu Beginn des zweiten Umlaufs über die Schleuse die unter normalen Luftbedingungen stehende Raumkabine. Er war damit der erste Mensch in der Geschichte der Raumfahrt, der sich im Weltraum aufhielt, und zwar insgesamt 20 min, davon nach einem vorgegebenen Programm 10 min im freien Flug außerhalb des Raumflugkörpers. Der Druck in seinem mit reinem Sauerstoff belüfteten Raumanzug betrug etwa 0,4 kp/cm^2, so daß sich der Anzug nur wenig aufblähte und die Bewegungen kaum behindert waren. Während dieses Experiments war → *Beljajew,* der alle Reaktionen seines Kameraden auf Fernmeßgeräten und über eine Fernsehanlage verfolgen konnte, in seinem Raumanzug den gleichen Belüftungsbedingungen ausgesetzt wie *Leonow,* um diesem

Flüge bemannter Raumschiffe vom Typ »Woschod«

Raumfahrzeug	Kosmonauten	Starttag	Flugdauer	Umläufe	Perigäumshöhe [km]	Apogäumshöhe [km]	Bahnneigung
»Woschod 1«	Komarow Feoktistow Jegorow	12.10. 1964	24 h 17 min	16	178	409	65°
»Woschod 2«	Beljajew Leonow	18.3. 1965	26 h 02 min	18	173	495	65°

notfalls zu Hilfe eilen zu können. *Leonow* entfernte sich max. etwa 5 m von »W. 2«, wobei er durch ein Kabel mit dem Raumflugkörper verbunden blieb. Zur Luftversorgung war sein Raumanzug mit einem Klimatornister ausgerüstet.
Während seines freien Flugs machte *Leonow* verschiedene Bewegungs- und Orientierungsübungen und arbeitete mit einer Handkamera. Vor dem Wiedereinstieg montierte er noch eine außen am Raumflugkörper angebrachte automatische Filmkamera ab, mit der das ganze Ausstiegsmanöver aufgenommen worden war. Gleichzeitig hatte auch eine Fernsehbildübertragung dieses Experiments an sowjetische Bodenstationen stattgefunden. In der Raumkabine herrschte während des ganzen Flugs, abgesehen von einer kurzzeitigen Ausnahme, ein Druck von 1,03 kp/cm^2. Die Temperatur betrug i. allg. etwa 19 °C und stieg während der Wiedereintrittsphase bis auf max. 25 °C an. Die Luftfeuchtigkeit bewegte sich nur zwischen 35 und 45 %. Die Sitze der beiden Raumfahrer waren nebeneinander angeordnet. Etwa in der Mitte davor befand sich das Bedienungspult für die Schleusenkammer, so daß es von beiden Kosmonauten bedient werden konnte. Vor dem Kommandantensitz war das Hauptsteuerpult angebracht, zu dem auch ein Handsteuerknüppel für die Fluglageregelung gehörte. Daneben lagen die Bedienungseinrichtungen für die Rückführungs- und Landungssysteme. Links vom Kommandantensitz war noch eine Gerätetafel zur Orts- und Lagebestimmung des Raumflugkörpers installiert, die u. a. einen positionsanzeigenden Globus enthielt. Unmittelbar unterhalb dieser Tafel befand sich eines der Fenster, in das zum Erleichtern der Sichtorientierung für den Kommandanten ein optisches Visier eingesetzt war. Vorn oberhalb der beiden Sitze waren Fernseh- und Filmkameras eingebaut. Außer dem Ausstiegsexperiment führten die beiden Kosmonauten während ihres Raumflugs noch ein umfangreiches Beobachtungs- und Meßprogramm durch. Entgegen den üblichen Festlegungen verzichteten *Beljajew* und *Leonow* dabei auf ihre Schlafpause. Das Rückführungsmanöver aus der Umlaufbahn sollte programmgemäß während des 17. Umlaufs eingeleitet werden. Durch eine Störung des Sonnensensor-Orientierungssystems mußte jedoch die automatische Rückführungssteuerung abgeschaltet und die Rückkehr nach einem weiteren Umlauf von *Beljajew* durch Handsteuerung bewältigt werden.

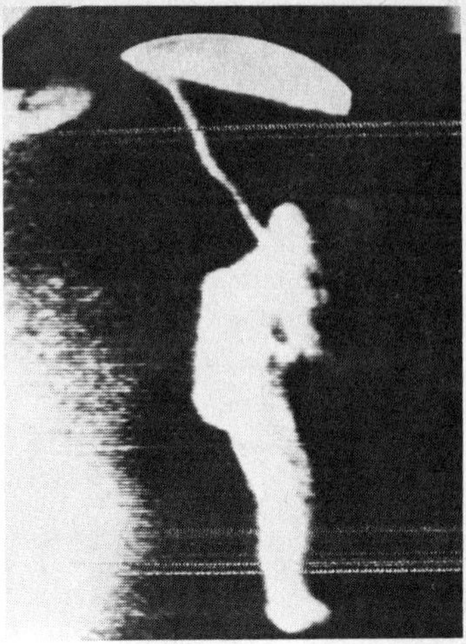

Fernsehbild des Ausstiegs von Alexei Leonow

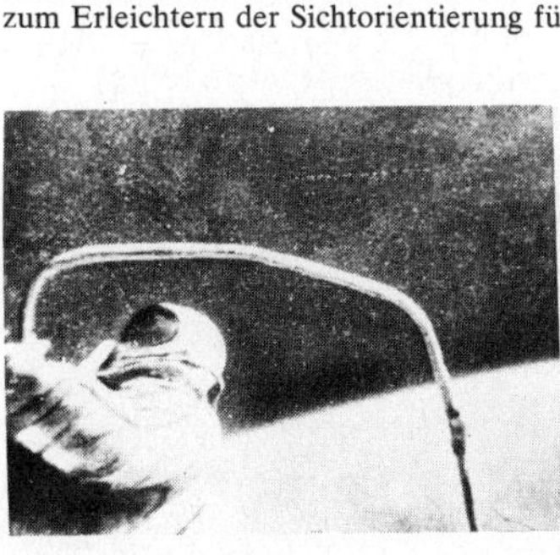

Alexei Leonow beim Verlassen der Ausstiegsschleuse von »Woschod 2«

»Wostok« [russ., Osten]: bemannte Raumflugkörper (UdSSR), die für mehrtägige Raumflüge eines Raumfahrers ausgelegt waren und mit denen erstmalig praktische raumfahrttechnische und -medizinische Erfahrungen bezüglich des Einsatzes bemannter Raumflugkörper gesammelt werden konnten. Mit »W. 1« gelangte zum ersten Mal in der Geschichte der Raumfahrt ein Mensch in eine Satellitenumlaufbahn (→ *Gagarin*, 12. April 1961). Das System wurde zunächst in 5 Versuchseinsätzen ohne Raumfahrer (→ »Raumschiff«-Satellit) erprobt. Als Träger wurden mehrstufige Raketen verwendet, deren Startschub etwa 650 Mp betrug (→ »Wostok«-Trägerrakete). Das Raumflugsystem bestand aus 2 Hauptteilen, einer kugelförmigen Raumkabine und einer daran anschließenden, zylindrischen Gerätezelle. Beide waren durch 4 Spannbänder verbunden, die auf dem Scheitel der Kugel in einer Halterung zusammenliefen. Zwischen Kabinen- und Geräteteil befanden sich in ringförmiger Anordnung Druckgasbehälter für die Klimaanlage sowie für die Druckgasdüsen des Lageregelungssystems. In der Gerätezelle waren die Energieversorgungsanlage, Steuerungseinrichtungen, Anlagen für den Rückführungsvorgang, Druckgasbehälter des Lageregelungssystems, Meßwertübertragungs- und Peilsender zur Bahnverfolgung sowie sonstige Funksysteme und die Fernsehanlage mit ihren Antennen untergebracht. Die Gerätezelle mit den darüber befindlichen Druckgasbehältern und -düsen wurde nach Einleiten des Rückkehrmanövers von der Kugelkabine getrennt und verglühte in den dichteren Schichten der Erdatmosphäre.

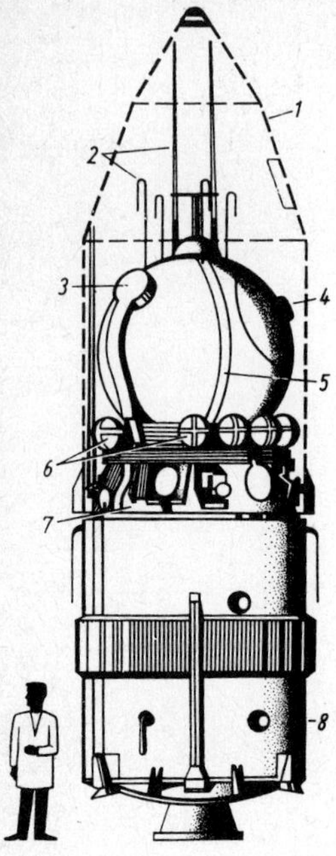

Aufbauschema der »Wostok«-Raumflugeinheit: 1 abwerfbarer Schutzkegel, 2 Antennen, 3 Schwenkarm mit Abreißkontakten, 4 Luke mit Sichtfenster, 5 Spannband, 6 Druckgasbehälter, 7 Gerätezelle, 8 Endstufe der Trägerrakete

Die Masse des Gesamtgeräts betrug mit Endstufe 6,17 t und ohne Endstufe 4,73 t; mit Endstufe hatte es eine Gesamtlänge von 7,35 m. Die Kugelkabine wies eine Masse von 2,4 t und einen Durchmesser von 2,3 m auf. Außen war die Kugel mit einer besonderen Wärmeschutzschicht überzogen, die die eigentliche Zellenstruktur vor der hohen aerodynamischen Aufheizung beim Eintritt in die dichteren Schichten der Erdatmosphäre schützte. Der Kabinenkörper enthielt 3 große Luken sowie 3 kleine Sichtfenster aus hitzefestem Glas. Durch letztere konnte der Raumfahrer seine visuellen und fotografischen Beobachtungen ausführen. Zum Schutz gegen zu intensive Sonnenstrahlung waren die Sichtfenster außen jeweils mit hitzefesten Jalousien versehen, die in der Abstiegsphase notfalls ganz geschlossen werden konnten. Eine der 3 Luken diente als Einstieg für den Kosmonauten, und durch sie konnte er sich während der letzten Phase des Abstiegs, bei der die Kabine am Fallschirm niederging, mit seinem Sitz hinauskatapultieren; der hermetische Lukendekkel wurde dazu vorher automatisch abge-

Flüge bemannter Raumschiffe vom Typ »Wostok«

Nr.	Kosmonaut	Starttag	Flugdauer	Umläufe	Perigäumshöhe [km]	Apogäumshöhe [km]	Bahnneigung
1	Gagarin	12.4.1961	1h 48min	1	181	327	65°06'
2	Titow	6.8.1961	25h 18min	17	183	244	64°56'
3	Nikolajew	11.8.1962	94h 25min	64	180	234	64°59'
4	Popowitsch	12.8.1962	70h 59min	48	179	236	64°57'
5	Bykowski	14.6.1963	119h 06min	81	175	222	64°58'
6	Tereschkowa	16.6.1963	71h 10min	48	181	231	65°00'

sprengt. Die zweite der Luken enthielt die Fallschirme für die Kabine, und die dritte diente technischen Zwecken. Auch diese beiden Luken waren selbstverständlich während des Raumflugs durch genau gearbeitete Deckel verschlossen. Um dem Raumfahrer für die manuelle Lagesteuerung des Raumflugkörpers eine genaue Sichtorientierung zu ermöglichen, war in dem direkt vor seinem Sitz befindlichen Sichtfenster noch ein optisches Visier eingebaut. Darüber war das Instrumentenbrett angebracht, darunter eine Fernsehkamera, die während des Flugs eine Überwachung der Reaktionen des Raumfahrers zusätzlich zu den funktechnisch übertragenen medizinischen Meßwerten ermöglichte. Auf dem Gerätebrett waren Instrumente installiert, die Temperatur und Feuchtigkeit, Sauerstoff- und Kohlendioxidgehalt der Kabinenatmosphäre sowie deren Druck anzeigten. Außerdem waren Anzeigegeräte für den Druck im Lageregelungssystem, eine Borduhr und ein kleiner automatisch gesteuerter Globus vorhanden, auf dem ständig der jeweilige Bahnort feststellbar war und der als Hilfsmittel für die Einleitung des Rückkehrmanövers diente. Links vom Raumfahrersitz befanden sich Behälter mit dem Trinkwasservorrat, ein Schaltpult für verschiedene Steuerungssysteme des Raumflugkörpers, eine Nottemperaturregelung, ein Peilgerät des Landesystems und ein Tonbandgerät. Auf der rechten Seite waren untergebracht: der Handhebel für die manuelle Lagesteuerung, die Behälter mit den Nahrungsmitteln, Apparate der Klimaanlage, eine weitere elektrische Uhr, eine Fernsehkamera für die Seitenansicht des Raumfahrers, Funkempfänger, das Assanierungssystem und Teile der elektrischen Bordenergieversorgung.

Der mit einem Raumanzug bekleidete Raumfahrer lag in einem Konturensessel, der gleichzeitig als Schleudersitz gebaut war. In dieser Sitzeinheit waren das Belüftungssystem für den Raumanzug, die Katapulteinrichtung, Signalmittel, der Fallschirm für den Raumfahrer, Funk- und Peilgeräte, Notproviant sowie ein Schlauchboot u. a. Gegenstände untergebracht, die der Raumfahrer u. U. nach der Landung gebrauchen konnte. Unter dem Kontursitz befanden sich die Einrichtungen des Landesystems, Fernmeßanlagen u. a. Die Gesamtmasse aller im Kabinenteil installierten Anlagen, Geräte und Ausrüstungen betrug 800 kg. Die einzelnen Systeme des Raumflugkörpers waren auf optimale Sicherheit für den Raumfahrer bei Flügen von max. 7 bis 10 d Dauer abgestimmt, wobei auch die erweiterte Auslegung der Erhöhung der Sicherheits-

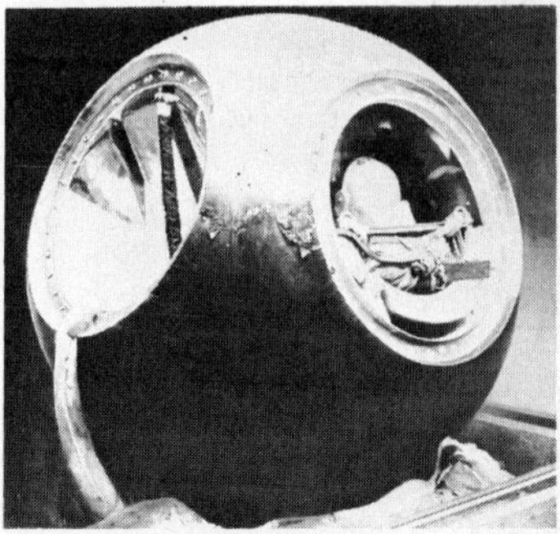

Kugelförmige »Wostok«-Raumkapsel; rechts Öffnung zum Hinauskatapultieren des Schleudersitzes mit dem Kosmonauten

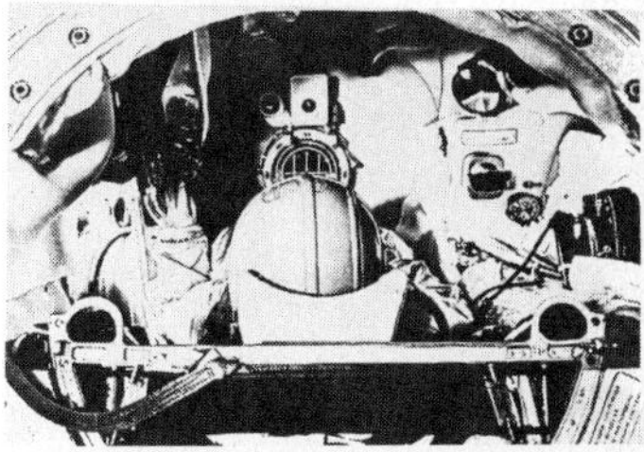

Blick durch die Einstiegs- und Katapultluke in eine »Wostok«-Raumkapsel

»Wostok«-Raumkapsel nach der Landung

reserve diente. Das Klimasystem arbeitete mit normalem Luftdruck und normaler Luftzusammensetzung. Die Temperatur konnte dabei beliebig zwischen 12 und 25 °C geregelt und eine Luftfeuchtigkeit zwischen 30 und 70 % aufrechterhalten werden. Die Luftregeneration geschah automatisch unter Verwendung entspr. chemischer Substanzen und Einspeisung von frischem Sauerstoff aus der Vorratsanlage.

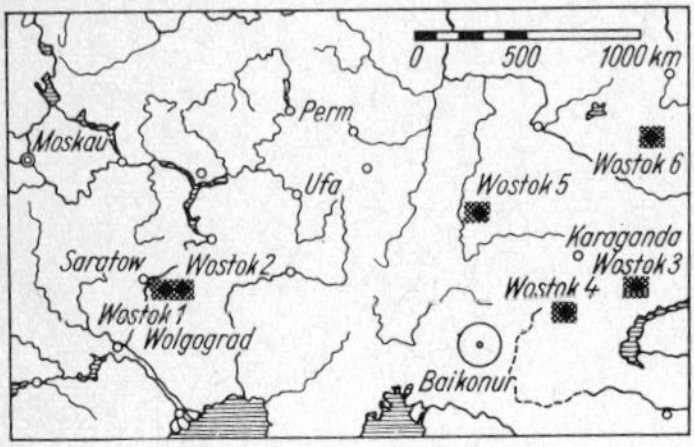

Startort (Baikonur) und Landegebiete der »Wostok«-Raumkapseln

Das automatische System zur Temperaturregelung bestand aus 2 Kreisläufen, dem Kabinenluft- und einem Flüssigkeitskreislauf, die über einen Wärmeübertrager miteinander gekoppelt waren. Der Wärmeübertrager befand sich in der Raumkabine, während der Wärmeabstrahler (Radiator) des Flüssigkeitskreislaufs in der Gerätezelle installiert war. Die gewünschte Lufttemperatur konnte vom Raumfahrer eingestellt werden. Das Temperaturregelungssystem war so ausgelegt, daß auch bei zunehmender äußerer Erwärmung in der Abstiegsphase die Innentemperatur nicht über eine festgesetzte Grenze hinaus ansteigen konnte.

Das Lageregelungssystem des Raumflugkörpers konnte sowohl automatisch arbeiten als auch mit einer Handsteuerung bedient werden. Als Lagereferenzgeber dienten Kreiselsysteme (Kreiselplattformen) und optische Geräte. Die Lageänderungen wurden mittels Druckgasdüsen bewirkt, die an verschiedenen Stellen des Raumflugkörpers außen angebracht waren. Gegen die kosmische Strahlung bot an sich schon die Konstruktion der Raumkabine hinreichende Sicherheit. Bei unerwartet hohem Strahlungseinfall konnte der Raumfahrer zusätzlich chemische Schutzpräparate verwenden. Zum Feststellen der Strahlungsbelastung waren am und im Raumflugkörper verschiedene Dosimeter installiert, deren Messungen automatisch zur Erde übermittelt wurden. Die Funkanlagen des Raumflugkörpers umfaßten einen Sender für die Bahnverfolgung (19,995 MHz), eine Anlage für Gegensprechverkehr im UKW-Bereich (143,625 MHz) und 2 Kurzwellenverbindungen (9,019 und 20,006 MHz), einen Funkkommandoempfänger sowie Meßwert- und Fernsehbildübertragungseinrichtungen. Die Antennen befanden sich auf den Spannbändern, mit denen die Kugelkabine auf der Gerätezelle gehaltert war.

Nach dem Einflug in die Umlaufbahn wurde die letzte Stufe des Antriebssystems vom Raumflugkörper getrennt. Vor Einleitung des Bremsmanövers wurde der Raumflugkörper mit Hilfe eines Sonnensensors und des Lageregelungssystems in die erforderliche Ausgangslage gebracht. Dann wurden die Bremsraketen durch die Bodenstelle – oder notfalls durch den Kosmonauten selbst – gezündet und nach ihrem Ausbrennen die Kabine von der Gerätezelle getrennt. Das geschah durch Lösen der Spannbandhalterung sowie eines Haltebügels (Schwenkarm), der mit zahlreichen Abreißkontakten von der Gerätezelle zur Kabine führte. Die Bahnhöhe für den freien Flug war jeweils so gewählt worden, daß der Raumflugkörper auch bei Versagen des Bremssystems nach max. 10 d durch die Bremswirkung der Erdatmo-

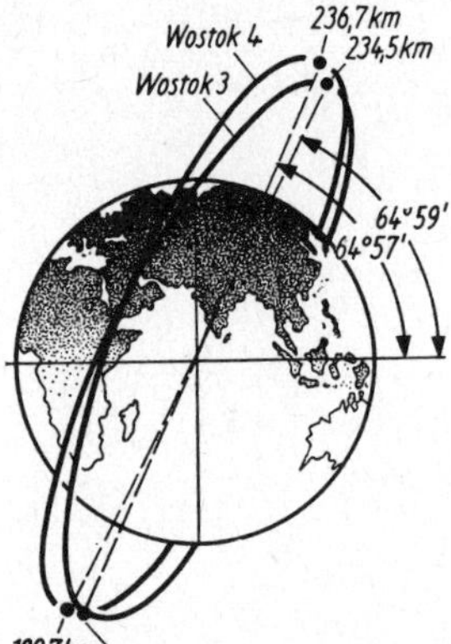

Bahnanlage von »Wostok 3« und »Wostok 4«

sphäre in eine Abstiegsbahn hätte eintreten können. Das Landungs- und Bergungssystem der Kabine trat in Aktion, wenn letztere Unterschallgeschwindigkeit erreicht hatte. Im Normallfall landeten die

»Wostok«-Trägerrakete mit Transportfahrzeug und Aufrichtmechanismus

hing außerdem noch an einer etwa 15 m langen Leine der Notproviant, ein Paket mit Hilfsausrüstungen und das Schlauchboot, das sich im Falle eines Niedergehens auf dem Wasser automatisch mit Druckluft füllte. In 4000 m Höhe trat auch das Landungssystem des Kabinenteils in Aktion, wobei sich zunächst der Deckel der Fallschirmluke öffnete und den Bremsfallschirm freigab. In einer Höhe von etwa

Raumfahrer nicht in der Kabine, sondern trennten sich von dieser durch Herauskatapultieren ihres Sitzes. Dazu öffnete sich zunächst in einer Höhe von etwa 7000 m automatisch die Ausstiegsluke, und 2 s später wurde der Raumfahrer mit seinem Sitz katapultiert. Kurz darauf öffnete sich sein Fallschirm. In 4000 m Höhe löste sich dann der Sitz und fiel frei zur Erde, während der Raumfahrer weiter am Fallschirm mit etwa 6 m/s Sinkgeschwindigkeit herabschwebte. Am Fallschirm des Raumfahrers

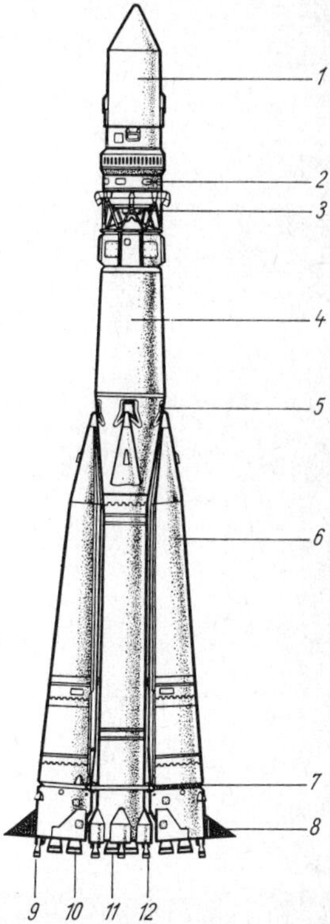

Aufbauschema der »Wostok«-Trägerrakete: 1 Schutzkegel über kugelförmiger Raumkapsel, 2 dritte Stufe, 3 gitterförmiger Stufenadapter, 4 erweitertes Oberteil der zentralen Antriebseinheit, 5 Halterung für angesetzte Antriebseinheiten (4), 6 abwerfbare Antriebseinheiten, 7 untere Halterung der abwerfbaren Antriebseinheiten, 8 Luftruder, 9 äußeres Steuerungstriebwerk, 10 Triebwerke der abwerfbaren Antriebseinheit, 11 Triebwerke der zentralen Antriebseinheit, 12 Steuerungstriebwerk der zentralen Antriebseinheit

Heckansicht der »Wostok«-Trägerrakete

2500 m löste der Bremsfallschirm den Hauptschirm aus. Blieb der Raumfahrer während des gesamten Abstiegs in der Kabine, so hielt er die Ausstiegsluke geschlossen und öffnete sie erst nach der Landung. Dieses Verfahren wurde beispielsweise bei der Rückführung von »W. 6« (→ *Tereschkowa*) angewendet. Die ausnahmslos erfolgreichen Flüge der »W.«-Raumflugkörper erbrachten eine Fülle von bedeutsamen Informationen, die in der Vorbereitung und Durchführung der nachfolgenden Einsätze mehrsitziger bemannter Raumflugkörper vom Typ → »Woschod« ihren Niederschlag fanden. Zu den herausragenden Besonderheiten des »W.«-Programms gehörten zweifellos die beiden Doppelflüge von »W. 3« und »W. 4« sowie »W. 5« und »W. 6«, die als wesentliche Beiträge zur Starttechnik und Bahnmechanik von Rendezvousunternehmen gelten konnten. Ferner verdient hervorgehoben zu werden, daß im »W.«-Programm mit *W. Tereschkowa* auch zum ersten Mal eine Frau an einem Raumfahrtunternehmen teilnahm.

»Wostok«-Trägerrakete: dreistufige Flüssigkeitsrakete (UdSSR), die als besondere Serien-Version für den Start der ersten bemannten sowjetischen Raumflugkörper vom Typ → »Wostok« zum Einsatz kam und bis 1965 das leistungsfähigste Raumfahrtträgermittel der Erde darstellte. Das Raketensystem bestand aus 6 separaten Antriebskomponenten. Um eine zentrale Einheit (Länge 28 m, größter Durchmesser 2,95 m), die aus zylindrischen Tankbehältern (in der oberen Hälfte etwas erweitert), einem Triebwerkssystem vom Typ »RD-108« (→ »RD-107«) und Zubehör bestand, waren 4 gleichartige, kegelförmige Einheiten (Länge 19 m, größter Durchmesser 3 m) angeordnet, die ebenfalls jeweils vollständige Antriebssysteme mit Treibstoffbehältern und Triebwerkseinheiten (»RD-107«) darstellten. Beim Start wurden die äußeren Antriebseinheiten (zusammen mit der Zentraleinheit) als erste Antriebsstufe gezündet und nach Verbrauch ihrer Treibstoffe abgeworfen; die Zentraleinheit brannte – aufgrund ihres größeren Treibstoffvorrats – als zweite Antriebsstufe weiter. Auf dieser Antriebseinheit befand sich die dritte Antriebsstufe (Durchmesser 2,58 m); sie trug den im Aufstieg durch eine aerodynamische Verkleidung geschützten Raumflugkörper, von dem sie in der Umlaufbahn getrennt wurde. Die Gesamtlänge von dritter Stufe, Raumflugkörper und Verkleidung betrug 10 m. Die Nutzmassekapazität des Trägersystems (Gesamtlänge 38 m, größter Durchmesser 10 m, Startschub 512 Mp, Startmasse etwa 350 bis 400 t) betrug für erdnahe Umlaufbahnen etwa 4700 bis 4800 kg.

»WRESAT 1« [Abk. für engl. **W**eapons **R**esearch **E**stablishment **Sat**ellite]: Forschungssatellit (Australien, 73 kg), der von der Waffenforschungsanstalt in Salisbury entwickelt und am 29. Nov. 1967 in Woomera mit einer US-amerikanischen »Redstone«-Rakete (mit Feststoff-Oberstufen) in eine Umlaufbahn zwischen 193 und 1259 km Höhe gebracht wurde und Messungen der solaren Röntgen- und UV-Strahlung durchführte; seine Stromversorgung (Batterien) war nur auf 10 d ausgelegt; am 10. Jan. 1968 verglühte er in der Hochatmosphäre.

»X«-Satelliten: Test- und Erprobungssatelliten, die in Großbritannien für das nationale Trägersystem → »Black Arrow« entwickelt werden. »X-1« und »X-2« sollen Testsatelliten für die ersten Versuchsstarts des Trägersystems sein; »X-3« ist für die Erprobung verschiedener Satelliten-Untersysteme vorgesehen; »X-5« soll als technologischer Satellit zur Erprobung von elektrischen Triebwerken – mit großen entrollbaren Solarzellenflächen – eingesetzt werden.

»X-1« [»X« ist in den USA Typenbezeichnung für Forschungsflugkörper]: Prototyp von Raketenforschungsflugzeugen (USA), mit deren Entwicklung ab 1945 begonnen wurde. Die »X-1« war ebenso wie alle ihre bisherigen Nachfolgerinnen nicht eigenstartfähig und mußte daher von einem Trägerflugzeug bis auf Einsatzhöhe (etwa 10000 m) emporgeschleppt werden. Es wurden mehrere Varianten entwickelt, deren Grundauslegung jedoch weitgehend ähnlich blieb. Das Ausgangsmuster hatte einen zigarrenförmigen Rumpf (Länge 9,45 m, Höhe mit Seitenleitwerk 3,29 m), ungepfeilte trapezförmige Tragflächen mit einer Spannweite von 8,50 m, eine Startmasse von 5920 kg (davon 3700 kg Treibstoff: Flüssigsauerstoff/Alkohol) und eine Start-Flächenbelastung von 493 kg/m^2. Das zunächst mit Druckgasförderung (Stickstoff, unter 350 kp/cm^2 gespeichert) ausgestattete Triebwerk lieferte einen Schub von 2720 kp. Am 14. Okt. 1947 überschritt *Charles Yeager* mit diesem ersten Versuchsmuster als erster Mensch die Schallgeschwindigkeit. Ein verbessertes Muster, bei dem die Druckgasförderung durch eine Turbopumpenförderung ersetzt wurde, wodurch sich eine größere Treibstoffzuladung (4770 kg) und eine Steigerung der Antriebszeit von 2,5 auf 4,5 min ergab, wurde im Nov. 1951 noch vor dem Ausklinken aus dem Trägerflugzeug durch Treibstoffexplosion zerstört. Auch im weiteren Verlauf der Erprobungsserie ereigneten sich ernste Zwischenfälle. Als Landebahn diente eine etwa 20 km lange Salzsee-Piste, auf der das Flugzeug mit etwa 290 km/h aufsetzte. Das 1952 in die Flugerprobung gegangene verbesserte Muster »X-2« wurde bei einem Probeflug im Mai 1953 ebenfalls durch eine Treibstoffexplosion in Brand gesetzt und im Notabwurf (unbemannt) vom Trägerflugzeug getrennt, so daß es abstürzte. Mit einem zweiten Flugzeug des gleichen Typs fanden im Nov. 1955 die ersten Flüge mit Eigenantrieb statt, und am 25. Juli 1956 erreichte *Everest* mit dieser Maschine eine Höchstgeschwindigkeit von rund 3300 km/h.

Forschungsraketenflugzeug »X-1«

Forschungsraketenflugzeug »X-2«

»X-15«: Raketenversuchsflugzeug (USA), dessen Entwicklung Ende 1955 begann und das 1959/68 für Hyperschall-Forschungsflüge im Bereich der Hochatmosphäre eingesetzt wurde. Hauptziel der Flüge war, die heute erreichbare Grenze thermischer Belastbarkeit und die Steuerungsmöglichkeit aerodynamischer Flugkörper im ballistischen Flugbereich zu untersuchen. Der Aufbau des Flugzeugs ähnelte aufgrund dieser Aufgabenstellung einer ballistischen Rakete. Die »X-15« war nicht eigenstartfähig und mußte von einem Trägerflugzeug (»B-52«) in eine Höhe von 9 bis 12 km getragen und dort ausgeklinkt werden. Anschließend zündete der Pilot das Triebwerk der Maschine und brachte das Flugzeug in die vorgesehene Flugbahn. Die Flugmissionen gliederten sich in 2 Hauptgruppen. In der einen wurden nach kurzem Steigflug Hochgeschwindigkeitstests zwischen 20 und 60 km Höhe durch-

Start einer »X-15« von einem Trägerflugzeug

geführt, in der anderen auf steilen Antriebsbahnen Höheneinsätze, bei denen das Flugzeug den Hauptteil der Flugbahn nach Brennschluß antriebslos durchflog und im Gipfelpunkt der Bahn bis etwa 100 km Höhe erreichen konnte. Der durch einen Raumanzug geschützte »X-15«-Pilot befand sich in einer durch flüssigen Stickstoff gekühlten, hermetischen Kabine und hatte einen Schleudersitz als Sicherheitssystem für eine Flughöhe bis 40 km und eine Fluggeschwindigkeit bis Mach 4. Nach beendeter Flugmission landete die Maschine auf einem etwa 800 km vom Aufstiegsort entfernten Platz, unter Verwendung zweier am Heck befindlicher Stahlkufen, die vor der Landung ausgefahren wurden, und eines ebenfalls ausfahrbaren Bugrads. Die Landegeschwindigkeit betrug etwa 280 bis 350 km/h, die Sinkgeschwindigkeit 0,5 bis 3 m/s und die Ausrollstrecke 1300 bis 2600 m. Von den 4 Heckflossen wurde die untere vor der Landung abgeworfen. Als tragende Elemente des Rumpfs (Länge 15,2 m) dienten die Treibstoffbehälter. Die mit 25° gepfeilten Tragflächen (Spannweite 6,7 m, Flügelfläche 18,6 m^2, Flächenbelastung 762 kp/m^2) waren vollkommen aus einer ausgehärteten Legierung auf Chrom-Nickel-Basis (»Inconel X«) geschweißt und hatten massive Vorderkanten als Wärmesenken. Auch die gesamte übrige Außenhaut und die Tanks bestanden aus dem gleichen Material. Die weniger temperaturbelasteten Bauteile waren aus einer Magnesium- bzw. Aluminiumlegierung hergestellt. 2 außen am Rumpf entlangführende Seitenwülste waren mit Berylliumblech beplankt und dienten der Aufnahme von Kabel und Gestängen. Die aerodynamische Aufheizung der Außenhaut erreichte an einigen Punkten eine Temperatur bis etwa 600 °C. Für Meßzwecke waren einige hundert Temperatur- und Druckmeßstellen über das ganze Flugzeug verteilt. Ein 4-kW-Elektrogenerator für die Bordenergieversorgung wurde durch eine 40-PS-Wasserstoffperoxid-Turbine betrieben, die gleichzeitig die Pumpe für das Hydrauliksystem antrieb. Letzteres diente der Betätigung der aerodynamischen Ruder, der Bremsklappen und des Bugrads. Wasserstoffperoxid wurde auch als Arbeitsmedium für die Lageregelungsdüsen verwendet, die sich in der Rumpfspitze und an den Flügelenden befanden und der Fluglageregelung während des ballistischen Freiflugs dienten. Der als Kühlmittel für Kabine und temperaturempfindliche Elektroniksysteme verwendete Stickstoff wurde durch Helium-Druckgas gefördert. Als Antrieb diente ein Triebwerk »XLR-99-RM-1«, in dem Flüssigsauerstoff und wasserfreies flüssiges Ammoniak verwendet wurden. Die Treibstoffe (8600 kg bei 14 180 kg Abflugmasse des Gesamtgeräts) wurden durch Pumpen

Forschungsraketenflugzeug »X-15« (Schnitt): 1 Triebwerk, 2 Wasserstoffperoxidtank, 3 Ammoniaktank, 4 Sauerstofftank, 5 Helium, 6 Wasserstoffperoxidtank, 7 Stickstoffbehälter, 8 Geräte, 9 Schleudersitz, 10 Bugrad, 11 Lageregelungsdüsen

Forschungsraketenflugzeug »X-15A«

gefördert, die auch von einer Wasserstoffperoxid-Turbine angetrieben wurden. Das Triebwerk hatte eine Gesamtbrenndauer von etwa 90 s (Vollschub) und lieferte einen Bodenschub von 23 Mp (Vakuumschub 26 Mp). Die Brennkammer bestand aus einer Röhrenkonstruktion und wurde regenerativ durch den Brennstoff gekühlt (Brennkammerdruck 42 kp/cm^2, Brennkammertemperatur 2730 °C, Entspannungsverhältnis 9,8:1). Sie hatte an der Innenwandung einen dünnen Schutzüberzug aus Zirkoniumoxid. Die Leistung des Triebwerks war durch Veränderung der Pumpendrehzahl im Bereich von 50 bis 100 % regelbar. Um einen weichen Zündeinsatz zu erreichen, war die Brennkammer mit 2 hintereinander liegenden Vorkammern ausgerüstet. Nach Abschalten des Triebwerks wurden die Zulaufleitungen und Einspritzorgane mit Heliumgas ausgeblasen. Eine Wiederzündung war nach 10 s möglich. Das Triebwerk war mit einem Sicherheitssystem ausgerüstet, von dem es bei jeder Störung sofort abgeschaltet wurde.

Mit den 3 Einsatzmustern der »X-15« wurden von 12 Piloten 199 erfolgreiche Forschungsflüge (30 Flugstunden) durchgeführt, bei denen als max. Geschwindigkeit 7272,7 km/h (Mach 6,7) und eine Höhe von rund 108 km (22. Aug. 1963, *Walker*) erreicht werden konnten. Die »X-15-Nr. 2« wurde bei der Landung im Nov. 1962 erheblich beschädigt, danach aber mit verschiedenen Verbesserungen wieder aufgebaut (»X-15 A«). Zu diesen Änderungen gehörte die Anbringung von 2 zusätzlichen Treibstoffbehältern (je 3000 kg Treibstoff, Länge 6 m, Durchmesser 1 m, Leermasse 400 kg) außerhalb des Rumpfs, die nach Verbrauch der Treibstoffe in 20 km Höhe abgetrennt und an Fallschirmen geborgen werden konnten. Dadurch wurde die Brenndauer von 90 s auf 145 s (Vollschub) und die mögliche Höchstgeschwindigkeit von Mach 6 auf Mach 7,5 bis 8 erhöht. Weiterhin konnte bei diesem Typ anstelle der unteren Heckflosse ein Staustrahltriebwerk (Durchmesser 0,5 bis 1 m) angebracht werden. Der hierfür als Arbeitsmedium dienende Flüssigwasserstoff befand sich in einem kugelförmigen Behälter, zu dessen Unterbringung der Rumpf um etwa 0,8 m verlängert wurde. Auch ein verbesserter Temperaturschutz des Kabinenfrontsichtfensters und Möglichkeiten zum Anbringen wissenschaftlicher Meßausrüstungen an den Flügelenden sowie zum Installieren zusätzlicher Instrumente und Geräte hinter der Kabine wurden geschaffen. Die Erhöhung der Landemasse des Geräts von 1400 auf 1600 kg (Startmasse von 15 000 auf 23 000 kg) machte verschiedene Verstärkungen und eine Verlängerung der Landekufenbeine um 0,5 m erforderlich. Die »X-15-Nr. 3« stürzte am 15. Nov. 1967 ab, wobei der Pilot *(Adams)* den Tod fand.

»X-17«: dreistufige Feststoffrakete

(USA), die zur Untersuchung von Wiedereintrittsproblemen eingesetzt wurde. Sie war etwa 12 m lang und hatte eine Startmasse von rund 6 t.
»X-20« → »Dyna Soar«.
»X-24 A«: bemanntes aerodynamisches Fluggerät (USA), das im Erprobungsprogramm → PILOT (dabei auch als »SV-5 P« bezeichnet) entwickelt wurde und mit dem das Flugverhalten von → Auftriebskörpern im Geschwindigkeitsbereich von Mach 2 abwärts und < 30 km Höhe untersucht wird. Die »X-24 A« hat einen bootsähnlichen Rumpf, der am Heck 2 seitlich hochgezogene und eine mittlere Stabilisierungsflosse trägt. Das Gerät hat eine Länge von 7,46 m, eine max. Spannweite von 4,16 m und ist 3,14 m hoch; seine Flugmasse liegt zwischen 2700 und 5000 kg; es ist mit einem Flüssigkeitstriebwerk (im Heck unter der mittleren Stabilisierungsflosse) ausgerüstet, das jedoch nur nach Abwurf des Fluggeräts vom Trägerflugzeug zur Steigerung von Höhe und Geschwindigkeit eingesetzt wird.

»X-24 A«-Gleiter

Y

Young, *John W.:* US-amerikanischer Astronaut, geb. 24. Sept. 1930 San Francisco (California), nahm zusammen mit → *Grissom* am 23. März 1965 am ersten Flug (3 Umläufe) einer bemannten → »Gemini«-Raumkapsel (»Gemini 3«) teil, führte vom 18. bis 21. Juli 1966 mit → *Collins* in »Gemini 10« einen Raumflug mit Doppelrendezvous und Höhenrekord (767 km) aus und war vom 18. bis 26. Mai 1969 gemeinsam mit → *Stafford* und → *Cernan* in »Apollo 10« an der zweiten Mondumfliegung beteiligt. – Bevor Y. 1962 in das amerikanische Astronauten-Team aufgenommen wurde, war er Ingenieur für Flugzeugbau und Testpilot bei der Marineluftwaffe.

Yo-Yo-System: Verfahren für die vorgegebene Verminderung des Drehimpulses eines drallstabilisierten Satelliten in der Umlaufbahn. Das System besteht im wesentlichen aus 2 Abwurfmassen, die sich an den Enden von 2 gleichlangen Seilen befinden, die ihrerseits an diametral gegenüberliegenden Punkten außen am Satelliten befestigt und während des Aufstiegs in einer Ebene senkrecht zur späteren Drallrichtung um den Satelliten gewickelt sind. Der Aufwickelsinn ist entgegengesetzt zur Drallrichtung der Satelliten. Auslösemechanismen halten die beiden Massen zunächst fest und geben sie erst zu einem geeigneten Zeitpunkt möglichst gleichzeitig frei. Durch die Zentrifugalkraft des Satellitendralls wickeln sich die Seile ab, wobei sich die Rotationsgeschwindigkeit des Satelliten entspr. verringert. Sobald sich die Seile in radialer Position befinden, werden sie abgeworfen, wobei die Abwurfmassen den größtmöglichen Drehimpuls vom Satelliten mit fortnehmen. Erfolgt kein Abwurf, so wickeln sich die Seile wieder auf und die Drehzahl des Satelliten erreicht den ursprünglichen Wert.

Z

Zander, *Friedrich Arturowitsch:* russisch-sowjetischer Techniker, geb. 23. Aug. 1887 Riga, gest. 28. März 1933 Kislowodsk, lebte in Moskau und beschäftigte sich etwa seit 1908 mit der Raketen- und Raumflugtechnik. Als er später die Arbeiten *Ziolkowskis* kennenlernte, wurde er zu einem der aktivsten sowjetischen Pioniere auf diesen Gebieten. Als Flugzeugingenieur verfolgte er vor allem den Gedanken des Raketenflugzeugs, entwarf Versuchsraketentriebwerke für flüssige Treibstoffe und führte schon 1928 Versuche mit metallischen Zusätzen im Brennstoff durch. 1930 baute und erprobte er sein erstes Flüssigkeitstriebwerk (»OR-1«), das mit gasförmigem Sauerstoff und Benzin betrieben wurde und einen Schub von 5 kp erzeugte. In seinem zweiten Versuchstriebwerk (»OR-2«), das er in Zusammenarbeit mit der → GIRD entwickelte, ging er dann schon zu flüssigem Sauerstoff über, womit er 50 kp Schub erreichen wollte. Z. starb jedoch kurz nach Beginn der ersten Brennversuche mit dem neuen Triebwerk, das später in der ersten sowjetischen Höhenrakete (→ GIRD) verwendet wurde und 65 kp Schub erreichte.

Zborowski, *Helmut von:* Techniker, geb. 21. Aug. 1905 Theresienstadt (Böhmen), gest. 1969; lieferte wesentliche Beiträge zur Entwicklung der Raketentechnik. Schon als Student traf er an der Technischen Hochschule Graz mit → *Sänger* zusammen und ging nach Abschluß des Studiums als Diplomingenieur in die Triebwerksforschung einer süddeutschen Firma. Danach wechselte er für einige Zeit als Prüfstandleiter nach Trauen zu *Sänger* über, kehrte jedoch 1939 wieder zu seiner Firma zurück, wo er die Verantwortung für die gesamte Triebwerksentwicklung übernahm; in diesem Zusammenhang entstanden in Zühlsdorf bei Berlin die ersten 10 großen Triebwerksprüfstände. Hier arbeitete Z. erstmalig mit Salpetersäure als Oxydator im Großversuch, konstruierte zerlegbare Brennkammern, erprobte die mit Salpetersäure hypergol reagierenden Amine (»Tonka«-Treibstoffe) und entwickelte für die Wehrmacht mehrere Haupt- und Hilfsraketentriebwerke für Jagdflugzeuge, Gleitbomben und Flugabwehrraketen. Nach dem zweiten Weltkrieg arbeitete Z. zunächst bei der »SEPR« in Frankreich, gründete dann dort 1952 das »Bureau Technique Zborowski« und beschäftigte sich anfangs vor allem mit den von ihm konzipierten Ringflüglern (Coleoptern).

Zeitgeber: elektronisches Gerät, das nach dem Prinzip der Quarz- oder Molekularuhr arbeitet und in Raumflugkörpern oder in Bodenstationen die Zeitnormale für die Anschlüsse der Positionsmessungen des Raumflugkörpers bzw. der Trägerrakete liefert.

»Zenit«: Höhenforschungsrakete (Schweiz), die mit einem Doppelschub-Feststofftriebwerk (4600 kp für 11 s; 2200 kp für 20 s) ausgerüstet ist und 25 kg Nutzmasse in rund 200 km bzw. 130 kg in 115 km Höhe befördern kann. Die Gesamtlänge beträgt (je nach Nutzlast) 5,0 bis 5,6 m, der Durchmesser 0,42 m und die Startmasse der mit 3 Stabilisierungsflossen ausgestatteten Rakete (ohne Nutzlast) 610 kg.

Zentrifugalbeschleunigung, Zentrifuge → Andruck.

Zentrifugalzerstäuber → Einspritzorgane.

Zentrifugentest svw. Andrucktest.

Zielsuchlenkung: Verfahren zur Selbstlenkung (→ Lenkung) von Raketen, vornehmlich Raketenwaffen der Klassen Boden–Luft, Luft–Luft und Luft–Boden, dem eine Eigenortung der Rakete relativ zum Zielobjekt zugrunde liegt. Die Eigenortung geschieht über eine Empfangsanlage in der Rakete *(Zielsuchkopf)*, die auf eine bestimmte Eigenstrahlung oder Strahlungsreflexion des Ziels anspricht. Im wesentlichen handelt es sich um Infrarot-(Wärme-), Licht- oder Funkfrequenz-(Radar-) Strahlung. Man unterscheidet danach *Infrarot-, optische* und *Radar-Z.* Da die beiden erstgenannten auf eine Eigenstrahlung des Zielobjekts angewiesen sind, bezeichnet man sie auch als *passive Z.* Für die Anwendung des Radarprinzips gibt es 2 Verfahren. Bei der *halbaktiven Z.* wird das Zielobjekt durch ein am Boden befindliches Zielverfolgungsradar angestrahlt, und die Rakete nimmt mit ihrem Radar-Zielsuchkopf die vom Ziel reflektierte Radarstrahlung auf. Für *aktive Z.* rüstet man die Rakete selbst mit einem Radarsendegerät aus, dessen reflektierte Strahlung von einem Radarempfänger wieder aufgenommen und zur automatischen Bildung der Lenkkommandos verwendet wird. Die Reichweite der halbaktiven Z. ist naturgemäß größer als die der aktiven Z., so daß erstere einen wesentlich breiteren

Anwendungsbereich hat als letztere. Es gibt ferner eine Variante passiver Radar-Z., bei der Bodenfunkstrahler des Gegners (Radar-, Funkstör- und Jägerleitstationen, Funkbaken, Leitstände von Raketenwaffen) durch funktechnisch entspr. ausgerüstete Luft-Boden-Raketen bekämpft werden können.

Zigarettenabbrand → Treibsatz.

Ziolkowski, *Konstantin Eduardowitsch:* russisch-sowjetischer Wissenschaftler, geb. 17. Sept. 1857 Ishewskoje (Gouvernement Rjasan), gest. 19. Sept. 1935 Kaluga, führte etwa ab 1885 als erster streng wissenschaftliche und grundlegende Untersuchungen zur Idee der Raumfahrt durch, die er später systematisch mit vielen Arbeiten über Theorie und Praxis von Raketen- und Raumflugtechnik vertiefte. Er wurde damit einer der Begründer und »Väter« der Astronautik und war unter diesen unbestritten der erste große Pionier. Sein schwerer und entbehrungsreicher Lebensweg war vor allem überschattet durch ein Gehörleiden, das ihn fast taub werden ließ. Da er deswegen nicht am normalen Schulunterricht teilnehmen konnte, lehrte ihn seine Mutter Lesen und Schreiben, und seine ersten weitergehenden, vor allem naturwissenschaftlichen Kenntnisse erwarb er sich aus Büchern. Ein begonnenes Studium mußte er wegen finanzieller Schwierigkeiten wieder aufgeben und wurde schließlich Lehrer. Neben dieser Tätigkeit setzte er sein intensives Studium der Naturwissenschaften und der Mathematik fort und führte zahlreiche selbständige wissenschaftliche Untersuchungen durch, vor allem auf den Gebieten Gaskinetik und Aerodynamik. Er entwarf Projekte zu einem lenkbaren Ganzmetall-Luftschiff sowie zu einem Ganzmetall-Flugzeug mit hermetischer Kabine und automatischer Steuerung durch Kreisel. Dabei baute er sich um die Jahrhundertwende sogar einen Windkanal für seine aerodynamischen Untersuchungen. Auf der Grundlage der so erworbenen Kenntnisse beschäftigte er sich schließlich immer eingehender mit dem Problem des Weltraumflugs, das ihn schon als jungen Studenten in seinen Bann gezogen hatte.

Nach astronomischen Vorstudien, zu denen er 1895 das Manuskript ›Träume über die Erde und den Himmel‹ und 2 Jahre zuvor die Erzählung ›Auf dem Monde‹ veröffentlichte, begann er 1896 eine eingehende Bearbeitung der mathematischen und sonstigen theoretischen Probleme der Raketen- und Raumflugtechnik. Das Ergebnis dieser zweijährigen Arbeiten veröffentlichte er 1903 in der russischen Zeitschrift

Ziolkowski-Museum in Kaluga

›Wissenschaftliche Rundschau‹ unter dem Titel ›Erforschung des Weltraums mittels Reaktionsapparaten‹. In dieser, von seinen Zeitgenossen kaum beachteten und vielfach nicht einmal ernst genommenen Publikation gab er erstmalig die Ableitung der → Raketengrundgleichung an, die für die Raketentheorie von fundamentaler Bedeutung ist. 1911/14 veröffentlichte er weitere und ausführlichere Teile dieser Arbeit, die sich vor allem mit fast allen Grundproblemen der angewandten Raketen- und Raumflugtheorie beschäftigten. So sprach sich Z. darin u. a. für das Prinzip der Flüssigkeitstriebwerke aus, da er aus der Erfahrung seiner Zeit heraus Feststofftriebwerke (Pulverraketen) für Raumfahrtzwecke als zu leistungsschwach einschätzte. Er dachte dabei sogar schon an die heute im Vordergrund des Interesses stehenden kryogenen Treibstoffkomponenten Flüssigsauerstoff und -wasserstoff.

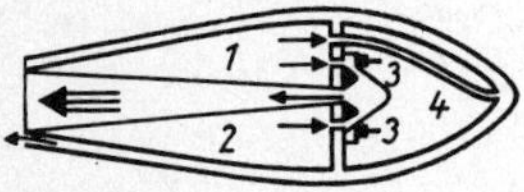

Sauerstoff-Wasserstoff-Rakete nach Ziolkowski: 1 Tank für freiverdampfenden Flüssigsauerstoff, 2 Flüssigwasserstofftank, 3 Treibstoffpumpen, 4 Kabine

Da er jedoch die Schwierigkeiten für die großtechnische Herstellung von flüssigem Wasserstoff richtig einschätzte, gab er als geeignetere Brennstoffe Benzol, Benzin und Alkohol an.

Außerdem beschäftigte er sich mit dem Prinzip der Pumpenförderung und wies auf die Notwendigkeit einer Regenerativkühlung der Brennkammer hin, wozu er die Verwendung einer der Treibstoffkomponenten vorschlug. Darüber hinaus verfolgte er die Probleme der Steuerungs- und Lenktechnik. Er wies dabei auf die Möglichkeit der Strahlablenkung durch vor der Düsenmündung angebrachte Strahlruder hin und entwickelte das Prinzip einer Kreiselsteuerung sowie die Grundlagen eines Verfahrens für die Lageorientierung von Raumflugkörpern unter Verwendung von Photozellen. Zu seinen wichtigsten Ergebnissen gehörte jedoch, daß er das Prinzip der Stufenrakete als eine der grundlegenden Voraussetzungen der Trägerraketentechnik erkannte und zahlreiche Angaben für seine praktische Anwendung machte.

Von der ungewöhnlichen Vielseitigkeit seiner Arbeiten legt auch das Projekt eines auf einem Druckluftpolster gleitenden Startraketen-Schlittens Zeugnis ab, eine Idee, die gegenwärtig in Form einer Starthilfe für Raumtransporter wieder an Interesse gewinnt. Z. befaßte sich auch schon mit Problemen bemannter Weltraumstationen (Außenstationen), in denen er als Hilfsmittel für die Klimaregelung eine mit Pflanzen besetzte Abteilung (»Orangerie«) vorschlug. Eine angemessene Würdigung seiner Arbeiten fand Z. erst nach der Großen Sozialistischen Oktoberrevolution. Im jungen Sowjetstaat erkannte man sehr bald die Bedeutung seiner Untersuchungen und Ergebnisse. Eine großzügige Förderung setzte ein, und Z. konnte endlich auch einen Kreis von jungen Wissenschaftlern und Technikern um sich scharen, denen er seine Erfahrungen vermittelte und von denen nicht wenige später zu führenden sowjetischen Raketen- und Raumfahrtspezialisten wurden. Z. schrieb während seiner 40jährigen wissenschaftlichen Tätigkeit insgesamt etwa 580 Arbeiten, von denen ungefähr 450 auf die Zeit nach der Oktoberrevolution entfallen.

Zirkulargeschwindigkeit → Bahngeschwindigkeit.

Zubringerverkehr: spezielle Form des Raumflugs, bei der in programmäßiger Folge Versorgungsgüter und Austauschpersonal von der Erdoberfläche zu Raumstationen und von dort auch wieder zurückgebracht werden. Für den Z. sind konventionelle Trägersysteme (Lastzubringer) und vor allem → Raumtransporter geeignet. Der Z. setzt in jedem Fall eine vollendete Beherrschung der Rendezvoustechnik voraus.

Zündeinspritzung → Zündsystem.

Zunderbeständigkeit: Korrosionsfestigkeit eines → Raketenwerkstoffs bei hohen Temperatur- und Strömungsbelastungen (Brennkammer, Entspannungsdüse).

Zündstoff → Hypergol.

Zündsystem: Einrichtung an Raketentriebwerken, die bei festen oder nichthypergolen flüssigen Treibstoffen zum Einleiten des Verbrennungsvorgangs (Zündung) benötigt wird. Als Z. für Feststofftriebwerke kommen meist pyrotechnische Zündsätze mit elektrisch ausgelöster Initialzündung zur Anwendung. Für Flüssigkeitstriebwerke wurden anfänglich ebenfalls elektropyrotechnische Z. oder (elektrische) Zündkerzen eingesetzt. Neuerdings zählt man auch die meist angewandte Methode der *Zündeinspritzung* einer geringen Menge hypergolen Zusatzstoffes zu den Z.en.

Zündverhalten: alle Erscheinungen, die bei der Zündung chemischer Raketentriebwerke die Vorgänge zur Einleitung der stationären Verbrennungsreaktion nach Zeit und Stabilität bestimmend beeinflussen. Das Z. ist einerseits von den spezifischen Eigenschaften des verwendeten Treibstoffgemischs abhängig, wird aber zum anderen bei Flüssigkeitstriebwerken auch wesentlich von der → Gemischbildung beeinflußt. Als wichtigste Kenngröße für die praktischen Auswirkungen des Z. einer Treibstoffkombination ist der bei Feststoff- und Flüssigkeitstriebwerken auftretende → Zündverzug anzusehen.

Zündverzug: diejenige Zeit, die bei der Zündung von chemischen Raketentriebwerken zwischen der Einleitung der Initialzündreaktion und dem Einsetzen der stabilen Verbrennung des Treibstoffsatzes (Feststofftriebwerk) oder des eingespritzten Treibstoffgemischs (Flüssigkeitstriebwerk) liegt. Der Z. soll in jedem Fall so klein wie möglich gehalten werden, damit das Triebwerk weich und frei von Instabilitäten anläuft. Bei Flüssigkeitstriebwerken kann ein zu großer Z. dazu führen, daß vor dem vollen Einsetzen der Verbrennungsreaktion schon zu viel Treibstoff in die Brennkammer gelangt und dadurch gefährliche Druckspitzen oder → Verbrennungsschwingungen entstehen.

In *Feststofftriebwerken* ist der Z. vor allem vom Typ der verwendeten Initialzünder sowie von ihrer Anzahl und Anordnung zum Treibsatz abhängig. Er liegt für kleine Triebwerkseinheiten bei etwa 10 bis 20 ms und ergibt sich aus dem Ablauf einer ganzen Reihe von Vorgängen, die jeweils einige Millisekunden in Anspruch nehmen: Aufheizen des elektrischen Zünddrahts; Entflammen der hitzeempfindlichen Primärzündmasse; Zünden der pyrotechnischen Hauptzündmasse; Übertragen der Reaktion von der Hauptzündmasse auf die Oberfläche des Treibsatzes. Für große Triebwerke kann der Z. 100 bis 200 ms erreichen.

Der Z. in *Flüssigkeitstriebwerken* wird vor allem durch die spezifischen Eigenschaften der jeweiligen Treibstoffkombination hinsichtlich des anzuwendenden Zündverfahrens bestimmt. Bei hypergolen Treibstoffen wird als Z. die Zeit definiert, die vom Eintritt der ersten Treibstofftröpfchen in die Brennkammer bis zu deren Entflammung vergeht. Die maßgebliche Rolle spielt dabei die Aktivität, mit der die Treibstoffkomponenten schon in der flüssigen Phase miteinander reagieren. Die im Augenblick der Zündung auftretenden Druckspitzen in der Brennkammer treten als Funktion des Z. in Erscheinung. Werden sehr aktive Hypergol-Komponenten verwendet, wie Salpetersäure und eine Mischung aus unsymmetrischem Dimethylhydrazin und Kerosin, dann können Druckspitzen bis zu 100 kp/cm^2 auftreten. Die Bestimmung des Z. einer hypergolen Treibstoffkombination wird ausschl. experimentell vorgenommen. Man verwendet dazu entweder Laboratoriumsapparaturen, in denen der Vorgang mit Meßfühlern erfaßt wird, oder man benutzt kleine Spezialbrennkammern (engl. *microrockets*), in deren Wände Fenster aus organischem Glas eingesetzt sind, so daß der Ablauf des Zündvorgangs zusätzlich noch mit einer Hochgeschwindigkeitskamera in Zeitdehnung erfaßt werden kann. Die auf diesem Wege erhaltenen Werte führten zu der bemerkenswerten Feststellung, daß der Z. für ein und denselben Oxydator je nach dem benutzten Brennstoff den Bereich von 100 ms bis herunter zu etwa 2 ms umfassen kann.

Weiterhin ergab sich, daß gewisse Brennstoffmischungen einen zum Teil wesentlich kleineren Z. aufweisen als die einzelnen Brennstoffbestandteile allein in Kombination mit dem gleichen Oxydator. Das gilt beispielsweise für die Mischung von Xylidin mit Furfurylalkohol, deren Z. von etwa 20 ms für die reinen Brennstoffe auf etwa 10 ms für 30 % Xylidinanteil gesenkt werden kann. Bei nichthypergolen Treibstoffkombinationen, die auch nicht durch geringe Zusätze anderer Stoffe für den Zündvorgang kurzzeitig hypergol gemacht werden, bestimmt das jeweils angewandte Zündverfahren maßgeblich die Größe des Z. Die elektrische Zündung mit Kerze oder Glühdraht erfaßt nur sehr wenig Treibstoffgemisch zur Anregung der Verbrennungsreaktion, wodurch der Z. recht beträchtlich werden kann. Aus diesem Grunde wendet man dieses Zündverfahren nur noch gelegentlich bei kleinen Versuchstriebwerken an. Günstiger liegt der Z. bei der Verwendung von pyrotechnischen Zündsätzen, zu denen i. w. S. auch die sehr häufig als Zünder eingesetzten kleinen Festtreibstoffladungen gerechnet werden können. Bei diesem Verfahren erfaßt die elektrisch entflammte Initialzündmasse sofort einen beträchtlichen Teil des eingespritzten Treibstoffgemischs, wodurch sich die Anregung zum Verbrennungsablauf sehr schnell ausbreitet. In diesen Fällen muß allerdings als Z. die Gesamtzeit betrachtet werden, die von der Auslösung des elektrischen Impulses für die Initialzündmasse bis zur Einleitung der eigentlichen Verbrennungsreaktion vergeht.

Zweikörperproblem → Himmelsmechanik.

Zweistoffsystem → Treibstoff.

Zweiweg-Doppler-Messung → Bahnvermessung.

Zwischenbahn → Annäherungsbahn.

Bildquellen

Fotos: Archiv des Verfassers · Balzers AG, Balzers · Bildarchiv des VEB Bibliographisches Institut, Leipzig · British Aircraft Corporation, London · Werner Büdeler, Vaterstetten · dpa Deutsche Presse-Agentur, Frankfurt (Main) · Hawker Siddeley Dynamics Ltd., Hatfield · Redaktion Jugend und Technik, Berlin · Presseagentur Nowosti Rohde & Schwarz, Berlin–München · Heinz A. F. Schmidt, Berlin · Fotochronik TASS, Moskau · United States Information Service · Zentralbild Berlin · Zentrales Haus der Deutsch-Sowjetischen Freundschaft, Berlin
Mondkarte: Huber & Oberländer, München
Zeichnungen: Horst Boche, Berlin · Joachim Arfert, Berlin
Die Zeichnungen wurden von den beiden Grafikern nach Entwürfen des Verfassers oder in Anlehnung an Abbildungen aus nachstehenden Büchern und Zeitschriften neu geschaffen:
Astronautics and Aeronautics, Washington · DGRR-Mitteilungen. Hrsg. von der DGRR, Stuttgart · DGRR-Raumfahrt-Typenblätter. Hrsg. von der DGRR, Stuttgart · Flugkörper, Wiesbaden: Flugwelt-Verlag GmbH Flugwelt, Wiesbaden: Flugwelt-Verlag GmbH · Interavia, Genf: Interavia S.A. · Jugend und Technik, Berlin: Verlag Junge Welt · Kongreßbericht »5. Europäischer Raumfahrt-Kongreß« · Mielke, H.: Künstliche Satelliten – Raumraketen. Berlin: Verlag des Ministeriums für Nationale Verteidigung, 1960 · Mielke, H.: Raketentechnik. Berlin: Verlag Technik, 1960 · Mielke, H.: Unternehmen Luna. Leipzig: Verlag Enzyklopädie, 1961 · Missiles and Rockets, Washington: American Aviation Publication · Moore, P.: Hallwag Weltraumatlas, Bern und Stuttgart 1970 · Pfaffe, H., und Stache, P.: Typenbuch der Raumflugkörper 1957–1964. Berlin: Deutscher Militärverlag, 1964 · Raketentechnik und Raumfahrtforschung, Hrsg. von der DGRR, Stuttgart · Raumfahrtforschung, Hrsg. von der DGRR, Stuttgart · Weltraumfahrt bzw. Weltraumfahrt und Raketentechnik. Frankfurt (Main): Umschau-Verlag